"十三五"江苏省高等学校重点教材(编号：2017-2-029)
高等院校通信与信息专业规划教材

数字图像与视频处理

卢官明　唐贵进　崔子冠　编著

机 械 工 业 出 版 社

本书深入浅出地介绍了数字图像与视频处理的基本概念、基本原理、关键技术和典型应用。全书共11章，主要包括图像与视频处理基础、图像增强、形态学图像处理、图像分割、数字图像与视频压缩编码原理及相关标准、图像和视频文件格式、数字水印技术、图像与视频的质量评价、基于内容的图像和视频检索、图像识别等内容。每章都附有小结与习题，以指导读者加深对本书主要内容的理解。

本书注重选材，内容丰富，条理清晰，通俗易懂，重点突出。在强调基本概念、基本原理的同时，注重理论与实际应用相结合，介绍了相关领域的最新研究成果及发展新动向。

本书可作为高等院校电子信息工程、通信工程、电子科学与技术、计算机应用、广播电视工程等专业的高年级本科生或研究生的教材或教学参考书，也可供相关专业的工程技术人员和技术管理人员阅读。

本书配套授课用电子课件等教学资源，需要的教师可登录 www.cmpedu.com 免费注册、审核通过后下载，或联系编辑索取（QQ：6142415，电话：010-88379753）。

图书在版编目（CIP）数据

数字图像与视频处理/卢官明，唐贵进，崔子冠编著．—北京：机械工业出版社，2018.7（2025.1重印）

高等院校通信与信息专业规划教材

ISBN 978-7-111-60177-7

Ⅰ.①数…　Ⅱ.①卢…②唐…③崔…　Ⅲ.①数字图像处理-高等学校-教材②数字视频系统-数子信号处理-高等学校-教材　Ⅳ.①TN911.73②TN941.3

中国版本图书馆CIP数据核字（2018）第146487号

机械工业出版社（北京市百万庄大街22号　邮政编码100037）
策划编辑：李馨馨　责任编辑：李馨馨
责任校对：陈　越　封面设计：鞠　杨
责任印制：单爱军
北京虎彩文化传播有限公司印刷
2025年1月第1版第5次印刷
184mm×260mm · 21.5印张 · 541千字
标准书号：ISBN 978-7-111-60177-7
定价：59.80元

凡购本书，如有缺页、倒页、脱页，由本社发行部调换

电话服务
服务咨询热线：010-88379833
读者购书热线：010-88379649

网络服务
机 工 官 网：www.cmpbook.com
机 工 官 博：weibo.com/cmp1952
教育服务网：www.cmpedu.com
金 书 网：www.golden-book.com

前　言

当前，以数字图像与视频处理技术为核心的网络视频、智能视频分析、图像识别等领域正在积极创新，为产业结构的调整和升级带来新的机会。国内许多高校的电子信息类、数字媒体、教育技术等专业纷纷开设数字图像与视频处理相关课程，以满足社会对相关专业人才的需求。尽管国内外出版的《数字图像处理》相关教材不少，但缺少将数字图像处理技术与数字视频处理技术有机地整合在一起的教材。近年来，作者一直关注着数字图像与视频处理技术的发展，并致力于该领域的教学与研究工作，深感出版一本《数字图像与视频处理》教材实有必要。

编写本教材的指导思想是：将图像与视频信息的处理技术有机地整合在一起，揭示其内在的关联，以便让学生在有限的学时内掌握更系统、更全面的知识。本书的特色主要体现在以下几方面。

(1) 取材先进，内容新颖。本书充分吸收了相关领域的新技术、新标准和新成果。例如，在第1.6节视频信号的数字化中，介绍了针对4K与8K超高清显示的国际标准ITU-R BT.2020；在第2.3节，介绍了基于稀疏表示的图像去噪技术；在第2.6节，介绍了基于Retinex理论的图像增强技术；在第4.5节，介绍了基于主动轮廓模型的图像分割新方法；在第6章，介绍了H.265/HEVC、AVS+视频编码标准；在第8章，介绍了数字图像与视频水印技术；在第9章，介绍了图像和视频质量的评价方法；在第10章，介绍了基于内容的图像和视频检索；在第11章，介绍了图像识别。

(2) 结构合理，条理清晰。本书突出定性分析和系统原理框图流程分析，科学系统地归纳本学科知识点的相互联系与发展规律，符合认知规律和教学规律，富有启发性，适合教学与自学，有利于激发学生的学习兴趣及创新能力培养。

(3) 重点突出，注重实用。本书以掌握基本原理、强化应用为重点，在强调基本概念、基本原理的同时，注重理论与实际应用相结合，列举了大量具有实际应用价值的MATLAB编程实例，使学生能较快地掌握图像与视频处理的基本理论、方法、实用技术及一些典型应用，学以致用，有利于培养学生解决实际问题的能力。

本书共11章，比较系统地介绍了数字图像与视频处理的基本概念、基本原理、关键技术和典型应用，知识体系完整，结构合理，各章内容既相互独立，又兼顾其内在关联及系统性。在对不同专业或不同层次的教学进行安排时，教师可根据学生已有的知识基础和专业方向等情况，有针对地选择其中的部分内容。对于不作为重点的教学内容，如果学生感兴趣，也可以自学。

本书的编写得到江苏省重点研发计划（BE2016775）以及“十三五”江苏省高等学校重点教材立项建设项目资助。在编写过程中，作者参考和引用了一些学者的研究成果、著作和论文，具体出处见参考文献。在此，作者向这些文献的著作者表示敬意和感谢！

本书的第9章由崔子冠老师编写，第11章及第2.3.4节、第2.3.6节、第2.6节、

第4.5节由唐贵进老师编写，其余内容由卢官明编写，全书由卢官明统审、定稿。鉴于作者水平所限，加之相关技术发展迅速，书中难免存在不妥之处，敬请同行专家和广大读者批评指正，提出宝贵意见和建议。

作　者
2018年3月

目　录

第 1 章　图像与视频处理基础

本章学习目标：

- 掌握光的特性与度量的基本知识，包括光通量、发光强度、照度、亮度等主要光度学参量。
- 掌握彩色三要素、三基色原理及混色方法等色度学知识。
- 理解 RGB、YUV、YIQ、YC_bC_r、HSI/HSV 等颜色空间的表示及转换。
- 掌握人眼视觉特性的知识，包括亮度感觉特性以及人眼的分辨力与视觉惰性。
- 熟悉图像、视频信号数字化的过程，掌握均匀量化的原理。
- 了解 NTSC、PAL 和 SECAM 三种兼容制彩色电视制式。
- 熟悉 ITU-R BT. 601、ITU-R BT. 709、ITU-R BT. 2020 建议和我国数字电视节目制作及交换用视频参数。
- 了解 MATLAB 中图像与视频文件的基本操作。

1.1　光的特性与光源

1.1.1　光的特性

光是一种电磁波，它具有波粒二象性——波动特性和微粒特性。电磁波包括无线电波、红外线、可见光、紫外线、X 射线和宇宙射线等，它们分别占据的频率范围如图 1-1 所示。其中人眼能看见的可见光谱只集中在（3.85～7.89）$\times 10^{14}$Hz 的频段内，其波长范围在 380～780nm 之间。不同波长的光作用于人眼后引起的颜色感觉各不相同，可见光谱的波长由 780nm 向 380nm 变化时，人眼产生的颜色感觉依次是红、橙、黄、绿、青、蓝、紫色。

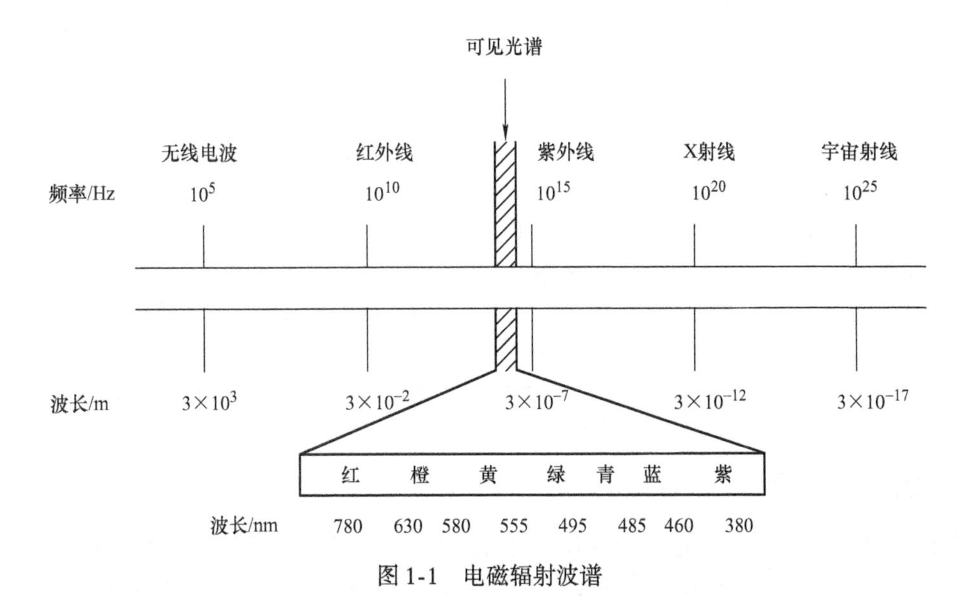

图 1-1　电磁辐射波谱

1.1.2 光通量和发光强度

通量这个术语在光辐射领域是常用的。光源辐射通量就是指其辐射功率，而光源对某面积的辐射通量是指单位时间内通过该面积的辐射能量；光源总的辐射功率（或总辐射通量）是指单位时间内通过包含光源的任一球面的辐射能量。通量与功率的意义是相同的，其单位是瓦（W）或焦［耳］/秒（J/s）。

通常光源发出的光是由各种波长组成的，每种波长都具有各自的辐射通量。光源总的辐射通量应该是各个波长辐射通量之和。

由于在相同的亮度环境条件下，辐射功率相同、波长不同的光所引起的亮度感觉不同；辐射功率不同、波长也不相同的光可能引起相同的亮度感觉。为了按人眼的光感觉去度量辐射功率，特引入光通量的概念。

在光度学中，光通量（Luminous Flux）明确地定义为能够被人的视觉系统所感受到的那部分辐射功率的大小的度量，单位是流［明］（lm）。

因此，只要用到光通量这个术语，首先想到它把看不见的红外线和紫外线排除在外了，而且在数量上也并不等于看得见的那部分光辐射功率值。那么，光通量的大小是怎样度量的呢？按照国际上最新的概念，它表示用标准人眼来评价的光辐射通量，其数学表达式为

$$\Phi_{\mathrm{V}} = K\int_{380}^{780} \Phi_{\mathrm{e}}(\lambda)V(\lambda)\,\mathrm{d}\,\lambda \tag{1-1}$$

式中，$V(\lambda)$ 是明视觉光谱光视效率函数，人眼的视觉特性，就是从这里开始被引入到对光的定量评价中来的；$\Phi_{\mathrm{e}}(\lambda)$ 是光源的辐射功率波谱；K 是一个转换常数，过去也曾称为光功当量，现在称为最大光谱效能，它的数值是一个国际协议值，规定 $K=683\mathrm{lm/W}$，即表示在人眼视觉系统最敏感的波长（555nm）上，辐射功率为 1W 相对应的光通量，有时称这个数为 1 光瓦。

因为人眼只对 380～780nm 的波长成分有光感觉，因此式中的积分限与此二数值相对应。由此可见，光通量的大小反映了一个光源所发出的光辐射能量所引起的人眼光亮感觉的能力。

一个 40W 的钨丝灯泡所能输出的光通量为 468lm，一个 40W 荧光灯可以输出的光通量为 2100lm。通常用每瓦流明数来表示一个光源或一个显示器的发光效率，如钨丝灯泡的发光效率为 11.7lm/W；荧光灯的发光效率为 52.5lm/W；用于电视照明的金属卤化物灯，发光效率可达 80～100lm/W。目前许多国家都在努力研制新型人工光源，并已取得不少成果，不仅提高了发光效率，而且延长了光源的使用寿命。

对于一个光源，可以说这个光源发出的光通量是多少；对于一个接收面，可以说它接收到的光通量有多少；对于一束光，可以说这束光传播的光通量是多少。从时间上讲，光通量可以是变化的，也可以是恒定的；从空间上来分析，可以导出光度学中其他几个常用的量。

一个光源，例如一个电灯泡，在它发光的时候，可以向四面八方照射，但它向各个方向所发出的光通量可能是不一样的，于是定义发光强度（Luminous Intensity）来描述在某指定方向上发出光通量的能力。发光强度的单位是坎［德拉］（cd）。1979 年第十六届国际计量大会决定：坎德拉是一光源在指定方向上的发光强度，该光源发出频率为 540×10^{12}Hz 的单色辐射，而且在此方向上的辐射强度为 1/683W/sr（瓦［特］每球面度）。

1.1.3 照度和亮度

当有一定数量的光通量到达一个接收面上时，人们称这个面被照明了，照明程度的大小可以用照度（Illuminance）来描述。照度是物体单位面积上所得到的光通量，其单位是勒［克斯］（lx）。1lx 等于 1lm 的光通量均匀地分布在 $1\mathrm{m}^2$ 面积上的光照度，即 $1\mathrm{lx}=1\mathrm{lm/m}^2$。

下面举几个实际生活中的照度值。

教室中的标准照明是指在课桌面上的照度不低于50lx；白天无阳光直射自然景物上的照度为$(1\sim2)\times10^4$lx；晴天室内的照度为100～1000lx；阴天自然景物上的照度约为10^3lx；阴天室内的照度为5～50lx；夜间满月下为10^{-1}lx。

发光强度只描述了光源在某一方向上的发光能力，并未涉及光源的面积，采用单位面积上的发光强度更能反映各种光源的“优劣”，这就要用到亮度这个概念。

亮度（Luminance）是一个表示发光面发光强弱的物理量，表示单位面积上的发光强度，其单位是坎［德拉］每平方米（cd/m^2）。

1.2 彩色三要素与三基色原理

1.2.1 光的颜色与彩色三要素

光的种类繁多，下面仅从颜色、频率成分和发光方式等方面将其分类。

• 按颜色可分为彩色光和非彩色光。非彩色光包括白色光、各种深浅不一样的灰色光和黑色光。

• 按频率成分可分为单色光和复合光。单色光是指只含单一波长成分的色光或者所占波谱宽度小于5nm的色光；包含有两种或两种以上波长成分的光称为复合光。

• 按频率和颜色综合考虑可分为谱色光和非谱色光。谱色光主要是指波长在780～380nm之间，颜色按红、橙、黄、绿、青、蓝、紫顺序排列的各种光；把两个或者两个以上的单色光混合所得，但又不能作为谱色出现在光谱上的色光称为非谱色光。白光是非谱色光。

单色光一定是谱色光，非谱色光一定是复合光，而复合光也可能是谱色光。例如，红单色光和绿单色光合成的复合光为黄色，它属于谱色光。

• 按发光方式可分为直射光，反射光和透射光。发光体（光源）直接发出的光称为直射光；物体对光源发出的光，能够进行反射所形成的光称为反射光；能进行透射所形成的光称为透射光。若设光源的功率波谱为$\Phi(\lambda)$，物体反射或透射特性分别为$\rho(\lambda)$和$\tau(\lambda)$，则直射光、反射光和透射光的功率波谱将分别为$\Phi(\lambda)$、$\Phi(\lambda)\ \rho(\lambda)$和$\Phi(\lambda)\ \tau(\lambda)$。

无论是什么光，它的颜色都是取决于客观与主观两方面的因素。

客观因素是它的功率波谱分布。光源的颜色直接取决于它的辐射功率波谱$\Phi(\lambda)$；而彩色物体的颜色不仅取决于它的反射特性$\rho(\lambda)$和透射特性$\tau(\lambda)$，而且还与照射光源的功率波谱$\Phi(\lambda)$有密切关系。因此，在色度学和彩色电视中，对标准光源的辐射功率波谱，必须做出明确而严格的规定。

主观因素是人眼的视觉特性。不同的人对于同一$\Phi(\lambda)$的光的颜色感觉可能是不相同的。例如，对于用红砖建造的房子，视觉正常的人看是红色，而有红色盲的人看是土黄色。

在色度学中，任一彩色光可用亮度（Lightness，也称为明度）、色调（Hue）和饱和度（Saturation）这三个基本参量来表示，称为彩色三要素。

1. 亮度（明度）

亮度也称明度或明亮度，是光作用于人眼时所引起的明亮程度的感觉，用于表示颜色明暗的程度。一般来说，彩色光的光功率大则感觉亮，反之则暗。就非发光物体而言，其亮度决定于由其反射（或透射）的光功率的大小。若照射物体的光功率为定值，则物体反射（或透射）系数越大，物体越明亮，反之，则越暗。对同一物体来说，照射光越强（即光功率越大），越明亮，反之则越暗。

亮度是非彩色的属性，用于描述亮还是暗，彩色图像中的亮度对应于黑白图像中的灰度。

2. 色调

色调是指颜色的类别，通常所说的红色、绿色、蓝色等，就是指色调。色调是决定色彩本质的基本参量，是色彩的重要属性之一，彩色物体的色调由物体本身的属性——吸收特性和反射或透射特性所决定。但是，当人们观看物体色彩时，还与照明光源的特性——光谱分布有关。色调与光的波长有关，改变光的波谱成分，就会使光的色调发生变化。例如在日光照射下的蓝布因反射蓝光而吸收其他成分而呈现蓝色，而在绿光照射下的蓝布则因无反射光而呈现黑色。对于透光物体（例如玻璃），其色调由透射光的波长所决定。例如红玻璃被白光照射后，吸收了白光中大部分光谱成分，而只透射过红光分量，于是人眼感觉到这块玻璃是红色的。

3. 饱和度（彩度）

饱和度是指彩色光所呈现色彩的深浅程度，也称为彩度。对于同一色调的彩色光，其饱和度越高，说明它的颜色越深，如深红、深绿等；饱和度越低，则说明它呈现的颜色越浅，如浅红、浅绿等。高饱和度的彩色光可以通过掺入白光而被冲淡，变成低饱和度的彩色光。各种单色光饱和度最高，单色光中掺入的白光愈多，饱和度愈低。当白光占绝大部分时，饱和度接近于零，白光的饱和度等于零。物体色调的饱和度决定于该物体表面反射光谱辐射的选择性程度，物体对光谱某一较窄波段的反射率很高，而对其他波长的反射率很低或不反射，表明它有很高的光谱选择性，物体这一颜色的饱和度就高。

色调与色饱和度合称为色度，它既说明彩色光的颜色类别，又说明颜色的深浅程度。色度再加上亮度，就能对颜色做完整的说明。

非彩色只有亮度的差别，而没有色调和饱和度这两种特性。

1.2.2 三基色原理及应用

在自然界中呈现的万紫千红的颜色，是人眼所感觉的颜色。在人眼的视觉理论研究中，眼睛视网膜的中心部分布满了锥体视觉细胞，它既有区别亮度的能力，又有区别颜色的能力。因此人们能看到自然界中的五颜六色，尤其是雨后的彩虹，黄、青、绿、紫、红、蓝的颜色给人以美的感觉。

三基色原理是指自然界中常见的大部分彩色都可由三种相互独立的基色按不同的比例混合得到。所谓独立，是指其中任何一种基色都不能由另外两种基色混合得到。三基色原理包括如下内容。

1）选择三种相互独立的颜色基色，将这三基色按不同比例进行组合，可获得自然界各种彩色感觉。

2）任意两种非基色的彩色相混合也可以得到一种新的彩色，但它应该等于把两种彩色各自分解为三基色，然后将基色分量分别相加后再相混合而得到的颜色。

3）三基色的大小决定彩色光的亮度，混合色的亮度等于各基色分量亮度之和。

4）三基色的比例决定混合色的色调，当三基色混合比例相同时，色调相同。

按照1931年国际照明委员会所作统一规定，选水银光谱中波长为700nm的红光为红基色光；波长为546.1nm的绿光为绿基色光；波长为435.8nm的蓝光为蓝基色光。常分别用R、G、B表示。当红、绿、蓝三束光比例合适时，就可以合成出自然界中常见的大多数彩色。

利用三基色原理，将彩色分解和重现，最终实现在视觉上的各种不同彩色，是彩色图像显示和表达的基本方法。

不同颜色混合在一起，能产生新的颜色，这种方法称为混色法。混色分为相加混色和相减混色。

1. 相加混色

相加混色是各分色的光谱成分相加，混色所得彩色光的亮度等于三种基色的亮度之和。彩色电视系统就是利用红、绿、蓝三种基色以适当的比例混合产生各种不同的彩色。经过对人眼识别颜色的研究表明：人的视觉对于单色的红、绿、蓝三种形式的色刺激具有相加的混合能力，例如：用适当比例的红光和绿光相加混合后，可产生与黄色光相同的彩色视觉效果；同样用适当比例的红光和蓝光相加混合后，可产生与品红色光（或称紫色光，严格地说，品红色与色谱中的紫色不同）相同的彩色视觉效果；用适当比例的蓝光和绿光相加混合后，可产生与青色光相同的彩色视觉效果。自然界中所有的万紫千红都可以用红、绿、蓝这三种颜色以适当的比例相加混合而成。相加混色的结果如图1-2所示。

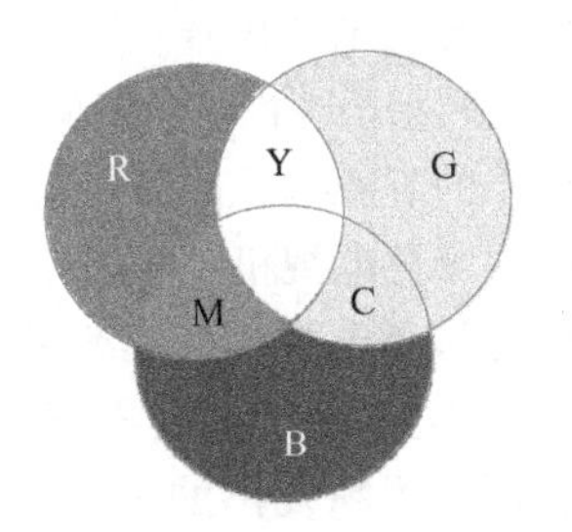

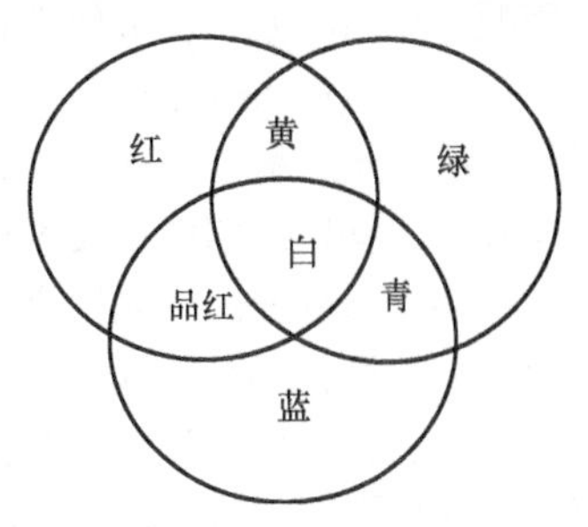

图1-2 相加混色

用等式表示为

红色 + 绿色 = 黄色　　绿色 + 蓝色 = 青色　　红色 + 蓝色 = 品红色

蓝色 + 黄色 = 白色　　红色 + 青色 = 白色　　绿色 + 品红色 = 白色

红色 + 绿色 + 蓝色 = 白色

因为“蓝色 + 黄色 = 白色”，所以在色度学中称蓝色为黄色的补色，黄色为蓝色的补色。同样，红色和青色互为补色，绿色和紫色互为补色。也就是说三基色红、绿、蓝相对应的补色分别是青色、品红色、黄色。在彩色电视中，常用的彩条信号，即黄色、青色、绿色、品红色、红色、蓝色彩条，就是由红、绿、蓝三基色和它们对应的补色组成的。

三基色原理是彩色电视的基础，人眼的彩色感觉和彩色光的光谱成分有密切关系，但不是决定性的，只要引起的彩色感觉相同，都可以认为颜色是相同的，而与它们的光谱成分无关紧要。例如，单色青光可以由绿色与蓝色组合而成，尽管它们的光谱成分不同，但人眼的彩色感觉却是相同的。因此，在彩色视觉重现的过程中，并不一定要求重现原景象的光谱成分，而重要的是应获得与原景象相同的彩色感觉。千变万化的彩色景象，无须按其光谱成分及强度的真实分布情况来传送，只要传送其中能合成它们的三种基色就可以完全等效，并能获得与原景象相同的彩色视觉。利用三基色原理就可以大大简化彩色电视信号的传输。

实现相加混色的方法通常有以下4种。

（1）时间混色法

时间混色法将三种基色光按一定的时间顺序轮流投射到同一平面上，只要轮换速度足够快，由于人眼的视觉惰性，分辨不出三种基色，而只能看到混合彩色的效果。如单片DLP（Digital Light Processing，数字光处理）色轮技术就是利用了时间混色法。

（2）空间混色法

空间混色法是将三种基色光分别投射到同一表面的相邻三点上，只要三点相隔足够近，由于人眼的分辨力有限，故看到的不是三种基色光而是它们的混色光。空间混色法是同时制彩色电视的基础，CRT（Cathode Ray Tube，阴极射线管）、PDP（Plasma Display Panel，等离子体显示器）、LCD（Liquid Crystal Display，液晶显示器）的显像就是利用了空间混色法。

（3）生理混色法

当两只眼睛同时分别观看不同的颜色（例如，左眼观看红光，右眼观看绿光），人们所感觉到的彩色不是两种单色，而是它们的混合色。立体彩色电视的显像方法就利用这种生理混色法。

（4）全反射法

全反射法是将三种基色光以不同比例同时投射到一块全反射的平面上。由此构成了投影彩电。例如，多媒体教室中的前投彩电、家电中的背投彩电的显像就是利用了这种方法。

利用空间和时间混色效应，就可以对彩色图像进行空间和时间上的分割，将其分解为像素，采用顺序扫描的方式，来处理和传送彩色电视信号。

彩色电视从20世纪初到现在，经过几十年的研究和发展，从摄像、传输到显示技术都是利用红、绿、蓝三基色原理把自然界中的五颜六色的景物显示到电视机屏幕上，供观众欣赏。就目前而言，在世界范围内，无论是模拟彩色电视机还是数字电视接收机，无论是扫描型阴极射线管电视机还是固有分辨力电视机（例如液晶电视机、等离子体电视机），无论是直视型电视机还是投影型电视机，都是利用三基色原理工作的。阴极射线管电视机、等离子体电视机，选用红、绿、蓝三色荧光粉作为三基色，利用荧光粉发出的三基色光进行混合而成；LCD电视机（包括直视型和投影型）、LCoS（Liquid Crystal on Silicon，硅基液晶）投影机都是通过光学系统滤光分色，分出红、绿、蓝三基色信号后经信号调制再相加混合而形成彩色图像。

但是，目前出现了各种不同成像原理的成像器件，有的成像器件重现还原的色域范围较小，限制了在电视中的应用，液晶面板就是其中的一种。为了提升液晶电视的彩色重现范围，生产液晶面板的一些公司研究不同的方法，改进和提高彩色的还原能力。采用四色、五色或六色滤色器面板，以提高液晶电视的彩色重现范围。对单片DLP投影机，为了增加亮度和彩色鲜艳度，将由过去的R、G、B三段色轮改造成R、G、B、C（青）、Y（黄）、M（品红）六段色轮，并在驱动和显示电路上，实现单独地对R、G、B、C、Y、M进行补偿，以提高投影机的亮度和彩色鲜艳度，同时也可以根据用户的需要进行修正。

随着数字化处理技术的发展，近几年对显示器的色度处理方法也越来越多，可以根据显示器内部电子装置的需要，将一些信号从一种形式变换成另一种形式，以便完成各种处理任务。例如，首先将这些信号实时地、一个像素一个像素地变换成亮度和色度坐标，以这种形式对其进行独立处理，最后变换成电子信号，传送给显示设备进行显示。这样做的最大优点就是将信号源信号的校正与参数设置和显示器的标准和设置隔离开来，可以独立地对某种颜色进行修改和校正，可以消除灰度、色调和饱和度之间的相互作用而产生的误差，可以允许因观众喜好不同而和信号源有一定的误差等优点。还有通过对电路的设计，可以单独对红、绿、蓝和它们对应的补色分别进行修正，获得更明亮、更鲜艳的彩色，以符合某些观众对颜色的喜好。

但无论采用哪种彩色的补偿修正方法，以红、绿、蓝作为彩色电视的三基色原理是不会改变的。因为彩色电视系统到目前为止，在前端摄像机采集景物图像的颜色、演播室的节目制作和中间的节目传输都是采用红、绿、蓝三基色；而在终端显示部分，只是有些企业为渲染彩色重现效果，在电视机的信号处理电路部分分别采用“六色”或“五色”或“四色”的处理技术，但在终端显示还是以R、G、B三基色相加混合重现彩色图像，重现的彩色范围不会超过三基色相加混色限定的范围。

2. 相减混色

在彩色印刷、彩色胶片和绘画中的混色采用相减混色法。相减混色是利用颜料、染料的吸色性质来实现的。例如，黄色颜料能吸收蓝色（黄色的补色）光，于是在白光照射下，反射光中因缺少蓝色光成分而呈现黄色。青色染料因吸收红光成分，在白光照射下呈现青色。若将黄、青两色颜料相混，则在白光照射下，因蓝、红光均被吸收而呈现绿色。混合颜料时，每增加一种颜料，都要从白光中减去更多的光谱成分，因此，颜料混合过程称为相减混色。在相减混色法中，通常选用青色（C）、品红（M）、黄色（Y）为三基色，它们能分别吸收各自的补色光，即红、绿、蓝光。因此，在相减混色法中，当将三基色按不同比例相混时，在白光照射下，红、绿、蓝光也将按相应的比例被吸收，从而呈现出各种不同的彩色。相减混色的结果如图1-3所示。

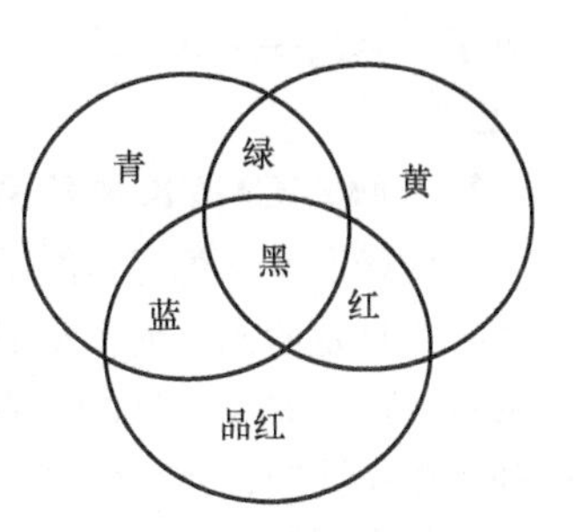

图1-3　相减混色

用等式表示为

青＝白－红　　　　　黄＋品红＝白－蓝－绿＝红

品红＝白－绿　　　　黄＋青＝白－蓝－红＝绿

黄＝白－蓝　　　　　品红－青＝白－绿－红＝蓝

黄＋青＋品红＝白－蓝－红－绿＝黑色

这种以青色（C）、品红（M）、黄色（Y）为三基色的彩色空间模型称为CMY模型。

1.2.3　几种典型的颜色空间模型及转换关系

在多媒体系统中通常用几种不同的颜色空间模型表示图形和图像的颜色，如计算机显示时采用RGB颜色空间模型；在彩色全电视信号数字化时使用YC_bC_r颜色空间；彩色印刷时采用CMYK颜色空间模型等。不同的颜色空间对应不同的应用场合，在图像的生成、存储、处理及显示时对应不同的颜色空间，需要做不同的处理和转换，下面简单介绍几种典型的颜色空间模型及转换关系。

1. RGB颜色空间模型

在多媒体计算机中，用得最多的是RGB颜色空间模型，因为计算机和彩色电视机的彩色显示器的输入需要RGB的彩色分量，通过3个分量的不同比例，在显示器屏幕上合成所需要的任一颜色。不管其中采用什么形式的颜色空间表示方法，多媒体系统最终的输出一定要转换成RGB空间表示。

在RGB颜色空间，对任意彩色光F，其配色方程可写为

$$F=r[R]+g[G]+b[B] \tag{1-2}$$

式中，r、g、b为三色系数；$r[R]$、$g[G]$、$b[B]$为F色光的三色分量。

RGB颜色空间模型可以用笛卡尔坐标系（Cartesian coordinates）中的立方体来形象表示，3个坐标轴的正方向分别是R、G、B三基色，用三维空间中的一个点来表示一种颜色，如图1-4所示。每个点有3个分量，分别代表该点颜色的红（R）、绿（G）、蓝（B）三基色的值。为了方便描述，将各基色的取值范围从0～255归一化到0～1。

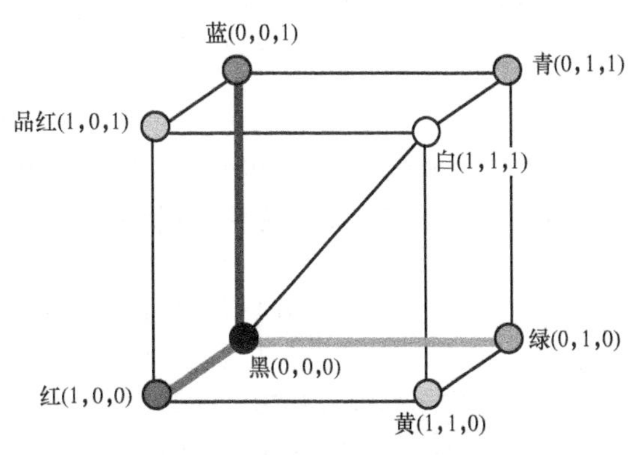

图1-4　RGB颜色空间模型

在RGB模型立方体中，原点所对应的颜色为黑色，它的3个分量值都为0。距离原点最远的顶点对应的颜色为白色，它的3个分量值都为1。从黑到白的灰度值分布在这两个点的连线上，该线称为灰色线。立方体内其余各点对应不同的颜色。彩色立方体中有3个角

对应于三基色——红、绿、蓝。剩下的三个角对应于三基色的3个补色——黄色、青色、品红色（紫色）。

2. CMY/CMYK颜色空间模型

彩色印刷或彩色打印的纸张是不能发射光线的，因而印刷机或彩色打印机就只能使用一些能够吸收特定的光波而反射其他光波的油墨或颜料。油墨或颜料的三基色是青（Cyan）、品红（Magenta）和黄（Yellow），简称为CMY。理论上说，任何一种由颜料呈现的颜色都可以用这三种基色按不同的比例混合而成，人们称这种颜色表示方法为CMY颜色空间表示法。彩色打印机和彩色印刷系统都采用CMY颜色空间模型。

CMY颜色空间正好与RGB颜色空间互补，即用白色减去RGB颜色空间中的某一颜色值就等于这种颜色在CMY颜色空间中的值。

根据这个原理，很容易把RGB颜色空间转换成CMY颜色空间。由于彩色墨水和颜料的化学特性，用等量的CMY三基色得到的黑色不是真正的黑色，因此在彩色印刷技术中常加一种真正的黑色墨水（Black Ink）。由于B已经用来表示蓝色，因此黑色用K表示，于是CMY颜色空间也称为CMYK颜色空间。

3. YUV和YIQ颜色空间模型

在现代彩色电视系统中，通常采用三管彩色摄像机或彩色CCD（Charge Coupled Device，电荷耦合器件）摄像机，它把得到的彩色图像信号，经分色，分别放大校正得到R、G、B，再经过矩阵变换电路得到亮度信号Y和2个色差信号$R-Y$、$B-Y$，最后发送端将亮度和2个色差信号分别进行编码，用同一信道发送出去。这就是PAL彩色电视制式中使用的YUV颜色空间模型和NTSC彩色电视制式中使用的YIQ颜色空间模型。其中Y表示亮度信号，U和V（I和Q）构成彩色的2个分量。

采用YUV颜色空间模型的重要性在于它的亮度信号Y和色差信号U、V是分离的。如果只有Y信号分量而没有U、V分量，那么表示的图就是黑白灰度图。彩色电视采用YUV空间模型正是为了用亮度信号Y解决彩色电视机与黑白电视机的兼容问题，使黑白电视机也能接收彩色信号。

另外，人眼对彩色图像细节的分辨能力比对黑白图像低，因此，对色度信号U和V可以采用“大面积着色原理”，即用亮度信号Y传送细节，用色度信号U、V进行大面积涂色。

根据美国国家电视制式委员会（NTSC）制式的标准，当白光的亮度用Y来表示时，它和红、绿、蓝三色光的关系可用式(1-3)描述为

$$Y=0.299R+0.587G+0.114B \tag{1-3}$$

这就是常用的亮度公式。色差信号U、V是由$B-Y$、$R-Y$按不同比例压缩而成的。YUV颜色空间模型与RGB颜色空间模型的转换关系为

$$\begin{bmatrix} Y \\ U \\ V \end{bmatrix} = \begin{bmatrix} 0.299 & 0.587 & 0.114 \\ -0.147 & -0.289 & 0.436 \\ 0.615 & -0.515 & -0.100 \end{bmatrix} \cdot \begin{bmatrix} R \\ G \\ B \end{bmatrix} \tag{1-4}$$

如果要由YUV转换成RGB，只要进行相应的逆运算即可

$$\begin{bmatrix} R \\ G \\ B \end{bmatrix} = \begin{bmatrix} 1 & 0 & 1.140 \\ 1 & -0.395 & -0.581 \\ 1 & 2.032 & 0 \end{bmatrix} \cdot \begin{bmatrix} Y \\ U \\ V \end{bmatrix} \tag{1-5}$$

美国、日本等国采用了NTSC制式，选用的是YIQ颜色空间模型。Y仍为亮度信号，I、Q仍

为色差信号，但它们与 U、V 不同，其区别是色度矢量图中的位置不同，Q、I 为互相正交的坐标轴，它与 U、V 正交轴之间有 33°夹角。

I、Q 与 V、U 之间的关系可以表示为

$$\begin{cases} I = V\cos 33° - U\sin 33° \\ Q = V\sin 33° + U\cos 33° \end{cases} \tag{1-6}$$

YIQ 颜色空间模型与 RGB 颜色空间模型的转换关系为

$$\begin{bmatrix} Y \\ I \\ Q \end{bmatrix} = \begin{bmatrix} 0.299 & 0.587 & 0.114 \\ 0.596 & -0.275 & -0.321 \\ 0.212 & -0.523 & 0.311 \end{bmatrix} \begin{bmatrix} R \\ G \\ B \end{bmatrix} \tag{1-7}$$

选择 YIQ 颜色空间模型的优势是：由人眼彩色视觉的特性表明，人眼分辨红、黄之间颜色变化的能力最强，而分辨蓝、紫之间颜色变化的能力最弱。通过一定的变化，I 对应于人眼最敏感的色度，而 Q 对应于人眼最不敏感的色度。这样，传送 Q 可以用较窄的频带，而传送分辨率较强的 I 信号时，可以用较宽的频带。对应于数字化的处理则可以用不同的比特数来记录这些分量。

4. YC_bC_r 颜色空间模型

YC_bC_r 颜色空间是由 YUV 颜色空间派生的一种颜色空间模型，主要用于数字电视系统。与 RGB 颜色空间不同，YC_bC_r 颜色空间采用一个亮度信号（Y）和两个色差信号（C_b，C_r）来表示。采用这种表示方法的原因主要是为了减少数据存储空间和节省数据传输带宽，同时又能非常方便地兼容黑白电视。基本上，YC_bC_r 代表和 YUV 相同的颜色空间。但是 YC_bC_r 中的各成分是 YUV 颜色空间中各成分的成比例的补偿数值。YC_bC_r 颜色空间模型与 RGB 模型的转换关系式为

$$\begin{bmatrix} Y \\ C_r \\ C_b \end{bmatrix} = \begin{bmatrix} 0.2990 & 0.5870 & 0.1140 \\ 0.5000 & -0.4187 & -0.0813 \\ -0.1687 & -0.3313 & 0.5000 \end{bmatrix} \begin{bmatrix} R \\ G \\ B \end{bmatrix} \tag{1-8}$$

式中，R、G、B 的值指定在 [0，1] 范围内，Y 分量的范围为 [0，1]，C_b 和 C_r 分量的范围为 [-0.5，0.5]。当采用 8bit 量化时，Y、C_b 和 C_r 分量的量化级再用式(1-9) 计算，得

$$\begin{cases} Y = \text{round}[219Y + 16] \\ C_r = \text{round}[C_r + 128] \\ C_b = \text{round}[C_b + 128] \end{cases} \tag{1-9}$$

式中，round[ ] 表示四舍五入取整运算。

5. HSI/HSV 颜色空间模型

用 RGB 颜色空间来表示颜色虽然方便，但是两个相近颜色的 R、G、B 值却可能差别很大，不同于人们日常中对颜色区分的理解。HSI/HSV 颜色空间模型是从人的视觉系统出发，用 H (Hue)、S(Saturation)、I(Intensity) 或 V(Value) 分别代表色调、色饱和度、亮度三种独立的颜色特征。这个模型的建立基于如下两个重要的事实。

1）I 或 V 分量与图像的彩色信息无关。

2）H 和 S 分量与人感受颜色的方式是相一致的。

这些特点使得 HSI/HSV 模型非常适合借助人的视觉系统来感知彩色特性的图像处理算法。

图 1-5 所示为一种用圆锥体表示的 HSV 颜色空间模型。

在图 1-5a 所示的 HSV 颜色空间模型中，以圆锥底部的点为坐标原点，圆锥的每个水平截面包含了所有的颜色，常用色相环（见图 1-5b）来描述 H（色调）和 S（色饱和度）两个参数。H（色调）以绕圆锥中心轴的角度表示，取值范围为 [0°，360°]。一般假定，红色对应 H=0°，绿

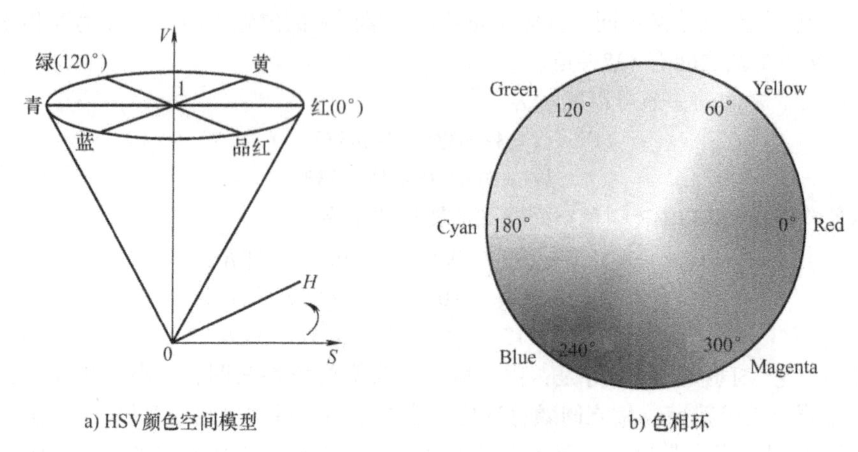

a) HSV颜色空间模型　　b) 色相环

图 1-5　HSV 颜色空间模型

色对应 $H=120°$，蓝色对应 $H=240°$。0°～240° 之间的色调覆盖了所有可见光谱的彩色，在 240°～360°之间的色调为人眼可见的非光谱色（紫色）。色饱和度是指一个颜色的鲜明程度饱和度越高，颜色越深，如深红、深绿。S（色饱和度）参数由色相环的原点（圆心）到彩色点的半径的长度表示，归一化后取值范围为［0，1］。V（亮度）直接用圆锥的中心轴表示，取值范围也为［0，1］。在圆锥的顶点（即原点）处，$V=0$，H 和 S 的值无意义，代表黑色。圆锥的顶面中心处 $S=0$，$V=1$，H 的值无意义，代表白色。类似于 RGB 颜色空间，连接原点和顶面中心的轴线也是一条灰度线，对于灰度线上的点，$S=0$，H 的值无意义。在圆锥顶面的圆周上的颜色，$V=1$，$S=1$，这种颜色是纯色，其饱和度值最大。

利用 HSI/HSV 颜色空间中各颜色特征相互独立的特点，在图像处理时，可以将亮度分量剔除，减少处理结果受光线变化的影响。因此，在计算机视觉领域，常将 RGB 颜色空间转换到 HSI/HSV 颜色空间进行处理，以得到更好的效果。

HSI/HSV 颜色空间模型和 RGB 颜色空间模型只是同一物理量的不同表示法，因而它们之间存在着转换关系。

（1）RGB 模型转换到 HSI/HSV 模型

给定一幅 RGB 彩色格式的图像，对任何 3 个［0，1］范围内的 R、G、B 值，其对应 HSI/HSV 模型中的 I（V 值相同）、S、H 分量的计算公式为

$$I=\frac{R+G+B}{3} \tag{1-10}$$

$$S=1-\frac{3}{R+G+B}\min(R,G,B) \tag{1-11}$$

$$H=\begin{cases}\theta, & B\leqslant G\\ 360°-\theta, & B>G\end{cases} \tag{1-12}$$

其中，

$$\theta=\arccos\left\{\frac{(R-G)+(R-B)}{2\left[(R-G)^2+(R-B)(G-B)\right]^{\frac{1}{2}}}\right\} \tag{1-13}$$

（2）HSI/HSV 模型转换到 RGB 模型

假设 S 和 I 的值在［0，1］之间，R、G、B 的值也在［0，1］之间，则 HSI 模型转换为 RGB 模型的公式分成 3 段，以便利用对称性。

① 当 $0° \leqslant H < 120°$ 时

$$B = I(1 - S) \tag{1-14}$$

$$R = I\left[1 + \frac{S\cos H}{\cos(60° - H)}\right] \tag{1-15}$$

$$G = 3I - (B + R) \tag{1-16}$$

② 当 $120° \leqslant H < 240°$ 时

$$R = I(1 - S) \tag{1-17}$$

$$G = I\left[1 + \frac{S\cos(H - 120°)}{\cos(180° - H)}\right] \tag{1-18}$$

$$B = 3I - (G + R) \tag{1-19}$$

③ 当 $240° \leqslant H < 360°$ 时

$$G = I(1 - S) \tag{1-20}$$

$$B = I\left[1 + \frac{S\cos(H - 240°)}{\cos(300° - H)}\right] \tag{1-21}$$

$$R = 3I - (G + B) \tag{1-22}$$

对于 HSV 模型到 RGB 模型的转换，只要将上述公式中的 I 变量换成 V 变量就行了。

1.3 人眼的视觉特性

1.3.1 视觉光谱光视效率曲线

视觉效应是由可见光刺激人眼引起的。如果光的辐射功率相同而波长不同，则引起的视觉效果也不同。随着波长的改变，不仅颜色感觉不同，而且亮度感觉也不相同。例如，在等能量分布的光谱中，人眼感到最亮的是黄绿色，而红色则暗得多。反过来说，要获得相同的亮度感觉，所需要的红光的辐射功率要比绿光的大得多。人眼这种对不同波长光有不同敏感度的规律因不同人而有所不同；对同一人来讲，也会因年龄、身体状况等因素而变化。下面要介绍的人眼光谱光视效率曲线是以“标准观察者”的标准数据为依据的，即这些数据来自对许多正常视觉观察者测试结果的平均值。

为了确定人眼对不同波长光的敏感程度，可在相同亮度感觉的情况下，测出各种波长光的辐射功率 $\Phi_V(\lambda)$。显然，$\Phi_V(\lambda)$ 越大，说明该波长的光越不容易被人眼所感觉；$\Phi_V(\lambda)$ 越小，则人眼对该波长的光越敏感。因此，$\Phi_V(\lambda)$ 的倒数可用来衡量视觉对波长为λ的光的敏感程度，称为光谱光视效能，用 $K(\lambda)$ 表示。

实验表明，对$\lambda = 555\text{nm}$ 的黄绿光，有最大的光谱光视效能 $K_m = K(555)$。于是，把任意波长光的光谱光视效能 $K(\lambda)$ 与 K_m之比称为光谱光视效率，并用函数 $V(\lambda)$ 表示：

$$V(\lambda) = \frac{K(\lambda)}{K(555)} = \frac{K(\lambda)}{K_m} \tag{1-23}$$

如果用得到相同主观亮度感觉时所需各波长光的辐射功率 $\Phi_V(\lambda)$ 表示，则有

$$V(\lambda) = \frac{\Phi_V(555)}{\Phi_V(\lambda)} \tag{1-24}$$

$V(\lambda)$ 是小于 1 的数，也就是说，为得到相同的主观亮度感觉，在波长为 555nm 时，所需光的辐射功率为最小。随着波长自 555nm 开始逐渐增大或减小，所需辐射功率将不断增长，或者说光谱光视效能不断下降。

图 1-6 所示为明视觉与暗视觉的光谱光视效率 $V(\lambda)$ 曲线。这条曲线也称为相对视敏度（或光谱灵敏度）曲线。

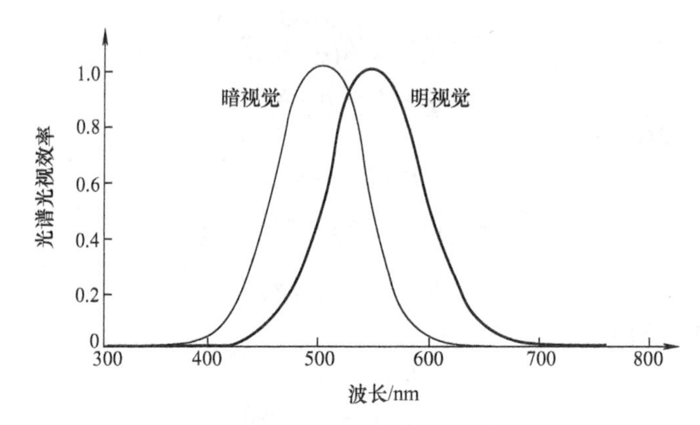

图 1-6　明视觉与暗视觉的光谱光视效率曲线

1.3.2　人眼的亮度感觉特性

1. 明暗视觉

在 1.3.1 节中讨论了人眼的明视觉光谱光视效率，并给出了图 1-6 中粗线所示的典型 $V(\lambda)$ 曲线。这条曲线表明在白天正常光照下人眼对各种不同波长光的敏感程度，它称为明视觉光谱光视效率曲线。明视觉过程主要是由锥状细胞完成的，它既产生明感觉，又产生彩色感觉。因此，这条曲线主要反映锥状细胞对不同波长光的亮度敏感特性。

在夜晚或微弱光线条件下，人眼的视觉过程主要由杆状细胞完成。而杆状细胞对各种不同波长光的敏感程度将不同于明视觉视敏度，表现为对波长短的光敏感程度有所增大。即光谱光视效率曲线向左移，如图 1-6 中细线所示。在这种情况下，紫色能见范围扩大；红色能见范围缩小。这一曲线称暗视觉光谱光视效率曲线。

当光线暗到一定程度时，杆状细胞只有明暗感觉，而没有彩色感觉。于是人眼分辨不出光谱中各种颜色，结果使整个光谱带只反映为明暗程度不同的灰色带。

2. 亮度感觉

在定义亮度时虽然已经考虑了人眼的视觉光谱光视效率曲线，但在观察景物时所得到的亮度感觉却并不直接由景物的亮度所决定，而且还与周围环境的背景亮度有关。人眼的亮度感觉特性如图 1-7 所示。

人眼察觉亮度变化的能力是有限的。请看下面的实验：让人眼观察如图 1-7a 所示 P_1 和 P_2 两个画面，P_1 和 P_2 的亮度均可调节。保持 P_1 亮度从 B 缓慢递增至 $B+\Delta B_{min}$，直到眼睛刚刚觉察到两者的亮度有差别为止。此时，可认为在这个亮度下的亮度感觉差了一级。用相同的方法，可以求出不同亮度的主观亮度感觉级数，并制成如图 1-7b 所示的曲线。曲线的意义是实际亮度变化所引起的主观亮度感觉变化。图中横坐标代表实际亮度的变化，纵坐标代表主观亮度感觉的级数。

以上实验说明：

1）要使人眼感觉到 P_1 和 P_2 两个画面有亮度差别，必须使两者的亮度差达到 ΔB_{min}，ΔB_{min} 称为可见度阈值。因 ΔB_{min} 是有限小量，而不是无限小量，因此，人眼察觉亮度变化的能力是有限的。

2）对于不同的背景亮度 B，人眼可觉察的最小亮度差 ΔB_{min} 也不同。但在一个均匀亮度背景下，$\Delta B_{min}/B$ 是相同的，并等于一个常数 ξ。

$\xi=\Delta B_{min}/B$ 称为相对对比度灵敏度阈或韦伯-费赫涅尔系数（Weber-Fechner Ratio）。随着环境的不同，ξ 的值通常在 0.005～0.02 范围内变化。当背景亮度很高或很低时，ξ 的值可增大至 0.05。在观看电视图像时，由于受环境杂散光影响，ξ 的值会更大些。

3. 视觉范围及明暗感觉的相对性

视觉范围是指人眼所能感觉到的亮度的范围。由于眼睛的感光作用可以随外界光的强弱而自动调节，所以，人眼的视觉范围极宽，从千分之几直到几百万坎［德拉］每平方米。但人眼不能同时感受这么宽的亮度范围，当人眼适应了某一环境的平均亮度之后，所能感觉的亮度范围将变小。这主要是依靠了瞳孔和光敏细胞的调节作用。瞳孔根据外界光的强弱调节其大小，使射到视网膜上的光通量尽可能是适中的。在强光和弱光下，分别由锥状细胞和杆状细胞作用，而后者的灵敏度是前者的 10000 倍。图 1-7b 所示的两条交叉曲线，分别表示杆状细胞和锥状细胞察觉亮度变化的关系。

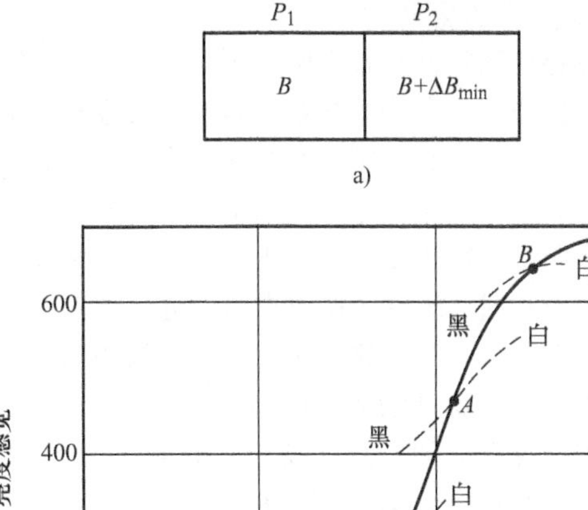

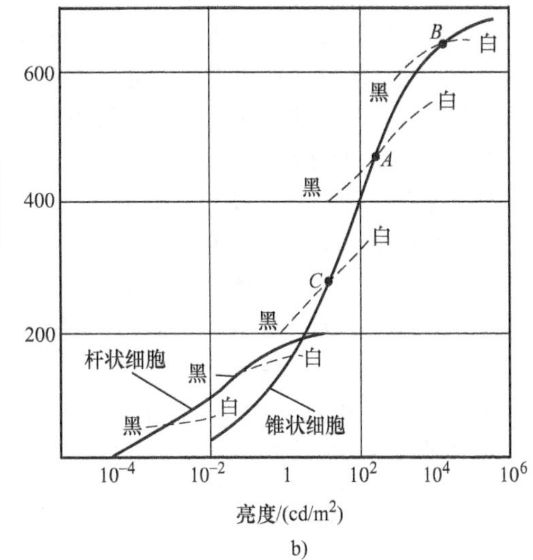

图 1-7　人眼的亮度感觉特性

在不同的亮度环境下，人眼对于同一实际亮度所产生的相对亮度感觉是不相同的。例如同一电灯，在白天和黑夜它对人眼产生的相对亮度感觉是不相同的。通常，在适当的平均亮度下，能分辨的最大亮度与最小亮度之比约为 1000∶1。当平均亮度很低时，这个比值只有 10∶1。例如，晴朗的白天，环境亮度约为 10000cd/m²，人眼可分辨的亮度范围为 200～20000cd/m²，低于 200cd/m² 的亮度引起黑色感觉。而在夜间，环境亮度为 30cd/m² 时，可分辨的亮度范围只为 1～200cd/m²，这时 100cd/m² 的亮度就引起相当亮的感觉，只有低于 1cd/m² 的亮度才引起黑色感觉。图 1-7b 的曲线也说明了这一点，当人眼分别适应了 *A*、*B*、*C* 点的环境亮度时，人眼感觉到“白”和“黑”的范围如虚线所示，它们所对应的实际亮度范围比人眼的视觉范围小很多。并且 *A* 点的实际亮度对于适应了 *B* 点亮度的眼睛来说感觉很暗；而对于适应了 *C* 点亮度的眼睛来说，却感觉很亮。

人眼的这种视觉特性具有很重要的实际意义。一方面，重现图像的亮度不需要等于实际景象的亮度，只需要保持二者的最大亮度 B_{max} 和最小亮度 B_{min} 之比值 C 不变。此比值 $C=B_{max}/B_{min}$ 称为对比度。另一方面，对于人眼不能察觉的亮度差别，在重现图像时也不必精确复制出来，只要保证重现图像和原景物有相同的亮度层次。简而言之，只要重现图像与原景象对人眼主观感觉具有相同的对比度和亮度层次，就能给人以真实的感觉。正因为如此，电影和电视中的景物实际上并不反映实景亮度，却能给人以真实的亮度感觉。

1.3.3　人眼的分辨力与视觉惰性

1.3.2 节已经指出人眼觉察亮度最小变化的能力是有限的。不仅如此，人眼对黑白细节的分辨力也是有限的。另外，人眼主观亮度感觉总是滞后于实际高密度的变化，即存在所谓“视觉惰性”。下面分别加以说明。

1. 人眼的分辨力

图像的清晰度是指人眼对图像细节是否清晰的主观感觉。就电视图像清晰度来说，它受两种因素的限制：一是电视系统本身分解像素的能力，即电视系统分解力；二是人眼对图像细节的分辨力。由于人眼对图像细节的分辨能力是有限的，为此，电视系统分解力只要达到人眼的极限分辨力就够了，超过这一极限是没有必要的。

人眼的分辨力是指人在观看景物时人眼对景物细节的分辨能力。当人眼观察相隔一定距离的两个黑点时，若两个黑点靠得太近，则人眼就分辨不出有两个黑点存在，而只感觉到是连在一起的一个点。这种现象表明人眼分辨景物细节的能力是有一定极限的。

人眼对被观察物体上刚能分辨的最紧邻两黑点或两白点的视角 θ 的倒数称为人眼的分辨力或视觉锐度。在图 1-8 中，L 表示人眼与图像之间的距离，d 表示能分辨的最紧邻两黑点之间的距离，θ 表示人眼对该两点的视角（也称分辨角）。若 θ 以分为单位，则根据图示几何关系，得到

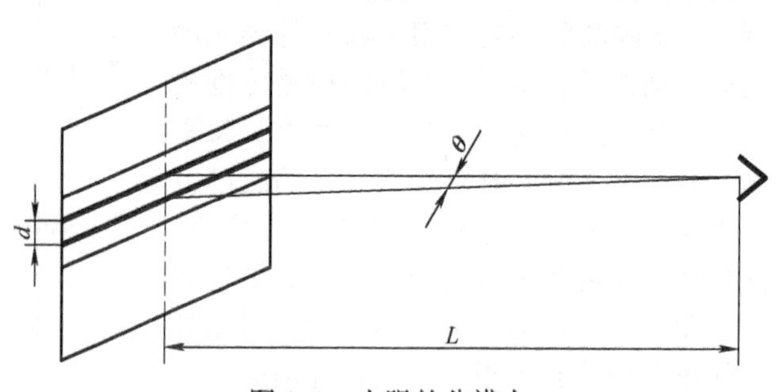

图 1-8　人眼的分辨力

$$\frac{d}{2\pi L}=\frac{\theta}{360\times 60}$$

或

$$\theta=\frac{57.3\times 60\times d}{L}=3438\,\frac{d}{L} \tag{1-25}$$

人眼的分辨力（视觉锐度）等于 $1/\theta$。另外，人眼的分辨力还与照明强度、被观察物体运动速度、景物的相对对比度等因素有关。

实验表明，人眼对彩色细节的分辨力要低于对黑白细节的分辨力。例如，若把人眼刚好能分辨的黑白相间的条纹换成不同颜色的相间条纹，则眼睛就不能再分辨出条纹。如果条纹是红绿相间的，则人眼感觉到的是一片黄色。不但人眼对彩色细节的分辨力低，而且对不同彩色的细节分辨力也不一样。若人眼对黑白细节的分辨力定为 100%，则对其他彩色细节的分辨力如表 1-1 所示。

表 1-1　人眼对彩色细节的分辨力

细节色别	黑白	黑绿	黑红	黑蓝	绿红	红蓝	绿蓝
分辨力	100%	94%	90%	26%	40%	23%	19%

由于人眼对彩色细节的分辨力低，所以在彩色电视系统传送彩色图像时，对于图像的细节，可只传黑白的亮度信号，而不传彩色信息。这就是所谓的彩色电视大面积着色原理。利用这个原理可以节省传输的频带。

2. 视觉惰性与临界闪烁频率

视觉惰性是人眼的重要特性之一，它描述了主观亮度与光作用时间的关系。当一定强度的光突然作用于视网膜时，人眼并不能立即产生稳定的亮度感觉，而须经过一个短暂过程后才会形成稳定的亮度感觉。另外，当作用于人眼的光突然消失后，亮度感觉并不立即消失，也需经过一段时间的过渡过程。光线消失后的视觉残留现象称为视觉暂留或视觉残留。人眼视觉暂留时间，在白天约为 0.02s，夜晚约为 0.2s。人眼亮度感觉变化滞后于实际亮度变化，以及视觉暂留特性，总称为视觉惰性。电视中利用人眼的视觉惰性和荧光粉的余晖效应以及电子束高速反复运动，使屏幕上原本不连续的光亮，产生整个屏幕同时发光的效果。

当人眼受周期性的光脉冲照射时，如果光脉冲频率不高，则会产生一明一暗的闪烁感觉，长期观看容易疲劳。如果将光脉冲频率提高到某一定值以上，由于视觉惰性，眼睛便感觉不到闪烁，感觉到的是一种均匀的连续的光刺激。刚好不引起闪烁感觉的最低频率称为临界闪烁频率，它主要与光脉冲的亮度有关。当光脉冲的频率大于临界闪烁频率时，感觉到的亮度是实际亮度的平均值。

电影和电视正是利用视觉惰性产生活动图像的。在电影中每秒播放24幅固定的画面，而电视每秒传送25幅或30幅图像，由于人眼的视觉暂留特性，从而在大脑中形成了连续活动的图像。假设人眼不存在视觉惰性，人们将只会看到每秒跳动24次静止画面的电影，如同观看快速变换的幻灯片一样；同样，电视也将没有连续活动的感觉。

为了不产生闪烁感觉，在电影中采用遮光的办法使每幅画面放映两次，实际上相当于每秒钟放映48格画面，其闪烁频率为$f_V=48\text{Hz}$。在电视中，采用隔行扫描方式，每帧（幅）画面用两场传送，使场频（$f_V=50\text{Hz}$或60Hz）高于临界闪烁频率，因此正常的电影和电视都不会出现闪烁感觉，并能呈现较好的连续活动的图像。

应当指出的是，人眼在高亮度下对闪烁的敏感程度高于在低亮度下的情况。对于今天的高亮度显示器而言，临界闪烁频率可能高达60～70Hz。

1.4 图像信号的数字化

由于人眼所感觉的景物是连续的，所形成的图像为连续图像，而连续图像信号是无法直接在数字系统中实现传输或存储的，因此需要将连续图像信号转化为离散数字信号。通常人们称此过程为图像信号的数字化，主要包括采样、量化和编码3个步骤。

1. 图像信号的表示

彩色图像信号一般可以用多变量函数表示为

$$I=f(x,y,z,\lambda,t) \tag{1-26}$$

式中，x、y、z表示空间某点的坐标；λ为光的波长；t为时间轴坐标。

由于式(1-26)是一个多变量的函数，不易分析，需要采用一些有效的方法进行降维。对于静态的二维图像而言，式(1-26)中的z和t应取常数。另外，由三基色原理可知，I可表示为3个基色分量的和，即

$$I=I_R+I_G+I_B \tag{1-27}$$

于是

$$\begin{cases}I_R=f_R(x,y)\\I_G=f_G(x,y)\\I_B=f_B(x,y)\end{cases} \tag{1-28}$$

由于式(1-28)中的每个彩色分量都可以看作一幅黑白图像，所以，所有对于黑白图像的理论和方法都适用于彩色图像的每个分量。

2. 图像信号的采样

图像信号是二维平面空间的信号，它是一个以平面上的点坐标（x，y）作为变量的函数。例如，黑白与灰度图像是用二维平面上的亮度变化函数来表示的，通常记为$f(x，y)$。

图像信号的采样就是图像在二维空间上的离散化，也就是用空间上选取部分点的亮度值来代表图像，这些所选取的点称为采样点或样点，即像素点。

在二维平面上对图像$f(x，y)$进行空间采样时，常采用均匀采样。也就是把二维图像平面

在 x 方向和 y 方向分别进行等间距划分，从而把二维图像平面划分成 $M\times N$ 个网格，并使各网格中心点的位置与用一对实整数表示的笛卡尔坐标（i,j）相对应。二维图像平面上所有网格中心点位置对应的有序实整数对的笛卡尔坐标的全体就构成了该幅图像的像素点集合。各像素点的亮度值，就构成一个离散函数 $f(i,j)$，其示意图如图 1-9 所示。如果是彩色图像，则是以 R、G、B 三基色的值作为分量的二维矢量函数来表示，即

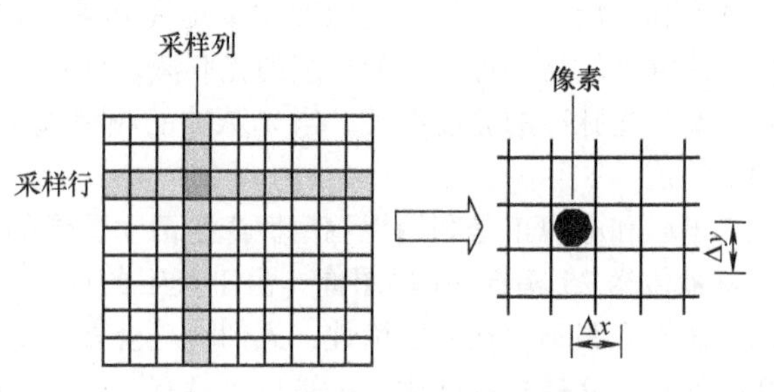

图 1-9　图像信号的采样示意图

$$f(i,j)=[f_R(i,j)\quad f_G(i,j)\quad f_B(i,j)]^{\mathrm{T}} \tag{1-29}$$

在进行采样时，采样点间隔的选取是一个非常重要的问题，它决定了采样后图像的质量，即忠实于原图像的程度。与一维信号一样，二维图像信号的采样也要遵循采样定理。

据分析表明，图像中景物的复杂程度是有限的。通常，图像中大部分区域内的内容变化不大，而且人眼对空间频率上的复杂程度（频率）的分辨能力有一定的局限性，因而从频率域上来观察图像时，大多数情况下其频谱局限在一定的范围之内。如图 1-10 所示，一个模拟信号 $f(x,\ y)$ 的傅里叶频谱为 $F(\mu,\ v)$，如果其水平方向的最大空间频率为 U_{m}，垂直方向的最大空间频率为 V_{m}，那么采样后的图像信号 $f(i,j)$ 的频谱是原频谱 $F(\mu,\ v)$ 沿 u 轴和 v 轴分别以 $\Delta\mu=\dfrac{1}{\Delta x}$，$\Delta v=\dfrac{1}{\Delta y}$为间隔无限地周期重复的结果，如图 1-10c 所示。从图中可以看出，只要水平和垂直方向的采样频率分别为 $\Delta\mu\geqslant 2U_{\mathrm{m}}$ 和 $\Delta v\geqslant 2V_{\mathrm{m}}$，即水平采样间隔 $\Delta x\leqslant\dfrac{1}{2U_{\mathrm{m}}}$和垂直采样间隔 $\Delta y\leqslant\dfrac{1}{2V_{\mathrm{m}}}$，那么采样后的图像信号频谱就不会出现混叠。因此，通常在进行采样之前图像信号首先经过一个低通滤波器，使其成为一个频带受限信号。当以满足上述条件的采样间隔进行采样时，采样后的图像频谱不会出现混叠的现象，这样可以利用一个低通滤波器将原图像频谱滤出，从而可无失真地重建原图像，这就是二维采样定理，也称为二维奈奎斯特采样定理。

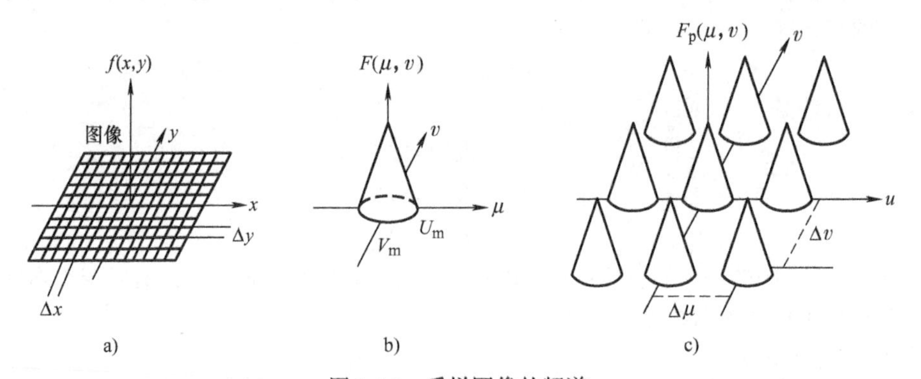

图 1-10　采样图像的频谱

在实际中，为了减少数字化后的图像数据量，常采用降低采样频率的办法。当采样频率小于奈奎斯特采样频率时，通常称其为亚采样。此时采样图像频谱中的各次谐波之间将出现混叠的现象，无法利用低通滤波器将原图像的频谱分量取出。因此在采用亚采样进行图像数字化时，会给系统引入一定的混叠失真。

3. 图像信号的量化

模拟图像经过采样后，在时间和空间上离散化为像素。但采样所得的像素值仍是连续量。把采样后所得的各像素值从模拟量到离散量的转换称为图像信号的量化。图 1-11a 说明了量化过程。若连续像素值用 z 来表示，对于满足 $z_i \leqslant z < z_{i+1}$ 的 z 值，都量化为整数 q_i。q_i 称为像素的灰度级，z 与 q_i 的差称为量化误差。一般，像素值量化后用一个字节（即 8bit）来表示，如图 1-11b 所示，把由黑—灰—白的连续变化的灰度值，量化为 0 ~ 255 共 256 级灰度级。

连续灰度值量化为离散灰度级的方法有两种，一种是等间隔量化，也称为均匀量化或线性量化；另一种是非等间隔量化，也称为非均匀量化。均匀量化就是简单地把采样值的灰度范围等间隔地分割并进行量化。对于像素灰度值在黑—白范围较均匀分布的图像，这种量化方法可以得到较小的量化误差。为了减小量化误差，引入了非均匀量化的方法。非均匀量化是依据一幅图像具体的灰度值分布的概率密度函数，按总的量化误差最小的原则来进行量化。具体做法是对图像中像素灰度值频繁出现的灰度值范围，量化间隔取小一些，而对那些像素灰度值极少出现的灰度值范围，则量化间隔取大一些。由于图像灰度值的概率分布密度函数因图像不同而异，所以不可能找到一个适用于各种不同图像的最佳非等间隔量化方案。因此，实用上一般都采用等间隔量化。

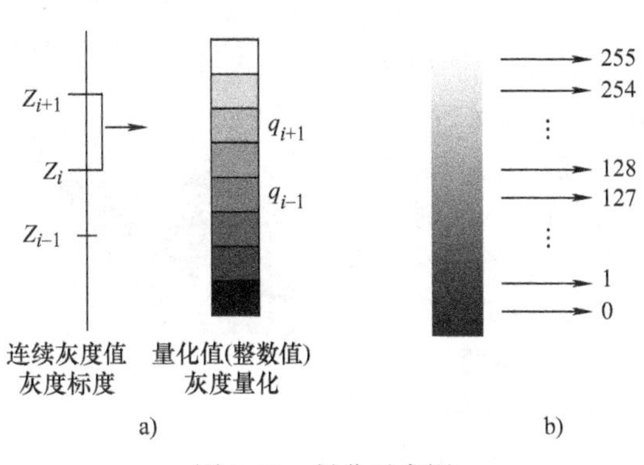

图 1-11　量化示意图

图 1-12a 所示的连续灰度图像，经采样、量化后得到的数字图像如图 1-12b 所示。

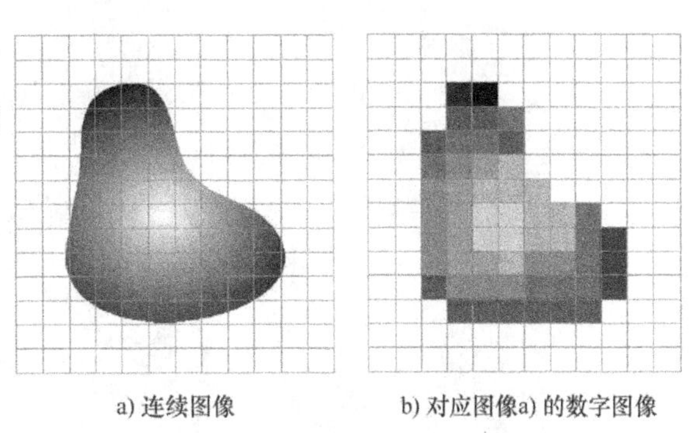

图 1-12　连续图像与数字图像

4. 采样与量化精度对图像质量的影响

一幅图像在采样时，行、列的采样点与量化时每个像素量化的级数，既影响数字图像的质量，也影响到该数字图像数据量的大小。假定图像的采样点数为 $M \times N$ 个，每个像素的量化级数为 Q，一般 Q 总是取为 2 的整数幂，即 $Q = 2^k$，其中 k 为量化精度或量化位数，则存储一幅数字图像所需的字节数 B 为

$$B = M \times N \times \frac{k}{8} \tag{1-30}$$

对一幅大小固定的图像，当量化级数 Q 一定时，采样点数 $M \times N$ 对图像质量有着显著的影响。一般来说，采样点数越多（或采样间隔越小），所得图像像素数就越多，空间分辨率就越高，图像质量就越好，但数据量也就越大；当采样点数减少（或采样间隔增大）时，所得图像像素数减少，空间分辨率降低，图像质量下降，严重时出现马赛克效应图，如图 1-13 所示。

同理，当图像的采样点数一定时，采用不同量化级数的图像质量也不一样。量化级数越多，所得图像层次越丰富，灰度分辨率就越高，图像质量就越好，但数据量也就越大；当量化级数减少时，所得图像层次欠丰富，灰度分辨率低，会出现假轮廓现象，图像质量变差，量化级数最小的极端情况就是二值图像，如图 1-14 所示。

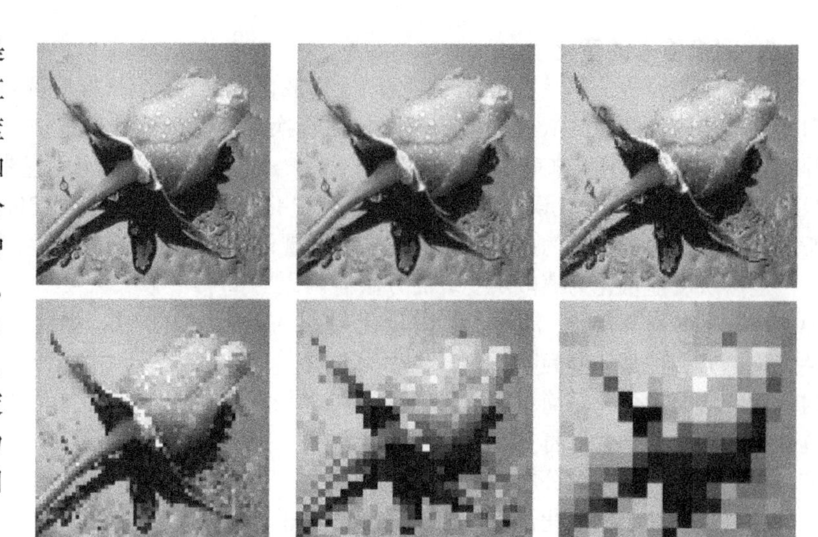
图 1-13　采样点数变化对图像质量的影响

对于彩色图像，是按照颜色成分——红（R）、绿（G）、蓝（B）分别进行采样和量化。若各种颜色成分均按 8bit 量化，即每种颜色量化级别是 256，则可以处理 $256\times256\times256=16777216$ 种颜色。

一般来说，当限定数字图像的大小时，为了得到质量较好的图像，可采用如下原则。

1）对缓变的图像，应该采用高采样率、细量化，以避免假轮廓。

2）对细节丰富的图像，应该采用低采样率、粗量化，以避免模糊（混叠）。

图 1-14　量化级数变化对图像质量的影响

5. 数字图像表示

连续图像 $f(x, y)$ 经采样后，坐标（x，y）的值已经变成离散量（i,j）。数字图像可以用一个离散量 $g(i,j)$ 组成的矩阵（即二维数组）来表示。一幅 $M\times N$ 个像素的数字图像，可以用 M 行、N 列的矩阵 $\boldsymbol{G}$ 来表示，即

$$\boldsymbol{G}=\begin{bmatrix} g(0,0) & g(0,1) & \cdots & g(0,N-1) \\ g(1,0) & g(1,1) & \cdots & g(1,N-1) \\ \vdots & \vdots & & \vdots \\ g(M-1,0) & g(M-1,1) & \cdots & g(M-1,N-1) \end{bmatrix} \tag{1-31}$$

数字图像中的每个像素都对应于矩阵中相应的元素。

在计算机中把数字图像表示为矩阵后，就可以用矩阵理论和其他一些数学方法来对数字图像进行分析和处理了。

1.5 彩色模拟电视制式

彩色电视制式是指对彩色电视信号进行处理和传输的特定方式。在黑白模拟电视和彩色模拟电视发展过程中，分别出现过多种不同的制式。彩色模拟电视是在黑白模拟电视的基础上发展起来的，其基本图像信号是红（*R*）、绿（*G*）、蓝（*B*）三个基色信号，不同于黑白电视只有一个反映图像亮度的信号。

在彩色模拟电视的发展过程中，黑白模拟电视与彩色模拟电视必然会在一段时间内并存，所以提出彩色电视与黑白电视的“兼容”问题。所谓的兼容，就是黑白电视机可以收看到彩色电视系统所发射的彩色电视信号（当然，所看到的图像仍然是黑白图像）；彩色电视机可以收看到黑白电视系统所发射的黑白电视信号（当然，所看到的图像也是黑白图像）。

按信号传输的方式和显示的时间不同，彩色电视制式可以分为同时制、顺序制以及顺序—同时制3种。在顺序制中，摄像机输出的红（*R*）、绿（*G*）、蓝（*B*）三基色图像信号按一定顺序轮换传送到显示器，利用人眼的视觉暂留特性将三基色图像混合成彩色图像。顺序制的优点是设备简单，彩色图像质量较好，但是兼容性很差或者不能兼容。为了克服顺序制的缺点而出现了同时制，它将红（*R*）、绿（*G*）、蓝（*B*）三基色信号编码成亮度信号和色度信号来同时传送，经过解码得出红（*R*）、绿（*G*）、蓝（*B*）三基色信号，显像时空间距离很近的三个基色同时显示，即利用空间混色原理合成彩色图像。同时制的优点是可以兼容，图像质量较好，但是设备复杂，亮度与色度信号往往存在相互干扰。顺序—同时制是上述两种制式的结合，即传送的信息中既有顺序轮换传送的部分，又有同时连续传送的部分。例如，可将一个基色信号经常传送，而将另两个基色信号依次顺序传送，然后在显示器中合成彩色图像。顺序—同时制的优缺点基本上与同时制相似。在显像时，3种制式都利用了空间混色原理，顺序制还利用了时间混色原理。显然，具有兼容性的彩色广播电视只能采用同时制或顺序—同时制，而顺序制一般用于非兼容制的彩色电视中。

彩色电视系统对红（*R*）、绿（*G*）、蓝（*B*）三基色信号或由其生成的亮度和色差信号的不同处理和传输方式，构成了不同的彩色电视制式。为了把彩色电视信号的三基色分量由发送端传送到接收端，最简单的办法是用三个通道（有线或无线）分别把*R*、*G*、*B*三个基色信号传送到接收端，在接收端再分别用*R*、*G*、*B*三个电信号去控制彩色显示屏，从而得到重现的彩色图像。然而，这种传输方式不仅会占用较大的传输带宽，也无法实现与黑白电视的“兼容”。

为了实现彩色电视与黑白电视的兼容以及压缩传输频带，在实际的彩色电视系统中，通常将*R*、*G*、*B*三个基色信号转换成亮度（*Y*）信号和两个色差（$B-Y$、$R-Y$）信号，其中亮度（*Y*）信号与黑白电视图像信号一样，黑白电视机接收到亮度信号后能显示黑白画面；两个色差（$B-Y$、$R-Y$）信号包含了彩色图像的色调与饱和度等信息，和亮度信号组合可还原出*R*、*G*、*B*三个基色信号，彩色电视机接收到两个色差信号与亮度信号后能显示彩色图像。因此，兼容制彩色电视除传送相同于黑白电视的亮度信号和伴音信号外，还在相同的频带内传送色度信号。色度信号是两个色差信号对两个色副载波信号进行调制而成的。为防止色差信号的调制过载，将（$B-Y$）、（$R-Y$）进行压缩，分别用*U*、*V*表示。

按照对亮度信号和色差信号的处理与传输方式的不同，国际上形成了三种兼容制彩色电视制式：NTSC制、PAL制和SECAM制。对于NTSC制，由于选用的色副载波的频率不同，还可分为NTSC4.43和NTSC3.58两种。

1）NTSC 制：它属于同时制，由美国于 1953 年颁布。日本、加拿大、韩国等采用这种制式。

2）PAL 制：它属于同时制，由联邦德国于 1963 年颁布。中国大陆、中国香港特别行政区以及英国、澳大利亚、新西兰、北欧各国也都采用这种制式。

3）SECAM 制：它属于顺序—同时制，由法国于 1967 年颁布。俄罗斯和东欧各国也都采用它。

这三种兼容制彩色电视制式的共同点是都传输亮度信号和两个色差信号；其不同点是两个色差信号对副载波采用不同的调制方式。换句话说，由两个色差信号以不同方式对副载波调制而形成的组合已调波信号体现了制式的主要特点，这个已调副载波信号称为色度信号。

1.5.1 NTSC 制

NTSC（National Television System Committee，国家电视制式委员会）制是 1953 年由美国国家电视制式委员会指定的一种兼容制彩色电视制式，它对两个色差信号采用了正交平衡调幅技术，因此又称为正交平衡调幅制。

1. 平衡调幅

普通调幅的数学表达式为

$$U_{AM}=(U_s+U_m\cos\Omega t)\cos at=U_s\cos at+\frac{1}{2}U_m\cos(\omega+\Omega)t+\frac{1}{2}U_m\cos(\omega-\Omega)t \tag{1-32}$$

平衡调幅就是抑制载波的调幅，简称抑载调幅。抑载调幅的数学表达式为

$$U_{BM}=U_m\cos\Omega t\ \cos at\ =\frac{1}{2}U_m\cos(\omega+\Omega)t+\frac{1}{2}U_m\cos(\omega-\Omega)t \tag{1-33}$$

可见平衡调幅信号正好是调制信号 $U_m\cos\Omega t$ 和被调制信号 $\cos at$ 的乘积。它与普通调幅的区别在于没有载频分量。

如果两个色差信号采用平衡调幅，则色度信号的表达式为 $(B-Y)\cos\omega_1 t$ 和 $(R-Y)\cos\omega_2 t$。

其优点在于：

1）传送黑白图像时，由于 $B-Y=R-Y=0$，则色度信号为零，显然对亮度信号无干扰。

2）传送彩色图像时，因为没有载频分量，从而减少了色度信号的能量和减轻了色度信号对亮度信号的干扰。

2. 正交平衡调幅

如果将两个 1.3MHz 的色差信号（$R-Y$）和（$B-Y$），分别调制在两个载频上，其色度信号带宽为 $2.6\text{MHz}\times2=5.2\text{MHz}$，它与亮度信号重叠过宽，亮度与色度信号间的干扰将相当严重。如果采用正交调幅就可以克服这一缺点。

正交调幅是将两个色差信号（$R-Y$）和（$B-Y$）分别调制在频率相同、相位差 90°的两个副载波上，再将两个输出加在一起。在接收机中，则根据相位的不同，从合成的副载波已调信号中可分别取出两个色差信号。

色差信号正交平衡调幅的原理框图如图 1-15 所示。其中，共有两个平衡调幅器，一个是（$R-Y$）调制器，副载波为 $\cos\omega_s t$；另一个是（$B-Y$）调制器，副载波为 $\sin\omega_s t$。若将两者的输出线性相加，则得到色度信号

$$e_c(t)=(B-Y)\sin\omega_s t+(R-Y)\cos\omega_s t=C\sin(\omega_s t+\theta) \tag{1-34}$$

式中，C 代表色度信号 $e_c(t)$ 的振幅；θ 是 $e_c(t)$ 的相角。图 1-15b 示出了合成信号与两个平衡调幅输出之间的矢量关系。上式说明，色度信号是一个调幅调相波，其振幅变化反映了色饱和度的变化；而相角 θ 与两个色差信号的比值有关，对不同的色调来说这个比值是不同的，故 θ 反映了色调的变化。

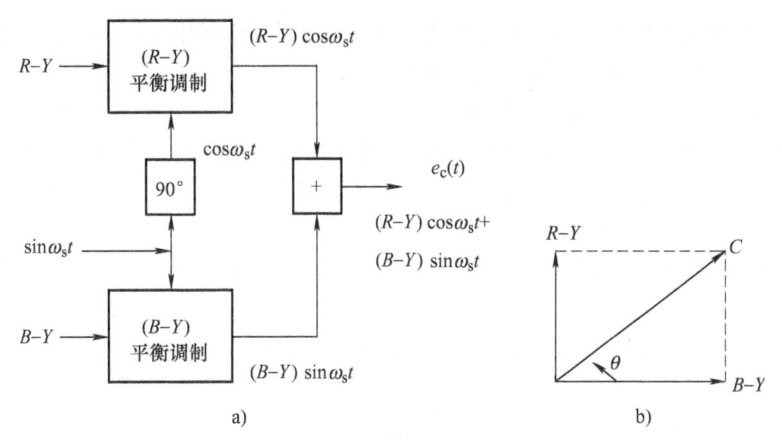

图 1-15　正交平衡调幅

3. 同步检波

在接收端欲从式(1-34)所示色度信号中分离出两个色差信号，不能采用普通检波，而应采用同步检波技术，其方法是将色度信号与和副载波同频同相的本振载波信号相乘。例如，分别用 $\cos\omega_s t$ 和 $\sin\omega_s t$ 去乘 $e_c(t)$，经低通后，则分别可得到（$R-Y$）和（$B-Y$）。同步检波电路和平衡调制电路相类似。现用数学方法证明上述解调过程，例如用 $\cos\omega_s t$ 去乘 $e_c(t)$ 时，有

$$\begin{aligned} e_c(t)\cos\omega_s t &= (R-Y)\cos 2\omega_s t + (B-Y)\sin\omega_s t\cos\omega_s t \\ &= \frac{1}{2}(R-Y) + \frac{1}{2}(R-Y)\cos 2\omega_s t + \frac{1}{2}(B-Y)\sin 2\omega_s t \end{aligned} \tag{1-35}$$

经低通滤波器滤去二倍频载波信号，可得到同相分量的幅度（$R-Y$），而抑制了正交分量（$B-Y$）。同理，用 $\sin\omega_s t$ 去乘 $e_c(t)$，经低通滤波后，可得到（$B-Y$）。

NTSC 制的主要优点是色度信号的组成方式最简单，因而电视接收机解码电路简单。但其缺点是对色度信号相位失真敏感，即色度信号的相位失真容易产生彩色图像色调畸变，因此 NTSC 制电视机都有一个色调手动控制电路，供用户选择使用。该制式采用隔行扫描方式，帧率为每秒 29.97 帧（29.97 frame/s），每帧的扫描行数为 525，画面幅型比为 4∶3。采用这种制式的主要有美国、加拿大等大部分西半球国家以及日本、韩国、菲律宾和中国的台湾等。

1.5.2　PAL 制

PAL（Phase Alternating Line，逐行倒相）制是 1962 年由前联邦德国德律风根（Telefunken）公司研制成功的一种兼容制彩色电视制式，它对两个色副载波信号轮流倒相后再采用正交平衡调幅的技术，克服了 NTSC 制对相位失真敏感造成色彩失真的缺点。

与 NTSC 制不同，PAL 制采用 YUV 彩色空间模型，在传送色度信号时，它使色度信号中的 $U\sin\omega_s t$ 分量保持不变，使 $V\cos\omega_s t$ 分量逐行倒相。例如，传送第 n 行时为 $+V\cos\omega_s t$，传送第 $n+1$ 行时为 $-V\cos\omega_s t$，传送第 $n+2$ 行时为 $+V\cos\omega_s t$，……，依次类推，逐行交替倒相传送。因此，PAL 制又称为逐行倒相正交平衡调幅制。

亮度信号 Y 和两个色差信号 U、V 与 R、G、B 信号的转换关系如下：

$$\left.\begin{aligned} Y &= 0.299R + 0.587G + 0.114B \\ U &= 0.493(B-Y) = -0.147R - 0.289G + 0.437B \\ V &= 0.877(R-Y) = 0.615R - 0.515G - 0.100B \end{aligned}\right\} \tag{1-36}$$

在接收端，为检出正确 V 信号，必须使送入 V 信号同步检波器的副载波相位也和发送端一样进行逐行倒相，检波以后的 V 信号就恢复原来状态了。

与 NTSC 制相比较，PAL 制有下列特点。

1）克服了 NTSC 制对相位失真敏感的缺点，使色度信号在传输过程中的相位失真对重现彩色的影响减少，因此，对传输设备和接收机的技术指标要求，PAL 制比 NTSC 制低。

2）比 NTSC 制抗多径接收性能好。

3）PAL 制相对 NTSC 制而言，色度信号的正交失真不敏感，并且对色度信号部分抑制边带而引起的失真也不敏感。

4）PAL 接收机中采用梳状滤波器，可使亮度串色的幅度下降 3dB，并且可以提高彩色信噪比 3dB。

5）电路、设备较 NTSC 制复杂，接收机价格较高。

该制式采用隔行扫描方式，帧率为每秒 25 帧（25frame/s），每帧的扫描行数为 625，画面幅型比为 4∶3。德国、英国、中国大陆及香港、澳大利亚、新西兰、新加坡等采用这种制式。PAL 制式中根据不同的参数细节，又可以进一步划分为 G、I、D 等制式，其中 PAL-D 制是中国大陆采用的制式，PAL-I 是英国、中国香港、中国澳门采用的制式。

1.5.3 SECAM 制

SECAM 是法文 Séquential Couleur Avec Mémoire 的缩写词，意为顺序传送彩色信号与存储复用。SECAM 制是由法国工程师亨利·弗朗斯提出，1967 年制定的一种兼容制彩色电视制式。它也是为了克服 NTSC 制对相位失真敏感而设计的。SECAM 制将两个色差信号（$R-Y$）和（$B-Y$）对两个频率不同的副载波进行调频，并逐行轮换后插入到亮度信号的高频端，形成彩色电视信号。即在信号传输过程中，亮度信号每行传送，而两个色差信号则逐行轮换传送，即用行错开传输时间的办法来避免同时传输两个色差信号时所产生的串色以及由其造成的彩色失真。因此，SECAM 制又称“调频行轮换制”。

因为在接收机中必须同时存在 Y、（$R-Y$）和（$B-Y$）三个信号才能解调出三基色信号 R、G、B，所以在 SECAM 制中也采用了超声延时线。它将上一行的色差信息存储一行的时间，然后与这一行传送的色差信息使用一次；这一行传送的信息又被存储下来，再与下一行传送的信息使用一次。这样，每行所传送的色差信息均使用两次，就把两个顺序传送的色差信号变成同时出现的色差信号。将两个色差信号和 Y 信号送入矩阵电路，就解出了 R、G、B 信号。

在 SECAM 制中，由于每行只传送一个色差信号，因而色度信号的传送不必采用正交平衡调幅的方式，而采用一般的调频方式。这样，在传输中引入的微分相位失真对大面积彩色的影响较小，使微分相位失真容限达到 ±40°。由于调频信号在检波之前可进行限幅，所以色度信号几乎不受幅度失真的影响，使微分增益失真容限达 65%。同时，在接收机中，可以直接对色差信号进行调频检波，不必再恢复彩色副载波。SECAM 制的接收机比 NTSC 制复杂，比 PAL 制简单。但副载波调频也带来下列问题。

1）副载波调频信号的频谱比较复杂，不能和亮度信号的频谱进行交错间置，无法避免色度信号与亮度信号的相互干扰。

2）对于调频副载波，其周期不是常数，不能采用相邻行和相邻场的副载波亮暗点的相互抵消，为此必须采取一些措施，如将副载波三行倒相一次，使每场中的副载波干扰光点互相错开，而且每场也倒相一次，使相邻两场的副载波干扰光点互相抵消。

3）即使没有色度信号时，副载波依然存在，所以副载波对亮度信号的干扰始终存在。

该制式采用隔行扫描方式，帧率为每秒25帧（25 frame/s），每帧的扫描行数为625，画面幅型比为4∶3。使用SECAM制的主要有法国、俄罗斯、埃及以及非洲的一些法语系国家。

1.6 视频信号的数字化

自然的视频信号在空间域及时间域中都是连续的，模拟视频信号体系的基本特点是用扫描方式把三维视频信号转换为一维随时间变化的信号。对模拟视频信号的采样包括以下三个过程：首先，在时间轴上（t维）等间隔地捕捉各时刻的静止图像，即把视频序列分成一系列离散的帧；然后，在每一帧图像内又在垂直方向上（y维）将图像离散为一条一条的扫描行，实际是在垂直方向上进行空间采样；最后，对每一扫描行在水平方向上（x维）再进行采样，从而把图像分成若干方形网格，而每一个网格就称为一个像素。其结果是数字电视图像是由一系列样点组成，每个样点与数字图像的一个像素对应。像素是组成数字图像的最小单位。这样，数字电视图像帧由二维空间排列的像素点阵组成，视频序列则由时间上一系列数字图像帧组成，如图1-16所示。

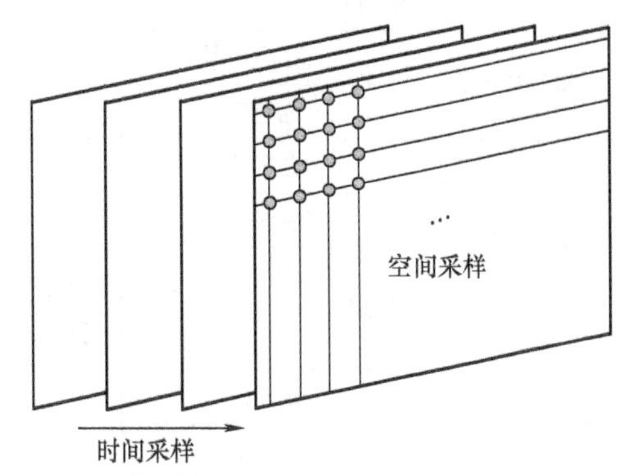

图1-16 视频序列的时间采样和空间采样

在数字电视发展初期，对彩色电视信号的数字化处理主要有分量数字编码和复合数字编码两种方式。复合数字编码是将彩色全电视信号直接进行数字化，编码成PCM形式。由于采样频率必须与彩色副载波频率保持一定的整数比例关系，而不同彩色电视制式的副载波频率各不相同，难以统一；同时采用复合数字编码时由采样频率和副载波频率间的差拍造成的干扰将落入图像带宽内，会影响图像的质量。随着数字技术的飞速发展，这种复合数字编码方式已经被淘汰，目前已全部采用分量数字编码方式，因此本书只讨论分量数字编码方式。

分量数字编码方式是分别对亮度信号Y和两色差信号$B-Y$、$R-Y$分别进行PCM编码。

分量数字编码与复合数字编码相比有下列优点。

1）可以使从摄像机输出到发射机输入的所有环节，都是数字信号的形式，这不仅避免了复合数字编码时因反复解码所引起的质量损伤和器件的浪费，而且编码几乎与电视制式无关，大大简化了国际电视节目交换的过程。加之它可以使得625行/50场扫描制式与525行/60场扫描制式适用同一种标准，这为建立世界统一的数字编码标准铺平了道路。

2）在现代的电视节目制作技术中，后期制作的实时预处理十分重要，常用的静止图像和存储（或记录）图像的慢动作回放必须用数字信号的分离分量来完成。若是复合数字编码还得进行数字解码，这会引起图像的质量损伤。反之，由于分量编码只要求采样频率与行频保持一定的关系（$f_s=mf_H$），采样点排列是固定的正交结构，这给行、帧间的信号处理提供了方便。

3）对Y、$B-Y$、$R-Y$信号分别进行编码，在传输时可采用时分复用方式，不会像复合数字编码那样因频分复用带来亮、色串扰，可获得高质量的图像。

4）对各分量信号分别进行PCM编码，亮度信号和色度信号的带宽可取得高些或低些，便于制定一套适用于各种图像质量需要的可互相兼容的编码标准。

1.6.1 ITU-R BT.601 建议

1982年2月，在CCIR（Consultative Committee on International Radio，国际无线电咨询委员会）第15次全会上，在通过的CCIR 601建议中，确定了以分量数字编码4:2:2标准作为演播室彩色电视信号数字编码的国际标准。该建议考虑到现行的多种彩色电视制式，提出了一种世界范围兼容的数字编码方式，是向数字电视广播系统参数统一化、标准化迈出的第一步。该建议对彩色电视信号的编码方式、采样频率、采样结构都做了明确的规定，见表1-2。

表1-2 CCIR 601建议的主要参数（采样格式为4:2:2）

参数		625行/50场	525行/60场
有效扫描行数		576	480
编码信号		Y，C_B，C_R	
每行样点数	亮度信号	864	858
	色差信号	432	429
每行有效样点数	亮度信号	720	
	色差信号	360	
采样结构		正交，按行、场、帧重复，每行中的C_R，C_B的样点同位置，并与每行第奇数个（1，3，5，…）亮度的样点同位置	
采样频率/MHz	亮度信号	13.5	
	色差信号	6.75	
编码方式		对亮度信号和色差信号都进行均匀量化，每个样值为8bit量化	
量化级	亮度信号	共220个量化级，消隐电平对应于第16量化级，峰值白电平对应于第235量化级	
	色差信号	共224个量化级（16~240），色差信号的零电平对应于第128量化级	
同步		第0级和第255级保留	

以亮度信号的采样频率13.5MHz除以行频，可得出625行/50场和525行/60场这两种扫描制式中每行的亮度采样点数分别是864和858，规定其行正程的采样点数均为720，则其行逆程的采样点数分别为144和138。由于人眼对色差信号的敏感度要低于对亮度信号的敏感度，为了降低数字电视信号的总数码率，所以，在分量数字编码时可对两个色差信号进行亚采样，同时也考虑到采样的样点结构满足正交结构的要求，CCIR 601建议两个色差信号的采样频率均为亮度信号采样频率的一半，即6.75MHz，每行的样点数也是亮度信号样点数的一半。因此，对演播室数字电视设备进行分量数字编码的标准是：亮度信号的采样频率是13.5MHz，两个色差信号的采样频率是6.75MHz，其采样频率之比为4:2:2，因此也称为4:2:2格式。对用于信号源信号处理的质量要求更高的设备，也可以采用4:4:4的采样格式。

彩色电视信号采用分量数字编码方式，对亮度信号和两个色差信号进行线性PCM编码，每个样值取8bit量化。同时，规定在数字编码时，不使用A-D转换的整个动态范围，只给亮度信号分配220个量化级，黑电平对应于量化级16，白电平对应于量化级235；为每个色差信号分配224个量化级，色差信号的零电平对应于量化级128。这几个参数对PAL制和NTSC制都是相同的。

需要指出的是，CCIR 601建议经过多次修正、扩展，现已发展到包含16:9宽高比在内的

ITU-R BT.601-5标准。新的分量数字编码标准规定可选用10bit的量化精度，以适应某些特殊应用。在采用10bit量化编码格式时，无论是亮度采样值还是色差采样值，均不允许使用000_H至003_H之间（十进制为0、1、2、3）及$3FC_H$至$3FF_H$之间（十进制为1020、1021、1022、1023）的量化级，这些量化级被保留。这样做的目的是便于与8bit量化编码格式兼容，因为取消这些量化级后，在用二进制表示的10bit有效样值的量化级中，去掉末尾（即最低有效位）的2个"0"，就是相同电平下的8bit有效样值的量化级。例如，对于700mV的亮度信号，在10bit量化编码格式中的量化级为1110101100，去掉末尾的2个"0"，就是在8bit量化编码格式中的量化级11101011。

1.6.2 ITU-R BT.709建议

20世纪70年代中期，日本开始研究高清晰度电视显示技术。70年代末，欧洲广播联盟（European Broadcasting Union，EBU）代表团远赴日本广播协会（NHK）研究实验室，参观高清晰度电视（High Definition Television，HDTV）演示，这次演示给大家留下了深刻的印象。就在那时，美国电影电视工程师协会（Society of Motion Picture & Television Engineers，SMPTE）成立了一个委员会来研究HDTV及其应用，该委员会的结论是HDTV将在影院中占有一席之地。受其影响，HDTV并未在欧洲的广播行业开花结果。

1981年2月，SMPTE在旧金山召开冬季会议，其间NHK展示了其1125/60i模拟系统。同时，EBU技术委员会受邀来到旧金山，参加有关4：2：2格式的讨论，并借机参观了NHK的高清演示。不久，EBU V1/HDTV小组决定成立一个专家组来研究HDTV。

1982年6月，NHK受邀来到爱尔兰，向参加EBU全体会议的人员做了HDTV演示。其间播放了有关自然与体育的画面，以及反映日本文化的纪录片，V1/HDTV小组也目睹了这一盛况。这是HDTV在欧洲的首次亮相，演示非常成功。不久V1/HDTV小组意识到，必须与其他组织达成一个全球一致的HDTV图像格式。由于NHK的HDTV系统是基于1080/60i格式的，而欧洲一直使用50Hz场频系统，因此场频的转换问题阻碍了该系统在欧洲的使用。与此同时，美国高级电视制式委员会（Advanced Television System Committee，ATSC）着手制定地面高清广播标准，由于80Hz场频图像更容易转换到50Hz或60Hz场频图像，因此，ATSC建议全球统一使用80Hz场频（40Hz帧频）。然而，面对80Hz场频所需的带宽资源与并不突出的效果，SMPTE最终未采纳这一提案。在一位英国广播公司（British Broadcasting Corporation，BBC）工程师的提议下，NHK开发了一种转换器，可将1125/60i下变换到625/50i格式，以便欧洲顺利采纳1125/60i格式。

至此，在HDTV制作格式的问题上，EBU内部产生了分歧。以意大利、瑞士等为代表的一方坚持采纳1125/60i格式，而法、德、英等国代表则认为应坚持50Hz场频，而且转换器成本高昂，对图像质量也有影响。后来，NHK又开发了一种能将1125/60i格式HDTV信号带宽压缩为8~9MHz，并通过一个卫星频道传输的MUSE（Multiple Sub-Nyquist Sampling Encoding，多重亚奈奎斯特采样编码）系统。MUSE系统将图像分为4个部分，巧妙地利用隔行扫描原理，对不同部分分别加以不同的时空滤波器。20世纪80年代，日本开始利用MUSE系统进行高清电视广播。

20世纪80年代初，国际电信联盟（International Telecommunications Union，ITU）成立了一个委员会，专门研究HDTV并试图达成全球统一标准。由于该小组依赖EBU、SMPTE及其他国家政府的提案，因此该小组的讨论反映了EBU与SMPTE的主张。在1985至1986年召开的多次ITU会议上，美国代表建议ITU将日本开发的60Hz场频格式采纳为全球标准，并认为只要以政府的名义施压，就会迫使欧洲接受该格式。欧洲代表对此嗤之以鼻，并坚持拒绝接受该格式。

1986年于南斯拉夫召开的ITU会议上，50Hz与60Hz场频的支持者僵持不下，讨论遇到了巨大障碍。离开南斯拉夫后，一些欧洲政府与企业的代表决心要自行开发HDTV图像格式与广播格式。后来，这便成为著名的尤里卡－95（Eureka-95）计划中的 HD-MAC 项目。5 年后，一个集制作与模拟/数字广播为一体的 25Hz HDTV 系统诞生。

1990 年，ITU 11A 工作组重开有关 HDTV 的会议，1080/50p 与 1080/60p 两种逐行扫描系统成为讨论的基础。然而，在 HDTV 是否应包含隔行扫描这一问题上，欧洲代表再次遇到了疑惑。按照 ITU 之前的定义，HDTV 必须提供比标准清晰度电视（Standard Definition Television，SDTV）更高的运动效果，而 SDTV 的场频已经是 50Hz 与 60Hz，因此采用这种场频的 HDTV 不能提供比 SDTV 更好的质量，也就不属于真正的 HDTV。不过，考虑到在当时的技术条件下，隔行系统较为现实，ITU 会议最终达成了一致，即接受 50Hz/60Hz 两种场频和帧频、一种图像格式(1920 × 1080）及一种数据率，NHK 也随即提交了一份 ITU-R BT. 709 建议的新草案。2 年后，随着 24/25Hz 格式的加入，HDTV 开始在电影行业崭露头角。

ITU-R BT. 709 建议书中包含下列 HDTV 演播室标准，以覆盖宽广的应用范围。

1）常规电视系统方面：

- 总行数 1125，2∶1 隔行扫描，场频 60Hz，有效行数 1035。
- 总行数 1250，2∶1 隔行扫描，场频 50Hz，有效行数 1152。

2）像素平方通用图像格式(CIF）系统（1920 × 1080）方面：

- 总行数 1125，有效行数 1080。
- 图像频率 60、50、30、25 和 24Hz，包括逐行、隔行和帧分段传输。

ITU-R BT. 709 建议书中，给出了 1920 × 1080 HD-CIF 格式作为新装置的优选格式，它与其他应用场合的互操作性十分重要，其运行目标是实现一个唯一的世界性标准。

ITU-R BT. 709 建议的主要参数如表 1-3 所示。

表 1-3　ITU-R BT. 709 建议的主要参数

参数	系统				
	60p	30p/30p 帧分段/60i	50p	25p/25p 帧分段/50i	24p/24p 帧分段
编码信号	Y，C_B，C_R或 R，G，B				
采样结构（Y，R，G，B）	正交，逐行和逐帧重复				
采样结构（C_B，C_R）	正交，逐行和逐帧重复，两者相互重合，与 Y 样点隔点重合				
每帧总扫描行数	1125				
每帧有效扫描行数	1080				
采样频率/MHz（Y，R，G，B）	148. 5（148. 5/1. 001）	74. 25（74. 25/1. 001）	148. 5	74. 25	74. 25（74. 25/1. 001）
采样频率/MHz（C_B，C_R）	74. 25（74. 25/1. 001）	37. 125（37. 125/1. 001）	74. 25	37. 125	37. 125（37. 125/1. 001）
每行总样点数（Y，R，G，B）	2200		2640		2750
每行总样点数（C_B，C_R）	1100		1320		1375
每行有效样点数（Y，R，G，B）	1920				
每行有效样点数（C_B，C_R）	960				

1.6.3 ITU-R BT.2020 建议

国际电信联盟无线电通信部门（International Telecommunication Union-Radio communication sector，ITU-R）于2012年8月23日颁布了超高清电视（Ultra-high definition television，UHDTV）节目制作及交换用视频参数值标准ITU-R BT.2020，对超高清电视的分辨率、色彩空间、帧率、色彩编码等进行了规范。

ITU-R BT.2020标准规定，UHDTV的图像显示分辨率为3840×2160(4K)与7680×4320(8K)，画面宽高比为16∶9，像素宽高比为1∶1（方形像素），支持10bit和12bit的量化，支持4∶4∶4、4∶2∶2和4∶2∶0三种色度采样方式。不得不提的是，在ITU-R BT.2020标准中，只允许逐行扫描方式，而不再采用隔行扫描方式，进一步提升了超高清影像的细腻度与流畅感，支持的帧频包括120Hz、60Hz、59.94Hz、50Hz、30Hz、29.97Hz、25Hz、24Hz、23.976Hz。

在色彩方面，ITU-R BT.2020标准相对于ITU-R BT.709标准做出了大幅度的改进。首先是在色彩的比特深度方面，由ITU-R BT.709标准的8bit提升至10bit或12bit，其中10bit针对的是4K超高清系统，量化颜色数约10.7亿；12bit则针对8K超高清系统，量化颜色数约687亿。这一提升对于整个影像在色彩层次与过渡方面的增强起到了关键的作用。

1）对于10bit深度的系统，ITU-R BT.2020标准定义整个视频信号的量化级范围在4~1019，其中黑电平对应于量化级64，标称峰值对应于量化级940，有效视频信号的量化级范围在64~940，量化级4~63表示低于黑电平的视频数据，量化级941~1019表示高于标称峰值的视频数据；而量化级0~3，1020~1023用于定时参考信号。

2）对于12bit深度的系统，ITU-R BT.2020标准定义整个视频信号的量化级范围在16~4079，其中黑电平对应于量化级256，标称峰值对应于量化级3760，有效视频信号的量化级范围在256~3760，量化级16~255表示低于黑电平的视频数据，量化级3761~4079表示高于标称峰值的视频数据；而量化级0~15，4080~4095用于定时参考信号。

除了色彩比特深度的提升之外，ITU-R BT.2020标准定义的色域三角形的范围远远大于ITU-R BT.709标准规定的范围，也就意味着超高清系统能够显示更多的色彩。对于一个信号的亮度，是由$0.2627R+0.6780G+0.0593B$组成。然而，对于白点的定义还是维持在ITU-R BT.709的D65标准。此外，在伽马校正方面，ITU-R BT.2020标准指出可以利用非线性曲线来进行伽马校正。对于10bit深度的系统，采用与ITU-R BT.709标准一样的校正曲线；而对于12bit深度的系统，则在人眼敏感的低光部分曲线进行了相应的更改。

ITU-R BT.2020标准定义的RGB色彩空间参数如表1-4所示。

表1-4 ITU-R BT.2020标准定义的RGB色彩空间参数

白点		三基色					
x_W	y_W	x_R	y_R	x_G	y_G	x_B	y_B
0.3127	0.3290	0.708	0.292	0.170	0.797	0.131	0.046

需要指出的是，ITU-R BT.2020标准经历多个版本的修订，于2015年10月颁布了ITU-R BT.2020-3。

1.6.4 我国数字电视节目制作及交换用视频参数

我国于1993年颁布了《演播室数字电视编码参数规范》标准GB/T 14857—1993，等同于CCIR 601建议；于2000年颁布了《高清晰度电视节目制作及交换用视频参数值》标准GY/T 155—2000。表1-5列出了我国数字电视节目制作及交换用部分视频参数。

表 1-5　我国数字电视节目制作及交换用部分视频参数

参　数	SDTV	HDTV
帧频标称值/Hz	25	
场频标称值/Hz	50	
每帧总扫描行数	625	1125
行频标称值/kHz	15.625	28.125
隔行比	2 : 1	
图像宽高比（幅型比）	4 : 3（16 : 9）	16 : 9
模拟编码亮度信号(E_Y')	$0.299E_R'+0.587E_G'+0.114E_B'$	$0.2126E_R'+0.7152E_G'+0.0722E_B'$
模拟编码 R－Y 色差信号（E_{PR}'）	$0.713(E_R'-E_Y')=0.500E_R'-0.419E_G'-0.081E_B'$	$0.6350(E_R'-E_Y')=0.5000E_R'-0.4542E_G'-0.0459E_B'$
模拟编码 B－Y 色差信号（E_{PB}'）	$0.564(E_B'-E_Y')=-0.169E_R'-0.331E_G'+0.500E_B'$	$0.5389(E_B'-E_Y')=-0.1146E_R'-0.3854E_G'+0.5000E_B'$
R、G、B、Y 的采样频率/MHz	13.50	74.25
模拟 R、G、B、Y 信号标称带宽/MHz	标称值：6 （按采样定理可达到的理论上限值：6.75）	标称值：30 （按采样定理可达到的理论上限值：37.125）
R、G、B、Y 信号采样周期/ns	74.0741	13.4680
采样结构（4 : 2 : 2）	固定、正交；C_B、C_R 采样点彼此重合，且与亮度信号采样点隔点重合（第一个有效色差样点与第一个有效亮度样点重合）	
C_B、C_R 采样频率（4 : 2 : 2）/MHz	6.75	37.125
C_B、C_R 采样周期/ns	148.1482	26.9360
R、G、B、Y 每行总样点数	864	2640
R、G、B、Y 每行有效样点数	720	1920
C_B、C_R 每行总样点数	432	1320
C_B、C_R 每行有效样点数	360	960
R、G、B、Y 每帧有效扫描行数	576	1080
C_B、C_R 每帧有效扫描行数（4 : 2 : 2）	576	1080
像素宽高比	1.07（1.42）	1.00
量化和编码方式	8 或 10bit 均匀量化，自然二进制编码	
R、G、B、Y 峰值量化电平（$n=8$）	16(黑)/235(白)	

表 1-5 表明，我国数字电视与模拟电视一样，仍基于隔行扫描方式传送图像信号。其中，SDTV 的扫描参数与现行模拟电视一样。HDTV 与 SDTV 信号的帧频都是 25Hz。包括场逆程在内，SDTV 和 HDTV 每帧总行数分别是 625 行和 1125 行。由于 HDTV 扫描行数增多，行频就由 SDTV 的 15.625kHz 提高到 HDTV 的 28.125kHz。需要说明的是，为改善重现图像的某些效果，数字电视终端

可有多种扫描方式显示图像，但发送端信号扫描方式和参数是表中所列规范值。

如表 1-5 所示，SDTV 和 HDTV 的视频参数有很大差别。其中，最主要的是图像分辨力不同，即每帧图像的有效扫描行数和每一扫描行的有效像素数不同。我国 SDTV 和 HDTV 每行有效像素数分别是 720 和 1920 个，每帧有效扫描行数分别是 576 和 1080 行。HDTV 与 SDTV 相比，其每帧有效像素数约增至 5 倍，所以图像分辨力得以显著提高。

为利于建立临场感，除屏幕尺寸应足够大以外，采用 16 : 9 的宽高比显示更加有利。在我国的相关标准中已明确规定 HDTV 图像信号采用 16 : 9 的宽高比，SDTV 的宽高比是 4 : 3 还是 16 : 9 没有明确规定。

表 1-5 中列出了如何将三基色信号转换成一个亮度信号和两个色差信号。其中，E'_R、E'_G、E'_B为 γ 校正后的模拟编码基色信号，由它们转换而来的亮度信号和两个色差信号分别标记为 E'_Y、E'_{PB}和 E'_{PR}。γ 校正是为校正显示器件（屏）发光特性非线性而在发端引入的预校正。SDTV 的公式表明，其两个色差信号的压缩系数与现行模拟电视不同。HDTV 的公式表明，三基色信号对亮度的贡献比例关系发生了变化，两个色差信号的压缩系数不仅与模拟电视不同，而且与 SDTV 也不同。

表 1-5 中有多项与采样、量化和编码有关的参数，本书前面已详细解释，这里不再重复。表中这些参数与 4 : 2 : 2 采样格式对应。其中，每行有效采样数为行正程样点数，每帧有效行数为两场场正程扫描行数之和，二者共同决定一帧图像的像素点阵构成。固定、正交采样结构指的是每帧图像的样点位置不变，而且在行和列两个方向上分别对齐。表中的像素宽高比由图像宽高比和每幅图像水平及垂直方向有效像素数决定。我国 HDTV 图像信号显示为 16 : 9 图像，像素宽高比是 1.00。我国 4 : 3 的 SDTV 图像信号显示为 4 : 3 图像，像素宽高比是 1.07，尽管稍扁，但由于收发两端匹配，图像并不变形；但若以全屏模式显示为 16 : 9 图像，像素宽高比则为 1.42，收发两端不再匹配，图像被明显拉扁，水平清晰度下降。另一方面，常用的计算机显示格式的像素均为正方形，例如：800 × 600、1024 × 768、1152 × 864、1280 × 960、1600 × 1200 均符合 4 : 3 正方形像素原则，只有 1280 × 1024 例外。正方形像素有利于图形和图像的计算机处理。这是因为计算机在做图像处理时，尤其是各种特技处理，如画面旋转时，正方形像素具有优越性，无须几何失真校正。而 SDTV 像素不是正方形，将造成 SDTV 图像在计算机上变形，而计算机不加预校正生成的图形若在计算机上形状正确，但到电视屏幕上显示则产生畸变。由于数字电视与计算机结合得越来越紧密，这对计算机处理和显示 SDTV 图像来说很不方便。

此外，由于电影素材在电视节目广播中应用十分广泛，在未来的 HDTV 广播中，人们将能欣赏到更高画质的电视节目。为了能更好地进行 HDTV 节目和电影素材格式的转换，有利于对电影素材进行后期编辑，便有了 24p（1920 × 1080/24/1 : 1）的电视节目制作格式。24p 是帧频为 24Hz 的逐行扫描格式，是用高清晰度数字摄像机拍摄电影的格式。我国的数字高清晰度电视演播室视频参数标准中包括 24p 格式，其主要的参数如表 1-6 所示。

表 1-6　24p 格式参数

参　数	参 数 值
每帧总扫描行数	1125
R、*G*、*B*、*Y* 每帧有效扫描行数	1080
隔行比	1 : 1
帧频（Hz）	24
行频（Hz）	27000

（续）

参数		参数值
每行总样点数	R、G、B、Y	2750
	C_R、C_B	1375
模拟 R、G、B、Y 信号标称带宽/MHz		30
采样频率/MHz	R、G、B、Y	74.25
	C_R、C_B	37.125

1.7 MATLAB 在数字图像与视频处理中的应用

1.7.1 MATLAB 简介

MATLAB 是 Matrix 和 Laboratory 两个词的组合，意为矩阵实验室，是由美国 MathWorks 公司发布的主要面对科学计算、可视化以及交互式程序设计的高科技计算环境。它将数值分析、矩阵计算、科学数据可视化以及非线性动态系统的建模和仿真等诸多强大功能集成在一个易于使用的视窗环境中，主要应用于工程计算、控制系统设计、图像处理、信号处理、信号检测、通信、金融建模设计与分析等领域。MATLAB 对许多专门的领域都开发了功能强大的模块集和工具箱。工具箱是 MATLAB 函数的子程序库，每一个工具箱都是为某一类学科专业和应用而定制的。一般来说，它们都是由特定领域的专家开发的，用户可以直接使用工具箱学习、应用和评估不同的方法而不需要自己编写代码。

MATLAB 的编程环境由一系列工具组成。这些工具方便用户使用 MATLAB 的函数和文件，其中许多工具采用的是图形用户界面。包括 MATLAB 桌面和命令窗口、历史命令窗口、编辑器和调试器、路径搜索和用于用户浏览帮助、工作空间、文件的浏览器。随着 MATLAB 的商业化以及软件本身的不断升级，MATLAB 的用户界面也越来越精致，更加接近 Windows 的标准界面，人机交互性更强，操作更简单。而且新版本的 MATLAB 提供了完整的联机查询、帮助系统，极大地方便了用户的使用。简单的编程环境提供了比较完备的调试系统，程序不必经过编译就可以直接运行，而且能够及时地报告出现的错误及进行出错原因分析。

MATLAB 的基本数据单位是矩阵，它的指令表达式与数学、工程中常用的形式十分相似，故用 MATLAB 来解算问题要比用 C/C++、FORTRAN 等语言完成相同的事情简捷得多，并且 MATLAB 也吸收了像 Maple 等软件的优点，使 MATLAB 成为一个强大的数学软件。新版本的 MATLAB 加入了对 C 或 C++、JAVA 的支持，可以利用 MATLAB 编译器和 C/C++ 数学库和图形库，将自己的 MATLAB 程序自动转换为独立于 MATLAB 运行的 C 和 C++ 代码。其强大的科学运算能力、灵活的程序设计流程、高质量的图形可视化与界面设计、便捷的与其他编程语言接口的功能，使得 MATLAB 在图像处理方面得到了广泛的应用。MATLAB 图像处理工具箱提供了一整套用于图像处理和分析、可视化的工具。用户可以利用 MATLAB 图像处理工具箱对含噪声或退化的图像进行复原、增强处理，提取图像的形状和纹理等特征，以及对两幅图像进行匹配。工具箱中的大多数函数用开放的 MATLAB 语言编写，使得用户可以检查算法、修改源代码和创建自己的自定义函数。

1.7.2 MATLAB 中图像与视频文件的基本操作

1. 图像文件的读取

在利用 MATLAB 进行数字图像处理时，需要读取图像的数据。MATLAB 通过函数 imread 完成图像的读取，该函数的语法格式如下。

```
A = imread(filename, fmt)
[X, map] = imread(filename, fmt)
[…] = imread(filename)
[…] = imread(URL, …)
[…] = imread(…, idx)(CUR, GIF,ICO, and TIFF only)
[…] = imread(…, 'frames', idx)(GIF only)
[…] = imread(…, ref)(HDF only)
[…] = imread(…, 'BackgroundColor', BG)(PNG only)
[A, map, alpha] = imread(…)(ICO,CUR, and PNG only)
```

说明如下。

A = imread （filename，fmt）用于读取由 filename 指定的图像数据到数组 A 中，参数 fmt 对应于所有图像处理工具所支持的图像文件格式。如果图像为灰度图像，数组 A 的大小为 M × N，如果图像是彩色图像，数组 A 的大小为 M × N × 3。

[X，map] = imread(filename，fmt）用于读取由 filename 指定的索引图像数据到数组 X 中，将该图像颜色表读取到 map 中，调色板的取值归一化为 [0，1]。

[…] = imread(URL，…）用于读取 Internet 上超链接的图像，URL 必须包含协议的类型，如 http：//。

[…] = imread(…，idx）用于读取从一个包含多幅图像的 CUR、GIF、ICO，或从 TIFF 文件中读取第 idx 幅图像，如果不指定 idx 的值，则默认为读取文件中的第一幅图像。

[…] = imread(…，'frames'，idx）用于读取 GIF 文件中第 idx 帧图像，这里的 idx 值可以取'all'，此时读取 GIF 文件所有的图像。

[…] = imread(…，ref）用于读取包含多帧图像的 HDF 格式的图像文件中的第 ref 帧图像，ref 的默认值为 1。

[…] = imread(…，'BackgroundColor'，BG）用相对 BG 指定的颜色与输入图像中的任何透明像素进行复合，如果 BG 为'none'，则不进行任何复合，如果输入图像为索引图像，则 BG 的取值范围为 [1，P]，P 是颜色表的长度；如果输入图像为灰度图像，BG 的取值范围为 [0，1]；如果输入图像为 RGB 图像，BG 是一个三维向量，取值范围为 [0，1]。

[A，map，alpha] = imread(…）返回输入图像格式为 ICO、CUR，或在 PNG 的图像中存在 alpha 通道，则返回 alpha 通道的值，否则返回 alpha 为 [ ]。

2. 图像的显示

在 MATLAB 中，常用到两个显示图像的函数 image 和 imshow。

（1）image 函数

image 函数的语法格式如下。

```
image(C)
image(x, y, C)
image(x, y, C, 'PropertyName', PropertyValue, …)
image('PropertyName', PropertyValue, …)
handle = image(…)
```

说明如下。

image(C）将矩阵 C 作为一个图像显示，C 中的每一个元素都被指定一种颜色。

image(x，y，C）的 x，y 分别表示显示图像的左上角坐标。

image(x，y，C，'PropertyName'，PropertyValue，…）用于指定显示特性的名称和取值，在绘制图像之前会调用 newplot 函数。

image('PropertyName', PropertyValue, …) 用于指定显示特性的名称和取值。

Handle = image(…) 用于返回创建的图像句柄。

(2) imshow 函数

当用户调用 imshow 函数来显示一幅数字图像时，该函数将自动设置图像窗口、坐标轴和图像属性。该函数的语法格式如下。

```
imshow(I, n)
imshow(I, [low high])
imshow(BW)
imshow(X, map)
imshow(RGB)
imshow filename
h = imshow(…)
```

说明如下。

imshow(I, n) 利用 n 个灰度等级来显示一幅灰度图像 I。当忽略 n 时，对于 24 位的显示系统，n 的默认值为 256；对于其他显示系统，n 的默认值为 64。

imshow(I, [low high]) 显示灰度图像 I 并指定 I 的数据范围。I 的数据中小于或等于 low 的数值被显示为黑色，大于或等于 high 的数值被显示为白色。属于区域 [low high] 的数值按照灰度进行显示。如果用户在使用该显示方法时用空矩阵 "[ ]" 代替 [low high]，imshow函数自动设置为 [min(I(:)) max(I(:))]。也就是说，I 中的最小值显示为黑色，最大值显示为白色。

imshow(BW) 用于显示二进制图像 BW，BW 中数值为 0 的像素显示为黑色，数位为 1 的像素显示为白色。

imshow(X, map) 用于显示颜色映射表为 map 的图像 X。

imshow(RGB) 用于显示真彩色图像 RGB。

imshow filename 用于显示存储在图形文件中文件名为 filename 的图像文件。

3. 视频文件的读取

在利用 MATLAB 进行数字视频处理时，需要读取视频文件的数据。MATLAB 通过 VideoReader 类的函数完成视频读取的功能。下面具体介绍 VideoReader 类的函数。

(1) VideoReader 函数

VideoReader 函数用于读取视频文件对象，调用格式如下。

```
obj = VideoReader(filename)
obj = VideoReader(filename,Name,Value)
```

其中，obj 为结构体，包括如下成员：

Name - 视频文件名。

Path - 视频文件路径。

Duration - 视频的总时长 (s)。

FrameRate - 视频帧速 (帧/s)。

NumberOfFrames - 视频的总帧数。

Height - 视频帧的高度。

Width - 视频帧的宽度。

BitsPerPixel - 视频帧每个像素的数据长度 (bit)。

VideoFormat - 视频的类型，如'RGB24'。

Tag - 视频对象的标识符，默认为空字符串''。

Type - 视频对象的类名，默认为'VideoReader'。

UserData - 默认为[ ]。

(2) get 函数

get 函数用于获取视频对象的参数，参数的名字为上述 obj 对象的所有成员，其函数调用格式如下。

```
Value = get(obj,Name)
Values = get(obj,{Name1, …,NameN})
allValues = get(obj)
get(obj)
```

例如：

```
xyloObj = VideoReader('xylophone.mpg');
xyloSize = get(xyloObj, {'Height', 'Width', 'NumberOfFrames'})
```

(3) set 函数

与 get 函数对应，set 函数用于设置视频对象的参数，调用格式如下。

```
set(obj,Name,Value)
set(obj,cellOfNames,cellOfValues)
set(obj,structOfProperties)
settableProperties = set(obj)
```

例如：

```
newValues.Tag = 'My Tag';
newValues.UserData = {'My User Data', pi, [1 2 3 4]};
xyloObj = VideoReader('xylophone.mpg');
set(xyloObj, newValues)
```

(4) getFileFormats 函数

getFileFormats 函数用于获取在该系统平台下 VideoReader 可以支持读取的视频类型，调用格式如下。

```
formats = VideoReader.getFileFormats()
```

(5) isPlatformSupported 函数

isPlatformSupported 函数用于检测在当前系统平台下 VideoReader 是否可用，调用格式如下。

```
supported = VideoReader.isPlatformSupported()
```

(6) read 函数

read 函数用于读取视频帧，调用格式如下。

```
video = read(obj),获取该视频对象的所有帧
video = read(obj,index),获取该视频对象的指定帧
```

例如：

```
video = read(obj, 1);             %获取第一帧
video = read(obj, [1 10]);        % 获取前 10 帧
video = read(obj, Inf);           %获取最后一帧
video = read(obj, [50 Inf]);      %获取第 50 帧之后的帧
```

4. 写入/合成视频

与 VideoReader 类相似，MATLAB 提供了一个可以写入视频、利用图像序列合成视频的 VideoWriter 类。下面具体介绍 VideoWriter 类的函数。

(1) VideoWriter 函数

VideoWriter 函数用于创建视频写入对象，调用格式如下。

writerObj = VideoWriter(filename),创建一个视频写入对象。当 filename 没有扩展名时，默认为 .avi 文件。

writerObj = VideoWriter (filename, profile), 创建一个由 profile 指定类型的视频写入对象。profile 的可能值及其对应的视频对象类型为:

'Archival' - Motion JPEG 2000 file with lossless compression,即 . mj2 文件。
'Motion JPEG AVI' - Compressed AVI file using Motion JPEG codec,即 . avi 文件。
'Motion JPEG 2000' - Compressed Motion JPEG 2000 file,即 . mj2 文件。
'MPEG-4' - Compressed MPEG-4 file with H. 264 encoding (Windows 7 systems only),即 . mp4 或 . m4v 文件。
'Uncompressed AVI' - Uncompressed AVI file with RGB24 video,即 . avi 文件。
缺省下默认为'Motion JPEG AVI',即 . avi 文件。

(2) open 函数

open 函数用于打开视频写入对象,在写入视频对象前使用,调用格式如下。

```
open(writerObj)
```

(3) close 函数

与 open 函数对应,close 函数用于关闭视频写入对象,在写入视频对象完成后使用,调用格式如下。

```
close(writerObj)
```

(4) getProfiles 函数

getProfiles 函数用于获取在该系统平台下 VideoWriter 可以支持写入的视频类型,调用格式如下。

```
profiles = VideoWriter.getProfiles()
```

(5) writeVideo 函数

writeVideo 函数用于写入视频帧,调用格式如下。

writeVideo(writerObj,frame),将一帧图像 frame 写入视频对象中
writeVideo(writerObj,mov),将 MATLAB 的 movie 对象写入视频中
writeVideo(writerObj,img),将一个图像写入视频对象中
writeVideo(writerObj,images),将一序列图像写入视频对象中

1.7.3 MATLAB 编程实例

【例 1-1】 请编写 MATLAB 程序,打开一幅 RGB 类型的彩色图像,分别显示 R、G、B 分量。

解: MATLAB 代码如下。

```
clear all
RGB = imread('peppers.png');      % 读入图像文件
R = RGB(:,:,1);
G = RGB(:,:,2);
B = RGB(:,:,3);
subplot(2,2,1);           % 创建子图
imshow(RGB);
title('原始图像');         % 图形标题
subplot(2,2,2);           % 创建子图
imshow(R);
title('R 分量图像');       % 图形标题
subplot(2,2,3);           % 创建子图
imshow(G);
title('G 分量图像');       % 图形标题
subplot(2,2,4);           % 创建子图
imshow(B);
title('B 分量图像');       % 图形标题
```

【例 1-2】请编写一段读取视频、显示帧，并保存每一帧的 MATLAB 代码。

解：MATLAB 代码如下。

```
fileName = 'MVI_1264_clip. avi';
obj = VideoReader(fileName);
numFrames = obj. NumberOfFrames;                % 帧的总数
for k = 1 : numFrames;                           % 读取数据
    frame = read(obj,k);
    imshow(frame);                                % 显示帧
    imwrite(frame,strcat(num2str(k),'. jpg'),'jpg');    % 保存帧
end
```

【例 1-3】请编写一段利用图像序列合成视频的 MATLAB 代码。

解：MATLAB 代码如下。

```
myObj = VideoWriter('newfile. avi');            %初始化一个 avi 文件
writerObj. FrameRate = 30;
open(myObj);
for i =1:200;                                    %图像序列个数
    fname =strcat('.. \imgdata\',num2str(i),'. jpg');
    frame = imread(fname);
    writeVideo(myObj,frame);
end
close(myObj);
```

1.8 小结

本章首先介绍了光的特性与度量的基本知识，包括光通量、发光强度、照度、亮度等主要光度学参量。接着介绍了彩色三要素、三基色原理及混色方法、几种典型的颜色空间模型（如 RGB、CMY/CMYK、YUV、YIQ、YC_bC_r、HSI/HSV）。然后，介绍了有关人眼视觉特性的知识，包括人眼的光谱响应特性、亮度感觉特性以及人眼的分辨力与视觉惰性。接着，介绍了图像信号的数字化过程，NTSC、PAL 和 SECAM 三种兼容制彩色电视制式，ITU-R BT. 601、ITU-R BT. 709、ITU-R BT. 2020 建议和我国数字电视节目制作及交换用视频参数。最后，介绍了 MATLAB 中图像与视频文件的基本操作，列举了一些 MATLAB 编程实例。

1.9 习题

1. 说明彩色三要素的物理含义。
2. 请阐述三基色原理及其在彩色电视系统中的应用。
3. 简述 RGB 颜色空间模型、HSI 颜色空间模型是如何对颜色进行描述的。
4. 与 NTSC 制相比较，PAL 制有哪些特点？
5. ITU-R BT. 601 建议有哪些主要内容？有何实际意义？
6. ITU-R BT. 656 建议与 ITU-R BT. 601 建议之间存在什么关系？ITU-R BT. 1120 建议与 ITU-R BT. 709 建议之间存在什么关系？
7. 请编写 RGB 颜色空间和 HSI 颜色空间相互转换的 MATLAB 程序。

第2章　图像增强

本章学习目标：

- 掌握数字图像增强的基本方法和技术。
- 掌握数字图像灰度的线性与非线性变换的方法及应用。
- 熟悉直方图均衡化、直方图规定化的步骤。
- 掌握图像平滑的基本方法，如邻域平均法、中值滤波法、低通滤波。
- 了解基于非局部相似性的图像去噪、基于稀疏表示的图像去噪算法。
- 掌握图像锐化的基本方法，如梯度运算、索贝尔（Sobel）算子、拉普拉斯算子、高通滤波。
- 了解图像的同态滤波、基于Retinex理论的图像增强方法。
- 了解伪彩色增强、假彩色增强的基本方法。

2.1　引言

在图像的形成、存储、传输等过程中，由于多种因素的影响，会导致图像质量的下降。改善降质图像（退化图像）的方法一般分为两类：图像增强（Image Enhancement）和图像复原（Image Restoration）。图像增强方法不考虑图像降质的原因，并不要求改善后的图像去逼近原始图像，而是根据一定的要求将图像中感兴趣的部分加以处理或突出有用的图像特征（如边缘、轮廓、对比度等），抑制不需要的信息，以改善图像的主观视觉效果或便于后续的图像分析和识别。图像复原，也称图像恢复，其目的是针对图像降质的具体原因，设法使改善后的图像尽可能地逼近原始图像，恢复被退化图像的本来面目。

图像复原与图像增强的主要区别如下。

1）图像恢复试图利用降质过程的先验知识，建立图像的退化模型，采用与退化相反的过程来复原图像；而图像增强一般无须对图像降质过程建立模型。

2）图像复原是针对图像整体，以改善图像的整体质量；而图像增强是针对图像的局部，以改善图像中感兴趣部分的局部特性。

3）图像恢复是对未退化的原图像的估计，其算法的性能必须要有一个客观的评价准则；而图像增强主要是尝试用各种技术来改善图像的主观视觉效果，很少涉及统一的客观评价准则。

由于篇幅的限制，本章只介绍图像增强方面的基础知识，有关图像恢复方面的内容请参阅其他文献。

图像增强算法按其运算处理所进行的作用域不同，可分为空间域法和频率域法两大类。

（1）空间域法

空间域法是在空间域内直接对图像的像素值进行运算操作。空间域法又分为点运算处理法和邻域运算处理法。

- 点运算处理法：是指直接对图像的各像素点逐一进行灰度变换的处理方法。例如，图像的灰度变换、直方图修正等都采用点运算处理法。

• 邻域运算处理法：是对图像像素的某一邻域进行处理的方法。例如，图像平滑、图像锐化等都采用邻域运算处理法。常用的方法包括邻域平均法、中值滤波法、梯度运算、拉普拉斯算子等。

(2) 频率域法

频率域法是先通过正交变换将图像从空间域变换到频率域，然后在频率域中对变换系数值进行运算操作，增强感兴趣的频率分量，然后再进行反变换到空间域，得到增强后的图像。频率域法利用了图像在频率域的某些性质，而这些性质在空间域很难甚至无法获取，因此可以实现许多在空间域中无法完成或是很难实现的处理。常用的方法包括低通滤波、高通滤波以及同态滤波等。

图像增强的主要研究内容如图2-1所示。

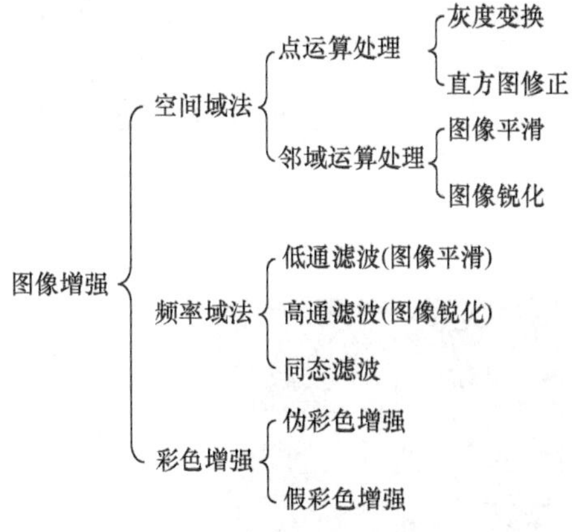

图2-1　图像增强的主要研究内容

2.2　图像的灰度变换

在曝光不足或曝光过度的情况下，图像的灰度值会局限在一个较小的范围内，或虽然曝光充分，但图像中感兴趣部分的灰度值分布范围小、层次少，图像的视觉效果差。对此，可采用图像的灰度变换方法，即改变图像的像素灰度值，以扩展图像的灰度值动态范围，或增强图像的对比度，从而使图像变得层次丰富或使图像特征变得明显。

2.2.1　灰度的线性变换

假定原图像$f(x,y)$的灰度范围为$[a,b]$，希望变换后图像$g(x,y)$的灰度范围扩展至$[c,d]$，则线性的变换关系如图2-2所示，其数学表达式为

$$g(x,y)=\frac{d-c}{b-a}[f(x,y)-a]+c \tag{2-1}$$

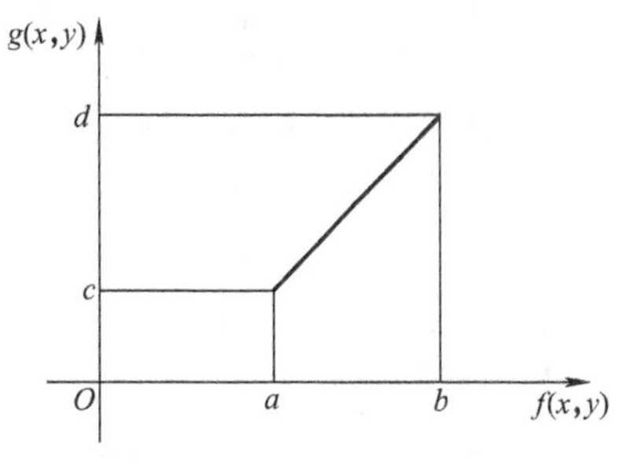

图2-2　灰度的线性变换关系

在灰度的线性变换中，有一种比较特殊的情形，就是图像的反转变换，简单地说就是将黑的像素变成白的像素，将白的像素变成黑的像素。普通黑白照片和底片就是这种关系。图像的反转变换如图2-3所示。

为了突出感兴趣的目标或灰度区间，相对抑制那些不感兴趣的灰度区间，可采用分段线性变换。

若原图像$f(x,y)$的灰度范围为$[0,M_f]$，其中大部分像素的灰度值分布在$[a,b]$区间，极小部分像素的灰度值超出了此区间，为了改善增强的效果，可以用式(2-2)的变换关系：

$$g(x,y)=\begin{cases}c, & 0\leqslant f(x,y)<a\\ \dfrac{d-c}{b-a}[f(x,y)-a]+c, & a\leqslant f(x,y)<b\\ d, & b\leqslant f(x,y)<M_f\end{cases} \tag{2-2}$$

常用的三段线性变换关系如图2-4所示，其数学表达式为

$$g(x,y)=\begin{cases}\dfrac{c}{a}f(x,y), & 0\leqslant f(x,y)<a\\ \dfrac{d-c}{d-a}[f(x,y)-a]+c, & a\leqslant f(x,y)<b\\ \dfrac{M_g-d}{M_f-b}[f(x,y)-b]+d, & b\leqslant f(x,y)<M_f\end{cases}\tag{2-3}$$

a) 原始图像

b) 反转变换后的图像

图2-3　图像的反转变换

图2-4　分段线性变换关系

式(2-3)对灰度区间$[0,\ a]$和$[b,\ M_f]$加以压缩，对灰度区间$[a,\ b]$进行扩展。通过细心调整折线拐点的位置及控制分段直线的斜率，可对任一灰度区间进行扩展或压缩。这种变换适用于在黑色或白色附近有噪声干扰的情况。

下面介绍灰度分段线性变换3种常见应用。

1. 对比度扩展

对比度扩展（Contrast Stretching）是分段线性变换中最常见的一种应用。假设有一幅图像，由于成像时光照不足，使得整幅图像偏暗（例如灰度范围为0～100），或者成像时光照过强，使得整幅图像偏亮（例如灰度范围为150～255），称这些情况为低对比度，即灰度层次不丰富。对比度扩展的目的就是把感兴趣的灰度范围拉开，使得该范围内的像素，亮的变得更亮，暗的变得更暗。实际中，对比度扩展往往是通过增加原图像中某两个灰度值间的动态范围来实现的。对比度扩展的典型变换曲线与图2-4中的曲线类似。可以看出，通过这样一个变换，原图像中灰度值在$[0,\ a]$和$[b,\ M_f]$区间的动态范围缩小了，而原图像中灰度值在$[a,\ b]$区间的动态范围增加了，从而增强了$[a,\ b]$灰度区间内的对比度。

图2-5示例了一幅经分段线性变换进行对比度扩展后的图像效果。

2. 削波

图像灰度的削波（Cliping）处理可以看作是对比度扩展的一个特例。如果令式(2-3)中的$c=0$，$d=M_g$，则变换后的图像抑制了$[0,\ a]$和$[b,\ M_f]$两个灰度区间内的像素，扩展了$[a,\ b]$灰度区间像素的动态范围。当取$a=150$、$b=200$、$c=0$、$d=M_g=255$时，

a) 原始图像

b) 对比度扩展后的图像

图2-5　图像的对比度扩展

对图2-6a进行削波处理后的效果如图2-6b所示，把亮的区域（雕塑）提取了出来。

3. 阈值化

阈值化（Thresholding）可以看作是削波的一个特例。如果令式(2-3)中的$a=b$，$c=0$，$d=M_g$，则变换后的图像只剩下两个灰度级。经过阈值化处理后，灰度值比阈值大的像素变成了白像素，灰度值比阈值小的像素变成了黑像素，灰度图像变成了黑白二值图像。

当取$a=b=128$、$c=0$、$d=M_g=255$时，对图2-7a进行阈值化处理后的效果如图2-7b所示，得到一幅黑白二值图像。

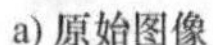

a) 原始图像

b) 削波后的图像

图2-6　图像灰度的削波处理

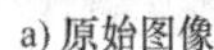

a) 原始图像

b) 阈值化后的图像

图2-7　图像的阈值化处理

2.2.2　灰度的非线性变换

当用某些非线性函数，如对数函数、指数函数等，作为图像的映射函数时，可实现图像灰度的非线性变换。

灰度的动态范围压缩是非线性变换的一个例子，它与对比度扩展的目标相反。有时原图像的动态范围太大，超出某些显示设备的允许动态范围。若直接使用原图像，则一部分细节可能丢失，解决的办法是压缩原图像灰度的动态范围。

1. 对数变换

对数变换的一般表达式为

$$g(x,y)=a+\frac{\ln[f(x,y)+1]}{b\ln c} \tag{2-4}$$

式中的参数a、b、c是为了修改曲线的起始位置和形状以增加变换的动态范围和灵活性而引入的。为避免对0求对数，将对$f(x,\ y)$取对数改为对$f(x,\ y)+1$取对数。对数扩展的变换曲线如图2-8所示。

对数变换的作用是扩展图像的低灰度范围，同时压缩高灰度范围，使得图像灰度分布均匀，与人的视觉特性相匹配。对数变换的一个典型应用就是傅里叶频谱，由于其频谱值的范围很大，图像显示系统往往不能如实呈现出如此大范围的强度值，从而造成很多细节在显示时丢失。这时采用对数变换，可得到清晰的频谱。

如图2-9a所示的原始图像经对数变换后，其结果如图2-9b所示。

2. 指数变换

指数变换的一般表达式为

$$g(x,y) = b^{c[f(x,y)-a]} - 1 \tag{2-5}$$

指数变换的作用与对数变换相反，它用于压缩输入图像中低灰度区间的对比度，而使图像的高灰度范围得到扩展。

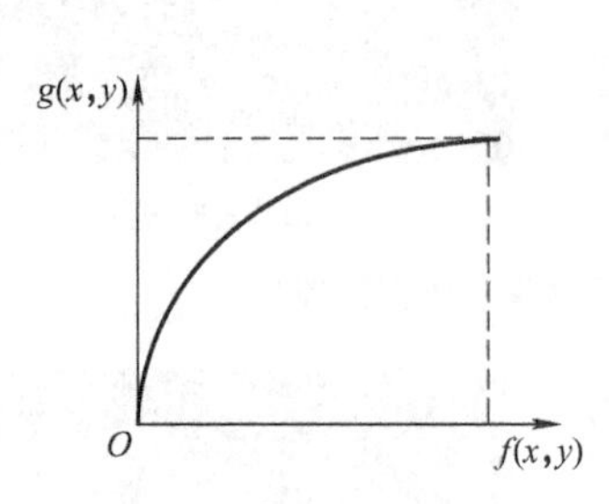

图 2-8　对数扩展的变换曲线

a) 原始图像

b) 对数变换后的图像

图 2-9　图像灰度的对数变换

2.2.3　直方图修正

在对图像进行处理之前，了解图像整体或局部的灰度分布情况非常必要。对图像的灰度分布进行分析的重要手段就是建立图像的灰度直方图（Histogram）。它能描述该图像的概貌，例如图像的灰度范围、每个灰度级出现的频率分布、整幅图像的平均亮度和对比度等，为图像的进一步处理提供了重要依据。大多数自然图像由于其灰度分布集中在较窄的区间，使得图像细节不够清晰。采用直方图修正后可使图像的灰度间距拉开或使灰度分布均匀，从而增大对比度，使图像细节清晰，达到增强的目的。直方图修正法通常有直方图均衡化及直方图规定化两类。

1. 直方图的基本概念

如果将图像中像素亮度（灰度级）看成是一个随机变量，则其分布情况就反映了图像的统计特性，这可用灰度直方图来刻画和描述。灰度直方图是灰度级的函数，它表示图像中具有某种灰度级的像素的个数，反映了图像中每种灰度级出现的频数，如图 2-10 所示。灰度直方图的横坐标是灰度级 r，纵坐标是该灰度级出现的频数 $p_r(r)$，它是图像最基本的统计特征。

1	2	3	4	5	6
6	4	3	2	2	1
1	6	6	4	5	6
3	4	5	6	5	6
1	4	5	6	2	3
1	3	5	4	6	6

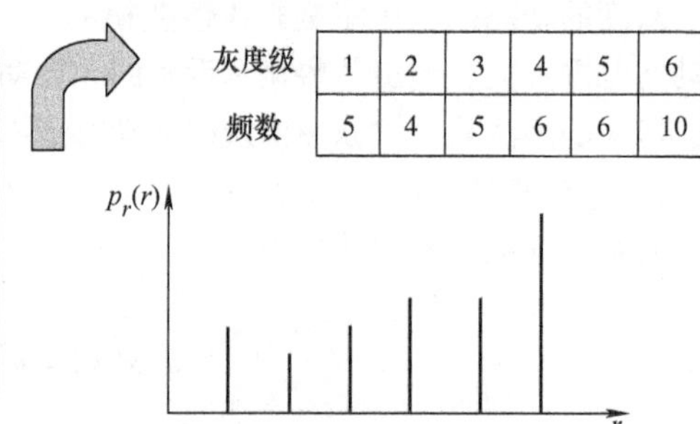

灰度级	1	2	3	4	5	6
频数	5	4	5	6	6	10

图 2-10　图像的灰度直方图

2. 灰度直方图的定义

灰度直方图定义为数字图像中各灰度级 r_k 与其出现的概率 $p_r(r_k)$ 间的统计关系，可表示为

$$p_r(r_k) = \frac{n_k}{n} \quad (k=0,1,2,\cdots,L-1) \tag{2-6}$$

且

$$\sum_{k=0}^{L-1} p_r(r_k) = 1 \tag{2-7}$$

式中，n_k为图像中出现灰度级为r_k的像素数；n为图像的像素总数；L为灰度级总数；n_k/n即为灰度级r_k出现的概率。在直角坐标系中做出r_k与$p_r(r_k)$的关系图形，即称为该图像的直方图。

3. 灰度直方图的性质

由灰度直方图的定义可知，数字图像的灰度直方图具有如下 3 个性质。

（1）图像空间位置信息的缺失性

直方图是一幅图像中各像素灰度值出现次数（或频数）的统计结果，它只反映该图像中不同灰度值出现的次数（或频数），而未反映某一灰度值像素所在位置。也就是说，它只包含了该图像中某一灰度值的像素出现的概率，而丢失了其所在位置的信息。

（2）图像与直方图之间的多对一映射关系

任一幅图像都唯一地确定与它对应的一个直方图，但由于直方图的位置信息缺失性，对于不同的多幅图像，只要其灰度级出现频数的分布相同，则都具有相同的直方图。也就是说，图像与直方图之间是多对一的映射关系。如图 2-11 就是一个不同图像具有相同直方图的例子。

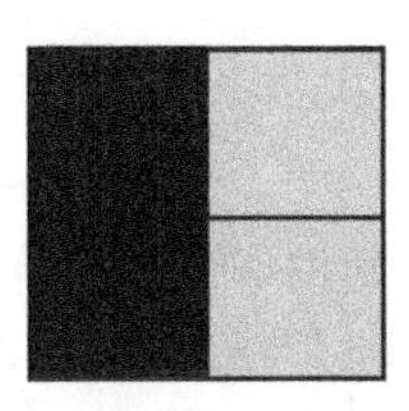
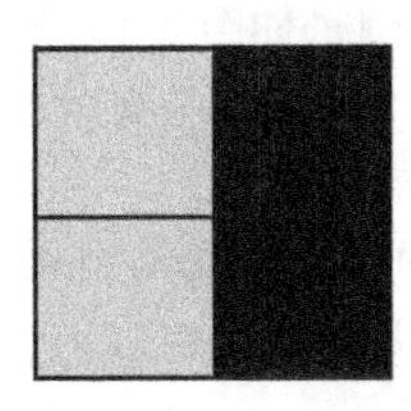

图 2-11　图像与直方图间的多对一关系

（3）直方图的可叠加性

由于灰度直方图是各灰度级出现频数的统计值，若将某一图像分成几个子图，则该图像的直方图就等于各子图直方图的叠加。

4. 直方图均衡化

如果获得的一幅图像的直方图效果不理想，可以通过直方图均衡化处理技术做适当修正，使图像变得更加清晰。直方图均衡化的基本思想是通过对原始图像中的像素灰度做某种映射变换，使变换后的图像灰度直方图是均匀分布的直方图，即变换后图像是一幅灰度级均匀分布的图像，这意味着增加了像素灰度值的动态范围，从而达到增强图像对比度的效果。例如，一幅对比度较小的图像，其直方图分布一定集中在某一比较小的范围之内，经过均衡化处理后，就可增加图像的动态范围和对比度。

下面先讨论连续图像的均衡化问题，然后推广到数字图像的直方图均衡化。

对于连续图像，设r代表图像中像素灰度值，做归一化处理后，r将被限定在［0，1］之内。对于一幅给定的图像来说，每一个像素取得［0，1］区间内的灰度值是随机的，也就是说r是一个随机变量。假定对每一时刻，它们是连续的随机变量，那么就可以用概率密度函数$p_r(r)$来表示原始图像的灰度分布。如果用直角坐标系的横轴代表灰度值r，用纵轴代表灰度值的概率密度函数$p_r(r)$，则针对一幅图像我们可以得到灰度分布概率密度函数曲线，如图 2-12 所示。

从图像灰度分布概率密度函数曲线可以看出一幅图

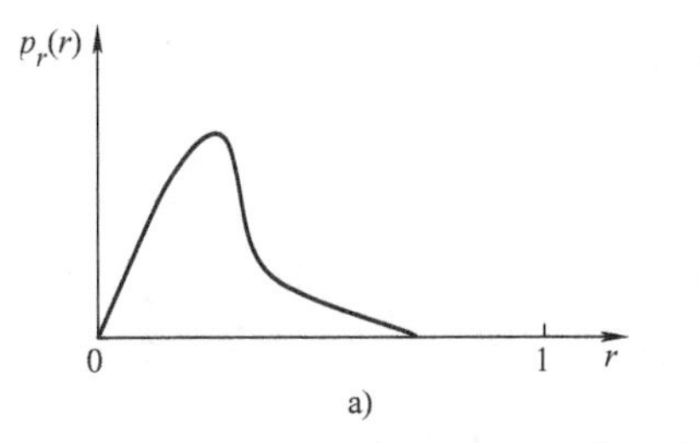

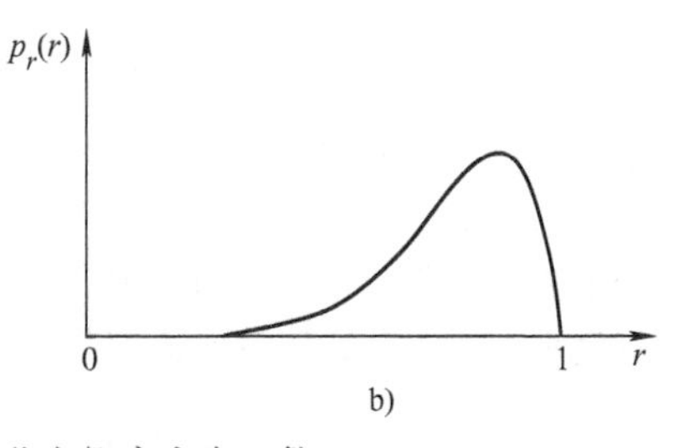

图 2-12　图像灰度分布概率密度函数

像的灰度分布特性。例如，图2-12a所对应图像的大多数像素灰度值都较小，所以这幅图像较暗；图2-12b所对应图像的大多数像素灰度值都较大，所以这幅图像较亮。

为了讨论方便，用r和s分别表示原始图像的归一化灰度值和经变换后图像的归一化灰度值，即：$0\leqslant r\leqslant 1$，$0\leqslant s\leqslant 1$。

对［0，1］区间内的任一个r值进行如下变换：

$$s=T(r) \tag{2-8}$$

也就是说，通过上述变换，每个原始图像的像素灰度值r都对应产生一个s值。变换函数$T(r)$应满足下列条件：

① 在$0\leqslant r\leqslant 1$区间内，$T(r)$为单调递增函数。

② 对于$0\leqslant r\leqslant 1$，有$0\leqslant T(r)\leqslant 1$。

这里，条件①保证了图像的灰度级从白到黑的次序不变，条件②则保证了映射变换后的像素灰度值在容许的范围内。满足这两个条件的变换函数的例子如图2-13所示。

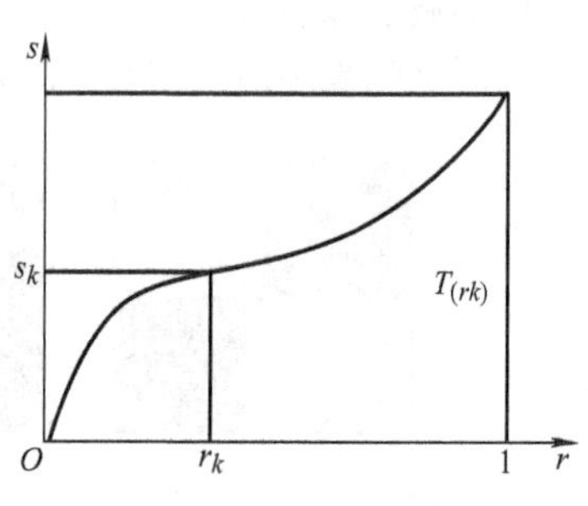

图2-13 灰度变换函数

从s到r的反变换可用式(2-9)表示为

$$r=T^{-1}(s) \tag{2-9}$$

由概率论可知，如果已知随机变量r的概率密度函数为$p_r(r)$，而随机变量s是r的函数，即$s=T(r)$，则s的概率密度函数$p_s(s)$可由$p_r(r)$求出。

因为$s=T(r)$是单调递增的，由数学分析可知，它的反函数$r=T^{-1}(s)$也是单调函数，变换后的图像灰度级的概率密度函数$p_s(s)$为

$$p_s(s)=p_r(r)\cdot\frac{\mathrm{d}}{\mathrm{d}s}[T^{-1}(s)]=\left[p_r(r)\cdot\frac{\mathrm{d}r}{\mathrm{d}s}\right]_{r=T^{-1}(s)} \tag{2-10}$$

对于连续图像，当均衡化并归一化后，满足$p_s(s)\ =1$，由式(2-10)得

$$\mathrm{d}s=p_r(r)\,\mathrm{d}r=\mathrm{d}T(r) \tag{2-11}$$

式(2-11)两边取积分得

$$s=T(r)=\int_0^r p_r(x)\,\mathrm{d}x \tag{2-12}$$

式(2-12)就是所求的变换函数，它表明当变换函数$T(r)$是原图像的累积分布函数时，可产生一幅灰度级分布具有均匀概率密度的图像，即达到均衡化的目的。

【例2-1】给定一幅图像的灰度级概率密度函数为

$$p_r(r)=\begin{cases}-2r+2, & 0\leqslant r\leqslant 1\\ 0, & \text{其他}\end{cases}$$

求变换函数$T(r)$，使变换后图像的灰度级概率密度函数是均匀分布的。

解：由式(2-12)得

$$s=T(r)=\int_0^r p_r(x)\,\mathrm{d}x=\int_0^r(-2x+2)\,\mathrm{d}x=-r^2+2r$$

图2-14a、图2-14b和图2-14c分别为原始图像的灰度级概率密度函数、变换函数和变换后图像的灰度级概率密度函数。

上述方法是以连续随机变量为基础进行讨论的。由于数字图像的灰度级是离散值，所以可以用灰度级r_k的频数近似替代概率值。这样，一幅图像中第k个灰度级r_k出现的概率为

$$p_r(r_k)=\frac{n_k}{n}\quad(k=0,1,2,\cdots,L-1) \tag{2-13}$$

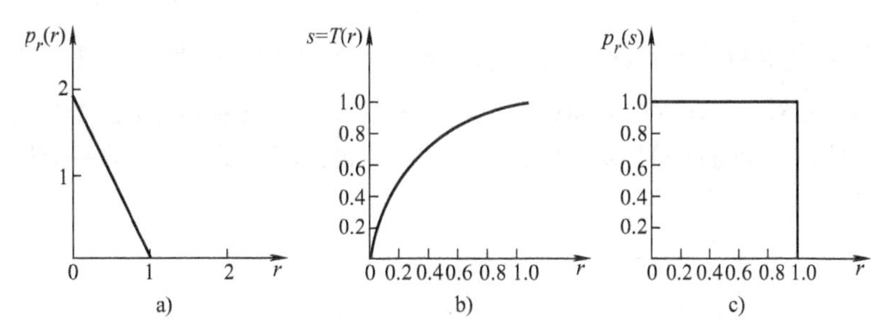

图2-14　将非均匀概率密度函数变换成均匀概率密度函数

由此可得对应于式(2-12)的离散灰度变换函数，即直方图均衡化公式为

$$s_k = T(r_k) = \sum_{j=0}^{k} p_r(r_j) = \sum_{j=0}^{k} \frac{n_j}{n} \quad (0 \leqslant r_j \leqslant 1; k = 0,1,\cdots,L-1) \tag{2-14}$$

这样，由式(2-14)就把原输入图像中灰度级为r_k的各像素映射到直方图均衡化图像（输出图像）中灰度级为s_k的对应像素。

式(2-14)的反变换函数为

$$r_k = T^{-1}(s_k) \quad (0 \leqslant s_k \leqslant 1) \tag{2-15}$$

直方图均衡化的实现步骤如下：

① 计算原图像的归一化灰度级及其分布概率$p_r(r_k) = \frac{n_k}{n}$ $(k=0,1,2,\cdots,L-1)$。

② 根据式(2-14)求变换函数的各灰度级值s_k。

③ 将所得的变换函数的各灰度级值转化成标准的灰度级值，也就是把步骤②求得的各s_k值，按靠近原则近似到与原图像灰度级相同的标准灰度级中。此时获得的就是均衡化后的新图像中存在的灰度级值，其对应的像素个数不为零；对于那些在变换过程中“被丢失了的”灰度级，将其像素个数设为零。

④ 求新图像的各灰度级s_l' $(l=0,1,2,\cdots,L-1)$的像素数目。在前一步的计算结果中，如果不存在灰度级s_l'，则该灰度级的像素数目为零；如果存在灰度级s_l'，则根据其与之相关的$s_k = T(r_k)$和s_k的对应关系，确定该灰度级s_l'的像素数目。

⑤ 用s_k代替s_l' $(l=0,1,2,\cdots,L-1)$，并求新图像中各灰度级的分布概率$p_s(s_k) = \frac{m_k}{n}$。

⑥ 画出经均衡化后的新图像的直方图。

【例2-2】假定有一幅图像，共有64×64个像素，灰度级为8，各灰度级的概率分布列于表2-1中，试对其进行直方图均衡化。

表2-1　一幅64×64图像中灰度级的概率分布

灰度级r_k	0	1/7	2/7	3/7	4/7	5/7	6/7	1
像素数n_k	790	1023	850	656	329	245	122	81
概率$p_r(r_k)$	0.19	0.25	0.21	0.16	0.08	0.06	0.03	0.02

解：由式(2-14)可得到变换函数

$$s_0 = T(r_0) = \sum_{j=0}^{0} p_r(r_j) = p_r(r_0) = 0.19$$

$$s_1 = T(r_1) = \sum_{j=0}^{1} p_r(r_j) = p_r(r_0) + p_r(r_1) = 0.19 + 0.25 = 0.44$$

$$s_2 = T(r_2) = \sum_{j=0}^{2} p_r(r_j) = p_r(r_0) + p_r(r_1) + p_r(r_2) = 0.19 + 0.25 + 0.21 = 0.65$$

类似地计算出：$s_3=0.81$，$s_4=0.89$，$s_5=0.95$，$s_6=0.98$，$s_7=1.0$。变换函数如图 2-15b 所示。

这里只对图像取 8 个等间隔的灰度级，变换后的值也只能选择最靠近的一个灰度级的值。因此，对上述计算值加以修正，即

$$s_0 \approx \frac{1}{7}, \quad s_1 \approx \frac{3}{7}, \quad s_2 \approx \frac{5}{7}, \quad s_3 \approx \frac{6}{7}$$

$$s_4 \approx \frac{6}{7}, \quad s_5 \approx 1, \quad s_6 \approx 1, \quad s_7 \approx 1$$

由上述数值可知，在新图像中，有以下结论。

- 不存在值为 0 的灰度级，也即新图像中灰度级 $s_0'=0$ 的像素个数为 $m_0=0$。
- 存在值为 1/7 的灰度级，且由 $s_0 \approx 1/7$ 和 $s_0=T(r_0)$ 可知，新图像中灰度级为 $s_1'=1/7$ 的像素对应于原图像中灰度级为 $r_0=0$ 的像素，其像素个数 $m_1=n_0=790$。
- 不存在值为 2/7 的灰度级，也即新图像中对于 $s_2'=2/7$，其像素个数 $m_2=0$。
- 存在值为 3/7 的灰度级，且由 $s_1 \approx 3/7$ 和 $s_1=T(r_1)$ 可知，新图像中灰度级为 $s_3'=3/7$ 的像素对应于原图像中灰度级为 $r_1=1/7$ 的像素，其像素个数为 $m_3=n_1=1023$。
- 不存在值为 4/7 的灰度级，也即新图像中对于 $s_4'=4/7$，其像素个数 $m_4=0$。
- 存在值为 5/7 的灰度级，且由 $s_2 \approx 5/7$ 和 $s_2=T(r_2)$ 可知，新图像中灰度级为 $s_5'=5/7$ 的像素对应于原图像中灰度级为 $r_2=2/7$ 的像素，其像素个数为 $m_5=n_2=850$。
- 存在值为 6/7 的灰度级，且由 $s_3 \approx 6/7$ 和 $s_3=T(r_3)$，以及 $s_4 \approx 6/7$ 和 $s_4=T(r_4)$ 可知，新图像中灰度级为 $s_6'=6/7$ 的像素，对应于原图像中灰度级为 $r_3=3/7$ 和 $r_4=4/7$ 的像素，其像素个数为 $m_6=n_3+n_4=656+329=985$。
- 存在值为 7/7 的灰度级，且由 $s_5 \approx 1$ 和 $s_5=T(r_5)$、$s_6 \approx 1$ 和 $s_6=T(r_6)$，以及 $s_7 \approx 1$ 和 $s_7=T(r_7)$ 可知，新图像中灰度级为 $s_7'=1$ 的像素，对应于原图像中灰度级为 $r_5=5/7$、$r_6=6/7$ 和 $r_7=7/7$ 的像素，其像素个数为 $m_7=n_5+n_6+n_7=245+122+81=448$。

用 s_k 代替 s_l'（$l=0,1,2,\cdots,L-1$），并求新图像中各灰度级的分布概率 $p_s(s_k)=\frac{m_k}{n}=\frac{m_k}{4096}$，结果如图 2-15c 所示。

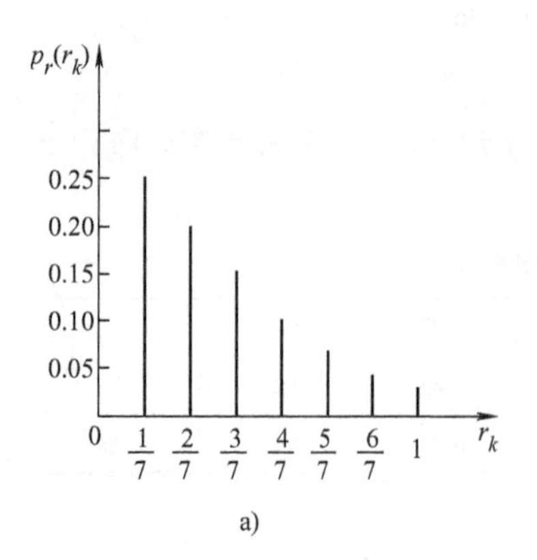

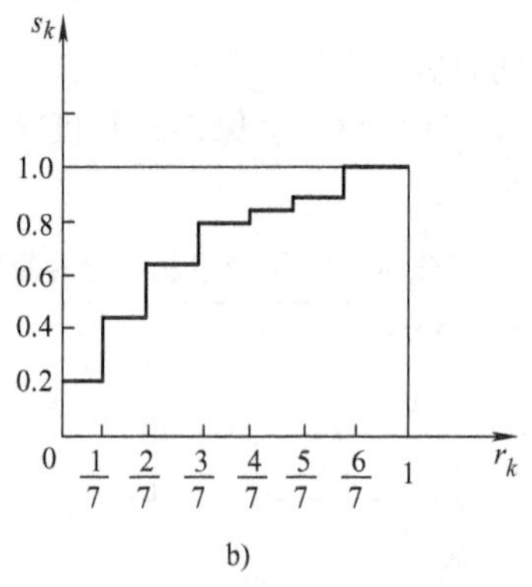

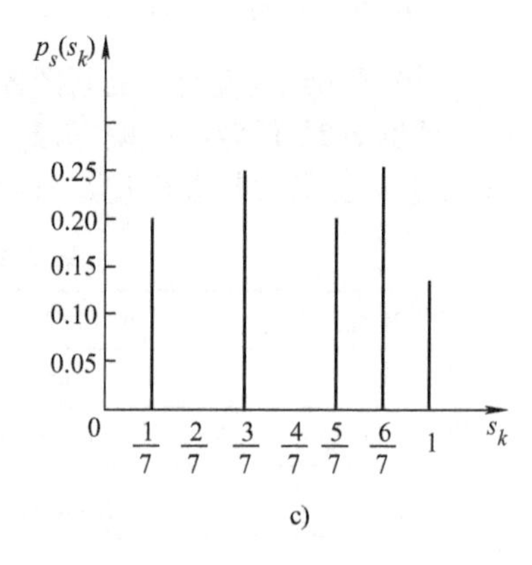

图 2-15　直方图均衡化处理

一幅图像经直方图均衡化的效果如图 2-16 所示。

由图 2-16 可见，经直方图均衡化处理后得到的新直方图虽然不是很平坦，但毕竟比原始图

 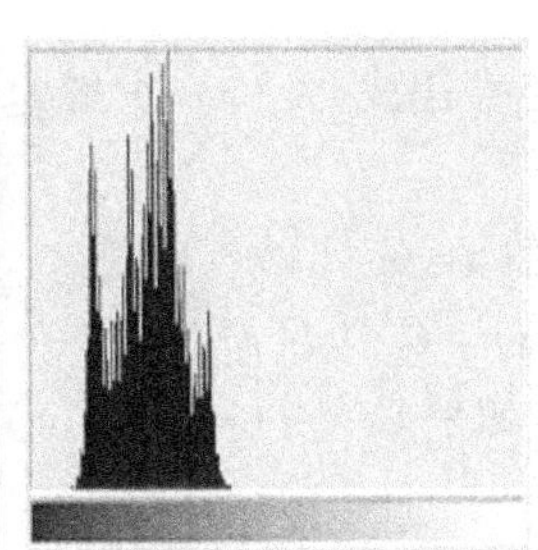  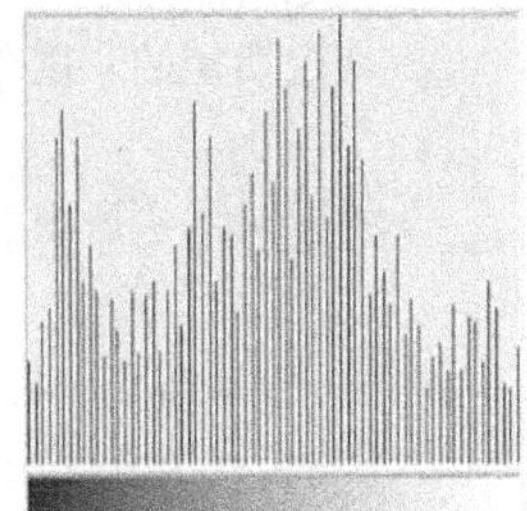

图 2-16　直方图均衡化的效果

像的直方图平坦得多，而且其动态范围也大大地扩展了。因此，这种方法对于对比度较弱的图像进行处理是很有效的。

2.2.4　直方图规定化

直方图均衡化的优点是能增强整幅图像的对比度，但它的具体增强效果不易控制，处理的结果总是得到近似均匀分布的直方图。实际应用中，在不同的情况下，并不总是需要具有均匀直方图的图像，有时要求突出图像中人们感兴趣的灰度范围，即希望找到灰度变换函数，使原图像的直方图变成所要求的特定形状，从而有选择地增强某个灰度值范围内的对比度。直方图规定化就是针对上述要求提出来的一种直方图修正方法。实际上，直方图均衡化是直方图规定化中给定直方图为均匀分布的一种特例。

下面仍然从研究连续灰度的概率密度函数入手来讨论直方图规定化的基本思想。

设 $p_r(r)$ 是待增强的原始图像的灰度分布概率密度函数，$p_z(z)$ 是直方图规定化后的新图像（即希望得到的图像）的灰度分布概率密度函数。直方图规定化即是找一种变换，使得原图像经变换后，变成了具有灰度分布概率密度函数 $p_z(z)$ 的新图像。如何建立 $p_z(z)$ 和 $p_r(r)$ 之间的联系是直方图规定化处理的关键。

首先对原始图像进行直方图均衡化处理，即

$$s = T(r) = \int_0^r p_r(x)\,\mathrm{d}x \tag{2-16}$$

假定已经得到了所希望的规定化后的图像，其灰度分布概率密度函数为 $p_z(z)$，并对其也做直方图均衡化处理，即

$$u = G(z) = \int_0^z p_z(x)\,\mathrm{d}x \tag{2-17}$$

式(2-17）的反变换函数为

$$z = G^{-1}(u) \tag{2-18}$$

根据前面关于连续图像直方图均衡化的讨论，若对原始图像和期望图像都进行一次直方图均衡化处理，将会得到相同的归一化均匀灰度分布的概率密度函数，即

$$p_s(s) = p_u(u) = 1 \tag{2-19}$$

也就是说均匀分布的随机变量 s 和 u 有完全相同的统计特性。换句话说，从统计意义上说，它们是完全相同的。为此，可用 s 来代替式(2-18）中的 u，即

$$z = G^{-1}(u) = G^{-1}(s) \tag{2-20}$$

这样，得到的灰度值 z 便是所希望的规定化后的图像的灰度值。

根据以上思路，可以总结出直方图规定化处理的步骤如下。

① 对原始图像进行直方图均衡化。

② 规定期望的灰度分布概率密度函数 $p_z(z)$，并用式(2-17) 求规定直方图的均衡化变换函数 $G(z)$。

③ 将步骤①中所得到的灰度 s 用到反变换函数 $z = G^{-1}(u)$，即

$$z = G^{-1}(u) = G^{-1}(s) = G^{-1}[T(r)] \tag{2-21}$$

这样，就实现了 r 与 z 的映射关系。很显然，如果 $G^{-1}[T(r)] = T(r)$ 时，式(2-21) 就简化为直方图均衡化方法了。

这种方法在连续变量的情况下涉及求反变换函数的解析式的问题，一般情况下较为困难。但是由于数字图像的灰度值是离散变量，因此，可用近似的方法绕过这个问题，从而较简单地克服了这个困难。下面通过例子来说明数字图像的直方图规定化处理过程。

【例 2-3】 假定有一幅图像，共有 64×64 个像素，灰度级数为 8，灰度级的概率分布列于表 2-2 中，试对其进行直方图规定化，规定的灰度级的概率分布如表 2-3 所示。

表 2-2　一幅 64×64 图像中灰度级的概率分布

灰度级 r_k	0	1/7	2/7	3/7	4/7	5/7	6/7	1
像素数 n_k	790	1023	850	656	329	245	122	81
概率 $p_r(r_k)$	0.19	0.25	0.21	0.16	0.08	0.06	0.03	0.02

表 2-3　规定的灰度级的概率分布

灰度级 z_k	0	1/7	2/7	3/7	4/7	5/7	6/7	1
概率 p_z (z_k)	0	0	0	0.15	0.20	0.30	0.20	0.15

解：数字图像的直方图规定化处理步骤如下。

① 按照例 2-2 中的方法对原始图像进行直方图均衡化。

② 规定期望的直方图（即规定期望的各灰度级概率分布 $p_z(z_k)$），并求规定直方图的均衡化变换 $G(z_k)$。

$$u_k = G(z_k) = \sum_{j=0}^{k} p_z(z_k)$$

$$u_0 = G(z_0) = \sum_{j=0}^{0} p_z(z_j) = p_z(z_0) = 0.00$$

$$u_1 = G(z_1) = \sum_{j=0}^{1} p_z(z_j) = p_z(z_0) + p_z(z_1) = 0.00 + 0.00 = 0.00$$

$$u_2 = G(z_2) = \sum_{j=0}^{2} p_z(z_j) = p_z(z_0) + p_z(z_1) + p_z(z_2) = 0.00 + 0.00 + 0.00 = 0.00$$

$$u_3 = G(z_3) = \sum_{j=0}^{3} p_z(z_j) = p_z(z_0) + p_z(z_1) + p_z(z_2) + p_z(z_3) = 0.15$$

依此类推求得

$$u_4 = G(z_4) = 0.35$$
$$u_5 = G(z_5) = 0.65$$
$$u_6 = G(z_6) = 0.85$$
$$u_7 = G(z_7) = 1$$

③ 将原直方图对应映射到规定的直方图。这可分为两个过程进行映射。首先，将步骤①获得的灰度级 s_k 应用于反变换函数 $z_k = G^{-1}(s_k)$，从而获得 z_k 与 s_k 的映射关系；比较函数 $z_k = G^{-1}(s_k)$ 及其变换反函数 $s_k = G(z_k)$ 可知，所谓建立 z_k 与 s_k 的映射关系，就是找出与 s_k 最接近的 $G(z_k)$ 值，与该 $G(z_k)$ 对应的 z_k 就和 s_k 建立了映射关系。例如，$s_0 = \frac{1}{7} \approx 0.14$，与它最接近的是 $G(z_3) = 0.15$，所以可写成 $G^{-1}(0.15) = z_3$。用这样的方法可得到 z_k 与 s_k 的映射关系

$$s_0 = \frac{1}{7} \to z_3 = \frac{3}{7}$$

$$s_1 = \frac{3}{7} \to z_4 = \frac{4}{7}$$

$$s_2 = \frac{5}{7} \to z_5 = \frac{5}{7}$$

$$s_3 = \frac{6}{7} \to z_6 = \frac{6}{7}$$

$$s_4 = 1 \to z_7 = 1$$

然后，根据 $z_k = G^{-1}(s_k) = G^{-1}[T(r_k)]$，进一步获得 r_k 与 z_k 的映射关系：根据 r_k 与 s'_l 的映射关系、s'_l 与 s_k 的映射关系以及 s_k 与 z_k 的映射关系，建立 r_k 与 z_k 的映射关系

$$r_0 = 0 \to z_3 = \frac{3}{7}$$

$$r_1 = \frac{1}{7} \to z_4 = \frac{4}{7}$$

$$r_2 = \frac{2}{7} \to z_5 = \frac{5}{7}$$

$$r_3 = \frac{3}{7} \to z_6 = \frac{6}{7}$$

$$r_4 = \frac{4}{7} \to z_6 = \frac{6}{7}$$

$$r_5 = \frac{5}{7} \to z_7 = 1$$

$$r_6 = \frac{6}{7} \to z_7 = 1$$

$$r_7 = 1 \to z_7 = 1$$

④ 根据建立的 r_k 与 z_k 的映射关系确定规定化后图像的各灰度级的像数数，并用 $n = 4096$ 去除，可得到相应的概率分布，其数据如表2-4所示。

表2-4　规定化后图像各灰度级的概率分布

灰度级 z_k	0	1/7	2/7	3/7	4/7	5/7	6/7	1
像素数 n_k	0	0	0	790	1023	850	985	448
概率 $p_z(z_k)$	0.00	0.00	0.00	0.19	0.25	0.21	0.24	0.11

图2-17a是原始图像的直方图，图2-17b是规定的直方图，图2-17c为变换函数，图2-17d为规定化后的直方图。

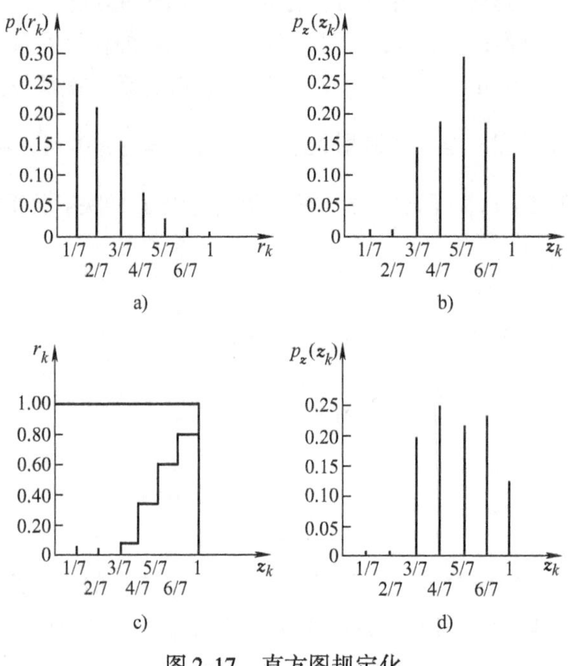

图 2-17　直方图规定化

2.3　图像平滑与去噪

图像在形成、传输和接收的过程中，不可避免地会受到各种噪声的干扰和影响，如光电转换过程中敏感元件灵敏度的不均匀性、数字化过程的量化噪声、传输过程中的误差以及人为因素等，均会降低图像质量，这为后续的图像处理和分析带来困难。

噪声反映在图像中，会使原本均匀和连续变化的灰度值产生突变，形成一些虚假的边缘或轮廓。减弱、抑制或消除这类噪声而改善图像质量的方法称为图像平滑。图像平滑既可以在空间域进行，也可以在频率域进行。空间域常用的方法有邻域平均法、中值滤波和多图像平均法等；在频率域，因为噪声频谱多在高频段，因此可以采用各种形式的低通滤波方法进行平滑处理。

2.3.1　模板操作和卷积运算

模板操作是数字图像处理中常用的一种运算方式，图像的平滑以及后面将要讨论的锐化、边缘检测等都要用到模板操作。

常用的模板（Template）有

$$\boldsymbol{H}_1=\frac{1}{4}\begin{bmatrix}0&1&0\\1&0&1\\0&1&0\end{bmatrix},\ \boldsymbol{H}_2=\frac{1}{8}\begin{bmatrix}1&1&1\\1&0&1\\1&1&1\end{bmatrix},\ \boldsymbol{H}_3=\frac{1}{9}\begin{bmatrix}1&1&1\\1&1&1\\1&1&1\end{bmatrix},\ \boldsymbol{H}_4=\frac{1}{16}\begin{bmatrix}1&2&1\\2&4&2\\1&2&1\end{bmatrix}$$

模板操作实现了一种邻域运算，即某个像素点的运算结果不仅与本像素灰度有关，而且与其邻域点的值有关。模板操作的数学含义是卷积（或互相关）运算。8-邻域的卷积运算示意图如图 2-18 所示。

卷积运算中的卷积核（卷积核大小与邻域相同）就是模板操作中的模板，卷积就是做加权求和的过程。邻域中的每个像素分别与卷积核中的每一个元素相乘，乘积求和所得结果即为中心像素的新值。卷积核中的元素称作加权系数（亦称为卷积系数），卷积核中的系数大小及排列顺序，决定了对图像进行区域处理的类型。改变卷积核中的加权系数，会影响到总和的数值与符号，从而影响到所求像素的新值。

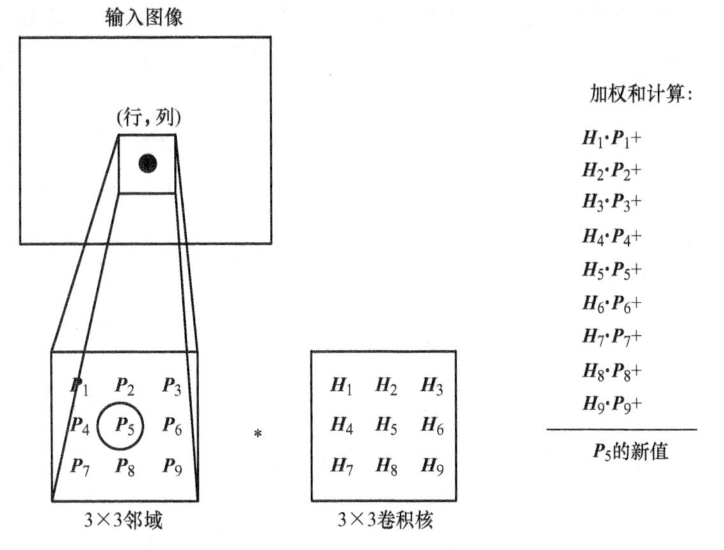

图 2-18　卷积运算示意图

在模板或卷积的加权运算中，还存在一些具体问题需要解决：首先是图像边界问题，当在图像上移动模板（卷积核）至图像的边界时，在原图像中找不到与卷积核中的加权系数相对应的 9 个像素，即卷积核悬挂在图像缓冲区的边界上，这种现象在图像的上、下、左、右四个边界上均会出现。例如，当模板为

$$\boldsymbol{H}=\frac{1}{9}\begin{bmatrix}1&1&1\\1&1&1\\1&1&1\end{bmatrix}$$

原图像为

$$\boldsymbol{P}=\begin{bmatrix}1&1&1&1&1\\2&2&2&2&2\\3&3&3&3&3\\4&4&4&4&4\\5&5&5&5&5\end{bmatrix}$$

经过模板操作后的图像为

$$\boldsymbol{P}*\boldsymbol{H}=\begin{bmatrix}-&-&-&-&-\\-&2&2&2&-\\-&3&3&3&-\\-&4&4&4&-\\-&-&-&-&-\end{bmatrix}\tag{2-22}$$

式(2-22) 中的“ - ”表示无法进行模板操作的像素点。

解决这个问题可以采用两种简单方法：一种方法是忽略图像边界数据，另一种方法是在图像四周复制原图像边界像素的值，从而使卷积核悬挂在图像四周时可以进行正常的计算。

其次，计算出来的像素值的动态范围问题。简单的处理办法是：当计算出来的像素值小于 0 时，将其值置为 0；当计算出来的像素值大于 255 时，将其值置为 255。

2.3.2　邻域平均法

图像中的大部分噪声是随机噪声，它们对某一像素的影响可以看作是孤立的。对于某一像素而言，如果它与周围的其他像素相比，其灰度值有显著的不同，则可以认为该像素点含有噪声。

邻域平均法就是对含噪声的原始图像 $f(x, y)$ 的每个像素点取一个邻域 N，用 N 中所包含像素的灰度平均值，作为邻域平均处理后的图像 $g(x, y)$ 的像素值。即

$$g(x,y) = \frac{1}{M}\sum_{(i,j)\in N} f(i,j) \tag{2-23}$$

式中，N 为不包括本点 (x, y) 的邻域中各像素点的集合；M 为邻域 N 中像素的个数。常用的邻域为4-邻域 N_4 和8-邻域 N_8。

设要处理点坐标为 (x, y)，则4-邻域平均计算公式为

$$\begin{aligned} g(x,y) &= \frac{1}{4}\sum_{(i,j)\in N_4} f(i,j) \\ &= \frac{1}{4}[f(x-1,y)+f(x,y-1)+f(x,y+1)+f(x+1,y)] \end{aligned} \tag{2-24}$$

若用模板操作，则4-邻域平均法的模板为

$$\boldsymbol{H}_1 = \frac{1}{4}\begin{bmatrix} 0 & 1 & 0 \\ 1 & 0 & 1 \\ 0 & 1 & 0 \end{bmatrix} \tag{2-25}$$

8-邻域平均计算公式为

$$\begin{aligned} g(x,y) &= \frac{1}{8}\sum_{(i,j)\in N_8} f(i,j) \\ &= \frac{1}{8}[f(x-1,y-1)+f(x,y-1)+f(x+1,y-1)+f(x-1,y) \\ &\quad +f(x+1,y)+f(x-1,y+1)+f(x,y+1)+f(x+1,y+1)] \end{aligned} \tag{2-26}$$

若用模板操作，则8-邻域平均法的模板为

$$\boldsymbol{H}_2 = \frac{1}{8}\begin{bmatrix} 1 & 1 & 1 \\ 1 & 0 & 1 \\ 1 & 1 & 1 \end{bmatrix} \tag{2-27}$$

例如，用8-邻域平均法对一幅数字图像进行平滑处理，其结果如图2-19所示。图中计算结果按四舍五入进行了调整，对边界像素不进行处理。

1	2	1	4	3
1	2	2	3	4
5	7	6	8	9
5	7	6	8	8
5	6	7	8	9

⇨

1	2	1	4	3
1	3	4	5	4
5	4	5	6	9
5	6	7	8	8
5	6	7	8	9

图2-19　8-邻域平均法平滑处理示意图

邻域平均法的主要优点是算法简单，计算速度快，但其代价是会造成图像一定程度上的模糊。例如，对图2-20a中的图像采用邻域平均法进行处理后的效果如图2-20b所示。可以看出经过邻域平均法处理后，虽然图像的噪声得到了抑制，但同时图像变得比处理前模糊了，特别是图像边缘和细节部分。

一般来说，邻域平均法的平滑效果与所采用邻域的半径（模板大小）有关。所选的邻域半径越大，平滑作用越强，但图像也就越模糊。因此，减少图像的模糊是图像平滑处理研究的主要问题之一。

为了减轻这种效应，可以采用阈值法，即根据下列准则对图像进行平滑：

$$g(x,y)=\begin{cases}\frac{1}{M}\sum_{(i,j)\in N}f(i,j), & \left|f(x,y)-\frac{1}{M}\sum_{(i,j)\in N}f(i,j)\right|>T\\ f(x,y), & \text{其他}\end{cases} \tag{2-28}$$

式中，T是预先设定的阈值，当某些像素点的灰度值与其邻域像素点的灰度平均值之差不超过阈值T时，仍保留这些像素点的灰度值。当某些像素点的灰度值与其邻域像素点灰度的均值差别较大时，这些像素点必然是噪声，这时再取其邻域平均值作为这些点的灰度值。这样平滑后的图像比单纯地进行邻域平均后的图像要清晰一些，平滑效果仍然很好。

a) 原始图像

b) 邻域平均后的效果

图2-20 采用邻域平均法的效果

在实际处理过程中，选择合适的阈值是非常重要的。若阈值选得太大，则会减弱噪声的去除效果；若阈值太小，则会增强图像平滑后的模糊效应。选择阈值需要根据图像的特点作具体分析，如果事先知道一些噪声的灰度级范围等先验知识，将有助于阈值的选择。

为了克服简单的邻域平均法的弊病，目前已提出许多种既保留边缘又保留细节的邻域平滑算法。它们的区别在于如何选择邻域的大小、形状和方向，如何选择参与平均的像素点数以及邻域各点的权重系数等，主要算法有：K近邻平均法、梯度倒数加权平滑、最大均匀性平滑、小斜面模型平滑等。有关这些方法请参阅相关参考文献。

2.3.3 中值滤波

中值滤波是一种非线性信号处理方法，在去噪的同时可以兼顾到边界信息的保留。它在一定条件下，可以克服线性滤波器（如邻域平滑滤波等）在去噪的同时所带来的图像细节模糊问题，而且对滤除脉冲干扰及图像扫描噪声最为有效。由于它在实际运算过程中并不需要知道图像的统计特性，这也带来不少方便。但是对一些细节多，特别是点、线、尖顶细节多的图像不宜采用中值滤波。

由于中值滤波是一种非线性运算，对随机输入信号的严格数学分析比较复杂，下面采用直观方法简要介绍中值滤波的原理。

1. 中值滤波的原理

中值滤波就是选用一个含有奇数个像素的滑动窗口，将该窗口在图像上扫描，把其中所含的像素点按灰度级的升（或降）序排列，取位于中间的灰度值，来代替窗口中心点的灰度值。例如，设窗口内有5个像素点，其灰度值分别为80、100、200、110和120，如果按从小到大排列，结果为80、100、110、120、200，排在中间位置上的值为110，那么此窗口内各点的中值为110。于是原来窗口中心点的灰度值200就由110代替。如果200是一个噪声的尖峰，则将被滤除。然而，如果它是一个信号，那么此法处理的结果将会造成信号的损失。

设有一个一维序列f_1，f_1，…，f_n，取窗口长度（点数）为m（m为奇数），对该序列进行中值滤波，就是从输入序列$f_1,f_1,\cdots,f_n$中相继抽出m个数$f_{i-u},\cdots,f_{i-1},f_i,f_{i+1},\cdots,f_{i+u}$，其中$f_i$为窗口中心点值，$u=\frac{m-1}{2}$，再将这$m$个点的值按大小排序，取其序号为中心点的那个值作为滤波输出。用数学公式表示为

$$y_i = \text{Med}\{f_{i-u}, \cdots, f_i, \cdots, f_{i+u}\} \quad i \in N, u = \frac{m-1}{2} \tag{2-29}$$

对二维序列 $\{F_{ij}\}$ 进行中值滤波时，滤波窗口也是二维的。二维序列的中值滤波可以表示为

$$y_{ij} = \underset{W}{\text{Med}}\{F_{ij}\} \tag{2-30}$$

式中，W 为滤波窗口。

2. 中值滤波窗口

中值滤波的关键是选择合适的窗口形状和大小，因为不同形状和大小的滤波窗口会带来不同的滤波效果。一般要根据噪声和图像中目标物细节的情况来选择。常用的中值滤波窗口有线状、十字形、方形、菱形和圆形等，如图 2-21 所示。

图 2-21　几种常用的中值滤波窗口

在实际使用滤波窗口时，窗口大小一般先取 3 再取 5，依次增大直到滤波效果满意为止。对于有较长轮廓线物体的图像，采用方形或圆形窗口较合适；对于包含尖顶角几何结构的图像，一般采用十字形滤波窗口较合适，且窗口大小最好不要超过图像中最小目标物的尺寸，否则会丢失目标物的细小几何特征。使用二维中值滤波最值得注意的是，要保持图像中有效的细线状物体。如果图像中点、线、尖角细节较多，则不宜采用中值滤波。

3. 中值滤波的主要特性

(1) 对某些输入信号中值滤波具有不变性

对某些特定的输入信号，如在窗口内单调增加或单调减少的序列，中值滤波的输出信号仍保持输入信号不变，即：$f_{i-n} \leqslant \cdots \leqslant f_i \leqslant \cdots \leqslant f_{i+n}$ 或 $f_{i-n} \geqslant \cdots \geqslant f_i \geqslant \cdots \geqslant f_{i+n}$，则 $\{y_i\} = \{f_i\}$。

一维中值滤波这种不变性可以从图 2-22a 和图 2-22b 上看出来。

二维序列中值滤波的不变性要复杂得多，它不但与输入信号有关，而且还与窗口的形状有关。一般地，与窗口对顶角连线垂直的边缘经滤波后将保持不变。利用这个特点，可以使中值滤波既能去除图像中的噪声，又能保持图像中一些物体的边缘。

(2) 中值滤波去噪声性能

图 2-22 所示为由长度为 5 的窗口采用均值滤波、中值滤波的方法对几种一维信号的处理结果。左边一列为输入信号的原波形，中间一列为均值滤波的结果，右边一列为中值滤波的结果。可以看到中值滤波不影响阶跃函数和斜坡函数，因而对图像的边缘有保护作用。但是，对于持续周期小于窗口尺寸的 1/2 的脉冲将进行抑制，如图 2-22c 和图 2-22d 所示，因而可能损坏图像中某些细节。另外，三角波信号的顶部变平。

图 2-23 所示为邻域平均法、中值滤波对含噪图像的去噪效果。图 2-23a 和图 2-23d 所示分别为含有高斯噪声的图像和含有椒盐噪声的图像，图 2-23b 和图 2-23c 所示分别为对图 2-23a 采用 3×3 窗口邻域平均法、5×5 十字中值滤波去除噪声后的图像，图 2-23e 和图 2-23f 所示分别为对图 2-23d 采用 3×3 窗口邻域平均法、5×5 十字中值滤波去除噪声后的图像。显然，邻域平均法对含有高斯噪声的图像去噪声效果较好，而中值滤波对含有椒盐噪声的图像去噪声效果较好。

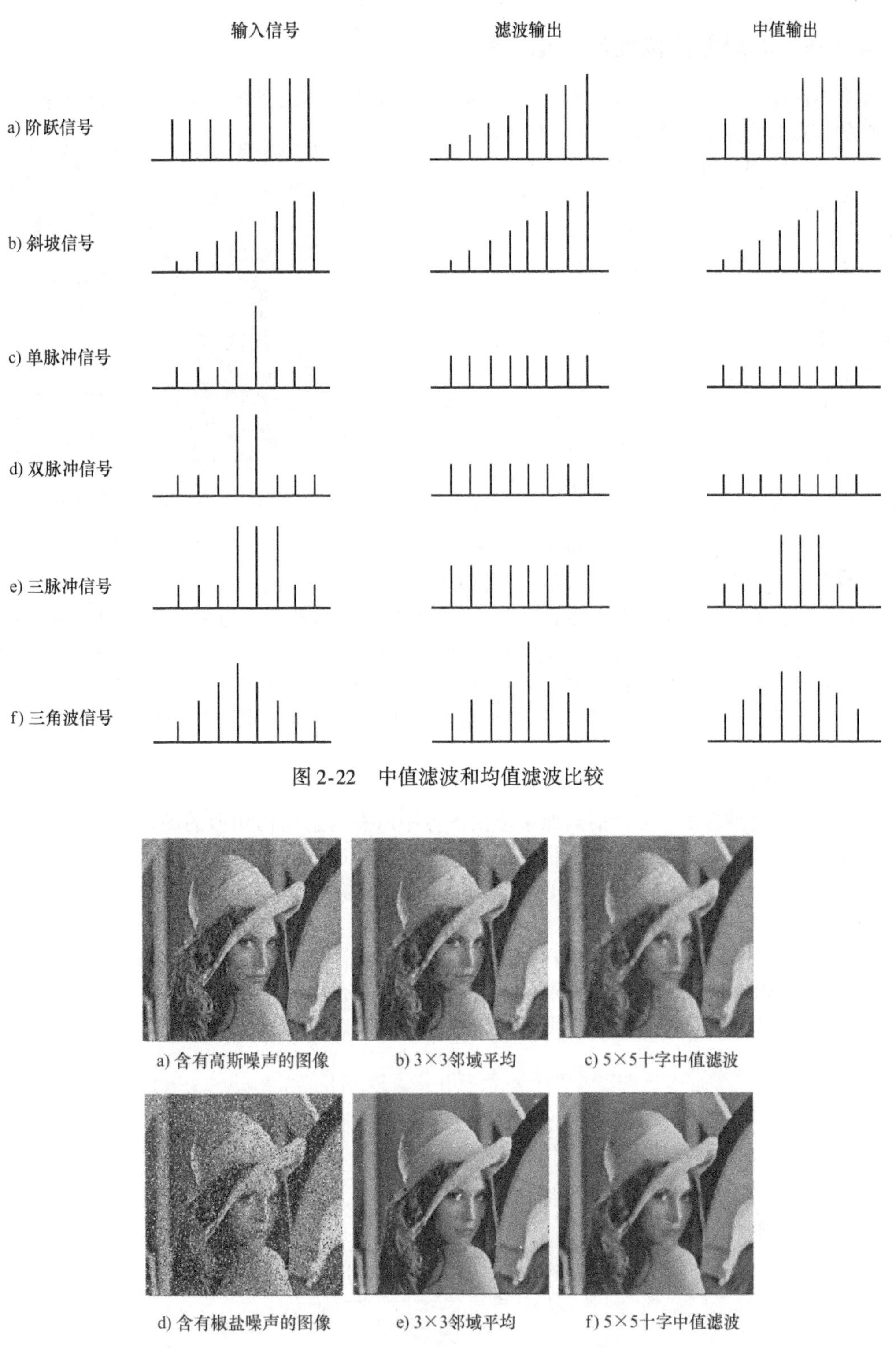

图 2-22　中值滤波和均值滤波比较

图 2-23　中值滤波和邻域平均法比较

2.3.4 基于非局部相似性的图像去噪

在自然图像中，往往会出现一些位置不同但却有很多相似之处的图像区域，也就是说图像中包含的信息其实是具有相关性的。不仅如此，与目标像素点有着相似结构的像素也并不是单纯地局限在某个区域，位于图像中任意位置的像素点都有可能表现出相似性。如图2-24所示，图中示意了3组具有非局部相似性的图像块，分别由实线框、长虚线框和短虚线框表示。

图2-24　具有非局部相似性的图像块

基于此，若能够有效利用具有相似结构的图像块来衡量像素与像素之间的联系，则像素点灰度值的估值会更接近真实值。因此，在2005年由Buades等人首次提出了非局部均值（Non-Local Mean，NLM）滤波算法。之所以称之为非局部的方法，主要是由于这些具有相似结构的图像块都是位于图像中的不同位置。可以看出，局部相似性主要考虑的是当前像素和其邻近像素的相似程度，而非局部相似性不仅考虑像素值的相似度，还要兼顾像素周围的结构是否相似。

2007年，研究者提出了一种块匹配三维滤波（Block-Matching and 3D filtering，BM3D）算法。BM3D算法在基于非局部相似性的基础上，又融合了三维联合滤波的技术。2014年，Zhang等提出了一种加权核范数最小化（Weighted Nuclear Norm Minimization，WNNM）算法。WNNM算法首先将具有非局部相似性的图像块进行向量化，并聚合成低秩矩阵，然后对所得的低秩矩阵的奇异值赋予不同的权值，最后利用加权核范数最小化算法将去噪问题转化为优化问题进行求解。

1. NLM算法

非局部均值滤波算法认为当前点像素值由图像中所有与它结构相似的图像块的像素值加权平均得到。即利用图像中的纹理冗余信息与具有重复结构的信息，计算相似块的加权（加权系数取决于图像块之间的相似程度，与两个像素点的空间位置无关）平均得到当前点的像素值，达到去除噪声的目的。

设当前被处理的像素点为i，j为i的邻域像素点，$N(i)$和$N(j)$分别是以i为中心的像素点和以j为中心的像素点所组成的图像块，则i和j之间的相似度$w(i,j)$就取决于$N(i)$和$N(j)$的相似度，而图像块之间的相似度采用高斯加权欧氏距离$d(i,j)$来度量，可以用公式表示为

$$w(i,j)=\exp\left(-\frac{d(i,j)}{h^2}\right)$$
$$d(i,j)=\|N(i)-N(j)\|_{2,\alpha}^2 \tag{2-31}$$

式中，α为高斯核函数的标准差；h用于控制指数函数的衰减速度。

假定滤波后的图像为$\hat{f}(i)$，含噪图像$f=\{f(i)\mid i\in\Omega\}$，其中$\Omega$是图像区域，$f(i)$表示像素$i$的灰度值，则滤波结果为

$$\hat{f}(i)=\frac{\sum_{j\in\Phi}w(i,j)f(i)}{\sum_{j\in\Phi}w(i,j)} \tag{2-32}$$

式中，Φ为搜索区域，可以是整个图像区域Ω，但一般为了避免计算复杂度高，往往比Ω小。

2. BM3D算法

BM3D是一种基于块处理的去噪算法，它将非局部方法和变换域滤波有效地结合起来。

BM3D 利用非局部相似性，通过块匹配找到图像中若干相似图像块，并把这些图像块堆叠成一个三维矩阵；然后对该三维矩阵执行可分离的三维变换，即对每个图像块执行二维变换后再执行块间的一维变换，接着采用硬阈值策略收缩变换系数。一般情况下，由块匹配操作得到的相似块会存在一些重叠，所以将逆变换后的图像块加权平均（称为聚集），放回原位置来获得最终的去噪图像。

BM3D 算法的去噪过程分为两个步骤。每个步骤都有块分组和联合滤波，但采用的具体方法稍有不同。步骤 1—生成含噪图像的基础估计（即初步去噪结果），步骤 2—对步骤 1 生成的基础估计再次去噪，形成最终估计。

首先，在步骤 1 中对含噪图像进行相似块匹配。将图像划分成一定大小的若干个参考块，在每个参考块周围一定区域内（称为搜索窗）进行搜索，匹配出若干个相似块，通常用欧氏距离即 l_2 范数来衡量图像块之间的相似性，欧氏距离越小，相似度越高，可以将欧氏距离小于阈值的块作为相似块，然后将这些相似块整合成一个三维矩阵。对三维矩阵进行 3D 变换，再对变换结果进行硬阈值处理，即把变换系数中小于某个阈值的系数置 0，然后通过反 3D 变换得到处理后的图像块，并把它们聚合到它们原来在图像中的位置，这样便可以得到含噪图像的基础估计结果，其中基础估计图像中每个像素值由其所属的相似匹配块的对应位置的像素值加权平均得到。

然后，在步骤 2 中通过含噪图像和基础估计进行更细致的去噪。步骤 2 中的处理方式与步骤 1 中的处理方式非常的相似。此步骤中同样需要进行相似块匹配。与步骤 1 不同的是，步骤 1 在原始含噪图像内进行匹配，而步骤 2 则是在步骤 1 生成的初步去噪图像内进行匹配形成一个三维矩阵，同时利用这些匹配块的坐标在原始含噪图像中提取同样坐标的图像块来构成另外一个三维矩阵。另外，此步骤中也需要进行 3D 变换和反 3D 变换，主要区别是把步骤 1 中的硬阈值滤波用维纳滤波来替换，以此来获得更好的估计图像。最后利用基础估计图像中的权值对噪声数组进行滤波，并通过聚集对有重叠的块重新估值，加权平均得到最终去噪图像。

BM3D 算法流程示意图如图 2-25 所示。

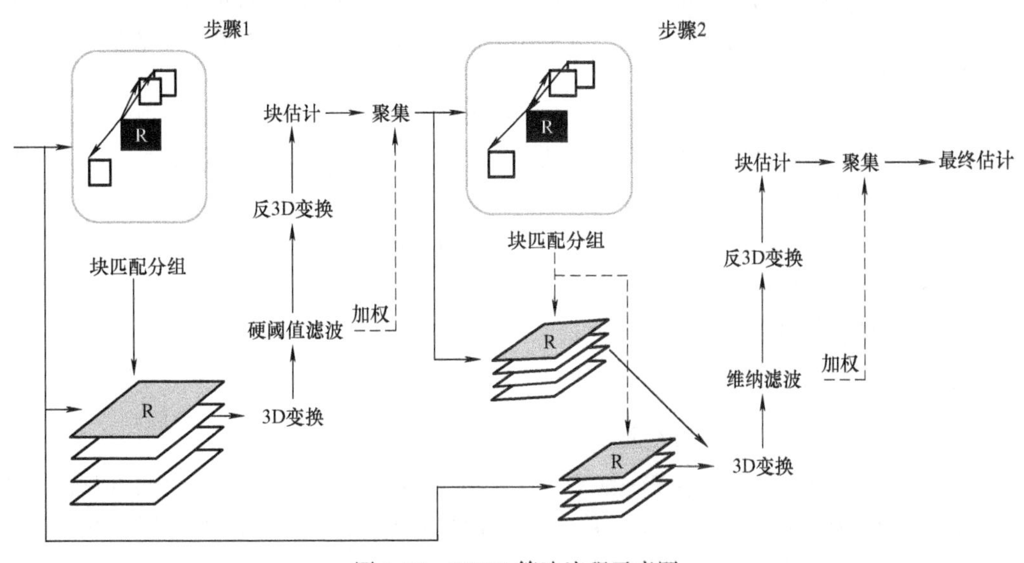

图 2-25　BM3D 算法流程示意图

3. WNNM 算法

WNNM 算法同样先利用非局部相似性，对图像进行分块匹配后得到相似块矩阵，然后将该相似块矩阵分解为干净数据矩阵和噪声数据矩阵之和，其中干净数据矩阵因为图像数据之间的相似性具有低秩特性，而噪声数据因其自身离散随机的特点而呈现稀疏性。由此，通过求解最小化矩阵的秩这个优化问题来复原原始图像数据。由于最小化矩阵的秩为非凸的优化问题，因此将最小化矩阵的秩松弛为最小化矩阵的核范数（核范数为矩阵奇异值之和），并对低秩矩阵的奇异值根据其数值大小赋予不同的权重，最后通过求解加权核范数最小将去噪问题解决。低秩矩阵对数据具有较强的全局描述能力和抗干扰能力，能够充分发挥图像相似块之间的非局部信息，获得更好的去噪效果。

WNNM 算法的原理描述如下。

假设低秩矩阵 $\boldsymbol{X}$（即原始干净的相似块组）受到噪声 $\boldsymbol{N}$ 的干扰变成了矩阵 $\boldsymbol{Y}$（即含噪图像），于是低秩矩阵恢复可用如下优化问题来描述，即

$$\hat{\boldsymbol{X}}=\operatorname{argmin}\ \operatorname{rank}(\boldsymbol{X})+\lambda\|\boldsymbol{Y}-\boldsymbol{X}\|_F^2 \quad \text{s. t. } \boldsymbol{Y}=\boldsymbol{X}+\boldsymbol{N} \tag{2-33}$$

式中，$\operatorname{rank}(\boldsymbol{X})$ 表示求解 $\boldsymbol{X}$ 的秩；λ为一个正的常数，称为正则化因子。

将上述秩最小化问题松弛为核范数最小化模型，即

$$\hat{\boldsymbol{X}}=\operatorname{argmin}\ \|\boldsymbol{X}\|_*+\lambda\|\boldsymbol{Y}-\boldsymbol{X}\|_F^2 \quad \text{s. t. } \boldsymbol{Y}=\boldsymbol{X}+\boldsymbol{N} \tag{2-34}$$

式中，$\|\boldsymbol{X}\|_*$表示 $\boldsymbol{X}$ 的核范数，定义为 $\boldsymbol{X}$ 的奇异值的和，即 $\|\boldsymbol{X}\|_*=\sum_i|\sigma_i(\boldsymbol{X})|$，其中 $\sigma_i(\boldsymbol{X})$ 为矩阵 $\boldsymbol{X}$ 的第 i 个奇异值。

上述模型可以借助软阈值收缩来求解，即

$$\hat{\boldsymbol{X}}=\boldsymbol{U}\boldsymbol{S}_\lambda\left(\sum\right)\boldsymbol{V}^{\mathrm{T}} \tag{2-35}$$

$$\boldsymbol{S}_\lambda\left(\sum\right)_{ii}=\max\left(\sum\nolimits_{ii}-\lambda,0\right) \tag{2-36}$$

式中，$\boldsymbol{Y}=\boldsymbol{U}\sum\boldsymbol{V}^{\mathrm{T}}$ 是 $\boldsymbol{Y}$ 的 SVD 奇异值分解；$\boldsymbol{S}_\lambda\left(\sum\right)$ 为软阈值操作算子。软阈值算子对所有奇异值都用同一个λ进行收缩，这样就忽略了先验知识：通常大的奇异值对应图像数据，小的奇异值对应噪声，较大的奇异值对图像重建有更大的作用。因此，对不同重要性的奇异值做同样的收缩不合理。最好用小值收缩大的奇异值，而用大值收缩小的奇异值，以保护数据中的主要部分，忽略不重要的或是噪声的部分。

在截断核范数正则化（Truncated Nuclear Norm Regularization，TNNR）算法中，采取二元截断的方式决定哪些奇异值被截取来进行正则化。为此，为了提高核范数的灵活度，WNNM 算法运用了加权核范数的模型，即

$$\|\boldsymbol{X}\|_{w,*}=\sum_i|w_i\sigma_i(\boldsymbol{X})| \tag{2-37}$$

式中，$w_i\geqslant 0$ 为加权系数。

此时，软阈值收缩将变为

$$\hat{\boldsymbol{X}}=\boldsymbol{U}\boldsymbol{S}_w\left(\sum\right)\boldsymbol{V}^{\mathrm{T}}$$

$$\boldsymbol{S}_w\left(\sum\right)_{ii}=\max\left(\sum\nolimits_{ii}-w_i,0\right) \tag{2-38}$$

式中，$w_i=c\sqrt{n}/(\sigma_i(\boldsymbol{X})+\varepsilon)$；$\sigma_i(\boldsymbol{X})$ 为 $\boldsymbol{X}$ 的第 i 个奇异值；c 是一个常数；n 为相似块的个数；$\varepsilon=10^{-16}$是为了避免除数为零而增加的系数。由于 $\boldsymbol{X}$ 的奇异值是不可知的，假设噪声均匀分布在噪声空间，则可以根据式(2-39) 来估计。

$$\hat{\sigma}_i(\boldsymbol{X})=\sqrt{\max(\sigma_i^2(\boldsymbol{Y})-n\sigma_n^2,0)} \tag{2-39}$$

式中，$\sigma_i(\boldsymbol{Y})$ 是 $\boldsymbol{Y}$ 的第 i 个奇异值。

对每一个相似块组都进行上述操作，就可以重建去噪后的图像。

图2-26所示为NLM、BM3D、WNNM三种算法的去噪效果。

a) 原图

b) 含噪图像(标准差为50)

c) NLM算法

d) BM3D算法

e) WNNM算法

图2-26　NLM、BM3D、WNNM三种算法的去噪效果

2.3.5　频率域低通滤波

从信号频谱角度来看，信号的缓慢变化部分在频率域属于低频部分，而信号的迅速变化部分在频率域属于高频部分。对图像来说，它的边缘以及噪声干扰的频率分量都处于频率域较高的部分。因此，若要在频率域中消除噪声干扰的影响，就要设法减弱高频分量，可以采用低通滤波的方法来减弱高频分量，以达到去除噪声的目的。

在频率域，低通滤波器输出的表达式为

$$G(u,v)=H(u,v)F(u,v) \tag{2-40}$$

式中，$F(u,v)$ 是含噪声图像的傅里叶变换；$H(u,v)$ 是线性低通滤波器传递函数（即频谱响应）；$G(u,v)$ 是低通滤波平滑处理后图像的傅里叶变换。利用 $H(u,v)$ 使 $F(u,v)$ 的高频分量得到衰减，得到 $G(u,v)$ 后再经过傅里叶反变换就得到所希望的图像 $g(x,y)$。

低通滤波平滑处理的流程框图如图2-27所示。

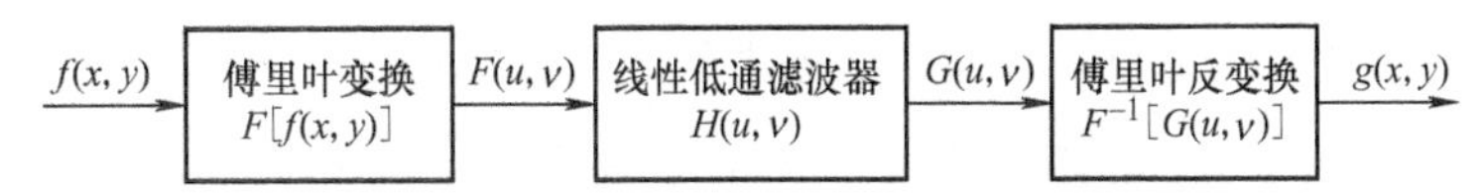

图2-27　低通滤波平滑处理的流程框图

常用的频率域低通滤波器有：理想低通滤波器、巴特沃兹（Butterworth）低通滤波器、高斯低通滤波器、梯形低通滤波器等。

1. 理想低通滤波器

理想低通滤波器的传递函数 $H(u,v)$ 为

$$H(u,v)=\begin{cases}1, & D(u,v)\leqslant D_0\\0, & D(u,v)>D_0\end{cases} \tag{2-41}$$

式中，D_0 为理想低通滤波器的截止频率，是一个事先设定的非负的量；$D(u, v)$ 为频率平面上的点（u, v）到频率平面原点（0, 0）的距离，即

$$D(u,v)=\sqrt{u^2+v^2} \tag{2-42}$$

理想低通滤波器传递函数的透视图、俯视图和径向剖面分别如图 2-28a、图 2-28b 和图 2-28c 所示。通过将径向剖面绕原点旋转 360°即可得到完整的理想低通滤波器传递函数，也即图 2-28a 所示的传递函数 $H(u, v)$ 的透视图。该透视图的含义是：只有那些位于该圆柱体内的频率分量才能无损地通过该滤波器，而位于圆柱体外的频率分量都将被滤除掉。

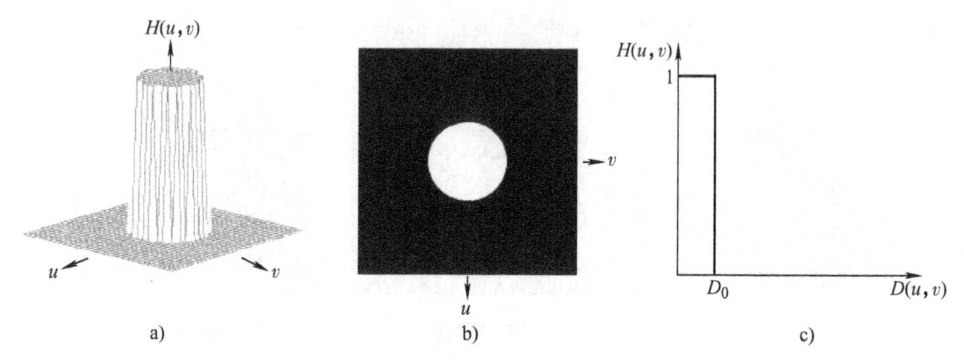

图 2-28　理想低通滤波器的特性

需要说明的是，理想低通滤波器的数学意义是十分清楚的，利用计算机对其进行模拟也是可行的，但在实际中却不能用电子元器件来实现 $H(u, v)$ 从 1 到 0 陡峭的突变，所以才将其称为“理想”低通滤波器。另外，理想低通滤波器在消减噪声的同时，随着所选截止频率 D_0 的不同，会发生不同程度的“振铃（Ring）”现象，使得经滤波器后的图像变模糊了。截止频率 D_0 越低，滤除噪声越彻底，但高频分量损失也越严重，图像就越模糊。

2. 巴特沃兹低通滤波器

巴特沃兹低通滤波器又称为最大平坦滤波器。它与理想低通滤波器不同，它的通带和阻带之间没有明显的不连续性。也就是说，在通带和阻带之间有一个平滑的过渡带。

一个 n 阶巴特沃兹低通滤波器的传递函数 $H(u, v)$ 为

$$H(u,v)=\frac{1}{1+\left[\frac{D(u,v)}{D_0}\right]^{2n}} \tag{2-43}$$

通常把 $H(u, v)$ 下降到某一值的那个频率点定为截止频率 D_0。在式(2-43）中是把 $H(u, v)$ 下降到原来值的 1/2 时的 $D(u, v)$ 定义为截止频率 D_0。一般情况下，常常采用把 $H(u, v)$ 下降至其最大值的$\frac{1}{\sqrt{2}}$时的 $D(u, v)$ 定义为截止频率 D_0，该点也常称为半功率点。这样，式(2-43）可修改为式(2-44）的形式，即

$$H(u,v)=\frac{1}{1+(\sqrt{2}-1)\left[\frac{D(u,v)}{D_0}\right]^{2n}} \tag{2-44}$$

式(2-43）与式(2-44）的区别在于截止频率 D_0 的定义不同，$H(u, v)$ 具有不同的衰减特性，可视需要来确定。

巴特沃兹低通滤波器传递函数的透视图、俯视图及径向剖面分别如图 2-29a、图 2-29b 和图 2-29c 所示。该透视图的含义是：只有那些位于草帽形体内的频率范围的信号才能通过，而位于草帽形体外的频率成分都将被衰减。由图可见，巴特沃斯低通滤波器在高、低频率间的过渡比较平滑。图 2-29c 中的 n 为阶数，取正整数，用它控制曲线的形状。

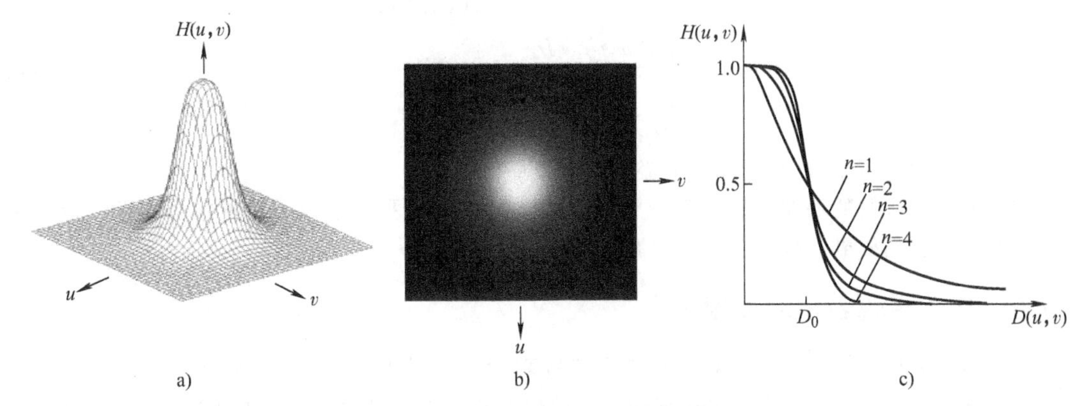

图 2-29　巴特沃兹低通滤波器的特性

与理想低通滤波器的处理结果相比，经巴特沃兹低通滤波器处理的图像模糊程度会减轻，因为它的 $H(u, v)$ 不是陡峭的截止特性，它的尾部会包含大量的高频成分。另外，经巴特沃兹低通滤波器处理的图像将不会有振铃现象。这是由于在滤波器的通带和阻带之间有一平滑过渡的缘故。

3. 高斯低通滤波器

由于高斯函数的傅里叶变换和反变换均为高斯函数，并常常用来帮助寻找空间域与频率域之间的联系，所以基于高斯函数的滤波具有特殊的重要意义。

一个二维的高斯低通滤波器的传递函数定义为

$$H(u,v) = \mathrm{e}^{-\frac{D^2(u,v)}{2\sigma^2}} \tag{2-45}$$

式中，$D(u, v)$ 为频率平面上的点 (u, v) 到频率平面原点 $(0, 0)$ 的距离；σ 表示高斯曲线扩展的程度。当 $\sigma = D_0$ 时，可得到高斯低通滤波器的一种更为标准的表示形式

$$H(u,v) = \mathrm{e}^{-\frac{D^2(u,v)}{2D_0^2}} \tag{2-46}$$

式中，D_0 是截止频率；$D(u, v) = D_0$ 时，$H(u, v)$ 下降到其最大值的 0.607 处。

高斯低通滤波器传递函数的透视图、俯视图及径向剖面图如图 2-30 所示。

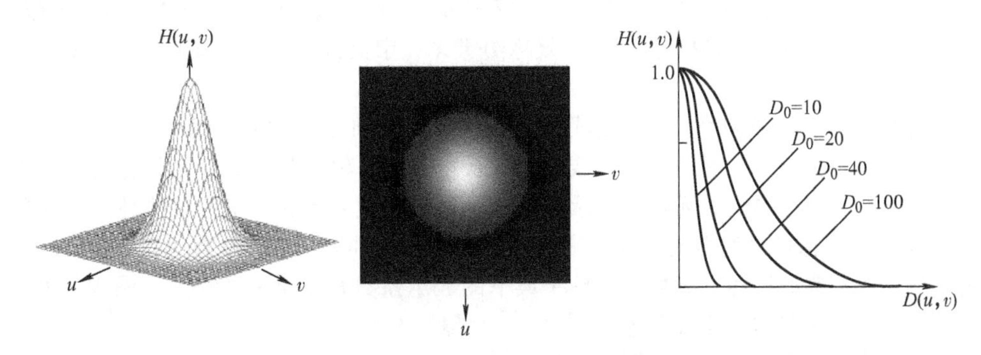

图 2-30　高斯低通滤波器传递函数的特性

与巴特沃斯低通滤波器相比，高斯低通滤波器没有振铃现象。另外在需要严格控制低频和高频之间截止频率过渡的情况下，选择高斯低通滤波器更合适一些。

4. 梯形低通滤波器

梯形低通滤波器的传递函数定义为

$$H(u,v)=\begin{cases}1, & D(u,v)<D_0\\ \dfrac{D(u,v)-D_1}{D_0-D_1}, & D_0\leqslant D(u,v)\leqslant D_1\\ 0, & D(u,v)>D_1\end{cases}\tag{2-47}$$

式中，D_0 为截止频率；D_1 可任选，但必须大于 D_0。

梯形低通滤波器的滤波性能介于理想低通滤波器和具有平滑过渡带的滤波器之间，滤波后的图像既有一定的模糊，也存在一定的振铃现象。

2.3.6 基于稀疏表示的图像去噪

在对信号进行分析时，如何对信号进行有效表示是一个重要的问题。传统的信号表示理论往往是基于正交变换，比如离散余弦变换。自然界的图像本身是存在自相关性的，从某种程度上来讲，大多数的自然图像都是可压缩的。对数字图像而言，用二维函数 $f(i,\ j)$ 来表示，就存在着大量信息的冗余，可以有其他简练的表达式，比如将图像转换到其他的域中进行表示。从数学角度分析，图像的稀疏表示实质上就是对图像数据进行稀疏分解。为了方便说明稀疏性，先给出范数的定义。信号 $\boldsymbol{u}=(u_1,u_2,\cdots,u_N)^{\mathrm{T}}$ 的范数 $\|\cdot\|_p$ 定义为

$$\|\boldsymbol{u}\|_p=\left(\sum_i |u_i|^p\right)^{\frac{1}{p}},\quad i=1,2,\cdots,N\tag{2-48}$$

当 $p=0$ 时，$\|\cdot\|_p$ 称为信号的 l_0 范数，也就是信号非零元素的个数；当 $p=1$ 时，$\|\cdot\|_p$ 称为信号的 l_1 范数，也就是信号中所有元素的绝对值之和；当 $p=2$ 时，$\|\cdot\|_p$ 称为信号的 l_2 范数（也被称为欧氏范数），也就是信号中各个元素的平方和开根号；当 $p\to\infty$ 时，$\|\cdot\|_p$ 为信号中各个元素求绝对值后的最大值，即 $\|\boldsymbol{u}\|_\infty=\max\limits_i|u_i|$。

稀疏的定义如下。

建立一个数据库 $\boldsymbol{D}=[\boldsymbol{d}_1,\boldsymbol{d}_2,\cdots,\boldsymbol{d}_M]\in R^{N\times M}(M>N)$（$\boldsymbol{D}$ 称为“字典”，其每一个元素 $\boldsymbol{d}_i$ 都是一个 N 维的列向量），用来分析图像，不要求字典 $\boldsymbol{D}$ 中的原子（也称为“基函数”）相互正交。如果将图像信号（大小为 $\sqrt{N}\times\sqrt{N}$）看成一维向量 $\boldsymbol{X}\in R^N$，可以用式(2-49）进行线性表示

$$\boldsymbol{X}=\boldsymbol{D}\alpha\tag{2-49}$$

式中，$\boldsymbol{\alpha}=[\alpha_1,\alpha_2,\cdots,\alpha_M]^{\mathrm{T}}\in R^M$ 称为图像 $\boldsymbol{X}$ 在字典 $\boldsymbol{D}$ 上的分解系数；$\boldsymbol{\alpha}$ 中非零元素的个数称为 $\boldsymbol{\alpha}$ 的 l_0 范数。当 l_0 范数为 $k(k\ll M)$ 的时候，就称图像 $\boldsymbol{X}$ 在字典 $\boldsymbol{D}$ 下是 k-稀疏的，或者说，称 $\boldsymbol{\alpha}$ 为 k-稀疏的。

当字典 $\boldsymbol{D}$ 中原子个数 M 大于图像信号的维度 N 时，字典 $\boldsymbol{D}$ 中的原子线性相关，故称 $\boldsymbol{D}$ 为冗余的。当字典 $\boldsymbol{D}$ 是冗余的，并可以扩张成 N 维欧氏空间时，称字典 $\boldsymbol{D}$ 为超完备的或者过完备的。过完备系统能够为信号提供更稀疏的表示，同时对噪声与误差具有一定的鲁棒性。当字典 $\boldsymbol{D}$ 中原子个数 M 等于图像信号的维度 N 时，字典 $\boldsymbol{D}$ 中的原子线性无关，故称 $\boldsymbol{D}$ 为完备的。

由于超完备字典的特性，信号在这种字典下的表示系数是不唯一的，因此图像的稀疏表示就致力于寻找关于字典的最稀疏表达。

稀疏表示具有两个特征：过完备性（Overcompleteness）和稀疏性（Sparsity）。过完备性表示字典中原子的个数远远大于信号的维数，相对正交基，过完备字典包含有更丰富的原子，能够提

供更稳定和稀疏的表示。图像稀疏表示的含义就是图像通过过完备字典表示的系数是稀疏的，也就是说，仅需字典中的少量原子即可对图像进行准确的线性表示。那么从理论上如何对稀疏进行较准确的估计，怎么样才称为最稀疏？显然，对图像信号最简单而且直接的稀疏测度为求图像信号的 l_0范数，即计算信号中非零元素的个数，则稀疏表示问题可以描述为

$$\min \|\boldsymbol{\alpha}\|_0 \quad \text{s. t. } \boldsymbol{X}=\boldsymbol{D\alpha} \tag{2-50}$$

式(2-50) 是求稀疏解的最优化问题，属于组合搜索问题。这个求解过程理论上是可以实现的，但是在实际运算中存在不少问题，例如计算量非常大等。这个问题的求解属于 NP-hard 问题。幸运的是，虽然上述 NP-hard 问题不好求解，但是可以用更加松弛的 l_1范数（即稀疏向量 $\boldsymbol{\alpha}$ 中所有元素的绝对值之和）进行求解，即可以把 l_0范数最小化问题转换为 l_1范数的凸优化求解问题

$$\min \|\boldsymbol{\alpha}\|_1 \quad \text{s. t. } \boldsymbol{X}=\boldsymbol{D\alpha} \tag{2-51}$$

当图像中存在噪声的时候，一般情况下，不需要完全准确地对图像进行重构，上述优化问题可以转换为式(2-52) 的不等式约束（即稀疏逼近）问题

$$\min \|\boldsymbol{\alpha}\|_1 \quad \text{s. t. } \|\boldsymbol{X}-\boldsymbol{D\alpha}\|_2^2<\varepsilon \tag{2-52}$$

式中，ε 表示允许的误差。当 $\varepsilon=0$ 时，即为稀疏表示问题。

不含噪声的干净图像一般具有一定的规律特性，主要分布在过完备字典中有限的原子上，随机噪声则往往分布在整个字典空间上。对图像在过完备字典上进行稀疏分解，其去噪过程就是一个逼近的过程。只要设置合适的逼近误差 ε，就可以实现图像去噪。基于稀疏表示的图像去噪的流程框图如图 2-31 所示。

从图 2-31 可以看出，基于过完备稀疏表示的图像去噪是在一定的过完备字典下，对每个小图像块进行稀疏表示来完成去噪的，因此，字典构建和稀疏分解是稀疏表示的两个关键因素。

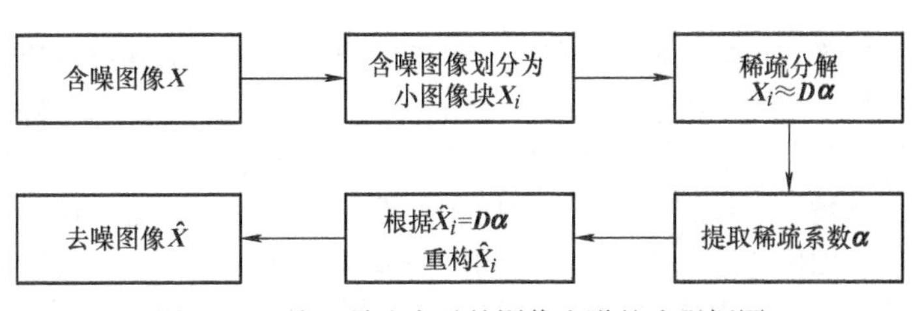

图 2-31　基于稀疏表示的图像去噪的流程框图

稀疏表示中字典的发展从最开始的正交基到冗余正交基，再到现在的过完备字典，体现了向冗余发展的趋势。目前，过完备字典的构建方法主要有以下两类。

1）选择目前已有的某种变换域中的正交基作为字典，即固定字典。但这类字典由于构成的单一性，不能完全有效地稀疏表示图像信号。

2）通过对样本训练来学习获得过完备字典。通过训练，可以获得某一类信号特征的字典，并将其应用到和训练样本有类似结构的信号上进行处理，保证信号分解的稀疏性，缺点是因为要训练字典，所以运行时间较长。此类方法是目前的主流字典构建方法。

对于求解超完备稀疏表示最优化问题，大致有三类，分别是：针对 l_0范数最小的贪婪优化算法、针对 l_1范数最小的线性规划优化算法，以及统计优化稀疏分解算法。

在迄今出现的稀疏表示去噪算法中，以 K-奇异值分解（K-Singular Value Decomposition，K-SVD）算法最具代表性。K-SVD 算法由 Elad、Aharon 等人在 2006 年提出，并迅速发展成为字典优化更新的主流算法。其主要利用过完备字典的冗余性对图像进行稀疏表示。由于随机噪声几乎不存在结构性，不能被原子稀疏表示，因此，通过稀疏表示，能够保留原始图像的结构特征，在去除噪声的同时更好地保持图像信息。字典优化更新的主要思想是：在过完备训练字典的

前提下，不断地对字典中的原子进行更新调整，目的是为了能够达到和用来训练的信号集最大程度上的匹配。

K-SVD 算法主要是用稀疏表示和字典学习的方法来解决以下问题：

$$\{\hat{\boldsymbol{\alpha}}_{ij}, \hat{\boldsymbol{X}}\} = \underset{\alpha_{ij},X}{\operatorname{argmin}} \lambda \|\boldsymbol{X} - \boldsymbol{Y}\|_2^2 + \sum_{ij} \boldsymbol{\mu}_{ij} \|\boldsymbol{\alpha}_{ij}\|_0 + \sum_{ij} \|\boldsymbol{D}\boldsymbol{\alpha}_{ij} - \boldsymbol{R}_{ij}\boldsymbol{X}\|_2^2 \tag{2-53}$$

其中，式(2-53) 的右边第一项为数据保真项，用来控制含噪信号矩阵 $\boldsymbol{Y}$ 与原始干净矩阵 $\boldsymbol{X}$ 之间的逼近程度，λ是正则化参数；式(2-53) 的右边第二项为稀疏性约束，$\boldsymbol{\alpha}_{ij}$为稀疏向量；式(2-53) 的右边第三项要求每个图像块重建误差尽可能小，表示重建子块与原子块的相似性，$\boldsymbol{D}$ 为字典，$\boldsymbol{R}_{ij}$为子块提取矩阵。

K-SVD 去噪算法主要包括以下两个步骤。

1）稀疏求解：通过固定 $\boldsymbol{D}$ 和 $\boldsymbol{X}$，利用贪婪算法如正交匹配追踪（Orthogonal Matching Pursuit，OMP）来更新稀疏向量 $\hat{\boldsymbol{\alpha}}_{ij}$。

2）字典更新：对相应残差矩阵进行 SVD 分解并仅保留第一个主分量，即对残差矩阵做秩为 1 的近似，由此更新每个字典原子及该原子对应的系数。字典的更新逐列进行，通过对每一列残差的 SVD 分解来更新字典的每一列，从而达到更新整个字典的目的。

经过上述两个步骤的多次迭代，找到近似最优的字典 $\boldsymbol{D}$，然后通过加权平均得到最终去噪后的图像。

2.4 图像锐化

图像在形成和传输过程中，由于成像系统聚焦不好或信道的带宽过窄，结果会使图像目标物轮廓变模糊，细节不清晰，使图像特征提取、识别和理解难以进行。图像锐化的目的是为了突出图像的边缘信息，加强图像的轮廓特征，以便于人眼的观察和机器的识别。

从增强图像的边缘和轮廓的目的看，图像锐化是与图像平滑相反的一类处理。图像平滑滤波会使图像的边缘和轮廓变模糊。如果从数学的观点看，图像模糊的实质就是图像受到平均或者积分运算的影响，因此对其进行逆运算（如微分、差分、梯度运算），就可以使图像的边缘和轮廓变清晰。若从频率域分析，图像模糊的实质是表示目标物轮廓和细节的高频分量被衰减，因而在频率域可采用高频提升滤波的方法来增强图像。因此，图像的锐化也有空间域和频率域两类处理方法。

2.4.1 梯度运算（算子）

对于图像$f(x, y)$，它在点（x, y）处的梯度是一个二维列向量，定义为

$$\boldsymbol{G}[f(x,y)] = \begin{bmatrix} \dfrac{\partial f}{\partial x} \\ \dfrac{\partial f}{\partial y} \end{bmatrix} = \begin{bmatrix} \dfrac{\partial f}{\partial x} & \dfrac{\partial f}{\partial y} \end{bmatrix}^{\mathrm{T}} = [G_x \quad G_y]^{\mathrm{T}} \tag{2-54}$$

梯度的方向在函数$f(x, y)$ 最大变化率的方向上，梯度的幅度（模值）可由下式计算：

$$|\boldsymbol{G}[f(x,y)]| = \sqrt{G_x^2 + G_y^2} = \sqrt{\left(\frac{\partial f}{\partial x}\right)^2 + \left(\frac{\partial f}{\partial y}\right)^2} \tag{2-55}$$

不难证明，梯度的幅度$|\boldsymbol{G}[f(x,y)]|$是一个各向同性的算子，并且是$f(x, y)$ 沿 $\boldsymbol{G}$ 向量方向上的最大变化率。梯度幅度是一个标量，它用到了平方和开平方运算，具有非线性，并且总是正的。为了方便起见，以后把梯度幅度简称为梯度。在实际计算中，为了降低图像的运算量，常

用绝对值或最大值代替平方和平方根运算。

对于数字图像而言，有两种二维离散梯度的计算方法，一种称为水平垂直差分法，如图 2-32a 所示，其数学表达式为

$$|G[f(i,j)]| = |f(i+1,j)-f(i,j)| + |f(i,j+1)-f(i,j)| \tag{2-56}$$

另一种称为罗伯茨梯度（Roberts Gradient）的差分法，如图 2-32b 所示，采用交叉差分运算，其数学表达式为

$$|G[f(i,j)]| = |f(i+1,j+1)-f(i,j)| + |f(i,j+1)-f(i+1,j)| \tag{2-57}$$

值得注意的是，以上两种梯度近似算法无法直接求得在图像的最后一行或最后一列像素的梯度，一般就用前一行或前一列的各点梯度值近似代替。

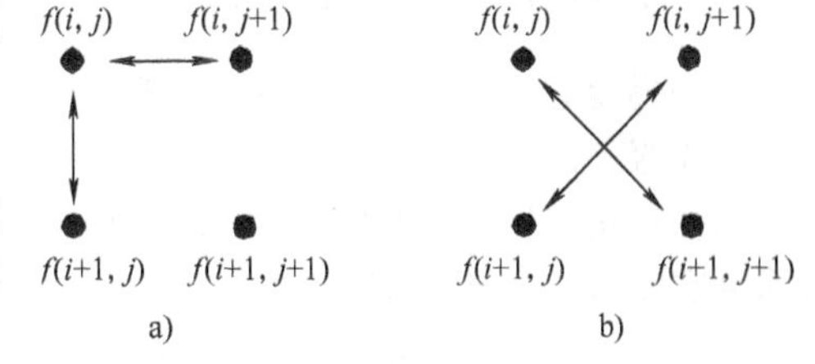

图 2-32　数字图像梯度的两种差分运算方法

由梯度的计算可知，其值是与相邻像素的灰度差值成正比的。图像中灰度变化较大的边缘区域其梯度值大，在灰度变化平缓的区域其梯度值较小，而在灰度均匀区域其梯度值为零。由此可见，图像经过梯度运算后，留下灰度值急剧变化的边缘处的点，这就是图像经过梯度运算后可使其细节清晰从而达到锐化目的的实质。

图 2-33b 是采用水平垂直差分法对图 2-33a 锐化的效果，锐化后仅留下灰度值急剧变化的边沿处的点。

a) 原始图像

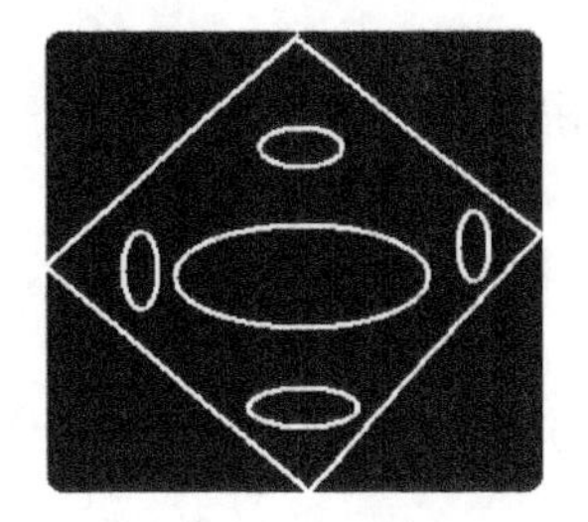

b) 梯度运算效果

图 2-33　梯度运算效果

当梯度计算完之后，可以根据需要生成不同的梯度增强图像。

第一种方法是使输出图像各像素的灰度值 $g(i,j)$ 等于该点的梯度幅度，即

$$g(i,j) = |G[f(i,j)]| \tag{2-58}$$

此种方法的缺点是输出的图像仅显示灰度变化比较陡的边缘轮廓，而灰度变化平缓的区域则呈黑色。

第二种方法是令

$$g(i,j) = \begin{cases} |G[f(i,j)]|, & |G[f(i,j)]| \geqslant T \\ f(i,j), & \text{其他} \end{cases} \tag{2-59}$$

式中，T 是一个非负的阈值。适当选取 T，可以有效地增强边缘或轮廓，而不影响原灰度变化比较平缓的背景。

第三种方法是令

$$g(i,j) = \begin{cases} L_G, & |G[f(i,j)]| \geqslant T \\ f(i,j), & \text{其他} \end{cases} \tag{2-60}$$

式中，T 是根据需要指定的一个灰度级。适当选取 T，可以使边缘或轮廓清晰，同时又不影响原灰度变化比较平缓区域的特性。

第四种方法是令

$$g(i,j) = \begin{cases} |G[f(i,j)]|, & |G[f(i,j)]| \geqslant T \\ L_G, & \text{其他} \end{cases} \tag{2-61}$$

此法将背景用一个固定灰度级 L_G 来显示，便于研究边缘灰度的变化。

第五种方法是令

$$g(i,j)=\begin{cases}L_G, & |\boldsymbol{G}[f(i,j)]|\geqslant T\\ L_B, & \text{其他}\end{cases} \tag{2-62}$$

此法根据阈值 T 将图像分成背景和边缘，背景和边缘分别用两个不同的灰度级来表示，生成的是二值图像，便于研究边缘所在位置。

2.4.2 索贝尔（Sobel）算子

采用梯度运算对图像进行锐化处理，同时会使噪声、条纹等得到增强，Sobel 算子则在一定程度上克服了这个问题。

以待锐化图像的任意像素 (i,j) 为中心，取图 2-34 所示的 3×3 像素窗口，分别计算窗口中心像素在 x 和 y 方向的梯度：

$$\begin{aligned}G_x=&[f(i+1,j-1)+2f(i+1,j)+f(i+1,j+1)]\\&-[f(i-1,j-1)+2f(i-1,j)+f(i-1,j+1)]\end{aligned} \tag{2-63}$$

$$\begin{aligned}G_y=&[f(i-1,j+1)+2f(i,j+1)+f(i+1,j+1)]\\&-[f(i-1,j-1)+2f(i,j-1)+f(i+1,j-1)]\end{aligned} \tag{2-64}$$

用模板操作表示为

$$\boldsymbol{H}_x=\begin{bmatrix}-1&0&1\\-2&0&2\\-1&0&1\end{bmatrix}\quad \boldsymbol{H}_y=\begin{bmatrix}-1&-2&-1\\0&0&0\\1&2&1\end{bmatrix} \tag{2-65}$$

锐化后的图像在 (i,j) 处的灰度值为

$$g(i,j)=\sqrt{G_x^2+G_y^2} \tag{2-66}$$

为简化计算，可用 $g(i,j)=|G_x|+|G_y|$ 来代替式(2-66)，从而得到锐化后的图像。Sobel 算子不像 Roberts 算子那样用两个像素的差值，所以具有以下两个优点。

$f(i-1,j-1)$	$f(i-1,j)$	$f(i-1,j+1)$
$f(i,j-1)$	$f(i,j)$	$f(i,j+1)$
$f(i+1,j-1)$	$f(i+1,j)$	$f(i+1,j+1)$

图 2-34 Sobel 算子所用的 3×3 像素窗口

1）由于引入了平均因素，因而对图像中的随机噪声有一定的平滑作用。

2）由于它是相隔两行或两列之差分，故边缘两侧元素得到了增强，边缘显得粗而亮。

Sobel 算子与 Roberts 算子的锐化效果比较如图 2-35 所示。

a) 原始图像

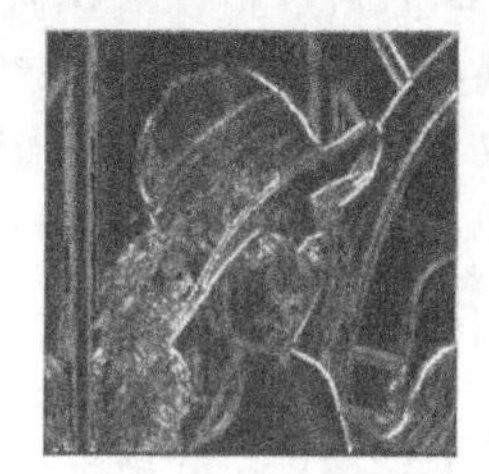

b) Sobel算子运算效果

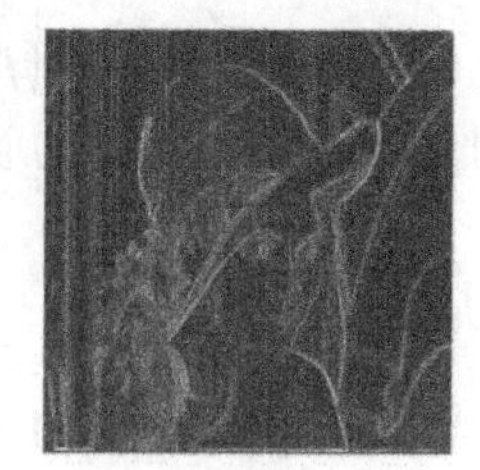

c) Roberts算子运算效果

图 2-35 Sobel 算子与 Roberts 算子的锐化效果比较

2.4.3 拉普拉斯（Laplacian）算子

拉普拉斯算子是常用的边缘增强算子，拉普拉斯运算是二阶偏导数运算的线性组合运算，而

且是一种各向同性（旋转不变性）的线性运算。一个连续的二元函数$f(x, y)$，它在点（x，y）处的拉普拉斯运算（算子）定义为

$$\nabla^2 f=\frac{\partial^2 f(x,y)}{\partial x^2}+\frac{\partial^2 f(x,y)}{\partial y^2} \tag{2-67}$$

对数字图像来讲，$f(i,j)$ 的二阶偏导数可近似表示为

$$\begin{aligned}\frac{\partial^2 f}{\partial x^2}&=\nabla_x f(i+1,j)-\nabla_x f(i,j)\\&=[f(i+1,j)-f(i,j)]-[f(i,j)-f(i-1),j]\\&=f(i+1,j)+f(i-1,j)-2f(i,j)\end{aligned} \tag{2-68}$$

$$\begin{aligned}\frac{\partial^2 f}{\partial y^2}&=\nabla_y f(i,j+1)-\nabla_y f(i,j)\\&=[f(i,j+1)-f(i,j)]-[f(i,j)-f(i,j-1)]\\&=f(i,j+1)+f(i,j-1)-2f(i,j)\end{aligned} \tag{2-69}$$

故拉普拉斯算子为

$$\begin{aligned}\nabla^2 f&=\frac{\partial^2 f}{\partial x^2}+\frac{\partial^2 f}{\partial y^2}\\&=f(i+1,j)+f(i-1,j)+f(i,j+1)+f(i,j-1)-4f(i,j)\end{aligned} \tag{2-70}$$

式(2-70) 也可由拉普拉斯算子模板来表示：

$$\boldsymbol{H}_1=\begin{bmatrix}0 & 1 & 0\\1 & -4 & 1\\0 & 1 & 0\end{bmatrix} \tag{2-71}$$

实际中常用的拉普拉斯算子模板还有

$$\boldsymbol{H}_2=\begin{bmatrix}1 & 1 & 1\\1 & -8 & 1\\1 & 1 & 1\end{bmatrix},\ \boldsymbol{H}_3=\begin{bmatrix}1 & -2 & 1\\-2 & 4 & -2\\1 & -2 & 1\end{bmatrix},\ \boldsymbol{H}_4=\begin{bmatrix}0 & -1 & 0\\-1 & 4 & -1\\0 & -1 & 0\end{bmatrix},\ \boldsymbol{H}_5=\begin{bmatrix}-1 & -1 & -1\\-1 & 8 & -1\\-1 & -1 & -1\end{bmatrix}$$

图 2-36 依次给出了 Lean 图像的原图像以及利用上述 5 个拉普拉斯算子 $\boldsymbol{H}_1\sim\boldsymbol{H}_5$对 Lean 图像进行锐化的结果。

a) 原图像

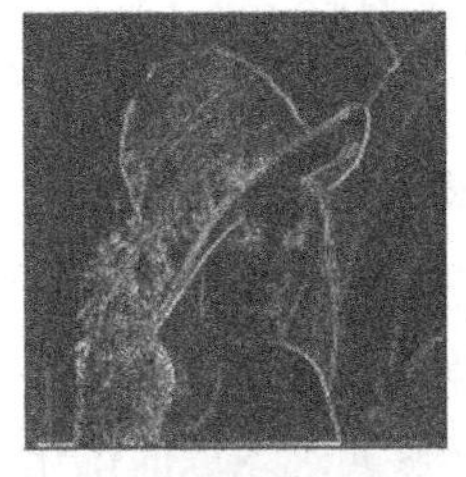
b) 用H_1锐化的效果

c) 用H_2锐化的效果

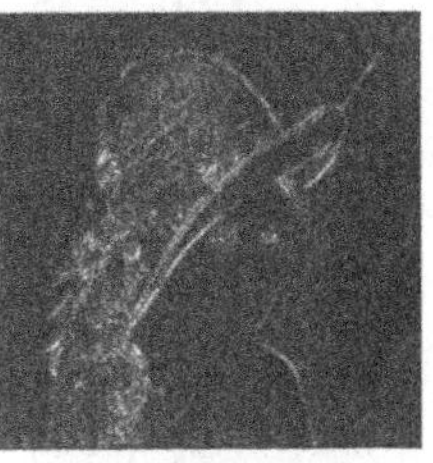
d) 用H_3锐化的效果

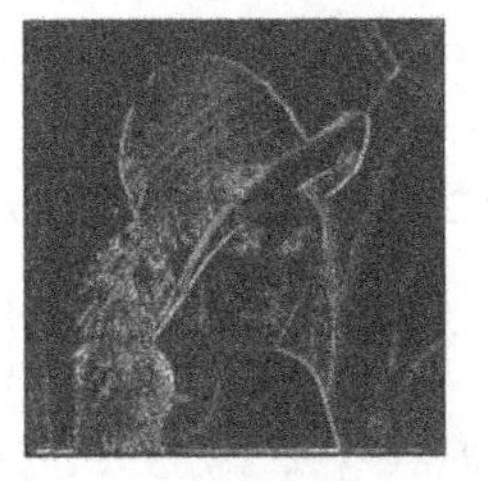
e) 用H_4锐化的效果

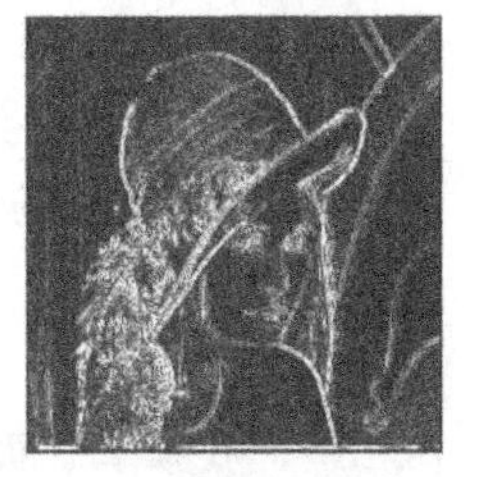
f) 用H_5锐化的效果

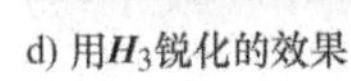

图 2-36　拉普拉斯算子对 Lean 图像进行锐化的效果

由图 2-36 可知，直接利用拉普拉斯算子锐化后的图像虽然边缘增强了，但图像中的背景信息却消失了。为了既体现拉普拉斯算子的锐化效果，同时又能保持原图像的背景信息，通常将原始图像与用拉普拉斯算子锐化后的结果叠加在一起，作为锐化增强的图像。

如果图像的模糊是由

扩散现象引起的（如胶片颗粒化学扩散等），则锐化后的图像 $g(i,j)$ 为

$$g(i,j)=f(i,j)-k\nabla^2 f \tag{2-72}$$

式中，$f(i,j)$、$g(i,j)$ 分别为锐化前、后的图像；k 为与扩散效应有关的系数。k 的选择要合理，k 太大会使图像中的轮廓边缘产生过冲，k 太小，则锐化不明显。

当 $k=1$ 时，拉普拉斯锐化后的图像为

$$\begin{aligned} g(i,j) &= f(i,j)-\nabla^2 f \\ &= 5f(i,j)-f(i+1,j)-f(i-1,j)-f(i,j+1)-f(i,j-1) \end{aligned} \tag{2-73}$$

式(2-73) 也可用模板表示为

$$\boldsymbol{H}_6=\begin{bmatrix} 0 & -1 & 0 \\ -1 & 5 & -1 \\ 0 & -1 & 0 \end{bmatrix} \tag{2-74}$$

同理，也有其他的模板，如

$$\boldsymbol{H}_7=\begin{bmatrix} -1 & -1 & -1 \\ -1 & 9 & -1 \\ -1 & -1 & -1 \end{bmatrix},\ \boldsymbol{H}_8=\begin{bmatrix} 0 & 1 & 0 \\ 1 & -3 & 1 \\ 0 & 1 & 0 \end{bmatrix},\ \boldsymbol{H}_9=\begin{bmatrix} 1 & 1 & 1 \\ 1 & -7 & 1 \\ 1 & 1 & 1 \end{bmatrix}$$

上述的 $\boldsymbol{H}_6\sim\boldsymbol{H}_9$ 称为合成拉普拉斯模板。图 2-37 依次给出了 Lean 图像的原图像以及利用合成拉普拉斯模板 $\boldsymbol{H}_6$ 和 $\boldsymbol{H}_7$ 对 Lean 图像进行锐化的结果。

a) 原图像

b) 用$\boldsymbol{H}_6$锐化的效果

c) 用$\boldsymbol{H}_7$锐化的效果

图 2-37　用合成拉普拉斯模板对 Lean 图像进行锐化的效果

同梯度算子进行锐化一样，拉普拉斯算子也增强了图像的噪声，但与梯度法相比，拉普拉斯算子对噪声的作用较梯度法弱。故用拉普拉斯算子进行边缘检测时，有必要先对图像进行平滑处理。

2.4.4　频率域高通滤波

由于图像中的边缘、线条等细节部分在频率域中对应于高频分量，所以采用高通滤波技术，让高频分量顺利通过，使低频分量受到抑制，就能够得到图像的边缘信息，再将该高频的图像边缘附加到原图像中，就能够实现图像的锐化，从而使图像的边缘或线条变得清晰。

与频率域低通滤波器相对应，常用的高通滤波器有：理想高通滤波器、巴特沃兹（Butterworth）高通滤波器、高斯高通滤波器、梯形高通滤波器等。

1. 理想高通滤波器

一个理想的二维高通滤波器的传递函数 $H(u, v)$ 为

$$H(u,v)=\begin{cases} 1, & D(u,v)>D_0 \\ 0, & D(u,v)\leqslant D_0 \end{cases} \tag{2-75}$$

式中，D_0 是从频率平面原点（0，0）算起的截止频率（或距离），$D(u, v)$ 为频率平面上的点（u，v）到频率平面原点（0，0）的距离，即

$$D(u,v)=\sqrt{u^2+v^2} \tag{2-76}$$

理想高通滤波器传递函数的透视图、俯视图及径向剖面图如图 2-38 所示。该透视图的含义

是：只有那些位于该圆柱体外的频率分量才能无损地通过该滤波器，而位于圆柱体内的频率分量都将被滤除掉，这与理想低通滤波器的特性刚好相反。与理想低通滤波器一样，理想高通滤波器尽管可以用计算机模拟实现，但却不能用实际的电子元器件来实现 $H(u, v)$ 从 0 到 1 陡峭的突变，所以由它得到的高频图像中也存在“振铃”现象。

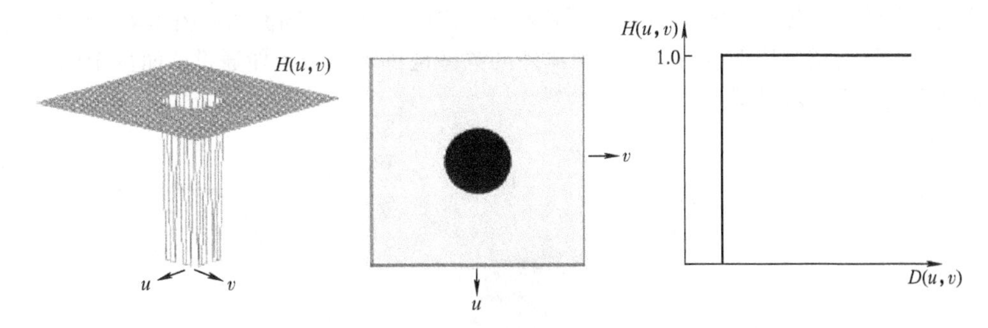

图 2-38　理想高通滤波器的特性

2. 巴特沃兹高通滤波器

一个 n 阶巴特沃兹高通滤波器的传递函数 $H(u, v)$ 为

$$H(u,v)=\frac{1}{1+\left[\frac{D_0}{D(u,v)}\right]^{2n}} \tag{2-77}$$

式中，D_0 为截止频率；$D(u, v)=\sqrt{u^2+v^2}$。在式(2-77) 中是把 $H(u, v)$ 下降到原来值的 1/2 时的 $D(u, v)$ 定义为截止频率 D_0。一般情况下，常常采用把 $H(u, v)$ 下降至其最大值的$\frac{1}{\sqrt{2}}$时的 $D(u, v)$ 定义为截止频率 D_0，该点也常称为半功率点。这样，式(2-77) 可修改为式(2-78) 的形式，即

$$H(u,v)=\frac{1}{1+(\sqrt{2}-1)\left[\frac{D_0}{D(u,v)}\right]^{2n}} \tag{2-78}$$

式(2-77) 与式(2-78) 的区别在于截止频率 D_0 的定义不同，$H(u, v)$ 具有不同的衰减特性，可视需要来确定。

巴特沃兹高通滤波器传递函数（$n=1$）的透视图、俯视图及径向剖面图如图 2-39 所示。该透视图的含义是：只有那些位于该倒立型草帽体外的频率范围的信号才能通过，而位于倒立型草帽体内的频率成分都将被衰减。与巴特沃斯低通滤波器一样，巴特沃斯高通滤波器在高低频率间的过渡比较平滑。

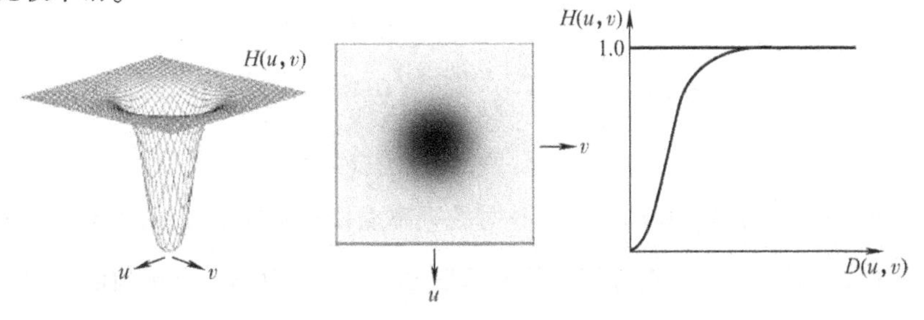

图 2-39　巴特沃兹高通滤波器的特性

3. 高斯高通滤波器

一个截止频率为 D_0 的高斯高通滤波器的传递函数定义为

$$H(u,v)=1-\mathrm{e}^{-\frac{D^2(u,v)}{2D_0^2}} \tag{2-79}$$

其中，$D(u, v)$ 为频率平面上的点（u, v）到频率平面原点（0，0）的距离。

高斯高通滤波器传递函数（$n=1$）的透视图、俯视图及径向剖面图如图 2-40 所示。该透视图的含义是：只有那些位于该倒立型草帽体外的频率范围的信号才能通过，而位于倒立草帽形体内的频率成分都将被衰减。

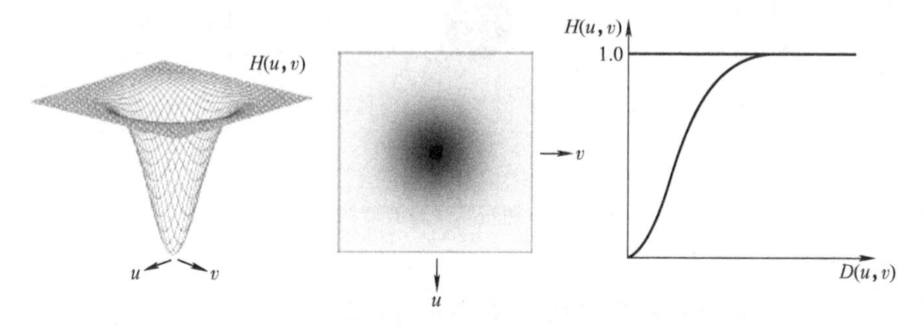

图 2-40　高斯高通滤波器的特性

经过高斯高通滤波器滤波的效果如图 2-41 所示。可以看出，随着 D_0 值的增大，增强效果更加明显，即使对于微小的物体和细线条，用高斯高通滤波后也比较清晰。

a) 原图

b) D_0=30的高斯高通滤波效果

c) D_0=60的高斯高通滤波效果

图 2-41　高斯高通滤波的效果

4. 梯形高通滤波器

梯形高通滤波器的传递函数定义为

$$H(u,v)=\begin{cases}0, & D(u,v)<D_1 \\ \dfrac{D(u,v)-D_1}{D_0-D_1}, & D_1 \leqslant D(u,v) \leqslant D_0 \\ 1, & D(u,v)>D_0\end{cases} \tag{2-80}$$

式中，$D(u,v)=\sqrt{u^2+v^2}$；D_1 为 $H(u,v)=0$ 时的频率点，频率低于 D_1 的频率分量全部衰减；D_0 仍定义为截止频率，通常为了实现方便，并不是把 $H(u,v)$ 下降至其最大值的$\frac{1}{\sqrt{2}}$时的 $D(u,v)$ 定为截止频率 D_0，只要满足 $D_0>D_1$ 即可。

梯形高通滤波器的滤波性能也介于理想高通滤波器和具有平滑过渡的滤波器之间，滤波后的图像既有一定的模糊，也有一定振铃现象存在。

2.5 图像的同态滤波

从图像的形成和光特性考虑，一幅图像是由光源的照度分量 $i(x, y)$ 和目标物的反射分量 $r(x, y)$ 组成的，其数学模型为

$$f(x,y)=i(x,y)\cdot r(x,y) \tag{2-81}$$

理想情况下，照度分量 $i(x, y)$ 应是常数，这时 $f(x, y)$ 可以不失真地反映 $r(x, y)$。然而在实际中，由于光照不均匀，$i(x, y)$ 并非常数。同时，由于成像系统的不完善，也会引起类似于光照不均匀的效果。两者都会引起 $i(x, y)$ 的变化，那么对应照度较强的部分，图像就较亮；对应照度较弱的部分，图像就较暗，结果造成图像 $f(x, y)$ 中出现大面积阴影，而掩盖一些目标物细节，使图像不清晰。因此，必须想办法减弱 $i(x, y)$ 而增强 $r(x, y)$。

一般来说，$i(x, y)$ 是缓慢变化，其频谱落在低频区域；而 $r(x, y)$ 反映目标物的内容细节，其频谱有相当部分落在高频部分。为此，只要我们能从 $f(x, y)$ 中把 $i(x, y)$ 和 $r(x, y)$ 分开，并分别采取压缩低频、提升高频的方法，就可达到减弱照度分量、增强反射分量从而使图像清晰的目的。

对式(2-81)两边取对数，以便将乘法运算的组合转换为加法运算的组合，即

$$\ln f(x,y)=\ln i(x,y)+\ln r(x,y) \tag{2-82}$$

对式(2-82)进行傅里叶变换，得

$$F[f(x,y)]=F[\ln i(x,y)]+F[\ln r(x,y)] \tag{2-83}$$

式(2-83)简记为

$$F(u,v)=I(u,v)+R(u,v) \tag{2-84}$$

为了消除照度不均的影响，应衰减 $I(u, v)$ 频率分量；为了显现景物细节，提高对比度，增强反射光，则应提升 $R(u, v)$ 频率分量。为此同态滤波器传递函数 $H(u, v)$ 的剖面图应具有图 2-42 所示的形状。$H_L<1$ 和 $H_H>1$ 意味着抑制低频分量（照度分量）和增强高频分量（反射分量）。

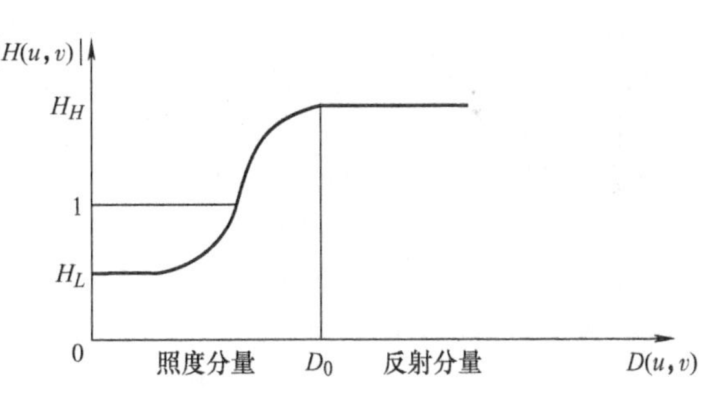

图 2-42 同态滤波器传递函数的剖面图

滤波器的输出为

$$S(u,v)=H(u,v)F(u,v)=H(u,v)I(u,v)+H(u,v)R(u,v) \tag{2-85}$$

对式(2-85)进行傅里叶反变换，得

$$s(x,y)=\mathrm{F}^{-1}[S(u,v)]=\mathrm{F}^{-1}[H(u,v)I(u,v)]+\mathrm{F}^{-1}[H(u,v)R(u,v)] \tag{2-86}$$

最后，做 exp 指数运算，得到同态滤波器的输出

$$g(x,y)=\exp[s(x,y)] \tag{2-87}$$

综上所述，同态滤波的基本原理是先对待增强的图像取对数，然后进行傅里叶变换，在频率域中进行适当的滤波，最后通过反傅里叶变换及指数变换得到增强的图像，其原理框图如图 2-43 所示。

图 2-44 是同态滤波增强图像的例子。左边的图中因照度不均匀，暗区细节不太清楚；右边

的图是经同态滤波处理后的图像。可以看出，右边的图的局部动态范围变大了，对比度获得增强。

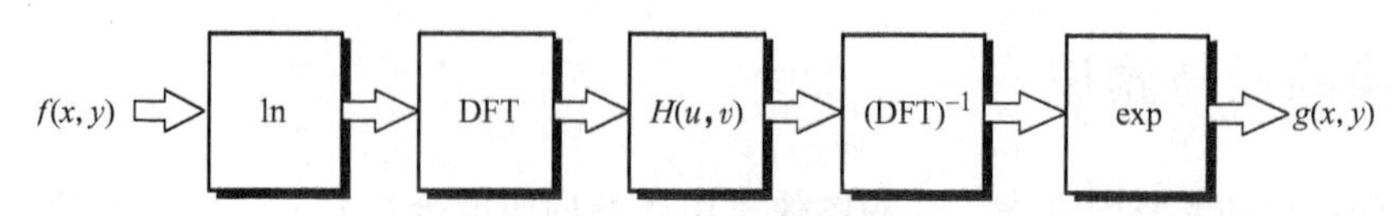

图 2-43　同态滤波的原理框图

a) 原图　　b) 同态滤波效果

图 2-44　图像同态滤波增强的效果

2.6　基于 Retinex 理论的图像增强

Retinex 由 Retina（视网膜）和 Cortex（皮层）两个单词合成形成，因此，有文献也将 Retinex 理论称为视网膜皮层理论。

最初的基于 Retinex 理论的模型采用人眼视觉系统（HVS）来解释人眼对光线波长和亮度互不对应的原因。在此理论中，由两个因素来决定物体能够被观察到的颜色信息，分别为：物体本身的反射性质和物体周围的光照强度。另一方面，根据颜色恒常性理论，物体有自身的固有属性，它不会受到光照影响，一个物体对于不同光波的反射能力才能够决定物体的颜色。Retinex 理论的基本思想就是光照强度决定了原始图像中所有像素点的动态范围大小，而原始图像的固有属性则是由物体自身的反射系数决定，即假设反射图像和光照图像相乘为原始图像。所以，Retinex 理论的思想为去除光照的影响，保留物体的固有属性。

假设观察者得到的图像为 $I(x,y)$，根据上述理论，它可以表示为

$$I(x,y)=L(x,y)R(x,y) \tag{2-88}$$

式中，$L(x,y)$ 表示周围光照强度信息的照度分量；$R(x,y)$ 表示物体本身固有性质的反射分量。

对式(2-88) 两边取对数，得

$$\ln(I(x,y))=\ln(L(x,y)R(x,y))=\ln(L(x,y))+\ln(R(x,y)) \tag{2-89}$$

令 $i(x,y)=\ln(I(x,y))$，$l(x,y)=\ln(L(x,y))$，$r(x,y)=\ln(R(x,y))$，那么

$$i(x,y)=l(x,y)+r(x,y) \tag{2-90}$$

取对数运算的两大好处：首先因为人眼对亮度的感知能力不是线性的，它近似于对数曲线，其次是复杂的乘除在对数域中是简单的加减法，这些可以大幅度降低算法的复杂度。

传统的基于 Retinex 理论的增强算法主要先对图像的各个通道进行光照分量估计，然后提取出反射分量，将光照分量直接去除，只保留反映物体细节信息的反射分量作为最后的增强图像。其处理流程框图如图 2-45 所示。

可以看出，Retinex 增强和同态滤波增强类似，都是将一幅图像分解为光照分量和反射分量，

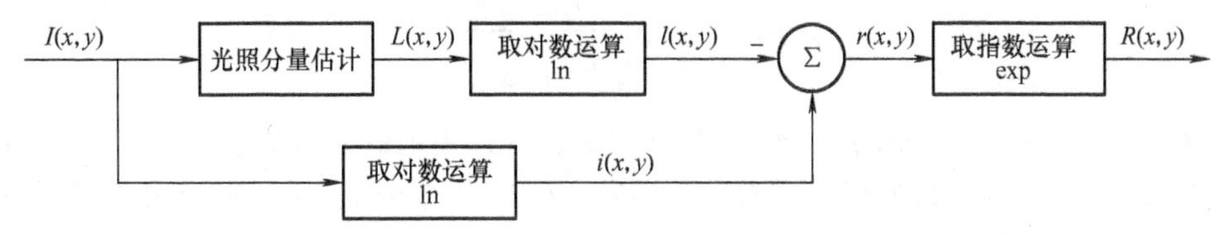

图 2-45 基于 Retinex 理论的图像增强流程框图

都有对数处理操作，但前者在空间域中处理分量，后者在频率域中进行。基于 Retinex 模型产生了诸多增强算法，这其中，基于中心环绕的 Retinex 增强算法最为常用。根据对光照分量不同的估计算法，又可以将其进一步分为：单尺度 Retinex（Single Scale Retinex，SSR）、多尺度 Retinex（Multi-Scale Retinex，MSR）以及带颜色恢复的多尺度 Retinex（Multi-Scale Retinex with Color Restoration，MSRCR）等。

单尺度 Retinex 算法的运算过程模拟人类视觉成像过程的特点，利用高斯环绕函数对图像的每个色彩通道进行卷积滤波操作，将滤波后的图像作为图像的光照分量，然后利用对数变换将图像与光照分量相减求得反射分量作为最后的输出图像，实现图像动态范围压缩、颜色恒定以及细节增强。数学表达式为

$$r_i(x,y)=\ln(R_i(x,y))=\ln\left(\frac{I_i(x,y)}{L_i(x,y)}\right)=\ln(I_i(x,y))-\ln(I_i(x,y)*G(x,y)) \tag{2-91}$$

式中，$I(x, y)$ 为输入图像；$R(x, y)$ 为反射分量；$L(x, y)$ 为光照分量；r_i 表示第 i 个色彩通道的反射图像；$*$ 表示卷积；$G(x, y)$ 为高斯环绕函数，其表达式为

$$G(x,y)=\frac{1}{2\pi\sigma^2}e^{\left(-\frac{x^2+y^2}{2\sigma^2}\right)} \tag{2-92}$$

式中，σ 被称为高斯环绕的尺度参数，它是整个算法中的唯一可调节的参数，所以它可以非常容易地影响到图像增强的最终结果。当 σ 较小时，表示高斯模板尺度较小，估计的光照信息是图像局部的，所以细节增强效果比较明显，但颜色失真严重；当 σ 值较大时，表示高斯模板尺度较大，兼顾了图像的整体特性，增强图像色彩保真度高，整体较为自然，但细节增强一般。

由于单尺度算法很难同时实现颜色保真与有效的细节增强，Jobson 等人提出了多尺度的 Retinex 算法（MSR），该算法先利用多个不同尺度对图像进行处理，即执行不同尺度的 SSR 算法，再对各个处理结果进行加权组合，使得加权结果同时具备了 SSR 算法的高、中、低三个尺度的特点。数学表达式为

$$r_i(x,y) = \sum_{k=1}^{N} \omega_k(\ln(I_i(x,y)) - \ln(I_i(x,y) * G_k(x,y))) \tag{2-93}$$

式中，N 是尺度参数的总个数，如果 N 为 1，则就是前面介绍的单尺度的 Retinex 算法。实验表明，当 N 取 3，即使用三个不同尺度的高斯滤波器对原始图像进行滤波处理时，加权处理后的增强效果最佳。ω_k 是第 k 个尺度在进行加权时的权重系数，满足如下的约束关系：

$$\sum_{k=1}^{N}\omega_k = 1 \tag{2-94}$$

经过实验发现，当 $\omega_k=1/N$ 时，能适用于大量的低照度图像，且运算简单。$G_k(x, y)$ 是在第 k 个尺度上的高斯滤波函数。

由于 MSR 算法是分别对 RGB 色彩通道进行增强，所以无法保证最后的增强图像各个像素点 RGB 的比值和输入图像一致，从而导致增强图像相对于原始图像产生一定的色彩失真。为解决这一问题，Rahman 等人提出了具有色彩恢复的多尺度 Retinex 算法（MSRCR），该算法引入色彩恢复因子 C 对颜色进行矫正，其表达式为

$$C_i(x,y) = f\left(\frac{I_i(x,y)}{\sum_{i=1}^{3} I_i(x,y)}\right) \tag{2-95}$$

式中，$C_i(x, y)$ 是第 i 个通道的色彩恢复系数；$I_i(x, y)$ 表示输入图像在第 i 个色彩通道的分布；f 是变换函数，通常为线性函数或者对数函数。结合式(2-93)，可以得到 MSRCR 的数学表达式为

$$r_i(x,y) = \sum_{k=1}^{N} C_i\omega_k(\ln(I_i(x,y)) - \ln(I_i(x,y) * G_k(x,y))) \tag{2-96}$$

图2-46 所示为SSR（σ 为80）、MSR 以及 MSRCR（σ 分别为30、80、200）三种算法的图像增强效果。

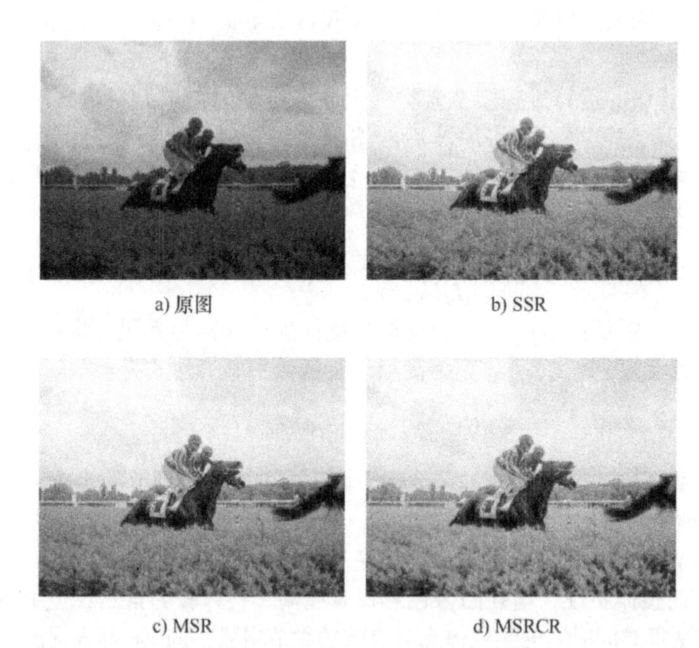

a) 原图　　b) SSR　　c) MSR　　d) MSRCR

图2-46　SSR、MSR、MSRCR 三种算法的图像增强效果比较

2.7　彩色增强

对于灰度图像，人眼能分辨的灰度级只有十几级到二十几级，而对彩色图像却可以分辨出上千种颜色。例如当彩色电视从彩色显示调到黑白显示时，原来能看到的一些画面细节就看不出来了。因此利用人眼的这一视觉特性，将灰度图像变成彩色图像，或者改变已有的彩色分布，无疑都会改善图像的可视性，将颜色信息用于图像增强之中，提高图像的可分辨性，这就是彩色增强。常用的彩色增强方法可以分为伪彩色增强和假彩色增强。

2.7.1　伪彩色增强

伪彩色（Pseudo color）增强是针对灰度图像提出的，其目的是把离散灰度图像的不同灰度级按照线性或者非线性关系映射成不同的颜色，得到一幅彩色图像，以改善图像的视觉效果，提高图像内容的可辨识度，使得图像的细节更加突出，目标更容易识别。伪彩色增强技术已广泛应用于航摄和遥感图片、X 光图片及气象云图判读等方面。

图像的伪彩色增强可在空间域内实现，也可在频率域内实现。伪彩色增强的方法主要有以下三种。

1. 灰度分层法

对一幅灰度图像$f(x, y)$，在某一个灰度级（如$f(x, y)=l_1$）上设置一个平行于xy平面的切割平面，将这幅灰度图像切割成只有两个灰度级，对切割平面以下的（即灰度级小于l_1）像素分配一种颜色（如蓝色），对切割平面以上的像素分配另一种颜色（如红色），如图 2-47 所示。这样切割的结果就可以将灰度图像变为只有两个颜色的伪彩色图像。

若将灰度图像用M个切割平面去切割，就会得到$M+1$个不同灰度级的区域S_1，S_2，…，S_M，S_{M+1}。对这$M+1$个区域中的像素人为分配$M+1$种不同颜色，就可以得到具有$M+1$种颜色的伪彩色图像，如图 2-48 所示。该方法的优点是简单易行，便于用软件或硬件实现，并且可以扩大用途，如计算图像中某灰度级的面积等。但此方法的缺点是：产生的伪彩色图像的视觉效果不理想，伪彩色生硬且不够调和，可形成的彩色数目不多。

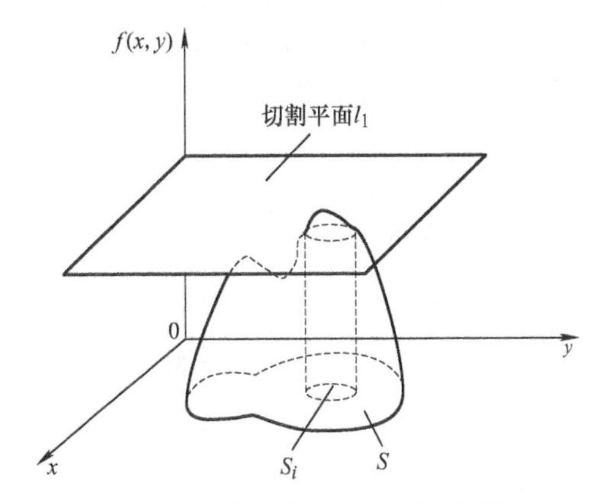

图 2-47　灰度分层的切割示意图

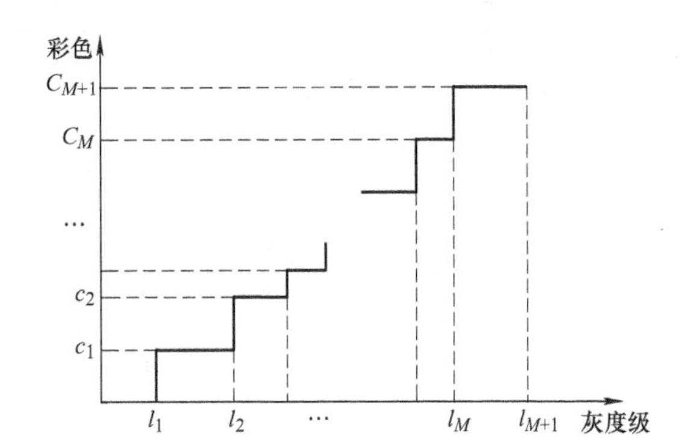

图 2-48　多灰度分层的切割示意图

2. 灰度级彩色变换

根据彩色的三基色原理，可将灰度映射成红（R）、绿（G）、蓝（B）3 个基色，再合成彩色，其原理如图 2-49a 所示。先将灰度图像$f(x, y)$输入具有不同变换特性的红变换器、绿变换器和蓝变换器，输出 3 个基色分量$I_R(x, y)$、$I_G(x, y)$和$I_B(x, y)$，然后通过合成，得到其颜色由 3 个变换函数调制的与$f(x, y)$幅度相对应的彩色图像。这里受调制的是像素的灰度值而不是像素的位置。对于某一个灰度级而言，由于 3 个变换器对其实施不同的变换，因而 3 个变换器的输出不同，从而在彩色显示器里合成某一种彩色；若灰度图像$f(x, y)$的灰度级在$0 \sim L$之间变化，$I_R(x, y)$、$I_G(x, y)$和$I_B(x, y)$会有不同输出，从而合成不同的彩色图像。所以，这种伪彩色增强技术可以将灰度图像变换为具有多种颜色渐变的连续彩色图像。3 个变换器典型的变换特性如图 2-49b 所示。

3. 频率域滤波法

与前面介绍的两种在空间域进行伪彩色增强的方法不同，频率域滤波法输出图像的伪彩色与灰度图像的灰度级无关，而是与图像中的不同空间频率成分有关。频率域滤波法实现伪彩色增强的原理框图如图 2-50 所示。首先把灰度图像经傅里叶（Fourier）变换到频率域获得频谱分量，将频谱分量分别用 3 个具有不同传递特性的滤波器将其分离成 3 个独立分量，从 3 个滤波器输出的信号再经过傅里叶逆变换，获得三通道的空间域图像，并对其做进一步的处理（如直方图均衡化或规定化），最后把它们作为三基色分别加到彩色显像管的红、绿、蓝显示通道，从而

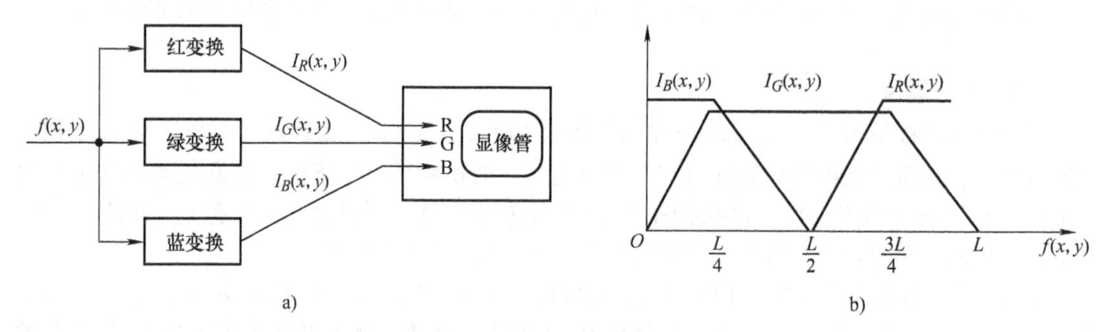

图 2-49　灰度级彩色变换原理

实现频率域的伪彩色处理。这种方法的基本思想是根据图像中各区域的不同频率分量给区域赋予不同的颜色。为得到不同的频率分量，图 2-50 中的 3 个滤波器可分别使用低通、带通（或带阻）和高通滤波器。如果希望图像的边缘（对应高频成分）成为红色，则可以将红色通道滤波器设计成高通滤波器。如果希望抑制图像中的某种频率成分，则可以把此段频率的滤波器设计成带阻滤波器。而且可以在附加处理中结合其他处理方法（如直方图修正等），使其彩色对比度更强，有利于边界的视觉检测。

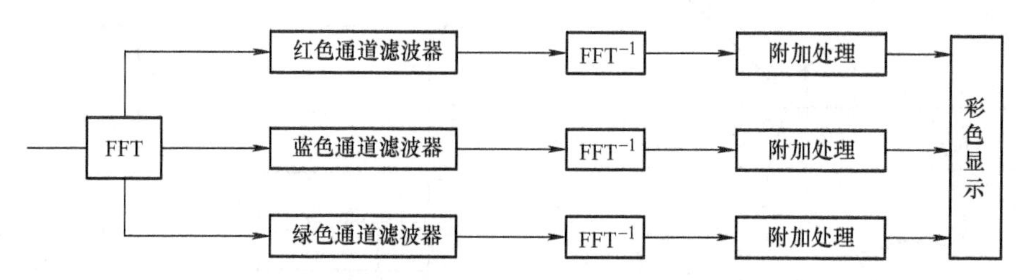

图 2-50　频率域滤波法实现伪彩色增强的原理框图

2.7.2　假彩色增强

假彩色（False color）增强是从彩色到彩色的映射，是将一幅真实的自然彩色图像或遥感多光谱图像，逐点映射到三基色所确定的三维色度空间。而在重新显示的图像中，各种目标物的呈现不同于原始自然本色，故称为假彩色。

假彩色增强有以下主要目的。

1）经过假彩色变换，会比原来的自然色彩更引人注目。

2）根据人眼的生理特点，可将感兴趣而又不易分辨的细节赋予人眼较敏感的颜色。例如，人眼对绿色特别灵敏，因此可把其他颜色的感兴趣细小目标赋予绿色就更容易分辨出来；人眼对蓝色变化的对比灵敏度较高，因此可把细节较丰富的目标赋予深浅不一的蓝色，就可改善细节的可检测性。

3）将多光谱图像合成彩色图像，不仅看起来自然、逼真，而且可通过与其他波段的综合获得更多的信息，便于区分某些特征。

对于自然图像的假彩色增强，一般采用如下的映射关系：

$$\begin{bmatrix} g_R \\ g_G \\ g_B \end{bmatrix} = \begin{bmatrix} a_1 & b_1 & c_1 \\ a_2 & b_2 & c_2 \\ a_3 & b_3 & c_3 \end{bmatrix} \cdot \begin{bmatrix} f_R \\ f_G \\ f_B \end{bmatrix} \tag{2-97}$$

式中，f_R、f_G、f_B 分别为原始图像某像素点的三基色亮度；g_R、g_G、g_B 分别为处理后图像中对应像素点的三基色亮度。

对于多光谱图像的假彩色增强，采用如下的变换函数：

$$\begin{cases} g_R = T_R[f_1, f_2, \cdots, f_n] \\ g_G = T_G[f_1, f_2, \cdots, f_n] \\ g_B = T_B[f_1, f_2, \cdots, f_n] \end{cases} \tag{2-98}$$

式中，f_1，f_2，…，f_n 分别表示在光谱的 n 个不同波段获得的 n 幅图像；g_R、g_G、g_B 分别表示假彩色图像的三基色亮度；$T_R[\cdot]$、$T_G[\cdot]$、$T_B[\cdot]$ 为变换函数。

2.8 MATLAB 编程实例

【例 2-4】 请编写 MATLAB 程序，实现对 pout 图像进行灰度线性变换，将图像灰度值从 0.3×255～0.7×255 之间映射到 0～255 之间。

解： MATLAB 代码如下：

```
clear all
I = imread('pout.tif');                 % 读入原图像
imshow(I);                              % 显示原图像
figure,imhist(I);                       % 显示原图像的直方图
J1 = imadjust(I,[0.3, 0.7],[ ]);        % 函数将图像在 0.3×255～0.7×255 灰度之间的值通
                                        % 过线性变换映射到 0～255 之间
figure,imshow(J1);                      % 输出图像效果图
figure,imhist(J1);                      % 输出图像的直方图
```

【例 2-5】 请编写 MATLAB 程序，通过直方图均衡化对图像进行增强。

解： MATLAB 代码如下。

```
clear all
A = imread('p1.jpg');
I = histeq(A);                          % 调用函数完成直方图均衡化
subplot(1,2,1),imshow(A);               % 直方图均衡化前的图像效果
subplot(1,2,2),imshow(I);               % 直方图均衡化后的图像效果
figure,subplot(1,2,1),imhist(A);        % 均衡化前的直方图
subplot(1,2,2),imhist(I);               % 均衡化后的直方图
```

【例 2-6】 请编写 MATLAB 程序，分别采用 3 种模板对含噪图像进行平滑处理。

解： MATLAB 代码如下。

```
clear all
I1 = imread('blood1.tif');
I = imnoise(I1,'salt & pepper');                        % 对图像加椒盐噪声
imshow(I);
h1 = [0.1 0.1 0.1; 0.1 0.2 0.1; 0.1 0.1 0.1];          % 定义 3 种模板
h2 = 1/16.*[1 2 1;2 4 2;1 2 1];
h3 = 1/8.*[1 1 1;1 0 1;1 1 1];
I2 = filter2(h1,I);                                     % 用 3 种模板进行滤波处理
I3 = filter2(h2,I);
I4 = filter2(h3,I);
figure,imshow(I2,[ ]);                                  % 显示处理结果
figure,imshow(I3,[ ]);
figure,imshow(I4,[ ]);
```

【例 2-7】请编写 MATLAB 程序，对图像进行同态滤波。

解：MATLAB 代码如下。

```
clear all
%读入图像
I = imread('cameraman.tif');
subplot(1,2,1);
figure(1);imshow(I);title('原始图像');
I = im2double(I);
%求对数
lni = log(I+0.000001);
Fi = fftshift(fft2(lni));
[M ,N] = size(Fi);
%确定傅里叶变换的原点
xo = floor(M/2);
yo = floor(N/2);
%同态滤波器参数设置;求 H(u,v)
Hh = 2;
Hl = 0.5;
c = 1.50;
D0 =80;
for i = 1:M
    for j =1:N
        D = (i-xo)^2+(j-yo)^2;
            h(i,j) = (Hh-Hl)*(1-exp(-c*(D/D0^2))) + Hl;
    end
end
%滤波矩阵点乘
Gi = h.*Fi;
%傅里叶逆变换
flno = ifftshift(Gi);
go = real(ifft2(flno));
%求指数
go = exp(go);
gxy = im2uint8(go);
subplot(1,2,2);imshow(gxy);title('同态滤波结果');
figure(2);mesh(h);colormap(jet);title('同态滤波器特性曲线');
```

2.9 小结

图像增强往往是获取图像后对图像进行处理的第一步，其目的是增强图像中感兴趣的部分或突出有用的图像特征（如边缘、轮廓、对比度等），抑制不需要的信息，以改善图像的主观视觉效果或便于后续的图像分析和识别。由于图像增强与感兴趣信息的特征、观察者的习惯和处理目的有关，因此，图像增强技术往往具有针对性，增强的结果多以人的主观感觉加以评价，很少涉及统一的客观评价准则，很难预测哪一种特定技术是最好的，只能通过试验和分析误差来选择一种合适的方法。在实际应用中，针对某个应用场合的具体图像，可同时选择几种适当的图像增强算法进行实验，从中选取视觉效果较好、计算复杂度相对小的一种算法。

图像增强的方法有很多，而且还在不断地发展。本章介绍的都是一些常用的基本方法。

基于空间域的增强方法直接在二维图像空间进行处理，按照所采用的技术不同可分为灰度变换和空间域滤波两种方法。

灰度变换是基于点运算的增强方法，它将每一个像素的灰度值按照一定的数学变换公式转换为一个新的灰度值，如增强处理中常用的对比度增强、直方图均衡化、直方图规定化等方法。

对比度增强可以采用灰度线性变换和非线性变换。线性变换可以将原始输入图像中的灰度值不加区别地扩展。在实际应用中，为了突出图像中感兴趣的研究对象，常常要求局部扩展拉伸某一范围的灰度值，或对不同范围的灰度值进行不同的变换处理，即分段线性变换。非线性变换在整个灰度值范围内采用统一的非线性变换函数，利用变换函数的数学性质实现对不同灰度值区间的扩展与压缩。

为了改变图像整体偏暗或整体偏亮，灰度层次不丰富的情况，可以将原图像的直方图通过变换函数修正为均匀的直方图，这种技术叫直方图均衡化。直方图均衡化一般会使原始图像的灰度等级减少，这是由于均衡化过程中要进行近似舍入造成的。在实际应用中，有时需要具有特定直方图的图像，以便能够有目的地对图像中的某些灰度级分布范围内的图像加以增强，此时可采用直方图规定化方法按照预先设定的某个形状来调整图像的直方图，从而达到增强图像效果的目的。

空间域滤波是基于邻域运算处理的增强方法，它应用某一模板对每个像素及其周围邻域的所有像素进行某种数学运算，得到该像素的新的灰度值，输出值的大小不仅与该像素的灰度值有关，而且还与其邻域内的像素的灰度值有关，常用的图像平滑与图像锐化技术就属于空间域滤波的范畴。

图像平滑的主要目标是在消除随机噪声的同时，又不使图像的边缘轮廓和线条变模糊。图像平滑处理方法有空间域法和频率域法两大类。空间域平滑滤波器的设计比较简单，常用的有邻域平均法和中值滤波法。邻域平均法是一种直接在空间域上进行平滑的技术。该技术是基于这样一种假设：图像由许多灰度恒定的小块组成，相邻像素间存在很强的空间相关性，而噪声则相对独立。因此，可以将一个像素邻域内的所有像素的平均灰度值赋给平滑图像中对应的像素，从而达到平滑的目的。邻域平均法虽然可以平滑图像，但在消除噪声的同时，会使图像中的一些细节变得模糊。中值滤波则在消除噪声的同时还能保持图像中的细节部分，防止边缘模糊。与邻域平均法不同，中值滤波是一种非线性滤波，它首先确定一个奇数像素窗口，窗口内各像素按灰度值从小到大排序后，用中间位置灰度值代替原灰度值。

图像锐化的目的是使灰度反差增强，从而增强图像中边缘信息，有利于轮廓抽取。因为轮廓或边缘就是图像中灰度变化率最大的地方。因此，为了把轮廓抽取出来，就要找一种方法把图像的最大灰度变化处找出来。常用的图像锐化方法有基于一阶微分的梯度算子、Roberts 算子、Sobel 算子以及基于二阶微分的拉普拉斯算子等。需要说明的是，在噪声存在的情况下，单纯的锐化也会造成噪声的加强，此时就需要先做平滑处理。

基于频率域的增强方法则是首先经过傅里叶变换将图像从空间域变换到频率域，然后在频率域对频谱进行操作和处理，再将其反变换到空间域，从而得到增强后的图像。基于频率域的增强方法主要有低通滤波和高通滤波。低通滤波的目的是消除图像中的随机噪声，减弱边缘效应，起到平滑图像的作用。常用的低通滤波器有理想低通滤波器、巴特沃兹低通滤波器、高斯低通滤波器、梯形低通滤波器等。高通滤波的目的是为了使图像的边缘或线条变得清晰，实现图像的锐化。常用的高通滤波器有理想高频滤波器、巴特沃兹高通滤波器、高斯高通滤波器、梯形高通滤波器。

图像的同态滤波是一种在频率域压缩动态范围的同时提高图像对比度的方法，它使得图像中较暗部分的细节可以显现出来，便于观察者进行观察和处理。

彩色增强生成的结果是彩色图像。常用的彩色增强方法有伪彩色增强技术、假彩色增强技术。伪彩色增强是对一幅灰度图像的处理，通过一定的方法，将一幅灰度图像变换生成一幅彩色图像。假彩色增强是从彩色到彩色的映射，是将一幅真实的自然彩色图像或遥感多光谱图像，逐点映射到三基色所确定的三维色度空间。

2.10 习题

1. 图像增强的目的是什么？它包含哪些内容？
2. 灰度变换的目的是什么？有哪些实现方法？
3. 试给出把灰度范围从［20，100］扩展为［0，250］，把灰度范围从［20，240］压缩为［25，150］的变换函数。
4. 什么是灰度直方图？为什么一般情况下对离散图像的直方图均衡化并不能产生完全平坦的直方图？
5. 图像平滑的目的是什么？空间域图像平滑的方法有哪些？
6. 中值滤波的原理是什么？它有哪些特点？它主要用于消除什么类型的噪声？
7. 图像锐化的目的是什么？空间域常用的图像锐化算子有哪几种？
8. 简述用于平滑滤波和锐化处理的滤波器之间的区别和联系。
9. 频率域低通滤波的原理是什么？有哪些滤波器可以利用？
10. 什么是同态滤波？简述其基本原理。
11. 什么是伪彩色图像增强？其主要目的是什么？伪彩色处理的方法有哪些？

第3章　形态学图像处理

本章学习目标：

- 了解数学形态学的发展简史和基本思想。
- 熟悉集合和子集的概念及表示方法，掌握集合间的关系和运算，如集合的并集、交集、补集、差集。
- 理解数学形态学中结构元素的概念及作用。
- 掌握膨胀、腐蚀、开闭运算的物理含义，以及由基本运算导出的各种二值图像形态学处理算法。
- 了解灰度图像形态学处理的基本运算，以及各种实用的灰度图像形态学处理算法。

3.1 引言

3.1.1 数学形态学的发展简史和基本思想

形态学（Morphology）是生物学中研究动植物形态和结构的一个学科分支。数学形态学（Mathematical Morphology）是一门建立在集合论基础上的学科，它是几何形态分析和描述的有力工具。

1964年，法国巴黎矿业学院的G. Matheron与J. Serra首先将数学形态学引入到图像处理领域。当时，G. Matheron正从事多孔介质的透气性与其几何（或纹理）之间关系的研究工作，J. Serra在G. Matheron的指导下从事铁矿石的定量岩石学分析及预测开采价值的研究工作。在研究过程中，J. Serra摒弃了传统的分析方法，与J-C Klein研制了一个数字图像分析设备，并将它称为“纹理分析器”。随着研究与分析工作的不断深入，逐渐形成了“击中/击不中变换”的概念。与此同时，G. Matheron在理论层面上第一次引入了形态学的表达式，建立了颗粒分析方法。他们的工作奠定了这门学科的理论基础，例如：击中/击不中变换、开/闭运算、布尔模型及纹理分析器的原型等。之后，他们共同建立了枫丹白露数学形态学研究中心。

数学形态学以集合论为数学工具，具有完备的数学理论基础，它的运算由集合运算（如交、并、补等）来完成，这意味着利用数学形态学进行图像处理，必须将所有的图像都以合理的方式转换为集合。这里所提及的集合，表示图像中的不同对象。例如，在二值图像中，所有灰度值为0的像素（或者灰度值为1的像素）的集合是图像完整的形态学描述。这一基于集合论观点的结果是：形态学算子的性能主要以几何方式进行刻画，这似乎更适合视觉信息的处理和分析。基于数学形态学的图像处理方法如图3-1所示。

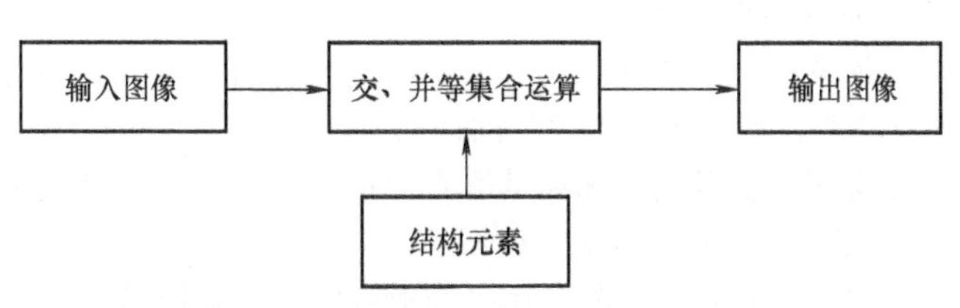

图3-1　基于数学形态学的图像处理方法

数学形态学的理论虽然很复杂，但它的基本思想却是简单而完美的。形态学图像处理的基本思想就是利用具有一定形态的结构元素（Structuring Element，即具有某种特定结构形状的基本元素，例如一定大小的矩形、圆形或者菱形等）作为“探针”来探测目标图像，当探针在图像中不断地移动时，便可考察图像的形状和各个部分之间的相互关系，从而获取有关图像的形态结构特征的信息，进而达到对图像进行分析和识别的目的。结构元素的选择十分重要，根据探测研究图像的不同结构特点，结构元素可携带形状、大小、连通性、灰度和色度等信息。由于不同的结构元素可以用来检测图像不同的特征，因此结构元素的设计是分析图像的重要步骤。

数学形态学是一种有效的非线性图像处理和分析理论，由一组形态学的代数运算构成。最基本的形态学运算有膨胀（Dilation）、腐蚀（Erosion）、开（Opening）和闭（Closing）。基于这些基本运算还可推导和组合成各种实用的形态学图像处理算法，用它们可以进行图像形状和结构的分析及处理，可以解决噪声抑制、图像滤波、边缘检测、特征提取、纹理分析、图像复原、图像重建、图像分割等方面的问题。

3.1.2 集合论基础

1. 集合的概念

集合作为数学中最原始的概念之一，通常是指按照某种特征或规律组合起来的事物的总体。例如，所有正的自然数构成的正整数集合，所有四边形构成的四边形集合。集合通常可用带或不带标号的大写字母，如 A、B、C、…、A_1、B_2、C_3、…等表示。

组成集合的每个事物（或称成员）叫作集合的元素。集合中的元素一般用带或不带标号的小写字母，如 a、b、c、…、a_1、b_2、c_3、…等表示。

集合和元素的关系为属于（用符号 $\in$ 表示）或不属于（用符号 $\notin$ 表示）关系。对于给定的集合，任一个事物要么属于该集合，要么不属于该集合，而不会含糊不清。如果 b 是集合 A 的一个元素，则记为 $b \in A$（读作 b 属于 A），否则记为 $b \notin A$（读作 b 不属于 A）。

特别地，不包含任何元素的集合称为空集，用符号 $\varnothing$ 表示。对于空集，显然有 $\forall b \notin \varnothing$。此外，集合中的元素也可以是集合。

本章关注的集合元素是图像中描述的对象或其他感兴趣特征的像素坐标，集合用于表示图像中的不同对象。例如，对于二值图像而言，通常用取值为“1”的像素的集合表示前景（目标），而用取值为“0”的像素的集合表示图像的背景。

对于一幅图像 A，如果点 a 在 A 的区域以内，那么就说 a 是 A 的元素，记为 $a \in A$；如果点 b 不在 A 的区域中，那么就说 b 不是 A 的元素，记为 $b \notin A$，如图 3-2 所示。

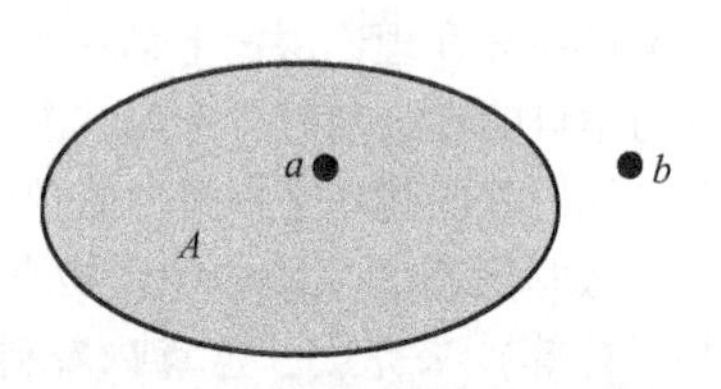

图 3-2　元素与集合间的关系

2. 集合的表示法

集合是由它包含的元素完全确定的，为了表示一个集合，通常有枚举法、隐式法（叙述法）、文氏图等方法。

- 枚举法：是一种显式表示法，其优点在于具有透明性。但其缺点是：在表示具有某种特性的集合或集合中元素过多时受到了一定的局限；而且，从计算机的角度看，显式法是一种“静态”表示法，如果一下子将这么多的“数据”输入到计算机中去，那将占据大量的“内存”。
- 隐式法（叙述法）：用一集合之元素所具有的共同性质来描述这个集合，通常用 $A=\{x \mid P(x)\}$ 来表示。其中“|”前面的 x 代表集合 A 中的任意元素，“|”后面的 $P(x)$ 表示 x 必须具有性质 P。其突出优点是原则上不要求列出集合中全部元素，而只要给出该集合中元素的特性。例如，$A=\{x \mid x \text{ 是正整数}\}$。
- 文氏图法：是一种利用平面上点的集合来描述的图解法，一般用平面上的圆、椭圆或矩形表示一个集合。

3. 集合间的关系和运算

（1）集合的子集和相等

设有集合 A 和集合 B，如果集合 A 中的每一个元素都是集合 B 的一个元素，则称 A 为 B 的子集或 B 包含 A，记为 $A \subseteq B$ 或 $B \supseteq A$。

进一步，若集合 A 是集合 B 的子集，并且 B 中至少有一个元素不在集合 A 中，则称 A 是 B 的真子集或 B 真包含 A，记为 $A \subset B$ 或 $B \supset A$，其文氏图表示如图 3-3 所示。

特别地，当且仅当 $A \subseteq B$ 和 $B \subseteq A$ 同时成立时，称集合 A 和集合 B 相等，记为 $A = B$。

（2）全集

如果一个集合含有我们所研究问题中涉及的所有元素，那么就称这个集合为全集，通常用 U 表示，其文氏图表示如图 3-4 所示。对任意集合 A，均有 $A \subseteq U$。

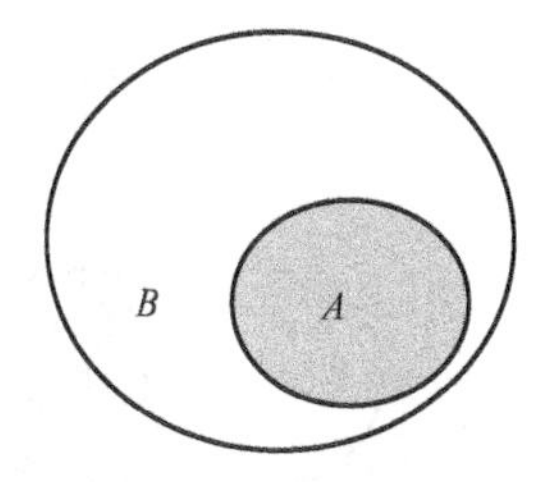

图 3-3　集合 A 是集合 B 的子集

图 3-4　全集的文氏图表示

（3）集合的并集

由集合 A 和集合 B 中所有元素组成的集合称为集合 A 和集合 B 的并集（Union），记为 $A \cup B$，并用隐式法（叙述法）表示为

$$A \cup B = \{x \mid x \in A \text{ 或 } x \in B\} \tag{3-1}$$

集合 A 和集合 B 的并集的文氏图表示如图 3-5 所示，集合并运算的结果在图中用阴影区域表示。

（4）集合的交集

由集合 A 和集合 B 中所有既属于 A 也属于 B 的公共元素组成的集合称为集合 A 和集合 B 的交集，记为 $A \cap B$，并用隐式法（叙述法）表示为

$$A \cap B = \{x \mid x \in A \text{ 且 } x \in B\} \tag{3-2}$$

集合 A 和集合 B 的交集的文氏图表示如图 3-6 所示，集合交运算的结果在图中用阴影区域表示。

特别地，如果集合 A 和集合 B 没有公共元素，称集合 A 和集合 B 不相容或者互斥，用公式表示为

$$A \cap B = \varnothing \tag{3-3}$$

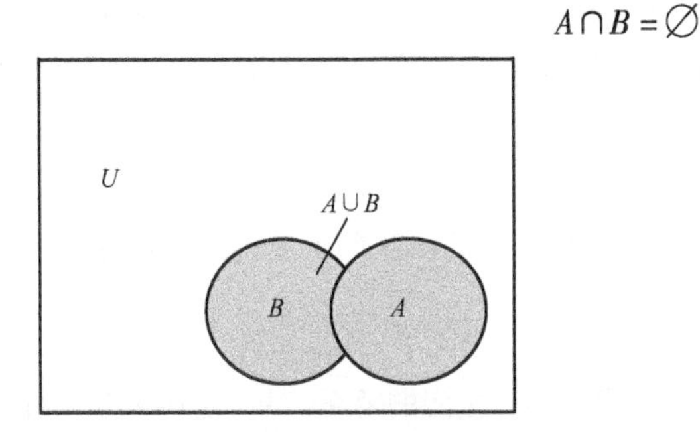

图 3-5　集合 A 和集合 B 的并集

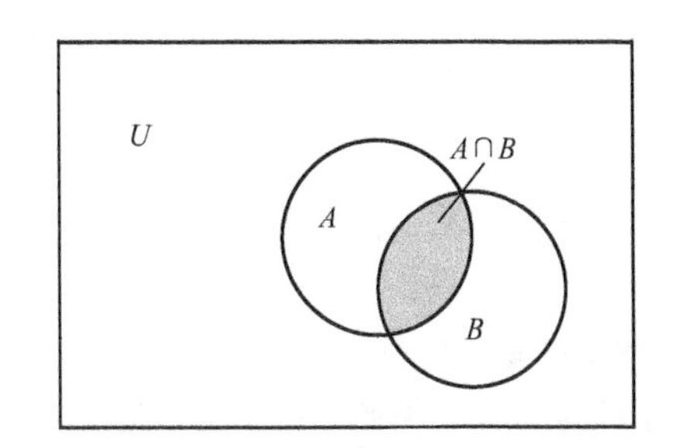

图 3-6　集合 A 和集合 B 的交集

（5）集合的补集

由所有不属于集合 A 的元素组成的集合称为集合 A 的补集，记为 A^c。设 U 是全集，集合 A 的补集可表示为

$$A^c = U - A = \{x \mid x \notin A\} \tag{3-4}$$

集合 A 的补集如图 3-7 中的阴影区域所示。

（6）集合的差集

由所有属于集合 A 但不属于集合 B 的元素组成的集合称为集合 A 和集合 B 的差集，记为 $A-B$，并可表示为

$$A - B = \{x \mid x \in A \text{ 且 } x \notin B\} \tag{3-5}$$

集合 A 和集合 B 的差集的文氏图表示如图 3-8 所示，集合差运算的结果在图中用阴影区域表示。

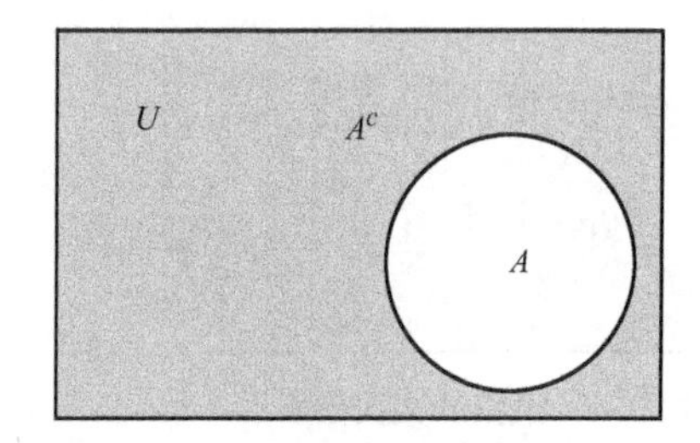

图 3-7　集合 A 的补集

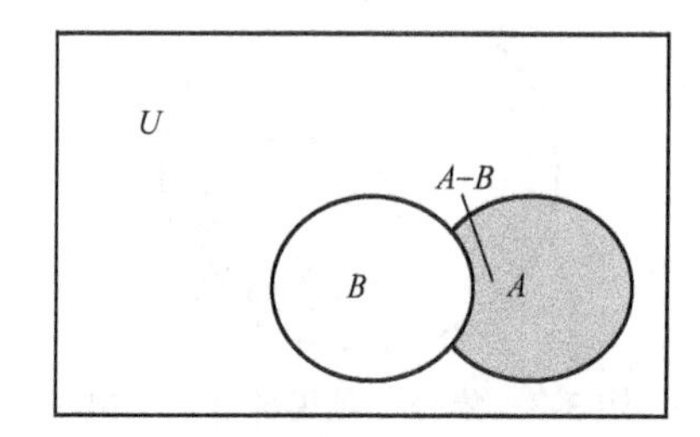

图 3-8　集合 A 和集合 B 的差集

根据集合的补集的概念，集合 A 和集合 B 的差集还可以看成集合 A 和集合 B^c 的交集，并可表示为

$$A - B = A \cap B^c \tag{3-6}$$

3.1.3　数学形态学中的几个基本概念

1. 击中/击不中

设有两幅图像 A 和 B，如果 $A \cap B \neq \varnothing$，那么称 B 击中（Hit）A，记为 $B \uparrow A$，否则，如果 $A \cap B = \varnothing$，那么称 B 击不中（Miss）A。

2. 平移与反射

设 A 是一幅数字图像（见图 3-9a），a 是 A 的元素（即 $a \in A$），b 是一个点（见图 3-9b），那么定义 A 被 b 平移后的结果为

$$A + b = \{a + b \mid a \in A\} \tag{3-7}$$

即取出 A 中的每个点 a 的坐标值，将其与点 b 的坐标值相加，得到一个新的点的坐标值 $a+b$，所有这些新点所构成的图像就是 A 被 b 平移的结果，记为 $A+b$，如图 3-9c 所示。

一幅数字图像 A 关于原点的反射定义为

$$\hat{A} = \{x \mid x = -a, a \in A\} \tag{3-8}$$

即反射后的图像 $\hat{A}$ 是由原图像 A 的每个点坐标值取相反数后得到的点所构成的图像，如图 3-9d 所示。

3. 结构元素

为了确定目标图像的结构，必须逐个考察图像各部分之间的关系，并且进行检验，最后得到一个各部分之间关系的集合。在考察目标图像各部分之间的关系时，需要设计一种“结构元

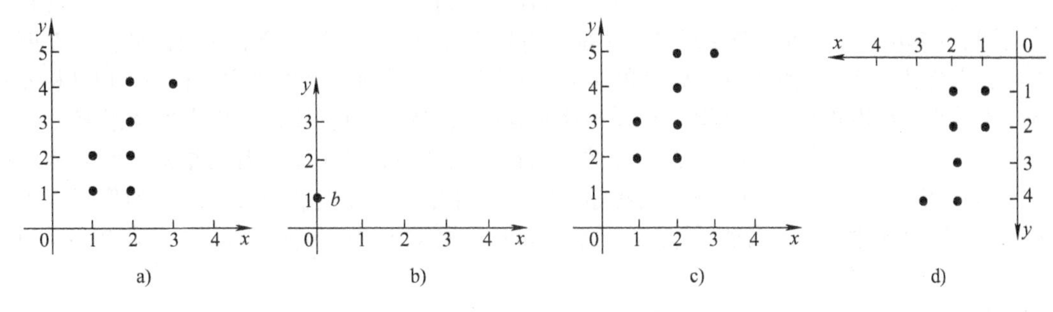

图 3-9　平移与反射

素”。在图像中不断移动结构元素，就可以考察图像之间各部分的关系，从而提取有用的特征进行结构分析和描述。可以说，结构元素是数学形态学中一个最重要也是最基本的概念。

在形态学图像处理中，被考察或被处理的图像称为目标图像（有时也简称为图像），在本书中一般用集合 A 来表示；用于收集信息的“探针”称为结构元素（也称结构基元或结构单元），一般用集合 B 来表示。结构元素通常都是一些比较小的图像。在结构元素中可以指定一个点为原点，它是结构元素参与形态学运算的参考点。需要注意的是，原点可以包含在结构元素中，也可以选择在结构元素之外，但运算的结果常不相同。通常形态学图像处理以在图像中移动一个结构元素并进行一种类似于卷积运算的方式进行，只是以逻辑运算代替卷积的乘加运算。

结构元素的形状和尺寸选择十分重要，是有效提取目标图像信息的关键。当要处理的图像是二值图像时，结构元素也采用二值图像；当要处理的图像是灰度图像时，则采用灰度图像作为结构元素。根据图像分析目的的不同，常用的结构元素有十字形、方形、圆形等，如图 3-10 所示。在多尺度形态学分析中，结构元素的大小可以变化，但结构元素的尺寸通常要明显小于目标图像的尺寸。

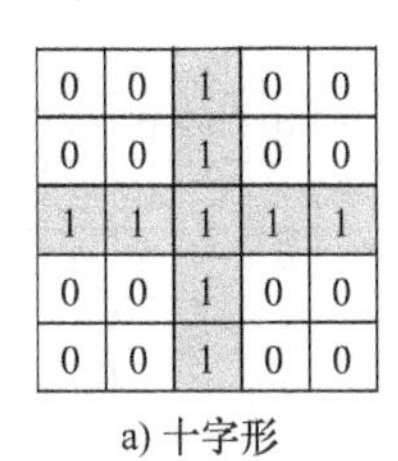

0	0	1	0	0
0	0	1	0	0
1	1	1	1	1
0	0	1	0	0
0	0	1	0	0

a) 十字形

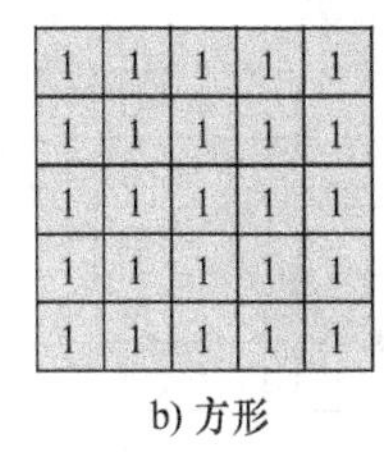

1	1	1	1	1
1	1	1	1	1
1	1	1	1	1
1	1	1	1	1
1	1	1	1	1

b) 方形

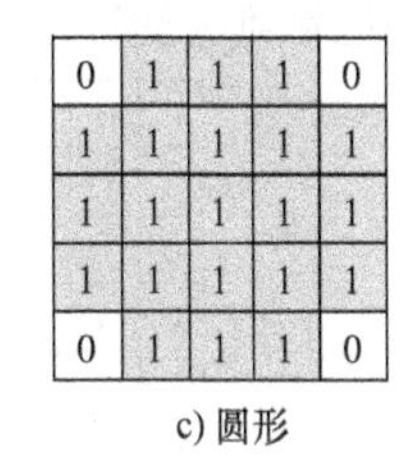

0	1	1	1	0
1	1	1	1	1
1	1	1	1	1
1	1	1	1	1
0	1	1	1	0

c) 圆形

图 3-10　常用的结构元素

3.2　二值形态学基本运算

二值形态学运算的过程就是在图像中移动结构元素，将结构元素与其下面重叠部分的图像进行交、并等集合运算。

二值形态学运算有腐蚀、膨胀、开运算和闭运算 4 种基本运算，并且在这些基本运算的基础上可以推导和组合出一系列实用的二值形态学处理算法。

3.2.1　腐蚀

腐蚀是一种最基本的数学形态学运算，所有其他形态学运算均可在这一运算的基础上导出。腐蚀表示用某种探针（即结构元素）对一个图像进行探测，以便找出在图像内部可以放下该结构元素的区域。

假设 A 为目标图像，B 为结构元素，则使用 B 对 A 进行腐蚀可用 $A \ominus B$ 表示，并定义为

$$A\ominus B=\{x\mid B+x\subseteq A\}\tag{3-9}$$

可见，$A\ominus B$ 表示将 B 平移 x 后仍包含在 A 内的所有点 x 组成的集合。换句话说，用 B 腐蚀 A 得到的集合是 B 完全包含在 A 中时 B 的原点位置的集合。腐蚀运算的基本过程是，把结构元素 B 看作是一个卷积模板，每当结构元素 B 平移到其原点位置与目标图像 A 中那些像素值为“1”的位置重合时，就判断被结构元素 B 覆盖的子图像的其他像素的值是否都与结构元素 B 相应位置的像素值相同。当它们都相同时，就将输出结果图像中的那个与原点位置对应的像素位置的值置为“1”，否则置为0。腐蚀运算的实质就是在目标图像 A 中标出那些与结构元素 B 相同的子图像的原点位置的像素。

腐蚀运算的示意图如图3-11所示。

腐蚀运算要求结构元素必须完全包括在被腐蚀图像内部；换句话说，当结构元素在目标图像上平移时，结构元素中的任何元素不能超出目标图像范围。如果原点在结构元素的内部，则腐蚀后的图像为输入图像的一个子集；如果原点在结构元素的外部，那么，腐蚀后的图像则可能不在输入图像的内部。

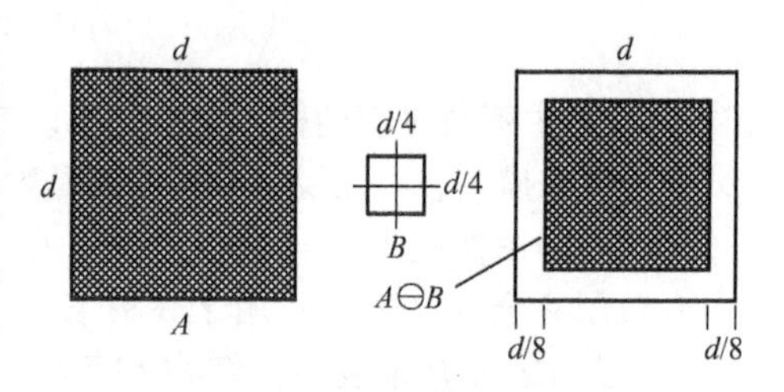

图3-11　腐蚀运算的示意图

图3-12所示为用十字形结构元素（见图3-12b）对目标图像（见图3-12a）进行腐蚀的运算过程。图3-12b中的结构元素的原点选择在十字形模板的中心位置（即“1”像素）。图3-12c中的“1”像素所在的区域为原属于目标图像而现在被腐蚀掉的部分，深背景色的“1”像素所在的区域则为腐蚀后的结果。

0	0	0	0	1	1	0	0
0	1	1	1	1	1	1	0
0	1	1	1	1	1	1	0
0	0	1	1	1	1	0	0
0	0	1	1	0	1	0	0
0	0	1	0	0	0	0	0
0	0	0	0	0	0	0	0

a) 目标图像

0	0	0	0	0	0	0	0
0	0	0	0	0	0	0	0
0	0	0	1	0	0	0	0
0	0	1	1	1	0	0	0
0	0	0	1	0	0	0	0
0	0	0	0	0	0	0	0
0	0	0	0	0	0	0	0

b) 结构元素

0	0	0	0	1	1	0	0
0	1	1	1	1	1	1	0
0	1	1	1	1	1	1	0
0	0	1	1	1	1	0	0
0	0	1	1	0	1	0	0
0	0	1	0	0	0	0	0
0	0	0	0	0	0	0	0

c) 经腐蚀运算后的结果

图3-12　腐蚀运算示例

由此可见，腐蚀运算具有缩小图像和消除图像中比结构元素小的成分的作用。如果结构元素取3×3的像素块，腐蚀将使物体的边缘沿周边减少1个像素。腐蚀可以把小于结构元素的物体（如毛刺、小凸起）去除，这样选取不同大小的结构元素，就可以在原图像中去掉不同大小的物体。如果两个物体之间有细小的连通，那么当结构元素足够大时，通过腐蚀运算可以将两个物体分开。因此在实际应用中，可以利用腐蚀运算去除物体之间的粘连，消除图像中的小颗粒噪声。

3.2.2　膨胀

腐蚀可以看作是将图像 A 中每一个与结构元素 B 全等的子集 $B+x$ 收缩为点 x。而膨胀运算相反，它将 A 中的每一个点 x 扩大为 $B+x$。使用 B 对 A 进行膨胀运算，记为 $A\oplus B$，并定义为

$$A\oplus B=\{x\mid(\hat{B}+x)\cap A\neq\varnothing\}\tag{3-10}$$

膨胀运算的基本过程描述如下：先对结构元素 B 做关于其原点的反射，得到反射集合 $\hat{B}$，然

后在目标图像 A 上将 $\hat{B}$ 平移 x，则那些 $\hat{B}$ 平移后与目标图像 A 至少有 1 个非 0 元素相交时对应的 B 的原点位置所组成的集合就是膨胀运算的结果。显然，A 与平移后的 $\hat{B}$ 的交集不为空集可以理解为膨胀运算有另一种定义

$$A \oplus B = \{x \mid (\hat{B}+x) \cap A \subseteq A\} \tag{3-11}$$

在膨胀运算中，当结构元素在目标图像上平移时，允许结构元素中的非原点像素超出目标图像范围。膨胀运算的示意图如图 3-13 所示。

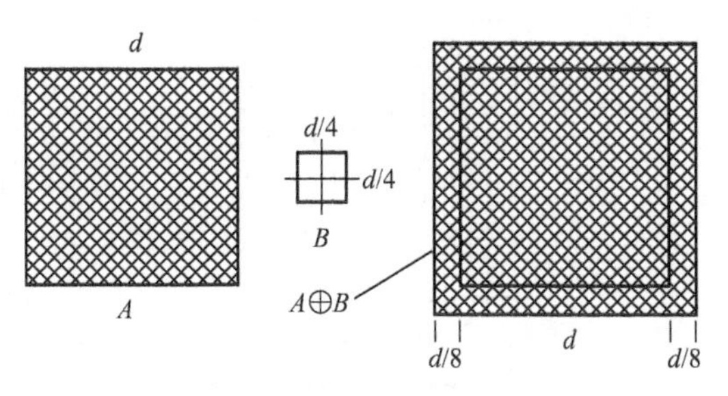

图 3-13　膨胀运算的示意图

图 3-14 所示为膨胀运算的过程。其中图 3-14a 所示为由 0 和 1 组成的原始二值图像；图 3-14b 所示为一个十字形结构元素，其原点位于中心位置（即“1̲”像素）；图 3-14c 所示为经膨胀处理后得到的输出图像，其中深背景色的“1̲”像素为原先不属于目标图像而由结构元素膨胀产生的新的像素，膨胀的结果就是原始图像的“1”像素与扩张出的“1̲”像素的集合。

0	0	0	0	0	0	0	0
0	0	0	1	1	1	0	0
0	0	1	1	1	0	0	0
0	0	1	1	0	0	0	0
0	1	1	1	0	0	0	0
0	0	1	0	0	0	0	0
0	0	0	0	0	0	0	0

a) 原始图像

0	0	0	0	0	0	0	0
0	0	0	0	0	0	0	0
0	0	0	0	1	0	0	0
0	0	0	1	1̲	1	0	0
0	0	0	0	1	0	0	0
0	0	0	0	0	0	0	0
0	0	0	0	0	0	0	0

b) 结构元素

0	0	0	1̲	1̲	1̲	0	0
0	0	1̲	1	1	1	1̲	0
0	1̲	1	1	1	1̲	0	0
0	1̲	1	1	1̲	0	0	0
1̲	1	1	1	1̲	0	0	0
0	1̲	1	1̲	0	0	0	0
0	0	1̲	0	0	0	0	0

c) 经膨胀运算后的结果

图 3-14　膨胀运算示例

由此可见，膨胀运算对原图像具有扩张作用。如果结构元素取简单的 3×3 的像素块，膨胀将使物体的边缘沿周边增加 1 个像素。选取不同尺寸、形状的结构元素，膨胀运算可以较好地填充物体内部的空洞以及连接间距小于结构元素的相邻目标区域。

3.2.3　腐蚀运算与膨胀运算的对偶性

根据集合求补运算和反射运算的定义，膨胀是腐蚀运算的对偶运算，可以通过对补集的腐蚀来定义。

设以 A^c 表示集合 A 的补集，$\hat{B}$ 表示 B 关于坐标原点的反射。那么，目标图像 A 被结构元素 B 膨胀可定义为

$$A \oplus B = (A^c \ominus \hat{B})^c \tag{3-12}$$

为了利用结构元素 B 对目标图像 A 进行膨胀，可先对 B 做关于其原点的反射，得到反射集合 $\hat{B}$，再利用 $\hat{B}$ 对 A^c 进行腐蚀。

膨胀和腐蚀这两种运算是紧密联系在一起的，一个运算对图像目标的操作相当于另一个运算对图像背景的操作，其对偶性可表示为

$$(A \oplus B)^c = A^c \ominus \hat{B} \tag{3-13}$$

$$(A \ominus B)^c = A^c \oplus \hat{B} \tag{3-14}$$

对于膨胀和腐蚀的对偶性，下面通过如图 3-15 所示的一个具体实例来证明。

图 3-15a 和图 3-15b 所示分别为集合 A 和结构元素 B；图 3-15c 和图 3-15d 所示分别为 $A\oplus B$ 和 $A\ominus B$；图 3-15e 和图 3-15f 所示分别为 A^c 和 $\hat{B}$；图 3-15g 和图 3-15h 所示分别为 $A^c\ominus\hat{B}$ 和 $A^c\oplus\hat{B}$。比较图 3-15c 和图 3-15g 可验证式(3-13)，比较图 3-15 d 和图 3-15h 即可验证式(3-14)。

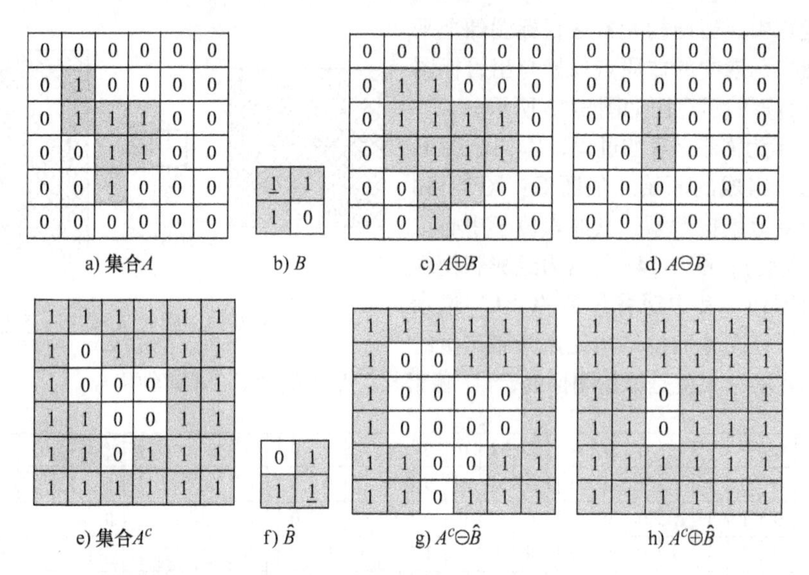

图 3-15　膨胀和腐蚀的对偶性

通过上述对膨胀和腐蚀的定义我们可以看出这两种数学形态学中最基本的运算子在实现效果上是相反的。腐蚀具有收缩图像的作用，膨胀具有扩大图像的作用。如果采用相同的结构元素，腐蚀对图像目标边缘部分的消减程度与膨胀在图像边缘部分增长的程度是一样的，但这并不说明腐蚀与膨胀是一对互逆的运算。正因为如此，我们可以通过这两个最基本运算的组合得到形态学的其他基本运算，如下面将要介绍的开运算和闭运算。

3.2.4　开运算

开运算是腐蚀和膨胀的组合运算：先用结构元素 B 对目标图像 A 进行腐蚀，然后对其结果再用同一个结构元素 B 进行膨胀运算。使用结构元素 B 对目标图像 A 进行开运算，用符号 $A\circ B$ 表示，其定义为

$$A\circ B=(A\ominus B)\oplus B \tag{3-15}$$

开运算的示意图如图 3-16 所示。

开运算也可以通过计算所有可以填入图像内部的结构元素平移的并集求得，其数学表达式为

$$A\circ B=\cup(B+x:B+x\subseteq A) \tag{3-16}$$

当结构元素 B 在图像 A 内部移动时，$A\circ B$ 就是使结构元素 B 内的任何像素不越出图像 A 边缘的像素点的集合。开运算的集合解释如图 3-17 所示。

图 3-18 所示为用圆形结构元素对 H 形图像进行开运算的过程。从开运算的结果图像可以看出，开运算具有平滑图像外边缘的作用，使 H 形图像中的凸角变圆，并断开比结构元素小的狭窄细长的连接带。

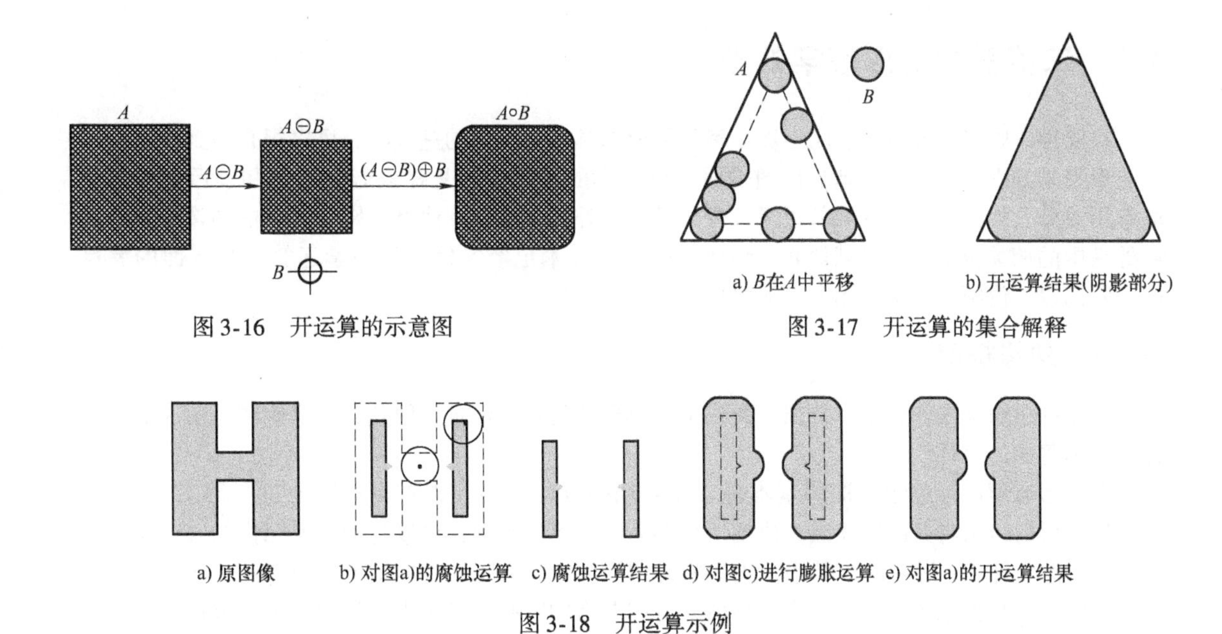

图 3-16　开运算的示意图

a) B在A中平移　b) 开运算结果(阴影部分)

图 3-17　开运算的集合解释

a) 原图像　b) 对图a)的腐蚀运算　c) 腐蚀运算结果　d) 对图c)进行膨胀运算　e) 对图a)的开运算结果

图 3-18　开运算示例

3.2.5　闭运算

闭运算是开运算的对偶运算，是膨胀和腐蚀的组合运算：先用结构元素 B 对目标图像 A 进行膨胀运算，然后对其结果再用同一个结构元素 B 进行腐蚀运算。使用结构元素 B 对目标图像 A 进行闭运算，用符号 $A\cdot B$ 表示，其定义为

$$A\cdot B=(A\oplus B)\ominus B \tag{3-17}$$

闭运算的示意图如图 3-19 所示。

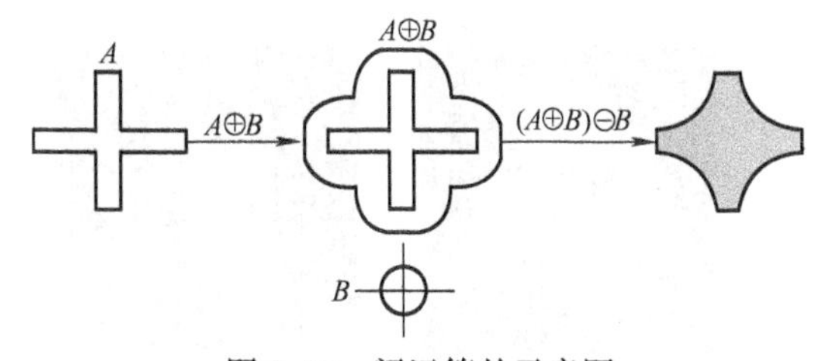

图 3-19　闭运算的示意图

图 3-20 所示为用圆形结构元素对 H 形图像进行闭运算的过程。从闭运算的结果图像可以看出，闭运算具有平滑图像内边缘的作用，使 H 形图像中的凹角变圆。

闭运算与开运算互为对偶运算，它们的对偶性可以表示为

$$(A\circ B)^c=A^c\cdot\hat{B} \tag{3-18}$$

$$(A\cdot B)^c=A^c\circ\hat{B} \tag{3-19}$$

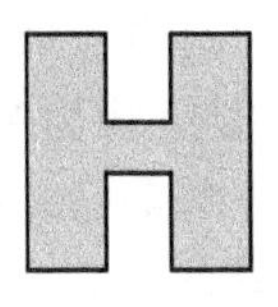

a) 原图像

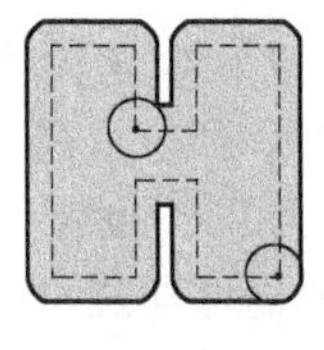

b) 对图a)的膨胀运算

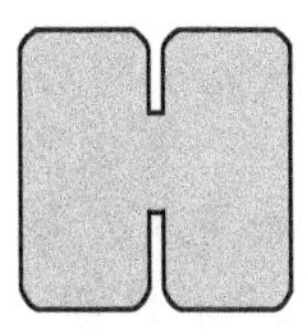

c) 膨胀运算结果

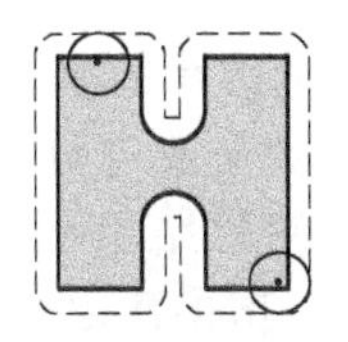

d) 对图c)进行腐蚀运算

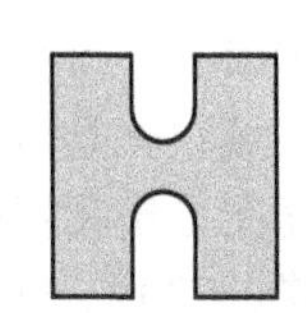

e) 对图a)的闭运算结果

图 3-20　闭运算示例

3.3 二值图像的形态学处理

在腐蚀、膨胀、开运算和闭运算 4 种二值形态学基本运算的基础上，可以组合得到一系列实用的形态学处理算法。在处理二值图像时，形态学的主要应用是提取能够描述和表示图像形状的有用成分，如提取某一区域的边缘、骨架等。此外，与这些算法有着密切联系的图像预处理或后处理中的相关技术，如区域填充、细化、粗化等技术也经常使用形态学运算。在下面的表述中，我们以二值图像为例，用 1 表示黑色，0 表示白色。

3.3.1 边缘提取

物体的边缘是图像的基本特征，提供了物体形状的重要信息。因此，边缘检测是图像处理过程中必不可少的一环。

利用形态学进行边缘提取的基本思想是：用一定的结构元素对目标图像进行形态学处理，再将处理后的结果与原图像相减。依据所用形态学运算的不同，可以得到二值图像的内边缘、外边缘和形态学梯度 3 种边缘。其中，内边缘是用原图像减去腐蚀后的结果图像得到；外边缘可用图像膨胀结果减去原图像得到；形态学梯度可用图像的膨胀结果减去图像的腐蚀结果得到。

令目标图像 A 的内边缘、外边缘和形态学梯度分别记为 $\beta_{内}(A)$、$\beta_{外}(A)$ 和 $\beta_{梯度}(A)$，则其定义为

$$\beta_{内}(A) = A - (A \ominus B) \tag{3-20}$$

$$\beta_{外}(A) = (A \oplus B) - A \tag{3-21}$$

$$\beta_{梯度}(A) = (A \oplus B) - (A \ominus B) \tag{3-22}$$

图 3-21 所示为利用式(3-20)、式(3-21)、式(3-22) 分别对一幅简单的二值图像进行形态学运算求得的内边缘、外边缘及形态学梯度边缘提取的结果。

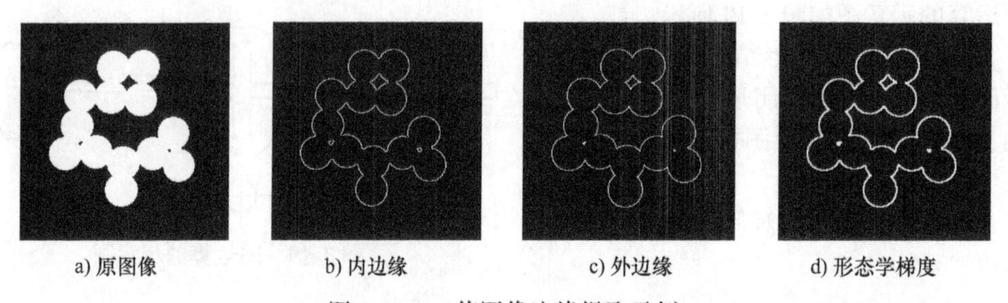

a) 原图像　b) 内边缘　c) 外边缘　d) 形态学梯度

图 3-21　二值图像边缘提取示例

3.3.2 区域填充

区域填充是指在已知区域边缘的基础上所完成的对该区域的填充操作。与边缘提取操作不同，区域填充是对图像背景像素进行操作，一般以图像的膨胀、求补和求交运算为基础，旨在填充图像中我们感兴趣的边界区域。区域与其边缘可以互求，也就是说，如果已知区域则可按式(3-20)、式(3-21) 求得其边缘，反之若已知边缘则也可通过填充得到区域。

下面以图 3-22 所示为例，说明区域填充的具体过程。令图像 A 中所有的非边界像素标记为 0。区域填充的目的是从边界内的一个点开始，用 1 填充整个区域。首先，在边界内取一初始点并标记为 1，如图 3-22 d 所示（即 X_0）。然后，利用迭代公式(3-23) 对图像 A 进行区域填充，即

$$X_k = (X_{k-1} \oplus B) \cap A^c, k = 1,2,3,\cdots \tag{3-23}$$

其中，结构元素 B 设置为图3-22c所示的原点在中心位置的对称结构元素。

在本例的区域填充过程中，图3-22e所示为 $X_1=(X_0 \oplus B)\cap A^c$ 的结果，图3-22f所示为 $X_2=(X_1 \oplus B)\cap A^c$ 的结果，图3-22g所示为 $X_6=(X_5 \oplus B)\cap A^c$ 的结果，图3-22h所示为 $X_7=(X_6 \oplus B)\cap A^c$ 的结果。由于继续填充出现了 $X_8=X_7$，所以应根据下一步骤进行判断。

最后，当满足条件 $X_k=X_{k-1}$ 时停止迭代，X_k 和 A 的并集为填充集合和它的边界。在本例中，因为已经满足条件 $X_8=X_7$，停止迭代，则 X_7 和边界图像 A 的并集就是所求结果，如图3-22i所示。

需要说明的是，如果不对式(3-23)中加以与 A^c 求交的限制，那么对图像的膨胀处理将会填充整个区域。在迭代过程中，每一步都求与 A^c 的交集，可以将得到的结果限制在感兴趣的区域内，这一处理过程也称作条件膨胀。

图3-23所示为一个对细胞图像进行区域填充的示例。

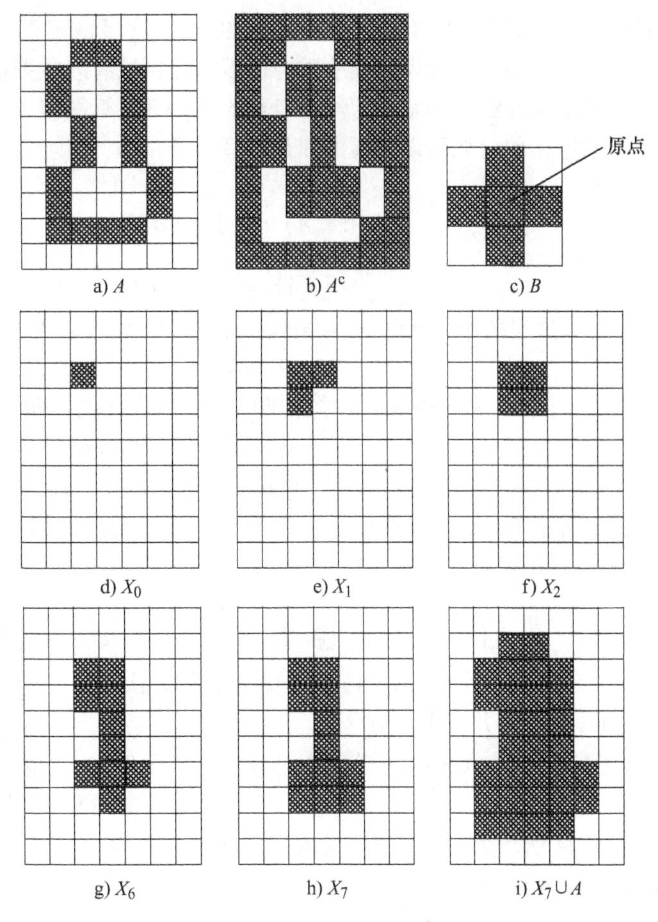

图3-22 区域填充过程示意图

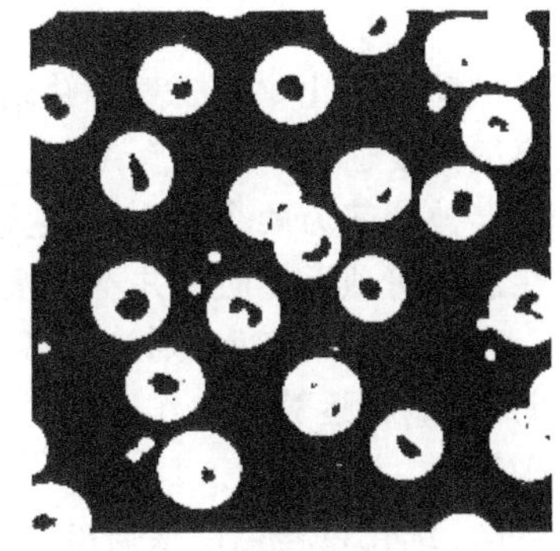

a) 细胞的二值图像

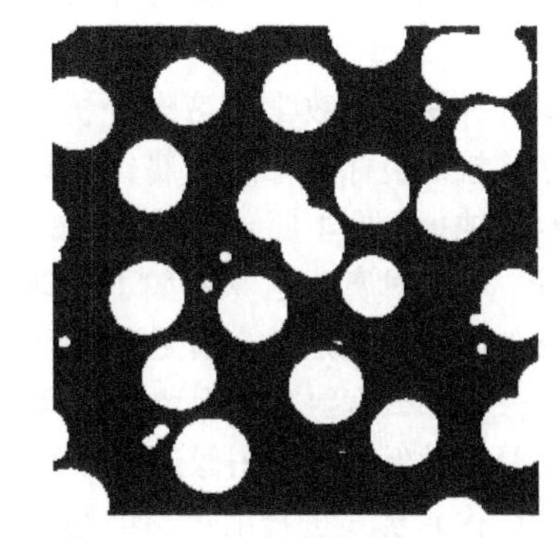

b) 区域填充结果

图3-23 对细胞图像的区域填充示例

3.3.3 骨架抽取

骨架是描述图像的几何形状及其拓扑性质的重要特征之一。抽取图像骨架的目的是为了表达目标的形状结构，它有助于突出目标的形状特点和减少冗余的信息量。因而，骨架抽取在文字识别、工业零部件形状识别或地质构造识别等领域有着重要的应用。

骨架抽取算法从形态学的角度定义如下：令目标图像 A 的骨架记为 $S(A)$，$S_n(A)$ 为骨架子集，则图像 A 的骨架可以用腐蚀和开运算得到，即

$$\begin{cases} S(A) = \bigcup_{n=0}^{N} S_n(A) \\ S_n(A) = (A \ominus nB) - (A \ominus nB) \circ B \end{cases} \tag{3-24}$$

式中，B 为适当的结构元素；$A \ominus nB$ 表示对 A 连续腐蚀 n 次，即

$$A \ominus nB = ((\cdots(A \ominus B) \ominus B) \ominus \cdots) \ominus B \tag{3-25}$$

式(3-24) 中，N 为 A 被腐蚀为空集前的最后一次迭代，即

$$N = \max\{n \mid (A \ominus nB) \neq \varnothing\} \tag{3-26}$$

由式(3-24) 可以看出，图像 A 可以由连续 n 次用 B 对 $S_n(A)$ 膨胀得到。也就是说，已知一幅图像的骨架图像，可以利用形态学变换的方法重建原始图像，这实际上是求骨架的逆运算过程。图像 A 用骨架子集 $S_n(A)$ 重构可以写成

$$A = \bigcup_{n=0}^{N} (S_n(A) \oplus nB) \tag{3-27}$$

式中，B 仍为结构元素；$S_n(A) \oplus nB$ 表示连续 n 次用 B 对 $S_n(A)$ 膨胀，并可表示为

$$S_n(A) \oplus nB = ((\cdots(S_n(A) \oplus B) \oplus B) \oplus \cdots) \oplus B \tag{3-28}$$

图 3-24 所示为用形态学方法对“骨架提取”字样的图像进行骨架抽取的结果。

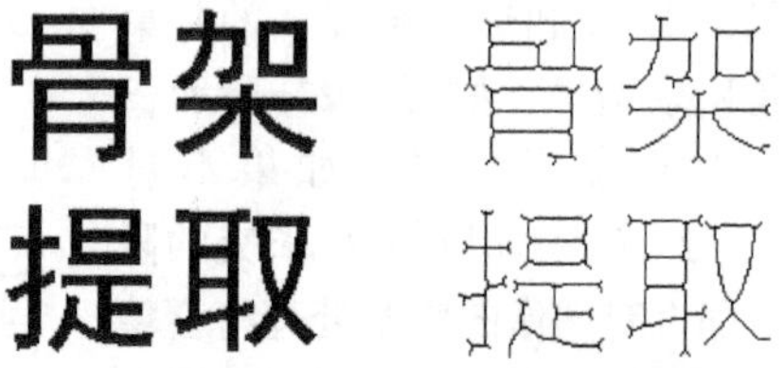

a) 原图像　　b) 骨架抽取结果

图 3-24　骨架抽取示例

3.3.4　细化

细化（Thinning）就是把输入的具有一定宽度的图像轮廓用逐次去掉边缘的方法最终变为宽度仅为一个像素的骨架。细化方法就是通过细化用骨架来代表对象的形状，并显示出图像的拓扑结构。

细化是为了弥补腐蚀在数学形态学分析中的某种缺陷而提出来的。这种缺陷表现在：如果对一个仅有细小连接的目标图像进行腐蚀处理，当腐蚀深度达到一定的深度时，连接两部分的狭窄连接就会被腐蚀掉。原本属于同一目标的部分就会被分解为两个独立的部分。为了保持原有图像的连通性。可以对腐蚀运算做如下的改进：在进行腐蚀运算时，并不直接消除待剥离像素，而是先判断如此处理后是否会改变原图像的连通性，如果不改变，则按原腐蚀方法腐蚀掉；如果改变其连通性，那么就要对其保留。而这种改进后的腐蚀运算就叫作细化，根据这种定义，细化处理实际上是一种保持了原图像连通性的腐蚀运算。

集合 A 使用结构元素 B 进行细化，可用 $A \otimes B$ 表示。细化过程可以根据击中/击不中变换定义为

$$A \otimes B = A - (A \ominus B) = A \cap (A \ominus B)^c \tag{3-29}$$

这里仅讨论用结构元素进行模式匹配，故在击中/击不中变换中不考虑背景运算。相应地，对于集合 A 的细化更为有效的一种表达方式是基于一组结构元素序列，即

$$\{B\} = \{B^1, B^2, B^3, \cdots, B^n\} \tag{3-30}$$

式中，B^i 是 B^{i-1} 旋转后的形式。由此细化可以用结构元素序列定义为

$$A\otimes\{B\}=((\cdots((A\otimes B^1)\otimes B^2)\cdots)\otimes B^n) \tag{3-31}$$

也就是说，这个处理过程先使用 B^1 对 A 进行细化，然后使用 B^2 对上一步的细化结果再进行细化，……，如此重复进行，直到得到的结果不再发生变化为止。每遍独立的细化过程均按照式(3-31) 执行。

图 3-25 所示为使用结构元素序列 $\{B\}$ 对图像集合 A 进行细化的过程。其中图 3-25a 所示为一组用于细化的结构元素序列；图 3-25b 所示为待细化的图像集合 A；图 3-25c 所示为用 B^1 对 A 进行一遍扫描得到的细化结果；图 3-25d ~ 图 3-25i 所示为使用其他结构元素依次细化后的结果图像(使用结构元素 B^7 和 B^8 没有区别)；图 3-25j 所示为再次使用前 3 个结构元素得到的结果；图 3-25k 所示为收敛后的结果；将细化结果转换成混合连通以消除图 3-25k 中多路连通的结果，如图 3-25l 所示。

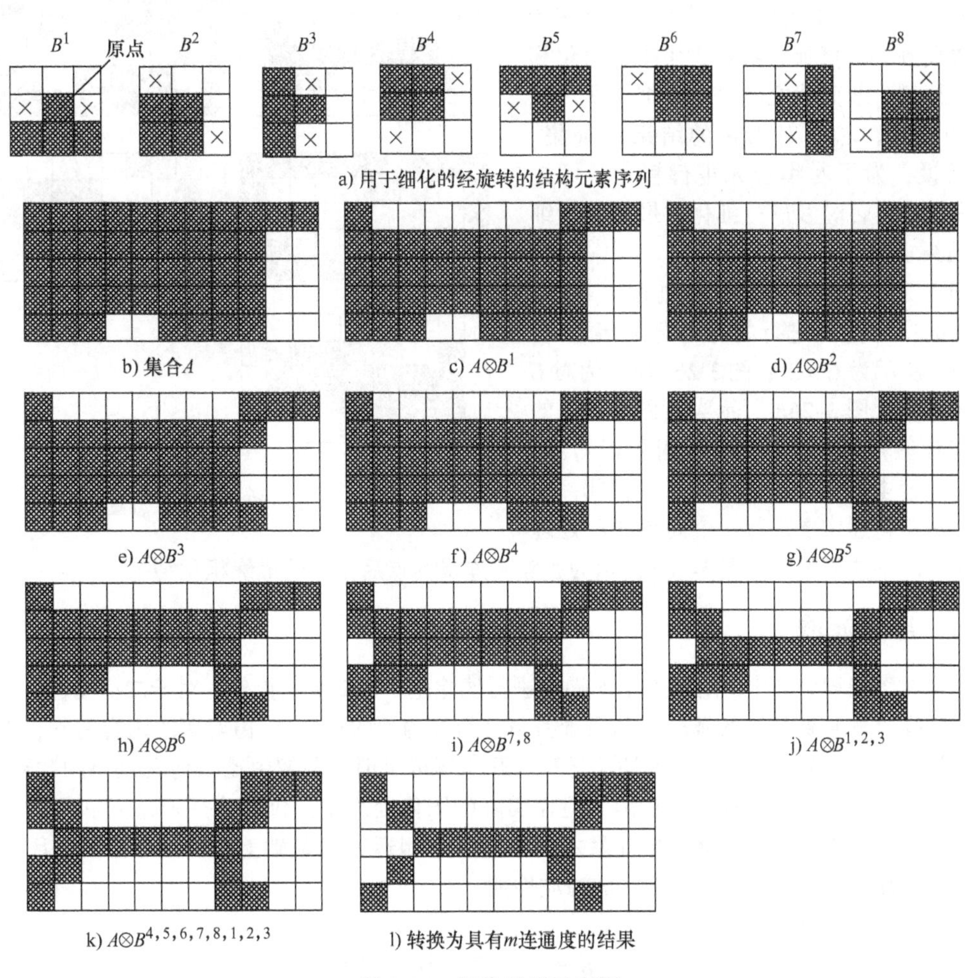

图 3-25　细化过程示意图

从上述细化过程看出，图像集合 A 细化的过程具有以下两个特点。

1）在细化过程中，图像集合 A 有规律地缩小了。

2）在图像集合 A 逐步缩小的过程中，A 的连通性保持不变。

3.3.5 粗化

与细化对腐蚀处理的改进类似，粗化处理对于膨胀在处理邻近目标时总会将其合并的缺点做了改进。改进后的粗化算法可以用紧贴的边缘来拟合目标，从而避免了膨胀对其进行的错误合并。此外，通常情况下紧贴目标的边缘往往不利于后续的测量处理，粗化可以在不合并彼此相互分离的物体的前提下，适当对目标图像的边缘进行扩展，以在一定程度上弥补这种不足。

粗化（Thickening）和细化在形态学上是对偶的过程，其定义为

$$A \odot B = A \cup (A \otimes B) \tag{3-32}$$

式中，B 是适当的结构元素。如同细化的定义一样，粗化处理过程仍可用一结构元素序列定义，即

$$A \odot \{B\} = ((\cdots((A \odot B^1) \odot B^2)\cdots) \odot B^n) \tag{3-33}$$

用于粗化的结构元素和用于细化的结构元素应具有相同的形式，只是所有的 1 和 0 的位置要互换。然而，实际应用中，粗化算法很少用到。取而代之的是，先细化所讨论集合的背景，然后对细化的结果求补集。换句话说，为了对集合 A 进行粗化，可先令 $C = A^c$，然后对 C 进行细化，最后再对细化的结果求补集。

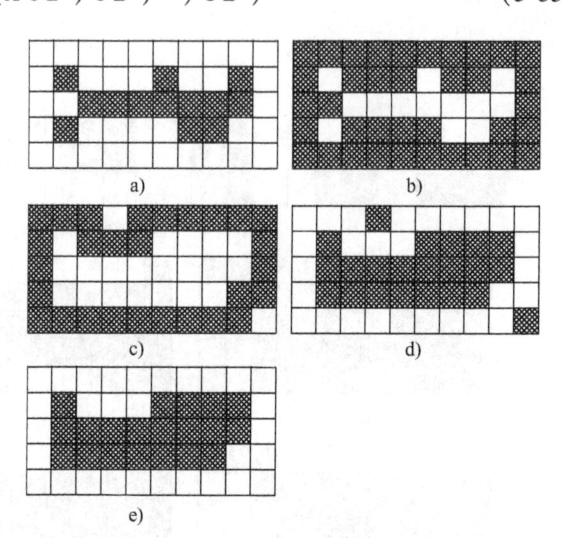

图 3-26　粗化过程示意图

图 3-26 所示为细化处理过程。其中，图 3-26a 所示为待进行粗化运算的集合 A；图 3-26b 所示为 $C = A^c$；图 3-26c 所示为对 C 的细化结果；图 3-26d 所示为对图 3-26c 的结果求补运算得到的结果，同时可以看到，在这个过程中产生了不连贯的点，因此，用这种方法粗化通常要进行一个简单的后处理步骤来清除不连贯的点。图 3-26e 所示为去除不连贯的点后得到的最终粗化结果。

3.3.6 形态滤波

通常在图像预处理中，对图像中的噪声进行滤除是不可缺少的操作。对于二值图像，噪声表现为背景噪声（目标周围的噪声）和前景噪声（目标内部的噪声）。由前面的内容可知，形态开运算和闭运算被作为最基本的形态滤波运算，开运算可以消除图像中比结构元素小的颗粒噪声，闭运算可以填充比结构元素小的孔洞。但在实际的图像处理中，仅仅采用形态开和闭的滤波效果往往不能令人满意。此时就需要在基本的形态开、闭运算的基础上设计出形态开—闭和形态闭—开组合滤波器，以便发挥其更好的滤波性能。

形态开—闭运算定义为

$$(A \circ B) \cdot B = \{[(A \ominus B) \oplus B] \oplus B\} \ominus B \tag{3-34}$$

形态闭—开运算定义为

$$(A \cdot B) \circ B = \{[(A \oplus B) \ominus B] \ominus B\} \oplus B \tag{3-35}$$

图 3-27 所示为用圆形结构元素对含有前景噪声和背景噪声的二值图像进行形态开—闭滤波的示例。图 3-27a 所示为含噪声的原图像，噪声表现为目标内部的白色噪声和目标周围的黑色噪

声；图 3-27b 所示为用圆形结构元素对含噪图像进行开运算的结果，可以看到目标内部的噪声被消除；图 3-27c 所示为进一步用圆形结构元素进行闭运算的结果，可以看到目标外部的噪声也被消除，即通过形态开—闭滤波，原图像中存在的前景和背景噪声均被有效地消除了。

a) 原图像

b) 对图a)进行开运算的结果

c) 形态开—闭滤波结果

图 3-27　形态开—闭滤波示例

在形态学滤波中，结构元素的选取十分重要。由式(3-34) 可知，为了有效地消除图像中存在的前景噪声和背景噪声，所选取的结构元素的大小应比这两种噪声的形状都要大。

3.4　灰度形态学基本运算

灰度形态学是二值形态学向灰度空间的自然扩展，也包括膨胀、腐蚀、开运算和闭运算等基本运算。对应于二值形态学中的目标图像 A 和结构元素 B，在灰度形态学中分别用图像函数 $f(x,\ y)$ 和 $b(x,\ y)$ 表示输入图像和结构元素。$b(x,\ y)$ 本身是一个子图像函数，$(x,\ y)$ 表示图像中像素点的坐标。二值形态学中用到的求交和求并运算在灰度形态学中分别用求最大值（Maximum）和求最小值（Minimum）的运算来代替。在下面的描述中使用 f 和 b 来对 $f(x,\ y)$ 和 $b(x,\ y)$ 进行缩写表示。

3.4.1　灰度腐蚀

在灰度图像中，用结构元素 $b(x,\ y)$ 对输入图像 $f(x,\ y)$ 进行灰度腐蚀运算可表示为

$$(f\ominus b)(s,t)=\min\{f(s+x,t+y)-b(x,y)\mid(s+x,t+y)\in D_f;(x,y)\in D_b\} \tag{3-36}$$

式中，D_f 和 D_b 分别是 $f(x,\ y)$ 和 $b(x,\ y)$ 的定义域。要求 x 和 y 必须在结构元素 $b(x,\ y)$ 的定义域之内，而平移参数 $(s+x)$ 和 $(t+y)$ 必须在 $f(x,\ y)$ 的定义域之内，这与在二值形态学腐蚀运算定义中要求结构元素必须完全包含在被腐蚀图像中的情况类似。但要注意的是，式(3-36) 与二值图像的腐蚀运算的不同之处是，被平移的对象是输入图像 $f(x,\ y)$，而不是结构元素 $b(x,\ y)$。式(3-36) 与二维卷积运算很类似，只不过是用求最小值运算代替了相关运算中的求和（或积分），用减法运算代替了相关运算中的乘积，结构元素可看成卷积运算中的“滤波窗口”。

由式(3-36) 可知，灰度腐蚀运算的计算是逐点进行的，求某点的腐蚀运算结果就是计算该点局部范围内各点与结构元素中对应点的灰度值之差，并选取其中的最小值作为该点的腐蚀结果。经腐蚀运算后，图像边缘部分具有较大灰度值的点的灰度会降低，因此，边缘会向灰度值高的区域内部收缩。

为了便于理解和分析灰度腐蚀运算的原理和效果，可将式(3-36) 进一步简化为一维函数形式，即

$$(f\ominus b)(s)=\min\{f(s+x)-b(x)\mid(s+x)\in D_f;\ x\in D_b\} \tag{3-37}$$

如同在相关运算中，当 s 为正时，函数 $f(s+x)$ 相对于 $f(x)$ 将向左平移；当 s 为负时，函

数$f(s+x)$相对于$f(x)$将向右平移。同时，为了把$b(x)$完全包含在$f(x)$的平移范围内，要求$(s+x)$必须在$f(x)$的定义域D_f内，x的值必须在$b(x)$的定义域D_b内。

图3-28所示为输入图像和结构元素均为一维函数时腐蚀运算的过程示意图。其中，图3-28a所示为输入图像$f(x)$；图3-28b所示为一维圆形结构元素$b(x)$；图3-28d中的实线为腐蚀后的运算结果。

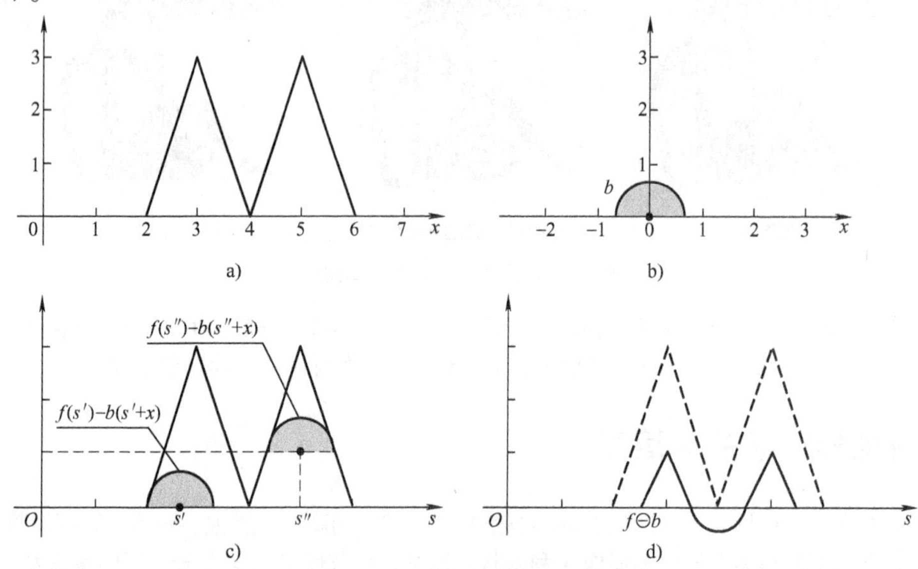

图3-28　灰度腐蚀运算过程示意图

利用结构元素$b(x)$对输入图像$f(x)$的腐蚀过程是：在输入图像的下方“滑动”结构元素，结构元素所能达到的最大值所对应的原点位置的集合即为腐蚀的结果。这与二值腐蚀运算为结构元素“填充”到输入图像中对应的结构元素的原点的集合是相似的。从图3-28c中还可以看到结构元素$b(x)$必须在输入图像$f(x)$的下方，所以空间平移结构元素的定义域必为输入图像函数的定义域的子集。否则腐蚀运算在该点没有意义。

由于腐蚀运算是以在结构元素形状定义的区间内选取$f(s+x, t+y)-b(x, y)$的最小值为基础的，因此，灰度腐蚀运算的效果如下。

1）对于所有元素都为正的结构元素，则输出图像会比输入图像暗。

2）当输入图像中的亮细节的结构尺寸小于结构元素时，则亮的效果将被削弱，削弱的程度取决于亮细节周围的灰度值和结构元素自身的形状与幅值。

3.4.2　灰度膨胀

灰度膨胀是灰度腐蚀的对偶运算，用结构元素$b(x, y)$对输入图像$f(x, y)$进行的灰度膨胀运算可表示为$f\oplus b$，其定义为

$$(f\oplus b)(s,t)=\max\{f(s-x,t-y)+b(x,y)\mid(s-x,t-y)\in D_f;(x,y)\in D_b\} \tag{3-38}$$

式中，D_f和D_b分别是$f(x, y)$和$b(x, y)$的定义域。与二值形态学膨胀运算定义中的要求一样，x和y必须在结构元素$b(x, y)$的定义域之内，而平移参数$(s-x)$和$(t-y)$必须在$f(x, y)$的定义域之内。但需要注意的是，与二值膨胀运算不同的是，在这里被平移的对象是输入图像$f(x, y)$而不是结构元素$b(x, y)$。式(3-38)类似二维卷积运算，只不过用求最大值代替了卷积求和（或积分），并以相加代替了卷积中的相乘。

灰度膨胀运算的计算是逐点进行的，求某点的膨胀运算结果就是计算该点局部范围内各点

与结构元素中对应点的灰度值之和，并选取其中的最大值作为该点的膨胀结果。经过膨胀运算后，边缘得到了延伸。

为了便于对灰度膨胀运算原理的理解和分析，可将式(3-38) 进一步简化为一维函数形式，即

$$(f\oplus b)(s)=\max\{f(s-x)+b(x)\mid(s-x)\in D_f;x\in D_b\} \tag{3-39}$$

如同在相关运算中，$f(-x)$ 是$f(x)$ 关于 x 轴原点的映射，且当 s 为正时，函数$f(s-x)$ 将向右平移；当 s 为负时，函数$f(s-x)$ 将向左平移。同时，为了把 $b(x)$ 完全包含在$f(x)$ 的平移范围内，要求 $(s-x)$ 必须在$f(x)$ 的定义域 D_f 内，x 的值必须在 $b(x)$ 的定义域 D_b 内。

从概念上讲，在膨胀运算中，$f(x, y)$ 和 $b(x, y)$ 是可以互换的，也就是说，$b\oplus f$ 与$f\oplus b$的结果是一样的。但要注意的是，腐蚀运算是不可交换的。

图 3-29 所示为输入图像和结构元素均为一维函数时膨胀运算的过程示意图。其中，图 3-29a 所示为输入图像$f(x)$；图 3-29b 所示为一维圆形结构元素 $b(x)$；图 3-29c 所示为膨胀运算的过程示意图；图 3-29d 中的实线为膨胀后的运算结果。

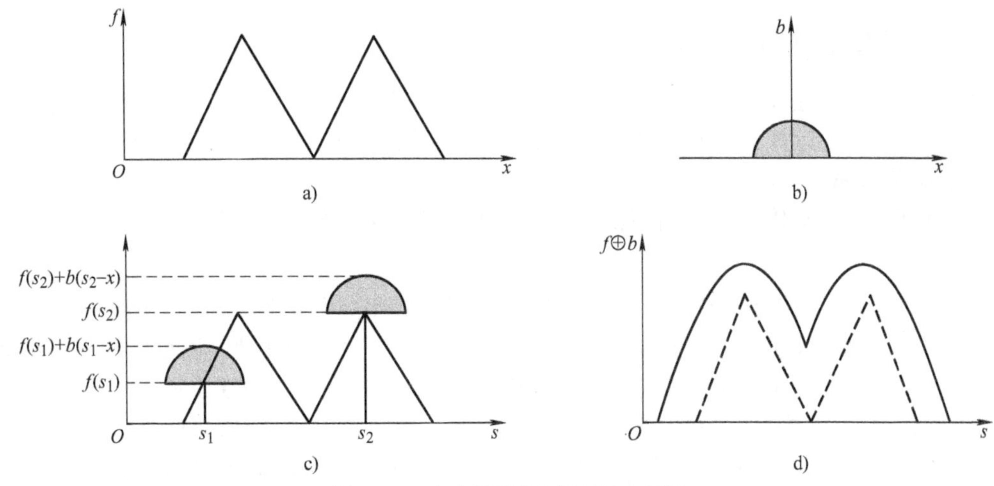

图 3-29　灰度膨胀运算过程示意图

采用结构元素 $b(x)$ 对输入图像$f(x)$ 进行膨胀的过程是：将结构元素的原点平移到输入图像曲线上，使原点沿着输入图像曲线“滑动”，膨胀的结果为输入图像曲线与结构元素之和的最大值。这与二值膨胀运算中，结构元素平移通过二值图像中的每一点．并求结构元素与二值图像的并是相似的。

由于膨胀运算是以在结构元素形状定义的区间内选取$f(s-x, t-y)+b(x, y)$ 的最大值为基础的，因此，灰度膨胀运算的效果如下。

1）对于所有元素都为正的结构元素，输出图像会比输入图像亮。

2）当输入图像中的暗细节面积小于结构元素时，暗的效果将被削弱，削弱的程度取决于膨胀所用结构元素的形状与幅值。

灰度腐蚀和灰度膨胀之间的对偶关系，可以用式(3-40) 和式(3-41) 来描述，即

$$(f\ominus b)^c(s,t)=(f^c\oplus\hat{b})(s,t) \tag{3-40}$$

$$(f\oplus b)^c(s,t)=(f^c\ominus\hat{b})(s,t) \tag{3-41}$$

式中，$f^c=-f(x, y)$；$\hat{b}=b(-x, -y)$。

图 3-30 所示为用半径为 3 的球形结构元素对一幅灰度图像进行腐蚀、膨胀运算的示例，从图中可以清楚地看到上述的效果。图 3-30b 所示为对输入图像进行腐蚀的结果，腐蚀后的图像显

得更暗，并且尺寸小、明亮的细节部分（比如相机的支架）被削弱了。图 3-30c 所示为对输入图像进行膨胀的结果，膨胀后得到的图像比原图像更明亮，并且削弱了小的、暗的细节部分（比如，相机以及下面支架的黑色部分）。

a) 输入图像

b) 腐蚀后的结果图像

c) 膨胀后的结果图像

图 3-30　灰度腐蚀与膨胀效果对比

3.4.3　灰度开运算与闭运算

在定义了灰度腐蚀和灰度膨胀运算的基础上，可以进一步定义灰度开运算和灰度闭运算。灰度形态学中关于开运算、闭运算的表达与它们在二值形态学中的对应运算是一致的。

1. 灰度开运算

用灰度结构元素 b 对灰度输入图像 f 进行开运算，表示为 $f\circ b$，其定义为

$$f\circ b=(f\ominus b)\oplus b \tag{3-42}$$

开运算的简单几何解释如图 3-31 所示。假设在三维透视空间中观察一个图像函数 $f(x,\ y)$（类似于地形图），x 轴和 y 轴是通常意义上的空间坐标，第 3 个轴是灰度值。图像呈现不连续曲面的形态，图像中任意点（x，y）的灰度值是曲面上这个坐标的 f 值。图 3-31a 所示为灰度图像函数 $f(x,\ y)$ 当 y 为某一常数时对应的一个剖面 $f(x)$，其形状象一连串的山峰山谷。假设结构元素 b 是球状的，投影到 x 和 $f(x)$ 平面上是个圆，用结构元素 b 对灰度图像 f 进行开运算（$f\circ b$）的过程可看作是将 b 贴着灰度图像 f 的下沿从一端滚到另一端，如图 3-31b 所示。当 b 滚过 f 的整个下侧面时，由接触到曲面的 b 的任何部分的最高点构成的集合即为开运算的结果，如图 3-31c 所示。由此可以看出，f 中所有比结构元素 b 的直径小的山峰均被削除了。换句话说，当 b 贴着 f 的下沿滚动时，f 中没有与 b 接触的部位都削减到与 b 接触。

在实际应用中，常用开运算操作来消除相对于结构元素尺寸较小的亮细节，同时保持图像整体灰度值和较大的亮区域基本不受影响。

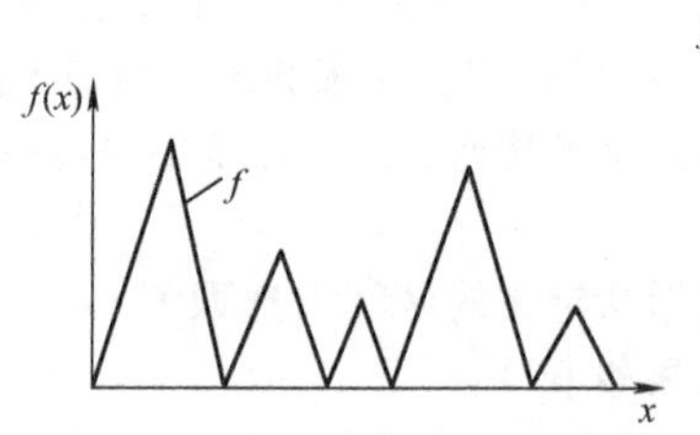

a) y 为某常数时的输入图像函数剖面

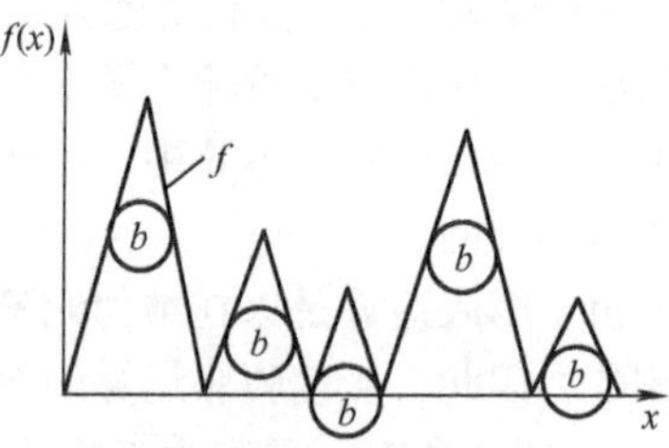

b) 结构元素在输入图像函数的下方滚动

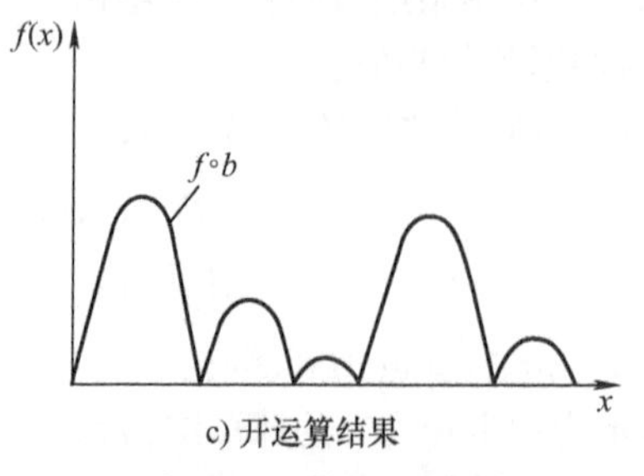

c) 开运算结果

图 3-31　灰度开运算原理示意图

具体地说，先进行腐蚀操作可以去除小的亮细节，但这样做会使图像变暗；接下来进行膨胀操作又会增强图像的整体亮度，但不会将腐蚀操作除去的部分重新引入图像中。

2. 灰度闭运算

用灰度结构元素 b 对灰度输入图像 f 进行闭运算，表示为 $f \cdot b$，其定义为

$$f \cdot b = (f \oplus b) \ominus b \tag{3-43}$$

闭运算的简单几何解释如图 3-32 所示。其中，图 3-32a 所示为灰度图像函数 $f(x, y)$ 当 y 为某一常数时对应的一个剖面 $f(x)$；用球形结构元素 b 对灰度图像 f 进行闭运算，即 $f \cdot b$ 的过程可看作是将 b 贴着灰度图像 f 的上沿从一端滚到另一端，如图 3-32b 所示；在每一点记录结构元素上的最低点，则由这些最低点构成的集合即为闭运算的结果，如图 3-32c 所示。由此可以看出，山峰基本没有变化，而 f 中所有比结构元素 b 的直径小的山谷得到了“填充”。换句话说，当 b 贴着 f 的上沿滚动时，f 中没有与 b 接触的部位都得到“填充”，使其与 b 接触。

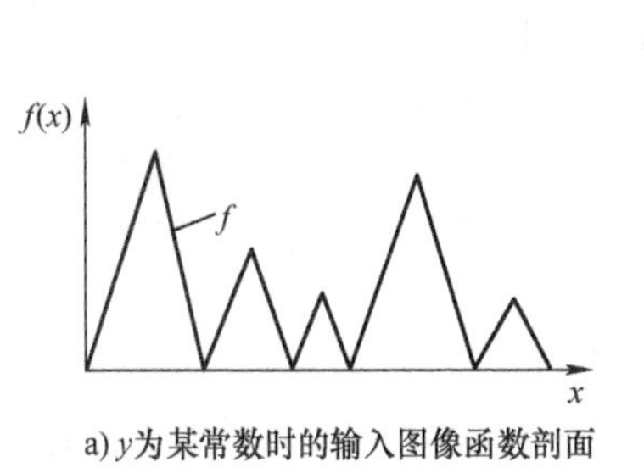

a) y 为某常数时的输入图像函数剖面

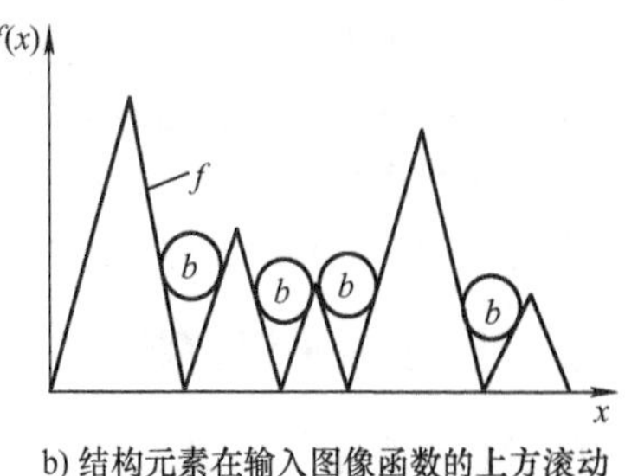

b) 结构元素在输入图像函数的上方滚动

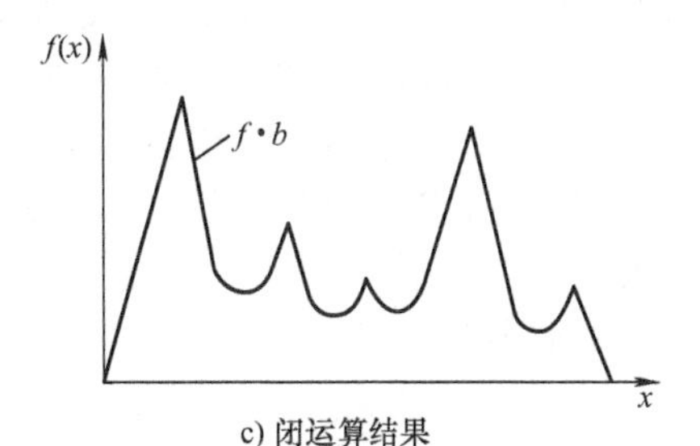

c) 闭运算结果

图 3-32　灰度闭运算原理示意图

在实际应用中，常用闭运算操作来消除相对于结构元素尺寸较小的暗细节，而相对地保持图像整体灰度值和明亮部分不受影响。具体说来，先通过膨胀除去图像中的暗细节，同时增加图像的亮度；接下来进行腐蚀运算又会减弱图像的整体亮度，但又不会将膨胀操作除去的部分重新引入图像中。

3. 灰度开运算和闭运算的对偶性

与灰度膨胀和灰度腐蚀的关系类似，灰度图像的开运算和闭运算对于求补和映射运算是对偶的，可表示为

$$(f \cdot b)^c = f^c \circ \hat{b} \tag{3-44}$$

$$(f \circ b)^c = f^c \cdot \hat{b} \tag{3-45}$$

3.5　灰度图像的形态学处理

在介绍了灰度形态学的 4 种基本运算以后，我们可以通过对这些基本运算的组合得到一些灰度形态学的实用算法，如形态学梯度、形态学平滑滤波、高帽（Top-hat）变换等。

3.5.1　形态学梯度

形态学梯度能够增强图像中比较尖锐的灰度过渡区。在图像处理中，对边缘的提取检测是很有必要的一个步骤。对二值图像而言，边缘提取是对图像进行边界检测，而在灰度图像中，由

于图像中边缘附近的灰度分布具有较大的梯度，因而，可以利用求图像的形态学梯度来提取图像的边缘。与二值图像的形态学梯度的定义类似，将灰度腐蚀和灰度膨胀运算相结合可以用于计算灰度图像的形态学梯度。

设灰度图像的形态学梯度用 g 表示，则其定义为

$$g = (f \oplus b) - (f \ominus b) \tag{3-46}$$

图像处理中有多种空间梯度算子，如 Roberts 算子、Sobel 算子和 Prewitt 算子等，它们都是利用计算局部差分近似代替微分来取图像的梯度值，这些算法对噪声都比较敏感，并且在处理过程中会加强图像中的噪声。形态学梯度与之相比，虽然也对噪声比较敏感，但不会加强或放大噪声，使用对称的结构元素来求图像的形态学梯度，还可以使求得的边缘受方向的影响较小。

3.5.2 形态学平滑滤波

在图像预处理中，对图像中的噪声进行滤除是必不可少的操作。灰度图像中利用形态学平滑滤波的目的就是去除或减弱亮区和暗区的各类噪声。由灰度开运算和闭运算的特点可以知道，灰度开运算是去除相对于结构元素较小的明亮细节；而灰度闭运算则是去除图像中的暗细节。但在实际的图像处理中，仅仅采用灰度开运算或闭运算的滤波效果往往不能令人满意。此时就需要在基本的灰度开、闭运算的基础上设计出形态开—闭和形态闭—开组合滤波器，以便发挥其更好的滤波性能。

形态开—闭运算定义为

$$(f \circ b) \cdot b = \{[(f \ominus b) \oplus b] \oplus b\} \ominus b \tag{3-47}$$

形态闭—开运算定义为

$$(f \cdot b) \circ b = \{[(f \oplus b) \ominus b] \ominus b\} \oplus b \tag{3-48}$$

3.5.3 高帽变换

高帽（Top-hat）变换是一种非常有效的形态学变换，因其使用类似高帽形状的结构元素进行形态学图像处理而得名。对图像进行的形态学 Top-hat 变换定义为

$$h = f - (f \circ b) \tag{3-49}$$

由于开运算具有非扩展性，在处理过程中结构元素始终处于图像的下方，因此变换的结果是非负的。这种变换可以检测出图像中较尖锐的波峰。我们可以利用这一点，从较暗且平滑的背景中提取出较亮的细节，如增强图像阴影部分的细节，对灰度图像进行物体分割，检测灰度图像中波峰和波谷及细长图像等。

3.6 MATLAB 编程实例

3.6.1 MATLAB 中形态学基本运算函数

1. 创建结构元素函数 strel

strel 函数用于创建结构元素。该函数的语法格式如下。

```
SE = strel(shape, parameters)
```

说明如下。

参数 shape 用于指定结构元素的形状；参数 parameters 用于指定结构元素形状的参数，如指定结构元素的大小。

2. 膨胀运算函数 imdilate

imdilate 函数用来实现图像的膨胀运算。该函数的语法格式如下。

```
IM2 = imdilate(IM, SE)
IM2 = imdilate(IM, NHOOD)
IM2 = imdilate(…, PADOPT)
```

说明如下。

IM2 = imdilate(IM, SE) 用于对输入图像 IM 用结构元素 SE 进行膨胀运算，IM 可以是灰度图像、二值图像或打包的二值图像；

IM2 = imdilate(IM, NHOOD) 用于对输入图像 IM 进行膨胀运算，其中的 NHOOD 是一个包含 0 和 1 的矩阵，定义了结构元素的邻域；

IM2 = imdilate(…, PADOPT) 用于指定输出图像的大小，其中参数 PADOPT 的默认值为'same'，表示输出图像和输入图像大小相同，如果参数 PADOPT 的值为'full'，则计算完全膨胀。

3. 腐蚀运算函数 imerode

imerode 函数用来实现图像的腐蚀运算。该函数的语法格式如下。

```
IM2 = imerode(IM, SE)
IM2 = imerode(IM, NHOOD)
IM2 = imerode(IM, SE, PACKOPT, M)
IM2 = imerode(IM, NHOOD, PACKOPT, M)
IM2 = imerode(…, PADOPT)
```

说明如下。

IM2 = imerode(IM, SE) 用于对图像 IM 用结构元素 SE 进行腐蚀运算，IM 可以是灰度图像、二值图像或打包的二值图像；

IM2 = imerode(IM, NHOOD) 用于对图像 IM 进行腐蚀运算，其中的 NHOOD 是一个包含 0 和 1 的矩阵，定义了结构元素的邻域；

IM2 = imerode (IM, SE, PACKOPT, M) 或 imerode (IM, NHOOD, PACKOPT, M) 用于指明 IM 是否为打包的二值图像，如果是打包的二值图像，则 M 给出了原始未打包的二值图像的行维数，如果 PACKOPT 的取值为 'ispacked'，则用户必须指定 M 的值；

IM2 = imerode(…, PADOPT) 用于指定输出图像的大小。

4. 开运算函数 imopen

imopen 函数用来实现图像的开运算。该函数的语法格式如下。

```
IM2 = imopen(IM, SE)
IM2 = imopen(IM, NHOOD)
```

说明如下。

IM2 = imopen(IM, SE) 用于用结构元素 SE 对灰度图像或二值图像 IM 执行开运算；

IM2 = imopen(IM, NHOOD) 用于对图像 IM 执行开运算，NHOOD 是一个包含 0 和 1 的矩阵，定义了开运算所用的结构元素。

5. 闭运算函数 imclose

imclose 函数用来实现图像的闭运算。该函数的语法格式如下。

```
IM2 = imclose(IM, SE)
IM2 = imclose(IM, NHOOD)
```

说明如下。

IM2 = imclose(IM, SE) 用于用结构元素 SE 对灰度图像或二值图像 IM 执行闭运算。

IM2 = imclose(IM, NHOOD) 用于对图像 IM 执行闭运算，NHOOD 是一个包含 0 和 1 的矩阵，定义了开运算所用的结构元素。

6. 二值形态学处理函数 bwmorph

bwmorph 函数可执行多种二值形态学运算，其语法格式如下：

```
BW2 = bwmorph(BW, operation)
BW2 = bwmorph(BW, operation, n)
```

说明如下。

BW2 = bwmorph(BW, operation) 用于用指定的形态学运算 operation 对二值图像 BW 进行处理；

BW2 = bwmorph(BW, operation, n) 用于执行 n 次 operation 运算，n 可以是无穷大，此时运算 operation 作用到 BW 上，直到结果不再发生变化为止。

二值形态学处理函数 bwmorph 中参数 operation 的说明如表 3-1 所示。

表 3-1 参数 operation 的说明

operation 取值	说　明
bothat	执行形态学低帽变换，即先执行闭运算，然后减去原图像
bridge	桥接不相连接的像素，如果像素有两个不为零的邻域，则设该像素为 1，如 1 0 0　　1 1 0 1 0 1 ⇒ 1 1 1 0 0 1　　0 1 1
clean	清除孤立的点，像素为 1、周围邻域为 0 的情况 0 0 0 0 1 0 0 0 0
close	形态学闭运算
diag	用对角线填充来消除背景的 8-连接，如 0 1 0　　0 1 0 1 0 0 ⇒ 1 1 0 0 0 0　　0 0 0
dilate	用结构元素 ones(3) 执行膨胀运算
erode	用结构元素 ones(3) 执行腐蚀运算
fill	填充孤立的像素点，像素为 0、周围邻域为 1 的情况 1 1 1 1 0 1 1 1 1
hbreak	消除 H 连接的像素，如 1 1 1　　1 1 1 0 1 0 ⇒ 0 0 0 1 1 1　　1 1 1
majority	如果像素点的 8-邻域中有 5 个以上的像素点为 1，则该像素点为 1
open	形态学开运算
remove	去掉内部像素点，如果一个像素的 4-邻域像素为 1，则置该像素为 0
shrink	*n* 为无穷大，将目标收缩成点，将没有孔洞的目标收缩成一个点，将有孔洞的目标收缩成外层边缘，将每个孔之间收缩成一个相连的环
skel	*n* 为无穷大，消除目标边缘上的点，但不使目标分裂，剩下的像素为目标的骨架

（续）

operation 取值	说　明
spur	去掉像素短枝，如 0 0 0 0　　0 0 0 0 0 0 0 0　　0 0 0 0 0 0 1 0 ⟹ 0 0 0 0 0 1 0 0　　0 1 0 0 1 1 0 0　　1 1 0 0
thicken	n 为无穷大，对目标进行粗化
thin	n 为无穷大，对目标进行细化
tophat	执行形态学高帽变换，即原图像减去开运算后的图像

3.6.2 编程实例

【例 3-1】请编写 MATLAB 程序，实现对二值图像进行腐蚀、膨胀、开、闭运算。

解：MATLAB 代码如下。

```
clear all
%读入及显示原始图像
i = imread( 'picture. bmp' );
subplot(2,3,1);
imshow(i);
title( '原始图像' );
%选取结构元素
se = strel( 'diamond', 1);
%腐蚀运算及显示腐蚀后的图像
i1 = imerode(i, se);
subplot(2,3,2);
imshow (i1);
title ( '腐蚀运算' );
%膨胀运算及显示膨胀后的图像
i2 = imdilate(i,se);
subplot(2,3,3);
imshow(i2);
title ( '膨胀运算' );
%开运算及显示开运算后的图像
i3 = imdilate(i1,se);
subplot(2,3,4);
imshow(i3);
title( '开运算' );
%闭运算及显示闭运算后的图像
i4 = imerode(i2,se);
subplot(2,3,5);
imshow(i4);
title( '闭运算' );
```

【例 3-2】请编写 MATLAB 程序，实现对原始图像进行边缘提取、骨架抽取、细化和粗化运算。

解：MATLAB 代码如下。

```
clear all
%读入及显示原始图像
i = imread( 'picture. bmp' );
subplot(2,3,1);
imshow(i);
```

```
title('原始图像');
% 对原始图像进行边缘提取并显示结果
i1 = bwmorph(i, 'remove');
subplot(2,3,2);
imshow (i1);
title ('边缘提取');
% 对原始图像进行骨架抽取并显示结果
i2 = bwmorph (i, 'skel', inf);
subplot(2,3,3);
imshow(i2);
title ('骨架抽取');
% 对原始图像进行细化并显示结果
i3 = bwmorph (i, 'thin', inf);
subplot(2,3,4);
imshow(i3);
title('细化');
% 对原始图像进行粗化并显示结果
i4 = bwmorph (i, 'thicken', inf);
subplot(2,3,5);
imshow(i4);
title('粗化');
```

【例 3-3】 请编写 MATLAB 程序，实现图像的形态学滤波。

解： 用 MATLAB 实现的形态学滤波的程序如下。

```
clear all
% 读入及显示原始图像
f = imread('pict2.bmp');
figure(1);
imshow(f);
% 创建 strel 结构元素
se = strel('disk',2);
% 开—闭运算及显示结果
f1 = imopen(f, se);
f2 = imclose(f1, se);
figure(2);
imshow(f2);
% 闭—开运算及显示结果
f3 = imclose(f, se);
f4 = imopen(f3, se);
figure(3);
imshow(f4);
```

3.7 小结

在数字图像和分析处理过程中，经常需要提取图像的形状和结构特征。而数学形态学是描述形状和结构的有力工具。

数学形态学最早起源于对岩相学的定量描述工作，其基本思想和方法对图像处理的理论和技术产生了重大影响，近年来在计算机文字识别、计算机显微图像分析（如定量金相分析、颗粒分析）、医学图像处理（例如细胞检测、心脏的运动过程研究）、图像编码、工业检测（如印刷电路自动检测）、计算机视觉、汽车运动情况监测等诸多领域都得到了广泛的应用。事实上，数学形态学已经形成了一种新型的图像处理方法和理论，形态学图像处理已经成为计算机数字图像处理的一个主要研究领域。利用数学形态学方法进行图像处理，可以简化图像运算，在保持图像基本形态特征的同时，去除不相干的结构，可应用于图像增强、边缘检测、图像分割、形状识别、纹理分析、特征提取、图像复原、图像重建以及图像压缩等方面。而且数学形态学的算法具有天然的并行实现的结构，能大大地提高图像分析和处理的速度。

形态学图像处理就是利用数学形态学的工具从图像中提取那些用于表达和描绘区域形状的图像分量，如边缘、骨架等。图像处理目标的不同主要体现在所采用的结构元素和形态学算子两个方面。结构元素的选择十分重要，根据探测研究图像的不同结构特点，结构元素可携带形状、大小、连通性、灰度和色度等信息。由于不同的结构元素可以用来检测图像不同的特征，因此结构元素的设计是分析图像的重要步骤。最基本的形态学运算有膨胀、腐蚀、开和闭运算。基于这些基本运算可以推导和组合成各种实用的形态学图像处理算法。

本章首先简要介绍了数学形态学基本概念及数学形态学中常用的集合论基础知识；然后介绍二值形态学的基本运算及其性质，以及由基本运算导出的各种二值图像形态学处理实用算法；最后将二值形态学推广到灰度形态学，介绍灰度图像形态学处理的基本运算和各种实用的灰度形态学处理算法。

3.8 习题

1. 什么是数学形态学？其基本思想是什么？简要描述数学形态学方法的实现？
2. 数学形态学有哪几个基本运算？
3. 数学形态学方法适于图像处理的哪些方面？写出四种以上数学形态学方法的实际应用。
4. 说明二值膨胀运算和腐蚀运算对图像处理的作用及其特点。
5. 说明二值开运算和闭运算对图像处理的作用及其特点。
6. 开运算和腐蚀运算相比有何优越性？闭运算和膨胀运算相比有何优越性？
7. 简述边缘提取算法的主要步骤。什么是内边缘、外边缘和形态学边缘？
8. 什么是图像的骨架？骨架提取有什么作用？
9. 什么是区域填充？简述区域填充的主要算法流程。
10. 什么是细化？它与腐蚀有什么区别？简述细化的主要流程。
11. 什么是粗化？它与膨胀有什么区别？简述粗化的主要流程。
12. 已知一幅灰度图像为 A，结构元素为 B，试写出结构元素 B 对 A 进行腐蚀运算与膨胀运算的结果。

1	2	3	4	5	6
2	3	4	5	6	1
3	4	5	6	1	2
4	5	6	1	2	3
5	6	1	2	3	4
6	1	2	3	4	5

灰度图像 A

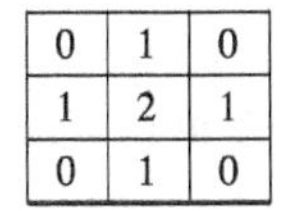

0	1	0
1	2	1
0	1	0

结构元素 B

13. 灰度开运算和灰度闭运算的定义是什么？它们的几何解释是什么？
14. 灰度的腐蚀运算、膨胀运算、开运算和闭运算分别具有什么性质？互相之间有什么关系？
15. 灰度图像的形态学梯度如何计算？有什么作用？
16. 采用一般的空间梯度算子和形态学梯度进行图像处理时有什么不同？
17. 什么是高帽（Top-hat）变换？它有什么作用？

第4章 图像分割

本章学习目标：

- 了解图像分割的依据和方法分类。
- 掌握基于灰度阈值化的图像分割方法，重点掌握Otsu算法（也称为最大类间方差法）。
- 掌握边缘检测的基本原理，熟悉Roberts、Sobel、Prewitt、LoG、Canny等边缘检测算子。
- 了解轮廓跟踪的基本方法及步骤。
- 掌握基于区域生长法、区域分裂与合并法的图像分割方法。
- 了解基于主动轮廓模型的图像分割方法。

4.1 图像分割的概念及分类

4.1.1 图像分割的概念

在对图像进行分析和识别的研究中，人们往往仅对图像中的某些区域感兴趣，这些区域常称为目标或对象（Object），它们一般对应图像中某些特定的、具有独特性质的区域。这里的独特性可以是像素灰度值、颜色、纹理等。目标可以对应单个区域，也可以对应多个区域。为了辨识和分析目标，需要将相关的区域分离出来，在此基础上才有可能对目标进行特征提取和测量等一系列操作，进而进行图像识别与理解。可见，在图像特征提取之前重要的一步就是图像分割，图像分割的好坏直接影响到图像的分析和识别结果。

图像分割（Image Segmentation）就是依据图像的灰度、颜色、纹理和边缘等特征，将一幅图像或景物分为若干个互不重叠的、各自满足某种相似性准则或具有某种同质特征的区域，并提取出感兴趣目标的技术。图像分割的目的是把图像分成一些有意义的区域，例如，一幅航空照片可以分割成工业区、住宅区、湖泊、森林等。

人们根据理论研究和实际应用的要求提出了多种图像分割的定义，其中广为大众接受的是基于集合论的定义。设R代表整个图像集合，对R的分割可看作是将R分成若干个满足以下5个条件的非空子集（子区域）R_1，R_2，R_3，…，R_n。

1）$\bigcup_{i=1}^{n} R_i = R$，即分割成的所有子区域的并集构成原区域$R$。

2）对于所有的i和$j(i \neq j)$，有$R_i \cap R_j = \varnothing$，即分割成的各子区域互不重叠，或者一个像素不能同时属于两个不同的区域。

3）对$i=1, 2, \cdots, n$，有$P(R_i)=\text{TRUE}$，即分割得到的属于同一区域的像素应具有某些相同的特性。

4）对于$i \neq j$，有$P(R_i \cup R_j)=\text{FALSE}$，即分割得到的属于不同区域的像素应具有不同的特性。

5）对于$i=1, 2, \cdots, n$，R_i是连通的区域，即同一子区域的像素应当是连通的。

上述这些条件对分割有一定的指导作用。但是，实际的图像处理和分析都是面向某种特定的应用，所以条件中的各种关系也是需要和实际需求结合来设定的。迄今为止，还没有找到一种通用的方法，可以把人类的要求完全转换成图像分割中的各种条件关系，所有的条件表达式都是近似的。

目前，图像分割的难点主要体现在以下两个方面。

1）绝大多数分割方法都是针对具体问题提出的。实际图像中景物情况各异，需要根据实际情况选择合适的方法。

2）没有一个统一的评价准则来判断分割结果的好坏或者正确与否，无法指导如何选择合适的分割算法。

4.1.2 图像分割的依据和方法分类

目前已经提出的图像分割方法有很多，从不同的角度来看，图像分割有不同的分类方法。

图像分割是依据灰度、颜色、纹理、几何形状等特征把图像划分成若干个互不重叠的区域，使得这些特征在同一区域内表现出一致性，而在不同的区域中表现出明显的不同。而灰度图像分割的依据可建立在像素间的“相似性”和“不连续性”两个基本概念之上。所谓像素的相似性是指图像中某个区域内的像素一般具有某种相似的特性，如像素灰度相等或相近，像素排列所形成的纹理相同或相近。所谓的“不连续性”是指在不同区域之间边界上的像素灰度的不连续，形成跳变的阶跃，或是指像素排列形成的纹理结构的突变。所以，从分割依据的角度来看，灰度图像分割方法可以分为基于区域边界灰度不连续性的方法和基于区域内部灰度相似性的方法，如图4-1所示。

基于区域边界灰度不连续性的方法就是首先检测局部不连续性，然后将它们连接在一起形成边界，这些边界将图像分成不同的区域。如，基于边缘检测的图像分割、基于边缘跟踪的图像分割。基于区域内部灰度相似性的方法就是将具有同一灰度级或相同组织结构的像素聚集在一起，形成图像的不同区域。如，阈值化分割、区域生长、区域分裂与合并都属于此类方法。

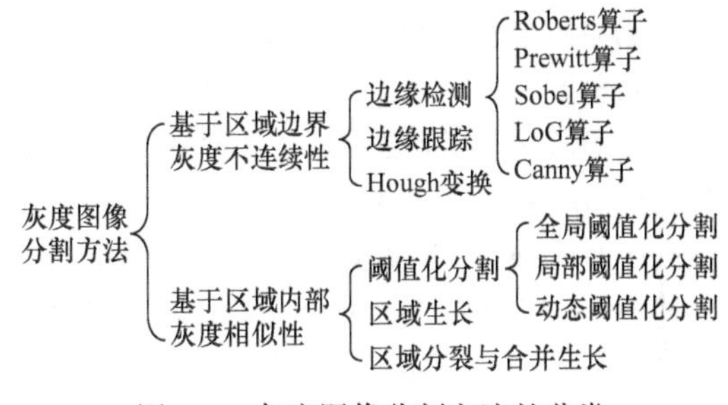

图4-1 灰度图像分割方法的分类

随着计算机处理能力的提高，很多方法不断涌现，如基于彩色分量分割、纹理图像分割等。所使用的数学工具和分析手段也不断地扩展，从时域信号到频域信号处理，近来小波变换也应用在图像分割当中。

图像分割除依照图像自身的特点进行处理以外，还常常借助于其他学科的方法来完成。例如，基于统计模式识别的分割、基于数学形态学的图像分割、基于神经网络的分割、基于信息论的分割等。

4.2 基于灰度阈值化的图像分割

4.2.1 阈值化分割的原理

阈值化分割算法的基本原理是：通过对图像的灰度直方图进行数学统计，选择一个或多个阈值将像素划分成若干类。一般情况下，当图像由灰度值相差较大的目标和背景组成时，如果目标区域内部像素灰度分布均匀一致，背景区域像素在另一个灰度级上也分布均匀，这时图像的灰度直方图会呈现出双峰的特性。如图4-2b所示的钱币图像的灰度直方图。该直方图为非归一化直方图，横坐标为灰度值，纵坐标为像素个数。图中位于偏右（高灰度值）的部分反映了背景的灰度分布，位于偏左（低灰度值）的部分反映了目标（钱币）的灰度分布。

在这种情况下，选取位于这两个峰值中间的谷底对应的灰度值T作为灰度阈值，将图像中各个像素的灰度值与这个阈值进行比较，根据比较的结果将图像中的像素划分到两个类中。像素灰度值大于阈值T的像素点归为一类（如目标区域），而像素灰度值小于或等于阈值T的像素点归为另一类（如背景区域）。经阈值化处理后的图像$g(x,y)$定义为

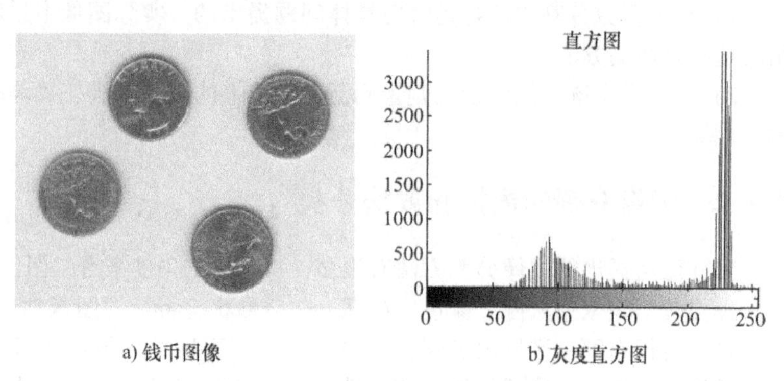

图4-2　钱币图像及其灰度直方图

$$g(x,y)=\begin{cases}1, & f(x,y)>T\\0, & f(x,y)\leqslant T\end{cases} \tag{4-1}$$

式中，$f(x,y)$为原图像；T为灰度阈值；$g(x,y)$为分割后产生的二值图像，标记为1的像素属于目标区域，而标记为0的像素属于背景区域。这种仅使用一个单一的阈值进行图像分割的方法称为单阈值化分割方法。如果图像中有多个灰度值不同的区域，那么可以选择多个阈值对图像进行分割，以将每个像素划分到合适的类别中去。

由于阈值化分割方法是通过阈值来定义图像中不同像素的区域归属，在阈值确定后，通过阈值化分割出的结果直接给出了图像的不同区域划分。而在实际应用中，图像的灰度直方图受噪声和对比度的影响较大，最佳阈值很难确定，因此，阈值化分割法的关键和难点就是如何选取一个最佳阈值，使图像分割效果达到最好。目前有多种阈值选取方法，依据阈值的应用范围可将阈值化分割方法分为全局阈值化分割法、局部阈值化分割法和动态阈值化分割法3类。

4.2.2　全局阈值化分割法

全局阈值化分割法是指在阈值化过程中只使用一个阈值，对整幅图像采用固定的阈值进行分割。根据阈值选择方法的不同，全局阈值化分割可以分为基于灰度值的全局阈值化分割和基于空间信息的全局阈值化分割。

如果把阈值化分割看作是对下列形式函数T的一种操作，即

$$T=T[f(x,y),p(x,y)] \tag{4-2}$$

式中，$f(x,y)$为点(x,y)的灰度值；$p(x,y)$为点(x,y)邻域的某种局部特性，如以(x,y)为中心的邻域的平均灰度值。则当$T=T[f(x,y)]$时，阈值T的选取只取决于像素的灰度值$f(x,y)$，即为基于灰度值的全局阈值化分割；当$T=T[f(x,y),p(x,y)]$时，阈值T的选取不仅取决于像素的灰度值$f(x,y)$，还取决于该点邻域的某种局部特性，即为基于空间信息的全局阈值化分割。

在这两类方法中，基于灰度值的全局阈值化分割算法原理相对简单，复杂度比较低，常见的有p-分位数法、迭代法、Otsu算法、一维最大熵阈值化法和最小误差法，但所使用的像素的特征信息较少。从信息论角度看，利用像素的特征信息越多，被误分类的可能性也就越小。上述基

于灰度值的全局阈值化分割法只考虑了像素的灰度值特征，而忽略了像素的其他信息，所以当图像质量较差时，选取的阈值并非最佳阈值，分割效果不理想；同时，对于完全不同的两幅图像可以有相同的直方图，所以仅仅利用图像的灰度值特征，并不能保证得到合理的阈值。基于以上两点考虑，可以基于空间信息进行全局的阈值化分割，即在多维特征空间中对像素进行分类有助于改善分割效果。通常，像素的空间信息可以是不同尺度的邻域均值、梯度值、共生矩阵等等。常用的基于空间信息的全局阈值化分割方法利用像素的灰度值和 $k \times k$ 邻域均值这两个特征对图像进行分割，常见方法有二维 Otsu 阈值化分割法和二维最大熵阈值化分割法。

1. *p*-分位数法

p-分位数法是 1962 年 Doyle 提出的，是最古老的一种阈值化分割算法，其基本原理是根据先验知识，得到目标与背景像素的先验概率比例 P_o/P_b，再根据此条件依次累计灰度直方图，直到累计值大于或等于该比例数，此时的灰度值即为最佳阈值。该算法简单，有一定的抗噪声能力，但对于一些复杂图像的先验概率比较难求得，不适用于所有图像。

2. 迭代法

对于直方图双峰明显、谷底较深的图像，可以使用迭代法获得最佳阈值。

迭代式阈值选取方法的基本思路是：首先根据图像中目标的灰度分布情况，选取一个近似阈值作为初始阈值，一个比较好的方法就是将图像的灰度均值作为初始阈值；然后通过分割图像和修改阈值的迭代过程获得认可的最佳阈值。迭代式阈值选取过程可描述如下。

① 选取图像的平均灰度值作为初始阈值 T。

② 利用阈值 T 把给定图像的像素点分成两部分，记为 R_1 和 R_2。

③ 计算 R_1 的均值 μ_1 和 R_2 的均值 μ_2。

④ 选择新的阈值 T，且

$$T = \frac{\mu_1 + \mu_2}{2} \tag{4-3}$$

⑤ 重复第②～④步，直到 R_1 的均值 μ_1 和 R_2 的均值 μ_2 不再变化为止。

3. Otsu 算法

Otsu 算法也称为最大类间方差法或最小类内方差法，是由日本学者 Otsu 首先提出的。该方法基于图像的灰度直方图，以目标和背景的类间方差最大或类内方差最小为阈值选取准则，计算简单，可以满足实时性的要求。

设 $f(x, y)$ 为 $M \times N$ 大小图像在 (x, y) 点的灰度值，$f(x, y)$ 的取值为 $[0, K]$，记 $p(k)$ 为灰度级 k 出现的概率，即

$$p(k) = \frac{1}{MN}\sum_{f(x,y)=k} 1 \tag{4-4}$$

假设以灰度级 t 作为分割图像的阈值，像素灰度值大于阈值 t 的像素点归为一类（如，目标区域），而像素灰度值小于或等于阈值 t 的像素点归为另一类（如，背景区域）。于是，背景部分所占比例为

$$w_{\mathrm{B}}(t) = \sum_{k=0}^{t} p(k) \tag{4-5}$$

目标部分所占比例为

$$w_{\mathrm{O}}(t) = \sum_{k=t+1}^{K} p(k) \tag{4-6}$$

背景的平均灰度值为

$$\mu_B(t) = \sum_{k=0}^{t} \frac{kp(k)}{w_B(t)} \tag{4-7}$$

目标的平均灰度值为

$$\mu_O(t) = \sum_{k=t+1}^{K} \frac{kp(k)}{w_O(t)} \tag{4-8}$$

图像的平均灰度值为

$$\mu = w_B(t)\mu_B(t) + w_O(t)\mu_O(t) \tag{4-9}$$

Ostu 给出的最佳阈值 T 的公式为

$$T = \arg\max_{0\leqslant t\leqslant M}\{w_B(t)[\mu_B(t)-\mu]^2 + w_O(t)[\mu_O(t)-\mu]^2\} \tag{4-10}$$

Ostu 算法在图像灰度直方图具有明显的波峰和波谷分布时具有良好的效果，即图像要具有明显的双峰或多峰。但当前景和背景灰度相近或目标较小时，图像灰度直方图表现为单峰，此时Ostu 算法给出的阈值会出现偏差。此外，Otsu 算法的抗噪声性能也不高，对受噪声影响较大的图像，分割效果不好。

阈值化分割的方法很多，每一种方法几乎都有其独特的优点和实际应用的背景，此处不再一一介绍。实际应用中，阈值化分割经常需要和其他方法相互结合使用，才能获得最佳或满意的分割结果。

4.2.3 局部阈值化分割法

当场景中的照明不均匀或者背景灰度变化比较大的时候，一个单一的全局阈值无法满足整幅图像的分割要求，因为单一的阈值不能兼顾图像中各个像素的实际情况。显然，在这种情况下，就不能使用上述的全局阈值化分割方法。处理不均匀照明或不均匀灰度分布背景的直接方法是首先把图像分成一个个小区域，或子图像，然后分析每一个子图像，并对每个子图像选取相应的阈值。比如，把图像分成 $m \times n$ 个子图像，并基于第 $I_{i,j}$ 子图像的直方图来选择该子图像的阈值 $T_{i,j}(1\leqslant i\leqslant m,\ 1\leqslant j\leqslant n)$，图像分割的最后结果是所有子图像分割区域的逻辑并。局部阈值化分割法的原理如图 4-3 所示。

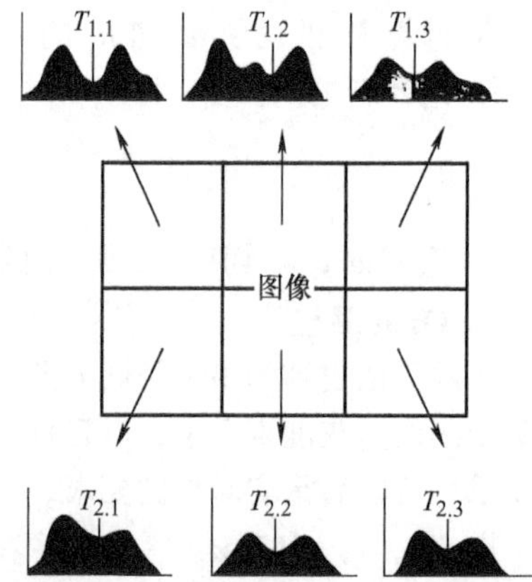

图 4-3　局部阈值化分割法的示意图

局部阈值化分割法的关键问题是如何将图像划分成子图像以及如何为得到的子图像估计阈值。一般情况下，由于局部阈值化分割是对每幅子图像分别进行全局阈值化分割，分割后的子图像之间会产生灰度级的不连续，因此，可以采用插值或者有重叠的截取子图像的方法来消除这个影响。同时，选用局部阈值化分割法时还要注意以下两点：首先，截取子图像时尺寸不能太小，否则计算出的一些统计结果无意义；其次，每幅图像的分割是任意的，如果有一幅子图像正好落在目标区域或背景区域，而根据统计结果对其进行分割，可能会产生更差的分割结果。

4.3 基于边缘检测的图像分割

图像边缘是图像最基本的特征，在图像分析中起着重要作用。边缘（Edge）是指图像局部特性发生突变之处，主要存在于目标与目标、目标与背景、区域与区域（包括不同色彩）之间。

图像边缘意味着图像中一个区域的终结和另一个区域的开始，是不同区域的分界处，利用该特征可以分割图像。边缘检测（Edge detection）是图像分割、图像分析和理解的重要基础。基于边缘检测的图像分割方法的基本思路是先确定图像中的边缘像素，然后就可把它们连接在一起构成所要的边界。

4.3.1 边缘检测的基本原理和步骤

图像边缘具有方向和幅度两个特征。通常沿边缘的走向，像素值变化比较平缓；而沿垂直于边缘的走向，像素值则变化比较剧烈。这种剧烈的变化或者呈阶跃状，或者呈屋顶状，分别称为阶跃状边缘和屋顶状边缘。阶跃状边缘处于图像中两个具有不同灰度值的相邻区域之间，两边的灰度值有明显变化；而屋顶状边缘的上升沿和下降沿都有一定的坡度，不是很陡立，位于灰度值增加和减小的交界处。另一种是由上升阶跃和下降阶跃组合而成的脉冲状边缘，主要对应于细条状的灰度值突变区域。边缘上的这种灰度的不连续性往往可通过求导数方便地检测到。根据灰度变化的特点一般常用一阶导数和二阶导数来检测边缘。

具有阶跃状、脉冲状、屋顶状边缘的图像，以及图像沿水平方向灰度变化的边缘曲线的剖面、边缘曲线的一阶和二阶导数的变化规律如图4-4所示。

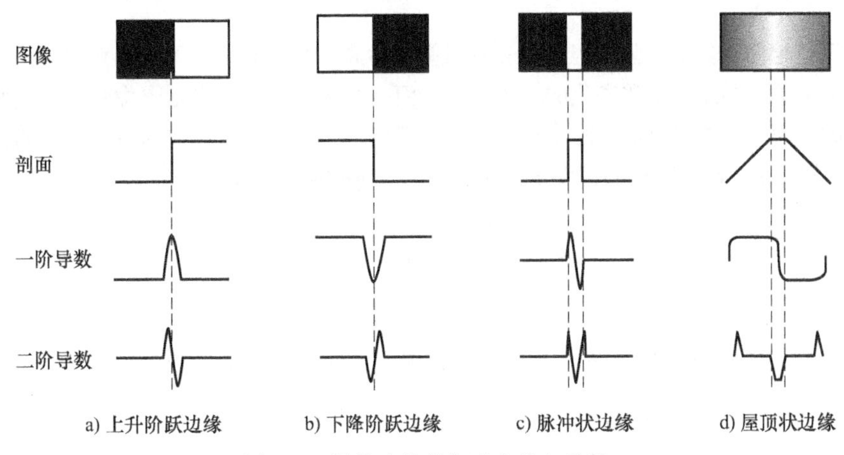

图4-4 图像边缘的灰度变化与导数

在图4-4a中，对灰度值剖面的一阶导数，在图像由暗变亮的位置处有一个向上的阶跃，而在其他位置都为零。这表明可用一阶导数的幅度值来检测边缘的存在，幅度峰值一般对应边缘位置。对灰度值剖面的二阶导数，在一阶导数的阶跃上升区有一个向上的脉冲，而在一阶导数的阶跃下降区有一个向下的脉冲。在这两个阶跃之间有一个零交叉点（Zero crossing），它的位置正对应原图像中边缘的位置。所以可用二阶导数的零交叉点检测边缘位置，而用二阶导数在零交叉点附近的符号确定边缘像素在图像边缘的暗区或亮区。

同理，分析图4-4b，可得到相似的结论。这里图像是由亮变暗，所以与图4-4a相比，剖面左右对换，一阶导数上下对换，二阶导数左右对换。

在图4-4c中，脉冲形的剖面边缘与图4-4a所示的一阶导数形状相同，所以图4-4c所示的一阶导数形状与图4-4a所示的二阶导数形状相同，而它的2个二阶导数零交叉点正好分别对应脉冲的上升沿和下降沿。通过检测脉冲剖面的2个二阶导数零交叉点就可确定脉冲的范围。

同理，由分析图4-4d所示的屋顶状边缘可知，通过检测屋顶状边缘剖面的一阶导数零交叉点就可以确定屋顶位置。

值得注意的是，实际分析的图像要复杂得多，图像边缘的灰度变化情况并不仅限于上述的几种情况。上面的讨论仅限于水平方向上的灰度变化的分析。

边缘检测通常包括如下 4 个步骤。

① 滤波：边缘检测算法主要是基于图像灰度的一阶和二阶导数，但导数的计算对噪声很敏感，因此必须使用滤波器来改善与噪声有关的边缘检测器的性能。需要指出，大多数滤波器在降低噪声的同时也导致了边缘强度的损失，因此，增强边缘和降低噪声之间需要折中。

② 增强：增强边缘的基础是确定图像各点邻域灰度的变化值。增强算法可以将邻域（或局部）灰度值有显著变化的点突显出来。边缘增强一般是通过计算梯度幅值来完成的。

③ 检测：在图像中有许多点的梯度幅值比较大，而这些点在特定的应用领域中并不都是边缘，所以应该用某种方法来确定哪些点是边缘点。最简单的边缘检测判据是梯度幅值阈值判据。

④ 定位：如果某一应用场合要求确定边缘位置，则边缘的位置可在子像素分辨率上来估计，边缘的方位也可以被估计出来。

在边缘检测算法中，前 3 个步骤用得十分普遍。这是因为在大多数场合下，仅仅需要边缘检测器指出边缘出现在图像某一像素点的附近，而没有必要指出边缘的精确位置或方向。

4.3.2 梯度算子

边缘检测是检测图像局部强度显著变化的最基本运算。在一维情况下，阶跃边缘同图像的一阶导数局部峰值有关。梯度是函数变化的一种度量，而一幅图像可以看作是图像强度连续函数的采样点阵列。因此，同一维情况类似，图像灰度值的显著变化可用梯度的离散逼近函数来检测。对于图像$f(x, y)$，它在点（x，y）处的梯度是一阶导数的二维列向量，定义为

$$\boldsymbol{G}[f(x,y)]=\begin{bmatrix}\dfrac{\partial f}{\partial x}\\ \dfrac{\partial f}{\partial y}\end{bmatrix}=\left[\dfrac{\partial f}{\partial x}\quad \dfrac{\partial f}{\partial y}\right]^{\mathrm{T}}=[G_x\quad G_y]^{\mathrm{T}} \tag{4-11}$$

梯度的方向在函数$f(x, y)$最大变化率的方向上，梯度的幅度（模值）可由下式计算：

$$|\boldsymbol{G}[f(x,y)]|=\sqrt{G_x^2+G_y^2}=\sqrt{\left(\frac{\partial f}{\partial x}\right)^2+\left(\frac{\partial f}{\partial y}\right)^2} \tag{4-12}$$

梯度的方向定义为

$$\theta(x,y)=\arctan\left(\frac{G_y}{G_x}\right) \tag{4-13}$$

式中，θ 角是相对 x 轴的角度。

需要注意的是，梯度的幅值实际上与边缘的方向无关，这样的算子称为各向同性算子（Isotropic operators）。梯度幅度是一个标量，它用到了平方和开平方运算，具有非线性，并且总是正的。为了方便起见，以后把梯度幅度简称为梯度。

在实际计算中，为了降低图像的运算量，常用绝对值或最大值代替平方和平方根运算，即

$$|\boldsymbol{G}[f(x,y)]|=|G_x|+|G_y| \tag{4-14}$$

或

$$|\boldsymbol{G}[f(x,y)]|\approx\max(|G_x|,|G_y|) \tag{4-15}$$

对于数字图像，偏导数可用差分来近似。最简单的梯度近似表达式为

$$|\boldsymbol{G}[f(i,j)]|=|f(i+1,j)-f(i,j)|+|f(i,j+1)-f(i,j)| \tag{4-16}$$

即

$$G_x = f(i+1, j) - f(i, j)$$
$$G_y = f(i, j+1) - f(i, j) \tag{4-17}$$

在计算梯度时，计算空间同一位置 i 和 j 处的真实偏导数是至关重要的。然而采用上面公式计算的梯度近似值 G_x 和 G_y 并不位于同一位置，G_x 实际上是内插点（$i+1/2, j$）处的梯度近似值，G_y 是内插点（$i, j+1/2$）处的梯度近似值。由于这个缘故，人们通常采用下述几种梯度算子。

1. Roberts 算子

Roberts 算子采用交叉差分运算，为梯度幅值计算提供了一种简单的近似方法，其数学表达式为

$$|\boldsymbol{G}[f(i,j)]| = |G_x| + |G_y| = |f(i+1,j+1) - f(i,j)| + |f(i,j+1) - f(i+1,j)| \tag{4-18}$$

用模板操作表示为

$$\boldsymbol{H}_x = \begin{bmatrix} -1 & 0 \\ 0 & 1 \end{bmatrix} \quad \boldsymbol{H}_y = \begin{bmatrix} 0 & -1 \\ 1 & 0 \end{bmatrix} \tag{4-19}$$

Roberts 算子的差分值将在内插点（$i+1/2, j+1/2$）处计算，是该点梯度幅值的近似值，而不是所预期的点（i, j）处的梯度幅值近似值。

2. Prewitt 算子

Prewitt 算子对 Roberts 算子进行了改进，以像素（i, j）为中心，取如图 4-5 所示的 3×3 像素窗口，分别计算窗口中心像素在 x 和 y 方向的梯度，以避免在像素之间内插点上计算梯度值。利用 Prewitt 算子得到的是（i, j）处的梯度幅值的近似值。

$f(i-1, j-1)$	$f(i-1, j)$	$f(i-1, j+1)$
$f(i, j-1)$	$f(i, j)$	$f(i, j+1)$
$f(i+1, j-1)$	$f(i+1, j)$	$f(i+1, j+1)$

图 4-5　Prewitt 算子的 3×3 像素窗口

Prewitt 算子采用的 3×3 的卷积模板为

$$\boldsymbol{H}_x = \begin{bmatrix} -1 & 0 & 1 \\ -1 & 0 & 1 \\ -1 & 0 & 1 \end{bmatrix} \quad \boldsymbol{H}_y = \begin{bmatrix} -1 & -1 & -1 \\ 0 & 0 & 0 \\ 1 & 1 & 1 \end{bmatrix} \tag{4-20}$$

若要检测对角线方向的边缘，则可采用如下的改进的 Prewitt 算子卷积模板：

$$\boldsymbol{H}_x = \begin{bmatrix} 0 & 1 & 1 \\ -1 & 0 & 1 \\ -1 & -1 & 0 \end{bmatrix} \quad \boldsymbol{H}_y = \begin{bmatrix} -1 & -1 & 0 \\ -1 & 0 & 1 \\ 0 & 1 & 1 \end{bmatrix} \tag{4-21}$$

Prewitt 算子算法简单，检测速度快，但对噪声敏感。

3. Sobel 算子

Sobel 算子对 Prewitt 算子进行了改进，通过增加接近于模板中心的像素点权值来实现对图像某种程度上的平滑，减少对噪声的敏感性，其模板大小仍为 3×3，如下所示：

$$\boldsymbol{H}_x = \begin{bmatrix} -1 & 0 & 1 \\ -2 & 0 & 2 \\ -1 & 0 & 1 \end{bmatrix} \quad \boldsymbol{H}_y = \begin{bmatrix} -1 & -2 & -1 \\ 0 & 0 & 0 \\ 1 & 2 & 1 \end{bmatrix} \tag{4-22}$$

4.3.3　拉普拉斯算子和 LoG 算子

1. 拉普拉斯算子

前面讨论了计算一阶导数的边缘检测算子，如果所求的一阶导数高于某一阈值，则确定该点为边缘点。这样做会导致检测的边缘点太多。一种更好的方法就是求梯度局部最大值对应的

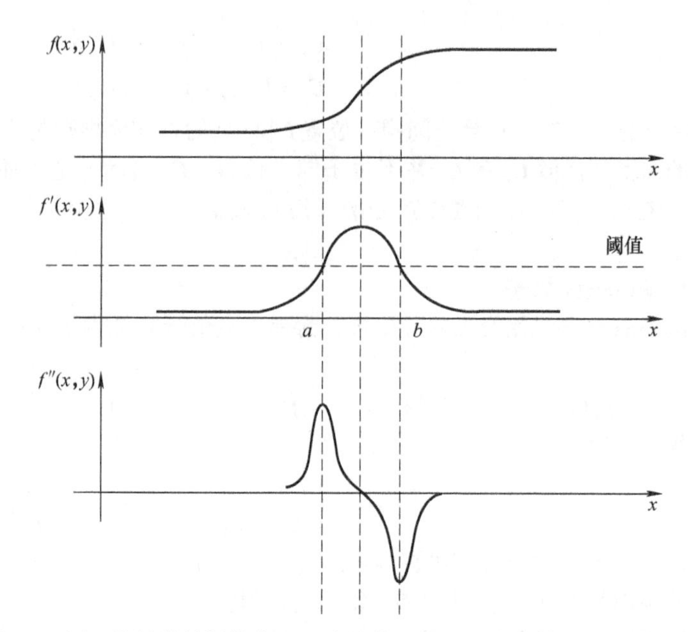

图 4-6 用一阶导数的阈值化和二阶导数的零交叉点进行边缘检测的比较

点，并认定它们是边缘点，如图 4-6 所示。在图 4-6 中，若用一阶导数的阈值化来进行边缘检测，则在 a 和 b 之间的所有点都被记为边缘点。但通过去除一阶导数中的非局部最大值，可以检测出更精确的边缘。一阶导数的局部最大值对应着二阶导数的零交叉点（Zero crossing）。这意味着在边缘点处有一阶导数的峰值，同样地，有二阶导数的零交叉点。这样，通过找图像强度的二阶导数的零交叉点就能找到边缘点。

拉普拉斯（Laplacian）运算是二阶偏导数运算的线性组合运算，而且是一种各向同性（旋转不变性）的线性运算。一个连续的二元函数 $f(x,\ y)$，它在点（x，y）处的拉普拉斯算子定义为

$$\nabla^2 f=\frac{\partial^2 f(x,y)}{\partial x^2}+\frac{\partial^2 f(x,y)}{\partial y^2} \tag{4-23}$$

对数字图像来讲，$f(i,j)$ 的二阶偏导数可近似表示为

$$\begin{aligned}\frac{\partial^2 f}{\partial x^2}&=\nabla_x f(i+1,j)-\nabla_x f(i,j)\\&=[f(i+1,j)-f(i,j)]-[f(i,j)-f(i-1),j]\\&=f(i+1,j)+f(i-1,j)-2f(i,j)\end{aligned} \tag{4-24}$$

$$\begin{aligned}\frac{\partial^2 f}{\partial y^2}&=\nabla_y f(i,j+1)-\nabla_y f(i,j)\\&=[f(i,j+1)-f(i,j)]-[f(i,j)-f(i,j-1)]\\&=f(i,j+1)+f(i,j-1)-2f(i,j)\end{aligned} \tag{4-25}$$

故拉普拉斯算子为

$$\begin{aligned}\nabla^2 f&=\frac{\partial^2 f}{\partial x^2}+\frac{\partial^2 f}{\partial y^2}\\&=f(i+1,j)+f(i-1,j)+f(i,j+1)+f(i,j-1)-4f(i,j)\end{aligned} \tag{4-26}$$

式(4-26) 也可由拉普拉斯算子模板来表示，即

$$\nabla^2=\begin{bmatrix}0&1&0\\1&-4&1\\0&1&0\end{bmatrix} \tag{4-27}$$

有时希望邻域中心点具有更大的权值，比如式(4-26) 描述的模板就是一种基于这种思想的近似拉普拉斯算子，即

$$\nabla^2 = \begin{bmatrix} 1 & 4 & 1 \\ 4 & -20 & 4 \\ 1 & 4 & 1 \end{bmatrix} \tag{4-28}$$

由于拉普拉斯算子是二阶偏导数算子，对图像中的噪声相当敏感。另外它常产生双像素宽的边缘，而且也不能提供边缘方向的信息。由于上述原因，拉普拉斯算子很少直接用于检测边缘，而主要用于已知边缘后确定该像素是在图像的暗区还是亮区。

2. LoG 算子

正如上面所提到的，利用图像强度二阶导数的零交叉点来求边缘点的算法对噪声十分敏感，所以，希望在边缘增强前滤除噪声。为此，Marr 和 Hildreth 将高斯滤波和拉普拉斯边缘检测结合在一起，形成高斯型的拉普拉斯（Laplacian of Gaussian，LoG）算子。LoG 边缘检测算法的主要步骤如下。

（1）选取二维高斯函数对图像 $f(x, y)$ 进行平滑滤波

设二维高斯函数为

$$G(x,y) = \frac{1}{2\pi\sigma^2}\exp\left(-\frac{x^2+y^2}{2\sigma^2}\right) \tag{4-29}$$

在空间域，将二维高斯函数 $G(x, y)$ 与图像 $f(x, y)$ 进行卷积，可得到一个平滑图像 $g(x, y)$，即

$$g(x,y) = f(x,y) * G(x,y) \tag{4-30}$$

式中，$G(x, y)$ 是一个圆对称函数，其平滑作用可通过高斯函数的分布参数 σ 进行控制。

（2）对平滑后的图像 $g(x, y)$ 进行拉普拉斯运算

它可等效为 $G(x, y)$ 的拉普拉斯运算与 $f(x, y)$ 的卷积，即

$$h(x,y) = \nabla^2[g(x,y)] = \nabla^2[f(x,y) * G(x,y)] = f(x,y) * \nabla^2[G(x,y)] \tag{4-31}$$

式中，$\nabla^2[G(x, y)]$ 称为 LoG 滤波器，也称为高斯型的拉普拉斯算子或拉普拉斯高斯算子，即

$$\nabla^2[G(x,y)] = \frac{\partial^2 G}{\partial x^2} + \frac{\partial^2 G}{\partial y^2} = \frac{1}{\pi\sigma^4}\left[\frac{x^2+y^2}{2\sigma^2} - 1\right]\exp\left(-\frac{x^2+y^2}{2\sigma^2}\right) \tag{4-32}$$

这样，采用 LoG 算子求图像边缘就有两种在数学上是等价的方法。

1）先求图像与高斯函数的卷积，再求卷积的拉普拉斯变换，然后再进行过零判断。

2）先求高斯函数的拉普拉斯变换，再求与图像的卷积。然后再进行过零判断。

由于 LoG 滤波器在（x，y）空间中的图形形状很像墨西哥草帽，如图 4-7 所示，所以有时也称之为墨西哥草帽算子。

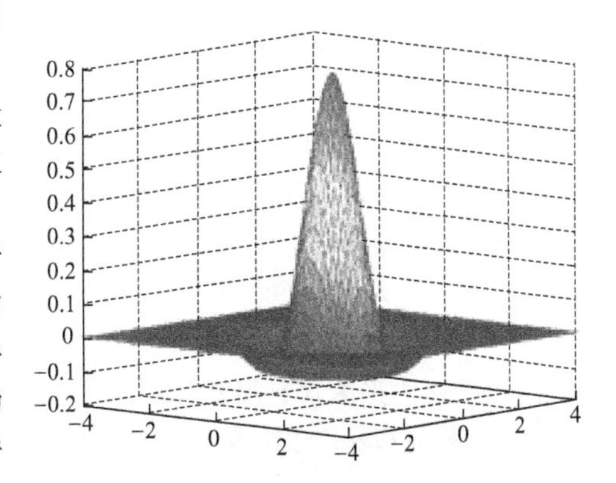

图 4-7　LoG 函数的三维曲线

这种方法的特点是图像首先与高斯滤波器进行卷积，这一步既平滑了图像又降低了噪声，孤立的噪声点和较小的结构组织将被滤除。由于平滑会导致边缘的延展，因此边缘检测器只考虑那些具有局部梯度最大值的点为边缘点。这一点可以用二阶导数的零交叉点来实现。拉普拉斯函数用作二维二阶导数的近似，是因为它是一种无方向算子。为了避免检测出非显著边缘，应选择一阶导数大于某一阈值的零交叉点作为边缘点。

对于数字图像，实现 LoG 算法的典型模板为

$$\nabla^2=\begin{bmatrix}0&0&-1&0&0\\0&-1&-2&-1&0\\-1&-2&16&-2&-1\\0&-1&-2&-1&0\\0&0&-1&0&0\end{bmatrix} \tag{4-33}$$

4.3.4 Canny 算子

检测阶跃边缘的基本思想是在图像中找出具有局部最大梯度幅值的像素点。检测阶跃边缘的大部分工作集中在寻找能够用于实际图像的梯度数字逼近。由于实际的图像经过了摄像机光学系统和电路系统（带宽限制）固有的低通滤波器的平滑，因此，图像中的阶跃边缘不是十分陡立。图像也受到摄像机噪声和场景中不希望的细节的干扰。图像梯度逼近必须满足两个要求：一是逼近必须能够抑制噪声效应；二是必须尽量精确地确定边缘的位置。抑制噪声和边缘精确定位是无法同时得到满足的，也就是说，边缘检测算法通过图像平滑算子去除了噪声，但却增加了边缘定位的不确定性；反过来，若提高边缘检测算子对边缘的敏感性，同时也提高了对噪声的敏感性。有一种线性算子可以在抗噪声干扰和精确定位之间提供最佳折中方案，它就是高斯函数的一阶导数，对应于图像的高斯函数平滑和梯度计算。梯度的数值逼近可用 x 和 y 方向上的一阶偏导数的有限差分来表示。高斯平滑和梯度逼近相结合的算子不是旋转对称的。这种算子在边缘方向上是对称的，在垂直边缘的方向上是反对称的（沿梯度方向）。这也意味着该算子对最急剧变化方向上的边缘特别敏感，但在沿边缘这一方向上是不敏感的，其作用就像一个平滑算子。

1986 年，Canny 提出的边缘检测算法，包括以下 4 个步骤。

（1）用高斯滤波器平滑图像

首先用二维高斯函数对图像进行平滑。设输入图像用二维数组 $\boldsymbol{I}[i,j]$ 表示，二维高斯函数为 $G(x,y)=\dfrac{1}{2\pi\sigma^2}\exp\left(-\dfrac{x^2+y^2}{2\sigma^2}\right)$。为了提高运算速度，使用可分离滤波方法求图像与高斯平滑滤波器卷积，得到的结果是一个平滑后的图像数组

$$\boldsymbol{S}[i,j]=\boldsymbol{G}[i,j;\sigma]*\boldsymbol{I}[i,j] \tag{4-34}$$

其中，σ 是高斯函数的分布参数，它控制着平滑程度。σ 越小，平滑效果越差，但边缘定位精确度高；σ 越大，平滑效果越好，但边缘定位精确度差。所以平滑图像时要根据情况选择适当的 σ。

（2）用一阶偏导的有限差分来计算平滑后图像的梯度幅值和梯度方向

平滑后的图像数组 $\boldsymbol{S}[i,j]$ 的梯度可以使用 2×2 邻域一阶有限差分近似式来计算 x 方向与 y 方向的偏导数，即

$$\begin{aligned}P_x[i,j]&\approx(S[i,j+1]-S[i,j]+S[i+1,j+1]-S[i+1,j])/2\\P_y[i,j]&\approx(S[i,j]-S[i+1,j]+S[i,j+1]-S[i+1,j+1])/2\end{aligned} \tag{4-35}$$

在这个 2×2 正方形内求有限差分的均值，以便在图像中的同一点计算 x 方向与 y 方向的偏导数梯度。梯度幅值和梯度方向角可用直角坐标到极坐标的坐标转化公式来计算，即

$$M[i,j]=\sqrt{(P_x[i,j])^2+(P_y[i,j])^2} \tag{4-36}$$

$$\theta[i,j]=\arctan\left(\frac{P_y[i,j]}{P_x[i,j]}\right) \tag{4-37}$$

其中，反正切函数包含了两个参量，它表示一个角度，其取值范围是整个圆周范围内。为高效率地计算这些函数，尽量不用浮点运算。梯度的幅度和方向也可以通过查找表由偏导数计算。

（3）对梯度幅值进行“非极大值抑制”

梯度幅值阵列 $M[i,j]$ 的值越大，其对应的图像梯度值也越大，但这还不足以确定边缘，因为这里仅仅把图像快速变化的问题转化成求幅值阵列 $M[i,j]$ 的局部最大值问题。为了精确定位边缘，必须细化梯度幅值阵列 $M[i,j]$ 中的屋脊带（Ridge），即只保留幅值局部变化最大的点。这一过程称为“非极大值抑制”（Non-Maxima Suppression，NMS），它会生成细化的边缘。

非极大值抑制通过抑制梯度线上所有非屋脊峰值的幅值来细化 $M[i,j]$ 中的梯度幅值屋脊。这一算法首先将梯度方向角 $\theta[i,j]$ 的变化范围减小到圆周的4个扇区之一，如图4-8所示。

$$\zeta[i,j]=\mathrm{Sector}(\theta[i,j]) \tag{4-38}$$

4个扇区的标号为0～3，即 $\zeta[i,j]$ 的取值为0、1、2或3，对应着3×3邻域内中心像素与相邻像素的4种邻接关系。例如，若中心像素 $[i,j]$ 的梯度方向属于第3扇区，即 $\zeta[i,j]=3$，则把中心像素 $[i,j]$ 的梯度幅值 $M[i,j]$ 与其左上、右下相邻像素的梯度幅值 $M[i-1,j-1]$、$M[i+1,j+1]$ 进行比较，检测 $M[i,j]$ 是否是局部极大值。如果在邻域中心点处的梯度幅值 $M[i,j]$ 不比沿梯度方向上的两个相邻点的梯度幅值大，则 $M[i,j]$ 赋值为零。这个过程就称为“非极大值抑制”，它可以把 $M[i,j]$ 宽屋脊带细化成只有一个像素点宽。在非极大值抑制过程中，保留了屋脊的高度值。

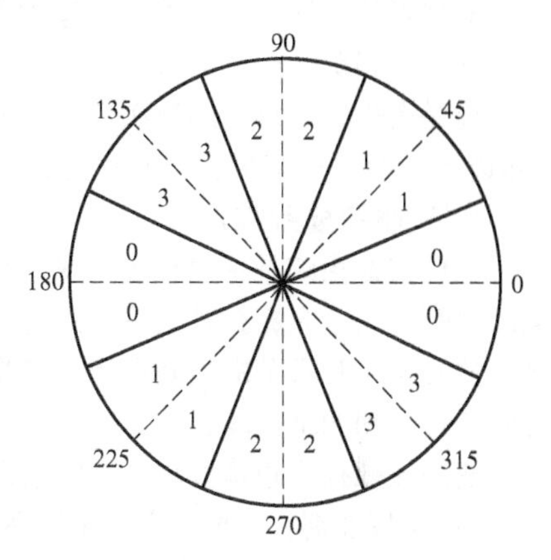

图4-8 用于非极大值抑制的可能梯度方向划分示意图

设

$$N[i,j]=\mathrm{NMS}(M[i,j],\zeta[i,j]) \tag{4-39}$$

表示非极大值抑制过程。$N[i,j]$ 中的非零值对应着图像强度阶跃变化处的对比度。尽管在边缘检测的第一步对图像进行了平滑，但非极大值抑制幅值图像 $N[i,j]$ 仍会包含许多由噪声和细纹理引起的假边缘段。实际中，假边缘段的对比度一般是很小的。

（4）用双阈值算法检测和连接边缘

减少假边缘段数量的典型方法是对 $N[i,j]$ 使用一个阈值，将低于阈值的所有值赋零值。对非极大值抑制幅值进行阈值化的结果是一个图像 $I[i,j]$ 的边缘阵列。阈值化后得到的边缘阵列仍然有假边缘存在，原因是阈值 τ 太低（假正确）以及阴影的存在，使得边缘对比度减弱，或阈值 τ 取得太高而导致部分轮廓丢失（假错误）。选择合适的阈值是困难的，需要经过反复试验。一种更有效的阈值方案是选用两个阈值。

双阈值算法对非极大值抑制图像 $N[i,j]$ 作用双阈值 τ_1 和 τ_2，且 $\tau_2=2\tau_1$，得到两个阈值边缘图像 $T_1[i,j]$ 和 $T_2[i,j]$。由于图像 $T_2[i,j]$ 是用高阈值得到的，因此它含有很少的假边缘，但 $T_2[i,j]$ 可能在轮廓上有间断（太多的假错误）。双阈值法要在 $T_2[i,j]$ 中把边缘连接成轮廓，当到达轮廓的端点时，该算法就在 $T_1[i,j]$ 的8-邻点位置寻找可以连接到轮廓上的边缘，这样，算法将不断地在 $T_1[i,j]$ 中收集边缘，直到将 $T_2[i,j]$ 中所有的间隙连接起来为止。这一算法是阈值化的副产物，并解决了阈值选择的一些问题。

Canny算法有较好的抑制噪声的能力，可以较完整地检测出边缘，但比传统边缘微分算子复杂，运算速度慢。另外，Canny算子的双阈值是根据全局特征信息来决定的，这导致了一方面无法消除局部噪声干扰，另一方面又会丢失灰度值变化缓慢的局部边缘，因此，可以通过改进双阈值的选取算法提高 Canny 算子的边缘检测性能。

4.3.5 边缘跟踪

通过前面描述的边缘检测算法，我们能得到且只能得到那些处在边缘上的像素点，所以边缘检测有时也称为边缘点检测。但是由于噪声和不均匀光照的影响，会产生边缘的间断，使得经过边缘检测后得到的边缘像素点很少能完整地描绘实际的一条边缘。可以在使用边缘检测算法后，紧接着使用连接方法将边缘像素组合成有意义的边缘，这个将检测的边缘点连接成线的过程就是边缘跟踪，也称为边界跟踪。

线是图像的一种中间层次的符号描述，它使图像的表达更简洁和明确。将边缘点连接成线（即边界）的方法有很多，下面主要介绍光栅扫描跟踪法和轮廓跟踪法。

1. 光栅扫描跟踪法

光栅扫描跟踪是一种采用电视光栅行扫描顺序对遇到的像素进行分析，从而确定是否为边缘的跟踪方法。光栅扫描跟踪方法的基本思想是先利用检测准则确定接受对象点，然后根据被接受的对象点和跟踪准则确定新的接受对象点，最后将所有标记为 1 且相邻的对象点连接起来就得到了检测到的细曲线。

使用光栅扫描跟踪方法，需要遵循下面的 3 个准则。

1）参数准则：需要事先确定检测阈值 d、跟踪阈值 t，且要求 $d>t$。

2）检测准则：对图像进行逐行扫描，依次将每一行中灰度值大于或等于检测阈值 d 的所有点（称为接受对象点）的位置记为 1。

3）跟踪准则：逐行扫描图像，若图像中位于第 i 行的点 (i,j) 为已接受的对象点，则在第 $i+1$ 行上找点 (i,j) 的相邻点 $(i+1,j-1)$、$(i+1,j)$ 和 $(i+1,j+1)$，将其中灰度值大于或等于跟踪阈值 t 的邻点确定为新的接受对象点，并将相应位置记为 1。重复此过程，直至图像中除最末一行以外的所有接受对象点扫描完为比。此时位置为 1 的像素点连成的曲线即为检测到的边缘。

例如，图 4-9a 所示为一幅原始输入的含有三条曲线的模糊图像，没有标灰度值的位置认为其灰度值为 0。假设在任何一点上，曲线斜率均不超过 90°，现在要从该图种检测出这些曲线。使用光栅扫描跟踪方法实现边界跟踪的具体步骤可描述如下。

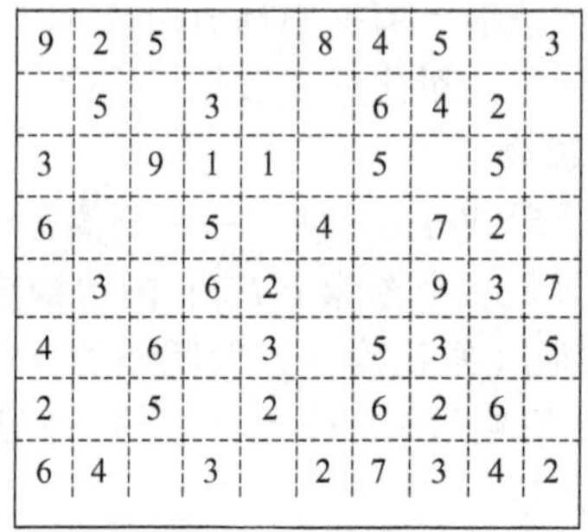

9	2	5			8	4	5		3
	5		3			6	4	2	
3		9	1	1		5		5	
6			5		4		7	2	
	3		6	2			9	3	7
4		6		3		5	3		5
2		5		2		6	2	6	
6	4		3		2	7	3	4	2

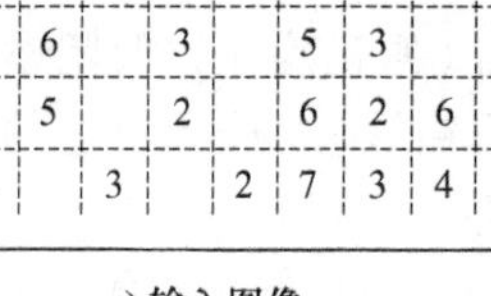

a) 输入图像

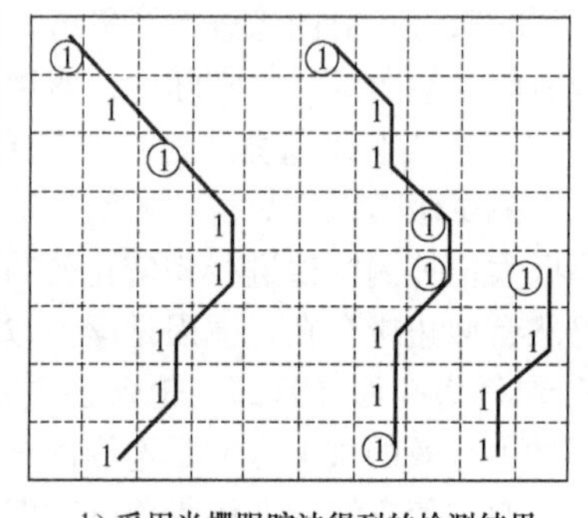

b) 采用光栅跟踪法得到的检测结果

图 4-9　光栅扫描跟踪

① 确定一个比较大的阈值 d，把高于该阈值的像素作为对象点，该阈值被称为检测阈值，设置为 7。

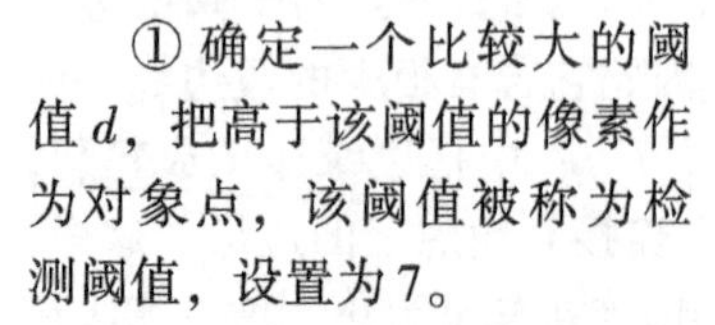

② 选择一个比较低的阈值 t 作为跟踪阈值，且要求 $t<d$，该阈值可以根据不同准则来选择；本例中取相邻有效像素点之灰度差的最大值 4 作为跟踪阈值，此外还可利用其他参考准则来选择，如梯度方向、对比度等。

③ 从第一行开始，根据检测准则扫描图像，并将其灰度值大于或等于检测阈值 d 的所有像素点的位置记为1。结果在图4-9b中标记为①。

④ 确定跟踪邻域，本例中选取像素 (i,j) 的下一行像素 $(i+1,j-1)$、$(i+1,j)$、$(i+1,j+1)$ 作为跟踪邻域。

⑤ 从第二行起逐行扫描图像，并按跟踪准则将灰度值大于或等于跟踪阈值 $t=4$ 的所有像素确定为新的接受对象点，且将其相应位置记为1，结果如图4-9b所示。

⑥ 对于已检测出来的某个对象点，如果在下一行跟踪邻域中，没有任何一个像素被接受为对象点，那么这一条曲线的跟踪便可结束。如果同时有两个，甚至三个邻域点均被接受为对象点，则说明曲线发生分支，跟踪需对各分支同时进行。如果多条曲线合并成一条曲线，则跟踪可集中于一条曲线上进行。如果某个对象点（在步骤③产生的对象点）在上一行的对应邻域中没有对象点，则说明一条新的曲线可开始。

⑦ 重复步骤⑤和步骤⑥，直至图像中最末一行被扫描完为止。将标记为1（包括①，主要是为了便于区别检测准则和跟踪准则的结果）的像素连接起来，就得到了检测获得的结果曲线。

应该指出，检测准则和跟踪准则所依据的可以不是灰度级，而是其他反映局部性质的量，例如对比度、梯度等。跟踪准则也可以不仅仅针对每个已检测出的点，而是针对已检测出来的一组点。这时，可以对先后检测出来的点赋予不同的权重，例如，后检测出来的点给以较大的权重，而先检测出来的点赋予相对小一些的权重，利用被检测点性质和已检出点性质的加权均值进行比较，以决定接收或拒绝。

由于光栅扫描跟踪和扫描方向有关，如果边缘和光栅扫描方向平行，则跟踪效果不好，这时最好在垂直扫描方向再跟踪一次。

2. 轮廓跟踪法

轮廓跟踪的目的是找出目标的边缘轮廓。轮廓跟踪法是一种适用于黑白二值图像的图像分割方法，而且轮廓跟踪改变了光栅扫描跟踪中扫描方向的单一的缺点，跟踪方向可以是任意方向，并且有足够大的跟踪距离。显然，轮廓跟踪是改变了邻域定义和跟踪准则的一种二值图像的光栅扫描跟踪法。

采用轮廓跟踪法进行图像分割的算法步骤如下。

① 在靠近边缘处任取一起始点，然后按照每次只前进一步、步距为一个像素的原则开始跟踪。

② 当跟踪中的某一步是由白区进入黑区时，以后各步向左转，直到穿出黑区为止。

③ 当跟踪中的某一步是由黑区进入白区时，以后各步向右转，直到穿出白区为止。

④ 当围绕目标边界循环跟踪一周回到起点时，所跟踪的轨迹便是目标的轮廓；否则，应继续按步骤②和步骤③的原则进行跟踪。

在轮廓跟踪中需要注意以下两种情况。

1）目标中的某些小凸部分可能因被迂回过去而被漏掉，如图4-10a左下部所示。避免这种情况的常用方法是选取不同的多个起始点进行多次重复跟踪，如图4-10b所示，然后选择相同的跟踪轨迹作为目标轮廓。

2）由于这种跟踪方法可形象地看作是一个爬虫在爬行，所以又称为“爬虫跟踪法”。当出现围绕某个局部的闭合小区域重复爬行而回不到起点时，就出现了爬虫掉进陷阱的情况。防止爬虫掉进陷阱的一种方法是让爬虫具有记忆能力，当爬行中发现在走重复的路径时，便退回原起始点，并重新选择起始点和爬行方向进行轮廓跟踪。

从上面的描述中可以看到，轮廓跟踪改进了光栅扫描跟踪法，跟踪时把初始点的8-邻域点

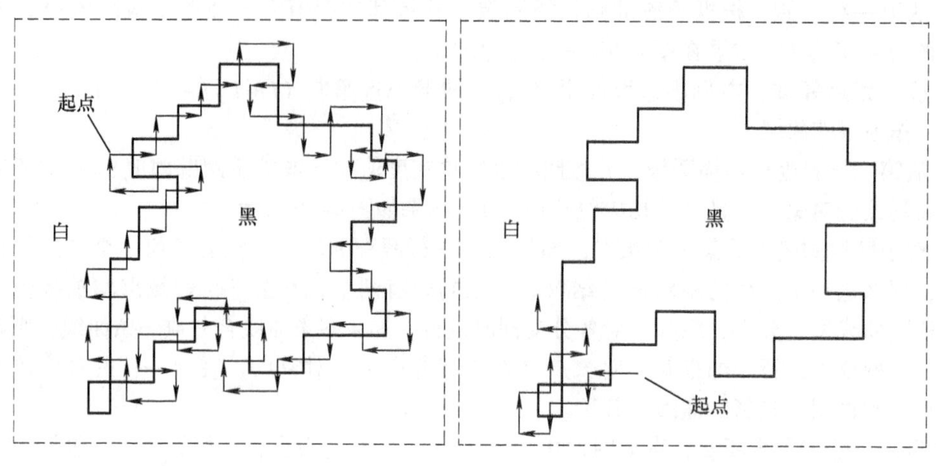

a) 某些小凸部分可能被漏掉　　b) 利用不同起点跟踪小凸部分

图 4-10　轮廓跟踪示意图

全部考虑进行跟踪。图 4-10 就是一个轮廓跟踪法的示例，其中图 4-10a 是采用轮廓跟踪的过程和所得到的结果，从图中可见，由于选择的起点的影响，导致黑色小凸部分被漏掉。在图 4-10b 中采用了不同的起点，从而能够跟踪得到小凸部分。由此可见，采用轮廓跟踪法，起点的选择可能导致不同的结果，在具体使用算法时，需多选择几个起点进行跟踪，以综合判断并得到最优边界。

4.4　基于区域的图像分割

基于区域的图像分割是以直接寻找区域为目的的图像分割技术，其原理不同于阈值化分割和边缘检测，不需要直接利用阈值或者边界来划分图像。基于区域的图像分割的实质就是把具有某种相似性质的像素或者子区域连通起来，从而最终构成分割区域。它利用了像素的局部空间信息，可以有效地克服图像分割不连续的缺点，但它有时会造成图像的过分割。一般来讲，传统的基于区域的图像分割方法有两种：①区域生长法；②区域分裂与合并法。

4.4.1　区域生长法

区域生长（Region growing）也称为区域增长，其基本思想是根据事先定义的相似性准则，将图像中满足相似性准则的像素或子区域聚合成更大区域的过程。区域生长的基本方法是：首先要确定待分割的区域数目，在每个需要分割的区域中找一个“种子”（可以是单个像素，也可以是某个小区域）作为生长的起点，然后将种子周围邻域中与种子有相同或相似性质的像素合并到种子所在的区域中，接着以合并成的区域中的所有像素作为新的种子，重复上述的相似性判别与合并过程，直到再没有满足相似性条件的像素可被合并进来为止。这样就使得满足相似性条件的像素就组成（生长成）了一个区域。种子和相邻小区域的相似性判据可以是灰度、纹理，也可以是色彩等多种图像要素特性的量化数据。

在实际应用区域生长法进行图像分割时，需要解决以下 3 个关键问题。

1）确定区域的数目，也就是选择或确定一组能正确代表所需区域的种子。

2）确定在生长过程中将相邻像素合并进来的相似性准则。

3）确定终止生长过程的条件或规则。

1. 选择或确定种子的一般原则

选择“种子”是进行区域生长的第一步，是后续处理的关键，种子选择是否合理直接关系到区域生长出的目标是否正确。若种子数目太多，则会造成过分割；反之，若种子数目太少，又会丢失目标信息，使目标分割不完整。

选择和确定一组能正确代表区域的种子的一般原则如下。

1）接近聚类重心的像素可作为种子像素，例如，直方图中像素最多且处在聚类中心的像素。

2）红外图像目标检测中最亮的像素可作为种子像素。

3）按位置要求确定种子像素。

4）根据某种经验确定种子像素。

种子像素的选取可以通过人工交互的方式实现，也可以根据目标中像素的某种性质或特点自动选取。最初的种子像素可以是某一个具体的像素，也可以是由多个像素点聚集而成的种子区。

2. 生长准则和过程

区域生长的一个关键是选择适合的生长准则，大部分区域生长准则使用图像的局部性质。生长准则的选取不仅依赖于具体问题本身，也和所用图像数据的种类有关。生长准则可根据不同的原则制定，而使用不同的生长准则会影响区域生长的过程。

在生长过程中能将相邻像素合并进来的相似性准则主要有如下几点。

1）当图像是彩色图像时，可以各颜色为准则，并考虑像素间的连通性和邻近性。

2）待检测像素点的灰度值与已合并成的区域中所有像素点的平均灰度值满足某种相似性准则。

3）待检测点与已合并成的区域构成的新区域符合某个大小尺寸或形状要求等。

下面介绍一种基于区域灰度差的生长准则和方法，其主要步骤如下。

① 对图像进行逐行扫描，找出尚没有归属的像素。

② 以该像素为中心检查它的邻域像素，即将这个像素灰度同其周围邻域中不属于任何一个区域的像素进行比较，若灰度差值小于某一阈值，则将它合并进同一个区域，并对合并的像素赋予标记。

③ 以新合并的像素为中心，返回到步骤②，检查新像素的邻域，直到区域不能进一步扩张。

④ 返回到步骤①，继续扫描，直到不能发现没有归属的像素，则结束整个生长过程。

这种方法简单，但如果区域之间的边缘灰度变化很平缓或边缘交于一点时，两个区域会合并起来。为克服这个问题，在步骤②中不是比较相邻像素灰度，而是比较已存在区域的像素灰度平均值与该区域邻接的像素灰度值。

3. 终止生长过程的条件或规则

最后，确定终止生长的条件一般是生长过程进行到没有满足生长准则的像素为止，或生长区域满足所需的尺寸、形状等全局特性。

4.4.2 区域分裂与合并法

分裂与合并分割法是从整个图像出发，根据图像和各区域的不一致性，把图像或区域分裂成新的子区域；根据相邻区域的一致性，把相邻的子区域合并成新的较大区域。分裂与合并分割法的基础是图像的四叉树表示。

1. 图像的四叉树表示

如果把整幅图像分成大小相同的4个方形象限区域，并接着把得到的新区域进一步分成大小相同的4个更小的象限区域，如此不断分割下去，就会得到一个以该图像为树根，以分成的新区域或更小区域为中间结点或树叶结点的四叉树，如图4-11所示。

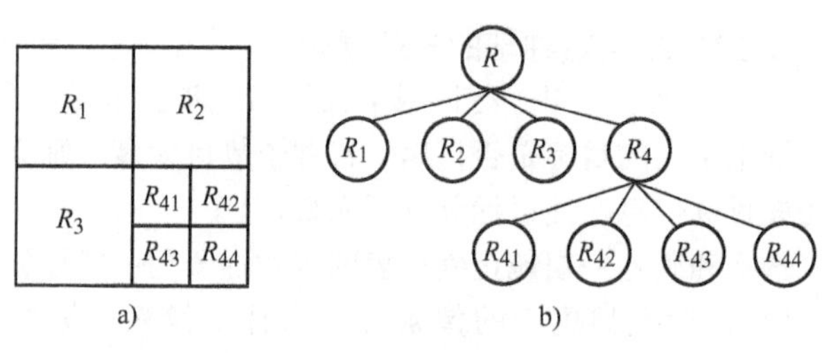

图4-11　图像的四叉树表示

2. 分裂与合并分割法

区域的分裂与合并是将图像划分为一系列不相交的、一致性较强的小区域，然后再按照一定的规则对小区域进行划分或合并，最终达到图像分割的目的。区域分裂与合并不需设定“种子”，只需给定相似测度和同质测度，如果两个相邻子区域满足相似测度，则将其合并；如果子区域不满足同质测度，则将其拆分。

令 R 表示整个图像区域，用 R_i 表示分裂成的一个图像子区域；$P(\cdot)$ 代表逻辑谓词，如果同一区域 R_i 中的所有像素满足某一相似性准则，则 $P(R_i)=\text{TRUE}$，否则 $P(R_i)=\text{FALSE}$。对 R 进行分裂的一种方法是反复将分裂得到的结果图像再次分为4个子区域，直到对任何子区域 R_i 都满足 $P(R_i)=\text{TRUE}$。具体的分裂过程是，从整幅图像开始，如果 $P(R_i)=\text{FALSE}$，就将图像分裂为4个子区域；对分裂后得到的任何子区域，如果依然有 $P(R_i)=\text{FALSE}$，就可以再次分裂为4个子区域；以此类推，直到对任何子区域 R_i 都满足 $P(R_i)=\text{TRUE}$。在这种分裂过程中，必定存在 R_h 的某个子区域 R_j 与 R_l 的某个子区域 R_k 的像素满足某一相似性准则，即满足 $P(R_j\cup R_k)=\text{TRUE}$，这时就可以将 R_j 与 R_k 合并组成新的区域。

总结前面的讨论，可以得到基本的分裂与合并分割法的步骤如下。

① 将图像 R 分成4个大小相同、互不重叠的子区域 $R_i(i=1,2,3,4)$。

② 对任何区域 R_i，如果 $P(R_i)=\text{FALSE}$，则将该区域再进一步分裂为4个不重叠的子区域。

③ 如果此时存在任意相邻的两个子区域 R_j 与 R_k 使 $P(R_j\cup R_k)=\text{TRUE}$ 成立，就将 R_j 与 R_k 合并组成新的区域。

④ 重复步骤②和③，直到无法进行拆分和合并为止。

若图像为灰度图像，同一区域内相似度测量的一种可行性标准为：同一区域 R_i 内至少有80%的像素满足 $|z_j-m_i|\leq 2\sigma_i$ 时，$P(R_i)=\text{TRUE}$，且将 R_i 内所有像素的灰度值置为 m_i；否则，就要对其进行进一步分裂。其中，z_j 是区域 R_i 内的第 j 个像素的灰度值；m_i 是区域 R_i 内所有像素的灰度值的均值；σ_i 是区域 R_i 内所有像素的灰度值的标准差。

对某一区域是否需要进行分裂和对相邻区域是否需要合并的准则应该是一致的，常用的一些准则如下。

1）同一区域中最大灰度值与最小灰度值之差或方差小于某选定的阈值。

2）两个区域的平均灰度值之差及方差小于某个选定的阈值。

3）两个区域的灰度分布函数之差小于某个选定的阈值。

4）两个区域的某种图像统计特征值的差小于等于某个阈值。

4.5　基于主动轮廓模型的图像分割

传统的图像分割方法仅依赖图像本身的灰度、边缘、纹理等低层视觉属性，不使用高层信息（如先验知识）。因此，这类方法虽然计算简单，但易受噪声或者伪边缘的影响产生不理想的分割效果，并且没有好的约束机制，只能利用图像的局部信息，很难提取图像的全局特征。因此，学者们研究出了一种称为主动轮廓模型（Active Contour Model，ACM）的灵活框架，将图像的低层次视觉属性与人们对于待分割目标的知识和经验有机地结合起来，从而得到待分割区域的完整表达。

主动轮廓模型及其改进模型被广泛应用在自然图像、遥感图像、医学图像等处理中。根据轮廓曲线的不同表示方式，主动轮廓模型大致可以分为参数主动轮廓模型（Parametric Active Contour Model）和几何主动轮廓模型（Geometric Active Contour Model）两大类。

4.5.1 参数主动轮廓模型

在参数主动轮廓模型中，曲线由一些规则排列的不连续点组成，或通过一些基函数（例如B样条）来描述。此类模型以Snake模型为代表，以及它的一些改进模型。

Snake模型由Kass等人提出，并很快在图像分割、视频跟踪等相关领域中得到广泛应用。该模型构建了一个能量泛函，通过设计模型中的能量项，将要分割的图像形状、亮度和色彩的特性等先验知识和图像的底层数据信息通过能量函数的形式融合在一起，用该能量泛函表示对待分割目标的完整表达，并且将图像分割问题转化为能量泛函极小值的求解问题。它在图像上初始化一条闭合曲线，曲线在内能和外能的共同作用下不断演化，当能量泛函取得极小值时，曲线停止形变，此时闭合曲线恰好与目标的边缘重合。之所以称为“主动”，是因为这是一种自主形变，不需要用户的交互。其中，内能由曲线内部性质决定，它定义了一个可伸长和可弯曲的轮廓曲线形变能量项，来约束轮廓曲线的连续性与光滑性。外能是由图像信息（如全局统计信息、局部统计信息、边界信息等）决定，吸引曲线到达目标的边缘。它没有统一的表达式，可根据图像特征和用户自身需要来构建。外部能量决定活动轮廓的运动方向，外部能量引导曲线向目标边界靠近。

Snake模型的基本原理如下。

用$v(s)=[x(s),y(s)]$表示曲线，s为曲线的参数且$s\in[0,1]$，$x(s)$和$y(s)$分别表示轮廓点处的x和y的坐标，则能量泛函的表达式为

$$\begin{aligned}E_{\text{snake}}^{*}&=\int_{0}^{1}E_{\text{snake}}(v(s))\\&=\int_{0}^{1}E_{\text{int}}(v(s))+E_{\text{ext}}(v(s))\mathrm{d}s\\&=\int_{0}^{1}E_{\text{int}}(v(s))+E_{\text{image}}(v(s))+E_{\text{con}}(v(s))\mathrm{d}s\end{aligned}\tag{4-40}$$

式中，内部能量E_{int}约束轮廓的连续性和光滑性，图像力E_{image}推动曲线向图像的显著特征如线、边缘和主观轮廓靠近，外部约束力E_{con}使曲线到达期望的能量局部极小值处，是各种人为设定的约束条件。E_{image}和E_{con}统称外部能量E_{ext}。

内部能量E_{int}的表达式为

$$E_{\text{int}}=(\alpha(s)|v'(s)|^{2}+\beta(s)|v''(s)|^{2})/2\tag{4-41}$$

式中，一阶项$v'(s)=\dfrac{\partial v(s)}{\partial s}$和二阶项$v''(s)=\dfrac{\partial^{2}v(s)}{\partial s^{2}}$分别保证轮廓的连续性和光滑性。权重系数$\alpha(s)$、$\beta(s)$分别用于控制模型扩张和弯曲的强度，分别称为弹力系数、强度系数，其值大小与图像噪声有关，噪声越大其值也越大，这使得Snake轮廓曲线受噪声影响小。在实际应用中，为了简化Snake模型的求解，可以把$\alpha(s)$和$\beta(s)$都设置为常量。

图像力E_{image}表示图像某种特征的势能面，具体用哪些项，可根据实际应用来决定，比如下式采用三项来表示图像特征。

$$E_{image}=\omega_{line}E_{line}+\omega_{edge}E_{edge}+\omega_{term}E_{term} \tag{4-42}$$

式中，E_{line}、E_{edge}和E_{term}分别为线泛函、边缘泛函和末端泛函。

对给定的灰度图像$I(x, y)$，有

$$E_{line}=I(x,y) \tag{4-43}$$

ω_{line}小于零时，它将吸引轮廓向灰度值大的地方运动，ω_{line}大于零时，它将吸引轮廓向灰度值小的地方运动。

当只对边缘感兴趣时候，可以将ω_{line}和ω_{term}都置为0。此时，对灰度图像$I(x, y)$来说，E_{edge}的表达式为

$$E_{edge}=-\gamma|\nabla I(x,y)|^2 \tag{4-44}$$

式中，∇为梯度算子；γ为权重。它将吸引轮廓向强边缘处运动（默认情况下权重大于零）。当考虑到图像中存在噪声时，可以先进行高斯滤波处理后再进行梯度的计算，即

$$E_{edge}=-\gamma|G_\sigma(x,y)*\nabla I(x,y)|^2 \tag{4-45}$$

式中，G_σ为标准差为σ的二维高斯函数；$*$代表卷积运算。

E_{term}是用高斯函数平滑过的图像中各级轮廓线的曲率。

经典Snake模型要求初始轮廓线距离目标边缘较近，后续研究者们提出的“气球（Balloon)”模型，在外力中增加了膨胀力来控制轮廓线的膨胀或收缩，改善了Snake对初始轮廓的敏感性，并且能够跨越图像中的伪边缘点。另一方面，因Snake模型的外部能量作用范围有限，无法收敛到轮廓的深度凹陷区域，所以，基于梯度矢量流（Gradient Vector Flow，GVF）的Snake模型设计了一种新的外部力，此外部力在整个图像域上计算梯度场，扩大了轮廓线的捕获范围，并能使它进入深度凹陷区。

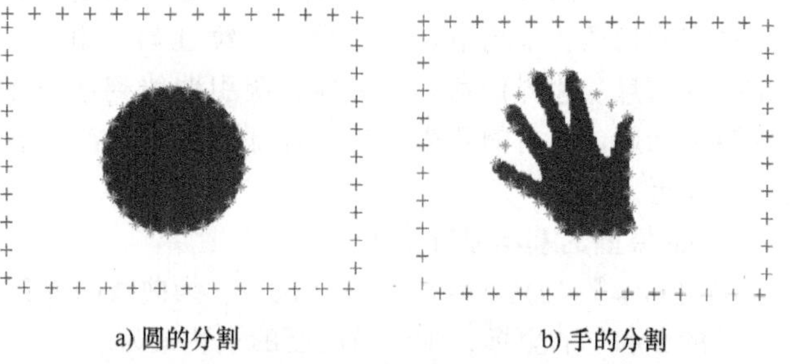

a) 圆的分割　　b) 手的分割

图4-12　采用经典Snake模型的图像分割效果

（其中：+ 代表初始轮廓控制点，* 代表最终收缩点）

图4-12所示为采用经典Snake模型的图像分割效果。从图中可以看出，采用经典Snake模型不能收敛到凹陷处。

4.5.2　几何主动轮廓模型

依赖于轮廓线的参数化的模型，存在如下缺点：对初始轮廓线位置比较敏感，容易收敛至局部极值，尤其是难以处理轮廓线的分裂或合并等。为此，学者们提出了几何主动轮廓模型。在这类模型中，曲线的运动过程基于曲线的几何度量参数（如曲率和法向矢量等），而非曲线的表达参数，其基础是曲线进化理论以及水平集（Level Set）思想，因此，基于水平集方法的几何主动轮廓模型也常简称为水平集方法。在该模型中将轮廓线看作演化曲线，通过求解其演化方程所对应的水平集函数，得到主动轮廓线的收敛位置。根据构造能量函数时所使用的图像信息的不同，可以将几何主动轮廓模型细分为三类：基于边界的几何主动轮廓模型、基于区域的几何主动轮廓模型以及边界和区域结合的混合模型。

1. 基于边界的几何主动轮廓模型

基于边界的主动轮廓模型在构造能量函数时，推动曲线演化的外力主要是基于图像的梯度信息来构造的。此类模型对梯度变化大的图像较有效，代表模型为隐式几何主动轮廓模型（Implicit Geometric Active Contour Model）、隐式测地线主动轮廓模型（Implicit Geodesic Active Contour Model）、

结合隐式几何主动轮廓模型和测地线主动轮廓模型的统一模型。

隐式几何主动轮廓模型是20世纪90年代初由Caselles等提出的，也是出现最早的水平集模型。该模型的主要思想是：以演化曲线的平均曲率运动以及待分割图像的梯度信息两者为基础来构建水平集方法的能量函数。模型本身并不依赖于参数的选取，而是直接通过求解水平集数值解的方法来处理曲线在演化过程中拓扑结构的变化。

隐式几何主动轮廓模型在图像的对比度较好并且目标区域边界比较清晰的情况下，用此方法可以取得很不错的分割效果。然而，该模型存在边界泄漏问题，在目标边界有间断点的情况下效果很差。为了解决这个问题，1997年Caselles等在此基础上，以黎曼（Riemannian）空间最小测地距离理论为基础，提出了一种改进模型即测地线主动轮廓模型，其主要思想是将边缘检测转化为曲线加权长度的最小化，即测地线长度的最小化。

此外，还可以将隐式几何主动轮廓模型和测地主动轮廓模型相结合，形成统一模型（Unified Model）。

2. 基于区域的几何主动轮廓模型

基于区域的主动轮廓模型直接使用轮廓内部和外部区域的像素强度信息，根据区域统计特性对同质区域分割，不再使用梯度信息，所以受边界影响较弱，具有一定的抗噪性。因此对梯度变化比较小或者边界比较模糊的图像，以及噪声比较大的图像都能获得较好的分割效果，代表模型为多种基于Mumford-Shah模型的分割模型。

按照能量泛函中区域能量项的定义，又可以分为以下几种类型。

（1）基于分片光滑函数拟合的主动轮廓模型

该模型通过分片光滑函数的最佳逼近（即著名的Mumford-Shah泛函）来解决目标边界检测问题。Mumford-Shah模型的能量泛函表达式为

$$E(I,C)=\alpha\int_{\Omega}|I-I_0|^2\mathrm{d}x\mathrm{d}y+\beta\int_{\Omega/C}|\nabla I|^2\mathrm{d}x\mathrm{d}y+\gamma\mathrm{Length}(C) \tag{4-46}$$

式中，$\Omega\subset R^2$是开集；I_0为定义在Ω上的待分割图像；I为最终得到的分割图像；C为待分割图像中目标区域的边界轮廓曲线的点集；Length(C)为目标区域边界长度；α、β、$\gamma>0$。式(4-46)右边的第一项为保真项，用来表示分割图像与原始图像相似度；第二项为平滑项，用来使分割效果保持足够的平滑；第三项为约束项，用来约束目标区域边界曲线的长度。相比Snake模型，该模型将图像的去噪和边缘检测统一在一个模型中，控制了低层的误差扩散，而Snake模型对噪声敏感。

（2）基于分片常数拟合的主动轮廓模型

因Mumford-Shah模型求解较复杂，所以需要对它进行简化。简化后的模型称为分片常数拟合的Mumford-Shah模型，又称为Chan-Vese(CV)模型，其能量泛函表达式为

$$\begin{aligned}E(C,c_1,c_2)&=\mu\mathrm{Length}(C)+v\mathrm{Area}(\mathrm{inside}(C))\\&\quad+\lambda_1\int_{\mathrm{inside}(C)}|I(x,y)-c_1|^2\mathrm{d}x\mathrm{d}y+\lambda_2\int_{\mathrm{outside}(C)}|I(x,y)-c_2|^2\mathrm{d}x\mathrm{d}y\end{aligned} \tag{4-47}$$

式中，C为边界曲线；inside(C)为曲线C之内区域（即目标区域）；outside(C)为曲线之外区域；Length(C)为C的长度；Area(inside(C))为曲线C之内区域的面积；c_1、c_2分别为目标和背景两个同质区域的平均灰度；μ、v、λ_1、λ_2为系数。

CV模型不含图像的梯度项，所以也被称为无边缘（或无梯度）的主动轮廓模型，它将待分割图像分为目标区域和背景，并将目标区域和背景区域的灰度值都认为常数，但正因为CV模型分割时利用分段常量来表示分片光滑区域的均值，再利用能量泛函最小化方法来最优逼近均值相似的区域，所以只对均匀图像分割有较好的效果。

（3）基于区域的组合主动轮廓模型

此类模型组合了全局区域拟合能量与局部区域拟合能量，能够克服单一模型在分割不均匀图像时，易陷入局部极小值的缺陷。

3. 基于边界和区域的混合模型

为了使主动轮廓模型既具有较好的边缘定位能力，又具有一定的抗噪性能，可以将基于边界和基于区域的模型进行组合形成混合模型。采用混合模型时需要考虑的问题是如何设定两个模型各自的权重。采用固定权重的混合模型较为方便，但它对初始轮廓依赖度高或对不同图像适应性差。因此，可以采用可变权重来设计组合模型。

4.6 MATLAB 编程实例

【例 4-1】 请编写利用迭代法进行图像分割的 MATLAB 程序。

解： MATLAB 代码如下。

```
clear all
%读入图像
I = imread('cameraman.tif');
%计算图像的灰度最小值和最大值
tmin = min(I(:));
tmax = max(I(:));
%设定初始阈值
th = (tmin + tmax)/2;
%定义开关变量,用于控制循环次数
ok = true;
%迭代法计算阈值
while ok
    g1 = I >= th;
    g2 = I < th;
    u1 = mean(I(g1));
    u2 = mean(I(g2));
    thnew = (u1 + u2)/2;
    %设定两次阈值的比较当满足小于 1 时停止循环
    ok = abs(th - thnew) >= 1;
    th = thnew;
end
th = floor(th);
%阈值分割
J = im2bw(I,th/255);
%结果显示
figure(1);
imshow(I);title('原始图像');
figure(2);
str = ['迭代分割:阈值 Th = ',num2str(th)];
imshow(J);
title(str);
```

【例 4-2】 请编写利用最大类间方差阈值分割法（Otsu 算法）进行图像分割的 MATLAB 程序。

解： MATLAB 中提供了计算最大类间方差阈值分割的阈值函数 graythresh。该函数的语法格式为

```
level = graythresh(I)
```

level = graythresh(I) 根据最大类间方差阈值分割法计算全局阈值，函数返回的阈值的取值范围为［0，1］，输入的图像I可以是uint8、uint16或double型。

利用最大类间方差阈值分割法（Otsu算法）进行图像分割的MATLAB代码如下。

```
clear all
%读入图像
I =imread('cameraman.tif');
%计算阈值
th =graythresh(I);
%图像分割
J=im2bw(I,th);
th = 255 * th;
%结果显示
subplot(1,2,1);
imshow(I);title('原始图像');
subplot(1,2,2);
str = ['分割结果:阈值 Th = ',num2str(th) ];
imshow(J);
title(str);
```

【例4-3】 边缘检测算子的MATLAB实现。

解： MATLAB中提供了边缘检测函数edge，用来完成灰度图像的边缘检测，该函数支持6个不同的边缘检测方法，分别是Sobel算法、Prewitt算法、Roberts算法、LoG算法、Zerocross算法和Canny算法。edge函数的语法格式如下。

```
BW = edge(I, 'sobel')
BW = edge(I, 'sobel', thresh)
BW = edge(I, 'sobel', thresh, direction)
[BW, thresh] = edge(I, 'sobel',…)

BW = edge(I, 'prewitt')
BW = edge(I, 'prewitt', thresh)
BW = edge(I, 'prewitt', thresh, direction)
[BW, thresh] = edge(I, 'prewitt', …)

BW = edge(I, 'roberts')
BW = edge(I, 'roberts', thresh)
[BW, thresh] = edge(I, 'roberts', …)

BW = edge(I, 'log')
BW = edge(I, 'log', thresh)
BW = edge(I, 'log', thresh, sigma)
[BW, thresh] = edge(I, 'log', …)

BW = edge(I, 'zerocross', thresh, h)
[BW, thresh] = edge(I, 'zerocross',…)

BW = edge(I, 'canny')
BW = edge(I, 'canny', thresh)
BW = edge(I, 'canny', thresh, sigma)
[BW, thresh] = edge(I, 'canny',…)
```

说明如下。

BW = edge(I, 'sobel') 用于用 sobel 算子检测边缘。

BW = edge(I, 'sobel', thresh) 用于指定阈值 thresh 的 Sobel 算子检测边缘，即强度小于 thresh 的边缘被忽略掉，如果不指定阈值或阈值为空，则 edge 函数自动选择阈值。

BW = edge (I, 'sobel', thresh, direction) 中的参数 direction 用于指定检测边缘的方向。当该参数值为 'horizontal' 时，表示检测水平方向边缘；该参数值为 'vertical' 时，表示检测垂直方向边缘；该参数值为 'both' 时，表示检测水平和垂直方向的边缘，该值为默认值。

[BW, thresh] = edge(I, 'sobel', …) 用于返回边缘图像和检测用的阈值。

BW = edge(I, 'log', thresh, sigma) 中的参数 sigma 用于指定 LoG 滤波器的标准差。

BW = edge(I, 'zerocross', thresh, h) 中的 h 为用户指定的滤波器，该函数通过对滤波后的图像用过零检测的方法来检测图像的边缘。

BW = edge(I, 'canny', thresh) 用于用 Canny 算子检测图像的边缘，在该函数中，阈值参数 thresh 是一个有两个元素的向量，第 1 个元素用于指定较小的阈值，第 2 个元素用于指定较大的阈值。如果用户指定该参数为一个标量，则该标量值作为较大的阈值，较小的阈值自动选择为 0.4 * thresh，如果用户不指定 thresh 或 thresh 为空，edge 函数自动选择两个阈值，且 thresh 的取值与图像梯度最大幅度值有关。

【例 4-4】 请编写 MATLAB 程序，对一幅数字图像添加高斯噪声，然后分别对原始图像和含噪声的图像用 Canny 算子进行边缘检测，测试 Canny 算子对噪声的敏感程度。

解：MATLAB 代码如下。

```
clear all
%读取图像
I =imread('E:\matlab\images\blood.bmp');
%对图像添加高斯噪声
IN =imnoise(I,'gaussian');
%检测边缘
[BW1,T1 ] = edge(I,'canny');
[BW2,T2] = edge(IN,'canny');
%结果显示
subplot(2,2,1);
imshow(I);title('原始图像');
subplot(2,2,2);
imshow(IN);title('添加高斯噪声图像');
subplot(2,2,3);
t1 = ['阈值[Low High]=[',num2str(T1),']'];
imshow(BW1);title(t1);
subplot(2,2,4);
t2 = ['阈值[Low High]=[',num2str(T2),']'];
imshow(BW2);title(t2);
```

【例 4-5】 请编写使用区域生长法进行图像分割的 MATLAB 程序。

解：首先编写区域生长所需的子函数，新建一个 m 文件，其代码如下。

```
%%%%%%%%%%%%%%%%%%%%%%%%%%%%%%%%%%%
%th_mean :阈值输入
%seed :种子
%I :输入图像
%Yout :输出图像
%%%%%%%%%%%%%%%%%%%%%%%%%%%%%%%%%%%%
```

```
function    Yout = regiongrow(I,seed,th_mean)
    [M,N] = size(I);
    [L H] = size(seed);
    Yout = zeros(M,N);
    for i = 1:L
        Yout(seed(i,1),seed(i,2)) = 1;
    end
    for i = 1:L
        sum(i) = I(seed(i,1),seed(i,2));
    end
    seed_mean = mean(sum);
    ok = true
    s_star = 1;
    s_end = L;
    while ok
      ok = false;
      %生长种子队列中,选择区域的种子;
      for i = s_star:s_end
        x = seed(i,1);
        y = seed(i,2);
        %边界点以内
        if  x > 2 &&  (x+1) < M   &&  y > 2 && (y+1) < N
        %判断种子的 8 邻域
          for u = -1:1
            for v = -1:1
            %如果不为种子
            %则判断是否需要进行合并,满足条件则合并到种子
             if Yout(x+u,y+v) == 0 & abs(I(x+u,y+v) - seed_mean) < = th_mean
                Yout(x+u,y+v) = 1;
                ok = true;
                seed = [seed;[x+u y+v]];
             end
            end
          end
        end
      end
      s_star = s_end+1;
      [L h] = size(seed);
      s_end = L;
    end
```

对新建的 m 文件命名并保存为 regiongrow. m 文件，然后编写区域生长的主程序代码如下。

```
clear all
I = imread('eight.tif');
figure(1);
imshow(I);title('原始图像') ;
I=double(I);
%[M,N]=size(I);
%设置生长种子
[y1,x1]=getpts;
x1 = round(x1);
y1 = round(y1);
```

```
seed = [x1,y1];
%设定域值
th_mean = 40;
Yout = regiongrow(I,seed,th_mean);
figure(2);
imshow(Yout);title('区域生长');
```

4.7 小结

图像分割就是依据图像的灰度、颜色、纹理、边缘等特征，把图像分成各自满足某种相似性准则或具有某种同质特征的连通区域的集合的过程。

图像分割的依据是各区域具有不同的特性，这些特性可以是灰度、颜色、纹理等。而灰度图像分割的依据是基于相邻像素灰度值的不连续性和相似性。也就是说，子区域内部的像素一般具有灰度相似性，而在区域之间的边界上一般具有灰度不连续性。所以，从分割依据的角度来看，灰度图像分割方法可以分为基于区域边界灰度不连续性的方法和基于区域内部灰度相似性的方法。

基于区域边界灰度不连续性的方法就是首先检测局部不连续性，然后将它们连接在一起形成边界，这些边界将图像分成不同的区域。如，基于边缘检测的图像分割、基于边缘跟踪的图像分割。基于区域内部灰度相似性的方法就是将具有同一灰度级或相同组织结构的像素聚集在一起，形成图像的不同区域。如，阈值化分割、区域生长、区域分裂与合并都属于此类方法。

基于边缘检测的图像分割方法的基本思路是先确定图像中的边缘像素，然后就可把它们连接在一起构成所需的边界。边缘检测的实质是采用某种算法来提取出图像中目标与背景间的交界线。图像灰度的变化情况可以用图像灰度分布的梯度来反映，因此可以用局部图像微分技术来获得边缘检测算子。Roberts 算子、Prewitt 算子、Sobel 算子是基于一阶导数的边缘检测算子，图像的边缘检测是通过 2×2 或者 3×3 模板的卷积和对图像中的每个像素点进行卷积运算，然后选取合适的阈值以提取边缘。拉普拉斯算子是基于二阶导数的边缘检测算子，该算子对噪声敏感。对拉普拉斯算子的改进方式是先对图像进行平滑处理，然后再应用二阶导数的边缘检测算子，其代表是高斯型的拉普拉斯（LoG）算子。Canny 算子是在满足一定约束条件下推导出的边缘检测最优化算子。

阈值化分割法通过阈值来定义图像中不同像素的区域归属，在阈值确定后，通过阈值化分割出的结果直接给出了图像的不同区域划分。而在实际应用中，图像的灰度直方图受噪声和对比度的影响较大，最佳阈值很难确定，因此，阈值化分割法的关键和难点就是如何选取一个最佳阈值，使图像分割效果达到最好。目前有多种阈值选取方法，依据阈值的应用范围可将阈值化分割方法分为全局阈值化分割法、局部阈值化分割法和动态阈值化分割法 3 类。每一类方法几乎都有其独特的优点和实际应用的背景。实际应用中，阈值化分割法需要和其他方法相互结合使用，才能获得最佳或满意的分割结果。

基于区域的图像分割是根据图像的灰度、纹理、颜色和图像像素统计特征的均匀性等图像的空间局部特征，把图像中的像素划归到各个物体或区域中，进而将图像分割成若干个不同区域的一种分割方法。区域生长分割法对于由复杂物体定义的复杂场景分割具有很好的作用。所谓区域生长就是一种根据事先定义的准则将像素或者子区域聚合成更大区域的过程。基本思想是以一组种子（可以是单个像素，也可以是某个小区域）开始，搜索其邻域，把图像分割成特征相似的若干小区域，比较相邻小区域与种子特征的相似性，若它们足够相似，则作为同一区域合并，形成新的种子。以此方式将特征相似的小区域不断合并，直到不能合并为止，最后形成特征不同的各区域。种子和相邻小区域的相似性判据可以是灰度、纹理，也可以是色彩等多种图像要素特性的量化数据。

本章首先介绍了图像分割的基本概念；然后，介绍了几种图像分割方法，包括基于阈值的图像分割方法、基于边缘检测的图像分割方法、基于区域的图像分割方法和基于主动轮廓模型（以 Snake 模型为代表）的图像分割方法；最后，针对某些常用方法的基本原理，给出了 MATLAB 编程实例以供参考。

4.8 习题

1. 什么是图像分割？目前图像分割的难点主要体现在哪些方面？

2. 图像分割的依据是什么？常用的图像分割方法主要包括哪几类？分别有哪些具体方法？

3. 基于阈值的图像分割方法的基本原理是什么？什么是它的关键和难点？

4. 什么是全局阈值化分割法？基于灰度值的全局阈值化分割有哪几种常见算法？它们的算法原理分别是什么？

5. 相对于全局阈值化分割，局部阈值化分割有什么优点？其基本原理是什么？使用时需注意哪几点？

6. 动态阈值化分割有什么特点？其关键是什么？

7. 什么是图像边缘和边缘检测？

8. 请写出 Roberts 算子、Prewitt 算子和 Sobel 算子的模板。它们各有什么特点？

9. 拉普拉斯算子有什么局限性和作用？高斯拉普拉斯（LoG）算子的模板要满足什么特征？请写出 LoG 算子的常用模板。

10. Canny 提出的边缘检测算子应满足的 3 个判断准则是什么？Canny 算子的主要实现步骤是什么？Canny 算子有什么优缺点？

11. 什么是光栅扫描跟踪？光栅扫描跟踪方法的基本思想是什么？使用光栅扫描跟踪方法，需要遵循哪三个准则？使用光栅扫描跟踪方法实现边界跟踪的具体步骤是什么？

12. 什么是轮廓跟踪法？采用轮廓跟踪的方法，进行图像分割的具体步骤是什么？

13. 什么是基于区域的图像分割？传统的基于区域的分割方法有几种？

14. 什么是区域生长？其基本方法是什么？决定区域生长好坏的因素有哪些？

15. 什么是区域的分裂与合并？简述其基本步骤。

16. 根据轮廓曲线的不同表示方式，主动轮廓模型可以分为哪几类？Snake 模型包括哪些能量？

第5章　数字图像与视频压缩编码原理

本章学习目标：

- 熟悉数字图像与视频编码的基本原理及常用方法。
- 重点掌握哈夫曼（Huffman）编码、算术编码、预测编码和基于DCT的变换编码的基本原理。
- 掌握运动估计和运动补偿预测编码的基本原理。

5.1　数字图像与视频压缩编码概述

5.1.1　数字图像与视频压缩的必要性和可能性

视频信号数字化之后所面临的一个问题是巨大的数据量给存储和传输带来的压力。例如，一路电视信号，按ITU-R BT.601建议，数字化后的输入图像格式为720×576，帧频为25帧/s，采样格式为4：2：2，量化精度为8bit，则数码率为（720×576+360×576+360×576）×25帧/s×8bit=165.888Mbit/s。如果视频信号数字化后直接存放在650MB的光盘中，在不考虑音频信号的情况下，每张光盘只能存储31s的视频信号。单纯用扩大存储容量、增加通信信道的带宽的办法是不现实。而数据压缩技术是个行之有效的方法，以压缩编码的形式存储、传输，既节约了存储空间，又提高了通信信道的传输效率，同时也可使计算机实时处理视频信息，以保证播放出高质量的视频节目。

数据压缩的理论基础是信息论。从信息论的角度来看，压缩就是去掉数据中的冗余，即保留不确定的信息，去掉确定的信息（可推知的），也就是用一种更接近信息本质的描述来代替原有冗余的描述。数字图像和视频数据中存在着大量的数据冗余和主观视觉冗余，因此图像和视频数据压缩不仅是必要的，而且也是可能的。

在一般的图像和视频数据中，主要存在以下几种形式的冗余。

1. 空间冗余

空间冗余也称为空域冗余，是一种与像素间相关性直接联系的数据冗余。以静态图像为例，数字图像的亮度信号和色度信号在空间域（X，Y坐标系）虽然属于一个随机场分布，但是它们可以看作一个平稳的马尔可夫场。通俗地理解，图像像素点在空间域中的亮度值和色度信号值，除了边界轮廓外，都是缓慢变化的。例如，一幅人的头肩图像，背景、人脸、头发等处的亮度、颜色都是平缓变化的。相邻像素的亮度和色度信号值比较接近，具有强的相关性，如果直接用采样数据来表示亮度和色度信号，则数据中存在较多的空间冗余。如果先去除冗余数据再进行编码，则使表示每个像素的平均比特数下降，这就是通常所说的图像的帧内编码，即以减少空间冗余进行数据压缩。

2. 时间冗余

时间冗余也称为时域冗余，它是针对视频序列图像而言的。视频序列每秒有25~30帧图像，相邻帧之间的时间间隔很小（例如，帧频为25Hz的电视信号，其帧间时间间隔只有0.04s）；同时实际生活中的运动物体具有运动一致性，使得视频序列图像之间有很强的相关性。

例如，图 5-1a 所示为一组视频序列的第 2 帧图像，图 5-1b 所示为第 3 帧图像。人眼很难发现这两帧图像的差别，如果连续播放这一视频序列，人眼就更难看出两帧图像之间的差别。两帧图像越接近，说明图像携带的信息越少。换句话说，第 3 帧图像相对第 2 帧图像而言，存在大量冗余。对于视频压缩而言，通常采用运动估计和运动补偿预测技术来消除时间冗余。

a) 第2帧

b) 第3帧

图 5-1　视频序列图像的时间冗余

3. 统计冗余

统计冗余也称编码表示冗余或符号冗余。由信息论的有关原理可知，为了表示图像数据的一个像素点，只要按其信息熵的大小分配相应的比特数即可。然而，对于实际图像数据的每个像素，很难得到它的信息熵，在数字化一幅图像时，对每个像素是用相同的比特数表示，这样必然存在冗余。换言之，若用相同码长表示不同出现概率的符号，则会造成比特数的浪费。如果采用可变长编码技术，对出现概率大的符号用短码字表示，对出现概率小的符号用长码字表示，则可去除符号冗余，从而节约码字，这就是熵编码的思想。

4. 结构冗余

在有些图像的部分区域内有着很相似的纹理结构，或是图像的各个部分之间存在着某种关系，例如自相似性等，这些都是结构冗余的表现。分形图像编码的基本思想就是利用了结构冗余。

5. 知识冗余

在某些特定的应用场合，编码对象中包含的信息与某些先验的基本知识有关。例如，在电视电话中，编码对象为人的头肩图像。其中头、眼、鼻和嘴的相互位置等信息就是一些常识。这时，可以利用这些先验知识为编码对象建立模型。通过提取模型参数，对参数进行编码而不是对图像像素值直接进行编码，可以达到非常高的压缩比。这是模型基编码（或称知识基编码、语义基编码）的基本思想。

6. 人眼的视觉冗余

视觉冗余度是相对于人眼的视觉特性而言的。人类视觉系统（Human Visual System，HVS）是世界上最好的图像处理系统，但它并不是对于图像中的任何变化都能感知。人眼对亮度信号比对色度信号敏感，对低频信号比对高频信号敏感（即对边缘或突变附近的细节不敏感），对静止图像比对运动图像敏感，以及对图像水平线条和垂直线条比对斜线敏感等。因此，包含在色度信号、图像高频信号和运动图像中的一些数据并不能对增加图像相对于人眼的清晰度做出贡献，而被认为是多余的，这就是视觉冗余。所以，在许多应用场合，并不要求经压缩及解码后的重建图像和原始图像完全相同，而允许有少量的失真，只要这些失真并不被人眼所察觉。

压缩视觉冗余的核心思想是去掉那些相对人眼而言是看不到的或可有可无的图像数据。对视觉冗余的压缩通常反映在各种具体的压缩编码过程中。如对于离散余弦变换（Discrete Cosine Transform，DCT）系数的直流与低频部分采取细量化，而对高频部分采取粗量化。在帧间预测编码中，高压缩比的预测帧及双向预测帧的采用，也是利用了人眼对运动图像细节不敏感的特性。

上述各种形式的冗余，是压缩图像与视频数据的出发点。图像与视频压缩编码方法就是要尽可能地去除这些冗余，以减少用于表示图像与视频信息所需的数据量。

综上所述，图像或视频压缩编码的目的，是在保证重建图像质量一定的前提下，以尽量少的比特数来表征图像或视频信息。

5.1.2 数字图像与视频压缩编码的主要方法及其分类

数字图像与视频压缩编码已经历了60多年的历史，不仅在理论上取得了重大进步，而且在实际应用中也获得了巨大成功。

1948年香农（C. E. Shannon）在其经典论文《通信的数学理论》中首次提到信息率-失真函数概念，1959年又进一步确立了率失真理论，从而奠定了信源编码的理论基础。

自1948年提出电视信号数字化后，人们开始了对图像压缩编码的研究工作。1952年哈夫曼（D. A. Huffman）给出最优变长码的构造方法。同年贝尔实验室的奥利弗（B. M. Oliver）等人开始研究线性预测编码理论；1958年格雷哈姆（Graham）用计算机模拟法研究图像的DPCM（Differential Pulse Code Modulation，差分脉冲编码调制）方法；1966年奥尼尔（J. B. O' Neal）通过理论分析和计算模拟比较了PCM（Pulse Code Modulation，脉冲编码调制）和DPCM对电视信号进行编码传输的性能。限于当时的客观条件，仅对帧内预测法和亚采样内插复原法进行研究，对视觉特性也做了一些极为有限的工作。20世纪70年代开始进行了帧间预测编码的研究。20世纪80年代初开始对做运动补偿预测所用的运动估计进行研究。

20世纪60年代，科学家们开始探索比预测编码效率更高的编码方法。人们首先讨论了包括K-L（Karhunen-Loeve）变换、离散傅里叶变换（Discrete Fourier Transform，DFT）等正交变换。1968年安德鲁斯（H. C. Andrews）等人采用二维离散傅里叶变换（2D-DFT）提出了变换编码。此后相继出现了沃尔什-哈达玛（Walsh-Hadamard）变换、斜（Slant）变换、K-L变换、离散余弦变换（DCT）等。

1976年美国贝尔系统的克劳切（R. E. Crochjiere）等人提出了语音的子带编码，1985年奥尼尔（S. D. O' Neil）将子带编码引入到图像编码。

早在1948年，香农就提出将信源符号依其出现的概率降序排序，用符号序列累计概率的二进制值作为对信源的编码，并从理论上论证了它的优越性。1960年，P. Elias发现无须对信源符号进行排序而只要编、解码端使用相同的符号顺序即可，并提出了算术编码的概念。Elias没有公布他的发现，因为他认为算术编码在数学上虽然成立，但不可能在实际中实现。1976年，R. Pasco和J. Rissanen分别用定长的寄存器实现了有限精度的算术编码。1979年J. Rissanen和G. G. Langdon一起将算术编码系统化，并于1981年实现了二进制编码。1987年Witten等人发表了一个实用的算术编码程序，即CACM87（后被ITU-T的H.263视频压缩标准采用）。同期，IBM公司发表了著名的Q-编码器（后被JPEG建议的扩展系统和JBIG二值图像压缩标准采用）。从此，算术编码迅速得到了广泛的注意。

1983年瑞典的Forchheimer和Fahlander提出了基于模型编码（Model-Based Coding）的思想。

1986年，Meyer在理论上证明了一维小波函数的存在，创造性地构造出具有一定衰减特性的小波函数。1987年Mallat提出了多尺度分析的思想及多分辨率分析的概念，成功地统一了在此之前各种具体小波的构造方法，提出了相应的快速小波算法——Mallat算法，并把它有效地应用于图像分解和重构；1989年，小波变换开始用于多分辨率图像描述。

20世纪90年代中后期，Internet迅猛发展，移动通信也迅速在全球普及，因此人们开始有了在网络上传输视频和图像的愿望。在网络上传输视频和图像等多媒体信息除了要解决误码问题之外，最大的挑战在于用户可以获得的带宽在不停地变化。为了适应网络带宽的变化，提出了分层（Layered）、可分级（Scalable）编码的思想。分层可分级编码（Layered Scalable Coding）是目前流媒体技术中的研究热点。

迄今为止，人们研究了各种各样的数据压缩方法，对它们进行分类、归纳有助于我们的理解。从不同的角度出发有不同的分类方法。

从信息论的角度出发，根据解码后还原的数据是否与原始数据完全相同，可将数字图像与视频数据压缩编码方法分为两大类：无失真编码和限失真编码，如图5-2所示。

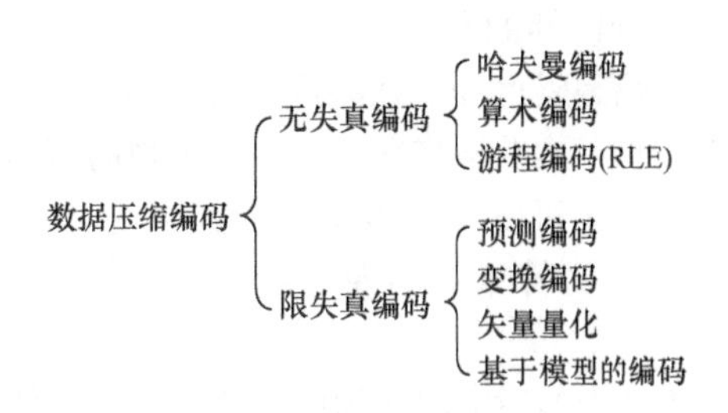

图5-2　数字图像与视频数据压缩编码方法的分类

（1）无失真编码

无失真编码又称无损编码、统计编码、信息保持编码、熵编码。无失真编码是基于信号统计特性的一种编码方法，它利用信源概率分布的不均匀性，通过变字长编码来减少信源数据冗余，解码后还原的数据与压缩编码前的原始数据完全相同而不引入任何失真。但无失真编码的压缩比较低，可达到的最高压缩比受到信源熵的理论限制，一般为2∶1到5∶1。最常用的无失真编码方法有哈夫曼（Huffman）编码、算术编码和游程编码（Run-Length Encoding，RLE）等。此类方法广泛用于文本数据、程序和特殊应用场合的图像数据（如指纹图像、医学图像等）压缩。

（2）限失真编码

限失真编码也称有损编码、非信息保持编码、熵压缩编码。也就是说，解码后还原的数据与压缩编码前的原始数据是有差别的，编码会造成一定程度的失真。

限失真编码方法除了利用统计冗余进行压缩编码外，还利用了视频数据的视觉冗余特性，即利用人类视觉系统（HVS）对视频信息中某些频率成分不敏感的特性，允许压缩过程中损失一部分信息，虽然在解码时不能完全恢复原始数据，但是如果把失真控制在视觉阈值以下或控制在可容忍的限度内，则不影响人们对图像的理解，却换来了高压缩比。在限失真编码中，允许的失真越大，则可达到的压缩比越高。

常见的限失真编码方法有：预测编码、变换编码、矢量量化、基于模型的编码等。

在实际应用的编码中，往往采用混合编码方法，即综合利用上述各种编码技术，以求达到最佳压缩编码效果。例如，在MPEG（Moving Picture Experts Group，运动图像专家组）标准中的视频压缩算法即综合利用了变换编码、运动补偿、帧间预测以及熵编码等多项技术。

5.2　熵编码

5.2.1　图像的信源熵

熵编码是建立在随机过程的统计特性基础上的。因为人们日常所见到的图像和视频都可以看作是一个随机信号序列，它们在时间和空间上均具有对应的统计特性。图像的统计特性是研究图像灰度或彩色信号值在统计意义上的分布上。大千世界的实际图像种类繁多，内容各不相同，其随机分布各不相同，所以其统计特性相当复杂。以一幅大小为256×256像素，每像素用8bit表示的静止黑白图像为例，它有 $(2^8)^{256\times256}=2^{8\times256\times256}\approx10^{157826}$ 种不同的图案。对于这样一个天文数字的图像统计特性研究，实际上是不可能的，也是没有意义的，这是因为其中绝大部分图像是毫无任何意义的纯噪声图像。因此，对图像做统计分析研究时，为了不使分析过程过于复杂，同时又具有代表性和实用价值，通常把分析对象集中在实际应用中某一类图像的一些典型代表图像（或序列）上。例如，对于会议电视、可视电话、广播电视以及HDTV等，国际上的一些组织，如ITU-T、SMPTE（电影电视工程师协会）、EBU（欧洲广播联盟)、MPEG 等都有相应的标准测试图像及序列。用标准测试图像的采样文件，进行图像各种统计特性的研究。

由于熵编码也称信息保持编码，这里涉及信息的度量问题。为此首先回顾一下有关信息论的基本概念，然后再将它们运用到图像的压缩编码之中。

设信源 X 可发出的消息符号集合为 $A=\{a_i \mid i=1,2,\cdots,m\}$，并设 X 发出符号 a_i 的概率为 $p(a_i)$，则定义符号 a_i 出现的自信息量为

$$I(a_i) = -\log p(a_i) \tag{5-1}$$

通常，上式中的对数取 2 为底，这时定义的信息量单位为比特（bit）。

如果各符号 a_i 的出现是相互独立的，则信源 X 发出一符号序列的概率等于各符号的出现概率之乘积，因而该序列出现的信息量等于相继出现的各符号的自信息量之和。这类信源称为“无记忆”信源。

对信源 X 的各符号的自信息量取统计平均，可得每个符号的平均信息量

$$H(X) = -\sum_{i=1}^{m} p(a_i)\log_2 p(a_i) \tag{5-2}$$

称 $H(X)$ 为信源 X 的熵（Entropy），单位为 bit/符号，通常也称为 X 的一阶熵，它的含义是信源 X 发出任意一个符号的平均信息量。

在实际情况下，信源相继发出的各个符号之间并不是相互独立的，而是具有统计上的相关性。这种类型的信源称为“有记忆”信源。一个有记忆信源发出一个符号的概率与它以前已相继发出的符号密切相关。有记忆信源的分析是非常复杂的，通常只考虑其中的一种特殊形式，即所谓的 N 阶马尔可夫过程。对于这种情况，信源发出一个符号的概率只与前面相继发出的 N 个符号有关，而与再前面的第 $N+1$，$N+2$，…等符号独立无关。在计算一个有记忆信源的熵值时，可以把这些相关的 N 个符号组成的序列当作一个新的符号 $B_i(N)$，信源发出这个新符号的概率用 $p(B_i(N))$ 表示，它不再是符号序列中各符号的出现概率之乘积。对于这种信源，每个符号序列的平均信息量，即序列熵为

$$H(X) = -\sum_{i=1}^{m} p(B_i(N))\log_2 p(B_i(N)) \tag{5-3}$$

其单位为 bit/符号序列。上式中的 m 是符号序列的总数。

而序列中的每个符号的平均熵值为

$$H_N(X) = -\frac{1}{N}\sum_{i=1}^{m} p(B_i(N))\log_2 p(B_i(N)) \tag{5-4}$$

其单位为 bit/符号，通常也称为 X 的 N 阶熵。

把上述概念引入到图像信源来计算熵值时，需要注意的地方是“符号”的定义。用现实世界中可能构成的整幅图像作为信源 X 可能发出的一个符号时，$p(B_i(N))$ 就表示 m 幅图像中的某一图像出现的概率。$H(X)$ 的单位是 bit/图像。当以图像为基本符号单位时，意味着每幅图像的内容“本身”对信息的接收者而言是确定的。所需消除的不确定性只是当前显示的图像是图像集中的哪一幅。在一些特殊的场合，这种以图像为基本符号单位是有用的。比如，从一副扑克牌中抽出一张纸牌，每一张牌的图案是确定的，这时，要消除的不确定性只是牌的面值。

对于实际通信中用作观察的图像而言，要考虑的是大量的图像构成的集合，信息的接收者所要消除的不确定性在于每幅图像内容本身，如果以图像为基本符号单位，就不再具有实际意义。比较直观、简便的方法是把每个像素的样本值定义为符号。这时，式(5-2) 中的$p(a_i)$ 为各样本值出现的概率，$H(X)$ 的单位为 bit/像素，所得的熵值为“一阶熵”。如果考虑实际图像中

相邻像素之间存在相关性，像素之间不是相互独立的特点，用相邻两个像素（也可以三个或三个以上，直至N个像素）组成一个子图像块，以子图像块作为编码的基本单元，其对应的熵为二阶熵（三阶熵、N阶熵）或称为高阶熵。理论上可以证明，高阶熵小于等于低阶熵，即

$$H_0(X) \geqslant H_1(X) \geqslant H_2(X) \geqslant \cdots \geqslant H_\infty(X) \tag{5-5}$$

式中，$H_0(X)$ 为等概率无记忆信源单个符号的熵；$H_1(X)$ 为一般无记忆（不等概率）信源单个符号的熵；$H_2(X)$ 为两个符号组成的序列平均符号熵；依次类推，$H_\infty(X)$ 称为极限熵。

图像信源熵是图像压缩编码的一个理论极限，它表示无失真编码所需的比特率的下限。比特率定义为编码表示一个像素所需要的平均比特数。熵编码或者叫熵保持编码、信息保持编码、无失真压缩编码，要求编码输出码字的平均码长，只能大于等于信源熵，否则在信源压缩编码过程中就要丢失信息。信源压缩编码的目的之一就是在一定信源概率分布条件下，尽可能使编码码字的平均码长接近信源的熵，减少冗余。

根据信息论基础知识可知，信源冗余来自信源本身的相关性和信源概率分布的不均匀性。熵编码的基本原理就是去除图像信源在空间和时间上的相关性，利用图像信源像素值的概率分布不均匀性，使编码码字的平均码长接近信源的熵而不产生失真。由于这种编码完全基于图像的统计特性，因此，有时也称其为统计编码。

5.2.2 游程编码

游程编码（Run Length Encoding，RLE），也称行程编码或游程（行程）长度编码，是一种非常简单的数据压缩编码形式。这种编码方法建立在数据相关性的基础上，其基本思想是将具有相同数值（例如，像素的灰度值）的、连续出现的信源符号构成的符号序列用其数值及串的长度表示。以图像编码为例，灰度值相同的相邻像素的延续长度（像素数目）称为延续的游程，又称游程长度，简称游程。如果沿图像的水平方向有一串L个像素具有相同的灰度值G，则对其进行游程编码后，只需传送数据组（G，L）就可代替传送L个像素的灰度值。对同一灰度、不同长度游程出现的概率进行统计，则可以将游程作为编码对象进行统计编码。

游程编码往往与其他编码方法结合使用。例如，在MPEG-1/2中，对图像块做完DCT和量化后，经Zig-Zag扫描将“0”系数组织成“0”游程，做游程编码，再与非“0”系数结合组成二维事件（RUN，LEVEL）进行哈夫曼编码，其中的RUN代表“0”游程的长度，LEVEL代表处在该“0”游程后面的非“0”系数的数值。

显然，平均游程长度越长，游程编码的效率越高。由于必须保证在一个游程内所有的像素的灰度值相同，所以游程编码不太适合多值的灰度图像，因为灰度级越多，越难以产生长游程。一般灰度级越多，平均游程越短，编码效率越低，因此游程编码多用于二值图像或经过处理的变换系数编码。

5.2.3 哈夫曼编码

哈夫曼于1952年提出一种编码方法，完全依据符号出现概率来构造异字头（前缀）的平均长度最短的码字，有时称之为最佳编码。哈夫曼编码是一种可变长度编码（Variable Length Coding，VLC），各符号与码字一一对应，是一种分组码。下面引证一个定理，该定理保证了按符号出现概率分配码长，可使平均码长最短。

变字长编码的最佳编码定理：在变字长编码中，对于出现概率大的符号以短字长的码进行编码，对于出现概率小的符号以长字长的码进行编码。如果码字长度严格按照所对应符号出现的概率大小逆序排列，则其平均码字长度一定小于其他任何符号顺序排列方式。

1. 哈夫曼编码的方法

哈夫曼码的码表产生过程是一个由码字的最末一位码逐位向前确定的过程，具体的编码步骤如下。

① 将待编码的 N 个信源符号按出现的概率由大到小顺序排列，如图 5-3 所示。给排在最后的两个符号的最末一位码各赋予一个二进制码元，对其中概率大的符号赋予“0”，概率小的符号赋予“1”（反之也可）。这一步只确定了出现概率最小的两个符号的最末一位码元。这两个排在最后的符号有相同的码长，码字只有最末一位不同，前面各位均相同，要由后续步骤来确定。

② 把最后两个符号的概率相加，求出的和作为一个新符号的出现概率，再按步骤①方法，对排在前面的 $N-2$ 个符号及新符号重新排序，重复步骤①的编码过程。

③ 重复步骤②，直到最后只剩下两个概率值为止。

④ 分配码字。码字的分配从最后一步开始反向进行，可用码树来描述。待编码的符号用树的叶结点表示，每个结点用该符号的出现概率来标识。依次选择概率最小的两个结点来构成中间结点，直至形成根结点，这棵“树”的构造就完成了。显然，最终树的根结点的概率为 1。在完成树的构造后，每个结点的两个分枝用二进制码的两个码元“1”或“0”分别标识。每个符号所对应的哈夫曼码就是从根结点经过若干个中间结点到达叶结点的路径上遇到的二进制码元“1”或“0”的顺序组合。

【例 5-1】 设有离散无记忆信源，符号 x_1、x_2、x_3、x_4、x_5 的出现概率分别为 0.4、0.2、0.2、0.1、0.1，其哈夫曼编码过程如图 5-3 所示。

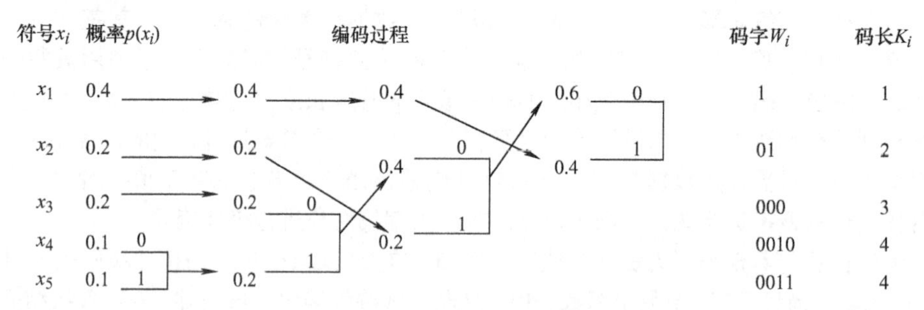

图 5-3　哈夫曼编码过程

信源熵为

$$H(X)=-\sum_{i=1}^{5}p(x_i)\log_2 p(x_i)=2.12\text{bit/ 符号}$$

哈夫曼码的平均码字长度为

$$\overline{K}=\sum_{i=1}^{5}p(x_i)K_i=2.2\text{bit/ 符号}$$

编码效率为

$$\eta=\frac{H(X)}{\overline{K}}=\frac{2.12}{2.2}=96.4\%$$

2. 哈夫曼编码的特点

哈夫曼编码具有以下特点。

1）哈夫曼编码的算法是确定的，但编出的码并非是唯一的。其原因如下：①每次在为出现概率最小的两个符号确定最末一位码时，赋“0”或“1”可以是任意的，概率大的符号可以赋予“0”，概率小的符号赋予“1”，反之也可。所以可以得到不同的哈夫曼码，但不会影响各个符号的码字长度。②在排序过程中若有两个或两个以上的符号概率相等，其次序也可以是任意的，故会得到不同的哈夫曼码，此时将影响符号的码字长度。但不影响哈夫曼码的平均码长和编码效率。

2）由于哈夫曼编码的依据是信源符号的概率分布，故其编码效率取决于信源的统计特性。当信源符号的概率相等时，其编码效率最低；只有在概率分布很不均匀时，哈夫曼编码才会收到显著的效果；当符号出现概率分布为 2^{-n} 型时，哈夫曼编码能使平均码长降到信源熵值 $H(x)$，编码效率为 100%。如果实际编码时信源的概率分布与构造码表时所假定的概率分布模型有差异，则实际编码得到的平均码长将大于预期值，编码效率下降。因而在设计码表时，使用的概率模型应尽量接近实际信源的概率分布。

3）哈夫曼编码没有错误保护功能。在解码时，如果码流中没有错误，那么就能一个接一个地正确解出代码。但如果码流中有错误，哪怕仅仅是 1bit 出现错误，也会引起一连串的错误，这种现象称为错误传播（Error Propagation）。

4）哈夫曼编码是可变长度码，码字字长参差不齐，因此硬件实现起来不大方便。

5）对信源进行哈夫曼编码后，形成了一个哈夫曼编码表，解码时，必须参照这一哈夫编码表才能正确解码。在信源的存储与传输过程中必须首先存储或传输这一哈夫曼编码表，在实际计算压缩效果时，必须考虑哈夫曼编码表占有的比特数。在某些应用场合，信源概率服从于某一分布或存在一定规律（这主要由大量的统计得到），这样就可以在发送端和接收端固定哈夫曼编码表，在传输数据时就省去了传输哈夫曼编码表，这种方法称为哈夫曼编码表缺省使用。这种方法适用于实时性要求较强的场合。虽然这种方法对某一个特定应用来说不一定最好，但从总体上说，只要哈夫曼编码表基于大量概率统计，其编码效果是足够好的。

5.2.4 算术编码

按照离散、无记忆信源的无失真编码定理，在理想的情况下，哈夫曼编码的平均码长可以达到其理论下限，也就是信源的熵，但这只有在每个信源符号的信息量都为整数时才成立，即信源每个符号的概率分布均为 2^{-n}（n 为整数）。例如，当信源中的某个符号出现的概率为 0.9 时，其包含的自信息量为 0.152bit，但编码时却至少要分配 1 个码元的码字；又如，编码二值图像时，因为信源只有两种符号“0”和“1”，因此无论两种符号出现的概率如何分配，都将指定 1bit。所以，哈夫曼编码对于这种只包含两种符号的信源输出的数据一点也不能压缩。

算术编码也是一种利用信源概率分布特性的编码方法。但其编码原理与哈夫曼编码却不相同，最大的区别在于算术编码跳出了分组编码的范畴，它在编码时不是按符号编码，即不是用一个特定的码字与输入符号之间建立一一对应的关系，而是从整个符号序列出发，采用递推形式进行连续编码，用一个单独的算术码字来表示整个信源符号序列。它将整个符号序列映射为实数轴上 [0, 1) 区间内的一个小区间，其长度等于该序列的概率。从小区间内选择一个代表性的二进制小数，作为实际的编码输出，从而达到高效编码的目的。不论是否为二元信源，也不论数据的概率分布如何，其平均码长均能逼近信源的熵。

算术编码过程是在 [0, 1) 区间上的划分子区间过程，给定符号序列的算术编码步骤如下。

① 初始化：编码器将“当前区间”[*low*, *high*) 设置为 [0, 1)。

② 对每一个信源符号，分配一个初始编码子区间 [*symbol_low*, *symbol_high*)，其长度与信源符号出现的概率成正比。当输入符号序列时，编码器在“当前区间”内按照每个信源符号的初始编码子区间的划分，以一定的比例再细分，选择对应于当前输入符号的子区间，并使它成为新的“当前区间”[*low*, *high*)。

③ 重复第②步，最后输出的“当前区间”［*low*，*high*）的左端点值 *low* 就是该给定符号序列的算术编码。

下面举例说明算术编码的具体过程。

【例 5-2】 假设信源符号为 $X=\{A, B, C, D\}$，各符号出现的概率为 $P(X)=\{0.1, 0.4, 0.2, 0.3\}$，根据这些概率可把区间［0，1）分成 4 个子区间：［0，0.1），［0.1，0.5），［0.5，0.7），［0.7，1），如表 5-1 所示，如果输入的符号序列为 CADACDB，求其算术编码。

表 5-1　信源符号、概率和初始编码区间

符　号	A	B	C	D
概率	0.1	0.4	0.2	0.3
初始编码子区间	［0，0.1）	［0.1，0.5）	［0.5，0.7）	［0.7，1）

解：算术编码的步骤如下。

① 初始化：设置当前区间的左端点值 $low=0$，右端点值 $high=1.0$，当前区间长度 $length=1.0$。

② 对符号序列中每一个输入的信源符号进行编码，采用式(5-6)的递推形式。

$$\begin{cases} low = low + length \times symbol\_low \\ high = low + length \times symbol\_high \end{cases} \tag{5-6}$$

式中，等号右边的 *low* 和 *length* 分别为前面已编码符号序列所对应编码区间的左端点值和区间长度；等号左边的 *low* 和 *high* 分别为输入待编码符号后所对应的“当前区间”的左端点值和右端点值。

“当前区间”的区间长度为

$$length = high - low \tag{5-7}$$

- 对输入的第 1 个信源符号 C 编码，有

$$\begin{cases} low = low + length \times symbol\_low = 0 + 1 \times 0.5 = 0.5 \\ high = low + length \times symbol\_high = 0 + 1 \times 0.7 = 0.7 \end{cases}$$

所以，输入第 1 个信源符号 C 后，编码区间从［0，1）变成［0.5，0.7），“当前区间”的区间长度为

$$length = high - low = 0.7 - 0.5 = 0.2$$

- 对输入的符号序列 CA 进行编码，有

$$\begin{cases} low = low + length \times symbol\_low = 0.5 + 0.2 \times 0 = 0.5 \\ high = low + length \times symbol\_high = 0.5 + 0.2 \times 0.1 = 0.52 \end{cases}$$

所以，输入第 2 个信源符号 A 后，编码区间从［0.5，0.7）变成［0.5，0.52），“当前区间”的区间长度为

$$length = high - low = 0.52 - 0.5 = 0.02$$

- 对输入的符号序列 CAD 进行编码，有

$$\begin{cases} low = low + length \times symbol\_low = 0.5 + 0.02 \times 0.7 = 0.514 \\ high = low + length \times symbol\_high = 0.5 + 0.02 \times 1 = 0.52 \end{cases}$$

所以，输入第 3 个信源符号 D 后，编码区间从［0.5，0.52）变成［0.514，0.52），“当前区间”的区间长度为

$$length = high - low = 0.52 - 0.514 = 0.006$$

- 对输入的符号序列 CADA 进行编码，有

$$\begin{cases} low = low + length \times symbol\_low = 0.514 + 0.006 \times 0 = 0.514 \\ high = low + length \times symbol\_high = 0.514 + 0.006 \times 0.1 = 0.5146 \end{cases}$$

所以，输入第4个信源符号A后，编码区间从［0.514，0.52）变成［0.514，0.5146），“当前区间”的区间长度为

$$length = high - low = 0.5146 - 0.514 = 0.0006$$

- 对输入的符号序列CADAC进行编码，有

$$\begin{cases} low = low + length \times symbol\_low = 0.514 + 0.0006 \times 0.5 = 0.5143 \\ high = low + length \times symbol\_high = 0.514 + 0.0006 \times 0.7 = 0.51442 \end{cases}$$

所以，输入第5个信源符号C后，编码区间从［0.514，0.5146）变成［0.5143，0.51442），“当前区间”的区间长度为

$$length = high - low = 0.51442 - 0.5143 = 0.00012$$

- 对输入的符号序列CADACD进行编码，有

$$\begin{cases} low = low + length \times symbol\_low = 0.5143 + 0.00012 \times 0.7 = 0.514384 \\ high = low + length \times symbol\_high = 0.5143 + 0.00012 \times 1 = 0.51442 \end{cases}$$

所以，输入第6个信源符号D后，编码区间从［0.5143，0.51442）变成［0.514384，0.51442），“当前区间”的区间长度为

$$length = high - low = 0.51442 - 0.514384 = 0.000036$$

- 对输入的符号序列CADACDB进行编码，有

$$\begin{cases} low = low + length \times symbol\_low = 0.514384 + 0.000036 \times 0.1 = 0.5143876 \\ high = low + length \times symbol\_high = 0.514384 + 0.000036 \times 0.5 = 0.514402 \end{cases}$$

所以，输入第7个信源符号B后，编码区间从［0.514384，0.51442）变成［0.5143876，0.514402）。最后从［0.5143876，0.514402）中选择一个数作为编码输出，这里选择0.5143876。

综上所述，算术编码是从全序列出发，采用递推形式的一种连续编码，使得每个序列对应编码区间内一点，也就是一个浮点小数。这些点把［0，1）区间分成许多子区间，每一子区间长度等于某序列的概率。符号序列的编码输出可以取最后一个子区间内的一个浮点小数，其长度可与序列的概率匹配，从而达到高效的目的。上述算术编码过程可用图5-4所示的区间分割过程描述。

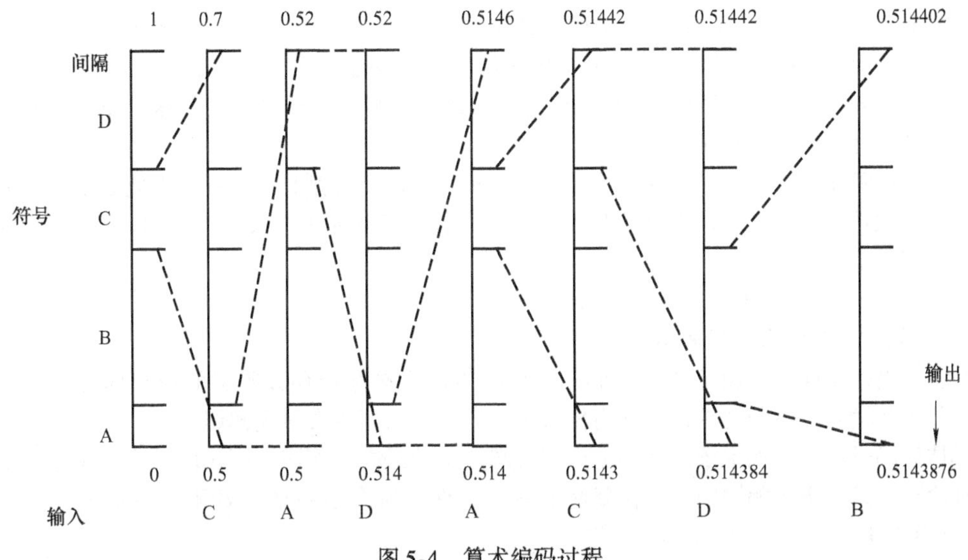

图5-4 算术编码过程

解码是编码的逆过程，通过对最后子区间的左端点值0.5143876进行二进制编码，得到编码码字为“10001100101101”。

由于0.5143876落在［0.5，0.7）区间内，所以可知第一个信源符号为C。

解码得到信源符号C后，由于已知信源符号C的初始编码子区间的左端点值 *symbol_low* = 0.5，右端点值 *symbol_high* = 0.7，利用编码可逆性，减去信源符号C的初始编码子区间的左端点值0.5，得到0.0143876，再用信源符号C的初始编码子区间长度0.2去除，得到0.071938，由于已知0.071938落在信源符号A的初始编码子区间［0，0.1），所以解码得到第二个信源符号为A。同样再减去信源符号A的初始编码子区间的左端点值0，除以信源符号A的初始编码子区间长度0.1，得到0.71938，已知0.71938落在信源符号D的初始编码子区间［0.7，1），所以解码得到第三个信源符号为D，……，依此类推。

解码操作过程描述如下。

$$\frac{0.5143876-0}{1}=0.5143876\in[0.5,0.7)\quad\Rightarrow\quad C$$

$$\frac{0.5143876-0.5}{0.2}=0.071938\in[0,0.1)\quad\Rightarrow\quad A$$

$$\frac{0.071938-0}{0.1}=0.71938\in[0.7,1.0)\quad\Rightarrow\quad D$$

$$\frac{0.71938-0.7}{0.3}=0.0646\in[0,0.1)\quad\Rightarrow\quad A$$

$$\frac{0.0646-0}{0.1}=0.646\in[0.5,0.7)\quad\Rightarrow\quad C$$

$$\frac{0.646-0.5}{0.2}=0.73\in[0.7,1.0)\quad\Rightarrow\quad D$$

$$\frac{0.73-0.7}{0.3}=0.1\in[0.1,0.5)\quad\Rightarrow\quad B$$

$$\frac{0.1-0.1}{0.4}=0\quad\Rightarrow\quad \text{结束}$$

那么算术编码与符号的排列顺序是否有关呢？早在1948年，香农（Shannon）就提出将信源符号按其概率降序排列，用符号序列累积概率的二进制表示作为对信源的编码；1960年后，P. Elias发现无须排序，只要编、解码端使用相同的符号顺序即可，但仍需要无限精度的浮点运算；1976年，R. Pasco和J. Rissanen分别用定长的寄存器实现了有限精度的算术编码，但仍没有解决有限精度计算固有的进位问题。

从上面的例子中发现，随着输入符号越来越多，子区间分割越来越细，因此表示其左端点的数值的有效位数也越来越多。如果等整个符号序列输入完毕后再将最终得到的子区间左端点输出，将遇到如下两个问题。

1）当符号序列很长时，将不能实时编解码；

2）有效位太长的数难以表示。

为了解决这个问题，通常采用两个有限精度的移位寄存器存放码字的最新部分，随着序列中符号的不断输入，不断地将其中的高位移到信道上，以实现实时编解码。

具体编码过程中，如果子区间左端点和右端点中的最高位相同，则相应的位将保持不变。按照这种原理，只要出现相同的最高位就将它移出，保证寄存器中的位数不发生溢出。另外，将1.0表示为0.1111111…，以便移位操作。

下面通过一个例子分析应用移位寄存器的算术编码及解码过程。

【例 5-3】设信源符号表是 $\{a_1, a_2, a_3, a_4\}$，其符号出现的概率分别为 {0.5, 0.25, 0.125, 0.125}。如果输入序列为 $a_2a_3a_4$，其算术编码的子分过程如图 5-5 所示。

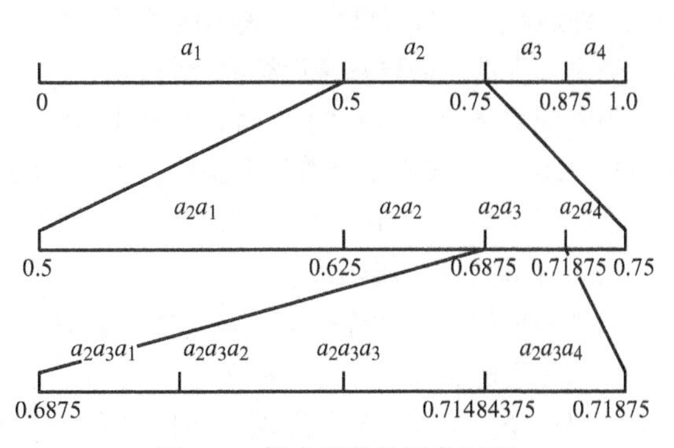

图 5-5　算术编码的子分过程

该符号序列子分的结果，如表 5-2 所示。最终 $a_2\ a_3\ a_4$ 的区间宽度为 [0.71484375, 0.71875)。

应用 8 位移位寄存器的编码过程如表 5-3 所示，表中将十进制小数转化为二进制小数，如 0.5 表示为 0.10000000。移位时需要注意的是，右端点寄存器的右边移进来的是 1，而左端点寄存器右边移进来的是 0。求得的右端点 0.11 应表示为 0.10111…。

表 5-2　算术编码过程

步　　骤	输 入 符 号	输出数值范围
0	初始	[0, 1)
1	a_2	[0.5, 0.75)
2	a_3	[0.6875, 0.71875)
3	a_4	[0.71484375, 0.71875)

表 5-3　应用 8 位移位寄存器的编码过程

输　　入	输　　出	左　端　点	右　端　点	操　　作
初始		00000000	11111111	初始区间 [0, 1)
a_2		10000000	10111111	子区间 [0.5, 0.75)
	10	00000000	11111111	左移 2 位
a_3		11000000	11011111	子区间 [0.75, 0.875)
	110	00000000	11111111	左移 3 位
a_4		11100000	11111111	子区间 [0.875, 1.0)
	111	00000000	11111111	左移 3 位
…	…	…	…	

$a_2a_3a_4$序列的编码结果是 10110111。

解码过程如下。

接收端收到的比特串是 10110111，解码是将该比特串通过与限定区间逐次比较还原码序列的过程。

当收到第 1 个比特“1”时，将子区间限定在 [0.10000000, 0.11111111)，表示区间 [0.5, 1.0)，对照图 5-5，由于有 3 个符号都可能在此范围内，即 a_2、a_3或 a_4。因此，仅有第一个比特不足以解出第一个符号，需要参考后续的比特。

当收到第 2 个比特“0”时，将子区间限定在 [0.10000000, 0.10111111)，表示区间 [0.5, 0.75)，能够解出 a_2。

当收到第 3 个比特“1”时，先将前面解出的 a_2对应的码字“10”去掉，将子区间限定在

[0. 10000000, 0. 11111111), 表示区间 [0.5, 1.0), 限定在3个符号范围内, 即 a_2、a_3或 a_4还不能确定, 因此, 需要参考后续的比特。

当收到第 4 个比特 "1" 时, 将子区间限定在 [0. 11000000, 0. 11111111), 表示区间 [0.75, 1.0), 限定在2个符号范围内, 即 a_3和 a_4还不能确定。

当收到第 5 个比特 "0" 时, 将子区间限定在 [0. 11000000, 0. 11011111), 表示区间 [0.75, 0.875), 能够解出 a_3。

同理解出最后一个符号 a_4。最终得到解码结果为 $a_2a_3a_4$。

算术编码的最大优点之一在于它具有自适应性和高的编码效率。算术编码的模式选择直接影响编码效率, 其模式有固定模式和自适应模式两种。固定模式是基于概率分布模型的, 而在自适应模式中, 其各符号的初始概率都相同, 但随着符号顺序的出现而改变, 在无法进行信源概率模型统计的条件下, 非常适合使用自适应模式的算术编码。

在信源符号概率比较均匀的情况下, 算术编码的编码效率高于哈夫曼编码。但在实现上, 由于在编码过程中需设置两个寄存器, 起始时一个为0, 另一个为1, 分别代表空集和整个样本空间的累计概率。随后每输入一个信源符号, 更新一次, 同时获得相应的码区间, 解码过程也要逐位进行。可见计算过程要比哈夫曼编码的计算过程复杂, 因而硬件实现电路也要复杂。

算术码也是变长码, 编码过程中的移位和输出都不均匀, 也需要有缓冲存储器。

5.3 预测编码

在预测编码中, 如果能够准确地预测作为时间函数的数据源的下一个输出将是什么, 或者数据源可以准确地被一个数学模型表示, 输出数据总是和模型的输出保持一致, 则可以准确地预测数据。然而, 实际信号源是不可能满足这两个条件的。另外, 从信息论观点来看, 能够完全被预测 (即预测误差为0) 的信号是不带任何信息的, 因而不需要传送。所以, 在预测编码中需要用预测器来预测下一个样值, 允许它有一些误差。

预测编码可以在一幅图像内进行, 我们称之为帧内预测编码; 也可以在图像序列之间进行, 我们称之为帧间预测编码。预测编码的基本原理就是利用图像数据的空间和时间相关性, 用相邻的已编码传输的像素值来预测当前待编码的像素值, 然后对当前待编码像素的实际值与预测值之差值 (预测误差) 进行编码传输, 而不是对当前像素值本身进行编码传输, 以去除图像数据中的空间相关冗余或时间相关冗余。在接收端, 将收到的预测误差的码字解码后再与预测值相加, 得到当前像素值。

在视频编码中, 根据预测像素选取的位置不同, 预测编码可分为帧内预测和帧间预测两种。在帧内预测编码时, 选取的预测像素位于待编码像素同一帧的相邻位置; 而在帧间预测编码时, 则选取时间上相邻帧间的像素进行预测。

帧内预测编码一般采用像素预测形式的差值脉冲编码调制 (DPCM), 其优点是算法简单, 易于用硬件实现。缺点是对信道噪声及误码很敏感, 会产生误码扩散, 使得图像质量下降。帧内的 DPCM 的编码压缩比很低, 现在很少单独使用, 一般要结合其他编码方法综合使用。

帧间预测编码主要利用视频序列相邻帧间的相关性, 即图像数据的时间相关性来达到压缩的目的, 可以获得比帧内预测编码高得多的压缩比。帧间预测一般是针对图像块的预测编码。主要的帧间预测编码方法有帧重复法、帧内插法、运动补偿法、自适应交替帧内/帧间编码法等。其中运动补偿预测编码效果最好, 已被各种视频编码标准所采用。

5.3.1 图像差值信号的统计特性

1. 帧内相邻像素灰度差值信号的统计特性

对于常见的大多数图像，相邻两个像素的差值的统计分布集中在“0”附近。这里，相邻像素的差值是指同一行相邻的两个像素 $f(i,j)$ 和 $f(i,j+1)$ 之差值，或者同一列相邻两个像素 $f(i,j)$ 和 $f(i+1,j)$ 之的差值。

通过观察一幅数字图像发现，相邻像素的灰度值总是相近的。这种现象说明，图像的像素间存在着很强的相关性。这种相关性通常可以通过图像的相关函数、条件概率和差值信号的统计分布特性进行研究。

对于一幅数字图像，设第 i 行、第 j 列上像素的亮度值为 $f(i,j)$，与它同一行但在它前一列像素的亮度值为 $f(i,j-1)$，而与它同一列但在它上一行像素的亮度值为 $f(i-1,j)$，于是可得图像在垂直方向和水平方向相邻像素间的差值信号分别为

$$d_{\mathrm{V}}(i,j)=f(i,j)-f(i-1,j) \tag{5-8}$$

$$d_{\mathrm{H}}(i,j)=f(i,j)-f(i,j-1) \tag{5-9}$$

图 5-6 是图像在水平方向相邻像素间的差值信号的概率分布。由图看出，差值信号绝对值较小者所对应的概率大，且差值为零所对应的概率最大。所得差值的概率分布集中在“0”附近。对垂直方向相邻像素间的差值信号也有类似的统计特性。

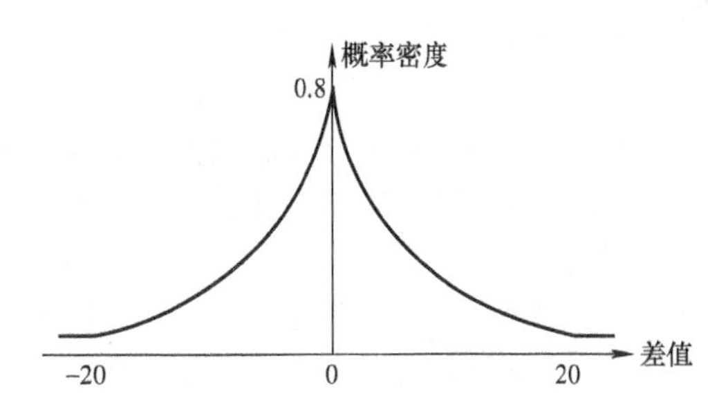

图 5-6 相邻像素间的差值信号的概率分布

相邻像素差值信号的统计特性说明：如果用传输差值信号代替传输原始图像信号，会使传输的数码率降低，这正是帧内预测编码的依据。

2. 相邻帧间差值信号的统计特性

对于电视或活动图像，相邻帧间差值信号的统计特性依赖于场景的内容和摄像机的运动。帧内像素间存在着较强的相关性，称之为帧内统计特性。同样，在相邻帧之间可能也只有微小的差别，这种相邻帧图像之间的相关性称为帧间统计特性。在帧间统计特性中，一般只讨论最简单的帧间差值的统计特性。

如图 5-7 所示，相邻帧间差值是指在序列图像的某一个固定像素位置 (i,j) 上，当前帧的亮度值 $f_k(i,j)$ 与上一帧的亮度值 $f_{k-1}(i,j)$ 之差，即

$$d_k(i,j)=f_k(i,j)-f_{k-1}(i,j) \tag{5-10}$$

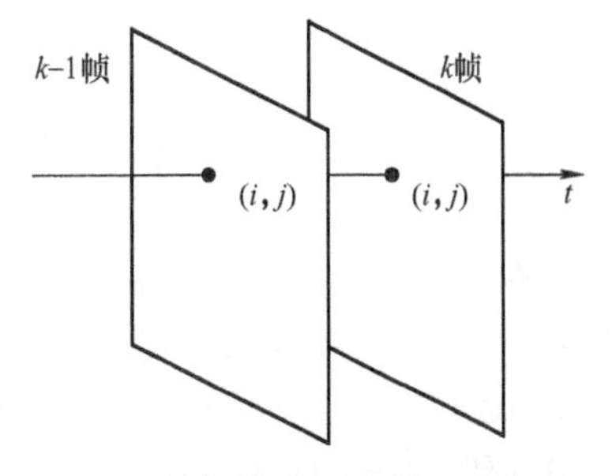

图 5-7 相邻帧对应像素位置示意图

研究表明，在很多应用中，在大部分时间里，场景中物体的运动速度是较慢的，这时帧间的统计相关性就会增加。但在运动较剧烈的区域，像素间的相关性随着运动速度的增加而降低，从而在帧间预测结果中出现大误差的概率增加。相邻帧间差值信号的统计特性是帧间预测编码的依据。

5.3.2 帧内预测编码

1. DPCM 系统的基本原理

差分脉冲编码调制（Differential Pulse Code Modulation，DPCM）系统的原理框图如图 5-8 所示。

这一系统是对实际像素值与其估计值之差值进行量化和编码，然后再输出。图中 x_N 为 t_N 时刻的亮度取样值。预测器根据 t_N 时刻之前的样本值 x_1，x_2，…，x_{N-1}对 x_N 做预测，得到预测值 $\hat{x}_N$。x_N 和 $\hat{x}_N$ 之间的误差为

$$e_N = x_N - \hat{x}_N \quad (5\text{-}11)$$

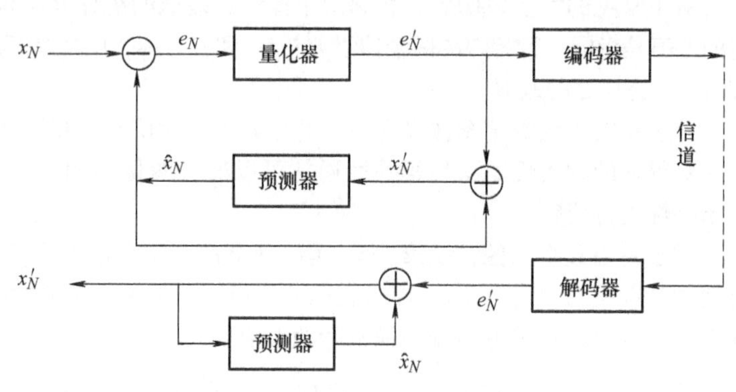

图 5-8　DPCM 系统的原理框图

量化器对 e_N 进行量化得到 e'_N，编码器对 e'_N进行编码输出。接收端解码时的预测过程与发送端相同，所用预测器也相同。接收端恢复的输出信号 x'_N和发送端输入的信号 x_N 的误差是

$$\Delta x_N = x_N - x'_N = x_N - (\hat{x}_N + e'_N) = x_N - \hat{x}_N - e'_N = e_N - e'_N \quad (5\text{-}12)$$

可见，输入输出信号之间的误差主要是由量化器引起的。当 Δx_N 足够小时，输入信号 x_N 和 DPCM 编码系统的输出信号 x'_N几乎一致。假设在发送端去掉量化器，直接对预测误差进行编码、传送，那么 $e_N = e'_N$，则 $x_N - x'_N = 0$，这样接收端就可以无误差地恢复输入信号 x_N，从而实现信息保持编码。当系统中包含量化器，且存在量化误差时，输入信号 x_N 和恢复信号输出 x'_N之间一定存在误差，从而影响接收图像的质量。在这样的系统中就存在一个如何能使误差尽可能减小的问题。

2. 预测模型

预测编码的关键是如何选择一种足够好的预测模型，使预测值尽可能与当前需要传输的像素实际值相接近。

设 t_N 时刻之前的样本值 x_1，x_2，…，x_{N-1}与预测值之间的关系呈现某种函数形式，该函数一般分为线性和非线性两种，所以预测编码器也就有线性预测编码器和非线性预测编码器两种。

若预测值 $\hat{x}_N$ 与各样本值 x_1，x_2，…，x_{N-1}之间呈线性关系

$$\hat{x}_N = \sum_{i=1}^{N-1} a_i x_i \quad (5\text{-}13)$$

式中，$a_i(i=1, 2, \cdots, N-1)$ 为预测系数。若 $a_i(i=1, 2, \cdots, N-1)$ 为常数，则称为线性预测。

若预测值 $\hat{x}_N$ 与各样本值 x_1，x_2，…，x_{N-1}之间不呈现如式(5-13) 的线性组合关系，而是非线性关系，则称为非线性预测。

在图像数据压缩中，常用如下几种线性预测方案。

1）前值预测，即 $\hat{x}_N = x_{N-1}$。

2）一维预测，即采用同一扫描行中前面已知的若干个样值来预测 $\hat{x}_N$。

3）二维预测，即不但用同一扫描行中的前面几个样值，而且还要用以前几行扫描行中样值来预测 $\hat{x}_N$。

上述讲到的都是一幅图像中相邻像素点之间的预测，统称为帧内预测。

对于采用隔行扫描方式的电视图像，一帧分成奇、偶两场，因此二维预测又有帧内预测和场内预测之分。对于静止画面而言，由于相邻行间距离近，行间相关性很强，采用帧内预测对预测有利。但对于活动画面，两场之间间隔了20ms，场景在此期间可能发生很大变化，帧内相邻行间的相关性反而比场内相邻行间的相关性弱。因此，隔行扫描电视信号的预测编码还可以采用场内预测。

5.3.3 帧间预测编码

为了进一步压缩，常采用三维预测，即用前一帧来预测本帧。由于视频序列（如电视、电影）的相邻两帧之间的时间间隔很短，通常相邻帧间细节的变化是很少的，即相对应像素的灰度变化较小，存在极强的相关性。例如电视电话，相邻帧之间通常只有人的口、眼等少部分区域有变化而图像中大部分区域没什么变化。利用预测编码去除帧间的相关性，可以获得更大的压缩比。帧间预测在序列图像的压缩编码中起着很重要的作用。

1. 运动补偿预测

对于视频序列图像，采用帧间预测编码可以减少时间域上的冗余度，提高压缩比。序列图像在时间上的冗余情况可分为如下几种。

1）对于静止不动的场景，当前帧和前一帧的图像内容是完全相同的。

2）对于运动的物体，只要知道其运动规律，就可以从前一帧图像推算出它在当前帧中的位置。

3）摄像头对着场景的横向移动、焦距变化等操作会引起整个图像的平移、放大或缩小。对于这种情况，只要摄像机的运动规律和镜头改变的参数已知，图像随时间所产生的变化也是可以推算出来的。

显然，对于不变的静止背景区域，最好的预测函数是前帧预测，即用前一帧空间位置对应的像素预测当前帧的像素。但是对于运动区域，这种不考虑物体运动的简单的帧间预测效果并不好。如果有办法能够跟踪场景中物体的运动，采用运动补偿技术，再做帧间预测，进行所谓的“帧间运动补偿预测”，则会更充分地发掘序列图像的帧间相关性，预测的准确性将大大提高。如图5-9所示，在第$k-1$帧里，中心点为（x_1，y_1）的运动物体，若在第k帧移动到中心点为（$x_1+\mathrm{d}x$，$y_1+\mathrm{d}y$）的位置，其位移矢量为$\boldsymbol{D}=(\mathrm{d}x, \mathrm{d}y)$。如果直接求两帧间的差值，则由于第$k$帧的运动物体（阴影部分）与第$k-1$帧的对应位置像素（背景部分）位置的相关性极小，所得的差值很大。但是，若能对运动物体的位移量进行运动补偿，即将第k帧中的中心点为（$x_1+\mathrm{d}x$，$y_1+\mathrm{d}y$）的运动物体移到中心点为（x_1，y_1）的位置，再与第$k-1$帧求差值，显然会使相关性增大，预测精度将会显著提高。这种处理方法就是运动估计和运动补偿预测。

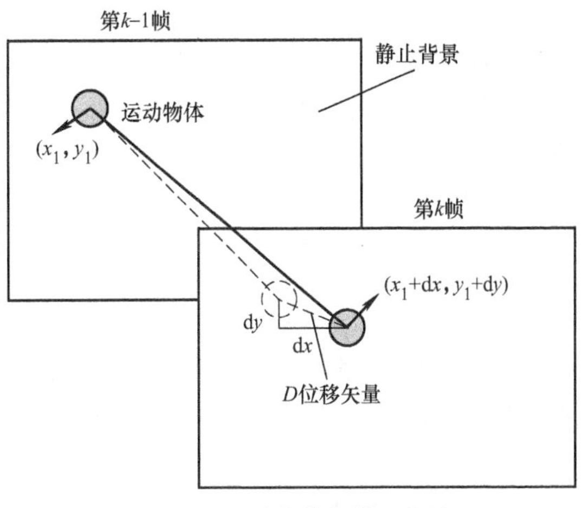

图5-9 运动物体的帧间位移

所谓运动估计，就是对运动物体的位移进行估计，即对运动物体从前一帧到当前帧位移的方向和像素数进行估计，也就是求出运动矢量；而运动补偿预测就是根据求出的运动矢量，找到当前帧的像素（或像素块）是从前一帧的哪个位置移动过来的，从而得到当前帧像素（或像素块）的预测值。显然，获得好的运动补偿的关键是运动估计的精度。

2. 运动估计

运动估计技术主要分两大类：像素递归法和块匹配算法（Block Match Algorithm，BMA）。

像素递归法根据像素间亮度的变化和梯度，通过递归修正的方法来估计每个像素的运动矢量。每个像素都有一个运动矢量与之对应。为了提高压缩比，不可能将所有的运动矢量都编码传输到接收端，但为了进行帧间运动补偿，在接收端解码每个像素时又必须有这些运动矢量。解决这个矛盾的办法是让接收端在与发送端同样的条件下，用与发送端相同的方法进行运动估计。由于此时只利用已解码的信息，因此，无须传送运动矢量。该方法的代价是接收端较复杂，不利于一发多收（如数字电视广播等）的应用。但这种方法估计精度高，可以满足运动补偿帧内插的要求。

考虑到计算复杂度和实时实现的要求，块匹配算法已成为目前最常用的运动估计算法。在块匹配算法中，先将当前帧图像（第 k 帧）分割成若干个 $M\times N$ 的图像子块，并假设位于同一图像子块内的所有像素都做相同的运动，且只做平移运动。虽然实际上图像子块内各像素的运动不一定相同，也不一定只做平移运动，但当 $M\times N$ 较小时，上述假设可近似成立。这样做的目的只是为了简化运算。块匹配算法对当前帧的每一个图像子块，在前一帧（第 $k-1$ 帧）的一定范围内搜索最佳匹配的块，并认为本图像子块就是从前一帧最佳匹配块位置处平移过来的，从而求得运动矢量。设可能的最大位移矢量为（dx_{max}，dy_{max}），则搜索范围为 $(M+2dx_{max})\times(N+2dy_{max})$，如图 5-10 所示。

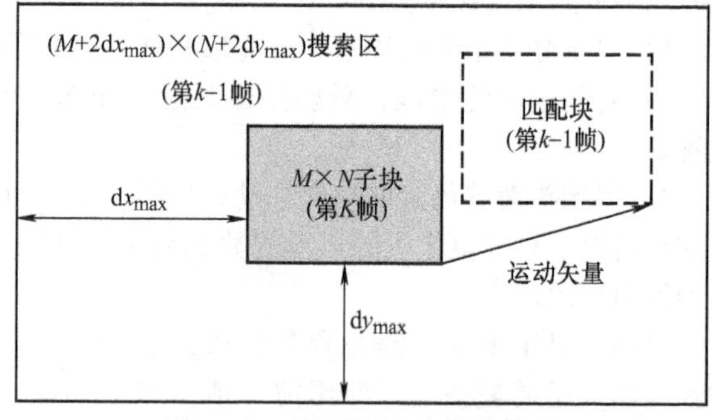

图 5-10　块匹配运动估计算法

人们针对块划分的不同，以及搜索策略和匹配准则不同，产生许多不同的块匹配算法方案。

（1）图像子块的划分

在实际应用中，图像子块大小的选取受到两个矛盾的约束。图像子块较大时，一个图像子块可能包含多个做不同运动的物体，子块内所有像素都做相同平移运动的假设难以成立，影响估计精度；但若图像子块太小，则估计精度容易受噪声干扰的影响，不够可靠，而且传送运动矢量所需的附加比特数过多，不利于数据压缩。因此，必须恰到好处地选择图像子块的大小，以做到两者兼顾。例如，在 MPEG-1、MPEG-2 等视频编码标准，一般都用 16×16 大小的图像子块作为匹配单元。

为了提高运动估计的准确性，人们提出了各种不同的图像子块划分的方法，例如可变块大小划分、重叠块划分、基于对象的划分等。

可变块大小划分将图像划分为大小不同的子块，运动一致的区域分割成比较大的子块，包含复杂运动的区域分割成比较小的子块。可变块大小划分比固定块大小划分在减少图像失真上更有效，而且也能减少运动矢量的数量。例如，在 H.264/MPEG-4 AVC 视频编码标准中，就采用了可变大小的块划分。

传统的块匹配方法的一个主要问题是它没有对相邻块的运动过渡施加任何约束，很容易产生块效应。重叠块划分可以在一定程度上解决这个问题。

（2）匹配准则

匹配准则是块匹配算法中比较重要的一个部分，它决定了什么样的子块才是最匹配的块。衡量匹配的好坏有不同的准则，常用的匹配准则有绝对误差和（Sum of Absolute Difference，SAD）最小准则、均方误差（Mean Squared Error，MSE）最小准则和归一化互相关函数（Normalized Cross Correlation Function，NCCF）最大准则。在实际应用中也可以对它们加以变换。

- 绝对误差和（SAD）最小准则

绝对误差和（SAD）定义为

$$\mathrm{SAD}(i,j) = \sum_{m=1}^{M}\sum_{n=1}^{N}\left|f_k(m,n) - f_{k-1}(m+i,n+j)\right| \tag{5-14}$$

式中，$f_k(m,n)$为第k帧位于（m，n）的像素值；$f_{k-1}(m+i,n+j)$为第$k-1$帧位于（$m+i$，$n+j$）的像素值；i，j分别为水平和垂直方向的位移量，取值范围为$-\mathrm{d}x_{\max}\leqslant i\leqslant \mathrm{d}x_{\max}$，$-\mathrm{d}y_{\max}\leqslant j\leqslant \mathrm{d}y_{\max}$。若在某一个（$i,j$）处SAD($i,j$)为最小，则该点就是要找的最优匹配点，所求的运动矢量为$\boldsymbol{D}=(\mathrm{d}x,\mathrm{d}y)=(i,j)$。

- 均方误差（MSE）最小准则

均方误差（MSE）定义为

$$\mathrm{MSE}(i,j) = \frac{1}{MN}\sum_{m=1}^{M}\sum_{n=1}^{N}\left[f_k(m,n) - f_{k-1}(m+i,n+j)\right]^2 \tag{5-15}$$

式中，$f_k(m,n)$为第k帧位于（m，n）的像素值；$f_{k-1}(m+i,n+j)$为第$k-1$帧位于（$m+i$，$n+j$）的像素值；i，j分别为水平和垂直方向的位移量，取值范围为$-\mathrm{d}x_{\max}\leqslant i\leqslant \mathrm{d}x_{\max}$，$-\mathrm{d}y_{\max}\leqslant j\leqslant \mathrm{d}y_{\max}$。若在某一个（$i,j$）处MSE($i,j$)为最小，则该点就是要找的最优匹配点，所求的运动矢量为$\boldsymbol{D}=(\mathrm{d}x,\mathrm{d}y)=(i,j)$。

- 归一化互相关函数（NCCF）最大准则

归一化互相关函数（NCCF）定义为

$$\mathrm{NCCF}(i,j) = \frac{\sum_{m=1}^{M}\sum_{n=1}^{N} f_k(m,n) f_{k-1}(m+i,n+j)}{\sqrt{\sum_{m=1}^{M}\sum_{n=1}^{N} f_k^2(m,n)}\cdot\sqrt{\sum_{m=1}^{M}\sum_{n=1}^{N} f_{k-1}^2(m+i,n+j)}} \tag{5-16}$$

若在某一个（i,j）处NCCF(i,j)为最大，则该点就是要找的最优匹配点，所求的运动矢量为$\boldsymbol{D}=(\mathrm{d}x,\mathrm{d}y)=(i,j)$。

研究表明，上述各种匹配准则的性能差别不显著，而SAD最小准则不需做乘法运算，实现简单、方便，因此硬件实现多使用这种准则。

（3）搜索策略

采用什么样的搜索策略也是块匹配算法中非常重要的一个部分，人们希望花较少的代价找到足够精确的匹配块。

最简单、可靠的方法是穷尽搜索（Full Search，FS）法，也称全搜索法。它对（$M+2\mathrm{d}x_{\max}$）×（$N+2\mathrm{d}y_{\max}$）搜索范围内的每一像素点都计算SAD值，共需计算（$2\mathrm{d}x_{\max}+1$）×（$2\mathrm{d}y_{\max}+1$）个SAD值，从中找出最小的SAD值，其对应的位移量即为所求的运动矢量。此方法虽计算量大，但最简单、可靠，找到的匹配点肯定是全局最优点，而且算法简单，非常适合用专用集成电路（Application Specific Integrated Circuit，ASIC）芯片实现，因此具有实用价值。此外，为了减少运动估计的计算量，特别是在用软件实现的环境中，人们还提出了许多快速搜索算法，如二维对数法（LOGS）、三步搜索法（3SS）、四步搜索法（4SS）、菱形搜索算法（DS）、基于块的梯度下降搜索法（BBGDS）等。这些快速搜索算法的共同之处在于它们把匹配准则函数（例如，SAD）

趋于极小的方向视同为最小失真方向，并假定匹配准则函数在偏离最小失真方向时是单调递增的，即认为它在整个搜索区内是（i,j）的单极点函数，有唯一的极小值，而快速搜索是从任一猜测点开始沿最小失真方向进行的。因此，这些快速搜索算法实质上都是统一的梯度搜索法，所不同的是搜索路径和步长有所区别。

三步搜索法的搜索过程如图5-11所示。

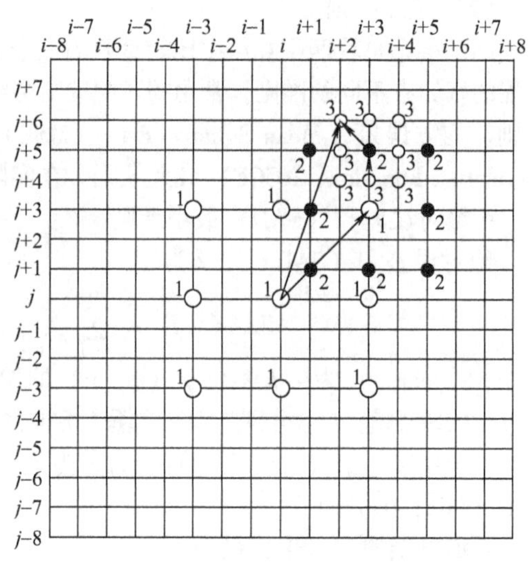

图5-11　三步搜索法的搜索示意图

第一步：以搜索区最大搜索长度的一半为步长，以起始点（i，j）为中心，计算中心点及其周围邻近的8个方向共9个搜索点的SAD值，找到SAD为最小的某个点。在本例中，设点（$i+3$，$j+3$）的SAD值最小，而被视为位移矢量的一级近似。

第二步：以点（$i+3$，$j+3$）为中心，步长减为原来的一半，计算中心点周围邻近8个点的SAD值，并与点（$i+3$，$j+3$）的SAD值比较，找到SAD为最小的某个点。在本例中，设点（$i+3$，$j+5$）的SAD值最小，而被视为位移矢量的二级近似。

第三步：以点（$i+3$，$j+5$）为中心，步长再减一半，重复上述过程，直到所要求的精度为止。

在最大搜索位移为±6，要求位移估值精度为一个像素时，经过三步得到最终的位移矢量。本例中，最终得到的运动矢量为$\boldsymbol{D}=(\mathrm{d}x,\ \mathrm{d}y)=(2,\ 6)$，三次搜索步长分别为3、2、1。显然，随着所要求的搜索范围的扩大和估值精度的提高，这种搜索方式的步骤可以不止三步，而做相应的增加。

（4）分级搜索方法

与全搜索相比，快速搜索的运算量显著减少，特别是随着搜索范围的增大，这一效果愈加明显。但是，实验表明，在运动估计的质量方面（这可以由运动估计所得运动矢量场的连续性来判断），快速搜索的性能要比全搜索的差一些。从数学的角度来看，各种运动估计的方法可以看作是为求解一个误差最小化问题。但是最小化函数一般有许多局部最小，快速搜索法不容易达到全局最小，除非它很接近所选择的初始解。因此，人们又提出了分级搜索方法，在减少运算量的同时，力求接近全搜索的效果，得到更接近真实的运动位移矢量。

在分级搜索方法中，先通过对原始图像进行空间低通滤波和亚采样得到一个图像序列的低分辨率表示，再对所得低分辨率图像进行全搜索。由于分辨率降低，使得搜索次数成倍减少，这一步可以称为粗搜索。然后，再以低分辨率图像搜索的结果作为下一步细搜索的起始点。经过粗、细两级搜索，便得到了最终的运动矢量估值。

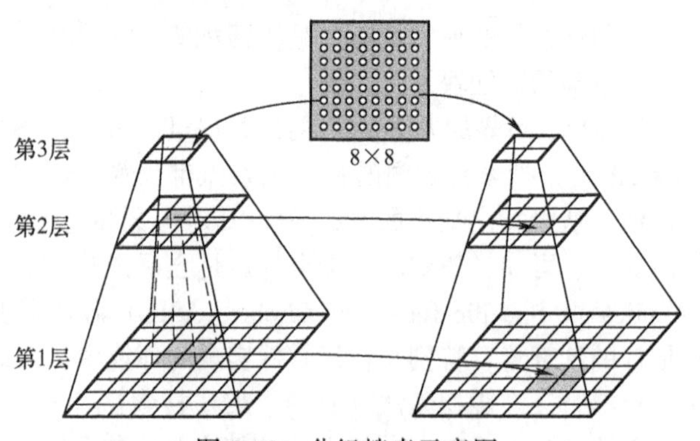

图5-12　分级搜索示意图

分级搜索的示意图如图5-12所示，

用金字塔结构表示通过空间低通滤波和亚采样获得的较高层（分辨率较低）和最底层原始图像。估计两个金字塔的相应级间的运动场，从顶层（最低分辨率）开始，然后进入下一较高分辨率的层。如果处理的是隔行的场，需要对隔行图像进行一维插值来产生最底层的图像，因此金字塔最底层包含了隔行图像，而其他层都是逐行图像。在每一个新的较高分辨率层，对在前一个较低分辨率层得到的运动场进行插值，形成当前级运动的初始解。最常见的金字塔结构是分辨率在相邻两级之间的水平和垂直方向上都是减半的。最简单的是采用一个 2×2 均值滤波器作为低通滤波器。

多分辨率在运动估计中的应用依赖于使用的运动模型。几乎所有的运动估计方法都可以应用多分辨率估计方法来减少每一次搜索所要计算的点数。

5.4 变换编码

5.4.1 图像的频率域统计特性

在频率域上，图像表现为不同频率分量系数的分布。按照空间域和频率域的对应关系，空间域中的强相关性，即图像存在大量的平坦区域，反映在频率域中就是图像的能量集中于低频部分，其傅里叶频谱集中在直流附近，因此只需传输直流分量及低频分量的频谱即可。这就是说，图像在频率域中呈现低通特性。

频率域上的统计特性对图像编码特别是对正交变换编码有重要意义。图像和视频信号的功率谱可以经傅里叶变换在频率域测量，也可通过在空间域测量的自相关函数间接计算得到。对电视信号进行大量测量所得的实验结果表明，电视信号的绝大部分能量集中于直流和低频部分。电视信号的功率谱如图 5-13 所示。

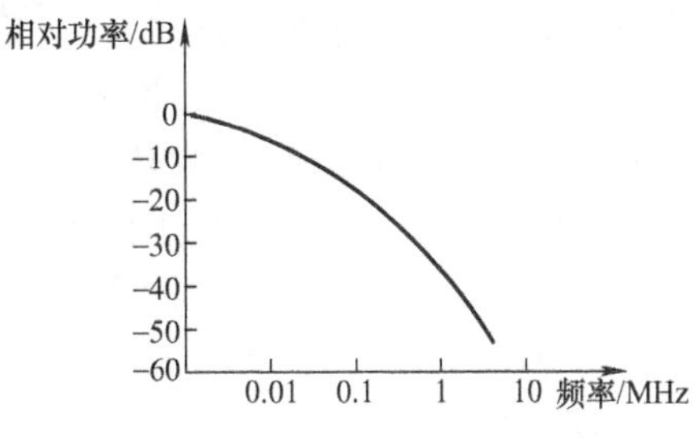

图 5-13　电视信号的功率谱

5.4.2 变换编码的基本原理

与预测编码一样，变换编码是通过消除信源序列中的相关性来达到数据压缩的。变换编码与预测编码之间的区别在于，预测编码是在空间域（或时间域）内进行的，而变换编码则是在变换域（或频率域）内进行的。变换编码不是直接对空间域的图像信号进行编码，而是首先将空间域图像信号映射变换到另一个正交矢量空间（变换域），产生一系列变换系数，然后对这些变换系数进行编码处理。这样做的理由是：如果所选的正交向量空间的基向量与图像本身的特征向量很接近，那么在这种正交向量空间中对图像信号进行描述就会简单很多，对变换系数进行压缩编码，往往比直接对图像数据本身进行压缩更容易获得高的效率。

为了保证平稳性和相关性，同时也为了减少运算量，在变换编码中，一般在发送端的编码器中，先将一帧图像划分成若干个 $N\times N$ 像素的图像块，然后对每个图像块逐一进行变换编码，最后将各个图像块的编码比特流复合后再传输。在接收端，对收到的变换系数进行相应的逆变换，再恢复成图像数据。

变换编码系统通常包括正交变换、变换系数选择和量化编码 3 个模块。需要说明的是，正交变换本身并不能压缩数据，它只把信号映射到另一个域，但由于变换后系数之间的相关性明显降低，为在变换域里进行有效的压缩创造了有利条件。空间域中一个 $N\times N$ 个像素组成的图像块经过正交变换后，在变换域变成了同样大小的变换系数块。变换前后的明显差别是，空间域图像块中像素之间存在很强的相关性，能量分布比较均匀；经过正交变换后，变换系数间相关性基本解除，近似是统计独立的，并且图像的大部分能量主要集中在直流和少数低空间频率的变换系数上，通过选择保留其中一些对重建图像质量重要的变换系数（丢弃一些无关紧要的变换系数），对其进行适当的量化和熵编码就可以有效地压缩图像的数据量。而且图像经某些变换后，系数的空间分布和频率特性能与人眼的视觉特性匹配，因此可以利用人类视觉系统的生理和心理特性，在提高压缩比的同时又保证有较好的主观图像质量。

正交变换的物理意义可以用一个简单例子来说明。把 $N \times N$ 个像素组成的图像块看成是一个 N^2 维空间中的一个点，这个点的位置由 N^2 个坐标确定，该图像块中每个像素的值相当于一个坐标值。为直观起见，设一个图像块由 1×2 个像素组成，每个像素的值取 8 个灰度等级中的任一个，x_1代表其中第一个像素的值，x_2代表第二个像素的值。图 5-14a 所示为这个图像块所有可能的组合，共有 $8 \times 8 = 64$ 种可能。

对一般图像而言，因为图像内容是缓变的，所以相邻像素间存在很强的相关性，绝大多数图像块中的相邻两像素灰度级相等或很接近，也就是说，在图 5-14a 中 $x_1 = x_2$ 直线（45°线）附近的实心点所示位置出现的概率很大。

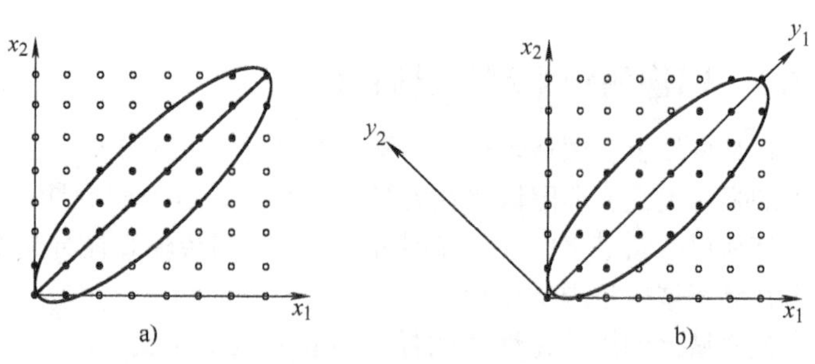

图 5-14　正交变换的示意图

现在进行一个正交变换，即将（x_1，x_2）坐标系逆时针旋转 45°，如图 5-14b 所示，得到新坐标系（y_1，y_2）。可以看到，图像块出现概率大的区域位于坐标轴 y_1附近，这表明变量 y_1和 y_2之间的联系远没有 x_1和 x_2之间的联系密切，y_1和 y_2彼此在统计上更为独立。坐标轴旋转后，方差在坐标轴上的分布也发生了改变。但由于信号的能量并未改变，因此方差的总和不变，即有 $\sigma_{x_1}^2 + \sigma_{x_2}^2 = \sigma_{y_1}^2 + \sigma_{y_2}^2$。但在原来的坐标系中，由于出现在两个坐标轴上的像素值概率分布大致相同，因此 $\sigma_{x_1}^2 \approx \sigma_{x_2}^2$。而在旋转后的坐标系中，图像块在坐标轴 y_1上的投影范围较在 y_2上的投影范围要大得多，因此第一个变换系数的方差要明显大于第二个变换系数的方差，即 $\sigma_{y_1}^2 >> \sigma_{y_2}^2$。也就是说，变换后图像信号的能量主要集中在变换系数 y_1上。

通过这种变换后，各坐标轴上方差的不均匀分布正是正交变换编码实现图像数据压缩的理论基础。可以根据能量在各变换系数上的不均匀分布的统计特点进行统计编码，还可以按照人眼的视觉特性只保留方差较大的那些系数，从而获得更高的压缩比。上述过程可以推广到处理 $N \times N$ 的像素块，所不同的只是变换域的维数变为了 N^2，其他过程并无本质区别。

综上所述，图像经过正交变换能够实现数据压缩的物理本质在于：经过多维坐标系中适当的坐标旋转和变换，散布在各个坐标轴上的原始图像数据在选择适当的新坐标系中集中到了少数坐标轴上，因而有可能用较少的编码比特来表示一个图像块，从而实现图像数据压缩。

5.4.3　正交变换基的选择

选择不同的正交基向量，可以得到不同的正交变换，比如人们熟知的离散傅里叶变换（DFT）、离散余弦变换（DCT）、沃尔什-哈达玛变换（WHT）、斜变换、K-L 变换等。从数学上可以证明，各种正交变换都能在不同程度上减小随机向量的相关性，而且信号经过大多数正交变换后，能量会相对集中在少数变换系数上，删去对信号贡献较小（方差小）的系数，只利用保留下来的系数恢复信号时，不会引起明显的失真。

图像信号是随机向量，随机向量之间的相关程度可以用协方差表示，多个随机向量之间的协方差可以用矩阵形式描述，称为协方差矩阵。图像信号在空间域的协方差矩阵表示像素间的相关情况，而变换域的协方差矩阵则表示变换系数间的相关情况，反映经过正交变换后图像解除或削弱的相关性情况。当协方差矩阵中除对角线上元素之外的各个元素都为零时，就相当于无相关性。因此，变换编码的关键就在于：在已知信源的情况下，根据它的协方差矩阵去寻找一种正交变换，使变换后的协方差矩阵满足或接近一个对角矩阵。

如果经过正交变换后的协方差矩阵为一个对角矩阵，且具有最小均方误差时，该变换就是最佳变换。在理论上，K-L变换是在均方误差（MSE）准则下的最佳变换，它是建立在统计特性基础上的一种变换，有的文献也称为霍特林（Hotelling）变换，因他在1933年最先给出将离散信号变换成一串不相关系数的方法。经K-L变换后各变换系数在统计上不相关，其协方差矩阵为对角矩阵，因而大大减少了原数据的冗余度。如果丢弃特征值较小的一些变换系数，那么，所造成的均方误差在所有正交变换中是最小的。但在对图像进行编码时，由于K-L变换是取原图像各子块的协方差矩阵的特征向量作为变换基向量，因此K-L变换的变换基是不固定的，且与编码对象的统计特性有关，这种不确定性使得K-L变换在实际使用中极为困难。所以尽管K-L变换的性能最佳，但一般只在理论上将它作为评价其他变换方法性能的参考。

就数据压缩而言，所选择的变换方式最好能与输入信号的特征相匹配，此外，还应从失真要求、实现的复杂度以及编码比特率等多方面来综合考虑。在实际编码应用中，人们更常采用离散余弦变换（DCT）。因为对大多数图像信源来说，DCT的性能最接近K-L变换，同时其变换基向量是固定的，且有快速算法；与离散傅里叶变换（DFT）相比，只有实数运算，没有虚数运算，易于用超大规模集成电路（Very Large Scale Integrated circuit，VLSI）实现，所以现有的视频编码标准（如MPEG-x、H.26x）都采用了基于DCT的编码。

5.4.4 基于DCT的图像编码

下面以基于DCT的图像编码为例来说明数据压缩的原理。基于DCT的图像编码和解码的基本框图如图5-15所示。

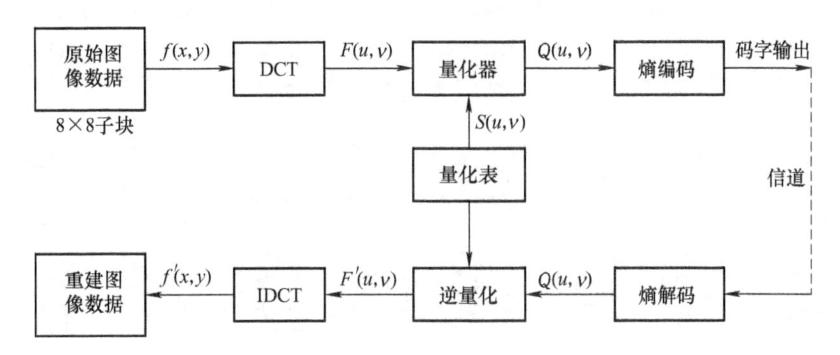

图5-15 基于DCT的图像编码和解码的基本框图

首先把一幅图像（单色图像的灰度值或彩色图像的亮度分量或色度分量信号）分成大小为8×8像素的图像子块。DCT的输入是每个8×8图像子块样值的二维数组$f(x, y)$（这里的x和y分别表示像素空间位置的水平和垂直坐标，$x=0, 1, \cdots, 7$；$y=0, 1, \cdots, 7$），实际上是64点离散信号。

8×8二维DCT变换和8×8二维DCT反变换的数学表达式分别为

$$F(u,v) = \frac{1}{4}C(u)C(v)\sum_{x=0}^{7}\sum_{y=0}^{7}f(x,y)\cos\frac{(2x+1)u\pi}{16}\cos\frac{(2y+1)v\pi}{16} \tag{5-17}$$

$$f(x,y) = \frac{1}{4}\sum_{u=0}^{7}\sum_{v=0}^{7}C(u)C(v)F(u,v)\cos\frac{(2x+1)u\pi}{16}\cos\frac{(2y+1)v\pi}{16} \tag{5-18}$$

式中，当 $u=v=0$ 时，$C(u)=C(v)=\frac{1}{\sqrt{2}}$；当 u、v 为其他值时，$C(u)=C(v)=1$。

8×8 二维 DCT 反变换的变换核函数为 $C(u)C(v)\cos\frac{(2x+1)u\pi}{16}\cos\frac{(2y+1)v\pi}{16}$，按 u，v 分别展开后得到64 个 8×8 像素的图像块组，称为基图像，如图 5-16 所示。$u=0$ 和 $v=0$ 时，图像在 x 和 y 方向都没有变化；$u=0$ 和 $v=1\sim7$ 时对应最左一列的图像块，x 方向没有变化；$v=0$ 和 $u=1\sim7$ 时对应最上一行的图像块，y 方向没有变化；$u=7$ 和 $v=7$ 时对应右下方的图像块，图像在 x 和 y 方向上的变化频率是最高的。

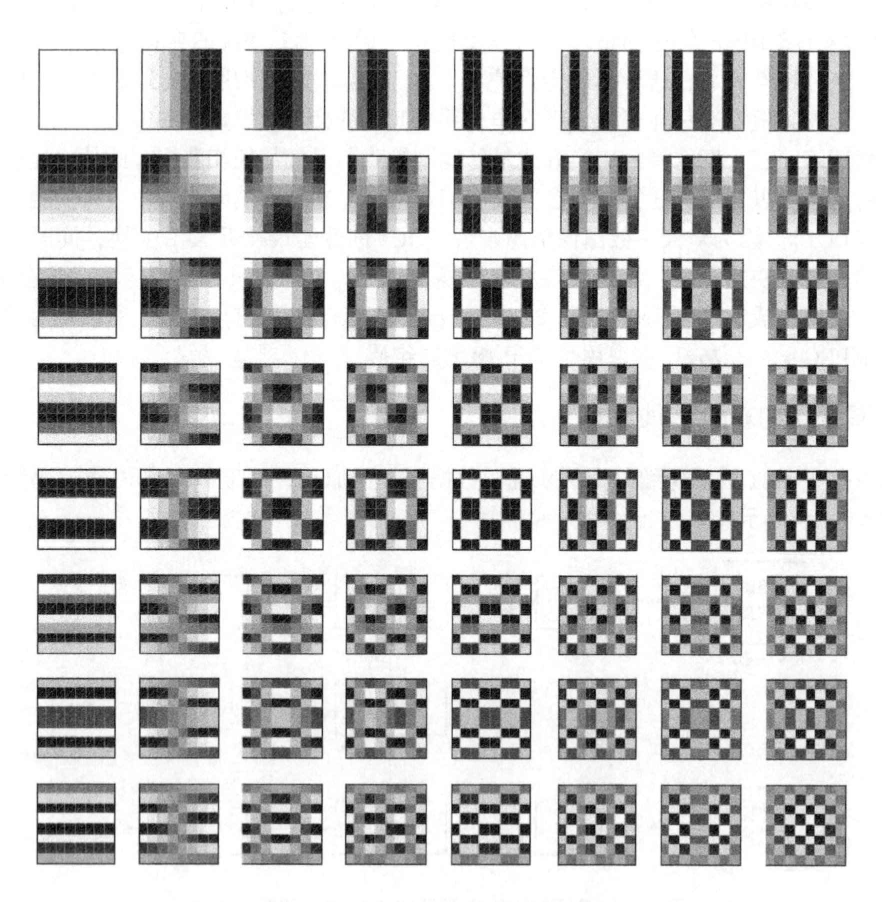

图 5-16　8×8 二维 DCT 的基图像

可以把 DCT 变换看作是把一个图像块表示为基图像的线性组合，这些基图像是输入图像块的组成“频率”。DCT 变换输出 64 个基图像的幅值称为“DCT 系数”，是输入图像块的“频谱”。64 个变换系数中包括一个代表直流分量的“DC 系数”和 63 个代表交流分量的“AC 系数”。可以把 DCT 反变换看作是用 64 个 DCT 变换系数经逆变换运算，重建一个 8×8 像素的图像块的过程。

随着 u，v 的增加，相应系数分别代表逐步增加的水平空间频率和垂直空间频率分量的大小。

右上角的系数 $F(7, 0)$ 表示水平方向频率最高、垂直方向频率最低的分量大小，左下角的系数 $F(0, 7)$ 表示水平方向频率最低、垂直方向频率最高的分量大小，右下角的系数 $F(7, 7)$ 表示水平方向频率和垂直方向频率都最高的高次谐波分量的大小。子块图像样本值及其 DCT 系数的二维数组的示意图如图 5-17 所示。

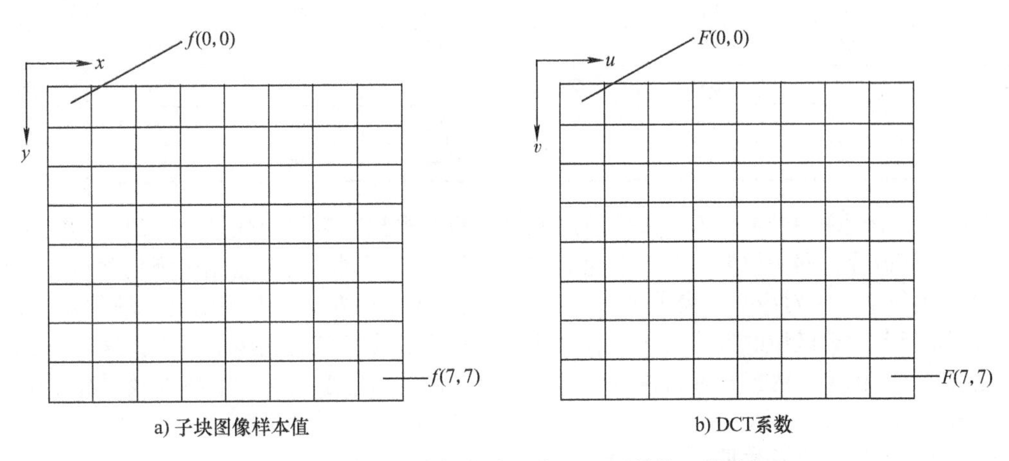

a) 子块图像样本值　　b) DCT系数

图 5-17　子块图像样本值及其 DCT 系数的二维数组

为了达到压缩数据的目的，对 DCT 系数 $F(u, v)$ 还需做量化处理。量化处理是一个多到一的映射，它是造成 DCT 编解码信息损失的根源。在量化过程中，应根据人眼的视觉特性，对于可见度阈值大的频率分量允许有较大的量化误差，使用较大的量化步长（量化间隔）进行粗量化；而对可见度阈值小的频率分量应保证有较小的量化误差，使用较小的量化步长进行细量化。按照人眼对低频分量比较敏感，对高频分量不太敏感的特性，对不同的变换系数设置不同的量化步长。假设每个系数的量化都采用线性均匀量化，则量化处理就是用对应的量化步长去除对应的 DCT 系数，然后再对商值四舍五入取整，用公式表示为

$$Q(u,v) = \text{round}\left[\frac{F(u,v)}{S(u,v)}\right] \tag{5-19}$$

式中，$S(u, v)$ 是与每个 DCT 系数 $F(u, v)$ 对应的量化步长；$Q(u, v)$ 为量化后的系数。

JPEG 标准中每个亮度和色度 DCT 系数的量化步长 $S(u, v)$ 的值分别如表 5-4 和表 5-5 所示。

表 5-4　亮度量化表

16	11	10	16	24	40	51	61
12	12	14	19	26	58	60	55
14	13	16	24	40	57	69	56
14	17	22	29	51	87	80	62
18	22	37	56	68	109	103	77
24	35	55	64	81	104	113	92
49	64	78	87	103	121	120	101
72	92	95	98	112	100	103	99

表 5-5　色度量化表

17	18	24	47	99	99	99	99
18	21	26	66	99	99	99	99
24	26	56	99	99	99	99	99
47	66	99	99	99	99	99	99
99	99	99	99	99	99	99	99
99	99	99	99	99	99	99	99
99	99	99	99	99	99	99	99
99	99	99	99	99	99	99	99

上述两个量化表中的量化步长值是通过大量实验并根据主观评价效果确定的，其值随 DCT 系数的位置而改变，同一像素的亮度量化表和色度量化表不同，两个量化表都包含 64 个元素，与 64 个变换系数一一对应。从表中可以看出，在量化表中的左上角及其附近区域的数值较小，而在右下角及其附近区域的数值较大，而且色度量化步长比亮度量化步长要大，这是符合人眼的视觉特性的。因为人的视觉对高频分量不太敏感，而且对色度信号的敏感度较对亮度信号的敏感度低。

经过量化后的变换系数是一个 8 × 8 的二维数组结构。为了进一步达到压缩数据的目的，需对量化后的变换系数进行基于统计特性的熵编码。为了便于进行熵编码和实现码字的串行传输，还应把此量化系数按一定的扫描方式转换成一维的数据序列。一个有效的方法叫 Zig-Zag（或称“Z”字形，“之”字形）扫描，如图 5-18 所示。利用 Zig-Zag 扫描方式，可将二维数组 $Q(u, v)(u=0, 1, \cdots, 7; v=0, 1, \cdots, 7)$ 变换成一维数组 $Q(m)$ $(m=0, 1, \cdots, 63)$，并且以直流分量和低频分量在前、高频分量在后的次序排列。由于经 DCT 后，幅值较大的变换系数大多集中于左上角，即直流分量和低频分量；而右下角的高频分量的系数都比较小，经量化后其系数大部分变为“0”，这样，采用 Zig-Zag 扫描方式，可以使量化系数为 0 的连续长度增长，有利于后续的游长编码。

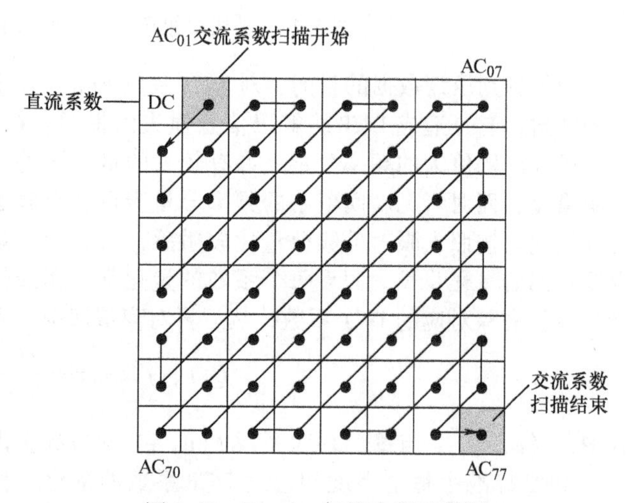

图 5-18　Zig-Zag 扫描次序示意图

在对一维数组 $Q(m)$ 进行熵编码时，要把直流分量（DC）和交流分量（AC）的量化系数分成两部分分别进行处理。由于相邻像素间存在的相关性，相邻图像子块的直流分量（图像子块的平均像素值）也存在着相关性，所以对 DC 的量化系数用 DPCM 编码较合适，即对当前块和前一块的 DC 系数的差值进行编码。对于 DC 系数后面的 AC 系数，则把数值为 0 的连续长度（即 0 的游长）和非 0 值结合起来构成一个事件（Run，Level），然后再对事件（Run，Level）进行熵编码。这里的 Run 是指不为 0 的量化系数前面的 0 的个数，Level 是指不为 0 的量化系数的大小（幅值）。这里的熵编码可以采用哈夫曼编码，也可以采用算术编码。若不为 0 的量化系数后面的系数全为 0 的话，则用一个特殊标记块结束（End of Block，EoB）的码字来表示，以结束输出，这样可节省很多数据量。

【例 5-4】设一个 8 × 8 图像子块的亮度样值阵列为

$$f(x,y)=\begin{bmatrix}78&75&79&82&82&86&94&94\\76&78&76&82&83&86&85&94\\72&75&67&78&80&78&74&82\\74&76&75&75&86&80&81&79\\73&70&75&67&78&78&79&85\\69&63&68&69&75&78&82&80\\76&76&71&71&67&79&80&83\\72&77&78&69&75&75&78&78\end{bmatrix}$$

$f(x,y)$ 经过 DCT 运算后得到的变换系数阵列为

$$F(u,v)=\begin{bmatrix}619&-29&8&2&1&-3&0&1\\22&-6&-4&0&7&0&-2&-3\\11&0&5&-4&-3&4&0&-3\\2&-10&5&0&0&7&3&2\\6&2&-1&-1&-3&0&0&8\\1&2&1&2&0&2&-2&-2\\-8&-2&-4&1&2&1&-1&1\\-3&1&5&-2&1&-1&1&-3\end{bmatrix}$$

$F(u,v)$ 经量化处理后得到的系数阵列为

$$Q(u,v)=\begin{bmatrix}39&-3&1&0&0&0&0&0\\2&-1&0&0&0&0&0&0\\1&0&0&0&0&0&0&0\\0&-1&0&0&0&0&0&0\\0&0&0&0&0&0&0&0\\0&0&0&0&0&0&0&0\\0&0&0&0&0&0&0&0\\0&0&0&0&0&0&0&0\end{bmatrix}$$

对 $Q(u,v)$ 采用 Zig-Zag 扫描后进行熵编码，输出码流。

接收端解码器执行逆操作，将收到的码流经熵解码后恢复成二维数组形式。由于熵编码是无失真编码，所以 $Q'(u,v)=Q(u,v)$。

$$Q'(u,v)=Q(u,v)=\begin{bmatrix}39&-3&1&0&0&0&0&0\\2&-1&0&0&0&0&0&0\\1&0&0&0&0&0&0&0\\0&-1&0&0&0&0&0&0\\0&0&0&0&0&0&0&0\\0&0&0&0&0&0&0&0\\0&0&0&0&0&0&0&0\\0&0&0&0&0&0&0&0\end{bmatrix}$$

对 $Q'(u,v)$ 进行逆量化后得到

$$F'(u,v)=\begin{bmatrix}624 & -33 & 10 & 0 & 0 & 0 & 0 & 0\\ 24 & -12 & 0 & 0 & 0 & 0 & 0 & 0\\ 14 & 0 & 0 & 0 & 0 & 0 & 0 & 0\\ 0 & -17 & 0 & 0 & 0 & 0 & 0 & 0\\ 0 & 0 & 0 & 0 & 0 & 0 & 0 & 0\\ 0 & 0 & 0 & 0 & 0 & 0 & 0 & 0\\ 0 & 0 & 0 & 0 & 0 & 0 & 0 & 0\\ 0 & 0 & 0 & 0 & 0 & 0 & 0 & 0\end{bmatrix}$$

再对 $F'(u,\ v)$ 进行 DCT 逆变换，得到像素空间域重建图像子块的亮度样值阵列为

$$f'(x,y)=\begin{bmatrix}74 & 75 & 77 & 80 & 85 & 91 & 95 & 98\\ 77 & 77 & 78 & 79 & 82 & 86 & 89 & 91\\ 78 & 77 & 77 & 77 & 78 & 81 & 83 & 84\\ 74 & 74 & 74 & 74 & 75 & 78 & 81 & 82\\ 69 & 69 & 70 & 72 & 75 & 78 & 82 & 84\\ 68 & 68 & 69 & 71 & 75 & 79 & 82 & 84\\ 73 & 73 & 72 & 73 & 75 & 77 & 80 & 81\\ 78 & 77 & 76 & 75 & 74 & 75 & 76 & 77\end{bmatrix}$$

从上面这个例子可以看出,64 个像素的亮度样本值经过 DCT 运算后,仍然得到 64 个变换系数,DCT 本身并没有压缩数据。但是,经 DCT 后幅值较大的变换系数大多集中于左上角,即直流分量和低频分量;而右下角的高频分量的系数都比较小,经量化后其系数大部分变为 0,这为后续的熵编码创造了有利的条件。

接收端解码器经熵解码、逆量化后得到带有一定量化失真的变换系数 $F'(u,v)$,再经 DCT 逆变换就得到重建图像子块的样本值 $f'(x,y)$。与原始图像子块相比较,两者数据大小非常接近,其误差主要是由量化造成的。只要量化器设计得好,这种失真可限制在允许的范围内,人眼是可以接受的。因此,基于 DCT 的图像编码是一种限失真编码。

5.5 MATLAB 编程实例

【例 5-5】请编写算术编码的 MATLAB 程序。

解:MATLAB 代码如下。

```
%算术编码
%输出: 码率
%输入: symbol: 字符行向量
% pr: 字符出现概率
%seqin: 待编码字符串
clear all;
format long e;
symbol = ['abcd'];
pr = [0.4 0.2 0.1 0.3];
seqin = ('dacab');
codeword = arenc(symbol,pr,seqin)
outseq = ardec(symbol,pr,codeword,symlen)
%实现算术编码的函数
functionarcode = arenc(symbol,pr,seqin)
```

```
high_range = [ ];
for k = 1:length(pr),
    high_range = [high_range sum(pr(1:k))];
end
low_range = [0 high_range(1:length(pr) - 1)];
sbidx = zeros(size(seqin));
for i = 1:length(seqin),
    sbidx(i) = find(symbol = = seqin(i));
end
low = 0;
high = 1;
for i = 1:length(seqin),
    range = high - low;
    high = low + range * high_range(sbidx(i));
    low = low + range * low_range(sbidx(i));
end
arcode = low;

%实现算术解码的函数
functionsymseq = ardec(symbol,pr,codeword,symlen)
%给定字符概率的算术编码
%输出: symseq: 字符串
%输入: symbol: 由字符组成的行向量
% pr: 字符出现概率
% codeword: 码字
%symlen: 待解码字符串长度
format long e
high_range = [ ];
for k = 1:length(pr),
    high_range = [high_range sum(pr(1:k))];
end
low_range = [0 high_range(1:length(pr) - 1)];
prmin = min(pr);
symseq = [ ];
for i = 1:symlen,
    idx = max(find(low_range < = codeword));
    codeword = codeword - low_range(idx);
    if abs(codeword - pr(idx)) < 0.01 * prmin,
        idx = idx + 1;
        codeword = 0;
    end
    symseq = [symseq symbol(idx)];
    codeword = codeword/pr(idx);
    if abs(codeword) < 0.01 * prmin,
        i = symlen + 1;
    end
end
```

运行结果为:

```
codeword = 7.739200000000001e-001
outseq = dacab
```

【例 5-6】输入一幅大小为 512×512 像素、灰度级为 256 的标准图像 Lena，将其分割成 4096 个 8×8 像素子图像，对每个子图像进行 DCT，这样每个子图像就有 64 个 DCT 变换系数，舍去其中 32 个较小的变换系数，保留 32 个较大的变换系数，实现 2∶1 的数据压缩，然后进行逆变换。

解：其 MATLAB 代码如下。

```
%设置压缩比 cr
cr=0.5;   %cr=0.5 为 2:1 压缩;cr=0.125 为 8:1 压缩
I=imread('lena.bmp');  %图像的大小为 512×512 像素
I1=double(I)/255;  %图像为 256 级灰度图像,对图像进行归一化操作
figure(1);
imshow(I1);   %显示原始图像
%对图像进行 DCT
t=dctmtx(8);
dctcoe=blkproc(I1,[8 8],'P1*x*P2',t,t');

coevar=im2col(dctcoe,[8 8],'distinct');
coe=coevar;
[y,ind]=sort(coevar);
[m,n]=size(coevar);  %根据压缩比确定要变 0 的系数个数
%舍去不重要的系数
snum=64-64*cr;
for i=1:n
      coe(ind(1:snum),i)=0;  %将最小的 snum 个变换系数设置为 0
end
b2=col2im(coe,[8 8],[512 512],'distinct');  %重新排列系数矩阵
%对截取后的变换系数进行 DCT 逆变换
I2=blkproc(b2,[8 8],'P1*x*P2',t',t);  %对截取后的变换系数进行 DCT 逆变换
figure(2);
imshow(I2);
%计算均方根误差 erms
e=double(I1)-double(I2);
[m,n]=size(e);
erms=sqrt(sum(e(:).^2)/(m*n))
```

当 cr=0.5 时，上述程序实现的图像压缩比为 2∶1，此时均方根误差 erms=0.0316；当 cr=0.125 时，上述程序实现的图像压缩比为 8∶1，此时均方根误差 erms=0.0378。

上面的 MATLAB 程序中用到函数 dctmtx(x)，该函数用于计算二维 DCT，其语法格式为：t=dctmtx(n)，其功能是返回 $n \times n$ 的 DCT 矩阵。

5.6 小结

在多媒体信息中，图像和视频提供的信息量最大，数字化后的数据量也大，这给多媒体信息的存储和传输增加了负担。因此，图像和视频压缩是多媒体技术的核心技术之一。本章首先阐述了数字图像和视频压缩编码的必要性和压缩机理，回顾了数字图像和视频编码技术的发展历程，然后着重介绍了熵编码、预测编码和变换编码的基本原理。

针对信源的不同特点，人们提出了许多实用的压缩编码技术，可以分为无失真编码和限失真编码两大类。

无失真编码是指可以精确无误地从压缩数据中恢复出原始数据的压缩编码方法。常见的无失真编码方法包括游程编码、哈夫曼编码和算术编码。

游程编码适用于灰度级不多、数据相关性很强的图像数据的压缩。为了达到较好的压缩效果，游程编码一般和其他一些编码方法混合使用。

哈夫曼编码根据每个符号出现的概率大小进行逐个符号编码，用较短的码字表示出现概率大的符号，用较长的码字表示出现概率小的符号。哈夫曼编码器的设计和操作较简单，但不能达到具有合理复杂度的无损编码的界限，也难以使哈夫曼编码器适应信号统计特性的变化。

算术编码是对符号序列而不是符号序列中的单个符号进行编码，其编码效率一般要高于哈夫曼编码。算术编码器能够更容易达到熵界限，且对非平稳信号更有效，但它们的实现也更复杂。

限失真编码是以损失部分信源信息为代价来换取高压缩比的。限失真编码主要包括预测编码、变换编码等方法。

预测的目的是要减少待编码样点之间的相关性，以便可以有效地应用标量量化。预测编码的关键是预测器的设计，预测器应该设计成使预测误差最小。为了避免编码器中用于预测的参考样点与解码器中所用的参考样点之间的失配，需要闭环预测；在闭环预测中编码器必须重复与解码器相同的操作。对于视频编码，预测可以在空间域和时间域进行。在时间方向上，考虑物体运动的影响需要进行运动补偿。运动估计和运动补偿是帧间预测编码中的关键技术。

变换编码不是直接对空域图像信号编码，而是首先将图像数据经过某种正交变换变换到另一个正交矢量空间，产生一系列变换系数，然后对这些变换系数进行编码，从而达到压缩图像数据的目的。变换的目的是去除原始样点的相关性，并把能量集中到少数几个变换系数上，以便能有效地运用量化进行压缩。但变换本身并不压缩数据。由于离散余弦变换（DCT）的性能接近于最佳变换 K-L，而计算复杂度适中，近年来已在图像和视频编码的国际标准中被采用。如 JPEG、MPEG-1、MPEG-2、H.261 等压缩编码标准，都用到 DCT 编码进行数据压缩。

5.7 习题

1. 为什么要对图像数据进行压缩？其压缩原理是什么？图像压缩编码的目的是什么？目前有哪些编码方法？

2. 一个信源包含6个符号消息，它们的出现概率分别为0.3、0.2、0.15、0.15、0.1、0.1，请对该信源进行哈夫曼编码，并求出码字的平均长度和编码效率。

3. 设有一个信源具有4个可能出现的符号 X_1、X_2、X_3、X_4，其出现的概率分别为1/2、1/4、1/8、1/8。请以符号序列 $X_2X_1X_4\ X_3X_1$ 为例解释其算术编码和解码的过程。

4. 请比较算术编码和哈夫曼编码的特点？

5. 请说明预测编码的原理，并画出 DPCM 编解码器的原理框图。

6. 预测编码是无损编码还是有损编码？为什么？

7. DCT 本身能不能压缩数据？为什么？请说明 DCT 变换编码的原理。

8. 目前最常用的运动估计技术是什么？其假设的前提条件是什么？块大小的选择与运动矢量场的一致性是如何考虑的？

第 6 章　数字图像与视频压缩编码标准

本章学习目标：

- 掌握 JPEG 基本系统的编解码原理。
- 了解 JPEG2000 渐进编码与传输的概念与思想。
- 理解 MPEG-2、H. 264/AVC 标准中“类”和“级”的含义。
- 熟悉 H. 264/AVC 标准的主要特点及性能。
- 了解 H. 265/HEVC 标准的主要特点及性能。
- 了解我国具备自主知识产权的 AVS 视频编码技术的性能及应用。

6.1　静止图像编码标准

静止图像包括两类：黑白（二值）静止图像和连续色调（彩色或灰度）静止图像。对于静止图像压缩编码，已有多个国际标准，如国际标准化组织（International Standardization Organization, ISO）制定的 JBIG 标准（ISO 11544）、JPEG 标准（ISO 10918）、JPEG2000 标准（编号为 ISO 15444，等同的 ITU-T 编号为 T. 800）等。本节将主要介绍 JPEG 和 JPEG2000 标准。

6.1.1　JPEG 标准概述

JPEG 是 Joint Photographic Experts Group（联合图片专家组）的简称。1991 年 3 月，JPEG 推出了静止图像编码标准草案，编号为 ISO 10918，通常称为 JPEG 标准。新的 JPEG 版本是 JPEG2000（编号为 ISO 15444，等同的 ITU-T 编号为 T. 800），于 2002 年 12 月正式颁布。

JPEG 是一个适用范围很广的静止图像数据压缩标准，既可用于灰度图像又可用于彩色图像。电视图像序列的帧内编码，也常采用 JPEG 压缩标准。随着各种各样的图像在开放网络化计算机系统中的应用越来越广泛，用 JPEG 压缩的数字图像文件，作为一种数据类型，如同文本和图形文件一样地存储和传输。

JPEG 专家组开发了两种基本的压缩算法，一种是采用以 DCT 为基础的有失真压缩算法，另一种是采用以 DPCM 预测编码技术为基础的无失真压缩算法。使用有失真压缩算法时，在压缩率为 25 : 1 的情况下，压缩后还原得到的图像与原始图像相比较，非图像专家难以找出它们之间的区别，因此得到了广泛的应用。

JPEG 算法与彩色空间无关，因此“RGB 到 YUV 变换”和“YUV 到 RGB 变换”不包含在 JPEG 算法中。JPEG 算法处理的彩色图像是单独的彩色分量图像，因此它可以压缩来自不同彩色空间的数据，如 RGB、YUV 和 CMY。

JPEG 支持两种图像建立模式：顺序（Sequential）模式和渐进（Progressive）模式。顺序模式一次完成对图像的编码和传输；渐进模式分几次完成。渐进模式先建立起图像的概貌，然后再逐步建立图像的细节，在接收端图像的显示分辨率由粗到细，逐步逼近，接收者可根据需要，当清晰度满足一定的要求后，终止图像的传输。这一功能在查阅图像库内容时是非常有用的。

JEPG 为了满足各种需要，定义了以下 4 种编码模式。

- 基于 DCT 的顺序编码模式。
- 基于 DCT 的渐进编码模式。
- 无损（Lossless）编码模式。
- 分级（Hierarchical）编码模式。

可见，JPEG 提供了多种工具，以适应各种应用场合。为此，JPEG 标准定义了以下 3 种编码系统。

(1) 基本编码系统

基本编码系统采用基于 DCT 的顺序编码模式，它可用于绝大多数压缩应用场合。每个编、解码器必须实现一个必备的基本系统（也称为基本顺序编码器）。

(2) 扩展编码系统

扩展编码系统提供不同的选项，即除基本编码系统外的其他编码模式，如渐进编码、算术编码、无损编码、分级编码等。用于高压缩率、高精度或渐进重建的应用场合。

(3) 无损编码系统

采用完全独立于 DCT 过程的简单预测方法作为无损编码模式，但从数据的损失来看，它的无损模式并不成功，因此一般流行的 JPEG 都不实现无损模式。为此，ISO 提出了另一种用于连续色调图像无损压缩的标准，称为 JPEG-LS。

JPEG 的最新标准是 JPEG2000，于 2002 年 12 月正式颁布。根据 JPEG 专家组的目标，该标准将不仅能提高对图像的压缩质量，尤其是低码率时的压缩质量，而且还将得到许多新功能，包括根据图像质量，视觉感受和分辨率进行渐进传输，对码流的随机存取和处理，开放结构，向下兼容等。

6.1.2 JPEG 基本编码系统

最简单的基于 DCT 的编码处理被称为基本的顺序（Baseline Sequential）处理，它提供了大部分应用所需的性能，是 JPEG 算法的核心内容。具有这种能力的编码系统称为 JPEG 基本系统（Baseline System）。

JPEG 基本编码系统的编解码原理框图如图 6-1 所示，此处表示的是单个图像分量（灰度图像）压缩的情况。基于 DCT 压缩的本质，是针对灰度图像样本 8×8 的子块数据流进行的。对于

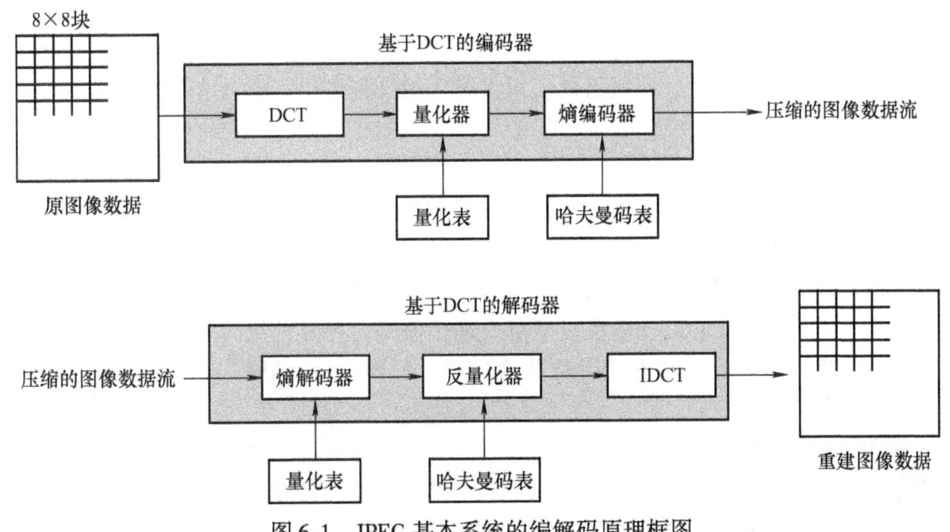

图 6-1　JPEG 基本系统的编解码原理框图

彩色图像，将其各个分量看作是多层的灰度图像进行压缩，可以一个分量一个分量地处理，也可以按 8×8 的块依次交替进行。

6.1.3 基于 DCT 的渐进编码

基本 JPEG 的编码过程是一次扫描完成的。渐进编码方式与基本方式不同，每个图像分量的编码要经过多次扫描才完成。第一次扫描编码一幅粗略的但能识别其轮廓的图像，这幅图像的编码数据能以相对于整个传输时间较快的速度传输出去，接收端收到后可以重建一帧质量较低的可识别图像。在随后的扫描中再对图像做较精细的压缩，这时只传送增加的信息，接收端收到额外的附加信息后可重建一幅质量更好一些的图像。这样不断渐进，直至获得满意的图像为止，如图 6-2 所示。

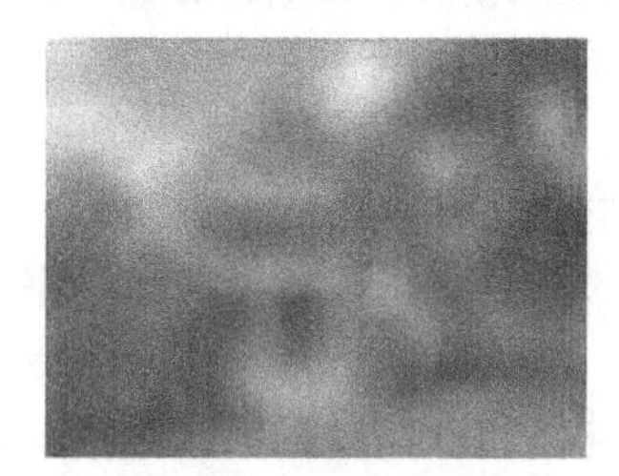
a) 第1次扫描，轮廓极不分明

b) 第2次扫描，轮廓不分明

c) 第3次扫描，轮廓分明

图 6-2 渐进编码显示

实现渐进编码要求有足够的缓冲空间存储整个图像中已量化的 DCT 系数，而熵编码则可以传输某些特定的系数。

渐进图像建立模式与一帧分多次扫描方式对应，JPEG 标准规定了两种模式：频谱选择（Spectral Selection）模式和逐次逼近（Successive Approach）模式。

频谱选择模式将交流系数按空间频率高低分段，从低频到高频进行多次扫描编码传输。例如，首次扫描编码的是 $Q(0, 0)$、$Q(1, 0)$、$Q(0, 1)$ 三个经量化的 DCT 系数，第二次扫描编码的是 $Q(0, 2)$、$Q(1, 1)$、$Q(2, 0)$，…，以此类推。这种方法简单易行，但所有的高频信息均会被推迟到后续扫描进行，结果造成早期接收的图像模糊不清。

逐次逼近模式则每次扫描对所有频率的 DCT 系数都进行编码，但先传输每个 DCT 系数的最高有效位，后传输次高位、低位，这样随着 DCT 系数精度的提高，失真逐渐减小，图像质量不断提高。从量化器的角度来看，逐次逼近模式实质上就是将量化间隔（步长）不断减小。

6.1.4 分级编码

人们有时候会用低分辨率设备浏览一幅高分辨率图像。在这种情况下，就不必为高分辨率的图像传输全部 DCT 系数。JPEG 标准利用分级编码模式来解决这个问题。其思路是：将一幅原始图像的空间分辨率，在水平方向和垂直方向上分成多级分辨率进行编码，相邻两级的分辨率相差为 2 的倍数。这种方式又称为金字塔（Pyramid）编码方法，如图 6-3 所示。

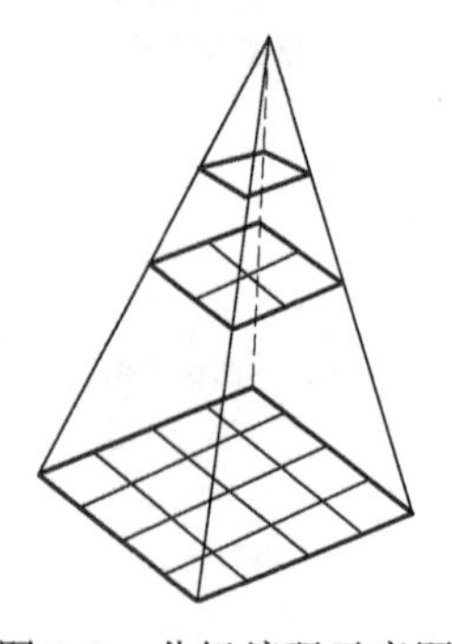
图 6-3 分级编码示意图

分级编码的编码步骤可概括如下。

① 对输入的原始图像信号进行滤波，再以设定的 2 的倍数为因子对滤波结果进行“下采样”，降低原始图像的空间分辨率。

② 对已降低分辨率的“小”图像进行压缩编码。

③ 解码重建低分辨率图像，再对其使用插值滤波器内插成原图像的空间分辨率。

④ 把相同空间分辨率的插值图像作为原始图像的预测值，对二者的差值继续压缩编码。

⑤ 重复步骤③、④，直到要编码图像达到完整的分辨率。

分级编码也可以作为渐进传输的一种方式。此时的“渐进”体现在空间分辨率上，而不是重建图像的质量上。在低码率情况下，分级编码模式的性能优于其他编码模式。

6.1.5 JPEG2000 标准概述

JPEG 静止图像压缩标准在中、高比特率上有较好的压缩效果，但是，在低比特率情况下，重建图像存在严重的方块效应，不能很好地适应网络图像传输的需求。虽然 JPEG 标准有 4 种操作模式，但是大部分模式是针对不同的应用提出的，不具有通用性，这给交换、传输压缩图像带来很大的麻烦。此外，JPEG 不能在同一个压缩码流中同时提供很好的有失真压缩和无失真压缩；不支持大于 64000×64000 的图像；没有统一的解码结构；抵抗误码的性能不够强；不擅长对计算机合成图像的编码；混合文档压缩性能不佳等。

针对这些不足，1996 年的瑞士日内瓦会议上提出制定新一代的 JPEG 格式标准，并计划在 2000 年正式颁布，因此将它称为 JPEG2000。2000 年 12 月，JPEG2000 第一部分正式公布，标准号为 ISO/IEC15444 或 ITU-T T. 800，而其余部分则在之后被陆续公布。它的目标是在一个统一的集成系统中，可以使用不同的成像模型（客户机/服务器、实时传送、图像图书馆检索、有限缓存和宽带资源等），对不同类型（二值图像、灰度图像、彩色图像、多分量图像等）、不同性质（自然图像、计算机图像、医学图像、遥感图像、混合文本等）的静止图像进行压缩。该压缩编码系统在保证失真率和主观图像质量优于现有标准的条件下，能够提供对图像的低比特率压缩。

6.1.6 JPEG2000 标准的基本框架

为了达到高压缩率的目的，JPEG2000 也采用了传统的基于“变换 + 量化 + 熵编码”的编码模式，JPEG2000 的编解码器原理框图如图 6-4 所示。

在编码时，首先对原图像进行预处理，包括 DC 电平位移和分量变换，然后对处理的结果进行离散小波变换（Discrete Wavelet Transform，DWT），得到小波系数。再对小波系数进行量化和熵编码，最后组成标准的输出码流。JPEG2000 与传统 JPEG 最大的不同之处在于：它放弃了 JPEG 所采用的以离散余弦变换为主的区块编码方式，而采用以离散小波变换为主的多分辨率编码方式；熵编码采用由位平面编码和二进制算术编码器组成的优化截断嵌入式块编码（Embedded Block Coding with Optimized Truncation，EBCOT）。正是由于采用了这两个核心算法，JPEG2000 才拥有比 JPEG 更为优良的

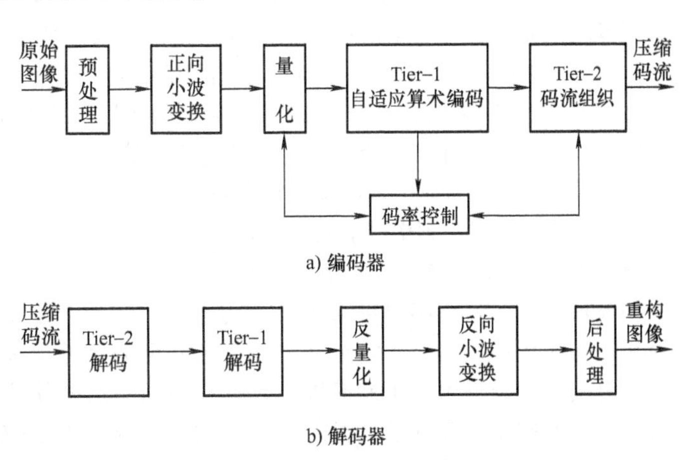

图 6-4 JPEG2000 的编解码器原理框图

性能。与此同时，小波变换和熵编码实现的计算量和复杂度都非常高，是 JPEG2000 编码系统中最主要的两个部分。

6.1.7 JPEG2000 的主要特点

JPEG2000 图像编码系统相比于基于 DCT 的 JPEG 具有以下特点。

（1）良好的低比特率压缩性能

这是 JPEG2000 标准最主要的特征。JPEG 标准对于细节分量多的灰度图像，当比特率低于 0.25bit/p（bit per pixel）时，视觉失真大。JPEG2000 格式的图像压缩率可在 JPEG 标准的基础上再提高 10% ~30%，而且压缩后的图像显得更加细腻平滑。尤其在低比特码率下，具有良好的率失真性能，以适应窄带网络、移动通信等带宽有限的应用需求。

（2）连续色调图像压缩和二值图像压缩

JPEG2000 的目标是成为一个标准编码系统，既能压缩连续色调自然图像，又能压缩二值图像。该系统对于每一个彩色分量使用不同的动态范围（例如，1 ~16bit）进行压缩和解压缩。该特性将应用在以下图像：包含图像和文本的混合文档、有注释层的医学图像、带有二值或近似二值区域或 Alpha 通道的图形或计算机合成图像或传真。

（3）同时支持无损压缩和有损压缩

JPEG2000 提供的是嵌入式码流，允许从有损到无损的渐进解压。在接收端解码时，根据实际要求，解码出所要求的图像质量。采用此特性的应用实例有：有时也需要无失真压缩的医学图像，保存时需要高质量而预览时并不需要高质量的图像存档，为不同硬件设备提供不同性能的网络应用等。

（4）渐进传输

所谓的渐进传输（Progressive Transmission）就是先传输图像轮廓数据，然后再逐步传输其他数据来不断提高图像质量，也就是不断地向图像中插入像素以不断提高图像的空间分辨率或增加像素精度（位深度），让图像由朦胧到清晰显示。用户根据需要，对图像传输进行控制，在获得所需的图像分辨率或质量要求后，在不必接收和解码整个图像的压缩码流的情况下，便可终止解码。这个特性在有限带宽的网络上进行浏览表现得尤为突出。例如，当下载一个图像时，只看到图像的轮廓或缩略图（Thumbnail），就可以决定是否需要下载它了。而且，在决定下载的情况下，也可以根据需要和带宽，决定下载的图像质量，从而控制数据量的大小。

（5）支持“感兴趣区域”压缩以及对码流的随机访问和随机处理

JPEG2000 的另一个极其重要的优点是支持对感兴趣区域（Region of Interest，RoI）的压缩。在对这些区域进行压缩时，可以指定特定的压缩质量，或在恢复时指定某些区域的解压缩要求。这是因为小波在空间和频率域上具有局域性（即一个变换系数涉及的图像空间范围是局部的），要完全恢复图像中的某个局部，并不需要所有编码都被精确保留，只要对应它的一部分编码没有误差就可以了。这给用户带来了极大的方便。例如，在有些情况下，图像中只有一小块区域对用户是有用的。那么将它定义成一个感兴趣的区域，采用低压缩率以获取较好的图像质量，而对其他部分采用高压缩率以节省存储空间。这样就能在保证不丢失重要信息的同时又有效压缩了数据量，实现了真正的“交互式”压缩，而不仅仅是像原来那样只能对整个图片定义一个压缩率。在传输中可以对 RoI 部分进行随机处理，即在不解压的前提下对压缩码流进行平移、旋转、缩放等常见操作，而其余码流仍处于压缩状态。

（6）固定比特率、固定尺寸，有限的工作存储器

固定比特率（固定局部比特率）意味着对于给定数目的相邻像素，其编码后的比特数等于

(或小于)固定值，这样解码器就可以通过有限带宽的通道实时解码。固定尺寸（固定全局比特率）意味着整幅图像编码后的总比特数是一个固定值，这样对于存储空间有限的硬件设备就可容纳完整的编码流。

(7) 良好的抗误码性

在传输图像时，JPEG2000系统采取一定的编码措施和码流格式来减少因解码失败而造成的图像失真。这一点在无线信道上传输图像时更为重要。在决定图像解压质量时，某一部分码流比其他码流更加重要，合适的码流设计能帮助减少解码错误。

(8) 开放的体系结构

开放的体系结构可以为不同的图像类型和应用提供最优化的系统。通过语法描述语言集成或开发新的压缩工具，优化整个编解码系统。对于未知压缩工具，解码器可以要求从源端发过来。

JPEG2000的改进还包括：顺序扫描重建能力（用于实时编码）；与JPEG的兼容性；基于内容的描述；增加附加通道空间信息（Side Channel Spatial Information）；与ITU-T图像交换建议相兼容；灵活的元数据格式；考虑人的视觉特性，增加视觉权重和掩膜，在不损害视觉效果的情况下大大提高压缩效率；可以为一个图像文件加上加密的版权信息，这种经过加密的版权信息在图像编辑的过程（放大、复制）中没有损失，比目前的“水印”技术更为先进；JPEG2000对CMY、RGB等多种彩色空间都有很好的兼容性，这为用户按照自己的需求在不同显示器、打印机等外设进行色彩管理带来了便利。

总之，和JPEG相比JPEG2000优势明显，且向下兼容，将会在各种应用中大放异彩，为人们的生活带来更多的方便和快捷。

6.2 数字视频编码标准概述

为了保证不同厂家音视频编解码产品之间的互操作性，国际电信联盟（ITU）、国际标准化组织（ISO）和国际电工委员会（International Electrotechnical Commission，IEC）等组织制定了一系列的音视频编解码标准。其中最具代表性的是ITU-T推出的H.26x系列视频编码标准，包括H.261、H.262、H.263、H.264和H.265，主要应用于实时视频通信领域，如会议电视、可视电话等；ISO/IEC推出的MPEG-x系列音视频压缩编码标准，包括MPEG-1、MPEG-2和MPEG-4等，主要应用于音视频存储（如VCD、DVD）、数字音视频广播、因特网或无线网上的流媒体等。

为了摆脱我国多媒体产品开发和生产企业受制于国外编码标准的现状，我国于2002年6月21日成立了数字音视频编解码技术标准工作组，英文名称为“Audio Video Coding Standard Workgroup of China”，简称AVS工作组。该工作组的任务是：“面向我国的信息产业需求，联合国内企业和科研机构，制（修）订数字音视频的压缩、解压缩、处理和表示等共性技术标准，为数字音视频设备与系统提供高效经济的编解码技术，服务于高分辨率数字广播、高密度激光数字存储媒体、无线宽带多媒体通信、互联网宽带流媒体等重大信息产业应用。”

2006年2月，国家标准化管理委员会正式颁布《信息技术 先进音视频编码 第2部分：视频》（国家标准号GB/T 20090.2—2006，简称AVS标准）。2006年3月1日，AVS标准正式实施。作为解决音视频编码压缩的信源标准，AVS标准的基础性和自主性使得它成为推动我国数字音视频产业“由大变强”的重要里程碑。从2012年9月开始，AVS工作组的工作全面转向第二代标准，即《信息技术 高效多媒体编码》（AVS2）标准的制定。

这些标准已在数字电视、多媒体通信领域得到广泛应用，极大地推动了数字电视技术及多媒体技术的发展。

6.2.1 H.26x 系列标准

1. H.261

H.261 是国际电报电话咨询委员会（CCITT，现改称为 ITU-T）制定的国际上第一个视频编码标准，主要用于在综合业务数字网（Integrated Services Digital Network，ISDN）上开展双向视听业务（如可视电话、会议电视）。该标准于 1990 年 12 月获得批准。H.261 标准的名称为“数码率为 $p\times64$kbit/s（$p=1$，2，…，30）视听业务的视频编解码”，简称为 $p\times64$kbit/s 标准。当 $p=1$、2 时，仅支持 QCIF（Quarter Common Intermediate Format，四分之一通用中间格式）的图像分辨力（176×144），用于帧频低的可视电话；当 $p\geqslant6$ 时，可支持通用中间格式（Common Intermediate Format，CIF）的图像分辨力（352×288）的会议电视。利用 CIF 格式，可以使各国使用的不同制式的电视信号变换为通用中间格式，然后输入给编码器，从而使编码器本身不必知道信号是来自哪种制式的。

H.261 视频编码算法的核心是采用带有运动补偿的预测编码以及基于 DCT 的变换编码相结合的混合编码方法，其许多技术（包括视频数据格式、运动估计与补偿、DCT、量化和熵编码）都被后来的 MPEG-1、MPEG-2、H.263、H.264 等其他视频编码标准所借鉴和采用。

2. H.262

H.262 实际上就是 MPEG-2 标准的视频部分（ISO/IEC13818-2）。ITU-T 的视频编码专家组（Video Coding Experts Group，VCEG）与 ISO/IEC 的运动图像专家组（Motion Picture Experts Group，MPEG）在 ISO/IEC13818 标准的第一和第二两个部分进行了合作，因此上述两个部分也称为 ITU-T 的标准，分别为 ITU-T H.220 系统标准和 ITU-T H.262 视频标准。

3. H.263/ H.263+/ H.263++

由于 H.261 的视频质量在低数码率的情况下仍然难以令人满意，因此 ITU-T 在 H.261 的基础上做了一些重要的改进，于 1996 年推出了针对甚低数码率的视频压缩编码标准 H.263。H.263 最初是针对数码率低于 64bit/s 的应用设计的，但实验结果表明，在较大的数码率范围内，都取得了良好的压缩效果。

H.263 支持的输入图像格式可以是 QCIF、CIF、Sub-QCIF（128×96 像素）、4CIF 或者 16CIF 的彩色 4:2:0 亚采样图像。其中 QCIF 和 CIF 是 H.261 所支持的格式，Sub-QCIF 格式大约只能达到 QCIF 一半的分辨率，而 4CIF 和 16CIF 图像格式的分辨率分别为 CIF 的 4 倍和 16 倍。对 4CIF 和 16 CIF 格式的支持意味着 H.263 也能实现高数码率的视频编码。H.263 与 H.261 相比采用了半像素精度的运动补偿，并增加了无限制的运动矢量模式、基于句法的算术编码模式、先进的预测模式、PB-帧模式等 4 种有效的压缩编码模式作为选项。

1998 年，ITU-T 推出的 H.263+是 H.263 视频编码标准的第二个版本，它在保证原 H.263 标准核心句法和语义不变的基础上，增加了若干选项以提高压缩效率或改善某方面的功能。为提高压缩效率，H.263+采用先进的帧内编码模式；增强的 PB-帧模式改进了 H.263 的不足，增强了帧间预测的效果；去块效应滤波器不仅提高了压缩效率，而且提供重建图像的主观质量。为适应网络传输，H.263+增加了时间可分级编码、信噪比可分级编码、空间可分级编码以及参考帧选择模式，增强了视频传输的抗误码能力。

2000 年，ITU-T 又推出 H.263++，在 H263+基础上做了一些新的扩展，增加了一些新的可选技术，从而更加适应于各种网络环境，并增强了差错恢复的能力。新增的可选模式有增强参考帧选择模式、数据划分片模式、扩展的追加增强信息模式等。

4. H.264/AVC

H.264 是由 ITU-T 的视频编码专家组（VCEG）与 ISO/IEC 的 MPEG 组成的联合视频工作组

(JVT) 共同制定的新一代视频压缩编码标准，面向多种实时视频通信应用。事实上，H. 264 标准的开展可以追溯到 1996 年，在制定 H. 263 标准后，VCEG 启动了两项研究计划：一个是短期研究计划，在 H. 263 的基础上增加选项来改进编码效率，随后产生了 H. 263 + 与 H. 263 ++；另一个是长期研究计划，旨在开发新的压缩标准，其目标是编码效率要高，同时具有简单、直观的视频编码技术，网络友好的视频描述，适合交互和非交互式应用（广播、存储、流媒体）。长期研究计划产生了 H. 26L 标准草案，在压缩效率方面与先期的 ITU-T 视频压缩标准相比，具有明显的优越性。2001 年，ISO/IEC 的 MPEG 组织认识到 H. 26L 潜在的优势，随后与 ITU-T 的 VCEG 共同组建了联合视频工作组（JVT），其主要任务就是将 H. 26L 草案发展为一个国际性标准。于是，在 ISO/IEC 中该标准命名为 AVC（Advanced Video Coding，高级视频编码），作为 MPEG-4 标准的第 10 部分；在 ITU-T 中正式命名为 H. 264 标准。

5. H. 265/HEVC

高效视频编码（High Efficiency Video Coding，HEVC）是继 H. 264/AVC 后的下一代视频编码标准，由 ISO/IEC MPEG 和 ITU-T VCEG 共同组成的视频编码联合协作小组（Joint Collaborative Team on Video Coding，JCT-VC）负责开发及制定。

随着数字媒体技术和应用的不断演进，视频应用不断向高清晰度方向发展：数字视频格式从 720P 向 1080P 全面升级，在一些视频应用领域甚至出现了 3840 × 2160(4K × 2K)、7680 × 4320 (8K × 4K) 的图像分辨率；视频帧率从 30 frame/s 向 60 frame/s、120 frame/s 甚至 240 frame/s 的应用场景升级。当前主流的视频压缩标准 H. 264/AVC 的压缩效率的局限性在不断地凸显。在 ISO/IEC MPEG 和 ITU-T 视频编码专家组（VCEG）的共同努力下，面向更高清晰度、更高帧率、更高压缩率视频应用的新一代国际视频压缩标准 H. 265/HEVC 标准已经发布，压缩效率比 H. 264/AVC 提高了一倍。但是，该标准的算法复杂度极高，而且编码的算法复杂度是解码复杂度的数倍以上，这对满足实际的应用是个极大的挑战。

早在 2004 年，ITU-T VCEG 开始研究新技术以创建一个新的高效的视频压缩标准。2004 年 10 月，H. 264/AVC 小组对有潜力的各种编解码技术进行了调研。在 2005 年 1 月的 VCEG 会议上，指定了作为未来探索方向的若干主题，即关键技术领域（Key Technical Areas，KTA），同时在原有 JVT 开发的 H. 264/AVC 标准参考软件 JM 上集成了被提出的技术，作为 KTA 参考软件供之后 4 年的实验评估和验证。关于改进压缩技术的标准化也有两种途径，即制定新的标准及制定 H. 264/AVC 标准的扩展标准，在 2009 年 4 月的 VCEG 会议上进行了讨论，暂定名称为 H. 265 和 H. NGVC（Next-generation Video Coding）。

2007 年 ISO/IEC MPEG 开始了类似的项目，名称暂定为高性能视频编码（High-performance Video Coding，HVC），其早期的评估也是建立在对于 KTA 参考软件的修改上。在 2009 年 7 月，实验结果显示，与 H. 264/AVC High Profile 相比 HVC 可以降低平均 20% 左右的码率。这些结果也促成了 MPEG 开始与 VCEG 合作共同启动制定新一代的视频编码标准。

VCEG 和 MPEG 在 2010 年 1 月正式联合征集提案，并在 2010 年 4 月 JCT-VC 的首次会议上对于收到的 27 份提案进行了评估，同时 JCT-VC 也确定该联合项目的名称为高效视频编码（HEVC）。在 2010 年 7 月及 10 月的会议中 JCT-VC 确定了 HEVC 测试模型（HEVC Test Model）及待审议测试模型（Test Model under Consideration）。此后举行了多次 JCT 会议，对 HEVC 的技术内容进行不断改进、增删和完善。2013 年 1 月完成 HEVC 的最终草案（Final Draft）版，正式成为国际标准。HEVC 公布后在 ITU-T 和 ISO/IEC 这两个组织中分别命名为 ITU-T H. 265 和 MPEG-H Part 2（ISO/IEC 23008-2）。

HEVC 的核心目标是在 H. 264/AVC High Profile 基础上，压缩效率提高一倍，即在保证相同视频图像质量的前提下，适当增加编码端的复杂度而使视频流的码率减少50%；此外，还要在噪声强度、全色度和动态范围情况下提升视频质量。根据不同应用场合的需求，HEVC编码器可以在压缩率、运算复杂度、抗误码性以及编解码延迟等性能方面进行取舍和折中。相对于H.264/AVC，HEVC具有两大改进，即支持更高分辨率的视频以及改进的并行处理模式。HEVC的应用定位于下一代的高清电视（HDTV）显示和摄像系统，能够支持更高的扫描帧率以及达到1080p(1920×1080）乃至Ultra HDTV(7680×4320）的显示分辨率，可应用于家庭影院、数字电影、视频监控、广播电视、网络视频、视频会议、移动流媒体、远程呈现（Telepresence)、远程医疗等领域。将来还可用于3D视频、多视点视频、可分级视频等。可以预计，HEVC的正式颁布，将给视频应用带来不可估量的影响。

6.2.2 MPEG-x系列标准

MPEG是ISO和IEC联合技术委员会1（JTC1）的第29分委员会（SC29）的第11工作组(WG11)，自从1988年成立以来，制定了MPEG-x系列国际标准，对推动音视频编解码技术的发展做出了重要的贡献。

1. MPEG-1标准

MPEG-1标准于1992年11月获得正式批准，是ISO/IEC的第一个数字音视频编码标准，其标准名称是Coding of moving pictures and associated audio for digital storage media at up to about 1.5Mbit/s（针对1.5Mbit/s以下数据传输率的数字存储媒体应用的运动图像及其伴音编码)，标准号为ISO/IEC 11172。

该标准主要是针对当时出现的新型存储媒介CD-ROM、VCD等应用而制定的，在影视和多媒体计算机领域中得到了广泛应用。MPEG-1视频编码标准（ISO/IEC 11172-2）的主要目标是在1~1.5Mbit/s数码率的情况下，提供30frame/s标准输入格式（Standard Input Format，SIF)、相当于家用录像机（Video Home System，VHS）画面质量的视频。

2. MPEG-2标准

MPEG-2标准于1994年11月正式发布，其标准名称是Generic coding of moving pictures and associated audio information（运动图像及其伴音信息的通用编码)，标准号ISO/IEC 13818。

而在此之前，ITU-T也成立了视频编码专家组（Video Coding Expert Group，VCEG)，开始制定应用于异步传输模式(Asynchronous Transfer Mode，ATM）环境下的H.262标准。由于性能指标基本类似，ITU-T也将H.262标准的研究工作并入到MPEG-2标准之中，从而使得MPEG-2形成一套完整的几乎覆盖当时数字音视频编码技术领域的标准体系。

MPEG-2标准的各部分内容描述如下：

• ISO/IEC13818-1：System（系统）。描述多个视频、音频基本码流（Elementary Stream，ES)、附加数据合成传送码流（Transport Stream，TS）和节目码流（Program Stream，PS）的方式和实时实现同步的方法。

• ISO/IEC13818-2：Video（视频）。描述视频数据的编码和解码。

• ISO/IEC13818-3：Audio（音频）。描述音频数据的编码和解码，与MPEG-1音频标准后向兼容。

• ISO/IEC13818-4：Compliance（一致性测试）。描述测试一个编码码流是否符合MPEG-2码流的方法。

• ISO/IEC13818-5：Software（软件）。描述了MPEG-2标准的第一、二、三部分的软件实现方法。

• ISO/IEC13818-6：DSM-CC（数字存储媒体—命令与控制）扩展协议。描述交互式多媒体网络中服务器与用户间的会话信令集。

• ISO/IEC13818-7：MPEG-2 高级音频编码（Advanced Audio Coding，AAC），是多声道声音编码标准。

• ISO/IEC13818-8：10bit 视频。

• ISO/IEC13818-9：系统解码器实时接口扩展标准，它可以用来适应来自网络的传输数据流。

• ISO/IEC13818-10：DSM-CC 一致性测试扩展。

• ISO/IEC13818-11：知识产权管理和保护框架。

MPEG-2 标准作为 MPEG-1 的扩展，需要支持数字电视广播，因此必须能够处理电视系统特有的隔行扫描方式；其次，鉴于 MPEG-2 标准中编码技术选择性增大，而系统应用模式也随支持视频格式的增加而进一步扩大，MPEG-2 标准定义了 6 种不同复杂度的压缩编码算法，简称为"类"（Profile），规定了 4 种输入视频格式，称之为"级"（Level）。"类"与"级"的组合方式将 MPEG-2 标准中不同算法工具和不同的系统参数取值进行组合规范，便于针对不同应用系统设计相应的标准解码系统。MPEG-2 标准中"类"与"级"的可能组合如表 6-1 所示。

表 6-1　MPEG-2 标准中"类"与"级"的可能组合

	简单类	主　类	4:2:2类	SNR 可分级类	空间可分级类	高　类
高级 1920×1080×30， 1920×1152×25		MP@ HL				HP@ HL
1440-高级 1440×1080×30， 1440×1152×25		MP@ H1440			SSP@ H1440	HP@ H1440
主级 720×480×30， 720×576×25	SP@ ML	MP@ ML	4:2:2P@ ML	SNRP@ ML		HP@ ML
低级 352×240×30， 352×288×25		MP@ LL		SNRP@ LL		
备注	无B帧，4:2:0采样，不分级	有B帧，4:2:0采样，不分级	有B帧，4:2:2采样，不分级	有B帧，4:2:0采样，SNR 可分级	有B帧，4:2:0采样，SNR 可分级，空间可分级	有B帧，4:2:0或4:2:2，SNR 可分级，空间可分级，时间可分级

在表示"类"与"级"的组合时，常用缩写的形式，如 HP@ HL 表示 High Profile 与 High Level 的组合。目前常用的是主类，其中 MP@ ML 可应用于多种场合，卫星直播数字电视、SDTV、DVD 等采用这种组合。MP@ HL 用于 HDTV 系统。SP@ ML 常用于数字有线电视或数字录像机中，它不采用 B 帧，故所需的存储容量较小。

MPEG-2 标准改变了 MPEG-1 视频只能在本地播放的状况，当 MPEG-2 的视频码流打包成传送码流（TS）后，可以在 ATM 网上实现视频的流式播放。MPEG-2 不是 MPEG-1 的简单升级，它在系统和传送方面做了更加详细的规定和进一步的完善。它的应用领域非常广泛，包括存储媒介中的 DVD、广播电视中的数字电视和 HDTV、交互式的视频点播（Video On Demand，VOD）

以及 ATM 网络等不同信道上的视频码流传输，所以 MPEG-2 将具有信道自适应特点的可分级编码等技术也纳入标准之中。

3. MPEG-4 标准

MPEG-1/2 最主要的目标是通过数据压缩技术，实现数字音/视频数据的有效存储和传送。它们所处理的是音频及基于“矩形帧”的视频信息，而其交互功能也仅局限于音频及矩形帧层次上，用户得到的是制作人员事先编排好的场景，只能对音/视频序列进行简单的回放。1999 年 1 月，新一代音视频对象编码标准 MPEG-4 正式发布，标准号为 ISO/IEC 14496。

MPEG-4 标准超越了 MPEG-1/2 的目标，以音视对象（Audio Visual Object，AVO）的形式对 AV 场景进行描述。这些 AVO 在空间及时间上有一定的关联，经过分析，可对 AV 场景进行分层描述。因此，MPEG-4 提供了一种崭新的交互方式——基于内容的交互，允许用户根据系统能力和信道带宽进行分级解码，同每一个 AV 对象进行交互并可操纵之。根据制作者设计的具体自由度，用户不仅可以改变场景的视角，还可以改变场景中对象的位置、大小和形状，或置换甚至清除该对象。MPEG-4 集成了不同性质的对象，例如自然视频对象，计算机生成的图形、图像、文字，自然及合成音频对象等。

MPEG-4 标准包含 22 个部分，如表 6-2 所示，各个部分既独立又紧密相关。与视频编码相关的是第 2 部分和第 10 部分，其中第 10 部分等同于 ITU-T H. 264 标准。

表 6-2　MPEG-4 标准的组成

部分	内容
第 1 部分	系统（Systems）：描述视频和音频的同步及复用
第 2 部分	视觉对象（Visual）：视觉对象数据（包括视频、静态纹理、合成图像等）的压缩编码
第 3 部分	音频（Audio）
第 4 部分	一致性测试（Conformance Testing）
第 5 部分	参考软件（Reference Software）
第 6 部分	传递多媒体集成框架（Delivery Multimedia Integration Framework，DMIF）
第 7 部分	优化的音视对象编码参考软件（Optimized reference software for coding of audio-visual objects）
第 8 部分	MPEG-4 码流在 IP 网络上的传输（Transport of MPEG-4 over IP Network）
第 9 部分	参考硬件描述（Reference Hardware Description）
第 10 部分	高级视频编码（Advanced Video Coding，AVC）：等同于 ITU-T H. 264 标准
第 11 部分	场景描述和应用引擎（Scene Description and Application Engine）
第 12 部分	ISO 基本媒体文件格式(ISO Base Media File Format)：用于存储媒体内容的一种文件格式
第 13 部分	知识产权管理和保护的扩展（IPMP Extensions）
第 14 部分	MP4 文件格式(MPEG-4 File Format)：基于第 12 部分
第 15 部分	AVC 文件格式(MPEG-4 File Format)：用于存储采用 AVC 编码的视频内容，也基于第 12 部分
第 16 部分	动画框架扩展（Animation Framework eXtension，AFX）
第 17 部分	流式文本格式(Streaming Text Format)
第 18 部分	字体压缩与流（Font Compression and Streaming）
第 19 部分	合成的纹理流（Synthesized Texture Streaming）
第 20 部分	轻便应用场景表现（Lightweight Application Scene Representation，LASeR）
第 21 部分	MPEG-J 图形框架扩展（MPEG-J Graphical Framework eXtension）
第 22 部分	开放的字体格式(Open Font Format)

6.2.3 AVS和AVS+标准

AVS是Audio Video coding Standard的简称。AVS工作组制定标准的总体战略是："知识产权自主、编码效率高、实现复杂度低、系统尽可能兼容、面向具体应用。"目前AVS工作组制定的标准包括以下几个方面。

- 《信息技术 先进音视频编码》(AVS1)。
- 《安防监控音视频编码》(AVS-S)。
- 《信息技术 高效多媒体编码》(AVS2)。
- 《信息技术 数字媒体内容描述》(AVD)。

AVS1标准是《信息技术 先进音视频编码》系列标准的简称，目前包含了系统、视频、音频、符合性测试、参考软件等14个部分，其中：

- 《信息技术 先进音视频编码 第1部：系统》，简称AVS1-P1，标准代号为GB/T 20090.1—2012，于2012年12月31日颁布为国家标准，2013年6月1日正式实施。
- 《信息技术 先进音视频编码 第2部分：视频》，简称AVS1-P2，于2006年2月颁布为国家标准，标准代号为GB/T 20090.2—2006。
- 《信息技术 先进音视频编码 第2部：视频》(修订)，标准代号为GB/T 20090.2—2013，于2013年12月31日颁布为国家标准，将替代GB/T 20090.2—2006，于2014年7月15日正式实施。
- 《信息技术 先进音视频编码 第4部：符合性测试》，简称AVS1-P4，标准代号为GB/T 20090.4—2012，于2012年12月31日颁布为国家标准，2013年6月1日正式实施。
- 《信息技术 先进音视频编码 第5部：参考软件》，简称AVS1-P5，标准代号为GB/T 20090.5—2012，于2012年12月31日颁布为国家标准，2013年6月1日正式实施。
- 《信息技术 先进音视频编码 第10部：移动语音和音频》，简称AVS1-P10，标准代号为GB/T 20090.10—2013，于2013年12月31日颁布为国家标准，2014年7月15日正式实施。

其他部分的标准化正在积极推进中。

2013年6月4日，AVS视频部分由国际电子信息领域影响最大的学术组织IEEE（美国电气和电子工程师协会）出版，标准号为IEEE 1857—2013。除了包括面向数字电视类（Profile）外，IEEE 1857—2013还包括面向移动通信和视频监控的两个新类，其对监控视频的压缩效率达到同类国际标准的两倍，在国际上处于明显领先的位置，有望从技术源头上改变视频监控产业的格局。

2012年7月10日，国家广播电影电视总局正式颁布了广播电影电视行业标准《广播电视 先进音视频编解码 第1部分：视频》(简称AVS+，标准代号为GY/T 257.1—2012)，自颁布之日起实施。AVS+的颁布与实施对我国高清晰度数字电视、3D数字电视等广电领域新业务的发展具有重要的战略意义。2012年8月24日，工业和信息化部电子信息司与国家广播电影电视总局科技司联合主办"《广播电视先进音视频编解码第1部分：视频》（AVS+）标准发布暨宣贯会"，共同推进该标准的应用和产业化。2013年10月28日，国家新闻出版广电总局颁布了《AVS+高清编码器技术要求和测量方法》行业标准（GY/T 271—2013)，自颁布之日起实施。2014年3月18日，工业和信息化部与国家新闻出版广电总局联合发布了《广播电视先进视频编解码（AVS+）技术应用实施指南》(以下简称《指南》)。《指南》对AVS+标准在卫星传输分发、卫星直播电视、有线数字电视、地面数字电视、互联网电视和交互式网络电视（Internet Protocol Television，IPTV）中的应用提出了明确的指导意见和推进方案。《指南》的实施对加快实现 AVS + 端到端的应用推广，推动 AVS + 在广播电视领域的应用，构建 AVS 完整产业链将具有重要意义。这是我国音视频领域的一件大事，也是我国广播电视运营和相关制造业的一件大事。

为了支持 4K、8K 超高清晰度数字视频和环绕立体声，AVS 工作组从 2012 年 9 月开始将工作转向第二代 AVS 标准，即《信息技术 高效多媒体编码》标准（简称 AVS2）的制定。AVS2 视频标准（《信息技术 高效多媒体编码 第 2 部分：视频》，简称 AVS2-P2）的首要应用目标是超高清晰度视频。超高清晰度视频的分辨率相当于高清晰度电视的 4 倍（4K 超高清）或 16 倍（8K 超高清），需要压缩效率更高的视频编码标准。测试表明，AVS2 视频标准的压缩效率已经比第一代 AVS 国家标准和 AVC/H. 264 国际标准提高了一倍，在场景类视频编码方面大幅度领先于最新国际标准 HEVC/H. 265，实现复杂度不高于同等级的编码标准。AVS2 音频标准（《信息技术 高效多媒体编码 第 3 部分：音频》，简称 AVS2-P3）包括纯无损和有损兼容两套方案，后者完整包含了第一代 AVS 有损音频编码，若完整解码这种码流，可以完全无失真地还原音频，而部分解码也可以回放高质量的音频。AVS2 无损音频编码已经由 IEEE 颁布为 IEEE 1857. 2—2013 标准并正式出版发行。

视听内容快速搜索和深度利用的重要性日益增强。为此，AVS 工作组在 2013 年 6 月正式成立了“数字媒体内容描述”专题组，开始制定《信息技术 数字媒体内容描述》（AVD）标准，目前包括 3 个部分：第一部分“标识、分类和核心元数据”，第二部分“视觉对象描述”和第三部分“听觉对象描述”。该标准继承 AVS 编码标准的特色，将针对不同应用制定专门的“类”（Profile），针对不同的需求将内容描述分为不同的“级”。第一阶段预计包括基本类（面向视听内容描述的共性通用特征）、监控类（面向视频监控应用的对象描述）和移动类（面向移动互联网的视觉搜索和增强现实等应用），而各种类的视听描述又将分为底层特征（例如颜色、形状、纹理）、中层特征（例如运动对象）和高层特征（例如对象分类、人脸识别和语义描述等）。

6.3 H. 264/AVC 视频编码标准

1995 年，在完成 H. 263 标准基本版本后，ITU-T 下属的视频编码专家组（VCEG）就开始针对极低数码率视频编码标准的长期（Long Term）目标进行研究，希望能够形成一个在性能方面与现有标准有较大区别的高压缩比视频编码标准，主要针对“会话”服务（视频会议、可视电话）和“非会话”服务（视频的存储、广播以及流媒体）提供更加适合网络传输的解决方案。在标准制定的初期，VECG 形成的相关标准草案被定名为 H. 26L。1999 年 8 月，VCEG 完成了第一个草案文档和第一个测试模型 TML-1，测试结果显示其软件编码的质量远优于当时基于 MPEG-4 标准的软件编码的视频流质量。这时，MPEG 也启动了在高级视频编码（Advance Video Coding，AVC）方面的研究。在充分意识到 H. 26L 的良好发展前景之后，ISO/IEC 的 MPEG 和 ITU-T 的 VCEG 再次合作，组建了联合视频工作组（Joint Video Team，JVT），其目的就是在 H. 26L 技术体系上进一步完善，共同研究并推动新的视频编码国际标准。2002 年 5 月 JVT 形成委员会草案，并于同年 12 月完成最终国际标准草案。2003 年 3 月，这个草案正式被批准，官方名字分别为 ITU-T H. 264 和 ISO/IEC MPEG-4 AVC 或 ISO/IEC MPEG-4 Part 10。

H. 264/AVC 标准仍采用基于块的运动补偿预测编码、变换编码以及熵编码相结合的混合编码框架，并在帧内预测、块大小可变的运动补偿、4 × 4 整数变换、1/8 精度运动估计、上下文自适应的二进制算术编码（CABAC）等诸多环节中引入新技术，使其编码效率与以前标准相比有了很大提高。此外，它采用分层结构的设计思想将编码与传输特性进行分离，增强了码流对网络的适应性及抗误码能力。本节将主要就这些新的特性进行介绍和讨论。

6.3.1 H.264/AVC视频编码器的分层结构

随着市场对视频网络传输需求的增加，如何适应不同信道传输特性的问题也日益显现出来。H.264为了解决这个问题，提供了很多灵活性和客户定制化特性。H.264视频编码结构从功能和算法上分为两层设计，即视频编码层（Video Coding Layer，VCL）和网络抽象层（Network Abstraction Layer，NAL），如图6-5所示。

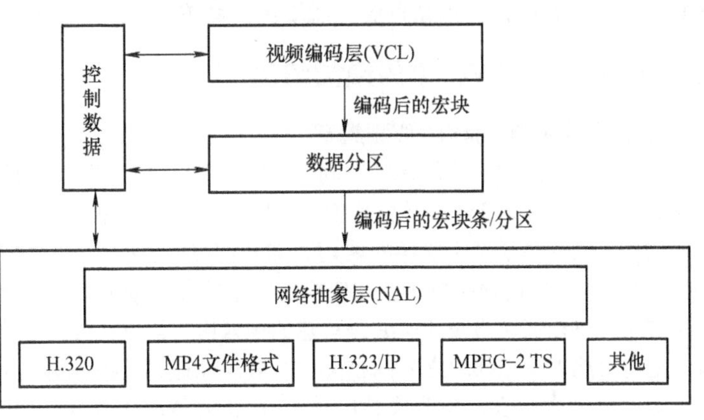

图6-5 H.264中的分层结构

1）VCL负责高效的视频编码压缩，采用基于块的运动补偿预测、变换编码以及熵编码相结合的混合编码框架，处理对象是块、宏块的数据，编码器的原理框图如图6-6所示。VCL是视频编码的核心，其中包含许多实现差错恢复的工具，并采用了大量先进的视频编码技术以提高编码效率。

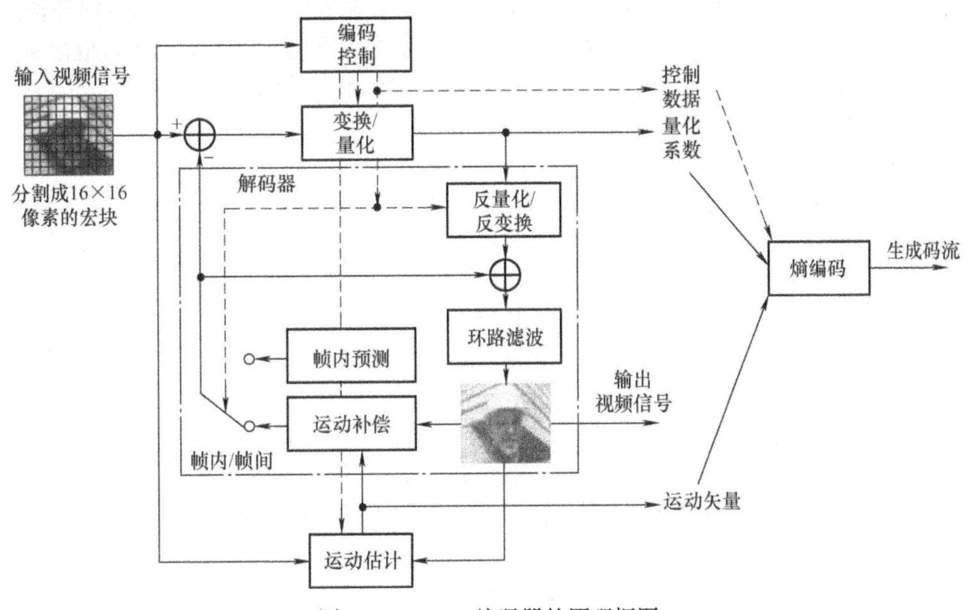

图6-6 H.264编码器的原理框图

2）NAL将经过VCL层编码的视频流进行进一步分割和打包封装，提供对不同网络性能匹配的自适应处理能力，负责网络的适配，提供“网络友好性”。NAL层以NAL单元作为基本数据格式，它不仅包含所有视频信息，其头部信息也提供传输层或存储媒体的信息，所以NAL单元的格式适合基于包传输的网络（如RTP/UDP/IP网络）或者是基于比特流传输的系统（如MPEG-2系统）。NAL的任务是提供适当的映射方法将头部信息和数据映射到传输协议上，这样在分组交换传输中可以消除组帧和重同步开销。为了提高H.264标准的NAL在不同特性的网络上定制 VCL 数据格式的能力，在 VCL 和 NAL 之间定义的基于分组的接口、打包和相应的信令也属于 NAL 的一部分。

这种分层结构扩展了 H. 264 的应用范围，几乎涵盖了目前大部分的视频业务，如数字电视、视频会议、视频电话、视频点播、流媒体业务等。

6.3.2 H. 264/AVC 中的预测编码

1. 基于空间域的帧内预测编码

视频编码是通过去除图像的空间与时间相关性来达到压缩的目的。空间相关性通过有效的变换来去除，如 DCT、H. 264 的整数变换。时间相关性则通过帧间预测来去除。这里所说的变换去除空间相关性，仅仅局限在所变换的块内，如 8×8 或者 4×4，并没有块与块之间的处理。H. 263 + 与 MPEG-4 引入了帧内预测技术，在变换域中根据相邻块对当前块的某些系数做预测。H. 264 则是在空间域中，将相邻块边缘的已编码重建的像素值直接进行外推，作为对当前块帧内编码图像的预测值，更有效地去除相邻块之间的相关性，极大地提高了帧内编码的效率。

对亮度像素而言，预测块 P 用于 4×4 亮度子块或者 16×16 亮度宏块的相关操作。4×4 亮度子块有 9 种可选预测的模式，独立预测每一个 4×4 亮度子块，适用于带有大量细节的图像编码。16×16 亮度块有 4 种预测模式，预测整个 16×16 亮度块，适用于平坦区域图像编码。色度块也有 4 种预测模式，对 8×8 块进行操作。编码器通常选择使 P 块和编码块之间差异最小的预测模式。

此外，还有一种帧内编码模式称为 I_ PCM 编码模式。在该模式下，编码器直接传输图像的像素值，而不经过预测和变换。在一些特殊的情况下，特别是图像内容不规则或者量化参数非常低时，该模式比起“常规操作”（帧内预测–变换–量化–熵编码）效率更高。

（1）4×4 亮度块帧内预测模式

4×4 亮度块内待编码像素和参考像素之间的位置关系如图 6-7 所示，其中大写字母 A ~ M 表示 4×4 亮度块的上方和左方像素，这些像素为先于本块已重建的像素，作为编码器中的预测参考像素；小写英文字母 a ~ p 表示 4×4 亮度块内部的 16 个待预测像素，其预测值将利用 A ~ M 的值和图 6-8 所示的 9 种预测模式来计算。其中模式 2 是 DC 预测，而其余 8 种模式所对应的预测方向如图 6-8 中的箭头所示。

M	A	B	C	D	E	F	G	H
I	a	b	c	d				
J	e	f	g	h				
K	i	j	k	l				
L	m	n	o	p				

图 6-7 4×4 亮度块内待编码像素和参考像素之间的位置关系示意图

例如，当选择模式 0（垂直预测）进行预测时，如果像素 A、B、C、D 存在，那么像素 a、e、i、m 由 A 预测得到；像素 b、f、j、n 由 B 预测得到；像素 c、g、k、o 由 C 预测得到；像素 d、h、l、p 由 D 预测得到。

当选择模式 2 进行 DC 预测时，如果所有的参考像素均在图像内，那么 $DC=(A+B+C+D+I+J+K+L+4)/8$；如果像素 A、B、C、D 在图像外，而像素 I、J、K 和 L 在图像中，那么 $DC=(I+J+K+L+2)/4$；如果像素 I、J、K 和 L 在图像外，而像素 A、B、C、D 在图像中，那么 $DC=(A+B+C+D+2)/4$；如果所有的参考像素均在图像外，那么 DC = 128。

当选择模式 3 进行预测时，如果像素 A、B、C、D、E、F、G、H 存在，那么

$$a=\frac{1}{4}(A+2B+C+2)$$

$$e=b=\frac{1}{4}(B+2C+D+2)$$

模式0

模式1

模式2

模式3

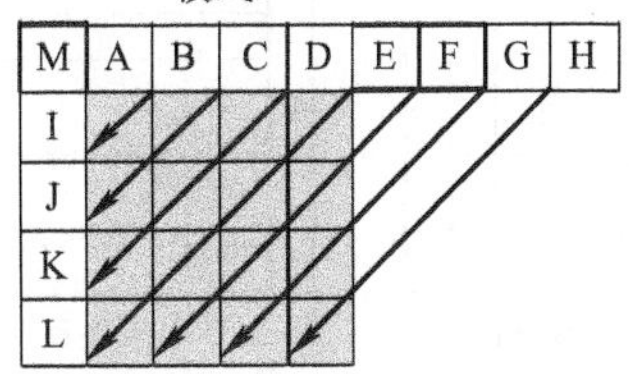

模式4

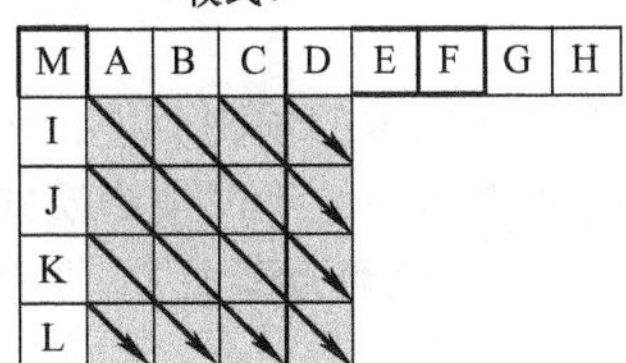

模式5

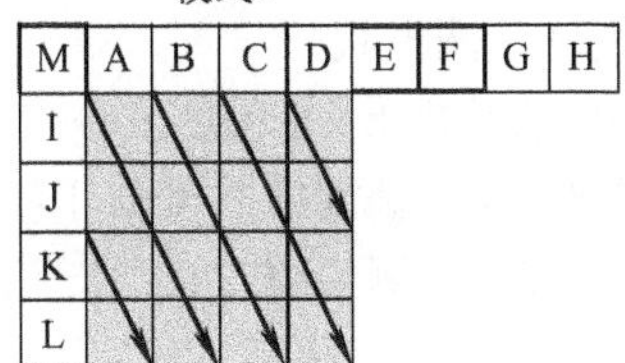

模式6

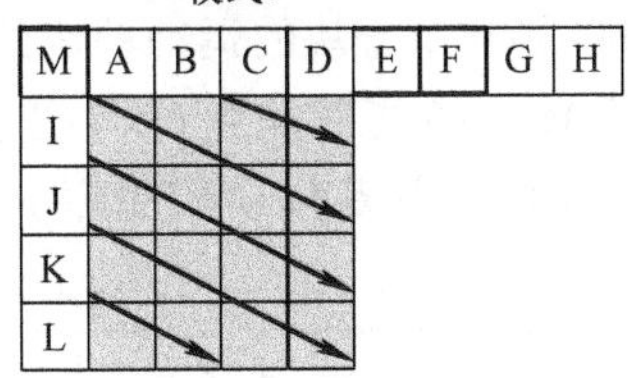

模式7

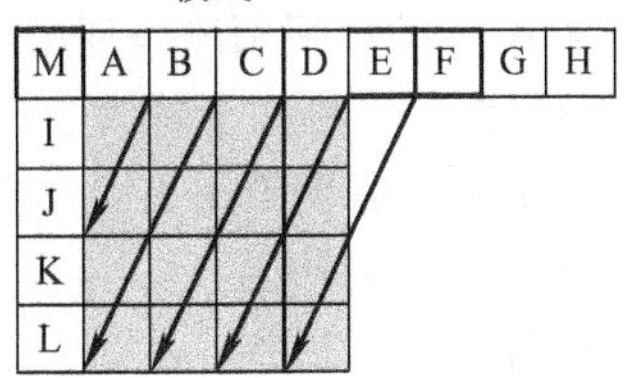

模式8

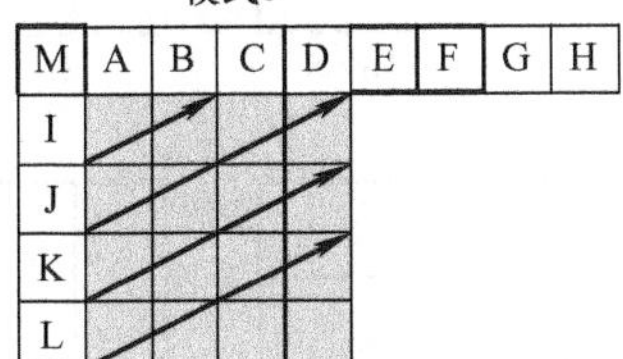

图6-8　4×4亮度块帧内预测模式示意图

$$i = f = c = \frac{1}{4}(C + 2D + E + 2)$$

$$m = j = g = d = \frac{1}{4}(D + 2E + F + 2)$$

$$n = k = h = \frac{1}{4}(E + 2F + G + 2)$$

$$o = l = \frac{1}{4}(F + 2G + H + 2)$$

$$p = \frac{1}{4}(G + 3H + 2)$$

由于篇幅所限，这里不再对其余预测模式做介绍。

（2）16×16 亮度块帧内预测模式

对于大面积平坦区域，H.264 也支持16×16 的亮度帧内预测，此时可在图6-9 所示的4 种预测模式中选用一种来对整个 16×16 的宏块进行预测。这 4 种预测模式分别为模式 0（垂直预测）、模式 1（水平预测）、模式 2（DC 预测）、模式 3（平面预测）。

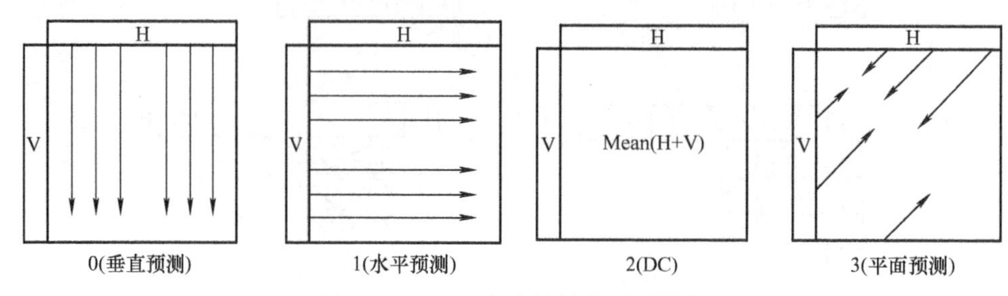

图 6-9　16×16 亮度块帧内预测模式

（3）8×8 色度预测模式

每个帧内编码宏块的 8×8 色度成分由已编码左上方色度像素的预测而得，两种色度成分常用同一种预测模式。4 种预测模式类似于帧内 16×16 亮度块预测的 4 种预测模式，只是模式编号有所不同，其中 DC 预测为模式 0，水平预测为模式 1，垂直预测为模式 2，平面预测为模式 3。

2. 帧间预测编码

H.264/AVC 标准中的帧间预测是利用已编码视频帧/场和基于块的运动补偿的预测模式。与以往标准中的帧间预测的区别在于块大小范围更广（从 16×16 亮度块到 4×4 亮度块），且具有亚像素运动矢量的使用（亮度采用 1/4 像素精度的运动矢量）及多参考帧的使用等。

（1）块大小可变的运动补偿

在帧间预测编码时，块大小对运动估计及运动补偿的效果是有影响的。在 H.263 中最小的运动补偿块是 8×8 像素。H.264 编码器支持多模式运动补偿技术，亮度块的大小从 16×16 到 4×4，采用二级树状结构的运动补偿块划分方法，如图 6-10 所示。每个宏块（16×16 像素）可以按 4 种方式进行分割：1 个 16×16 亮度块，或 2 个 16×8 亮度块，或 2 个 8×16 亮度块，或 4 个 8×8 亮度块。其运动补偿也相应有 4 种。而对于每个 8×8 亮度块还可以进一步以 4 种方式进行分割：即 1 个 8×8 亮度块，或 2 个 4×8 亮度块，或 2 个 8×4 亮度块，或 4 个 4×4 亮度块。

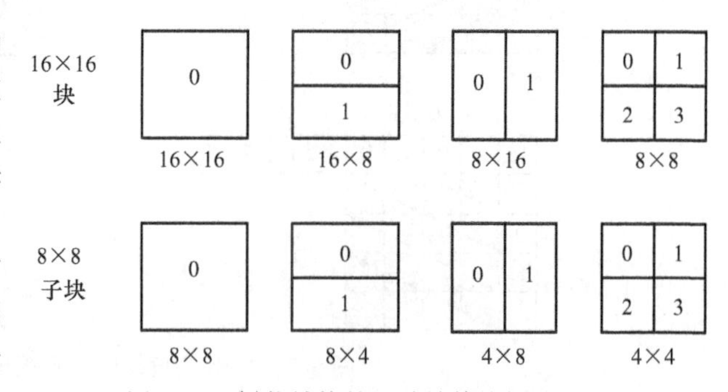

图 6-10　树状结构的运动补偿块划分方法

也就是说，一个宏块可以划分为多个不同大小的子块，每个子块都可以有单独的运动矢量。分块模式信息、运动矢量、预测误差都需要编码和传输。当选择比较大的块（如 16×16，16×8，8×16）进行编码时，意味着块类型选择所用的比特数减少以及需要发送的运动矢量较少，但相应的运动补偿误差较大，因而需要编码的块残差数据较多；当采用较小的子块（如 4×4，4×8，8×4）进行编码时，一个宏块需要传送更多的运动矢量，同时子块类型选择所用的比特数增加，比特流中宏块头信息和参数信息所占用的比特数大大增加，但是运动预测更加精确，运动补偿

后的残差数据编码所用的比特数减少。因此，编码子块大小的选择对于压缩性能有比较大的影响。显然，对较大物体的运动，可采用较大的块来进行预测；而对较小物体的运动或细节丰富的图像区域，采用较小块运动预测的效果更加优良。

宏块中色度成分（C_r 和 C_b）的分辨率是相应亮度的一半，除了块大小在水平和垂直方向上都是亮度的1/2以外，色度块采用和亮度块同样的划分方法。例如，8×16亮度块所对应的色度块大小为4×8，8×4亮度块所对应的色度块大小为4×2等。色度块的运动矢量也是通过相应的亮度运动矢量的水平和垂直分量减半而得。

在H.264建议的不同大小的块选择中，1个宏块可包含有1、2、4、8或16个运动矢量。这种灵活、细微的宏块划分，更切合图像中的实际运动物体的形状，精确地划分运动物体能够大大减小运动物体边缘处的衔接误差，提高了运动估计的精度和数据压缩效果，同时图像回放的效果也更好。

（2）高精度的亚像素运动估计

H.264较之H.263增强了运动估计的搜索精度。在H.263中采用的是半像素精度的运动估计，而在H.264中可以采用1/4甚至1/8像素精度的运动估计。即真正的运动矢量的位移可能是以1/4甚至1/8像素为基本单位的。显然，运动矢量位移的精度越高，则帧间预测误差越小，数码率越低，即压缩比越高。

在H.264中，对于亮度分量，采用1/4像素精度的运动估计；对于色度分量，采用1/8像素精度的运动估计。即首先以整像素精度进行运动匹配，得到最佳匹配位置，再在此最佳位置周围的1/2像素位置进行搜索，更新最佳匹配位置，最后在更新的最佳匹配位置周围的1/4像素位置进行搜索，得到最终的最佳匹配位置。图6-11所示为1/4像素运动估计过程，其中，方块A～I代表了整数像素位置，a～h代表了半像素位置，1～8代表了1/4像素位置。运动估计器首先以整像素精度进行搜索，得到了最佳匹配位置为E，然后搜索E周围的8个1/2像素点，得到更新的最佳匹配位置为g，最后搜索g周围的8个1/4像素点决定最后的最佳匹配点，从而得到运动矢量。显然，要进行1/4像素精度滤波，需要对图像进行插值以产生1/2、1/4像素位置处的样点值。在H.264中采用了6阶有限冲激响应滤波器的内插获得1/2像素位置的值。当1/2像素值获得后，1/4像素值可通过线性内插获得。对于4∶2∶0的视频采样格式，亮度信号的1/4像素精度对应于色度部分的1/8像素的运动矢量，因此需要对色度信号进行1/8像素的内插运算。

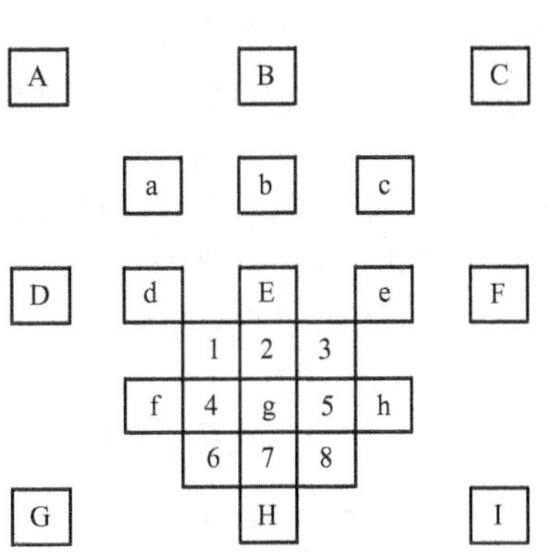

图6-11　1/4像素精度的运动估计

（3）多参考帧的运动补偿预测

在MPEG-2、H.263等标准中，P帧只采用前一帧进行预测，B帧只采用相邻的两帧进行预测。而在H.264/AVC中，对P帧或者B帧编码时，最多可采用5个参考帧进行帧间预测，以此进一步提高运动补偿预测的精度。多参考帧预测对周期性运动和背景切换能够提供更好的预测效果，而且有助于比特流的恢复。

图6-12所示为P帧编码多参考帧运动补偿预测的示意图，这里使用过去的3帧对当前帧进行预测。

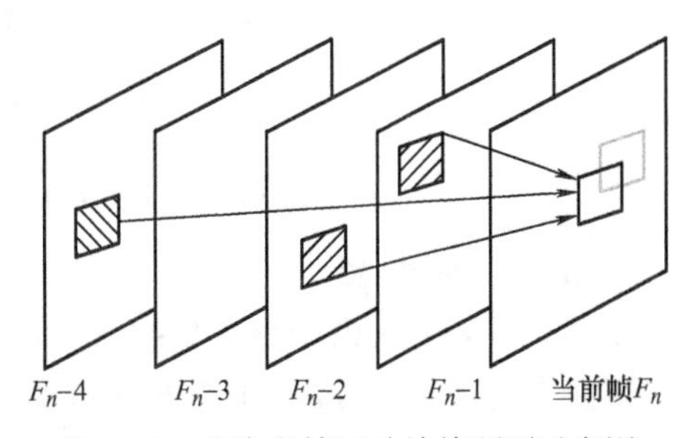

图6-12　多参考帧运动补偿预测示意图

6.3.3 整数变换与量化

与前几种视频编码标准相比，H.264 标准在变换编码上做了较大的改进，它摒弃了在多个标准中普遍采用的 8×8 DCT，而采用一种 4×4 整数变换来对帧内预测和帧间预测的差值数据进行变换编码。选择 4×4 整数编码，一方面是为了配合帧间预测中所采用的可变大小块匹配算法，以及帧内预测编码算法中的最小预测单元的大小，而采用小的块也能相应减少块效应和振铃效应等不良影响；另一方面，这种变换是基于整数运算的变换，其算法中只需要加法和移位运算，因此运算速度快，并且在反变换过程中不会出现失配问题。同时，H.264 标准根据这种整数变换运算上的特点，将更为精细的量化过程与变换过程相结合，可以进一步减少运算复杂度，从而提高该编码环节的整体性能。

H.264 标准中的变换编码中根据差值数据类型的不同引入了 3 种不同的变换。第一种用于 16×16 的帧内编码模式中亮度块的 DC 系数重组的 4×4 矩阵；第二种用于 16×16 帧内编码模式中色度块的 DC 系数重组的 2×2 矩阵；第三种是针对其他所有类型 4×4 差值矩阵。当采用自适应编码模式时，系统可以根据运动补偿采用不同的基本块大小进行变换。

当系统采用 16×16 的帧内编码模式时，先需要对 16×16 块内每个 4×4 差值系数矩阵进行整数变换。由于经变换所得到的相邻变换系数矩阵之间仍存在一定的相关性，尤其在 DC 系数之间，因此 H.264 标准引入了一种 DC 系数重组矩阵算法，并对重组 DC 系数矩阵采用第一种或第二种变换进行二次变换处理，来消除其间的相关性。如图 6-13 所示，标记为“-1”的块就是由 16 个 4×4 亮度块的 DC 系数重组而成；而标记为“16”和“17”的两个块则是由色度块 DC 系数重组而成。一个宏块中的数据按顺序被传输，标记为“-1”的块首先被传输，然后依次传输标记为 0~15 的亮度分量残差块的变换系数（其中直流系数被设置为零），再传输标记为 16 和 17 的两个由色度 DC 系数构成的 2×2 矩阵，最后传输剩余的标记为 18~25 的色度分量残差块的变换系数（其中直流系数同样被设置为零）。

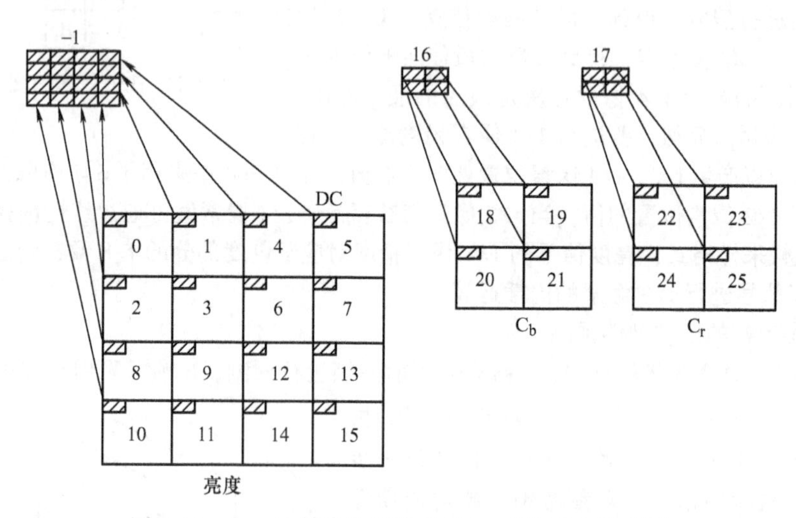

图 6-13 16×16 帧内编码模式下 DC 系数重组示意图

1. 4×4 整数变换

无论是空间域帧内预测还是帧间运动补偿预测，对于所得到的每个 4×4 像素差值矩阵，H.264 标准均首先采用近似 DCT 的整数变换进行变换编码。

设 $\boldsymbol{A}$ 为 4×4 变换矩阵，则 DCT 可以表示为

$$Y = AXA^{\mathrm{T}} = \begin{bmatrix} a & a & a & a \\ b & c & -c & -b \\ a & -a & -a & a \\ c & -b & b & -c \end{bmatrix} X \begin{bmatrix} a & b & a & c \\ a & c & -a & -b \\ a & -c & -a & b \\ a & -b & a & -c \end{bmatrix} \tag{6-1}$$

式中，$a=\dfrac{1}{2}$；$b=\sqrt{\dfrac{1}{2}}\cos\left(\dfrac{\pi}{8}\right)$；$c=\sqrt{\dfrac{1}{2}}\cos\left(\dfrac{3\pi}{8}\right)$。

式(6-1)还可以等效表示为

$$\begin{aligned} Y &= (CXC^{\mathrm{T}}) \otimes E \\ &= \left(\begin{bmatrix} 1 & 1 & 1 & 1 \\ 1 & d & -d & -1 \\ 1 & -1 & -1 & 1 \\ d & -1 & 1 & -d \end{bmatrix} X \begin{bmatrix} 1 & 1 & 1 & d \\ 1 & d & -1 & -1 \\ 1 & -d & -1 & 1 \\ 1 & -1 & 1 & -d \end{bmatrix}\right) \otimes \begin{bmatrix} a^2 & ab & a^2 & ab \\ ab & b^2 & ab & b^2 \\ a^2 & ab & a^2 & ab \\ ab & b^2 & ab & b^2 \end{bmatrix} \end{aligned} \tag{6-2}$$

式中，a 和 b 含义与式(6-1)相同；$d=c/b$；E 为系数缩放矩阵；运算符⊗表示 CXC^{T} 变换后的每一个系数分别与矩阵 E 中相同的缩放因子相乘。

DCT的缺点在于变换矩阵中部分系数为无理数，在采用数值计算时，以迭代方法进行变换和反变换浮点运算后，不能得到一致的初始值。为此，整数变换在此基础上进行了简化，将 d 近似为1/2，从而 $a=1/2$，$b=\sqrt{2/5}$；再对矩阵 C 的第2行和第4行分别乘以2，得到矩阵 C_f，以避免在矩阵运算中用1/2进行乘法而降低整数运算精度；并在矩阵 E 上加以补偿，变换成矩阵 E_f，从而保证变换结果不变。

于是，一个4×4矩阵的整数变换最终可写为

$$\begin{aligned} Y &= AXA^{\mathrm{T}} = (C_f X C_f^{\mathrm{T}}) \otimes E_f \\ &= \left(\begin{bmatrix} 1 & 1 & 1 & 1 \\ 2 & 1 & -1 & -2 \\ 1 & -1 & -1 & 1 \\ 1 & -2 & 2 & -1 \end{bmatrix} X \begin{bmatrix} 1 & 2 & 1 & 1 \\ 1 & 1 & -1 & -2 \\ 1 & -1 & -1 & 2 \\ 1 & -2 & 1 & -1 \end{bmatrix}\right) \otimes \begin{bmatrix} a^2 & \frac{ab}{2} & a^2 & \frac{ab}{2} \\ \frac{ab}{2} & \frac{b^2}{4} & \frac{ab}{2} & \frac{b^2}{4} \\ a^2 & \frac{ab}{2} & a^2 & \frac{ab}{2} \\ \frac{ab}{2} & \frac{b^2}{4} & \frac{ab}{2} & \frac{b^2}{4} \end{bmatrix} \end{aligned} \tag{6-3}$$

式中，E_f 为正向缩放系数矩阵。由于该矩阵数值固定，所以可以将其与核心变换 $C_f X C_f^{\mathrm{T}}$ 分离，实际算法设计时可将其与量化过程相结合，置于核心变换之后进行。

由上述过程可以看出，整数变换仅对DCT中的变换系数进行相应的变换，其整体基本保持了DCT具有的特性，因此具有与DCT相类似的频率分解特性。同时，整数变换中的变换系数均为整数，这样在反变换时能得到与原有数据完全相同的结果，避免了浮点运算带来的失配现象。正反变换中系数乘以2或乘以1/2均可以通过移位操作来实现，从而大大降低了变换运算的复杂度。针对一个4×4矩阵进行一次整数变换或反变换，仅需要64次加法和16次移位运算。

2. 量化

对于整数变换后的量化过程，H.264标准采用了分级量化模式，其正向量化公式为

$$Z_{i,j} = \mathrm{round}\left(\frac{Y_{i,j}}{Q_{\mathrm{step}}}\right) \tag{6-4}$$

式中，$Y_{i,j}$ 为变换后的系数；Q_{step} 为量化步长的大小；$Z_{i,j}$ 为量化后的系数。

量化步长共分52个等级，由量化参数（Quantization Parameter，QP）值控制，见表6-3。量化参数 QP 和量化步长 Q_{step} 基本符合指数关系，QP 每增加1，Q_{step} 大约增加12.5%。对于色度分量，为了避免视觉上明显的变化，算法一般将其 QP 限定为亮度的80%。这种精细的量化步长的选择方式，在保证重建图像质量平稳的同时，使得编码系统中基于量化步长调整的码流控制机制更为灵活。

表6-3　H.264量化参数与量化步长对照表

QP	0	1	2	3	4	5	…	10	…	24	…	36	…	51
Q_{step}	0.625	0.6875	0.8125	0.875	1	1.125		2		10		40		224

在H.264标准测试模型的实际量化实现过程中，是将 $\boldsymbol{C}_f\boldsymbol{X}\boldsymbol{C}_f^{\mathrm{T}}$ 核心变换之后所需的缩放过程与量化过程结合在一起，经过相应的推导，将运算中的除法运算替换为简单的移位运算，以此来减少整体算法的运算复杂度。二者结合后，量化公式变为

$$Z_{i,j}=\text{round}\left(W_{i,j}\frac{PF}{Q_{\text{step}}}\right) \tag{6-5}$$

式中，$W_{i,j}$为经 $\boldsymbol{C}_f\boldsymbol{X}\boldsymbol{C}_f^{\mathrm{T}}$ 变换后未缩放的矩阵系数；PF 为根据缩放系数矩阵得到的。

其按照系数位置（i，j）不同，可根据表6-4选取不同系数。

表6-4　PF 取值对应表

系数位置（i，j）	PF
(0，0)，(2，0)，(0，2)，(2，2)	a^2
(1，1)，(1，3)，(3，1)，(3，3)	$b^2/4$
其他	$ab/2$

实际算法进一步进行简化，将量化过程中的除法转化为右移运算，即

$$Z_{i,j}=\text{round}\left(W_{i,j}\frac{MF}{2^q}\right) \tag{6-6}$$

式中，$MF=PF\times 2^q/Q_{\text{step}}$；$q=15+\text{floor}(QP/6)$；floor( ) 函数是向下取整函数。

由此可以将整个量化过程完全转化为整数运算，推导出最终的量化公式为

$$Z_{i,j}=|W_{i,j}MF+f|\gg q \tag{6-7}$$

$$\text{sgn}(Z_{i,j})=\text{sgn}(W_{i,j}) \tag{6-8}$$

式中，$\gg$为右移运算符；帧内编码模式下，$f=2^q/3$；帧间预测编码模式下，$f=2^q/6$；sgn( ) 为符号函数。

对于反变换和反量化过程，与上述过程相似，可参考相关文献。

3. 直流系数重组矩阵的变换和量化

对于一个16×16帧内编码模式下的编码块，其16个4×4亮度块和8个4×4色度块经核心整数变换后，抽取每块的DC系数组成一个4×4亮度块DC系数矩阵和两个2×2色度块DC系数矩阵，H.264标准再利用离散哈达玛（DHT）对其进行二次变换处理，消除其间的冗余度。4×4亮度块DC系数矩阵正变换公式如式(6-9) 所示，反变换公式如式(6-10) 所示；2×2色度块DC系数矩阵正、反变换公式分别如式(6-11) 和式(6-12) 所示。

$$\boldsymbol{Y}_D=\frac{1}{2}\left[\begin{bmatrix}1&1&1&1\\1&1&-1&-1\\1&-1&-1&1\\1&-1&1&-1\end{bmatrix}\boldsymbol{W}_D\begin{bmatrix}1&1&1&1\\1&1&-1&-1\\1&-1&-1&1\\1&-1&1&-1\end{bmatrix}\right] \tag{6-9}$$

$$\boldsymbol{X}_{QD}=\left[\begin{bmatrix}1&1&1&1\\1&1&-1&-1\\1&-1&-1&1\\1&-1&1&-1\end{bmatrix}\boldsymbol{Z}_{QD}\begin{bmatrix}1&1&1&1\\1&1&-1&-1\\1&-1&-1&1\\1&-1&1&-1\end{bmatrix}\right] \tag{6-10}$$

$$\boldsymbol{Y}_{D}=\frac{1}{2}\left[\begin{bmatrix}1&1\\1&-1\end{bmatrix}\boldsymbol{W}_{D}\begin{bmatrix}1&1\\1&-1\end{bmatrix}\right] \tag{6-11}$$

$$\boldsymbol{X}_{QD}=\left[\begin{bmatrix}1&1\\1&-1\end{bmatrix}\boldsymbol{Z}_{QD}\begin{bmatrix}1&1\\1&-1\end{bmatrix}\right] \tag{6-12}$$

6.3.4 基于上下文的自适应熵编码

H.264 提供两种熵编码方案：上下文自适应的可变长编码（Context Adaptive Variable Length Coding，CAVLC）和上下文自适应的二进制算术编码（Context Adaptive Binary Arithmetic Coding，CABAC）。

1. 上下文自适应的可变长编码（CAVLC）

由于 H.264 标准在系统设计上发生较大的改变，如基于 4×4 亮度块的运动补偿、整数变换等，导致量化后的变换系数大小与分布的统计特性也随之变化，因此必须设计新的变长编码算法对其进行处理。深入分析量化后的整数变换系数，可以发现其基本特性如下：

1）在预测、变换和量化后，4×4 系数块中的数据十分稀疏，存在大量 0 系数。

2）经 Zig-Zag 扫描成一维后，高频系数往往呈现由 ±1 组成的序列。

3）相邻块中非 0 系数的个数具有相关性。

4）非 0 系数靠近直流（DC）系数的数值较大，高频系数较小。

根据这种变换系数的统计分布规律，H.264 设计了上下文自适应的可变长编码（CAVLC）算法，其特点在于变长编码器能够根据已经传输的变换系数的统计规律，在几个不同的既定码表之间实行自适应切换，使其能够更好地适应其后传输变换系数的统计规律，以此提升变长编码的压缩效率。

CAVLC 的编码过程如下：

（1）对非 0 系数的数目（Total Coeffs）以及拖尾系数的数目（Trailing Ones）进行编码

非 0 系数数目的范围是 0～16，拖尾系数数目的范围为 0～3（拖尾系数指的是变换系数中从最后一个非 0 系数开始逆向扫描、一直相连且绝对值为 1 的系数的个数）。如果拖尾系数个数大于 3，则只有最后 3 个系数被视为拖尾系数，其余的被视为普通的非 0 系数。对于 Total Coeffs 和 Tailing Ones 的编码是通过查表的方式来进行，且表格可以根据数值的不同自适应地进行选择。

表格的选择是根据变量 NC（Number Current）的值来选择的，在求变量 NC 的过程中，体现了基于上下文的思想。当前块 NC 的值是根据当前块左边 4×4 亮度块的非 0 系数数目（NL）和当前块上面 4×4 亮度块的非 0 系数数目（NU）来确定。当 NL 和 NU 都可用时（可用指的是与当前块处于同一宏块条中），NC=(NU+NL)/2；当只有其一可用时，NC 则等于可用的 NU 或 NL；当两者都不可用时，NC=0。得到 NC 的值后，根据表 6-5 来选用合适的码表。

表 6-5　NC 与码表的选择关系

NC	码　表
0，1	VLC0
2，3	VLC1
4，5，6，7	VLC2
≥8	FLC（定长码）

(2) 对每个拖尾系数的符号进行编码

对于每个拖尾系数（±1）只需要指明其符号，其符号用一个比特表示（0 表示 +1，1 表示 -1）。编码的顺序时按照逆向扫描的顺序，从高频数据开始。

(3) 对除了拖尾系数之外的非 0 系数进行编码

编码同样采用从最高频逆向扫描进行，CAVLC 提供了 7 个变长码表，见表 6-6，算法根据已编码非 0 系数来自适应地选择当前编码码表。初始码表采用 Level_VLC0，每编码一个非 0 系数之后，如果该系数大于当前码表的门限值，则需要提升切换到下一级 VLC 码表。这一方法主要根据变换系数块内非 0 系数越接近 DC，数值越大的特点设计的。

表 6-6　非 0 系数 VLC 码表选择

当前 VLC 码表	VLC0	VLC1	VLC2	VLC3	VLC4	VLC5	VLC6
门限值	0	3	6	12	24	48	N/A

(4) 对最后一个非 0 系数前 0 的数目（Total Zeros）进行编码

Total Zeros 指的是在最后一个非 0 系数前 0 的数目，此非 0 系数指的是按照正向扫描的最后一个非 0 系数。因为非 0 系数的数目是已知的，这就决定了 Total Zeros 可能的最大值，根据这一特性，CAVLC 在编排 Total Zeros 的码表时做了进一步的优化。

(5) 对每个非 0 系数前 0 的个数（Run Before）进行编码

每个非 0 系数前 0 的个数（Run Before）是按照逆序来进行编码的，从最高频的非 0 系数开始，Run Before 在以下两种情况下是不需要编码的：

1）最后一个非 0 系数（在低频位置上）前 0 的个数。

2）如果没有剩余的 0 需要编码，就没必要再进行 Run Before 编码。

2. 上下文自适应的二进制算术编码（CABAC）

为了更高效地传输变换系数，H. 264 标准还提供了一种上下文自适应的二进制算术编码（CABAC）算法，它是由 H. 263 标准中基于语法的算术编码改进而来，与经典算术编码原理相同，其不同之处在于需要对编码元素中的非二进制数值进行转换，然后进行算术编码。

CABAC 的编码过程如下：

1）二值化。一个非二值数在算术编码之前首先必须二值化，这个过程类似于对一个符号进行变长编码，不同的是，编码后的“0”、“1”要再次进行算术编码。

2）选择上下文模型。上下文模型实际上就是二值符号的概率模型。它可以根据最近已编码符号的统计结果来确定。在 CABAC 中，“上下文模型”只存放了“0”、“1”的概率。

3）算术编码。使用已选择的概率模型对当前二值符号进行算术编码。

4）概率更新。根据已编码的符号对选择的模型进行更新，即如果编码符号为“1”，则“1”的频率要有所增加。

试验表明，在相同的重建图像质量前提下，采用 CABAC 算法能够比 CAVLC 算法节省 10% ~ 15% 的数码率。

6. 3. 5　H. 264/AVC 中的 SI/SP 帧

在以前的视频标准，如 MPEG-2、H. 263 和 MPEG-4 中主要定义了三种类型的帧：I 帧、P 帧和 B 帧。它们分别针对视频序列中不同类型的冗余性，提供不同的压缩效率和功能。针对视频序列中帧之间的高度相关性，为了获得较高的压缩效率，通常的做法是大量地使用 P 帧、B 帧来取代 I 帧，因此相邻压缩帧之间具有很强的解码依赖性。使得前、后帧预测获得的 P 帧、B 帧一

且在解码时找不到相应的编码参考帧，就不能被正确的解码。这样以它们为参考帧的后续帧就都将不能被正确地重建。这些后续帧的错误又会影响到随后以它们为参考帧的帧，从而使得错误蔓延下去。以往的标准中都是通过不断地插入I帧来解决此问题，但由于I帧的压缩效率相对于B、P帧要低得多，因此这种做法势必要降低编码效率。另一方面，在实时视频编解码系统中，信道传输速率的快速匹配通常是通过调整基于宏块的量化参数来实现的；对于非实时的视频流系统，可以通过设计合理的缓冲区来实现与信道传输速率的匹配。尽管如此，变速率环境下视频系统的存储器溢出问题仍不能完全解决。再者，在进行不同码流之间的切换与拼接时，都会造成解码器不同程度的失步。

H.264/AVC为了顺应视频流的带宽自适应性和抗误码性能的要求，定义了SP（Switching P Picture）和SI（Switching I Picture）两种新的图像帧类型，统称为切换帧，以对网络中的各种传输速率进行响应，从而最大限度地利用现有资源，对抗因缺少参考帧引起的解码问题。

SP帧编码的基本原理同P帧类似，都是应用运动补偿预测来去除时间冗余，不同之处在于，SP帧编码允许在使用不同参考帧图像的情况下重建相同的帧，因而在许多应用中可以取代I帧，提高压缩效率，降低带宽。SI帧的编码方式则类似于I帧，都是利用空间预测编码，它能够同样地重建一个对应的SP帧。利用切换帧的这一特性，编码流在不插入I帧的情况下能够同样实现码流的随机切换功能，即SP帧可以在码流切换（Bitstream Switching）、拼接（Splicing）、随机接入（Random Access）、“快进/快退”等应用中取代I帧，同时编码效率比使用I帧时有所提高。另外通过SP、SI帧的使用还能够实现一定的差错复原功能，当由于当前解码帧的参考帧出错而无法正确完成解码时，可通过SP帧来实现解码工作，编码器将根据参考帧的正确与否来决定SP、SI帧的传送，这样通过使用SP/SI帧，在获得编码效率提高的同时，也加强了码流的抗误码能力。因此，根据当前网络状况，通过使用SP和SI切换帧，就可实现不同传输速率、不同质量的视频流间的切换，从而适应视频数据在各种传输环境下的应用。

SP帧分为主SP帧（Primary SP-Frame）和次SP帧（Secondary SP-Frame）。前者的参考帧和当前编码帧属于同一个码流，而后者则不属于同一个码流。与此同时，如图6-14所示：主SP帧作为切换插入点，不切换时，码流进行正常的编码传输；而切换时，次SP帧取代主SP帧进行传输。

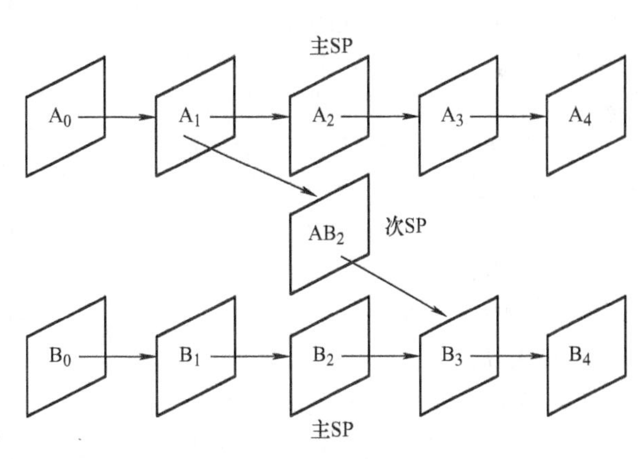

图6-14　码流切换SP编码顺序图

图6-14所示为码流切换SP编码顺序图的示例。编码器的输入顺序为A_0，A_1，B_2，B_3，B_4；编码器的输出序列为A_0，A_1，AB_2，B_3，B_4。可以看出，编码器输入B_2帧时，编码器输出次SP帧AB_2的码流。AB_2帧的码流输入解码器后，解码器帧缓存以A_1的重构值为参考，解出B_2后，B_3，B_4依次以前面的帧为参考帧得以正确顺序解码。

SI/SP帧的应用非常广泛，它可以解决视频流应用中终端用户可用带宽不断变化、不同内容节目拼接、快进快退以及错误恢复等问题。下面对其应用进行简单介绍。

1. 码流切换

由于网络带宽的不断变化，视频业务的实时性得不到保证，因此需要各种技术来保证码流适应带宽的不断变化。实现带宽自适应的方法之一就是设置多组不同的信源编码参数对同一视频序列分别进行压缩，从而生成适应不同质量和带宽要求的多组相互独立的码流。这样，视频服务器只需在不同的码流间切换，以适应网络有效带宽的不断变化。

设 $\{P_{1,n-1}, P_{1,n}, P_{1,n+1},\}$ 和 $\{P_{2,n-1}, P_{2,n}, P_{2,n+1},\}$ 分别是同一视频序列采用了不同的信源编码参数编码所得到的两个视频流，如图 6-15 所示。由于编码参数不同，两个码流中同一时刻的帧，如 $P_{1,n-1}$ 和 $P_{2,n-1}$ 并不完全一样。假设服务器首先发送视频流 P_1，到时刻 n 再发送视频流 P_2，则解码端接收到视频流为 $\{P_{1,n-2}, P_{1,n-1}, P_{2,n}, P_{2,n+1}, P_{2,n+2}\}$。在这种情况下，由于接收的 $P_{2,n}$ 使用的参考帧应该是 $P_{2,n-1}$ 而不是 $P_{1,n-1}$，所以 $P_{2,n}$ 帧就不能完全正确地解码。在以往的视频压缩标准中，实现码流间的切换功能时，确保完全正确解码的前提条件是切换帧不得使用当前帧之前的帧信息，即只使用 I 帧。然而通过使用 SP 帧技术，可以从第一个码流的主 SP 帧切换到另一个码流，同时需要发送次 SP 帧——$S_{12,n}$。

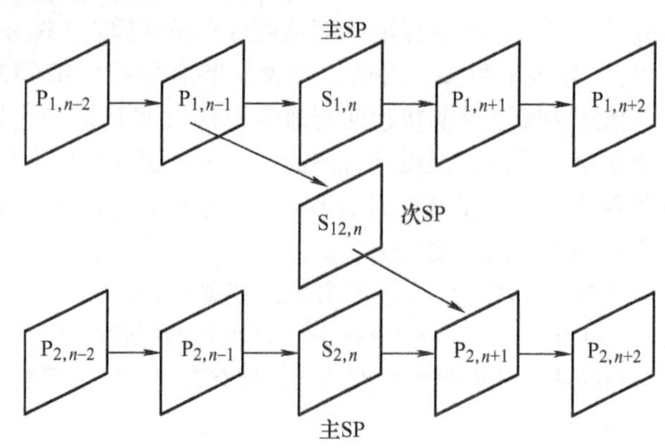

图 6-15　码流切换示意图

2. 拼接与随机接入

上述码流切换属于同一图像序列、不同编码参数压缩编码的流之间的切换。然而，实际的码流切换的应用并不单单如此。例如，关注同一事件而处于不同视角的多台摄像机的输出码流间的切换和电视节目中插入广告等，这就涉及拼接不同图像序列生成码流的问题。如图 6-16 所示，由于各个码流来自于不同的信源，帧间缺乏相关性，切换点处的次帧如果仍采用帧间预测的次 SP 帧，那么编码效率就不会高，而应采用空间预测的 SI 帧——$S_{12,n}$。

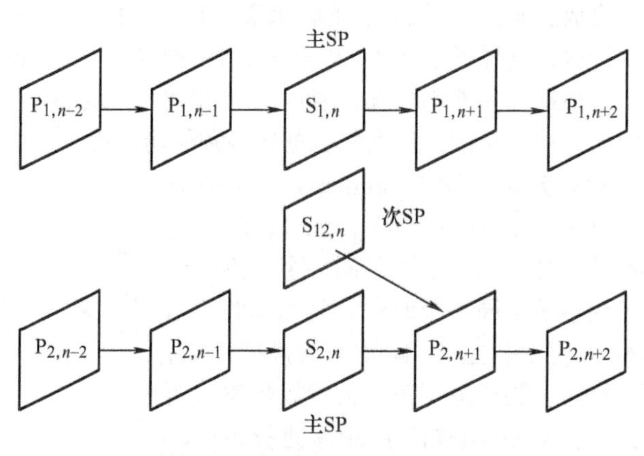

图 6-16　SI 帧进行拼接和随机存取

3. 错误恢复

采用不同的参考帧预测，可以获得同一帧的多个 SP 帧，利用这种特性可以增强错误恢复的能力。如图 6-17 所示，正在进行视频流传输的比特流中的一个帧 $P_{1,n-1}$ 无法正确解码。得到用户端反馈的错误报告后，服务器就可以发送其后最邻近主 SP 帧的一个次 SP 帧——$S_{12,n}$，以避免该错误影响更多后续帧，$S_{12,n}$ 帧的参考帧是已经正确解码的帧。

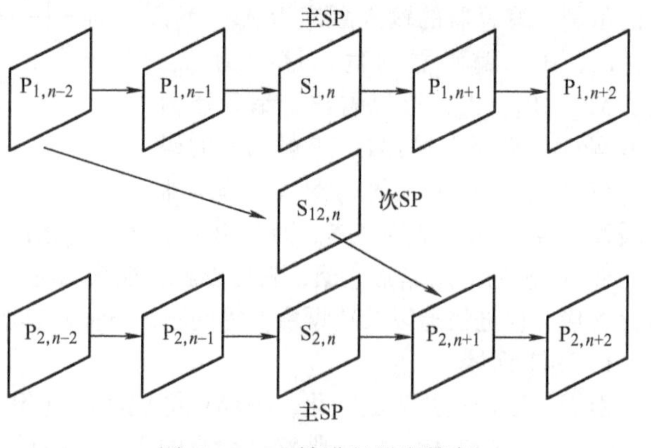

图 6-17　SP 帧进行错误恢复

6.3.6 H.264/AVC 的其余特征

1. 自适应帧/场编码

H.264 既支持逐行扫描的视频序列，也支持隔行扫描的视频序列。在隔行扫描帧中，当有移动的对象或摄像机移动时，与逐行相比，两个相邻行的空间相关性减弱，这种情况下对每场分别进行压缩更为有效。为了达到高效率，H.264/AVC 在对隔行扫描帧进行编码时，有以下 3 种可选方案。

1）帧编码模式：组合两场构成一个完整帧进行编码。

2）场编码模式：两场分别进行编码。

3）宏块级自适应帧/场（Macroblock level Adaptive Frame/Field，MBAFF）编码：组合两场构成一个完整帧，划分垂直相邻的“宏块对”（16×32）成两个帧模式宏块或场模式宏块，再对每个宏块对进行编码，如图 6-18 所示。

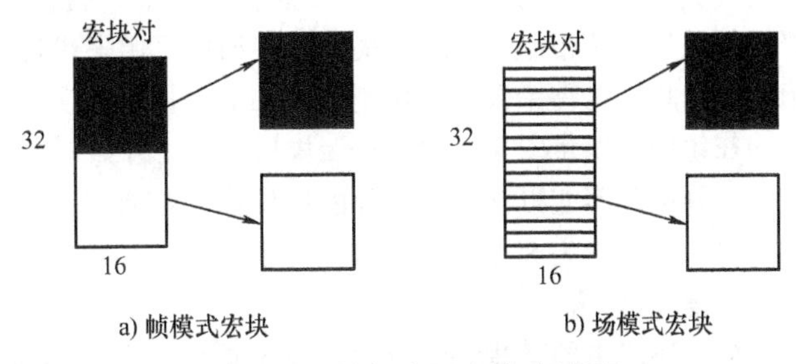

a) 帧模式宏块　b) 场模式宏块

图 6-18　宏块级自适应帧/场编码

前两种编码模式称为图像级自适应帧/场（Picture level Adaptive Frame/Field，PAFF）编码。如果图像由运动区和非运动区混合组成，非运动区用帧模式、运动区用场模式是最有效的编码方法。因此每个垂直宏块对（16×32）可独立选择帧/场模式。对于帧模式“宏块对”，每个宏块包含帧行；对于场模式“宏块对”，顶部宏块包含顶场行，底部宏块包含底场行。

2. 条带、条带组和灵活的宏块排序

H.264 的视频编码层（VCL）仍然采用分层的码流结构。一帧图像由若干个条带（slice）组成，每个条带包含一系列的宏块（MB）。H.264 并没有给出每个条带包含多少宏块的规定，即每个条带所包含的宏块数目是不固定的。宏块是独立的编码单位；而条带在解码端可以被独立解码。条带是最小的独立解码单元，不同条带的宏块不能用于自身条带中进行预测参考，这有助于防止编码数据的错误扩散。

根据编码方式和作用的不同，H.264 定义了以下的条带类型。

1）I 条带：I 条带内的所有宏块均使用帧内编码。

2）P 条带：除了可以采用帧内编码外，P 条带中的宏块还可以采用预测编码，但只能采用一个前向运动矢量。

3）B 条带：除了可以采用 P 条带的所有编码方式外，B 条带的宏块还可以采用具有两个运动矢量的双向预测编码。

4）SP 条带：切换的 P 条带。目的是在不引起类似插入 I 条带所带来的数码率开销的情况下，实现码流间的切换。SP 条带采用了运动补偿技术，适用于同一内容不同质量的视频码流间的切换。

5）SI 条带：切换的 I 条带。SI 条带采用了帧内预测技术代替 SP 条带的运动补偿技术，用于不同内容的视频码流间的切换。

H.264 给出了两种产生条带的方式：一种是按照光栅扫描顺序（即从左往右、从上至下的顺序）把一系列的宏块组成条带；另一种是通过宏块分配映射（Macroblock Allocation Map）技术，把每个宏块分配到不按扫描顺序排列的条带中。后一种方式，即支持灵活的宏块排序（Flexible

Macroblock Ordering，FMO），是 H. 264 标准的一大特色。使用 FMO 时，根据宏块到条带的映射图，把所有的宏块分到了多个条带组（Slice Group）。

在图像内部的预测机制中，例如，帧内预测或运动矢量预测，仅允许采用同一个条带组里的空间相邻的宏块，可以把误码限制在一个条带内，防止其扩散，并利用周围正确解码条带的宏块来恢复或掩盖这些错误，从而达到抗误码效果。

条带组的组成方式可以是矩形方式或规则的分散方式（例如，棋盘状），也可以是完全随机的分散方式。

如图 6-19 所示，所有的宏块被分属于条带组 0 和条带组 1，其中灰色部分表示条带组 0，白色部分表示条带组 1。当条带组 0 中的宏块丢失时，因为其周围的宏块都属于其他条带的宏块，利用邻域相关性，条带组 1 中的宏块的某种加权可用来代替条带组 0 中相应的宏块。这种错误掩盖机制可以明显地提高抗误码性能。

0	1	2	3	4	5
6	7	8	9	10	11
12	13	14	15	16	17
18	19	20	21	22	23

图 6-19　FMO 棋盘格式划分

在编码完条带组 0 中的所有宏块后，才能开始对条带组 1 进行编码，并限制不能以该条带之外的样值作为参考，每个条带只能被独立解码。H. 264/AVC 最多支持将一帧划分为 8 个 条带组。

3. 数据分区

由于码流中的某些语法单元比其他语法单元更重要，例如，变换系数的丢失只影响该系数所属的块，而图像尺寸和量化系数等头信息对整个图像甚至整个视频序列的意义较大。数据分割（Data Partition，DP）可以根据语法单元的重要程度对其提供不等保护，对一个条带（Slice）中的宏块数据重新进行组合，把宏块语义相关的数据组成一个分区，将一个条带中的数据存放在 3 种不同类型的分区（A、B、C 型分区）中，每个分区分别装入独立的 NAL 包中。

（1） A 型分区

A 型分区包含帧头信息和条带中每个宏块的头信息，如宏块类型、量化参数、运动矢量等。如果 A 型分区数据丢失，其他两个分区（B、C 型分区）也无效，则很难或者不能重建该条带，因此 A 型分区是最重要的，而且对传输误差很敏感。

（2） B 型分区

B 型分区包含帧内编码块模式及其变换系数和 SI 条带宏块的编码数据。由于后续解码帧是以 I 帧的数据作为参考数据，此部分数据丢失的话将导致错误累积，并对后续帧的重构图像质量产生严重的影响。B 型分区要求给定条带的 A 型分区有效。

（3） C 型分区

C 型分区包含帧间编码块模式及其变换系数的编码数据。一般情况下它是编码条带的最大分区，因为大部分视频帧都是使用 P 帧编码。相对而言，C 型分区是最不重要的，它同样要求给定条带的 A 型分区有效。

当使用数据分区时，源编码器把不同类型的分区安排在 3 个不同的缓冲器中，同时条带的大小必须进行调整以保证小于 MTU（Maximum Transmission Unit，最大传输单元）长度，因此由编码器而不是 NAL 来实现数据分区。在解码器上，所有分区用于信息重建。这样，如果帧内或帧间信息丢失了，有效的帧头信息仍能用来提高错误掩盖效果，即当宏块类型和运动矢量有效时，仍可获得一个较高的图像重建质量，而仅仅丢失了细节信息。另外，可以根据不同类型的数据分区的重要性不同，采用不同等级的保护措施，从而适应不同的网络环境。

4. 参考图像的管理

在 H. 264 标准中，已编码图像存储在编码器和解码器的参考缓冲区（即解码图像缓冲区），并有相应的参考图像列表 list0，以供帧间宏块的运动补偿预测使用。对 B 条带预测而言，list0 包含当前图像的前面和后面两个方向的图像，并以显示次序排列；也可同时包含短期和长期参考图像。这里，已编码图像为编码器重建的标为短期图像刚刚编码的图像，并由其帧号标定；长期参考图像是较早的图像，由 LongTermPicNum 标定，保存在解码图像缓冲区中，可直接被代替或删除。

当一帧图像在编码器被编码重建或在解码器被解码时，它存放在解码图像缓冲区中并标定为以下各种图像中的一种：

1）“非参考”，不用于进一步的预测。

2）短期参考图像。

3）长期参考图像。

4）直接输出显示。

list0 中的短期参考图像是按 PicNum 从高到低的顺序排列，长期参考图像是按 LongTermPicNum 从低到高的顺序排列。当新的图像加在短期列表的位置 0 时，剩余的短期图像索引号依次增加。当短期和长期图像号达到参考帧的最大数时，最高索引号的图像被移出缓冲区，即实现滑动窗内存控制。该操作使得编码器和解码器保持 N 帧短期参考图像，其中包含一帧当前图像和（$N-1$）帧已编码图像。

由编码器发送的自适应内存控制命令来管理短期和长期参考图像索引。这样，短期图像才可能被指定长期帧索引，短期或长期图像才可能标定“非参考”。编码器从 list0 中选择参考图像，进行帧间宏块编码，而该参考图像的选择由索引号标志，索引 0 对应于短期部分的第一帧，长期帧索引开始于最后一个短期帧。

参考图像缓冲区通常由编码器发送的 IDR（Instantaneous Decoder Refresh，即时解码器刷新）编码图像刷新，IDR 图像一般为 I 帧或 SI 帧。当接收到 IDR 图像时，解码器立即将缓冲区的图像标为“非参考”。后继的帧进行无图像参考编码，通常视频序列的第一帧都是 IDR 图像。

5. 参数集

参数集是 H.264/AVC 标准中的一个新概念，是一种通过改进视频码流结构增强错误恢复能力的方法。众所周知，一些关键信息比特的丢失（如序列和图像的头信息）会造成解码的严重负面效应，而 H.264 把这些关键信息分离出来，凭借参数集的设计，确保在易出错的环境中能正确地传输。在 H.264 中有以下两类参数集。

1）序列参数集（Sequence Paramater Set，SPS）：包含的是针对一连续编码视频序列的参数，如标识符 seq_parameter_set_id、帧率及 POC 的约束、参考帧数目、解码图像大小和帧/场编码模式选择标识等。视频序列定义为两个即时解码器刷新（IDR）图像间的所有图像。

2）图像参数集（Picture Parameter Set，PPS）：对应的是一个序列中某一帧图像或者某几帧图像，其参数有标识 pic_parameter_set_id、可选的 seq_parameter_set_id、熵编码模式选择标识、条带组数目、初始量化参数和去方块效应滤波系数调整标识等。

通常，SPS 和 PPS 在条带的头信息和数据解码前传送至解码器，且每个条带的头信息对应一个 pic_parameter_set_id，PPS 被激活后一直有效到下一个 PPS 被激活；类似地，每个 SPS 对应一个 seq_parameter_id，SPS 被其激活以后将一直有效到下一个 SPS 被激活。

多个不同的序列和图像参数集存储在解码器中，编码器依据每个编码条带的头部的存储位置来选择适当的参数集，图像参数集（PPS）本身也包括使用的序列参数集（SPS）参考信息。

6. NAL 单元传输和存储

H.264 输出码流包含一系列的 NAL 单元。作为 NAL 层的基本处理单元，一个 NAL 单元是一个包含一定语法元素的可变长字节符号串，它可以携带一个编码条带，A、B、C 型数据分割，或者一个序列参数集（SPS）或图像参数集（PPS）。每个 NAL 单元由一个字节的头和一个包含可变长编码符号的字节组成。头部含三个定长的字段：NAL 单元类型（5bit 的 T 字段），NAL-REFERENCE-IDC（2bit 的 R 字段）和隐藏比特位（F）。T 字段代表 NAL 单元的 32 种不同类型，类型 1～12 是 H. 264 定义的基本类型，类型 24～31 用于标志在 RTP 封装中 NAL 单元的聚合和拆分，其他值保留。R 字段用于标志在重建过程中的重要性，值为 0 表示没有用于预测参考，值越大，用于预测参考的次数越多。F 比特默认为 0，当网络检测到 NAL 单元中存在比特错误（在无线网络环境易出现）时，可将其置为 1，主要适用于异质网络环境（如有线无线相结合的环境）。

H. 264 标准并未定义 NAL 单元的传输方式，但实际中根据不同的传输环境其传输方式还是存在一定的差异。如在分组传输网络中，每个 NAL 单元以独立的分组传输，并在解码之前进行重新排序。在电路交换传输环境中，传输之前需在每个 NAL 单元之前加上起始前缀码，使解码器能够找到 NAL 单元的起始位置。

在一些应用中，视频编码需要和音频及相关信息一起传输或存储，这就需要一些实现的机制，目前通常用的是 RTP/UDP 协议协同实现。MPEG-2 System 部分的一个改进版本规定了 H. 264 视频传输机制，而 ITU-T H. 241 定义了用 H. 264 标准连接 H. 32X 多媒体终端。对要求视频、音频及其他信息一起存储的流媒体回放、DVD 回放等应用，将推出 MPEG4 System 的改进版本，其定义了 H. 264 标准编码数据和相关媒体流是如何以 ISO 的媒体文件格式存储的。

6. 3. 7　H. 264/AVC 的类和 FRExt 增加的关键算法

“类”（Profile，也称为“档次”）定义一组编码工具和算法，用于产生一致性的比特流；“级”（Level）用于限定比特流的部分关键参数。

符合某个指定类的 H. 264 解码器必须支持该类定义的所有特性；而编码器则不必要求支持这个类所定义的所有特性，但必须提供符合标准规定的一致性的码流，使支持该类的解码器能够实现解码。

最初的 H. 264 标准定义了 3 个类：基本类（Baseline Profile）、主类（Main Profile）和扩展类（Extension Profile），以适用于不同的应用。

基本类降低了计算复杂度及系统内存需求，而且针对低时延进行了优化。由于 B 帧的内在时延以及 CABAC 的计算复杂性，因此基本类不包括这两者。基本类非常适合可视电话、视频会议等交互式通信领域以及其他需要低成本实时编码的应用。

主类采用了多项提高图像质量和增加压缩比的技术措施，但其要求的处理能力也比基本类高许多，因此使其难以用于低成本实时编码和低时延应用。主类主要面向高画质应用，如 SDTV、HDTV 和 DVD 等广播电视领域。

扩展类适用于对容错（Error Resilient）性能有较高要求的流媒体应用场合，可用于各种网络的视频流传输。

后来，由于 VC-1 在高清晰度影片上的表现出色，导致 H. 264 在 DVD 论坛与蓝光光碟协会（Blu-ray Disc Association）的高清晰度 DVD 影片品质测试中被挫败，甚至被 Blu-ray 阵营所拒用。其主要原因是 H. 264 使用较小块的变换与无法调整的量化矩阵，造成不能完整保留影像的高频细节信息，比如说，在 1080i/P 影片中常会故意使用的 Film Effect 就会被 H. 264 所消除。为了进一步扩大 H. 264 的应用范围，使其适应高保真视频压缩的应用，JVT 于 2004 年 7 月对 H. 264 做了重要的补充扩展，称为 FRExt（Fidelity Range Extensions）。

H. 264 标准第一版支持的源图像为每像素 8bit，且采样格式仅限于 4：2：0；而新扩展的

FRExt 部分则扩大了标准的应用范围，如专业级的视频应用、高分辨率/高保真的视频压缩等。FRExt 对 H. 264 的改善主要在以下方面。

- 进一步引入一些先进的编码工具，提高了压缩效率。
- 视频源的每个像素的采样值均可超过 8bit，最高可达 12bit。
- 增加了 4∶2∶2 与 4∶4∶4 的采样格式。
- 支持更高的数码率，更高的图像分辨力。
- 针对特定高保真影像需求，对影像进行无损压缩。
- 支持基于 RGB 格式的压缩，同时避免了色度空间转换的舍入误差。

FRExt 增加了以下 4 个新的类。

- High Profile（HP）：支持 8bit、4∶2∶0 采样格式。
- High 10 Profile（Hi10P）：支持 10bit、4∶2∶0 采样格式。
- High 4∶2∶2 Profile（H422P）：支持 10bit、4∶2∶2 采样格式。
- High 4∶4∶4 Profile（H444P）：支持 12bit、4∶4∶4 采样格式、无损编码与多种色彩空间的编码。

如图 6-20 所示，这 4 个新的类如同性能的嵌套子集一样被创立，它们全都继承了主类的工具集，就像它们的公共交集；而高类（High Profile，HP）还额外地包含了所有能够提高编码效率的主要的新工具。相对于主类（MP），这些工具在算法复杂度上只是稍有提高。因此，在数字视频应用中，在 4∶2∶0 采样格式中使用 8bit 视频的高类有可能代替主类。

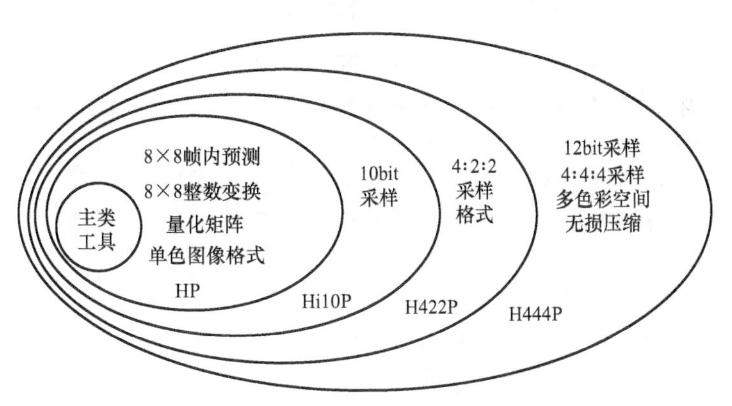

图 6-20　FRExt 编码工具

增加了高类（HP）之后，H. 264 各类的关系如图 6-21 所示，具体所包含的编码工具如下：

1）所有类的共同部分：I 条带、P 条带、CAVLC。

2）基本类（Baseline Profile）：FMO、任意宏块条顺序（Arbitrary Slice Order，ASO）、冗余条带。

3）主类（Main Profile）：B 条带、加权预测、CABAC、隔行编码。

4）扩展类（Extended Profile）：包含基本类的所有部分、SP 条带、SI 条带、数据分区、B 条带、加权预测。

5）高类（High Profile）：包含主类的所有部分、自适应的变换块大小（4×4 或 8×8 整数变换）、量化矩阵。

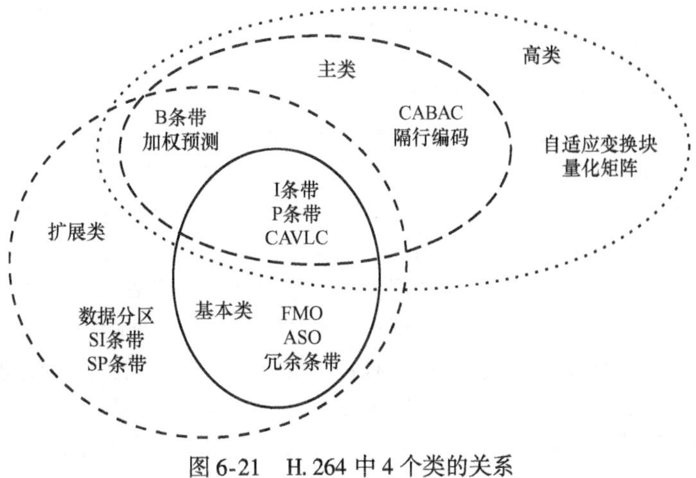

图 6-21　H. 264 中 4 个类的关系

6.4 H.265/HEVC 视频编码标准

自 2003 年 3 月 H.264/AVC 视频编码标准被推出以后，在业界受到了广泛关注，无论是编码效率、图像质量还是网络的适应性，都达到了令人满意的效果。然而，随着网络技术和硬件设备的快速发展，人们对视频编码的要求也在不断地提高，尤其是对高清分辨率甚至超高清分辨率视频的需求，现有的视频编码技术已经远远不能满足消费者的需求。以色度分辨率最低的 4∶2∶0 采样格式为例，4K 模式超高清数字电视信号图像的原始数据率为 3840×2160 像素/帧×12bit/像素×30 帧/s，即约为 2.78Gbit/s，8K 模式超高清数字电视信号图像的原始数据率约为 11Gbit/s。如采用 H.264/AVC 视频压缩方法，可将 4K 模式原始数据率压缩至 20Mbit/s 以内，但这对目前的带宽要求仍然很高，因此必须研究新的视频压缩标准对原始数据进行高效的压缩。为此，ITU-T 视频编码专家组（VCEG）和 ISO/IEC 运动图像专家组（MPEG）联合成立了视频编码协作小组（JCT-VC），致力于研制下一代视频编码标准 HEVC（High Efficiency Video Coding）。

6.4.1 H.265/HEVC 视频编码原理

高效视频编码（HEVC）标准仍然采用了与先前的视频编码标准 H.261、MPEG-2、H.263 以及 H.264/AVC 一样的混合编码的基本框架，如图 6-22 所示。其核心编码模块包括帧内预测、基于运动估计与补偿的帧间预测、变换与量化、环路滤波、熵编码和编码器控制等。编码器控制模块根据视频帧中不同图像块的局部特性，选择该图像块所采用的编码模式（帧内或帧间预测编码）。对帧内预测编码的块进行频域或空域预测，对帧间预测编码的块进行运动补偿预测，预测的残差再通过变换和量化处理形成残差系数，最后通过熵编码器生成最终的码流。为避免预测误差的累积，帧内或帧间预测的参考信号是通过编码端的解码模块得到。变换和量化后的残差系数经过反量化和反变换重建残差信号，再与预测的参考信号相加得到重建的图像。值得注意的是，对于帧内预测，参考信号是当前帧中已编码的块，因此是未经过环路滤波的重建图像；而对于帧间预测，参考信号是解码重构图像缓存区中的参考帧，是经过环路滤波的重建图像。环路滤波的作用是去除分块处理所带来的块效应，提高解码图像的质量。

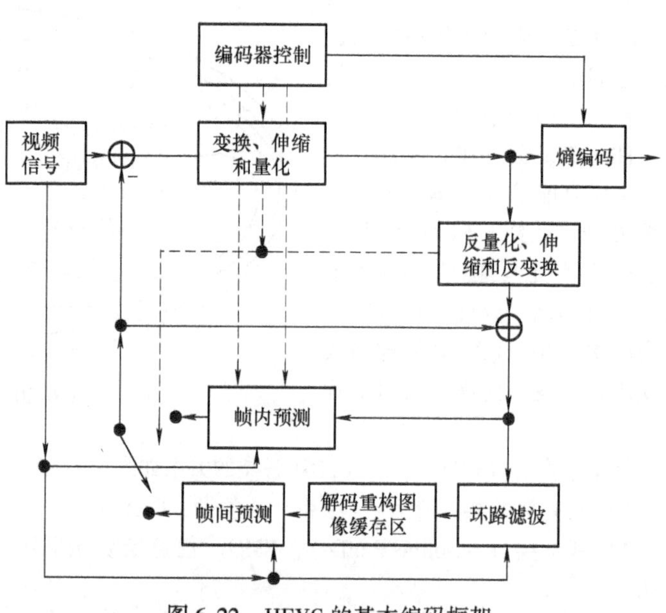

图 6-22　HEVC 的基本编码框架

针对目前视频信号分辨率不断提高以及并行处理的普及应用，HEVC 定义了灵活的基于四叉树结构的编码单元划分，同时对各个编码模块进行了优化与改进，并增加了一些新的编码工具，其中具有代表性的技术包括多角度帧内预测、自适应运动参数（Adaptive Motion Parameter，AMP）编码、运动合并（Motion Merge）、高精度运动补偿、自适应环路滤波以及基于语义的熵编码等，使得视频编码效率得到显著提高，在同等视频质量的条件下，HEVC 的压缩效率要比 H. 264/AVC 提高一倍。除此之外，HEVC 还引入了很多并行运算的优化思路，为并行化程度非常高的芯片实现提供了技术支持。

6.4.2 基于四叉树结构的编码单元划分

视频帧中图像的不同区域有着不同的局部特性，如颜色、纹理结构、与参考帧的相关性（运动信息）等等。因此，在编码时通常需要进行分块处理，对不同的图像区域采用不同的编码模式，从而达到较高的压缩效率。

为了更好地适应编码图像的内容，HEVC 采用了灵活的块（Block）结构来对图像进行编码，即块的大小是可以自适应改变的。在 HEVC 标准中摒弃了"宏块"（MB）的概念而采用"单元"的概念。

根据功能的不同，在 HEVC 中定义了编码树单元（Coding Tree Unit，CTU）、编码单元（Coding Unit，CU）、预测单元（Prediction Unit，PU）和变换单元（Transform Unit，TU）四种类型的单元。CTU 是基本处理单元，其作用与 H. 264/AVC 中的宏块相类似。CU 是进行帧内或帧间编码的基本单元，PU 是进行帧内或帧间预测的基本单元，TU 是进行变换和量化的基本单元。一帧待编码的图像被划分成若干个互不重叠的 CTU。一个 CTU 可以由 1 个或多个 CU 组成，一个 CU 在进行帧内或帧间预测时可以划分成多个 PU，在进行变换和量化时又可以划分成多个 TU。这 4 种不同类型单元分离的结构，使得变换、预测和编码各个环节的处理显得更加灵活，更加符合视频图像的纹理特征，有利于各个单元更优化地完成各自的功能。

（1）编码单元和编码树单元

HEVC 标准采用了灵活的编码单元划分，其划分方式是内容自适应的，即在图像纹理比较平坦的区域，划分成较大的编码单元；而在图像纹理存在较多细节的区域，划分成较小的编码单元。编码单元（CU）的大小可以是 64×64、32×32、16×16 或 8×8。最大尺寸（比如 64×64）的 CU 称为最大编码单元（Largest Coding Unit，LCU），最小尺寸（比如 8×8）的 CU 称为最小编码单元（Smallest Coding Unit，SCU）。

每个编码单元（CU）由一个亮度编码块（Coding Block，CB）和相应的两个色度编码块（CB）及其对应的语法元素（Syntax Elements）构成。编码块（CB）的形状必须是正方形的。对于 4∶2∶0 的采样格式，如果一个亮度 CB 包含 $2N \times 2N$ 亮度分量样值，则相应的两个色度 CB 分别包含 $N \times N$ 色度分量样值。N 的大小可以取 32、16、8 或 4，其值在序列参数集（Sequence Parameter Set，SPS）的语法元素中声明。

一帧待编码的图像首先被划分成若干个互不重叠的 LCU，然后从 LCU 开始以四叉树（quad-tree）结构的递归分层方式划分成一系列大小不等的 CU。最大的划分深度（depth）由 LCU 和 SCU 的大小决定。同一分层上的 CU 具有相同的划分深度，LCU 的划分深度为 0。一个 CU 是否继续被划分成 4 个更小的 CU，取决于划分标志位 split_flag。如果一个划分深度为 d 的编码单元 CU^d，其 split_flag 值为 0，则该 CU^d 不再被划分；反之，该 CU^d 被划分成 4 个划分深度为 $d+1$ 的编码单元 CU^{d+1}。图 6-23 描述的是划分深度为 3 时的四叉树结构编码单元划分示意图，图中的数字表示编码单元的序号，也是编码单元的编码次序。

每个 LCU 经四叉树结构的递归分层方式划分后，形成一系列大小不等的 CU。顾名思义，编码树单元（Coding Tree Unit，CTU）就是由这些树状结构的编码单元构成。每个 CTU 包含一个亮度编码树块（Coding Tree Block，CTB）和两个色度 CTB 以及与它们相对应的语法元素。

与 H. 264/AVC 中的宏块划分方法相比，基于四叉树结构的灵活的编码单元划分方法有下列优点。

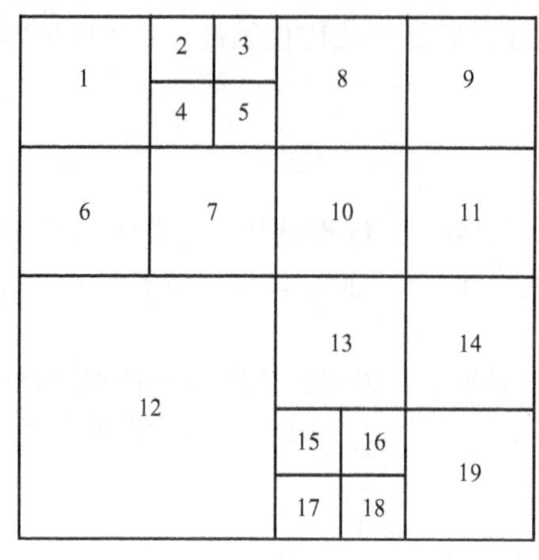

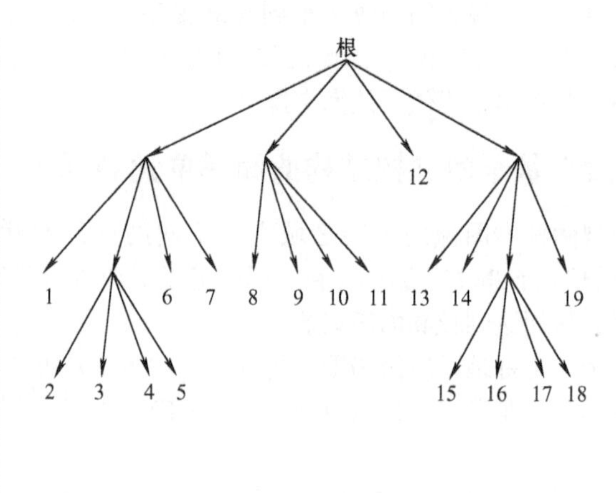

图 6-23　划分深度为 3 时的四叉树结构编码单元划分示意图

1）编码单元的大小可以大于传统的宏块大小（16×16）。对于平坦区域，用一个较大的编码单元编码可以减少所需的比特数，提高编码效率。这一点在高清视频应用领域体现得尤为明显。在高清及超高清分辨率的图像中，相对于整个图像来说，16×16 宏块表示的区域过小，将多个宏块合并成一个较大的编码单元进行编码能更有效地减少空间冗余。

2）通过合理地选择最大编码单元（LCU）大小和最大划分深度，编码器的编码结构可以根据不同的图像内容、图像分辨率以及应用需求获得较大程度的优化。

3）不同大小的块统一用编码单元来表示，消除了宏块与亚宏块之分，并且编码单元的结构可以根据 LCU、最大划分深度以及一系列划分标志（split_flag）简单地表示出来。

在 H.264/AVC 中，对宏块的编码是按光栅扫描顺序进行的，即从左往后、从上往下，逐行扫描。然而，HEVC 采用四叉树结构的递归分层方式来划分 CU，如果还是采用光栅扫描顺序的话，对于编码单元的寻址将会很不方便，因此，HEVC 采用了划分深度优先、Z 扫描的顺序进行遍历，如图 6-24 所示。图 6-24 中的箭头指示编码单元的遍历顺序。这样的遍历顺序可以很好地适应四叉树的递归结构，保证了在处理不同尺寸的编码单元时的一致性，从而降低解析码流的复杂度。

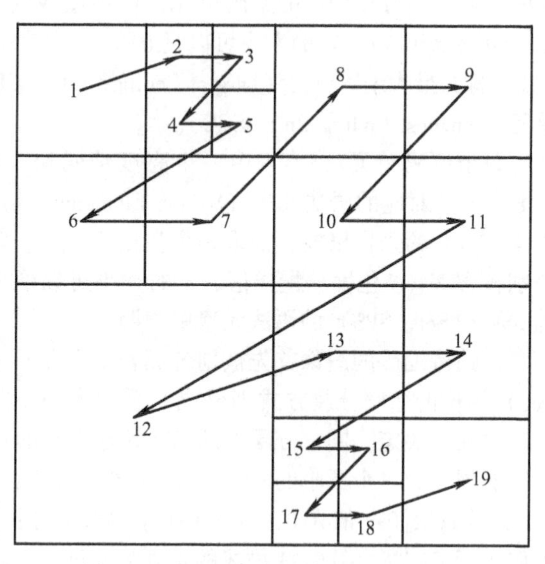

图 6-24　CTU 中编码单元的遍历顺序

（2）预测单元

对于每个 CU，HEVC 使用预测单元（PU）来实现该 CU 的预测过程。PU 是进行帧内或帧间预测的基本单元，一切与预测有关的信息都在预测单元中定义，比如，帧内预测的模式选择信息（预测方向）或帧间预测的运动信息（选择的参考帧索引号、运动矢量等）都在 PU 中定义。每个 PU 包含亮度预测块（Prediction Block，PB）、色度预测块（PB）以及相应的语法元素。

每一个 CU 可以包含一个或者多个 PU，PU 的划分从 CU 开始，从 CU 到 PU 仅允许一层划分，PU 的大小受限于其所属的 CU。依据基本预测模式判定，亮度 CB 和色度 CB 可以进一步分割成亮度PB和色度PB，PB的大小由64×64到4×4不等。通常情况下，为了和实际图像中物体的轮廓更加匹配，从而得到更好的划分结果，PU的形状并不局限于正方形，它可以长宽不一样，但是为了降低编码复杂度，PU的形状必须是矩形的。在HEVC中，预测类型有3种，即跳过（skip）、帧内（intra）和帧间（inter）预测。PU的划分是根据预测类型来确定的，对于一个大小为$2N\times2N$（N可以是32、16、8、4）的编码单元来说，PU的划分方式如图6-25所示。

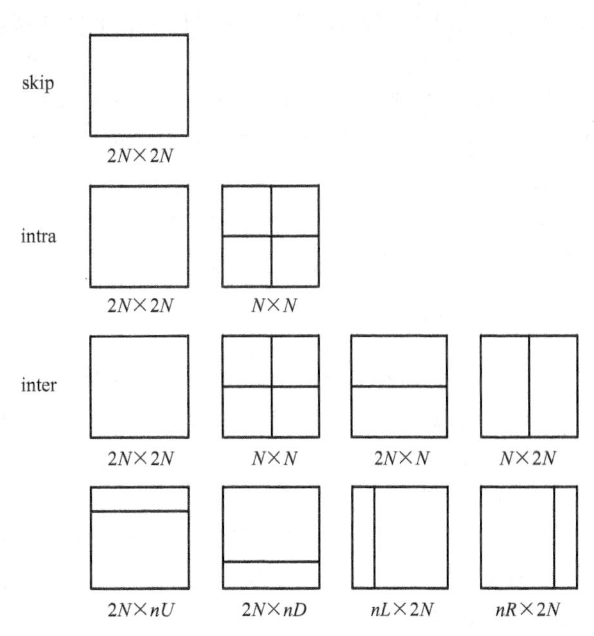

图6-25　$2N\times2N$大小的CU划分成PU的不同方式

跳过（skip）预测模式是帧间预测的一种。当需要编码的运动信息只有运动参数集索引（采用运动合并技术），而残差信息不需要编码时，就采用跳过（skip）预测模式。当编码单元采用跳过（skip）预测模式时，PU的划分只允许选择$2N\times2N$这种方式。

当编码单元采用帧内（intra）预测模式时，PU的划分只允许选择$2N\times2N$或$N\times N$方式，但对于$N\times N$这种划分方式，只有当CU的大小为最小CU时才能使用。

当编码单元采用帧间（inter）预测模式时，PU的划分可以选择8种划分方式的任意一种，其中$2N\times2N$、$N\times N$、$2N\times N$和$N\times N$四种划分方式是对称的；$2N\times nU$、$2N\times nD$、$nL\times2N$和$nR\times2N$四种划分方式是非对称的，为可选模式，可以通过编码器配置开启或关闭。在非对称划分方式中，将CU分为两个大小不同的PU，其中一个PU的宽或长为CU的1/4，另一个PU对应的宽或长为CU的3/4。非对称划分方式只用于大小为32×32、16×16的CU中。对称的$N\times N$划分方式只用于大小为8×8的CU中。

上述中PU的划分是针对亮度像素块来说的，色度像素块的划分在大部分情况下与亮度像素块一致。然而，为避免PU的尺寸小于4×4，当CU的尺寸为8×8且PU的划分方式为$N\times N$时，尺寸为4×4的色度像素块不再进行分解。

采用上述划分方式考虑了大尺寸区域可能的纹理分布，可以有效提高大尺寸区域的预测效率。

（3）变换单元

一个CU以PU为单位进行帧内/帧间预测，预测残差通过变换和量化来实现进一步压缩。变换单元（TU）是对预测残差进行变换和量化的基本单元。在H.264/AVC标准中采用了4×4和8×8整数变换，然而，对于一些尺寸较大的编码单元，采用相应的大尺寸的变换更为有效。尺寸大的变换有较好的频率分辨率，而尺寸小的变换有较好的空间分辨率，因此，需要根据残差信号的时频特性自适应地调整变换单元的尺寸。

一个CU中可以有一个或多个TU，允许一个CU中的预测残差通过四叉树结构的递归分层方式划分成多个TU分别进行处理。这个四叉树称为残差四叉树（Residual Quad-tree，RQT）。与编码单元四叉树类似，残差四叉树采用划分深度优先、Z扫描的顺序进行遍历。

变换单元的最大尺寸以及残差四叉树的层级可以根据不同的应用进行相应的配置，对实时性或复杂度要求较低的应用可以通过增加残差四叉树的层级来提高编码效率。

需要注意的是，一个 CU 中 TU 的划分与 PU 的划分是相互独立的。在帧内预测编码模式中，TU 的尺寸需小于或者等于 PU 的尺寸；而在帧间预测编码模式中，TU 的尺寸可以大于 PU 的尺寸，但是不能超过 CU 的尺寸。TU 的形状取决于 PU 的划分方式，如果 PU 是正方形的，则 TU 也必须是正方形的，其大小为 32×32、16×16、8×8 或 4×4；如果 PU 为非正方形的，则 TU 也必须是非正方形的，其大小为 32×8、8×32、16×4 或 4×16，这 4 种 TU 可用于亮度分量，而其中只有 32×8、8×32 可用于色度分量。

6.4.3 帧内预测

帧内预测就是利用当前预测单元（PU）像素与其相邻的周围像素的空间相关性，以空间相邻像素值来预测当前待预测单元的像素值。HEVC 的帧内预测是在 H.264/AVC 帧内预测的基础上进行了扩展，采用了多角度帧内预测技术。

1. 预测模式

在 H.264/AVC 中，亮度块的帧内预测分为 4×4 块预测模式和 16×16 块预测模式两类。4×4 块预测模式以 4×4 大小的子块作为一个单元，共有 9 种预测模式，由于它分块较小，因此适合用来处理图像纹理比较复杂、细节比较丰富的区域；而 16×16 块预测模式把整个 16×16 的宏块作为一个预测单元，有 4 种预测模式，适合处理比较平坦的图像区域。

HEVC 沿用 H.264/AVC 帧内预测的整体思路，但在具体实现过程中有了新的改进和深入。为了能够捕捉到更多的图像纹理及结构信息，HEVC HEVC 细化了帧内预测的方向，提供了 35 种帧内预测模式。模式 0、1 分别为 intra_Planar 和 intra_DC 两种非方向性预测模式，模式 2～34 为 33 种不同角度的方向性预测模式。

HEVC 中的 intra_DC 预测模式和 H.264/AVC 中的类似，预测像素的值由参考像素的平均值得到。与 H.264/AVC 相比，HEVC 中定义的方向性预测模式的角度划分更加精细，能够更好地描述图像中的纹理结构，提高帧内预测的准确性。此外，intra_Planar 预测模式解决了 H.264/AVC 中 Plane 模式容易在边缘造成不连续性的问题，对具有一定纹理渐变特征的区域可进行高效的预测。另一个重要的区别是，HEVC 中帧内预测模式的定义在不同块大小上是一致的，这一点在 HEVC 的分块结构和其他编码工具上也有体现。

33 种方向性预测模式的预测方向如图 6-26 所示。其中，靠近水平向左或垂直向上方向时，角度的间隔小；而在靠近对角线方向时，角度的间隔大。

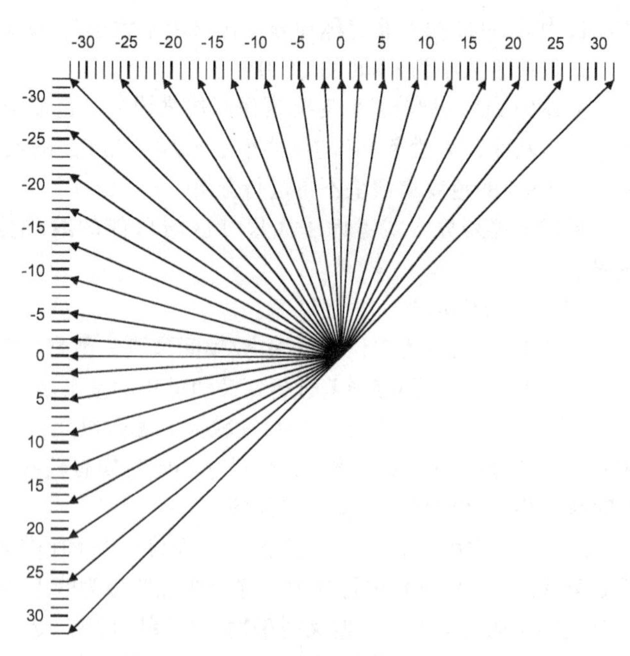

图 6-26　33 种方向性预测模式的预测方向

在图 6-26 中，预测方向并没有用几何角度来表示，而是用偏移值 d 来表示，d 的单位为 1/32 像素。在横轴上，数字部分表示预测方向相对于垂直向上方向的偏移值 d，向右偏移时 d

的值为正，向左偏移时 d 的值为负，预测方向与垂直向上方向夹角的正切值等于 $d/32$；在纵轴上，数字部分表示预测方向相对于水平向左方向的偏移值 d，向下偏移时 d 的值为正，向上偏移时 d 的值为负，预测方向与水平向左方向夹角的正切值等于 $d/32$。

35 种帧内预测模式都有相应的编号，intra_Planar 预测模式的编号为 0，intra_DC 预测模式的编号为 1，其余 33 种方向性预测模式的编号为 2 ~ 34，它们与预测方向的对应关系如图 6-27 所示。图中的数字 2 ~ 34 表示各个预测方向对应的模式编号。

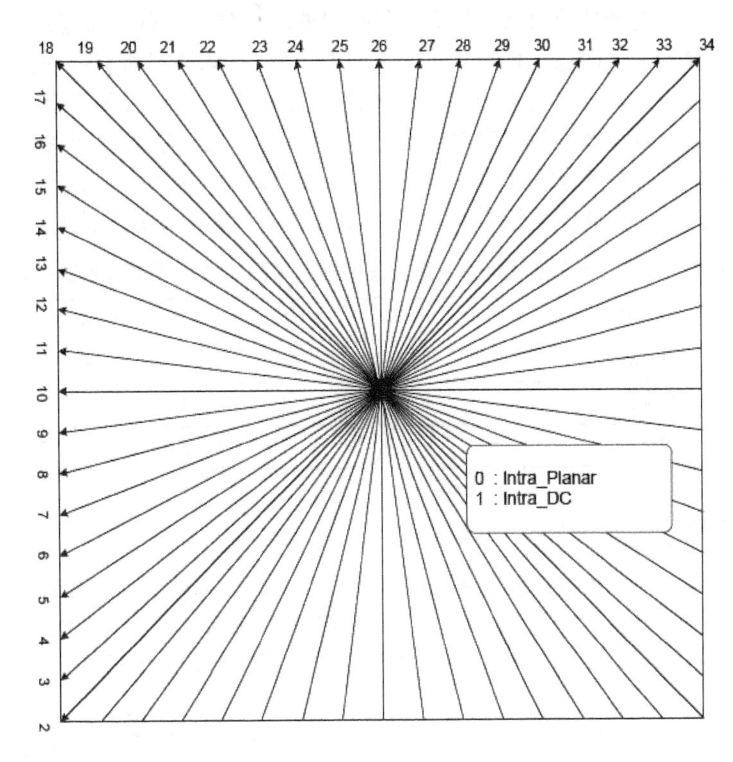

图 6-27　33 种方向性预测模式的编号与预测方向的对应关系

由图 6-27 可以看出，模式 2 ~ 17 为水平方向上的预测模式，模式 18 ~ 34 为垂直方向上的预测模式。模式编号和偏移值 d 的对应关系如表 6-7 所示。

表 6-7　模式编号和偏移值 d 的对应关系

模式编号	1	2	3	4	5	6	7	8	9	10	11	12	13	14	15	16	17
偏移值 d	-	32	26	21	17	13	9	5	2	0	−2	−5	−9	−13	−17	−21	−26
模式编号	18	19	20	21	22	23	24	25	26	27	28	29	30	31	32	33	34
偏移值 d	−32	−26	−21	−17	−13	−9	−5	−2	0	2	5	9	13	17	21	26	32

在 HEVC 的帧内预测过程中，编码图像块将预测图像块的左边一列和上面一行的图像像素作为参考像素进行预测。每一个给定的帧内预测方向都存在两个预测方向，如果预测方向靠近水平轴，那么左边一列的图像像素作为主要参考像素，上面一行的图像像素作为次要参考像素；如果预测方向是靠近垂直轴的，那么上面一行的图像像素作为主要参考像素，左边一列的图像像素作为次要参考像素。HEVC 将图 6-26 所示的 33 个预测方向分成两类：第一类是正方向，即偏移值 d 是正数，体现在图中是垂直轴右边和水平轴下方的两个方向；第二类是负方向，即偏移值

d 是负数，体现在图中是垂直轴左边和水平轴上方的两个方向。在 HEVC 中，对不同的预测方向，采用的处理方式是不一样的。当采用正方向预测时，当前编码块只需要将主要参考像素作为预测像素；当采用负方向预测时，当前编码块不仅需要将主要参考像素作为预测像素，还要判断是否需要将次要参考像素作为预测像素。

2. 平滑预处理

为了降低噪声对预测的影响，提高帧内预测的精度和效率，HEVC 标准根据预测块的尺寸和帧内预测模式的不同，选择性地对参考像素进行平滑滤波处理。其总的原则是：intra_DC 预测模式不需要对参考像素进行平滑滤波处理；对于 4×4 大小的预测块，所有帧内预测模式都不用对参考像素进行平滑滤波处理；较大的预测块和偏离垂直和水平方向的预测模式更需要对参考像素进行平滑滤波处理。具体地，需要对参考像素进行平滑滤波处理的预测块的大小和预测模式编号如表 6-8 所示。进行平滑滤波处理时，将参考像素看成一个数列，它的第一个元素和最后一个元素保持不变，其余元素通过滤波系数为（1/4，1/2，1/4）的滤波器进行平滑处理。

表 6-8　需要对参考像素进行平滑滤波处理的预测块的尺寸和预测模式编号

预测块的尺寸	模 式 编 号
8×8	0，2，18，34
16×16	0，2~8，12~24，28~34
32×32	0，2~9，11~25，27~34

6.4.4　帧间预测

图像的相关性除了空间相关性，还包括时间相关性。相邻帧图像之间有着极强的相关性，如果利用当前预测帧图像的前后帧作为参考，不必存储每一组图像的所有信息，只需要存储和相邻帧对应预测单元不同的变化的信息，就可以大幅降低所需传输的数据量，显著地提高图像的压缩率。

帧间预测技术就是利用相邻帧图像的相关性，使用先前已编码重建帧作为参考帧，通过运动估计和运动补偿对当前帧图像进行预测。HEVC 的帧间预测技术总体上和 H.264/AVC 相似，但进行了如下几点改进。

1. 可变大小 PU 的运动补偿

如前所述，每个 CTU 都可以按照四叉树结构递归地划分为更小的方形 CU，这些帧间编码的小 CU 还可以再划分一次，分成更小的 PU。CU 可以使用对称的或非对称的运动划分（Asymmetric Motion Partitions，AMP），将 64×64、32×32、16×16 的 CU 划分成更小的 PU，PU 可以是方形的，也可以是矩形的，如图 6-25 所示。每个采用帧间预测方式编码的 PU 都有一套运动参数（Motion Parameters，MP），包括运动矢量、参考帧索引和参考表标志。因为非对称的运动划分使得 PU 在运动估计和运动补偿中更精确地符合图像中运动目标的形状，而不需要通过进一步的细分来解决，因此可以提高编码效率。

2. 运动估计的精度

（1）亮度分量亚像素样点内插

和 H.264/AVC 类似，HEVC 亮度分量的运动估计精度为 1/4 像素。为了获得亚像素样点的亮度值，不同位置的亚像素样点亮度的内插滤波器的系数是不同的，1/2 像素内插点的亮度值采用一维 8 抽头的内插滤波器产生，1/4 像素内插点的亮度值采用一维 7 抽头的内插滤波器产生。用内插点周围的整像素样点值产生亚像素样点值的示意图如图 6-28 所示。

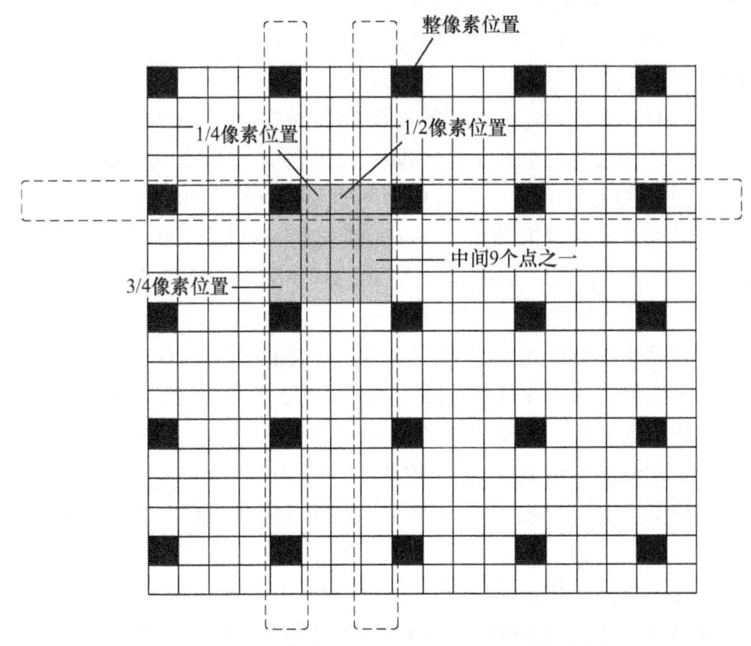

图 6-28　亮度分量亚像素位置及内插所用的整像素样点示意图

和整像素样点在同一水平线上的内插点的亮度值用水平方向内插滤波器产生，1/4 像素内插点所用的 7 抽头内插滤波器系数为：-1，+4，-10，+58，+17，-5，+1；1/2 像素内插点所用的 8 抽头内插滤波器系数为：-1，+4，-11，+40，+40，-11，+4，-1；3/4 像素内插点所用的 7 抽头内插滤波器系数为：+1，-5，+17，+58，-10，+4，-1。

和整像素样点在同一垂直线上的内插点的亮度值用垂直方向内插滤波器产生，滤波器系数和水平方向一样。处于中间的 9 个内插点的亮度值则利用刚才内插出来的亚像素样点值，沿用上述的垂直方向 8 抽头、7 抽头内插滤波器产生，滤波器系数仍然和前面一样。

(2) 色度分量亚像素样点内插

对于 4∶2∶0 采样格式的数字视频，色度分量整像素样点的距离比亮度分量大一倍，要达到和亮度分量同样的插值密度，其插值精度需为 1/8 色度像素。色度分量的预测值由一维 4 抽头内插滤波器用类似亮度的方法得到。

和整像素样点在同一水平线上的内插点的色度值用水平方向的 4 抽头内插滤波器产生，滤波器系数如表 6-9 所示。

表 6-9　4 抽头内插滤波器系数

1/8 像素内插点	-2，+58，+10，-2
2/8 像素内插点	-4，+54，+16，-2
3/8 像素内插点	-6，+46，+28，-4
4/8 像素内插点	-4，+36，+36，-4
5/8 像素内插点	-4，+28，+46，-6
6/8 像素内插点	-2，+16，+54，-4
7/8 像素内插点	-2，+10，+58，-2

处于中间的49个内插点的色度值则利用刚才内插出来的亚像素样点值，沿用上述的垂直方向4抽头滤波器产生，滤波器系数值仍然和前面一样。

3. 运动参数的编码模式

每一个帧间预测的PU含有一组运动参数（包括运动矢量、参考帧的索引值和参考帧列表的使用标记等）。HEVC标准对这些运动参数的编码和传输有3种模式：Merge模式、Skip模式和Inter模式。Inter模式是一种显式的方式，需要对当前编码PU的运动矢量（MV）进行预测编码和传输，以实现基于运动补偿的帧间预测。Merge模式是一种隐式的方式，是HEVC引入的一种“运动合并”（Motion Merge）技术，它的概念与H.264/AVC中SKIP和DIRECT模式类似。所不同的是，在Merge模式下采用的是基于“竞争”机制的运动参数选择方法，即搜索周边已编码的帧间预测块，将它们的运动参数组成一个候选列表，由编码器选择其中最优的一个作为当前块的运动参数并编码其索引值。另一个不同点是，Merge模式侧重于将当前块与周边已编码的预测块进行融合，形成运动参数一致的不规则区域，从而改进四叉树分解中固定的方块划分的缺点。HEVC还定义了一种称为Skip的模式，这种模式与$2N\times2N$的Merge模式类似，不同的是，Skip模式中不需要对运动补偿后的预测残差进行编码，而直接将预测信号作为重构图像。

（1）Merge模式

为了充分利用时间和空间的相关性，进一步提高编码效率，HEVC新引入了运动合并（Motion Merge）技术，即Merge模式。Merge模式将相邻的几个已编码预测块的运动参数组成候选列表，编码器按照率失真优化（Rate Distortion Optimization，RDO）准则，从候选列表中选出使其编码代价最小的候选运动参数，将其作为当前待编码PU的运动参数，这样在码流中就不需要传输当前待编码PU的运动参数，而只需要传输最佳候选运动参数的索引（Index），解码端根据索引在运动参数候选列表中找到匹配的运动参数，从而完成解码。Merge模式适用于所有帧间预测情形。

在Merge模式中，候选列表中的候选预测块分为两类：空间上相邻的已编码块和时间上相邻的已编码块。在空间相邻的已编码块中，可以从图6-29所示的5个不同位置{A1、B1、B0、A0、B2}中依照A1→B1→B0→A0→(B2)的次序最多选择其中的4个。需要注意的是，只有在A1、B1、B0、A0四个位置的预测块中有任意一个不可用时，才考虑将B2作为候选预测块。例如，若当前待编码PU为$N\times2N$、$nL\times2N$或$nR\times2N$划分方式中的右侧PU时，则A1不可作为候选预测块，否则合并后形成一个类似$2N\times2N$的预测块，候选预测块的选择次序是B1→B0→A0→B2。同理，若当前待编码PU为$2N\times N$、$2N\times nU$或$2N\times nD$划分方式中的下侧PU时，则B1不可作为候选预测块，候选预测块的选择次序是A1→B0→A0→B2。在时间相邻的已编码块中，最多可以从图6-29所示的两个不同位置{T0、T1}中选择一个。如果对应参考帧中右下位置的预测块T0的运动参数有效，那么就选T0作为候选预测块，否则就选参考帧中与当前PU相同位置的预测块T1作为候选预测块。

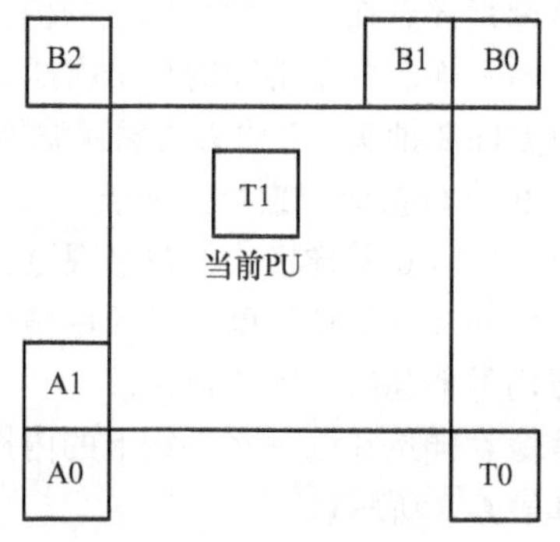

图6-29　Merge模式可选择的相邻已编码块的位置

在候选块的选择过程中，要去除其中运动参数重复的候选块，同时还要去除其中使得与当前预测块合并后形成一个等同于$2N\times2N$的预测块的候选块。当候选块的个数不超过设定的最大值MaxNumMergeCand（默认值为5）时，由已有的候选块的运动参数产生新的运动参数或者用0

进行填补。这样，运动参数候选值的个数就固定为一个设定的值，使得解码所选候选值的索引值时不依赖于候选列表的选择过程，这样有利于解码时的并行处理，并提高容错能力。

（2）Inter模式

在Inter模式中，需要对运动矢量进行差分预测编码和传输。运动矢量的预测利用到了相邻块运动矢量在时间和空间上的相关性。与Merge模式相类似，在运动矢量预测过程中，主要是两种类型的候选运动矢量的推导：空域候选运动矢量和时域候选运动矢量。在空域候选运动矢量的选择中，从5个不同位置的相邻块运动矢量中选出2个空域候选运动矢量。其中，一个候选运动矢量是从当前编码PU的左侧相邻块，即图6-29中的｛A1、A0｝中选出；另一个候选运动矢量则从当前编码PU的上侧相邻块，即图6-29中的｛B1、B0、B2｝中选出。Inter模式候选运动矢量的个数固定为2个，当以上选择的候选运动矢量少于2个时，则加入时域候选运动矢量，选择的方法与Merge模式相同。最后，若候选运动矢量的个数仍然小于2，则用值为0的运动矢量填补，直到候选运动矢量的个数等于2。

6.4.5 变换与量化

1. 整数变换

HEVC采用的变换运算和H.264类似，也是一种对预测残差进行近似DCT的整数变换，但为适应较大的编码单元而进行了改进。HEVC中的DCT变换有4种大小：32×32、16×16、8×8和4×4。每一种大小的DCT都有一个相对应的同样大小的整数变换系数矩阵，且都采用蝶形算法进行计算。大块的变换能够提供更好的能量集中效果，并能在量化后保存更多的图像细节，但是却带来更多的振铃效应。因此，根据当前块像素数据的特性，自适应的选择变换块大小可以得到较好的效果。

HEVC在一个编码单元（CU）内进行变换运算时，可以将CU按照编码树层次细分，从32×32直至4×4的小块。例如一个16×16的CU可以用一个16×16的变换单元（TU）进行变换，或者4个8×8的TU进行变换。其中任意一个8×8的TU还可以进一步分为4个4×4的TU进行变换。变换运算的顺序和H.264/AVC不同，变换时首先进行列运算，然后再进行行运算。HEVC的整数变换的基矢量具有相同的能量，不需要对它们进行调整或补偿，而且对DCT的近似性要比H.264/AVC好。

对于4×4块的亮度分量帧内预测残差的编码，HEVC特别指定了一种基于离散正弦变换（Discrete Sine Transform，DST）的整数变换。在帧内预测块中，那些接近预测参考像素的像素，如左上边界的像素将获得比那些远离参考像素的像素预测得更精确，预测误差较小，而远离边界的像素预测残差则比较大。DST对编码这一类的残差效果比较好。这是因为不同DST基函数在起始处很小，往后逐步增大，和块内预测残差变化的趋势比较吻合，而DCT基函数在起始处大，往后逐步衰减。

2. 率失真优化的量化

HEVC的量化机理和H.264/AVC基本相同，是在进行近似DCT的整数变换时一并完成的。

量化是压缩编码产生失真的主要根源，因此选择恰当的量化步长，使失真和码率之间达到最好的平衡就成了量化环节的关键问题。HEVC中的量化步长是由量化参数（QP）标记的，共有52个等级（0~51），每一个QP对应一个实际的量化步长。QP的值越大表示量化越粗，将产生的码率越低，当然带来的失真也会越大。HEVC采用了率失真优化的量化（Rate Distortion Optimized Quantization，RDOQ）技术，在给定码率的情况下选择最优的量化参数使重建图像的失真最小。

量化操作是在变换单元（TU）中分别对亮度和色度分量进行的。在 TU 中所有的变换系数都是按照一个特定的量化参数（QP）统一进行量化和反量化的。HEVC 的 RDOQ 可比 H.264/AVC 提高编码效率5%左右（亮度），当然带来的负面影响是计算复杂度的增加。

6.4.6 环路滤波

环路滤波（Loop Filtering）位于编码器预测环路中的反量化/反变换单元之后、重建的运动补偿预测参考帧之前。因而，环路滤波是帧间预测环路的一部分，属于环内处理，而不是环外的后处理。环路滤波的目标就是消除编码过程中预测、变换和量化等环节引入的失真。由于滤波是在预测环路内进行的，减少了失真，存储后为运动补偿预测提供了较高质量的参考帧。

HEVC 指定了两种环路滤波器，即去方块效应滤波器（DeBlocking Filter，DBF）和样值自适应偏移（Sample Adaptive Offset，SAO）滤波器，均在帧间预测环路中进行。

1. 去方块效应滤波器

方块效应是由于采用图像分块压缩方法所形成的一种图像失真，尤其在块的边界处更为惹眼。为了消除这类失真，提高重建视频的主观和客观质量，H.264/AVC 在方块的边界按照“边界强度”进行自适应低通滤波，又称去方块效应滤波。HEVC 也使用了类似的环内去方块效应滤波来减轻各种单元边界（如 CU、PU、TU 等）的块效应。HEVC 为了减少复杂性，利于简化硬件设计和并行处理，不对 4×4 的块边界滤波，且仅定义了 3 个边界强度等级（0、1 和 2），仅对边界附近的像素进行滤波，省却了对非边界处像素的处理。在滤波前，对于每一个边界需要判定是否需要进行去方块效应滤波？如果需要，还要判定到底是进行强滤波还是弱滤波。判定是根据穿越边界像素的梯度值以及由此块的量化参数 QP 导出的门限值共同决定的。HEVC 的去方块效应滤波对需要进行滤波的各类边界统一进行，先对整个图像的所有垂直边界进行水平方向滤波，然后再对所有的水平边界进行垂直方向滤波。

2. 样值自适应偏移

样值自适应偏移（SAO）是 HEVC 中新引入的一项提高解码图像质量的工具，作用于去方块效应滤波之后的解码图像。它先按照像素的灰度值或边缘的性质，将像素分为不同的类型，然后按照不同的类型为每个像素值加上相应的偏移量，从而降低图像的整体失真并减少振铃效应。采用 SAO 后，平均可以减少 2%～6% 的码流，而编解码器的复杂度仅增加约 2%。

HEVC 中 SAO 处理的基本单元是 CTB。对于每个 CTB，SAO 可以使用/禁用一种或者两种模式：带状偏移（Band Offset，BO）模式和边缘偏移（Edge Offset，EO）模式。编码器对图像的不同区域选择施加 BO 模式或 EO 模式的偏移，并在码流中给出相应的标识。

BO 模式将像素值从 0 到最大值分为 32 个相等的间隔——“带（Bands）”，例如，对 8bit 量化而言，有 256 个灰度级，则设定带的宽度为 256/32＝8，每个带所包含的像素值都比较相近。如果某个 CTB 的亮度值分布在 4 个相邻的带中间，说明这原本是一个比较平坦的图像区域，这样的区域容易出现带状干扰和边缘振荡效应，则需对这些像素值施加偏移量（可正可负），使像素值的分布趋向更集中。当然这个偏移量也要作为带状偏移传输到解码端。

EO 模式是对某个特定边缘方向的像素依据其与相邻像素灰度值的差异进行分类，从而对不同类别的像素分别加上相应的偏移值。EO 模式使用一种如图 6-30 所示的“三像素结构”来对所处理的像素进行分类，定义了水平、垂直、135°和 45°四个方向的结构。图 6-30 中，c 表示当前待处理的像素，a 和 b 表示两个相邻的像素。

通过比较像素 c 与 a、b 的灰度值，将当前像素分为 4 类。分类的准则如表 6-10 所示。其中，类别 1 表示当前像素为谷底像素（其值小于相邻的 2 个像素），类别 4 表示当前像素为波峰像素

(其值大于相邻的2个像素); 类别2和类别3分别表示当前像素为凹拐点和凸拐点; 类别0表示其他情况, 不进行边缘补偿。对类别1和类别2加上正的偏移值可以达到平滑的目的。相反, 对类别3和类别4加上负的偏移值是则起到平滑的作用。在编码偏移值时无须对符号进行编码, 而是根据像素类别的不同判定偏移值的符号, 从而减少编码偏移值所需要的比特数。

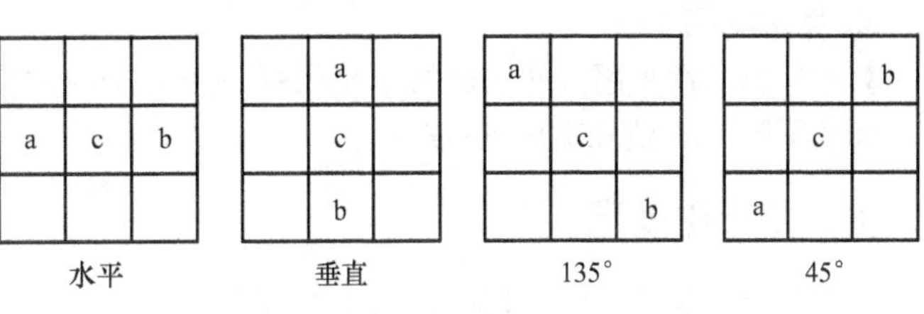

图6-30　三像素结构示意图

表6-10　边缘像素分类的准则

类　别	准　则
1	c<a且c<b
2	(c<a且c=b) 或 (c=a且c<b)
3	(c>a且c=b) 或 (c=a且c>b)
4	c>a且c>b
0	其他

6.4.7　上下文自适应的熵编码

常见的熵编码包括较为简单的变长编码 (如Huffman编码) 和效率较高的算术编码两大类。如果将编码方式和编码的内容联系起来, 则可获得更高的编码效率, 这就是常见的上下文自适应的可变长编码 (Context Adaptive Variable Length Coding, CAVLC) 和上下文自适应的二进制算术编码 (Context Adaptive Binary Arithmetic Coding, CABAC)。这两类熵编码都是高效、无损的熵编码方法, 尤其是在高码率的情况下更是如此, 此时量化参数 (QP) 比较小, 码流中变换系数占绝大部分。当然其计算量也较之常规的变长编码、算术编码要高。

HEVC标准中使用的上下文自适应的二进制算术编码 (CABAC) 与H.264/AVC中使用的CABAC基本类似, 除了上下文建模过程中概率码表需要重新布置以外, 在算法上并没有什么变化。但是HEVC充分考虑了提高熵编码器的吞吐率和并行化, 以适应编码高分辨率视频时的实时性要求。因此, HEVC中CABAC编码器的上下文数量、数据间的相互依赖性减少, 对相同上下文的编码符号进行组合、对通过旁路编码的符号进行组合, 同时减少解析码流时的相互依赖性以及对内存读取的需求。

CABAC编码主要包括以下三个模块。

1. 语法元素的二值化

与H.264/AVC类似, HEVC标准采用了相似的几种二值化编码方式, 主要有截断一元 (Truncated unary) 编码、截断Rice (Truncated Rice) 编码、k阶指数哥伦布 (k-th order Exp-Golomb) 编码以及定长编码。二值化的输入是帧内或帧间预测的预测信息以及变换量化后的残差信息, 输出是对应的二进制字符串。

2. 上下文建模

实际计算过程中, 输入二进制字符的概率分布是动态变化的, 所以需要维护一个概率表格来保存每个字符概率变化的信息。上下文建模过程就是根据输入的二进制字符串和相应的编码模式, 提取保存的概率状态值来估计当前字符的概率, 并在字符计算完成后对其状态值进行刷新。

3. 算术编码

算术编码模块采用区间递进的原理根据每个字符串的概率对字符流进行编码，不断更新计算区间的下限 Low 值和宽度 Range 值。

6.4.8 并行化处理

当前集成电路芯片的架构已经从单核逐渐往多核并行方向发展，因此为了适应并行化程度非常高的芯片实现，H.265/HEVC 引入了很多并行运算的优化思路。

1. 条带的划分

与 H.264/AVC 类似，HEVC 也允许将图像帧划分成一个或多个“条带”（Slice），即一帧图像是一个或多个条带的集合。条带是帧中按光栅扫描顺序排列的编码树单元（CTU）序列。每个条带可以独立解码，因为条带内像素的预测编码不能跨越条带的边界。所以，引入“条带”结构的主要目的是为了在传输中遭遇数据丢失后实现重同步。每个条带可携带的最大比特数通常受限，因此根据视频场景的运动程度，条带所包含的 CTU 数量可能有很大不同。每个条带可以按照编码类型的不同分为如下 3 种类型。

1）I 条带（I slice）：I 条带中的所有编码单元（CU）都仅使用帧内预测进行编码。

2）P 条带（P slice）：P 条带中的有些编码单元（CU）除了使用帧内预测进行编码外，还可以使用帧间预测进行编码。在帧间预测时，每个预测块（PB）至多只有 1 个运动补偿预测信号，即单向预测，并且只使用参考图像列表 0。

3）B 条带（B slice）：B 条带中的有些编码单元（CU）除了使用 P 条带中所用的编码类型进行编码外，还可以使用帧间双向预测进行编码，即每个预测块（PB）至多有 2 个运动补偿预测信号，既可以使用参考图像列表 0，也可以使用参考图像列表 1。

图 6-31 示例了一帧图像划分为 N 个条带的情形，条带的划分以 CTU 为界。为了支持并行运算和差错控制，某一个条带可以划分为更小的条带，称之为“熵条带”（Entropy Slice，ES）。每个 ES 都可独立地进行熵解码，而无须参考其他的 ES。如在多核的并行处理中，就可以安排每个核单独处理一个 ES。在 HEVC 的码流中，网络抽象层（Network Abstraction Layer，NAL）比特流的格式符合 H.264/AVC 的 Annex B，但是在 NAL 头信息增加了 1 B 的 HEVC 标注信息。每个条带编码为一个 NAL 单元，其容量小于等于最大传输单元（Maximum Transmission Unit，MTU）容量。

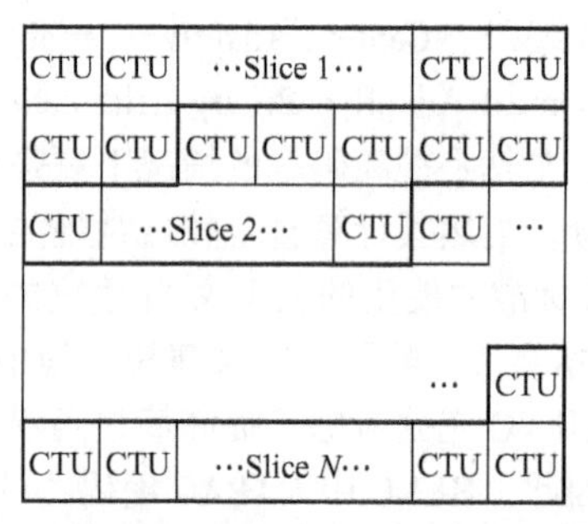

图 6-31　一帧图像划分为 N 个条带（Slice）的示例

2. 片的划分

除了“条带”之外，HEVC 还新引入了“片”（Tile）的划分，其主要目的是为了增强编解码的并行处理能力。片是一个自包容的、可以独立进行解码的矩形区域，包含多个按矩形排列的 CTU。每个片中包含的 CTU 数目不要求一定相同，但典型情况下所有片中的 CTU 数相同。通过将多个片包含在同一个条带中，可以共享条带的头信息。反之，一个片也可以包含多个条带。图 6-32 示例了一帧图像划分为 N 个片的情形。在编码时，图像中的片是按照光栅扫描顺序进行处理，每个片中的 CTU 也是按照光栅扫描顺序进行。在 HEVC 中，允许条带和片在同一图像帧中同时使用，既可以一个条带中包含若干个片，也可以一个片中包含若干个条带。

3. 波前并行处理

考虑到高清、超高清视频编码的巨大运算量，HEVC提供了基于条带和基于片的便于并行编码和解码处理的机制。然而，这样又会引起编码性能的降低，因为这些条带和片是独立预测的，打破了穿越边界的预测相关性，每个条带或片的用于熵编码的统计必须从头开始。为了避免这个问题，HEVC提出了一种称为波前并行处理（Wavefront Parallel Processing，WPP）的熵编码技术，在熵编码时不需要打破预测的连贯性，尽可能多地利用上下文信息。

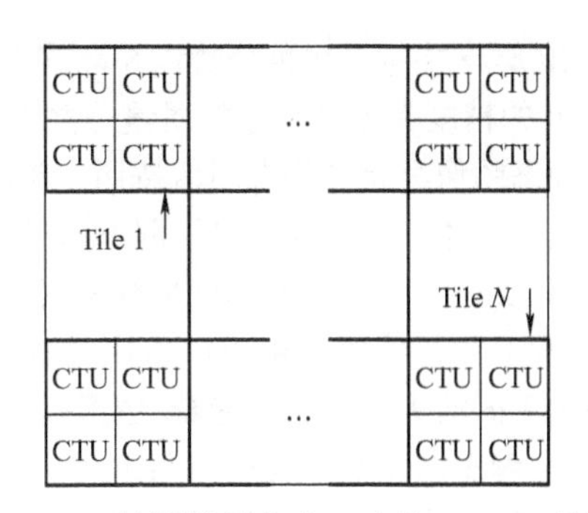

图6-32　一帧图像划分为N个片（Tile）的示例

波前并行处理按照CTU行进行。不论是在编码过程还是解码过程中，一旦当前CTU行上的前两个CTU的编解码完成后，即可开始下一CTU行的处理，通常开启一个新的并行线程（Thread），其过程如图6-33所示。之所以在处理完当前CTU行上的前两个CTU之后才开始下一CTU行的熵编码，是因为帧内预测和运动矢量预测是基于当前CTU行上侧和左侧的CTU的数据。WPP熵编码参数的初始化所需要的信息是从这两个完全编码的CTU中得到的，这使得在新的编码线程中使用尽可能多的上下文信息成为可能。使用波前并行处理的熵编码技术，相对于每个CTU行独立编码有更高的编码效率，相对于串行编码来说有更好的并行处理能力。

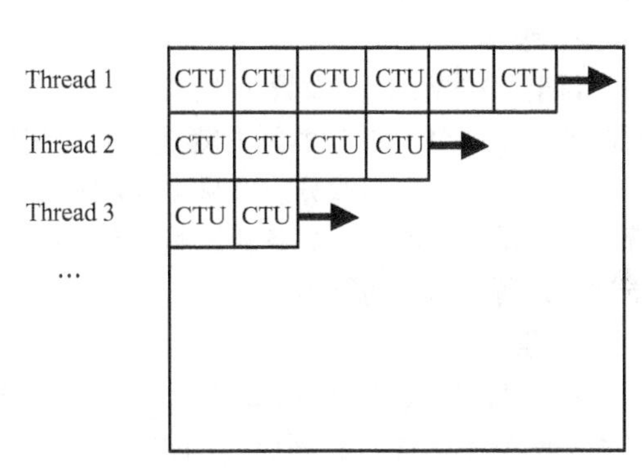

图6-33　波前并行处理示意图

6.4.9　HEVC的语法和语义

为了和现已广泛使用的H.264/AVC编码器尽量兼容，HEVC编码器也使用H.264/AVC的NAL单元语法结构。每个语法结构放入NAL单元这一逻辑数据包中。利用2字节的NAL单元头，容易识别携带数据的内容类型。为了传输全局参数（如视频序列的分辨率、彩色格式、最大参考帧数、起始QP值等），采用H.264/AVC的序列参数集（Sequence Parameter Set，SPS）和图像参数集（Picture Parameter Set，PPS）语法和语义。HEVC的条带（Slice）的头信息的语法和语义同H.264/AVC的语法和语义非常接近，只是增加了一些必要的新的编码工具。

6.4.10　HEVC的类、级和层

为了提供应用的灵活性，HEVC设置了编码的不同的类（Profile）、级（Level）和层（Tier）。

1. 类

类规定了一组用于产生不同用途码流的编码工具或算法，也就是一组编码工具或算法的集合。目前，HEVC标准定义了三种类：主类（Main Profile）、主10类（Main 10 Profile）和主静态图像类（Main Still Picture Profile）。

主类支持每个颜色分量以8bit表示。

主10类支持每个颜色分量以8bit或者10bit表示。表示颜色的比特数越多，颜色种类就越丰富。10bit的精度将改善图像的质量，并支持超高清电视（UHDTV）采用的Rec. 2020颜色空间。

主静态图像类允许静态图像按照主类的规定进行编码。

目前，上述三个类存在以下限制条件。

1）仅支持4:2:0的色度采样格式。

2）波前并行处理（WPP）和片（Tile）结构可选。若选用了Tile结构，则不能使用WPP，且每一个Tile的大小至少应为64像素高×256像素宽。

3）主静态图像类不支持帧间预测。

4）解码图像的缓存容量限制为6幅图像，即该类的最大图像缓存容量。

未来的类扩展主要集中在比特深度扩展、4:2:2或4:4:4色度采样格式、多视点视频编码和可分级编码等方面。

2. 级

目前，HEVC标准设置了1、2、2.1、3、3.1、4、4.1、5、5.1、5.2、6、6.1、6.2等13个不同的级。一个“级”实际上就是一套对编码比特流的一系列编码参数的限制，如支持4:2:0格式视频，定义的图像分辨率从176×144(QCIF)到7680×4320(8K×4K)，限定最大输出码率等。如果说一个解码器具备解码某一级码流的能力，则意味着该解码器具有解码这一级以及低于这一级所有码流的能力。

3. 层

对于4、4.1、5、5.1、5.2、6、6.1、6.2级，按照最大码率和缓存容量要求的不同，HEVC设置了两个层（Tier）：高层（High Tier）和主层（Main Tier）。主层可用于大多数场合，要求码率较低；高层可用于特殊要求或高需求的场合，允许码率较高。对于1、2、2.1、3、3.1级，仅支持主层（Main Tier）。

符合某一层/级的解码器应能够解码当前以及比当前层/级更低的所有码流。

6.5 AVS与AVS+视频编码标准

AVS视频编码标准主要是为了适应数字电视广播、数字存储媒体、因特网流媒体、多媒体通信等应用中大尺寸、高质量的运动图像压缩的需要而制定的。它以H.264框架为基础，强调自主知识产权，同时充分考虑了实现的复杂度，进行了针对性的优化。可以说，AVS视频编码标准是在H.264的基础上发展起来的，采用了H.264中的优秀算法思想，但为了避开专利问题，又不得不放弃H.264标准采用的一些核心技术。因而，从总体框架结构上说，AVS视频编码标准和H.264非常相似，但在技术细节上做了较多的改动，以适应高清晰度数字电视等应用目标的具体需求。

6.5.1 AVS1-P2

GB/T 20090.2—2006《信息技术 先进音视频编码 第2部分：视频》（简称AVS1-P2）已于2006年2月颁布为国家标准。AVS1-P2主要面向高清晰度数字电视广播、网络电视、高密度激光数字存储媒体以及其他相关应用。根据业务的需要，AVS1-P2标准同样定义了“类”（Profile）和“级”（Level）。目前，AVS1-P2标准定义了一个基准类和该类下的四个级，分别是用于标准清晰度电视的4.0（4:2:0采样格式）和4.2（4:2:2采样格式）级以及用于高清晰度电视的6.0（4:2:0采样格式）和6.2（4:2:2采样格式）级。与H.264的基本类相比，AVS1-

P2 标准增加了 B 帧、隔行扫描等技术，因此其压缩效率明显提高；而与 H. 264 的主类相比，又去掉了 CABAC 等实现难度大的技术，从而增强了可实现性。

1. AVS1-P2 编码器框架

与 H. 264 类似，AVS1-P2 也采用混合编码框架，主要包括帧内预测、帧间预测、变换与量化、环路滤波、熵编码等技术模块，其编码器的原理框图如图 6-34 所示，其中 S_0是帧内/帧间预测模式选择开关。

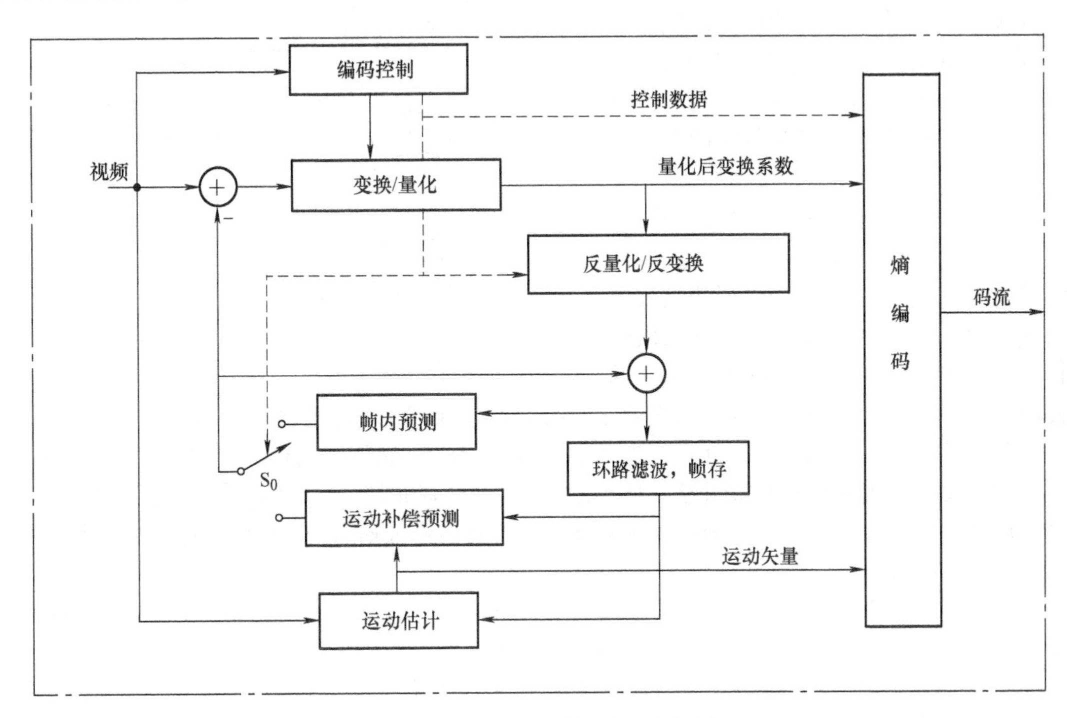

图 6-34　AVS1-P2 编码器原理框图

2. AVS1-P2 视频码流的分层结构

AVS1-P2 标准采用了与 H. 264 类似的比特流分层结构，视频基本码流共分为五层，从高到低依次为视频序列层、图像层（帧层）、条带层、宏块层、块层，如图 6-35 所示。

（1）视频序列

视频序列是 AVS1-P2 视频编码比特流的最高层语法结构。它包含序列头和图像数据，图像数据紧跟在序列头后面。为了支持随机访问视频序列，序列头可以重复插入比特流，图像数据可以包含一帧或多帧图像。序列头以视频序列起始码作为序列开始的标志，而序列结束码则代表序列完结。AVS1-P2 中所有起始码均由前缀和码值组成并按字节对齐，其长度为 4 字节。前缀占据前 3 字节，表明该码流为起始码；码值为最后 1 字节，表示具体的起始码类型。

AVS1-P2 标准规定了两种不同的序列：逐行序列和隔行序列。隔行扫描帧图像由两场组成，每场又由若干行组成，奇数行和偶数行各构成一场，分别称为顶场和底场。帧和场的邻近行相关性并不相同。帧的邻近行空间相关性强，时间相关性弱，因为某行的邻近行（下一行）要一场扫描完才能被扫描，在压缩静止图像或运动量不大的图像时采用帧编码方式。场的邻近行时间相关性强，空间相关性差，因为场的一行扫描完毕，接着对场中下一行扫描。因此对运动量大的图像常采用场编码方式。在比特流中，隔行扫描图像的两场的编码数据可依次出现，也可交织出现。两场数据的解码和显示顺序在图像头中规定。

（2）图像

图像也就是通常所说的一帧图像，每帧图像数据以图像头开始，后面跟着具体图像数据，出现三种情况代表图像数据结束：下一序列开始、序列结束或下一帧图像开始。

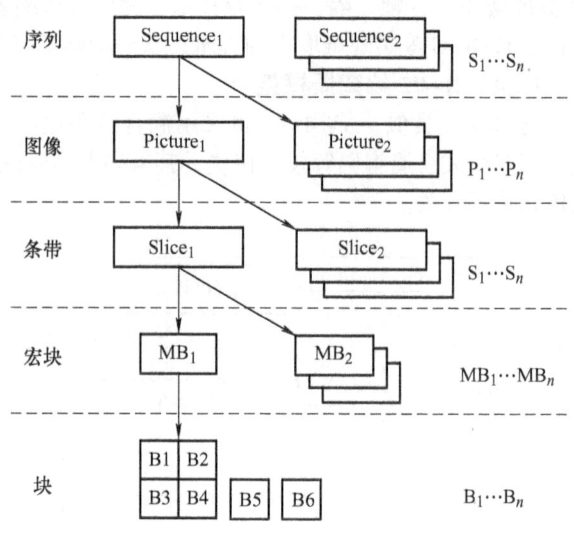

图 6-35　AVS1-P2 视频码流的分层结构

解码器的输出是一系列帧，两帧之间存在着一个帧时间间隔。对隔行序列而言，每帧图像的两场之间存在着一个场时间间隔。对逐行序列而言，每帧图像的两场之间时间间隔为 0。

AVS1-P2 标准定义了三种图像编码类型：I 帧、P 帧、B 帧。I 帧以当前帧内已编码像素为参考，只能以帧内预测模式编码。P 帧则最多可参考前向的两帧已编码图像和帧内像素，可以采用帧内预测和帧间预测模式编码。对 P 帧编码时，参考帧应向四周外扩 16 个像素，以便当运动矢量所引用的像素超出参考图像的边界时使用，外扩位置的整数样本值取与该位置最近的图像边缘的整数样本值。B 帧可参考一前一后的两帧图像。如果视频序列中没有 B 帧，解码顺序与显示顺序相同。如果视频序列中包含 B 帧，解码顺序与显示顺序不同，解码图像输出显示前应进行图像重排序。

（3）条带

条带是一帧图像中按光栅扫描顺序连续的若干宏块行。AVS1-P2 中采用的条带划分与 H. 264 不同，它采用了简单的按整个宏块行划分的方式，即同一行的宏块只能属于一个条带，而不会出现一行宏块分属不同条带的情况。按条带划分图像是为了增强抗干扰能力，同时也增加并行性方便同时处理各条带。因而实际编解码时均以条带为单位进行独立编码，无论是帧内编码还是帧间编码均不能使用当前图像中其他条带的数据，比如帧间运动矢量预测时便不能使用属于其他条带的相邻块。条带头信息包含了条带在图像中的位置、条带量化参数等，之后是条带内部的各个宏块数据信息。

（4）宏块

条带可以进一步划分为宏块，宏块是 AVS1-P2 编解码过程的基本单元。一个宏块大小为 16×16，对于 4∶2∶0 采样格式图像，一个宏块包括一个 16×16 的亮度块和 2 个 8×8 色度块。为了支持不同模式的运动估计，宏块可按图 6-36 所示划分为更小的子块，这种划分用于运动补偿。图 6-36 中矩形里的数字表示宏块划分后运动矢量和参考索引在码流中的顺序。

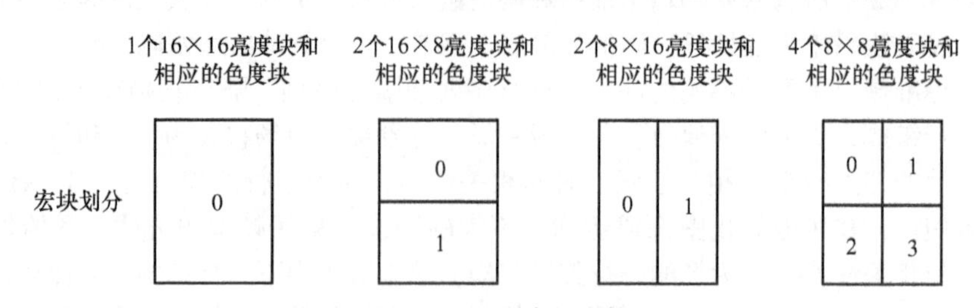

图 6-36　AVS1-P2 中的宏块划分

(5) 块

宏块是 AVS1-P2 编码过程的基本单元，但无论是以哪种模式划分宏块，实际码流处理时均以 8×8 块为最小的编码单元。

在 H.264 标准中，运动补偿预测和变换的最小单元都是 4×4 像素块。显然，块的尺寸越小，帧内和帧间的预测越准确，预测的残差越小，便于提高压缩效率；但同时更多的运动矢量和帧内预测模式等附加信息的传递将花费更多的比特。实验表明，在高分辨率情况下，8×8 块的性能比 4×4 块更优，因此在 AVS1-P2 中的最小块单元为 8×8 像素。

3. 主要技术

(1) 帧内预测

帧内预测技术用于去除当前图像中的空间冗余度。由于当前被编码的块与相邻的块有很强的相似性，因此在 AVS1-P2 中的帧内预测用于计算当前被编码的块与其相邻块之间的空间相关性，以提高编码效率。在帧内预测中，当前被编码的块由其上方及左方已解码的块来预测，上方或左方块应该与当前块属于同一条带，而且当隔行扫描图像的两场编码数据依次出现时，它们还应属于同一场。相邻已解码块在环路滤波前的重建像素值用来给当前块做参考。

AVS1-P2 的帧内预测技术沿袭了 H.264/MPEG-4 AVC 帧内预测的思路，用相邻块的像素预测当前块，采用基于空间域纹理方向的多种预测模式。

H.264/AVC 根据图像纹理细节的不同，将亮度信号的帧内预测分为 9 种 4×4 块的预测方式和 4 种 16×16 块的预测方式。但在 AVS1-P2 中，亮度块和色度块的帧内预测都是以 8×8 块为单位。亮度块采用 5 种预测模式，色度块采用 4 种预测模式，如表 6-11 所示。而色度块预测模式中有 3 种预测模式和亮度块预测模式相同，因此使得预测复杂度大大降低。实验结果表明，虽然 AVS1-P2 采用了较少的预测模式，但是编码质量并没有受到较大影响，相比 H.264 标准而言，只有很少的降低。

表 6-11　帧内预测模式

亮度块		色度块	
模式	名称	模式	名称
0	Intra_8×8_Vertical	0	Intra_Chroma_DC
1	Intra_8×8_Horizontal	1	Intra_Chroma_Horizontal
2	Intra_8×8_DC	2	Intra_Chroma_Vertical
3	Intra_8×8_Down_Left	3	Intra_Chroma_Plane
4	Intra_8×8_Down_Right	—	—

图 6-37 所示为 8×8 亮度块帧内预测方向示意图。图中的 4 种预测方向与表 6-11 相对应，分别为模式 0（垂直预测）、模式 1（水平预测）、模式 3（左下对角线预测）、模式 4（右下对角线预测），模式 2（DC 预测）没有预测方向。当前块内像素由其上边和左边的参考样本 r[i]（i=0，…，16）和 c[i]（i=0，…，16）来预测，其中 r[0] 等于 c[0]。色度块的帧内预测模式和亮度块类似，分别为模式 0（DC 预测）、模式 1（水平预测）、模式 2（垂直预测）、模式 3（平面预测），相同位置的两个色度块 C_b、C_r 具有相同的最佳模式。

与 H.264 中以 4×4 块为单位的帧内预测相比，采用 8×8 块预测使得参考像素和待预测像素的距离变大，从而减弱相关性，降低预测精确度。因此，AVS1-P2 中的 Intra_8×8_DC、Intra_8×8_Down_Left 和 Intra_8×8_Down_Right 模式先采用 3 抽头低通滤波器（1，2，1）对参考样本进行滤波。另外，在 AVS1-P2 的 DC 模式中，所有像素值均利用水平和垂直位置的相应参考像素值来预测，所以每个像素的预测值都可能不同。这种 DC 预测较之 H.264 中的 DC 预测更精确，这对于较大的 8×8 块大小来讲更有意义。总体来说，AVS1-P2 中预测模式比 H.264 少，所以复杂度低很多，但编码质量下降仅 0.05dB。

(2) 帧间预测

帧间预测是混合编码中特别重要的一部分，用来消除视频序列的时间冗余，过程包含了帧间的运动估计（ME）和运动补偿（MC）。从图 6-36 可知，AVS1-P2 将用于帧间预测的块划分为四类：16×16、16×8、8×16 和 8×8。相比 H.264 而言，采用少的块划分能提高编码效率，降低编解码器实现的复杂度。

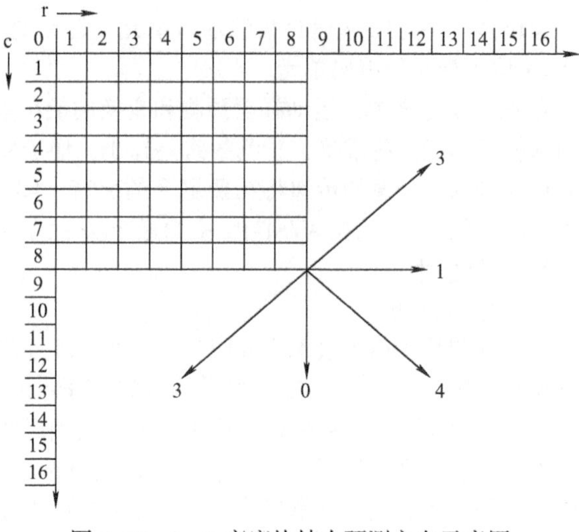

图 6-37　8×8 亮度块帧内预测方向示意图

AVS1-P2 支持 P 帧和 B 帧两种帧间预测图像。P 帧至多采用 2 个前向参考帧进行预测；B 帧采用前、后各一个参考帧进行预测。与 H.264 的多参考帧相比，AVS1-P2 在不增加存储、数据带宽等资源的情况下，尽可能地发挥现有资源的作用，提高压缩性能。

P 帧有 5 种预测模式：P_Skip（16×16）、P_16×16、P_16×8、P_8×16 和 P_8×8。P_Skip（16×16）模式不对运动补偿的残差进行编码，也不传输运动矢量，运动矢量由相邻块的运动矢量通过缩放而得，并由得到运动矢量指向的参考图像获取运动补偿图像。对于后 4 种预测模式的 P 帧，每个宏块由 2 个候选参考帧中的 1 个来预测，而候选参考帧为最近解码的 I 或 P 帧。对于后 4 种预测模式的 P 场，每个宏块由最近解码的 4 个场来预测。

B 帧的双向预测有 3 种模式：跳过模式、对称模式和直接模式。在对称模式中，每个宏块只需传送一个前向运动矢量，后向运动矢量由前向运动矢量通过一定的对称规则获得，从而节省后向运动矢量的编码开销。在直接模式中，前向和后向运动矢量都是由后向参考图像中的相应位置块的运动矢量获得，无须传输运动矢量，因此也节省了运动矢量的编码开销。这两种双向预测模式充分利用了连续图像的运动连续性。

(3) 亚像素精度的运动估计

由于物体运动的不规则性，使得参考块可能不处于整像素位置上。为了提高预测精度，AVS1-P2 和 H.264 标准一样，在帧间运动估计与运动补偿预测中，亮度和色度的运动矢量精度分别为 1/4 像素和 1/8 像素，因此需要相应的亚像素插值。但在具体插值滤波器的选择上，两者有很大的不同。H.264 采用 6 抽头滤波器（1/32，5/32，5/8，5/8，5/32，1/32）进行 1/2 像素插值，并采用双线性滤波器进行 1/4 像素插值。而 AVS1-P2 为了降低复杂度，简化了设计方案，亮度亚像素插值分成 1/2 像素和 1/4 像素插值两步。1/2 像素插值用 4 抽头滤波器 H1(−1/8，5/8，5/8，−1/8)。1/4 像素插值分两种情况：8 个一维 1/4 像素位置用 4 抽头滤波器 H2（1/16，7/16，7/16，1/16）；另外 4 个二维 1/4 像素位置用双线性滤波器 H3（1/2，1/2）。

与 H.264 的插值算法相比，AVS1-P2 的插值滤波器使用的参考像素点少，在不降低性能的情况下，降低了滤波器的复杂度，减少了数据带宽要求，有利于硬件实现，同时在高分辨率视频压缩应用中略显优势。

(4) 整数变换与量化

MPEG-1、MPEG-2、MPEG-4、H. 261、H. 263 等标准均使用 8×8 离散余弦变换 (DCT), 但 DCT 存在正变换和反变换之间失配的问题。因此, AVS1-P2 和 H. 264/AVC 均采用整数变换代替传统的 DCT, 从而克服了之前视频编码标准中变换编码存在的固有失配问题。

在变换块大小的选择上, H. 264 标准使用 4×4 块的整数变换; 而在 AVS1-P2 标准中, 由于最小块预测是基于 8×8 块大小的, 所以, 采用 8×8 块的整数变换, 这不仅避开了 H. 264 专利问题, 而且其性能也接近 8×8 离散余弦变换。AVS1-P2 采用的量化与变换可以在 16 位处理器上无失配地实现, 而且整数变换只需要加法和移位就可以直接实现。AVS1-P2 中的 8×8 块的整数变换矩阵为

$$
\boldsymbol{T}=\begin{bmatrix}
8 & 10 & 10 & 9 & 8 & 6 & 4 & 2\\
8 & 9 & 4 & -2 & -8 & -10 & -10 & -6\\
8 & 6 & -4 & -10 & -8 & 2 & 10 & 9\\
8 & 2 & -10 & -6 & 8 & 9 & -4 & -10\\
8 & -2 & -10 & 6 & 8 & -9 & -4 & 10\\
8 & -6 & -4 & 10 & -8 & -2 & 10 & -9\\
8 & -9 & 4 & 2 & -8 & 10 & -10 & 6\\
8 & -10 & 10 & -9 & 8 & -6 & 4 & -2
\end{bmatrix}
$$

采用整数变换进行变换和量化时, 由于变换基矢量模的大小不一, 因此需要对变换系数进行不同程度的缩放以达到归一化。为了减少乘法的次数, 在 H. 264 标准中, 编码端将正向缩放与量化结合在一起操作, 解码端将反向缩放与反量化结合在一起操作; 在 AVS1-P2 中, 则使用带 PIT (Pre-scaled Integer Transform) 的 8×8 整数变换技术, 在编码端将正向缩放、量化、反向缩放结合在一起操作, 而解码端只需要进行反向量化, 不需要进行反向缩放, 从而减少了解码器端的运算量。同 H. 264 相比, AVS1-P2 解码器端的运算复杂度降低了 30%。

图 6-38 和图 6-39 分别给出了 H. 264 中的整数变换与量化、AVS1-P2 中带 PIT 技术的整数变换与量化的示意图。

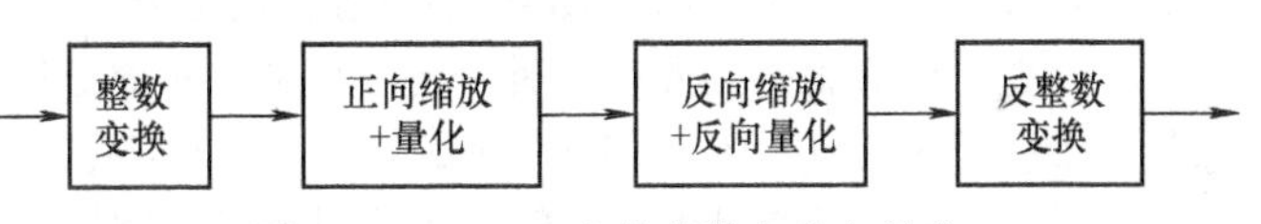

图 6-38 H. 264 中的整数变换与量化

量化是编码过程中唯一带来损失的模块。在量化级数的选取上, H. 264 标准采用 52 个量化级数, 采用 QP (Quantization Parameter) 值来索引, QP 值每增加 6, 量化步长增加一倍。而 AVS1-P2 中采用总共 64 级近似 8 阶非完全周期性的量化, QP 值每增加 8, 量化步长增加一倍。精细的量化级数使得 AVS1-P2 能够适应对码率和质量有不同要求的应用领域。

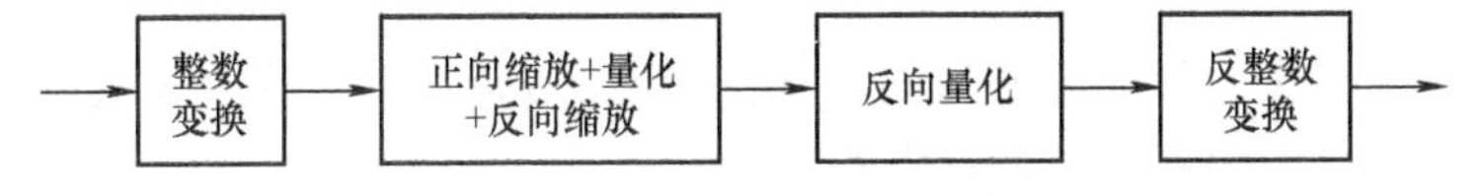

图 6-39 AVS1-P2 中带 PIT 的整数变换与量化

(5) 环路滤波

基于块的视频编码有一个显著特性就是重建图像存在方块效应, 特别是在低数码率的情况下。采用环路滤波去除方块效应, 可以改善重建图像的主观质量, 同时可提高压缩编码效率。

AVS1-P2 标准采用自适应环路滤波, 即根据块边界两侧的块类型来确定块边界强度值 (Boundary Strength, BS), 对于不同的块边界强度值 (BS) 采取不同的滤波策略。帧内预测的块滤波强度最强, 非连续性的运动补偿帧间预测的块滤波强度较弱, 对连续性较好的块边界不进

行滤波。在 AVS1-P2 中，BS 的取值有 3 个：2、1 和 0。如果边界两侧的块中任意一个块是采用帧内编码的，那么 BS 等于 2；如果两个相邻块有相同的参考帧，而且在两个运动矢量中任何一个分量差值小于一个整像素的时候，BS 等于 0；否则，BS 等于 1。当 BS 等于 2 或者是 1 时，将分别采用不同的滤波方式进行滤波，而当 BS 等于 0 时，不进行滤波。对于两个相邻块的边界，滤波时最多关注两侧最靠近边界的 3 个像素，即最多涉及 6 个像素；而被修改的是两侧最靠近边界的 2 个像素，即最多 4 个像素的值被修改。滤波所涉及的边界包括宏块内部各个 8×8 块的边界和当前块与相邻宏块的上边界和左边界。除了图像和条带的边界之外，所有宏块的边界都应该进行环路滤波。

环路滤波在宏块编码完成之后进行，用光栅扫描的顺序进行处理，分别对亮度与色度做环路滤波。首先从左到右对垂直边界进行环路滤波，然后从上到下对水平边界进行环路滤波，所以在进行垂直边界滤波之后所修改的像素值将会作为水平边界滤波时的值。如果宏块上边界和左边界像素值在之前的宏块滤波中被修改过，当前块就是用这些已经被修改过的像素值，并且可能再次修改这些像素的值。

由于 AVS1-P2 中变换和预测所使用的最小块都是 8×8 块，所以环路滤波也只在 8×8 块边界进行。与 H.264 对 4×4 块边界进行滤波相比，AVS1-P2 中需要进行滤波的块边界数大大减少。同时由于 AVS1-P2 中滤波点数、滤波强度分类数都比 H.264 中的少，大大减少了判断、计算的次数。环路滤波在解码端占有很大计算量，因此降低环路滤波的计算复杂度十分重要。

（6）熵编码

熵编码主要用于去除数据的统计冗余，是视频编码器的重要组成部分。H.264 标准采用了指数哥伦布码（Exp-Golomb）、上下文自适应的可变长编码（CAVLC）、上下文自适应的二进制算术编码（CABAC）等熵编码技术。H.264 在基本类（Baseline Profile）中对块变换系数采用 CAVLC，而对其他的语法元素如运动矢量、宏块类型、编码块模式(CBP)、参考帧索引等采用指数哥伦布码；在主类（Main Profile）中采用 CABAC 编码各类语法元素和块变换系数。

AVS1-P2 中的熵编码主要有 3 类：定长编码、k 阶指数哥伦布编码（Exp-Golomb）、基于上下文的二维变长编码（2 Dimension-Variable Length Code，2D-VLC）。AVS1-P2 中所有语法元素均是根据定长码或 k 阶指数哥伦布码的形式映射成二进制比特流。一般来说，具有均匀分布的语法元素用定长码来编码，可变概率分布的语法元素则采用 0 阶指数哥伦布码来编码。对于 8×8 块变换量化后的残差系数则先采用 2D-VLC 编码，查表得到编码值 codenum 后，再采用 k 阶（$k=0, 1, 2, 3$）指数哥伦布编码以得到二进制码流。采用指数哥伦布码的优点是：无须查表，只需要通过简单闭合公式实现编解码，一定程度上减少了熵编码中查表带来的访问内存的开销，硬件实现复杂度低，而且还可以根据编码元素的概率分布灵活地选择指数哥伦布编码的阶数，阶数选择得当能使编码效率逼近信息熵。

由于指数哥伦布码只能编码正整数的符号，因此，AVS1-P2 标准中规定了 4 种映射方式：ue(v)、se(v)、me(v)、ce(v)，具体如表 6-12 所示。

表 6-12　AVS1-P2 中语法元素与 k 阶指数哥伦布编码的映射关系

映射方式	语法元素描述	阶数 k	语法元素举例
ue（v）	无符号整数语法元素	0	宏块类型、色度帧内预测模式
se（v）	有符号整数语法元素	0	运动矢量、量化参数增量
me（v）	指数哥伦布编码的语法元素	0	编码块模式(CBP)
ce（v）	变长编码的语法元素	0，1，2，3	变换量化后的残差系数

变换量化后的量化残差系数经过 Zig-Zag 扫描后形成多个（Run，Level）数据对，其中 Run 表示非 0 系数前连续 0 的个数，Level 表示一个非 0 系数的值。所谓的二维（2D），就是将（Run，Level）数据对视为一个事件联合编码。（Run，Level）数据对存在很强的相关性，且具有 Run 值呈现增大趋势、Level 值呈现减小趋势这两个特点，AVS1-P2 利用这种上下文信息，自适应切换 VLC 码表来匹配（Run，Level）数据对的局部概率分布，提高编码效率。与以往标准中不同的变换块采用不同的码表相比，AVS1-P2 只需用到 19 张不同的 2D-VLC 码表，减少了码表的存储开销，同时也减少了查表所带来的内存访问开销。

6.5.2 AVS1-P2 与 H.264 的比较

AVS1-P2 与 H.264 都采用混合编码框架。AVS1-P2 的主要创新在于提出了一批具体的优化技术，在较低的复杂度下（大致估算，AVS1-P2 解码复杂度相当于 H.264 的 30%，AVS1-P2 编码复杂度相当于 H.264 的 70%）实现了与国际标准相当的技术性能，但并未使用国际标准背后的大量复杂的专利。AVS1-P2 当中具有特征性的核心技术包括：8×8 整数变换、量化、帧内预测、1/4 精度像素插值、特殊的帧间预测运动补偿、二维熵编码、去块效应环内滤波等。AVS1-P2 与 H.264 使用的关键技术对比和性能差异如表 6-13 所示。

表 6-13　AVS1-P2 与 H.264 使用的关键技术对比和性能差异估计

关键技术	MPEG-2 视频	H.264	AVS1-P2	AVS1-P2 与 H.264 性能差异估计（采用信噪比 dB 估算，括号内的百分比为数码率差异）
帧内预测	只在频率域内进行 DC 系数差分预测	基于 4×4 块，9 种亮度预测模式，4 种色度预测模式	基于 8×8 块，5 种亮度预测模式，4 种色度预测模式	基本相当
多参考帧预测	只有 1 帧	最多 16 帧	最多 2 帧	都采用两帧时相当，帧数增加性能提高不明显
变块大小运动补偿	16×16，16×8（场编码）	16×16，16×8，8×16，8×8，8×4，4×8，4×4	16×16，16×8，8×16，8×8	降低约 0.1dB（2%～4%）
B 帧宏块直接编码模式	无	独立的空间域或时间域预测模式，若后向参考帧中用于导出运动矢量的块为帧内编码时，只是视其运动矢量为 0，依然用于预测	时间域空间域相结合，当时间域内后向参考帧中用于导出运动矢量的块为帧内编码时，使用空间域相邻块的运动矢量进行预测	提高 0.2～0.3dB（5%）
B 帧宏块双向预测模式	编码前后两个运动矢量	编码前后两个运动矢量	称为对称预测模式，只编码一个前向运动矢量，后向运动矢量由前向导出	基本相当
1/4 像素运动补偿	仅在半像素位置进行双线性插值	1/2 像素位置采用 6 抽头滤波，1/4 像素位置采用线性插值	1/2 像素位置采用 4 抽头滤波，1/4 像素位置采用 4 抽头滤波，线性插值	基本相当

（续）

关键技术	MPEG-2 视频	H.264	AVS1-P2	AVS1-P2 与 H.264 性能差异估计（采用信噪比 dB 估算，括号内的百分比为数码率差异）
变换与量化	8×8 浮点 DCT 变换，除法量化	4×4 整数变换，编解码端都需要归一化，量化与变换归一化相结合，通过乘法、移位实现	8×8 整数变换，编码端进行变换归一化，量化与变换归一化相结合，通过乘法、移位实现	提高约 0.1dB（2%）
熵编码	单一 VLC 表，适应性差	CAVLC：与周围块相关性高，实现较复杂 CABAC：计算较复杂	上下文自适应 2D-VLC，编码块系数过程中进行多码表切换	降低约 0.5dB（10%～15%）
环路滤波	无	基于 4×4 块边缘进行，滤波强度分类繁杂，计算复杂	基于 8×8 块边缘进行，简单的滤波强度分类，滤波较少的像素，计算复杂度低	—
容错编码	简单的片（slice）划分	数据分割，复杂的 FMO/ASO 等宏块、条带组织机制，强制 Intra 块刷新编码，约束性帧内预测等	简单的条带划分机制足以满足广播应用中的错误掩盖、错误恢复需求	—

6.5.3 AVS+标准

1. AVS+标准的制定过程

为推动 AVS 自主创新技术产业化应用，促进我国民族企业的发展，国家广电总局与工信部于 2012 年 3 月 18 日共同成立“AVS 技术应用联合推进工作组”（以下简称“AVS 推进组”），进一步优化 AVS 技术，制定并颁布 AVS 的升级版——AVS+标准。

2012 年 3 月 18 日，AVS 推进组召开第一次会议，明确了在现有 AVS 国家标准和过去几年 AVS 加强类工作的基础上，积极采纳新的技术，完善编码标准，以满足 3D 和高清电视广播的应用需求。2012 年 3 月 21 日，AVS 推进组发布《面向 3D 和高清电视广播应用的视频技术征集书》，编码效率的参照对象达到 MPEG-4 AVC/H.264 的 High Profile（简称 HP）。2012 年 7 月 10 日，国家广播电影电视总局正式颁布了广播电影电视行业标准《广播电视先进音视频编解码 第 1 部分：视频》，简称 AVS+标准，标准编号为 GY/T 257.1—2012，同时于颁布之日开始实施。

2. AVS+标准采用的新技术

AVS+标准在国家标准 GB/T 20090.2—2006《信息技术 先进音视频编码 第 2 部分：视频》（简称 AVS1-P2）的基础上，在熵编码、变换/量化、运动矢量预测等方面增加了 4 项新技术，如表 6-14 所示。

表 6-14　AVS + 标准采用的新技术

序号	技术名称	说　明
1	基于上下文的算术编码（CBAC）	算术编码，用于熵编码
2	图像级自适应加权量化（AWQ）	自适应量化矩阵，用于 DCT 变换后系数的量化，在图像级可调整
3	同极性场跳过模式编码	隔行视频中，P 帧跳过（P_Skip）宏块的运动矢量推导
4	增强场编码技术	隔行视频中，B 帧跳过（B_Skip）宏块与 B 帧直接（B_Direct）宏块的运动矢量推导

在熵编码方面，AVS + 标准增加了一个基于上下文的算术编码（Context- Based Arithmetic Coding，CBAC），这是提高编码效率很关键的一个环节。

在变换/量化部分，AVS + 标准增加了图像级自适应加权量化（Adaptive Weighting Quantization，AWQ）。

在运动矢量预测方面，AVS + 标准针对我国的隔行扫描数字电视应用，对其中场编码的方法进行了增强。

AVS + 标准前向兼容 AVS1- P2 标准，即符合 AVS + 标准的解码器可以对 AVS1- P2 编码的视频码流进行解码。

3. AVS + 和 H. 264 High 4∶2∶2 关键技术的比较

2013 年 8 月，国家广播电影电视总局广播电视计量检测中心对 AVS + 高清编码器的图像质量进行了主观评价，并与市场上主流的 H. 264 高清编码器编码图像质量进行了对比。视频码率设置为 12Mbit/s，采用 8 个国内外高清测试序列，图像质量相对于源图像的质量下降百分比平均值分别为 9. 0%（AVS + Dualpass）、9. 8%（AVS + Singlepass）、8. 8%（H. 264）。测试结果表明，在编码效率上，AVS + 与 H. 264 基本相当。

AVS + 和 H. 264 High 4∶2∶2 使用的关键技术对比如表 6-15 所示。从表 6-15 中可以看出 AVS + 在预测、运动补偿、变换、熵编码等多个方面都有所改变。AVS + 相对于 H. 264 High 4∶2∶2 更简单一些，对硬件资源的消耗更少，更易于硬件实现。

表 6-15　AVS + 和 H. 264 High 4∶2∶2 关键技术的比较

序号	关键技术	AVS +	H. 264 High 4∶2∶2
1	帧内预测	基于 8×8 块；亮度分量 5 种预测模式；色度分量 4 种预测模式	4×4 亮度块 9 种预测模式；8×8 亮度块 9 种预测模式；16×16 亮度块 4 种预测模式；4×4 色度块 4 种预测模式
2	变块尺寸运动补偿	16×16、16×8、8×16、8×8	16×16、16×8、8×16、8×8、8×4、4×8、4×4
3	多参考帧	最多 2 个参考帧或 4 个参考场	最多 16 个参考帧
4	1/4 像素插值	1/2 像素位置采用 4 抽头滤波；1/4 像素位置采用 4 抽头滤波或线性插值	1/2 像素位置采用 4 抽头滤波；1/4 像素位置线性插值
5	B 帧编码	时空域相结合的直接模式；对称模式	独立的时域或空域直接模式
6	变换	8×8 整数变换、编码端进行变换归一化	4×4 整数变换，解码端需进行变换归一化；8×8 整数变换

（续）

序号	关键技术	AVS +	H. 264 High 4：2：2
7	量化	标量量化；与变换归一化相结合；加权量化	标量量化；与变换归一化相结合；加权量化
8	熵编码	C2DVLC、CBAC	CAVLC、CABAC
9	去块效应滤波	8×8 块边界；补偿环内	4×4 块边界；补偿环内
10	容错编码	条带划分	条带划分
11	帧编码类型	帧、场	帧、场帧、场、PAFF、MBAFF
12	采样格式	4：2：2、4：2：0	4：2：2、4：2：0

6.6 MATLAB 编程实例

【例 6-1】请编写实现 JPEG 压缩的 MATLAB 程序。

解：MATLAB 关键代码如下。

```
% 以下代码只处理亮度分量,其实色度分量处理方式是一样的
% 涉及颜色空间转换,DCT 变换,DPCM 差分编码、量化、Zig-Zag 扫描
% 该程序未采用 Huffman 熵编码
clear all;
close all;
clc;
filename = 'D:/picture.jpg';
T = dctmtx(8);
lighttable =...
    [16 11 10 16 24 40 51 61 ;
    12 12 14 19 26 58 60 55 ;
    14 13 16 24 40 57 69 56 ;
    14 17 22 29 51 87 80 62 ;
    18 22 37 56 68 109 103 77;
    24 35 55 64 81 104 113 92;
    49 64 78 87 103 121 120 101;
    72 92 95 98 112 100 103 99];
colortable =...
    [17 18 24 47 99 99 99 99 ;
    18 21 26 66 99 99 99 99 ;
    24 26 56 99 99 99 99 99 ;
    47 66 99 99 99 99 99 99 ;
    99 99 99 99 99 99 99 99 ;
    99 99 99 99 99 99 99 99 ;
    99 99 99 99 99 99 99 99 ;
    99 99 99 99 99 99 99 99];
sequence = [1 9 2 3 10 17 25 18 11 4 5 12 19 26 33 41 34 27 20 13 6 7...
    14 21 28 35 42 49 57 50 43 36 29 22 15 8 16 23 30 37 44 51 58 59...
    52 45 38 31 24 32 39 46 53 60 61 54 47 40 48 55 62 63 56 64];
tic;
% 读入文件,转换到 YUV
input = imread(filename);
```

```
input = rgb2ycbcr( input) ;

%%%%%%%%%%%%%%%%%%%%%%%%%%%%%%%%%%%%%%%%
%原始黑白图片
figure(1),
imshow( input( :,:,1)) ;
%原图像的行数,列数
row = size( input,1) ;
col = size( input,2) ;
%填补图片 -> 行列转化为8的倍数
temp = mod( size( input,1) ,8) ;
if( temp ~=0)
    input = [ input;zeros(8 - temp,size( input,2) ,3) ] ;
end
temp = mod( size( input,2) ,8) ;
if( temp ~=0)
    input = [ input,zeros( size( input,1) ,8 - temp,3) ] ;
end
clear temp
%每一维输入转化为( -128 ~127)
t1 = double( im2uint8( input( :,:,1))) -2^7;
t2 = double( im2uint8( input( :,:,2))) -2^7;
t3 = double( im2uint8( input( :,:,3))) -2^7;
%DCT变换 -> 量化 -> z字形编码 -> DC差分编码
r = size( input,1)./8;
c = size( input,2)./8;
%%%%%%%%%%%%%%%%%%%%%%%%%%%%%%%%%%%%%%%%
%处理亮度维
count = 1;
p1 = int8( zeros( r * c,64)) ;
for i  =  1 : r
    for j  =  1 : c
        temp  =  round( T * t1(8 * i -7:8 * i,8 * j -7:8 * j) * T'./lighttable) ;      %DCT,量化
        p1( count,:)  =  temp( sequence) ;                          %z字形编码
        count = count +1;
    end
end
p1( :,1) = [ p1(1) ;diff( p1( :,1)) ] ;                          %DC系数差分编码
tmp = [ ];
for i  =  1 : 64     %matlab中 a !  = b是不对的,应该 a  ~= b
    %if  length( find(  p1( :,i)  )  ~= 0  )  ~= 0     %如果p1第i列全为0,则find()返回空矩阵[ ]
    if  length( find(  p1( :,i)  )  )  ~= 0
        tmp = [ tmp,i] ;
    end
end
p1  =  p1( :,tmp) ;
col1  =  uint8( tmp) ;
save data_rar/p_col1 p1 col1 r c;
clear all;
%close all;
clc;
```

6.7 小结

基于块的混合编码器有效地联合了运动补偿预测、变换编码和熵编码。因为它具有相对较低的复杂度和好的编码效率，所以在各种视频编码的国际标准中都得到采用。在混合编码的框架内，适当地进行运动估计和补偿以及选择操作模式(帧内或帧间模式等）可以改善编码性能。本章介绍的 H. 264/AVC、H. 265/HEVC 和 AVS 视频编码标准都采用了基于块的混合编码。

H. 264/AVC 标准与以前的视频编码标准相比，引入了许多新的技术，如帧内预测编码、可变块大小的运动补偿、多参考帧技术以及 SI/SP 技术等，正是这些改进使 H. 264 标准与以前标准相比在性能上有了很大的提升。同时，为了提高与网络的友好性，H. 264 标准采用了网络抽象层（NAL）和视频编码层（VCL）的分层结构，其中网络抽象层主要负责打包和传输；而编码层则完成高效的视频压缩编码功能，实现了传输和编码的分离。H. 264 标准可以适应不同网络的传输要求，同时为了实现在易出错网络环境下的使用，也引入了一些抗误码技术，如数据分割、FMO 等。由于 H. 264 标准具有高压缩性能和网络适应性强的特点，因此其在众多领域具有广阔的市场前景，而其高复杂度的障碍将会随着新的优化技术的提出以及硬件系统的改进而被突破。

相对于 H. 264/AVC，H. 265/HEVC 标准具有两大改进，即支持更高分辨率的视频以及改进的并行处理模式。H. 265/HEVC 编码器可以根据不同应用场合的需求，在压缩率、运算复杂度、抗误码性以及编解码延迟等性能方面进行取舍和折中。HEVC 的应用定位于下一代的高清电视（HDTV）显示和摄像系统，能够支持更高的扫描帧率以及达到 1080p(1920 × 1080）乃至 UHDTV（7680 × 4320）的显示分辨率，可应用于家庭影院、数字电影、视频监控、广播电视、网络视频、视频会议、移动流媒体、远程呈现（Telepresence）、远程医疗等领域。将来还可用于 3D 视频、多视点视频、可分级视频等。

AVS 视频编码标准的特色是在同一编码框架下，针对有明显不同的应用制定不同的信源压缩标准，尽可能减少技术的冗余，从而降低 AVS 视频产品的设计成本、实现成本和使用成本。在高清晰度数字视频应用中，AVS1-P2 的性能与 H. 264 主类相当。在低分辨率移动应用中，AVS-P7 的性能与 H. 264 基本类相当。但在获得同等压缩性能的前提下，由于 AVS 中的压缩技术都经过针对性的优化，其计算复杂度、存储器和存储带宽资源的占用都明显低于 H. 264 相应的类。

6.8 习题

1. 国际上主要有哪些数字视频编码标准？
2. 请阐述 H. 264/AVC、H. 265/HEVC 以及 AVS 视频编码标准中的“类”和“级”的含义。
3. 与以前的视频编码标准相比，H. 264/AVC 标准引入了哪些新的技术？
4. 在 H. 264/AVC 标准中采用了整数变换，与传统的 DCT 相比有什么优势？
5. 简述 H. 264/AVC 标准中的帧内预测原理。
6. AVS1-P2 编码标准与 H. 264 标准相比，其性能怎样？有何优势？
7. H. 265/HEVC 中的波前并行处理（WPP）技术的作用是什么？

第 7 章　图像和视频文件格式

本章学习目标：

- 熟悉位图的特性、图像的类型及调色板的概念。
- 熟悉图像文件的一般结构。
- 熟悉 BMP、GIF、JPEG 等常见的图像文件格式，了解 PNG、PCX、TIFF/TIF、SVG 等格式的特点。
- 了解 FLI/FLC、SWF 等动画文件格式。
- 熟悉 AVI、MPEG/MPG/DAT/DivX/XviD 等数字视频文件格式。
- 了解 RA、RM/RMVB、ASF、WMV、WMA、MOV、FLV/F4V 等流媒体文件格式。

7.1　资源交换文件格式

资源交换文件格式(Resource Interchange File Format，RIFF）是由 Microsoft 和 IBM 在 1991 年共同提出的一种媒体文件的存储格式。不同编码的音频、视频文件，可以按照它定义的存储规则保存、记录各自不同的数据，如：数据内容、采集信息、显示尺寸、编码方式等。在播放器读取文件的时候，就可以根据 RIFF 的规则来分析文件，合理地解析出音频、视频信息，正确进行播放。RIFF 是 Windows 环境下大部分媒体文件遵循的一种文件格式规范。所以，准确地说，RIFF 本身并不是一种特定的文件格式，而是对这一类文件类型的总的定义，如 WAV 文件、AVI 文件等都遵循 RIFF 规范。

在 RIFF 的文件存储规则中，有几个重要的概念需要理解，它们是 FOURCC、Chunk、List，下面将对这几个概念进行解释。

RIFF 格式是一种树状的结构，其基本组成单元为 List（列表）和 Chunk（块），分别如树的节点和叶子。RIFF 格式也类似 Windows 文件系统的组织形式，Windows 文件系统有文件夹和文件，分别对应 RIFF 中的 List 和 Chunk。Windows 文件系统中的文件夹可以包含子文件夹和文件，而文件是保存数据的基本单元，RIFF 也使用了这样的结构。在 RIFF 文件中，数据保存的基本单元是 Chunk，可用于保存音、视频数据或者一些参数信息，List 相当于文件系统的文件夹，可以包含多个 Chunk 或者多个 List。

1. FOURCC

一个四字符码 FOURCC（Four Character Code）占 4 字节，一般表示 4 个 ASCII 字符。在 RIFF 文件格式中，使用 FOURCC 来表征数据类型，如 'RIFF' 'LIST' 'WAVE' 'AVI ' 等。FOURCC 一般是四个字符，如 'RIFF' 这样的形式，也可以三个字符包含一个空格，如 'AVI ' 这样的形式。

需要注意的是，Windows 操作系统使用 little-endian（字节由低位到高位存储）的字节存储顺序，因此一个四字符码 'abcd' 的实际 DWORD 值应为 0x64636261。

2. Chunk（块）

Chunk 是组成 RIFF 文件的基本单元，它的结构如下。

```
structchunk
{
    ChunkID;           /* 块标识 */
    ChunkSize ;        /* 块长度 */
    ChunkData;         /* 块数据内容 */
};
```

ChunkID 是一个 FOURCC，标识 Chunk 的名称，如：'RIFF'、'LIST'、'WAV '、'AVI '等等，由于这种文件结构最初是由 Microsoft 和 IBM 公司为个人计算机（PC）所定义的，RIFF 文件是按照 little-endian 字节顺序写入的。

ChunkSize 占用 4 字节，表示 ChunkData 部分的数据块长度，以字节为单位。ChunkID 与 ChunkSize 域的大小则不包括在该值内。

ChunkData 则是 Chunk 中实质性的内容，保存的是 Chunk 的具体数据内容。一个 Chunk 保存的数据可以是关于声音文件的编码方式、音视频采样等信息，也可以是音频或视频数据。具体表示哪类数据则通过 ChunkID 来标识。ChunkData 中所包含的数据是以字（WORD）为单位排列的，如果该数据结构长度是奇数，则在最后添加一个空（NULL）字节。

3. List（列表）

一个 List 数据块的数据结构如下。

```
structchunk
{
    'LIST';          /* 块标识 */
    ListSize;        /* 块长度 */
    ListType;        /* 类型 */
    ListData;        /* 块数据内容 */
};
```

'LIST' 也是一个 FOURCC，而且是固定的，每个 List 都是以 'LIST' 为开头。

ListSize 占用 4 字节，表示 ListType 和 ListData 两部分加在一起的长度。

ListType 是一个 FOURCC，是对 List 具体包含的数据内容的标识。

ListData 则是 List 的数据内容区，由 Chunk 和子 List 组成，它们的个数和组成次序可以是不确定的。

4. RIFF 文件的结构

一个 RIFF 文件的数据结构如下。

```
structchunk
{
    'RIFF';          /* 块标识 */
    FileSize;        /* 块长度 */
    FileType;        /* 类型 */
    FileData;        /* 块数据内容 */
};
```

'RIFF' 也是一个 FOURCC，用于标识该文件是一个 RIFF 格式的文件。

FileSize 是一个 4 字节的数据，给出文件的长度，但仅包括 FileType 和 FileData 两部分。

FileType 是一个 FOURCC，用来说明文件类型，如 'WAV '、'AVI ' 等。

FileData 部分表示文件的具体内容，可以由若干个 List 和 Chunk 组成，而 List 的 ListData 又可以由若干个 Chunk 和子 List 组成，且 List 是可以嵌套的。

7.2 数字图像文件格式

7.2.1 位图和调色板的概念

1. 位图

位图又称光栅图、点阵图，是使用像素阵列来描述或映射的图像。可以把一幅位图图像看作一个矩阵，矩阵中的任一元素对应图像中的一个像素点，而相应的值对应于该点的灰度（或颜色）等级，这是量化后得到的结果。这个数字矩阵的元素称为像素，存放于显示缓冲区中，与显示器上的显示点一一对应，故称为位映射图，简称位图。每个像素的色彩信息由RGB组合或者灰度值表示。调用位图时，其数据存于内存中，由一组计算机内存位组成。根据量化的颜色深度的不同，位图又分为二值（黑白二值）、灰度和彩色图像三大类。很显然，灰度（颜色）等级越多，图像就越逼真。

2. 调色板

为了显示彩色图像，就要分别给出每个像素的RGB值。在真彩色系统中，真彩色图像共有$2^8 \times 2^8 \times 2^8 = 16777216$种颜色；每一个像素的值都用24bit表示，即R、G、B分量各用8bit来表示。真彩色颜色值与像素值一一对应，像素值就是颜色值。但对于16色或256色显示系统，直接用4bit或8bit像素值表示颜色值无法得到最佳甚至是比较好的显示效果，因而引入了调色板技术。

调色板（Palette）一词来源于油画工具。这里的调色板相当于颜色查找表（Look Up Table，LUT）。在16色或256色显示系统中，将图像中出现最频繁的16种或256种颜色组成一个颜色表，并将它们分别编号为0～15或0～255，这样就使每一个4bit或8bit的颜色编号与颜色表中的24bit颜色值（对应一种颜色的R、G、B值）相对应。这种4bit或8bit的颜色编号称为颜色的索引号，由颜色索引号及其对应的24bit颜色值组成的表称为颜色查找表，也即调色板。使用调色板后，16色或256色图像中的4bit或8bit像素值就不再是具体的颜色值，而是各像素点颜色值的编号。在Windows中的位图和PCX、TIF、GIF等图像文件格式中都应用了调色板技术。

表7-1给出了16色标准VGA调色板的RGB组合值。

表7-1　16色标准VGA调色板

代　码	R	G	B	颜色名称
0	0	0	0	黑
1	0	0	128	深蓝
2	0	128	0	深绿
3	0	128	128	深青
4	128	0	0	深红
5	128	0	128	紫
6	128	128	0	橄榄绿
7	192	192	192	灰白
8	128	128	128	深灰
9	0	0	255	蓝
10	0	255	0	绿
11	0	255	255	青
12	255	0	0	红
13	255	0	255	品红
14	255	255	0	黄
15	255	255	255	白

3. 图像的类型

一幅图像由许多像素组成，每个像素具有颜色属性和位置属性。根据图像像素的颜色分类，可将图像分为如下4种类型。

1）二值图像。每个像素只有黑、白两种灰度，因此一个像素可用1bit来表示，黑色用“0”表示，白色用“1”表示，或相反。常把二值图像称为1位色图像，或2色图像（注：有的书中也称单色图像）。在图像处理过程中，常把图像转为二值图像后进行各种分析。

2）灰度图像。每个像素有256级灰度值，因此一个像素可用8bit表示，其取值范围为0～255，表示256种不同的灰度值。

3）索引图像。在这种模式下，颜色表都是预先定义的，并且可供选用的一组颜色也很有限，索引颜色的图像最多只能显示256种颜色。因此一个像素用8bit表示，但这8bit的值不是颜色值，而是颜色表中的索引值，根据索引值在颜色表中找到真正的RGB颜色值。

4）真彩色图像。在真彩色图像中，每一个像素包括红（R）、绿（G）和蓝（B）三个基色分量，每个基色分量用1个字节（8bit）表示，表示0～255之间的不同的值，3个字节组合可以产生$2^8 \times 2^8 \times 2^8 = 16777216$种不同的颜色。

7.2.2 图像文件的一般结构

数字图像在计算机中都是以文件的形式存储和记录的。由于图像编码的方法很多，采用不同的编码方法得到的数据格式是完全不同的。世界范围内有许多大公司从事图像处理技术的研究和开发工作，他们在推出图像处理软件的同时，各自采用适当的图像编码方式以及记录格式，因此，形成了许多图像文件格式。

图像文件的主要内容是图像数据。为了让图像处理软件能够识别这些数据，图像文件中还必须包含一些控制数据以解释图像数据的格式和特征。这样，图像处理软件才能对该图像数据进行识别、解码、编辑、显示等处理。

一般的图像文件主要包含文件头、文件体和文件尾等三部分，其结构如图7-1所示。

文件头的主要内容包括产生或编辑该图像文件的软件的信息以及图像本身的参数。这些参数必须完整地描述图像数据的所有特征，因此是图像文件中的关键数据。当然，根据不同的文件，有的参数是可选的，如压缩算法。有的文件无压缩，有的文件可选择多种方法压缩。

文件体主要包括图像数据以及颜色查找表或调色板数据。这部分是文件的主体，对文件容量的大小起决定作用。如果是真彩色图像，则无颜色查找表或调色板数据。

文件尾可包含一些用户信息。文件尾是可选项，有的文件格式不包括这部分内容。由于文件体数据量较之文件头与文件尾要大得多，而文件体中颜色查找表或调色板数据所占用的空间一般也比图像数据小得多，因此图像文件的容量一般能够表示图像数据的容量（压缩或无压缩）。

当然，这只是一个大概的图像文件结构说明，实际的结构根据不同的格式其中的条目要细得多，结构也复杂得多，各个条目所占空间及条目间的排列顺序也大不相同。目前还

部分	内容
文件头	软件ID
	软件版本号
	图像分辨率
	图像尺寸
	像素深度
	色彩类型
	编码方式
	压缩算法
文件体	图像数据
	颜色查找表
文件尾	用户名
	注释
	开发日期
	工作时间

图7-1 图像文件结构示意图

没有统一的图像文件格式。但大多数图像处理软件都与数种图像文件格式相兼容，即可读取多种不同格式的图像文件。这样，不同的图像格式间可相互转换。当然，还有专门的图像格式转换软件，用于各种图像格式间的转换。

几乎所有的图像文件都采用各自简化的格式名作为文件扩展名。从扩展名就可知道这幅图像是按什么格式存储的，应该用什么样的软件去读/写。

7.2.3 BMP 文件格式

BMP 图像文件格式是 Microsoft 公司为其 Windows 环境设置的标准图像文件格式，而且 Windows 系统软件中还同时内含了一系列支持 BMP 图像处理的 API（Application Program Interface，应用程序接口）函数，随着 Windows 在世界范围内的不断普及，BMP 文件格式无疑也已经成为 PC 机上的流行图像文件格式。它的主要特点可以概括如下。

1）每个文件只能存放一幅图像。

2）图像数据是否采用压缩方式存放，取决于文件的大小与格式，即压缩处理成为图像文件的一个选项，用户可以根据需要进行选择。其中，非压缩格式是 BMP 图像文件所采用的一种通用格式。但是，如果用户确定将 BMP 文件格式压缩处理，则 Windows 设计了两种压缩方式：如果图像为 16 色模式，则采用 RLE4 压缩方式；若图像为 256 色模式，则采用 RLE8 压缩方式。

3）可以存储 2 色、16 色、256 色、16 位色以及 24 位真彩色四种图像数据。

总之，BMP 图像文件格式拥有许多适合于 Windows 环境的新特色，而且随着 Windows 版本的不断更新，Microsoft 公司也在不断改进其 BMP 图像文件格式。例如，当前 BMP 图像文件版本中允许采用 32 位颜色表，而且针对 32 位 Windows 的产生，相应的 API 函数也在不断地推陈出新。

BMP 图像文件主要由位图文件头（Bitmap File Header）、位图信息头（Bitmap Information Header）、位图调色板（Bitmap Palette）和位图数据（Bitmap Data）四部分组成，其组成结构如表 7-2 所示。

表 7-2　BMP 位图文件的组成

位图文件的组成部分	各部分的标识名称	各部分的作用与用途
位图文件头	BITMAPFILEHEADER	说明文件的类型和位图数据的起始位置等，共 14 字节
位图信息头	BITMAPINFOHEADER	说明位图文件的大小、位图的高度和宽度、位图的颜色格式和压缩类型等信息，共 40 字节
位图调色板	RGBQUAD	由位图的颜色格式字段所确定的调色板数组，数组中的每个元素是一个 RGBQUAD 结构，占 4 字节
位图数据	BYTE	位图数据，位图的压缩格式确定了该数据阵列是压缩数据或是非压缩数据

1. 位图文件头

位图文件头 BITMAPFILEHEADER 可定义为如下的结构：

```
typedef struct tagBITMAPFILEHEADER {
        WORD   bfType;
        DWORD  bfSize;
        WORD   bfReserved1;
        WORD   bfReserved2;
```

```
    DWORD  bfOffBits;
} BITMAPFILEHEADER;
```

这个结构的长度是固定的，为 14 字节，其中 WORD 为 16bit 无符号整数，DWORD 为 32bit 无符号整数。各个字段的具体描述如表 7-3 所示。

表 7-3　BITMAPFILEHEADER 各个字段的含义

字段名	字段长度	字 段 含 义
bfType	2 字节	指定文件类型，在 Windows 操作系统中必须是 0x424D，即字符串“BM”，即所有 . bmp 文件的头两个字节都是“BM”
bfSize	4 字节	指定包括位图文件头在内的位图文件的大小，单位为字节
bfReserved1	2 字节	保留字，必须为 0
bfReserved2	2 字节	保留字，必须为 0
bfOffBits	4 字节	指定从文件头到实际的位图数据的偏移字节数，即表 7-2 中前 3 个部分的长度之和

下面以一幅 256 色（8 位）的 BMP 图像为例做一个简单的说明。一幅 256 色的 BMP 图像的文件头大致具有如下数据：

42 4D 40 04 00 00 00 00 00 00 36 04 00 00

文件头前 2 个字节 42 4D 是 ASCII 码的“BM”，标记文件类型。接下来是文件大小，单位是字节。文件大小占用 4 字节，如 40 04 00 00 表示文件大小为 0x0440（十六进制）字节。接下来 4 字节为保留字节，必须为 0。从偏移 0Ah 开始，即 36 04 00 00 表示位图信息部分在文件中的偏移。如文件头从 0x0000 到 0x0035，调色板从 0x0036 到 0x0435，那么位图信息起始于 0x0436，低位在前，高位在后，就是现在的 36 04。

2. 位图信息头

位图信息头 BITMAPINFOHEADER 可定义为如下的结构。

```
typedef struct tagBITMAPINFOHEADER{
    DWORD  biSize;
    LONG   biWidth;
    LONG   biHeight;
    WORD   biPlanes;
    WORD   biBitCount
    DWORD  biCompression;
    DWORD  biSizeImage;
    LONG   biXPelsPerMeter;
    LONG   biYPelsPerMeter;
    DWORD  biClrUsed;
    DWORD  biClrImportant;
} BITMAPINFOHEADER;
```

这个结构的长度是固定的，为 40 字节，其中 LONG 为 32bit 整数。各个字段的具体描述如表 7-4 所示。

表 7-4　BITMAPINFOHEADER 各个字段的含义

字段名	字 段 长 度	字 段 含 义
biSize	4 字节	指定位图信息头结构的长度，值为 40
biWidth	4 字节	指定位图的宽度，单位是像素
biHeight	4 字节	指定位图的高度，单位是像素

（续）

字段名	字 段 长 度	字 段 含 义
biPlanes	2字节	指定位图的图像平面数，值为1
biBitCount	2字节	指定表示颜色时要用到的位数，常用的值为1（黑白二色图）、4（16色图）、8（256色）、24（真彩色图）等
biCompression	4字节	指定位图数据是否压缩和采用的压缩方式，有效的值为0、1或2，分别对应于Windows定义的BI_RGB、BI_RLE8和BI_RLE4。当取值为0时，表示没有压缩；当取值为1时，表示采用8bit的RLE（Run Length Encoding，游程长度编码）压缩，即BI_RLE8；当取值为2时，表示采用4bit的RLE压缩，即BI_RLE4。在Windows中的位图，可以采用RLE4和RLE8的压缩格式，但用得不多
biSizeImage	4字节	指定实际的位图数据占用的字节数，如biCompression为BI_RGB，则该项可为零
biXPelsPerMeter	4字节	指定目标设备的水平分辨率，单位是每米的像素个数
biYPelsPerMeter	4字节	指定目标设备的垂直分辨率，单位是每米的像素个数
biClrUsed	4字节	指定位图中实际用到的颜色数。当biClrUsed的值不为0时，其值就是调色板中的颜色数；当biClrUsed的值为0时，调色板中的颜色数为0（当biBitCount为24时）或$2^{biBitCount}$（当biBitCount为1、4或8时）
biClrImportant	4字节	指定位图中重要的颜色数，如果该值为零，则认为所有的颜色都是重要的

3. 位图调色板

位图调色板是对那些需要调色板的位图文件而言的。对于有些位图，如真彩色图，是不需要调色板的，因此，BITMAPINFOHEADER后直接是位图数据。调色板实际上是一个数组，共有biClrUsed个元素（如果该值为零，则有$2^{biBitCount}$个元素）。数组中每个元素的类型是一个RGBQUAD结构，占4字节，其定义如下。

```
typedef struct tagRGBQUAD {
  BYTE  rgbBlue; //该颜色的蓝色分量
  BYTE  rgbGreen; //该颜色的绿色分量
  BYTE  rgbRed; //该颜色的红色分量
  BYTE  rgbReserved; //保留字节,值为0
} RGBQUAD;
```

4. 位图数据

BMP位图文件的第4部分就是实际的图像数据。对于用到调色板的位图，图像数据就是该像素颜色在调色板中的索引值。对于真彩色图，图像数据就是实际的R、G、B值。对于2色位图，用1bit就可以表示该像素的颜色（一般用“0”表示黑色，用“1”表示白色），所以1字节可以表示8个像素。对于16色位图，用4bit可以表示1像素的颜色，所以1字节可以表示2个像素。对于256色位图，1字节刚好可以表示1个像素。对于真彩色图，3字节才能表示1个像素。

另外值得注意的两点是：首先，每一行的字节数必须是4的整倍数，如果不是，则不足的字节需要用0补齐。其次，通常BMP文件的数据是按行从下到上、从左到右排列的。即从文件中最先读到的是图像最下面一行的最左边的像素，然后是该行左边的第2个像素……接下来是图像的倒数第二行的最左边的像素，紧接着是该行左边的第2个像素……依此类推，最后是最上面一行的最右边的那个像素。

7.2.4 GIF 文件格式

20 世纪 80 年代，美国一家著名的在线信息服务机构 CompuServe 公司针对当时网络传输带宽的限制，推出了 GIF（Graphics Interchange Format，图形交换格式）文件格式。GIF 文件格式采用了一种经过改进的 LZW（Lempel-Ziv-Welch）压缩算法，存储效率高，支持多幅图像定序或覆盖，交错多屏幕绘图以及文本覆盖。最初的 GIF（称为 GIF 87 a）只是简单地用来存储单幅静止图像。后来随着技术发展，GIF 支持在一个 GIF 文件中可以同时存储若干幅静止图像，并且可以按照一定的顺序和时间间隔将多幅图像依次读出并显示在屏幕上，进而形成连续的动画，这种支持 2D 动画的格式称为 GIF 89a。尽管 GIF 最多只支持 256 种颜色的图像或灰度图像，不支持 24bit 的真彩色图像；GIF 文件也无法存储 CMYK 或 HIS 颜色空间模型的图像数据，但是由于它具有极佳的压缩效率并且可以做成动画而早已被广泛接纳采用。目前，Internet 上大量采用的彩色动画文件多为这种格式的文件。

GIF 主要是为数据流而设计的一种传输格式，而不是作为文件的存储格式。换句话说，它具有顺序的组织形式。GIF 由 5 个主要部分以固定顺序出现，所有部分均由一个或多个块（block）组成。每个块的第一个字节中存放标识码或特征码标识。这些部分的顺序为：文件头块、逻辑屏幕描述块、可选的“全局”色彩表（调色板）、各个图像数据块（或专用的块）以及文件结尾块（结束码）。GIF 图像文件的组成如表 7-5 所示。

表 7-5　GIF 文件的组成

<table>
<tr><td>文件头块</td><td>Header</td><td colspan="2">识别标识符“GIF”和版本号（“87a”或“89a”）</td></tr>
<tr><td>逻辑屏幕描述块</td><td>Logical Screen Descriptor</td><td colspan="2">定义包围所有后面图像的一个图像平面的大小、纵横尺寸和颜色深度，以及是否存在全局色彩表</td></tr>
<tr><td>全局色彩表（调色板）</td><td>Global Color Table</td><td colspan="2">色彩表的大小由该图像使用的颜色数决定，若表示颜色的二进制数为 111，换算成十进制数为 7，则图像使用的颜色数为 256</td></tr>
<tr><td rowspan="7">图像数据块</td><td>Image Descriptor</td><td>图像描述块</td><td rowspan="7">可重复 n 次</td></tr>
<tr><td>Local Color Table</td><td>局部调色板（可重复 n 次）</td></tr>
<tr><td>Table Based Image Data</td><td>表式图像压缩数据块</td></tr>
<tr><td>Graphic Control Extension</td><td>图形控制扩展块</td></tr>
<tr><td>Plain Text Extension</td><td>无格式文本扩展块</td></tr>
<tr><td>Comment Extension</td><td>注释扩展块</td></tr>
<tr><td>Application Extension</td><td>应用程序扩展块</td></tr>
<tr><td>文件结尾块</td><td>GIF Trailer</td><td colspan="2">值为 0x3B，表示数据流已经结束</td></tr>
</table>

1. 文件头块

GIF 的文件头只有 6 字节，其结构定义如下。

```
typedef struct gifheader{
    BYTE bySignature[3];
    BYTE byVersion[3];
    } GIFHEADER;
```

其中，bySignature 为 GIF 文件标识码，其固定值为字符串“GIF”，通过该字段来判断一个图像文件是否是 GIF 图像格式的文件；byVersion 表明 GIF 文件的版本信息，其取值固定为“87a”和“89a”，分别表示 GIF 文件的版本为 GIF87a 或 GIF89a。这两个版本有一些不同，GIF87a 公布的时间为 1987 年，该版本不支持动画和一些扩展属性。GIF89a 是 1989 年确定的一个版本标准，只有 89a 版本才支持动画、注释扩展和文本扩展。

2. 逻辑屏幕描述块

逻辑屏幕是一个虚拟屏幕，相当于画布，所有的操作都是在它的基础上进行的，同时它也决定了图像的高度和宽度。逻辑屏幕描述块共占有 7 字节，其具体结构定义如下。

```
typedef struct gifscrdesc
{
 WORD wWidth;              /* 指定逻辑屏幕的宽度 */
 WORD wDepth;              /* 指定逻辑屏幕的高度 */
 struct globalflag         /* 全域性数据,其总长度为 1 字节 */
 {
  BYTE PalBits: 3;         /* 全局调色板的位数 */
  BYTE SortFlag: 1;        /* 全局调色板中的 RGB 颜色值是否按照使用率进行从高到底的次序排
                              序的 */
  BYTE ColorRes: 3;        /* 指定图像的色彩分辨率 */
  BYTE GlobalPal: 1;       /* 指明 GIF 文件中是否具有全局调色板,1 表示有,0 表示无 */
 } GlobalFlag;
 BYTE byBackground;        /* 指定逻辑屏幕的背景颜色,相当于是画布的颜色 */
 BYTE byAspect;            /* 指定逻辑屏幕的像素的宽高比 */
} GIFSCRDESC;
```

注：一个 GIF 文件可以有全局调色板也可以没有全局调色板，如果定义了全局调色板并且没有定义某一幅图像的局部调色板，则本幅图像采用全局调色板；如果某一幅图像定义了自己的局部调色板，则该幅图像使用自己的局部调色板。如果没有定义全局调色板，则 GIF 文件中的每一幅图像都必须定义自己的局部调色板。全局调色板必须紧跟在逻辑屏幕描述块的后面，其大小由 GlobalFlag. PalBits 决定，其最大长度为 768（3×256）字节。全局调色板的数据是按照 RGBRGBRGB…的方式存储的。

3. 图像描述块

一个 GIF 文件中可以存储多幅图像，并且这些图像没有固定的存放次序。为了区分两幅图像，GIF 采用了一个字节的识别码（Image Separator）来判断下面的数据是否是图像描述块。图像描述块以 0x2C 开始，定义紧接着它的图像的性质，包括图像相对于逻辑屏幕边界的偏移量、图像大小以及有无局部调色板和调色板的大小。图像描述块由 10 字节组成，其具体结构定义如下。

```
typedef struct gifimage
{
 WORD wLeft;            /* 指定图像相对逻辑屏幕左上角的 X 坐标,以像素为单位 */
 WORD wTop;             /* 指定图像相对逻辑屏幕左上角的 Y 坐标 */
 WORD wWidth;           /* 指定图像的宽度 */
 WORD wDepth;           /* 指定图像的高度 */
 struct localflag       /* 指定区域性数据,即具体一幅图像的属性,总长度为 1 字节 */
 {
  BYTE PalBits: 3;      /* 局部调色板的位数 */
  BYTE Reserved: 2;     /* 保留位,没有使用,其值固定为 0 */
  BYTE SortFlag: 1;    /* 局部调色板中的 RGB 颜色值是否经过排序,其值为 1 表示调色板中的
                          RGB 颜色值是按照其使用率从高到底的次序进行排序 */
```

```
        BYTE Interlace: 1;    /* GIF 图像是否以交错方式存储,为 1 表示以交错的方式进行存储 */
        BYTE LocalPal: 1;       /* 指明 GIF 图像是否含有局部调色板,如果含有局部调色板,则局部调
                                   色板的内容应当紧跟在图像描述块的后面 */
    } LocalFlag;
} GIFIMAGE;
```

当图像按照交错方式存储时，其图像数据的处理可以分为 4 个阶段：第一阶段从第 0 行开始，每次间隔 8 行进行处理；第二阶段从第 4 行开始，每次间隔 8 行进行处理；第三阶段从第 2 行开始，每次间隔 4 行进行处理；第四阶段从第 1 行开始，每次间隔 2 行进行处理。这样当完成第一阶段时就可以看到图像的概貌；当处理完第二阶段时，图像会变得清晰一些；当处理完第三阶段时，图像处理完成一半，清晰效果也进一步增强；当完成第四阶段，图像处理完毕，显示出完整清晰的整幅图像。以交错方式存储是 GIF 文件格式的一个重要的特点，也是 GIF 文件格式的一个重要的优点，即无须将整个图像文件解压完成就可以看到图像的概貌，减少用户的等待时间。

4. 图像压缩数据

图像压缩数据是按照 GIF-LZW 压缩编码后存储于图像压缩数据块中的。GIF-LZW 编码是一种经过改良的 LZW 编码方式，是一种无损压缩的编码方法。其编码方法是将原始数据中的重复字符串建立一个字符串表，然后用该重复字符串在字符串表中的索引来替代原始数据以达到压缩的目的。由于 GIF-LZW 压缩编码的需要，必须首先存储 GIF-LZW 的最小编码长度以供解码程序使用，然后再存储编码后的图像数据。编码后的图像数据是以数据子块的方式存储的，每个数据子块的最大长度为 256 字节。数据子块的第一个字节指定该数据子块的长度，接下来的数据为数据子块的内容。如果某个数据子块的第一个字节数值为 0，即该数据子块中没有包含任何有用数据，则该子块称为块终结符，用来标识数据子块到此结束。

5. 图形控制扩展块

图形控制扩展块是可选的，只应用于 GIF89a 版本，它描述了与图形控制相关的参数。一般情况下，图形控制扩展块位于一个图像块（包括图像标识符、局部调色板和图像数据）或文本扩展块的前面，用来控制跟在它后面的第一个图形（或文本）的渲染形式，其具体结构定义如下。

```
typedef struct gifcontrol
{
 BYTE byBlockSize;          /* 指定该图形控制扩展块的长度,其取值固定为 4 */
 struct flag                /* 描述图形控制相关数据,它的长度为 1 字节 */
 {
  BYTE Transparency : 1;         /* 指定图像中是否具有透明性的颜色,"1"表明图像中某种颜色
                                    具有透明性,该颜色由参数 byTransparencyIndex 指定 */
  BYTE UserInput : 1;          /* 判断在显示一幅图像后,是否需要用户输入后再进行下一个动
                                  作。如果该位为 1,则表示应用程序在进行下一个动作之前需要
                                  用户输入 */
  BYTE DisposalMethod : 3;       /* 指定图像显示后的处理方式,"0"表示没有指定任何处理方式;
                                    "1"表明不进行任何处理动作;"2"表明图像显示后以背景色
                                    擦去;"3"表明图像显示后恢复原先的背景图像 */
  BYTE Reserved : 3;             /* 保留位,没有任何含义,固定为 0 */
 } Flag;
WORD wDelayTime;   /* 指定应用程序进行下一步操作之前延迟的时间,单位为 0.01 秒 */
BYTE byTransparencyIndex;        /* 指定图像中透明色的颜色索引,指定的透明色将不在显示设备
                                    上显示 */
BYTE byTerminator;                 /* 块终结符,其值固定为 0 */
} GIFCONTROL;
```

6. 无格式文本扩展块

无格式文本扩展块又称为图像说明扩展块，用来绘制一个简单的文本图像，由用来绘制的纯文本数据（7位的ASCII字符）和控制绘制的参数等组成。绘制文本借助于一个文本框来定义边界，在文本框中划分多个单元格，每个字符占用一个单元，绘制时按从左到右、从上到下的顺序依次进行，直到最后一个字符或者占满整个文本框（之后的字符将被忽略，因此定义文本框的大小时应该注意到是否可以容纳整个文本），绘制文本的颜色使用全局调色板，没有则可以使用一个已经保存的前一个调色板。无格式文本扩展块的具体结构定义如下。

```
typedef struct gifplaintext
{
 BYTE byBlockSize;          /*指定该图像扩展块的长度,其取值固定为13*/
 WORD wTextGridLeft;        /*指定文字显示方格相对于逻辑屏幕左上角的X坐标(以像素为单
                              位)*/
 WORDwTextGridTop;         /*指定文字显示方格相对于逻辑屏幕左上角的Y坐标*/
 WORDwTextGridWidth;        /*指定文字显示方格的宽度*/
 WORDwTextGridDepth;        /*指定文字显示方格的高度*/
 BYTEbyCharCellWidth;       /*指定字符的宽度*/
 BYTEbyCharCellDepth;       /*指定字符的高度*/
 BYTEbyForeColorIndex;      /*指定字符的前景色*/
 BYTEbyBackColorIndex;      /*指定字符的背景色*/
} GIFPLAINTEXT;
```

7. 注释扩展块

注释扩展块包含了图像的文字注释说明，可以用来记录图形、版权、描述等任何的非图形和控制的纯文本数据（7位的ASCII字符），注释扩展块并不影响对图像数据流的处理，解码器完全可以忽略它。存放位置可以是数据流的任何地方，最好不要妨碍控制和数据块，推荐放在数据流的开始或结尾。GIF中用识别码0xFE来判断一个扩展块是否为注释扩展块。注释扩展块中的数据子块个数不限，必须通过块终结符来判断该扩展块是否结束。

8. 应用程序扩展块

应用程序扩展块包含了制作该GIF文件的应用程序的信息，GIF中用识别码0xFF来判断一个扩展块是否为应用程序扩展块。它的结构定义如下。

```
typedef struct gifapplication
{
 BYTE byBlockSize;              /*指定该应用程序扩展块的长度,取值固定为12*/
 BYTE byIdentifier[8];          /*指定应用程序名称*/
 BYTE byAuthentication[3];      /*指定应用程序的识别码*/
} GIFAPPLICATION;
```

9. 文件结尾块

文件结尾块为GIF文件的最后一个字节，其取值固定为0x3B。

7.2.5 JPEG文件交换格式

JPEG是Joint Photographic Experts Group的缩写，*.jpg/*.jpeg文件采用JPEG压缩算法，是最为常见的一种压缩图像文件，如网络上传输的图像文件大都是*.jpg/*.jpeg文件。JPEG在制定JPEG标准时，定义了许多标记来区分和识别图像数据及其相关信息，但对JPEG文件交换格式没有明确的定义。目前使用比较广泛的JPEG文件交换格式(JPEG File Interchange Format, JFIF)是1992年9月由Eric Hamilton提出的，版本号为1.02。

在JFIF文件格式中，图像样本的存放顺序是从左到右和从上到下，即文件中的第一个图像样本是图像左上角的样本。JFIF 文件格式直接使用 JPEG 标准为应用程序定义的许多标记，因此 JFIF 格式成了事实上 JPEG 文件交换格式标准。JPEG 的每个标记都是由 2 字节组成，其前一个字节是固定值 0xFF。每个标记之前还可以添加数目不限的 0xFF 填充字节。一般的 JFIF 文件由下面的 9 个部分组成。

1. SOI（Start of Image，图像开始）标记

占 2 字节，其值为 0xFFD8。任何 JPEG 文件都以该标记开头，因此可以将该标记作为判断一个图像文件是否为 JPEG 格式文件的依据。

2. APP0 标记

APP0 是 JPEG 保留给应用程序使用的标记，而 JFIF 将文件的相关信息定义在此标记中，标识 JFIF 应用数据块（APP0 域）的开始。APP0 标记的前 2 个字节为固定的值 0xFFE0，其后的 APP0 域中顺序包含了下列字段。

① APP0 长度（length）：占 2 字节，内容不定（①～⑨共 9 个字段的总长度）。

② 标识符（identifier）：占 5 字节，其值为 0x4A46494600，即“JFIF0”，用于识别 APP0 的标记。

③ 版本号（version）：占 2 字节，如 JFIF 的版本号是 1.02，则其值为 0x0102。

④ X 和 Y 的密度单位（units）：占 1 字节，只有 0、1、2 三个值可选。units = 0 表示无单位，units = 1 表示单位为点数/英寸，units = 2 表示单位为点数/厘米。

⑤ X 方向像素密度（X density）：占 2 字节，取值范围未知。

⑥ Y 方向像素密度（Y density）：占 2 字节，取值范围未知。

⑦ 缩略图水平像素数目（thumbnail horizontal pixels）：占 1 字节，取值范围未知。

⑧ 缩略图垂直像素数目（thumbnail vertical pixels）：占 1 字节，取值范围未知。

⑨ 缩略图 RGB 位图（thumbnail RGB bitmap）：占 $3n$ 字节，其中 n 为缩略图的像素数。

APP0 域可以包含图像的一个微缩版本。如果没有缩略图（这种情况更常见），则缩略图水平像素数目和缩略图垂直像素数目的值均为 0。

3. APPn（其中 $n=1\sim15$）标记

APPn 标记的前 2 个字节的取值为 0xFFE1～0xFFEF 之一（取决于 n 的值），标识应用数据块（APPn 域）的开始，其中 $n=1\sim15$（任选）。每个 APPn 域包含了下列字段。

① APPn 长度（length）：占 2 字节，内容不定（包含①和②共 2 个字段的总长度）。

② 应用特定信息（application specific information）。

4. DQT（Define Quantization Table，定义量化表）标记

DQT 标记包含若干个量化表。每个量化表都是以 0xFFDB 开始，其后跟 2 个字节的量化表长度（quantization table length）字段；后面是 1 字节的量化表序号（quantization table number）；最后是 64 字节的量化表（quantization table），量化表中的系数是按照 Zig-Zag 扫描顺序存储的。

5. SOF0（Start of Frame，帧图像开始）标记

SOF0 标记占 2 字节，其值为 0xFFC0。SOF0 标记之后紧跟以下 6 个字段。

① 帧开始长度（start of frame length）：占 2 字节，内容不定（包含①～⑥共 6 个字段的总长度）。

② 精度（precision）：占 1 字节，每个颜色分量每个像素的位数（bits per pixel per color component），通常是 8（大多数软件不支持 12 和 16）。

③ 图像高度（image height）：占 2 字节，内容不定（如果不支持 DNL，就必须大于 0）。

④ 图像宽度（image width）：占 2 字节，内容不定（如果不支持 DNL，就必须大于 0）。

⑤ 颜色分量数（number of color components）：占1字节，内容不定（对于灰度图，其值是1；对于 YC_bC_r/YIQ 彩色图，其值是3；对于 CMYK 彩色图，其值是4）。

⑥ 对每个颜色分量的量化设置：共占9字节。对每个颜色分量，有3个字节的设置，其中：

- ID：占1个字节，ID=1代表Y，ID=2代表 C_b，ID=3代表 C_r，ID=4代表I，ID=5代表Q；
- 垂直方向的样本因子（vertical sample factor）：占用1个字节的低4位；
- 水平方向的样本因子（horizontal sample factor）：占用1个字节的高4位；
- 量化表序号（quantization table number）：占1个字节。

6. DHT（Define Huffman Table，定义哈夫曼表）标记

DHT 标记包含若干个哈夫曼表，每个哈夫曼表均以 0xFFC4 开始，其后紧跟以下2个字段。

① 哈夫曼表的长度（Huffman table length）：占2字节，内容不定（包含①和②2个字段的总长度）。

② 对每个哈夫曼表（一般情况下，哈夫曼表不止一个，但是绝对不多于4个），包括：

- 表号：占用1字节的低4位。
- 类型：占用1字节的高4位，0代表DC表，1代表AC表。
- 索引（Index）。
- 位表（bits table）。
- 值表（value table）。

7. DRI（Define Restart Interval，定义重新开始间隔）标记

在没有 DRI 标记或间隔为零时，就不存在重新开始间隔和重新开始标记。

DRI 标记占2字节，其值为 0xFFC4，其后紧跟以下2个字段。

① 长度：占2字节，其值为 0x0004（包含①和②2个字段的总长度）。

② MCU 块的单元中的重新开始间隔：占用2字节，内容不定（假设其值为 n，则意味着每 n 个 MCU 块就有一个 RSTn 标记。第一个标记是 RST0，然后是 RST1，…，RST7，再从 RST0 开始以模8（modulo 8）方式重复）。

8. SOS（Start of Scan，扫描开始）标记

SOS 标记占2字节，其值为 0xFFDA，其后紧跟以下2个字段。

① 扫描开始长度（start of scan length）：占2字节，内容不定。

② 颜色分量数（number of color components）：占1字节，内容不定（对于灰度图，其值是1；对于 YC_bC_r/YIQ 彩色图，其值是3；对于 CMYK 彩色图，其值是4）。

③ 对每个颜色分量，包括：

- ID：占1字节，ID=1代表Y，ID=2代表 C_b，ID=3代表 C_r，ID=4代表I，ID=5代表Q。
- 交流系数表号（AC table number）：占用1字节的低4位；
- 直流系数表号（DC table number）：占用1字节的高4位；

④ 压缩图像数据（compressed image data），包括：

- 频谱选择开始：占1字节，其值为 0x00。
- 频谱选择结束：占1字节，其值为 0x3F。
- 两个4位字段，高位和低位的频谱选择：占1字节，在基本 JPEG 中其值为 0x00。
- 数据：长度不定。

9. EOI（End of Image，图像结束）标记

文件以 EOI 标记作为文件的结束。EOI 标记占2字节，其值为 0xFFD9。

有兴趣的读者可使用 UltraEdit 等文本编辑器打开一个 JPEG 图像文件，对上面所描述的结构进行分析和验证。

7.2.6 其他图像文件格式

1. 标记图像文件格式(TIFF/TIF)

TIFF（Tag Image File Format，标记图像文件格式）也缩写成 TIF，文件名是 *.tif/*.tiff，是由 Aldus 和 Microsoft 公司为扫描仪和桌上出版系统研制开发的一种较为通用的图像文件格式，最早流行于 Macintosh 机，现在 Windows 上主流的图像应用程序都支持该格式。目前，它是 Macintosh 和 PC 上使用最广泛的位图格式，在这两种硬件平台上移植 TIFF 格式的图像十分便捷，大多数扫描仪也都可以输出 TIFF 格式的图像文件。其特点是：存储的图像质量高，但占用的存储空间也大。TIFF 格式灵活易变，它定义了四类不同的格式：TIFF-B 适用于二值图像；TIFF-G 适用于黑白灰度图像；TIFF-P 适用于带调色板的彩色图像；TIFF-R 适用于 RGB 真彩色图像。TIFF 支持多种编码方法，其中包括 RGB 无压缩、LZW 无损压缩、RLE（Run Length Encoding，游程编码）压缩及 JPEG 压缩等。

在 Photoshop 中，TIFF 格式能够支持 24 个通道，它是除 Photoshop 自定义的 PSD 格式外唯一能够存储多个四通道的文件格式。另外，在 3ds 中也可以生成 TIFF 格式的文件。*.tiff 文件被用来存储一些色彩绚丽、构思奇妙的贴图文件，它将 3ds、Macintosh、Photoshop 有机地结合在一起。

TIFF 文件有如下特点。

1）善于应用指针的功能，可以存储多幅图像。

2）文件内数据区没有固定的排列顺序，只规定文件头必须在文件前端，对于标识信息区和图像数据区在文件中可以随意存放。

3）可指定私有的标识信息。

4）除了一般图像处理常用的 RGB 颜色空间模型之外，TIFF 文件还能够接受 CMYK、YC_bC_r 等多种不同的颜色空间模型。

5）可存储多份调色板数据。

6）调色板的数据类型和排列顺序较为特殊。

7）能提供多种不同的压缩数据方法，便于使用者选择。

8）图像数据可分割成几个部分分别存档。

2. PNG 文件格式

PNG（Portable Network Graphics，便携式网络图形）是 W3C 联盟（World Wide Web Consortium）在 20 世纪 90 年代中期开始开发的专门针对网页设计的一种无损位图文件存储格式，于 1996 年 10 月 1 日正式公布。PNG 名称来源于非官方的“PNG's Not GIF”，读成“ping”。

由于 PNG 的目标是为了取代 GIF，因此 PNG 保留了大部分 GIF 的特性，同时增加了一些 GIF 所不具备的特性。

PNG 文件格式保留了 GIF 文件格式的下列特性。

1）使用彩色查找表（或者称调色板），可支持 256 种颜色的彩色索引图像。

2）流式读写性能。允许连续读出和写入图像数据，适合于在通信过程中生成和显示图像。

3）渐进显示。这种特性可使在通信链路上传输图像文件的同时就在终端上很快地用低分辨率显示整个图像轮廓，然后逐步改善显示图像质量和细节。也就是先用低分辨率显示图像，然后逐步提高它的分辨率。

4）透明性。这个性能可使图像中某些部分不显示出来，用来创建一些有特色的图像。

5）辅助信息。这个特性可用来在图像文件中存储一些文本注释信息。

6）独立于计算机软硬件环境。

7）使用无损数据压缩算法。

此外，PNG 文件格式中增加 GIF 文件格式所没有的下列特性。

1）存储彩色图像时，彩色图像的颜色深度可多到 48bit，并且还可存储多到 16bit 的 α 通道数据。

2）存储灰度图像时，灰度图像的深度可多到 16bit。

3）可为灰度图像和真彩色图像提供 α 通道，以控制图像的透明度。

4）使用循环冗余码（CRC）检测破损的文件。

5）更优化的渐进显示方式。

6）支持 γ 校正机制。

7）标准的读/写工具包。

3. PCX 文件格式

PCX 是由 Zsoft 公司在 20 世纪 80 年代初期为其图像处理软件 Paint Brush（画笔）配套推出的一种图像文件格式，文件扩展名为 . pcx。在 Windows 尚未普及时，DOS 下的绘图、排版软件都用 PCX 文件格式。后来，Microsoft 将 PC Paint Brush 移植到 Windows 环境中，成为 Windows 系统中一个子功能。随着 Windows 的流行、升级，加之其强大的图像处理能力，使 PCX 同 GIF、TIFF、BMP 图像文件格式一起，被越来越多的图形图像处理软件工具所支持，也越来越得到人们的重视。

早期的 PCX 图像文件的颜色深度可选为 1/4/8bit，分别为二色、不超过 16 种颜色和具有 256 种颜色的 PCX 图像文件。PCX 的最新版本支持 24bit 真彩色（256 色的调色板或全 24 位 RGB）。PCX 文件采用 RLE（Run Length Encoding，游程编码）压缩编码，文件体中存放的是压缩后的图像数据。因此，将采集到的图像数据写成 PCX 文件格式时，要对其进行 RLE 编码；而读取一个 PCX 文件时首先要对其进行 RLE 解码，才能进一步显示和处理。

4. SVG 文件格式

SVG（Scalable Vector Graphics，可缩放的矢量图形）是基于 XML（eXtensible Markup Language，可扩展标记语言）、用于描述二维矢量图形的一种图形格式。SVG 由 W3C（World Wide Web Consortium）联盟制定。严格来说，应该是一种开放标准的矢量图形语言，它严格遵从 XML 语法，并用文本格式的描述性语言来描述图像内容，因此是一种和图像分辨率无关的矢量图形格式，可以设计高分辨率的 Web 图形页面。用户可以直接用代码来描绘图像，可以用任何文字处理工具打开 SVG 图像，通过改变部分代码来使图像具有交互功能，并可以随时插入 HTML（Hyper Text Markup Language，超文本标记语言）中通过浏览器来观看。作为 SVG 技术的一个应用，SVG 在手机等无线手持设备上的应用将是高数据业务时代最重要的应用之一。支持 SVG 的手机，允许用户查看高质量的矢量图形及动画。

SVG 文件格式具有下列特点。

（1）基于 XML

SVG 并非仅仅是一种图像格式，由于它是一种基于 XML 的语言，也就意味着它继承了 XML 的跨平台性和可扩展性，从而在图形可重用性上迈出了一大步。如 SVG 可以内嵌于其他的 XML 文档中，而 SVG 文档中也可以嵌入其他的 XML 内容，各个不同的 SVG 图形可以方便地组合，构成新的 SVG 图形。

（2）采用文本来描述对象

SVG包括3种类型的对象：矢量图形（包括直线、曲线在内的图形边）、点阵图像和文本。各种图像对象能够组合、变换，并且修改其样式，也能够定义成预处理对象。

与传统的图像格式不同，SVG采用文本来描述矢量化的图形，这使得SVG图像文件可以像HTML网页一样有着很好的可读性。当用户用图像工具输出SVG后，可以用任何文字处理工具打开SVG图像，并可看到用来描述图像的文本代码。掌握了SVG语法的人甚至只用一个记事本便可以读出图像中的内容。

SVG文件中的文字虽然在显示时可呈现出各种图像化的修饰效果，但却仍然是以文本的形式存在的，可以选择复制、粘贴。由于SVG内的文字都以文本的形式出现在XML文件中，这些信息可以为搜索引擎所用，而以往搜索引擎通常无法搜索到写在点阵图像中的文字。SVG图形格式可以方便地建立文字索引，从而实现基于内容的图像搜索。另外，这些文本信息还可以帮助视力有残疾而无法看到图形的人，通过其他方式（如声音）来传送这些信息。

（3）具有交互性和动态性

由于网络是动态的媒体，SVG要成为网络图像格式，必须要具有动态的特征，这也是区别于其他图像格式的一个重要特征。SVG图形格式可以用来动态生成图形。例如，可用SVG动态生成具有交互功能的地图，嵌入网页中，并显示给终端用户。用户也可以在SVG文件中嵌入动画元素（如运动路径、渐现或渐隐效果、生长的物体、收缩、快速旋转、改变颜色等），或通过脚本定义来达到高亮显示、特效、动画等效果。SVG图形格式支持多种滤镜和特殊效果，在不改变图像内容的前提下可以实现位图格式中类似文字阴影的效果。

（4）完全支持DOM

DOM（Document Object Model，文档对象模型）是一种文档平台，它允许程序或脚本动态地存储和上传文件的内容、结构或样式。由于SVG完全支持DOM，因而SVG文档可以通过一致的接口规范与外界的程序打交道。SVG以及SVG中的对象元素完全可以通过脚本语言接受外部事件的驱动，例如鼠标动作，实现自身或对其他对象、图像的控制等。这也是电子文档应具备的优秀特性之一。

SVG是一种矢量图形格式，GIF、JPEG是位图图像格式。所以，与GIF、JPEG图像文件格式相比，SVG具有以下的优势。

1）用户可以任意缩放图像显示，而不会破坏图像的清晰度、细节等。

2）SVG图像中的文字独立于图像，文字保留可编辑和可搜寻的状态，也不会有字体的限制，用户系统即使没有安装某一字体，也会看到和他们制作时完全相同的画面。

3）SVG文件比GIF和JPEG格式的文件要小很多，因而下载也很快。

4）SVG图像在屏幕上总是边缘清晰，它的清晰度适合任何屏幕分辨力和打印分辨力。

7.3 常见的动画文件格式

动画文件指由相互关联的若干帧静止图像所组成的图像序列，这些静止图像连续播放便形成一组动画，通常用来完成简单的动态过程演示。除了前面介绍的GIF文件格式以外，常见的动画文件格式还有FLI/FLC格式、SWF格式。

7.3.1 FLI/FLC文件格式

FLI/FLC是Autodesk公司在其出品的Autodesk Animator/Animator Pro/3D Studio等2D/3D动

画制作软件中采用的彩色动画文件格式。其中，FLI 是最初的基于 320×200 分辨率的动画文件格式，其文件扩展名是 fli。FLC 则是 FLI 的扩展，其文件扩展名是 .flc，采用了更高效的数据压缩技术，其分辨率也不再局限于 320×200。FLIC 是 FLC 和 FLI 的统称。FLIC 文件采用 RLE 压缩算法和 Delta 算法进行无损的数据压缩，首先压缩并保存整个动画序列中的第一幅图像，然后逐帧计算前后两幅相邻图像的差异或变化部分，并对这部分数据进行 RLE 压缩。由于动画序列中前后相邻图像的差别通常不大，因此采用行程编码可以得到较高的数据压缩率。

FLIC 文件可分为 3 个层次：文件层、帧层和块层。文件层描述 FLIC 文件的基本特征；帧层定义了帧的缓冲和块的数目；块层包括了块的大小、类型和实际数据。这样的层次结构很容易实现，特别是可以增加块的类型以满足新的需要，同时无须涉及原定义。各层的头结构按照下面的描述进行定义。

1. 文件头结构

文件头的结构定义如下。

```
/* fli file header struct */
typedef struct {
    unsigned longfli - size;              /* 00H:文件总长度 */
    unsigned int magic;                   /* 04H:文件格式,FLC = AF12; FLI = AF11; */
    unsigned int frames - number;         /* 06H:FLIC 的帧数 */
    unsigned int screen - width;          /* 08H:屏幕宽度 */
    unsigned int screen - height;         /* 0AH:屏幕高度 */
    unsigned intunused;                   /* 0CH:保留未用 */
    unsigned int flags;                   /* 0EH:标志 =0003 */
    unsigned int speed;                   /* 10H:帧间播放速度单位 */
    unsigned long next;                   /* 12H:置为 0 */
    unsigned long frit;                   /* 16H:置为 0 */
    unsigned charfli - expand[102];       /* 1AH:保留作扩展用 =0 */
} FILEHEAD;
```

2. 帧头结构

帧头结构定义如下。

```
/* frames header struct */
typedef struct {
    unsigned long size - frame;           /* 00H:帧大小,包括本帧头 */
    unsigned int magic;                   /* 04H:帧标识字 =0F1FAH */
    unsigned int chunks;                  /* 06H:本帧块数 */
    unsigned char expand[8];              /* 08H:保留未用 =0 */
} FRAMEHEAD;
```

3. 块头结构

块头结构定义如下。

```
/* chunk header struct */
typedef struct {
    unsigned long size - chunk;           /* 00H:块大小 */
    unsigned type - chunk;                /* 04H:块类型 */
} CHUNKHEAD;
```

7.3.2 SWF 文件格式

SWF（Shock Wave Flash）是 Macromedia（现已被 Adobe 公司收购）公司的动画设计软件 Flash 的专用格式，是一种支持矢量和点阵图形的动画文件格式，被广泛应用于网页设计、动画制作等领域。SWF 文件通常也被称为 Flash 文件，其文件扩展名为 . swf。SWF 文件可以用 Adobe Flash Player 打开，浏览器必须安装有 Adobe Flash Player 插件，才可以在网页中打开 SWF 文件。

SWF 文件是一种 MIME（Multipurpose Internet Mail Extension，多用途 Internet 邮件扩展协议）类型的应用程序。SWF 文件格式经历了若干个版本。在版本 5 中，SWF 的标签设置经过了一次较大规模的充实和完善。从版本 6 之后，文件格式变化就不大了。SWF 文件由文件头和文件体组成，其中文件体又由许多的标签（Tag）组成，下面介绍 SWF 文件的结构。

1. SWF 文件头的组成

SWF 文件头如表 7-6 所示。

表 7-6　SWF 文件头

字　段	长　度	说　明
头标识符	1 字节	标识符“F”表示未压缩格式，“C”表示压缩格式(版本 6 或后续版本)
头标识符	1 字节	此标识符通常为“W”，无特殊意义
头标识符	1 字节	此标识符通常为“S”，无特殊意义
版本	1 字节	版本号，表示对应播放器版本（例如，0x06 表示版本 6）
文件长度	4 字节	整个文件的字节长度。如果是一个未压缩的 SWF 文件，文件长度字段表示文件的实际长度；如果是一个经过压缩的 SWF 文件，文件长度字段表示文件经解压后的总长度
帧尺寸	2 字节	定义影片的宽度和高度，它使用了 RECT 结构进行存储，影片大小可以根据坐标（4 个点的坐标）数值的变化而变化
帧频	2 字节	表示理想的每秒播放帧数。默认为 12，高位在前
帧数	2 字节	影片的总帧数

文件头是由一个 3 字节的标识符开始，为 0x46、0x57、0x53，即字符串“FWS”，或者 0x43、0x57、0x53，即字符串“CWS”。“FWS”标识符说明该文件是未压缩的 SWF 文件，“CWS”标识符则说明该文件是压缩的 SWF 文件。压缩的 SWF 文件仅适用于版本 6 或者更高。

2. SWF 文件体的组成

SWF 文件体是由一系列连续的标签（Tag）数据块组成，所有的标签都共享一种通用格式，因此任何解析 SWF 文件的程序都能跳过它不能识别的数据块。块内数据能指向当前数据块内的偏移量，但不能指向其他数据块内的偏移量。这就使得标签能够被处理 SWF 文件的工具进行移除、插入或修改操作。

每个标签都是由一个类型和一个长度值开始的，有两种标签头部格式：短格式和长格式。短标签头部用于 62 字节或者更小的标签数据，长标签头部能够用于任何大小不超过 4GB 的标签数据，从长远来看这将会是非常实用的。

短标签的头部包括 10bit 的标签编码和 6bit 的标签长度。其中，标签长度不包含标签开始处的记录头部，即该字段所占的长度。如果标签的长度大于或者等于 63 字节，那么它会被存储在长标签头部。长标签头部由一个标识长度为 63 字节（0x3F）的短标签头部和一个 32 位的标签长度组成。

SWF 中的标签分描述标签和控制标签两种。

（1）描述标签　描述了 SWF 影片的内容，包括形状、文本、图像、声音等。每个定义标签都为其描述的内容指定了一个被称为“角色ID”的唯一ID。Flash播放器把这些角色存放在一种叫“字典”的库里。描述标签本身不能驱动某个事件的产生。

（2）控制标签　可以创建和驱动字典中角色的实例，控制影片的播放。

通常，SWF文件中的标签可以任意出现。但尽管如此，也必须遵循以下规则。

1）一个标签只能依赖前面定义过的标签，而不能依赖后面定义的标签。

2）描述标签必须在使用它的任何控制标签之前定义。

3）流式声音标签必须以顺序方式存储。不规范的流式声音标签将会导致声音播放不正常。

4）结束标签一般是SWF文件的最后一个标签。

字典是存放已经定义好的角色的库，它可以被控制标签所应用。字典的建立和使用应遵循以下规则。

1）描述标签定义了诸如形状、字体、位图或者声音。

2）每一个描述标签都被指定一个唯一的角色ID。

3）字典中的内容被存储在角色ID之后。

4）控制标签能够通过角色ID在字典中找到所需内容并对其执行某种操作，例如显示形状或者播放声音。

每个角色ID必须指定一个唯一的ID，不允许重复ID。例如，第一个角色ID是1，第二个角色ID是2。角色0被指定为表示空角色的专用ID。

并不是只有控制标签才能引用字典。描述标签同样也可以使用字典中的数据进行更复杂的角色定义。例如，按钮和剪辑标签都使用到了定义它们内容的角色。文本标签也包含了字体角色以便于为文本选择不同的字体。

SWF是Adobe Flash Player可以执行的唯一文件格式。其他任何文件格式如JPEG、GIF、MP3等，都必须内嵌于SWF文件，或通过其加载。

SWF格式的文件能够用比较小的体积来表现丰富的多媒体形式。在图像的传输方面，不必等到文件全部下载才能观看，而是可以边下载边看，因此特别适合网络传输，特别是在传输速率不高的情况下，也能取得较好的效果。事实也证明了这一点，SWF如今已被大量应用于Web网页中进行多媒体演示与交互性设计。此外，SWF动画是基于矢量技术制作的，不管将画面放大多少倍，画面不会因此而有任何损害。

7.4　数字视频文件格式

7.4.1　AVI文件格式

音频视频交错（Audio Video Interleaved，AVI）是Microsoft公司开发的一种符合RIFF文件规范的数字音频与视频文件格式，常用的扩展名为.avi，最早用于Microsoft Video for Windows环境，现在已被Windows 95/98、OS/2等多数操作系统直接支持。AVI文件格式允许视频和音频交错在一起进行同步播放，支持256色和RLE压缩。通常情况下，一个AVI文件可以包含多个不同类型的媒体流（典型的情况下有一个音频流和一个视频流），不过含有单一音频流或单一视频流的AVI文件也是合法的。

AVI文件格式的优点是解码后的重建图像质量好，可以跨多个平台使用。但其缺点是压缩效率不高，文件所占存储空间大，而且使用的压缩算法不统一，因此经常会遇到高版本Windows媒体播放器播放不了采用早期编码编辑的AVI格式视频，而低版本Windows媒体播放器又播放不了采用最新编码编辑的 AVI 格式视频。所以我们在进行一些 AVI 格式的视频播放时，常会出现由于视频编码问题而造成的视频不能播放，或即使能够播放但存在不能调节播放进度和播放时只有声音没有图像等一些莫名其妙的问题。因此，AVI 文件格式只是作为控制界面上的标准，不具有兼容性，用不同压缩算法生成的 AVI 文件，必须使用相应的解压缩算法才能播放出来。AVI 文件目前主要应用在多媒体光盘上，用来保存电影、电视等各种影像信息，有时也出现在 Internet 上，供用户下载、欣赏新影片的精彩片断。

下面我们以图 7-2 所示的 clock. avi 的文件结构为例来说明 AVI 文件的结构。图 7-2 的文件结构图是用 RIFFspot 程序解析得到的。

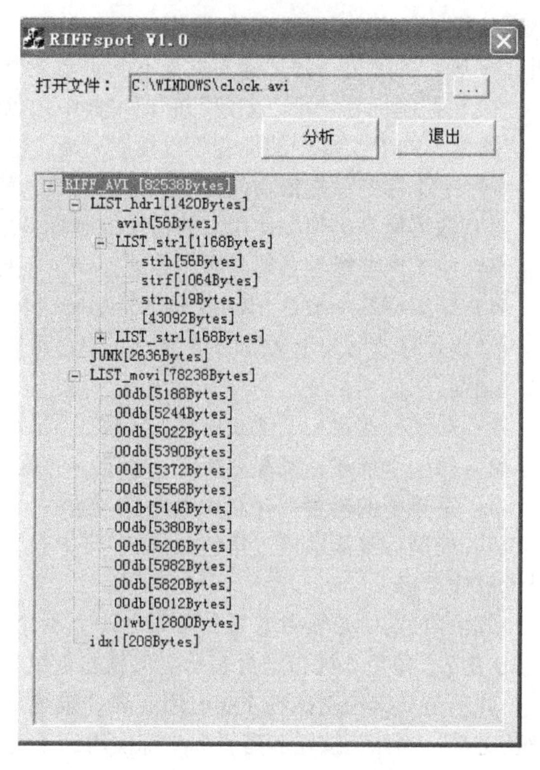

图 7-2　clock. avi 文件结构

AVI 文件的格式中，文件类型用一个四字符码'AVI'来表示。AVI 文件的结构包括一个 RIFF 头、两个 LIST（一个用于描述媒体流格式、一个用于保存媒体流数据）、一个 JUNK 块和一个可选的索引块，具体结构如下。

```
RIFF ('AVI '
        LIST ('hdrl'
              'avih'            /*主 AVI 信息头数据*/
              LIST ('strl'
                     'strh'     /*流的头信息数据*/
                     'strf '    /*流的格式信息数据*/
                    [ 'strd'    /*可选的额外的头信息数据*/ ]
                    [ 'strn'    /*可选的流的名字*/ ]
                     ...
                    )
                ...
              )
        LIST ('movi'
              {SubChunk | LIST ('rec '
                                 SubChunk1
                                 SubChunk2
                                 ...
                                )
                ...
              }
              ...
             )
        ['idx1'       /*可选的 AVI 索引块数据*/ ]
       )
```

首先，RIFF（'AVI'…）表征了 AVI 文件类型。然后就是 AVI 文件必需的第一个列表：'hdrl'列表，用于描述 AVI 文件中各个流的格式信息（AVI 文件中的每一路媒体数据都称为一个流）。'hdrl'列表嵌套了一系列块和子列表：首先是一个'avih'块，用于存储主AVI信息头数据；然后是一个或多个'strl'子列表（文件中有多少个流，这里就对应有多少个'strl'子列表，例如，clock.avi文件有两路流，即音频流和视频流）。

'avih'块用于记录AVI文件的全局信息，比如流的数量、视频图像的宽度和高度等，可以使用下面的AVIMAINHEADER数据结构来操作。

```
typedef struct _avimainheader {
  FOURCC fcc;   // 必须为 'avih'
  DWORD  cb;    // 本数据结构的大小,不包括最初的8个字节(fcc和cb两个域)
  DWORD  dwMicroSecPerFrame;    // 视频帧间隔时间(以毫秒为单位)
  DWORD  dwMaxBytesPerSec;      // 这个AVI文件的最大数据率
  DWORD  dwPaddingGranularity; // 数据填充的粒度
  DWORD  dwFlags;               // AVI文件的全局标记,比如是否含有索引块等
  DWORD  dwTotalFrames;     // 总帧数
  DWORD  dwInitialFrames; // 为交互格式指定初始帧数(非交互格式应该指定为0)
  DWORD  dwStreams;       // 本文件包含的流的个数
  DWORD  dwSuggestedBufferSize; // 建议读取本文件的缓存大小(应能容纳最大的块)
  DWORD  dwWidth;         // 视频图像的宽(以像素为单位)
  DWORD  dwHeight;        // 视频图像的高(以像素为单位)
  DWORD  dwReserved[4];    // 保留
} AVIMAINHEADER;
```

每个'strl'子列表至少包含一个'strh'块（用于说明这个流的头信息）和一个'strf'块（用于说明流的具体格式，是视频流或是音频流），而'strd'块（用于保存编解码器需要的一些配置信息）和'strn'块（用于保存流的名字）是可选的。

'strh'块可以使用下面的AVISTREAMHEADER数据结构来操作。

```
typedef struct _avistreamheader {
  FOURCC fcc;   // 必须为 'strh'
  DWORD  cb;    // 本数据结构的大小,不包括最初的8字节(fcc和cb两个字段)
  FOURCC fccType;       // 流的类型:'auds'(音频流)、'vids'(视频流)、
                        //   'mids'(MIDI流)、'txts'(文本流)
  FOURCC fccHandler; // 指定流的处理者,对于音视频来说就是解码器
  DWORD  dwFlags;       // 标记:是否允许这个流输出? 调色板是否变化?
  WORD   wPriority;  // 流的优先级(当有多个相同类型的流时优先级最高的为默认流)
  WORD   wLanguage;
  DWORD  dwInitialFrames; // 为交互格式指定初始帧数
  DWORD  dwScale;    // 这个流使用的时间尺度
  DWORD  dwRate;
  DWORD  dwStart;   // 流的开始时间
  DWORD  dwLength;   // 流的长度(单位与dwScale和dwRate的定义有关)
  DWORD  dwSuggestedBufferSize; // 读取这个流数据建议使用的缓存大小
  DWORD  dwQuality;      // 流数据的质量指标(0~10000)
  DWORD  dwSampleSize; // Sample的大小
  struct {
    short int left;
    short int top;
    short int right;
    short int bottom;
  }  rcFrame;  // 指定这个流(视频流或文字流)在视频主窗口中的显示位置
          // 视频主窗口由AVIMAINHEADER结构中的dwWidth和dwHeight决定
} AVISTREAMHEADER;
```

'strf'块用于说明流的具体格式。如果是视频流，则使用一个 BITMAPINFO 数据结构来描述；如果是音频流，则使用一个 WAVEFORMATEX 数据结构来描述。

当 AVI 文件中的所有流都使用一个'strl'子列表说明了以后（需要注意的是，'strl'子列表出现的顺序与媒体流的编号是对应的，比如第一个'strl'子列表说明的是第一个流（Stream 0），第二个'strl'子列表说明的是第二个流（Stream 1），以此类推），'hdrl'列表的任务也就完成了。随后跟着的就是 AVI 文件必需的第二个列表——'movi'列表，用于保存真正的媒体流数据（视频图像帧数据或音频采样数据等）。

'movi'列表的数据组织方式有两种。可以将数据块直接嵌在'movi'列表里面，也可以将几个数据块分组成一个'rec'列表后再编排进'movi'列表。需要注意的是，在读取 AVI 文件内容时，建议将一个'rec'列表中的所有数据块一次性读出。但是，当 AVI 文件中包含有多个流的时候，数据块与数据块之间如何来区别呢？数据块使用了一个四字符码来表征它的类型，这个四字符码由 2 字节的类型码和 2 字节的流编号组成。标准的类型码定义如下：'db'（非压缩视频帧）、'dc'（压缩视频帧）、'pc'（改用新的调色板）、'wb'（音频）。比如第一个流（Stream 0）是音频，则表征音频数据块的四字符码为 '00wb'；第二个流（Stream 1）是视频，则表征视频数据块的四字符码为 '00db' 或 '00dc'。对于视频数据来说，在 AVI 数据序列中间还可以定义一个新的调色板，每个改变的调色板数据块用'xxpc'来表征，新的调色板使用一个数据结构 AVIPALCHANGE 来定义。(需要注意的是，如果一个流的调色板中途可能改变，则应在这个流格式的描述中，也就是 AVISTREAMHEADER 结构的 dwFlags 中包含一个 AVISF_VIDEO_PALCHANGES 标记)。另外，文字流数据块可以使用随意的类型码表征。

最后，紧跟在'hdrl'列表和'movi'列表之后的，就是 AVI 文件可选的索引块。这个索引块为 AVI 文件中每一个媒体数据块进行索引，并且记录它们在文件中的偏移（可能相对于'movi'列表，也可能相对于 AVI 文件开头）。

索引块使用一个四字符码 'idx1' 来表征，索引信息使用一个数据结构来 AVIOLDINDEX 定义。

```
typedef struct _avioldindex {
  FOURCC  fcc;   // 必须为'idx1'
  DWORD   cb;    // 本数据结构的大小,不包括最初的 8 字节(fcc 和 cb 两个字段)
  struct _avioldindex_entry {
    DWORD   dwChunkId;    // 表征本数据块的四字符码
    DWORD   dwFlags;      // 说明本数据块是不是关键帧、是不是'rec'列表等信息
    DWORD   dwOffset;     // 本数据块在文件中的偏移量
    DWORD   dwSize;       // 本数据块的大小
  } aIndex[ ]; // 这是一个数组！为每个媒体数据块都定义一个索引信息
} AVIOLDINDEX;
```

需要注意的是，如果一个 AVI 文件包含有索引块，则应在主 AVI 信息头的描述中，也就是 AVIMAINHEADER 结构的 dwFlags 中包含一个 AVIF_HASINDEX 标记。

图 7-2 中还有一种特殊的数据块，用一个四字符码'JUNK'来表征，它用于内部数据的对齐（填充），应用程序应该忽略这些数据块的实际意义。

7.4.2 MPEG/MPG/DAT/DivX/XviD

MPEG 是 Moving Picture Experts Group（运动图像专家组）的简称。目前由 MPEG 组织制定的视频压缩编码标准有 MPEG-1、MPEG-2 和 MPEG-4。

1. MPEG-1

MPEG-1（ISO/IEC 1172）标准于 1992 年 11 月通过，1993 年 8 月公布。它是针对 1.5Mbit/s

以下数据传输率的数字存储媒体应用的活动图像及其伴音编码的国际标准。MPEG-1 主要应用于影视方面，如 VCD、CD-ROM、CD-I 等。

这种视频格式的文件扩展名包括 . mpg、. mlv、. mpe、. mpeg 及 . dat 等。

2. MPEG-2

MPEG-2（ISO/IEC 13818）标准正式公布于 1995。MPEG-2 是运动图像及其伴音信息的通用编码（Generic coding of moving pictures and associated audio information）的国际标准。MPEG-2 主要应用于数字视频广播（Digital Video Broadcasting，DVB）、DVD、标准清晰度数字电视（SDTV）和高清晰度数字电视（HDTV）。

这种视频格式的文件扩展名包括 . mpg、. mpe、. mpeg、. m2v 及 . vob 等。

3. MPEG-4

继成功制定 MPEG-1、MPEG-2 之后，MPEG 专家组从 1994 年开始制定 MPEG-4 标准。MPEG-4（ISO/IEC 14496）是音视频对象编码（Coding of audio-visual objects）的国际标准，它将众多的多媒体应用集成于一个完整的框架内，旨在为多媒体通信及应用环境提供标准的算法及工具，用于实现音/视频数据的有效编码以及更为灵活的存取。

MPEG-4 试图达到两个目标：一是数码率下的多媒体通信；二是多种工业标准的多媒体通信的综合。MPEG-4 视频格式大大优于 MPEG-1 与 MPEG-2，视频质量与分辨率高，而数码率相对较低。

MPEG-4 的应用非常广泛，包括数字电视、实时多媒体监控、低数码率下的移动多媒体通信、Internet/Intranet 上的视频流与可视游戏、基于面部表情模拟的虚拟会议等。例如，可以在家用 PC 上将 DVD 转换为 MPEG-4 格式，然后放在硬盘上随时观看。

这种视频格式的文件扩展名包括 . avi、. mov、. asf、. mp4 等。

4. DivX 和 XviD

1998 年，Microsoft 开发了第一个应用于 PC 平台的 MPEG-4 编码器，目前已形成 MS MPEG-4 V1、MS MPEG-4 V2、MS MPEG-4 V3 等系列，其中 V1 和 V2 用于制作 AVI 文件，至今仍是 Windows 的默认组件，但 V1 和 V2 的编码质量不是很好。MS MPEG-4 V3 能够实现非常好的编码质量，但 Microsoft 为了自身的利益不公开 MS MPEG-4 V3 的视频编码内核，使其仅仅应用于 Windows Media 技术平台。

Microsoft 的这种行为引起了视频编码领域的一些黑客和高手的不满，由这些人组成的一个名为 DivX 的小组破解了 MS MPEG-4 V3 编码器，并将其改良为另外一种新的视频编码器——DivX 3. 11。DivX 影片的视频部分采用 MPEG-4 压缩，音频部分采用 MP3 压缩，由于 MP3 和 MPEG-4 超强的压缩能力，DivX 可以将一部 2GB 大小的 DVD 影片压缩到一张 650MB 的 CD-R 上，并且视频画面质量和音质都相当不错。

DivX 3. 11 性能相当出色，很快就成为 Internet 上广为流传的 MPEG-4 编码器，甚至被宣扬为一种业界标准。DivX 的成名让 Microsoft 公司极为不满，Microsoft 声称，DivX 的基础技术是非法盗用 Microsoft 的，因此 Microsoft 将对所有推动 DivX 发展的企业和人进行追究。但 DivX 的创造者之一 Rota 却认为，虽然 DivX 是基于 Windows 开发出来的，但却没有使用过任何 Microsoft 的技术。Rota 还组建了一个名为 DivX Networks 的公司，全力推广 DivX 并致力于 DivX 的合法化。DivX 编解码器目前已发展出 DivX4、DivX5、DivX6、DivX7 等多个版本。

但是，就在 DivX Networks 公司顺利发展、DivX 技术逐渐成熟的过程中，DivX Networks 却犯了一个和 Microsoft 类似的错误。本来，DivX Networks 成立的初衷就是为了打破 Microsoft 的技术封闭，因而发起一个名为 Projet Mayo 的完全开放源码的项目，目标是开发一套全新的、开放源码的 MPEG-4 编码软件。由于这个开放的 OpenDivX 编解码器完全符合 MPEG-4 标准，又是完全开放源代码，因而吸引了很多软件、视频高手参与，很快便开发出具有更高性能的编码器 Encore2。就在此时，DivX Networks 公司却突然封闭了 DivX 的源代码，并在 Encore2 的基础上发布了自有产品 DivX4。原来 DivX Networks 公司早有预谋，DivX 采取的是 LGPL 协议，而不是 GPL 协议，虽说它们都是公共许可证协议，保障自由使用和修改软件或源码的权利，但 LGPL 允许私有，DivX Networks 公司就是充分利用了“允许私有”这一点，先公开源代码让许多爱好者参与开发，然后将成果合法地据为己有。

DivX Networks 公司的做法很快就遭到了强烈的报复。所有被 DivX Networks 要了一回的软件、视频团体另起门户，在 OpenDivX 版本的基础上，再次开发出一种新的 MPEG-4 编码器——XviD。XviD 的字母排列顺序和 DivX 刚好相反。

从技术上来说，XviD 已经基本上与 DivX5 接近，甚至有所超越。XviD 可以在保持 DivX5 图像质量的基础上，大大提高压缩效率。此外，XviD 还汲取了前车之鉴，完全按照 GPL 发布，也就是说，谁要是想做成产品而不开放源码是非法的。

7.5 流媒体文件格式

流媒体系统主要处理的是实时性要求高、数据量较大的连续时基媒体，包括音频、视频和动画等多媒体数据。这些媒体的数据量很大，为便于在服务器端的存储和网络上的实时传输，通常需要经过压缩编码并生成一定格式的文件，如我们熟知的 *.mpg、*.avi、*.mp3 等，称这些文件为压缩格式文件。而要将这些媒体在 IP 网上进行实时传输，实现边下载边播放，并保证一定的播放质量，就需要对压缩格式的文件进行必要的处理，添加一些附属信息，如计时、压缩算法和版权管理等信息，这样就形成了流媒体文件。本节主要介绍四大流媒体系统 RealSystem、Windows Media、QuickTime 以及 Adobe Flash 的流媒体文件格式。

7.5.1 Real Media 文件格式

Real Networks 公司在 20 世纪 90 年代中期首先推出了流媒体技术，作为世界领先的网络流式音/视频解决方案的提供者，提供从制作端、服务器端到客户端的所有产品。其推出的 RealMedia 是目前 Internet 上最流行的跨平台的客户机/服务器结构多媒体应用规范，它采用音频/视频流和同步回放技术，实现了网上的多媒体回放。由于 RealMedia 发展的时间比较长，因此具有很多先进的技术，例如，可伸缩视频技术（Scalable Video Technology）可以根据用户计算机处理速度和网络连接带宽而自动调整媒体的播放质量；两次编码技术（Two-Pass Encoding）可通过对媒体内容进行预扫描，再根据扫描的结果来编码，从而提高编码质量；特别是智能流（Sure Stream）技术，可将不同压缩率的数据存储在一个文件中，当用户发出请求时会将其带宽容量传送给服务器，服务器会根据此参数将流文件中的相应部分传送给用户，从而可通过一个编码流提供自动适合不同带宽用户的流播放。另外，RealMedia 通过基于 SMIL 并结合自己的 RealPix 和 RealText 技术来达到一定的交互能力和媒体控制能力。

1. RealMedia 文件种类

RealMedia 规范中主要包括三类文件：RealAudio、RealVideo 和 RealFlash，另外还有 RealPix 和 RealText。

（1）RealAudio 文件格式(RA/RM)

RealAudio 文件格式是一种流式音频文件格式，用以传输接近 CD 音质的音频数据。现在的 RealAudio 文件格式主要有 RA（RealAudio）和 RM（RealMedia）两种，常用的文件扩展名

为 . ra/. rm。它的最大特点就是可以根据网络数据传输速率的不同而采用不同的压缩率，在网络上“边下载边播放”（流式播放），播放时随网络带宽的不同而改变声音的质量，即使在网络传输速率较低的情况下，仍然可以较为流畅地播放，因此 RealAudio 主要适用于网络上的在线播放。对于 14. 4kbit/s 的网络连接，可获得调幅（AM）广播的音质；对于 28. 8kbit/s 的网络连接，可以获得 FM 广播的音质；如果拥有更高速率的网络连接，则可以达到 CD 音质。RealAudio 文件需要使用 RealPlayer 播放器播放。

（2）RealVideo 文件格式（RM/RMVB）

RealVideo 文件格式是 RealNetworks 公司开发的一种流式视频文件格式，主要用来在低速率的广域网上实时传输活动视频影像。这里值得一提的是智能流（Sure Stream）技术，这种技术将不同压缩率的数据存储在一个文件中，用户发出请求的同时会将其带宽容量传送给服务器，服务器会根据此参数将流文件中的相应部分传送给用户，从而实现一个文件适合不同网络带宽的情况，满足不同性质的用户请求。RealVideo 除了可以以普通的视频文件形式播放之外，还可以与 RealServer 服务器相配合，在数据传输过程中边下载边播放视频影像。目前，Internet 上已有不少网站利用 RealVideo 技术进行重大事件的实况转播。

目前被广泛使用的 RealVideo 文件采用 RM/RMVB 格式，常用的文件扩展名为 . rm/. rmvb。早期的 RM 格式采用固定数码率的压缩编码，为了实现更高的压缩比与重建图像质量之间的优化，Real Networks 公司在 RM 格式的基础上，推出了采用可变数码率编码的 RMVB 格式。RMVB 中的 VB，指的是 VBR，即 Variable Bit Rate 的缩写，中文含义是可变比特率。在静态画面中采用较低的数码率而在动态画面中则用较高的数码率，这样在保证平均数码率一定的前提下，提高了运动图像的画面质量，从而在图像质量和文件大小之间达到了优化的平衡。另外，相对于 DVDrip 格式，RMVB 视频也是有着较明显的优势，一部大小为 700MB 左右的 DVD 影片，如果将其转录成 RMVB 格式，则生成的 RMVB 文件大小仅为 400MB，而画质并没有太大变化。不仅如此，这种视频格式还具有内置字幕和无须外挂插件支持等独特优点。要想播放这种视频格式，可以使用 RealOne Player 2. 0 或 RealPlayer 8. 0 以上版本的播放器进行播放。

（3）RealFlash 文件格式

RealFlash 是 Real Networks 公司与 Macromedia 公司合作推出的高压缩比动画格式。

（4）RealPix 文件格式

RealPix 是 RealMeida 文件格式的一部分，允许直接将图片文件通过 Internet 流式传输到客户端。通过将其他媒体（如音频、文本）捆绑到图片上可以制做出多种用途的多媒体文件。用户只需要懂简单的标志性文件就可以用文本编辑器制做出 * . rp 文件。RealPix 文件可以用 RealServer 发送到 RealPlayer 直接播放，但是由于 RealPix 是新的媒体标准格式，所以以前的版本（如 RealPlayer 4. 0/5. 0）是不能播放的。

（5）RealText 文件格式

RealText 也是 RealMeida 文件格式的一部分，发布这种格式是为了让文本从文件或者直播源流式发放到客户端。RealText 文件既可以是单独的文本，也可以在文本的基础上加上媒体，何种形式完全由需要决定。由于 RealText 文件也是由标志性语言定义的，所以用简单的文本编辑器就可以制作。RealText 文件也可以用 RealPlayer 流式播放。

2. RealMedia 文件格式

RealMedia 文件格式遵循 RIFF 规范，使用四字符码（FOURCC）来标识文件元素。组成 RealMedia 文件的基本组件是块（Chunk），它是数据的逻辑单位，如流的报头或一个数据包。每个块（Chunk）包括下面 3 个部分。

- ChunkID：标识该 Chunk 名称的四字符码。
- ChunkSize：占用 4 字节，表示 ChunkData 部分的数据块长度，以字节为单位。
- ChunkData：Chunk 的具体数据内容。

依类型的不同，上层的块（Chunk）可以包含多个子块。

RealMedia 文件格式如图 7-3 所示。

（1）报头部分（Header Section）

因为 RealMedia 文件格式是一种加标识的文件格式，块的顺序没有明确规定，但 RealMedia 文件报头必须是文件的第一个块。一般情况下，RealMedia 的报头部分包括以下 4 部分内容。

- RealMedia 文件报头（RealMedia File Header）：文件的第一个块。
- 属性（Properties）。
- 媒体属性（Media Properties）。
- 内容描述（Content Description）。

RealMedia 文件报头以后，其他内容的出现可以任何次序。

（2）数据部分（Data Section）

RealMedia 文件的数据部分由数据块报头（Data Chunk Header）和后面排列的媒体数据包（Data Packets）组成。数据块报头标志数据块的开始，媒体数据包是流媒体数据的数据包。

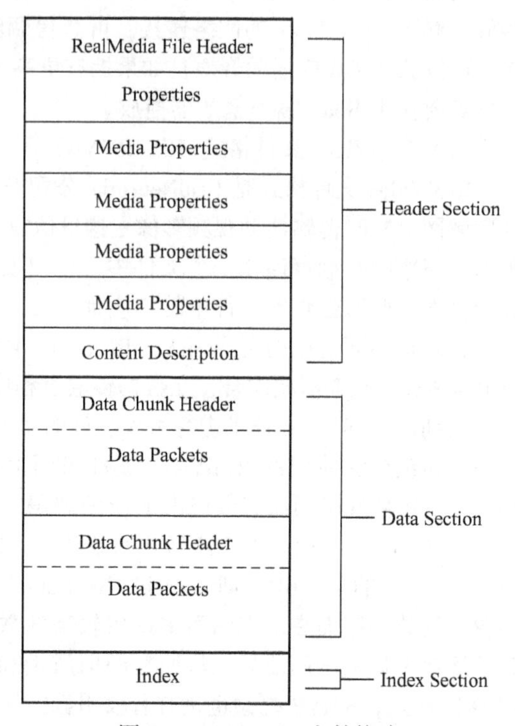

图 7-3　RealMedia 文件格式

（3）索引部分（Index Section）

RealMedia 文件的索引部分由描述索引区内容的索引块报头和一串索引记录组成。

7.5.2　ASF 文件格式

流媒体技术的良好市场前景吸引了众多厂商。在意识到网络流媒体对于互联网的重要性之后，Microsoft 公司立即推出了 Windows Media 与 Real Media 相抗衡。Microsoft 公司虽然不是最早涉足流媒体领域的公司，但 Windows Media 技术平台以其方便性、高集成度、低费用等特点，被人们广泛接受。

Windows Media 技术涵盖了一整套关于流媒体处理的组件和特性，其主要目的是在 Internet 和 Intranet（企业内部网）上实现基于流技术的数字音/视频的传输，并且 Windows Media 涉及数字媒体的许多新领域，如数字版权管理（DRM）、消费者器材集成等。

Windows Media 技术的核心是 ASF（Advanced Streaming Format，高级流格式），因此，基于 Windows Media 技术在网络上传输的内容又被称为 ASF Stream（ASF 流）。ASF 支持任意的压缩/解压缩编码方式，并可以使用任何一种底层网络传输协议，具有很大的灵活性。Microsoft 已将 Windows Media 技术捆绑在 Windows 平台中，并将 ASF 作为 Windows 版本中多媒体内容的标准文件格式。

ASF 格式文件的扩展名为 .asf。另外，我们也会经常见到 Windows Media 流媒体文件的扩展名是 .wmv 和 .wma，这两者主要是为了区别视频和音频，其结构与 ASF 没有本质区别。

1. ASF 的技术特点

ASF 是一种包含音频、视频、图像以及控制命令脚本等多媒体信息的文件格式。通过这种格式，以网络数据包的形式传输，实现流式多媒体内容发布。ASF 格式的特点是视频部分采用 MPEG-4 压缩算法，音频部分则采用 Microsoft 自行研发的 WMA 算法，其压缩比约为 MP3 的两倍，音质与 MP3 相近。并且在版权保护方面优于 MP3。制作者可以将视频、音频转换为 ASF 格式，也可以通过声卡、视频采集卡将诸如传声器、摄像机等外设的数据保存为 ASF 格式，甚至将图形、声音和动画数据组合成一个 ASF 格式的文件。另外，ASF 格式的视频中可以带有命令代码，能够实现播放视频或音频的某个时刻触发某个事件或操作。

ASF 格式的最大优点就是压缩比高、文件小，因而适合网络传输。利用 Windows Media Player 可以直接在本地或网络上播放 ASF 格式的文件，通过网络进行流式处理及播放时，ASF 文件的数据传输速率可以在 28.8 kbit/s ~ 3Mbit/s 之间变化，因而用户可以根据应用环境和网络条件选择合适速率，实现 VOD 点播和直播等。

ASF 格式的其他特点如下。

1）可扩展的媒体流类型。ASF 格式允许制作者定义符合 ASF 文件格式要求的、新的媒体流类型。任一存储的媒体流逻辑上都是独立于其他媒体流的，除非在文件头部分明显地定义了其与另一媒体流的关系。

2）组件下载。特定的有关播放组件的信息（例如解压缩算法和播放器）能够存储在 ASF 文件头部分，用于帮助客户机能够找到合适的播放器的版本——如果它们没有在客户机上安装。

3）可伸缩的媒体类型。ASF 被设计用来表示可伸缩的媒体类型的“带宽”之间的依赖关系。ASF 存储各个带宽就像一个单独的媒体流。媒体流之间的依赖关系存储在文件头部分，为客户机以独立于压缩的方式解释可伸缩的选项。

4）提供了丰富的媒体流优先级。现代多媒体传输系统能够动态地调整传输速率，以适应网络资源紧张的情况（如带宽不足）。多媒体内容的制作者要能够根据流的优先级表达他们的参考信息，如最低保证音频流的传输。随着可伸缩媒体类型的出现，流的优先级的安排变得复杂起来，因为在制作的时候很难决定各媒体流的顺序。ASF 允许内容制作者在媒体的优先级方面有效地表达他们的意见，甚至在可伸缩的媒体类型出现的情况下也可以。

5）语言支持。ASF 被设计为支持多种语言。媒体流能够可选地指示所含媒体的语言。这个功能常用于音频和文本流。一个多语言 ASF 文件指的是包含不同语言版本的同一内容的一系列媒体流，允许客户机在播放的过程中选择最合适的版本。

6）目录信息。ASF 提供可继续扩展的目录信息的功能，该功能的扩展性和灵活性都非常好。所有的目录信息都以无格式编码的形式存储在文件头部分，并且支持多语言，如果需要，目录信息既可预先定义（如作者和标题），也可以由制作者自定义。目录信息功能既可以用于整个文件，也可以用于单个媒体流。

2. ASF 文件格式

ASF 格式文件基本的组织单元叫作 ASF 对象，它由一个 128bit（16 字节）的全球唯一的对象标识符（Object ID）、1 个 64bit 的对象大小（Object Size）和 1 个可变长的对象数据（Object Data）组成，如图 7-4 所示。

ASF 对象的结构形式类似于 RIFF 规范中的块（Chunk）结构。RIFF 规范中的块（Chunk）是 AVI 和 WAV 格式文件的基本单元。ASF 对象在两个方面改进了 RIFF 的设计：首先，无须一个权威机构来管理对象标识符系统，因为计算机网卡能够产生一个有效的唯一的 GUID（Globally Unique IDentifier）；其次，对象大小（Object Size）字段占用 8 字节，已足够处理高带宽多媒体内容的大文件。

ASF 文件在逻辑上由三个高层对象组成：头对象（Header Object）、数据对象（Data Object）和索引对象（Index Object），如图 7-5 所示。头对象是必需的，并且必须放在每一个 ASF 文件的开头部分；数据对象也是必需的，一般情况下紧跟在头对象之后；索引对象是可选的，但是一般建议使用。

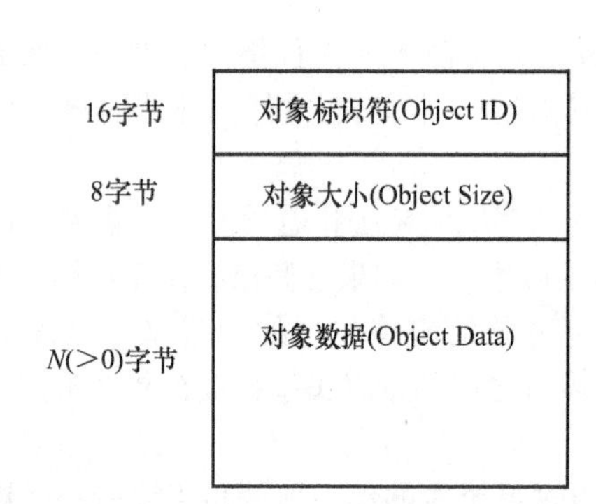

图 7-4　ASF 对象

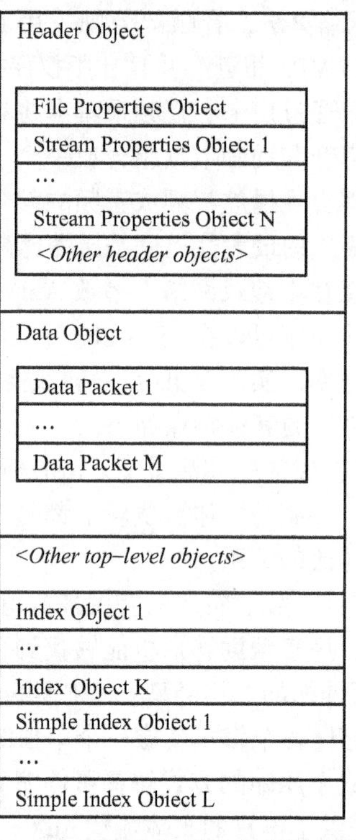

图 7-5　ASF 文件的三个高层对象

在具体实现过程中，可能会出现一些文件包含无序的（out-of-order）对象，ASF 也支持。但在特定情况下，如从特定的文件源（HTTP 服务器）读取该类 ASF 文件，将导致 ASF 文件不能使用。同样地，有些 ASF 文件可能会包含额外的高层对象，一般推荐将这些额外的对象排列在索引对象之后。

7.5.3　QuickTime（MOV）文件格式

1. QuickTime 文件格式的特点

QuickTime 文件又称 MOV 文件，常用的文件扩展名为 . qt 或 . mov。QuickTime 是美国 Apple 公司开发的一套完整的多媒体平台架构，可以用来进行多种媒体的创建、生产和分发，并为这一过程提供端到端的支持：包括媒体的实时捕捉，以编程的方式合成媒体，导入和导出现有的媒体，并进行编辑制作、压缩、分发，以及用户回放等多个环节。QuickTime 文件格式是 QuickTime 整个架构体系中的重要的一环。

QuickTime 的多媒体架构应用于 Mac OS 和 Windows 系统上，而 QuickTime 文件格式是与平台无关的，可以应用于各类系统。QuickTime 文件格式定义了存储数字媒体内容的标准方法，使用这种文件格式不仅可以存储单个的媒体内容（如视频帧或音频采样），而且能保存对该媒体作品的完整描述。因为这种文件格式能用来描述几乎所有的媒体结构，所以它是应用程序间（不管运行平台如何）交换数据的理想格式。

QuickTime 文件格式支持 25 位彩色，支持 RLE、JPEG 等领先的集成压缩技术，提供 150 多种视频效果，并配有提供了200多种MIDI兼容音响和设备的声音装置。新版的QuickTime进一步扩展了原有功能，包含了基于Internet应用的关键特性，能够通过Internet提供实时的数字化信息流、工作流与文件回放功能。为了适应网络多媒体应用，QuickTime为多种流行的浏览器软件提供了相应的QuickTime Viewer插件（Plug-in），能够在浏览器中实现多媒体数据的实时回放。该插件的快速启动（Fast Start）功能，可以令用户几乎能在发出请求的同时便收看到第一帧视频画面。而且，该插件可以在视频数据下载的同时就开始播放视频图像，用户不需要等到全部下载完毕就能进行欣赏。此外，QuickTime还提供了自动速率选择功能，当用户通过调用插件来播放QuickTime多媒体文件时，能够自己选择不同的连接速率下载并播放影像，当然，不同的速率对应着不同的图像质量。此外，QuickTime还采用了一种称为QuickTime VR的虚拟现实（Virtual Reality）技术，用户只需通过鼠标或键盘的交互式控制，就可以观察某一地点周围360°的景象，或者从空间任何角度观察某一物体。QuickTime因具有跨平台、存储空间要求小等技术特点，得到业界的广泛认可，目前已成为数字媒体软件技术领域的事实上的工业标准。

2. QuickTime文件格式涉及的一些基本概念

QuickTime文件格式中媒体描述和媒体数据是分开存储的，媒体描述或元数据（Metadata）叫作电影（Movie），包含轨道数目、视频压缩格式和时间信息。同时，Movie中包含媒体数据存储区域的索引。媒体数据是诸如视频帧和音频之类的采样数据，可以与QuickTime电影存储在同一个文件中，也可以在一个单独的文件或者多个文件中。

QuickTime使用两种基本结构存储信息：标准原子（Classic atom）和QT原子（QT atom）。标准原子是简单原子，QT原子是原子容器原子，允许建立复杂的分层结构。QuickTime原子容器提供在QuickTime中存储信息的基本结构，它是QT原子的树形分层结构。

QuickTime中的原子是一种层次结构，即一个原子可以包含其他的原子，这种层次结构也可以描述为双亲原子、孩子原子和兄弟原子等。包含有其他原子的这个原子也称为容器原子（Container atom），而不包含其他原子的原子称为叶原子（Leaf atom）。

QuickTime文件简单地说就是一群原子的集合，对原子的次序没有规定。文件系统支持文件扩展名，Windows平台下QuickTime文件扩展名通常是.mov。在Macintosh平台上，QuickTime文件类型是moov。在Internet上，QuickTime文件由MIME“video/quicktime”来提供服务。

QuickTime电影原子的原子类型为moov。它包含轨道原子（Track atom），而轨道原子又包含媒体原子（Media atom）。最底层是叶原子（Leaf atom），包含实际数据。

电影（Movie）由一个或多个轨道组成，每个轨道都独立于其他轨道。轨道提供一种强大、灵活的结构，使用它可以精确地控制产生复杂的交互电影。每个轨道都代表了一个独特的随时间变化的功能或方面。一个单个Movie可以有许多不同的轨道类型。包括Video、Audio、Text、Sprite、Flash、HREF、Hinting、QuickTime VR和Chapter divisions。举例说明如下。

1）Movie track：包含整个Movie的版权、注释及其他概要信息。

2）Video track：数字化视频、着色的3D动画或其他编辑图像的序列，以及可选特殊效果。

3）Text track：输入到QuickTime中的标题、片头字幕等文字信息。

4）Hint track：包含允许流服务器通过实时流方式传输媒体轨道的信息。

3. 文件结构实例解析

图7-6所示为用MovSpot对一个QuickTime文件分析得到的树状结构图。图7-6中，ftyp指示了文件类型信息，mdat包含了媒体数据信息，moov是movie atom，包含了track、video、audio等一系列的头信息。

7.5.4 FLV 文件格式

随着近年来流媒体技术的广泛应用，Adobe Flash 也将应用范围推广到流媒体领域，成为继 RealSystem、Windows Media、QuickTime 之后的第四种流媒体技术及平台。

在 Flash 流媒体中，主要有两种视频播放格式：SWF 和 FLV，其中 SWF 较为复杂，而 FLV 则相对简单，且文件更小，因此很多的视频网站都采用 FLV 作为流媒体文件格式。

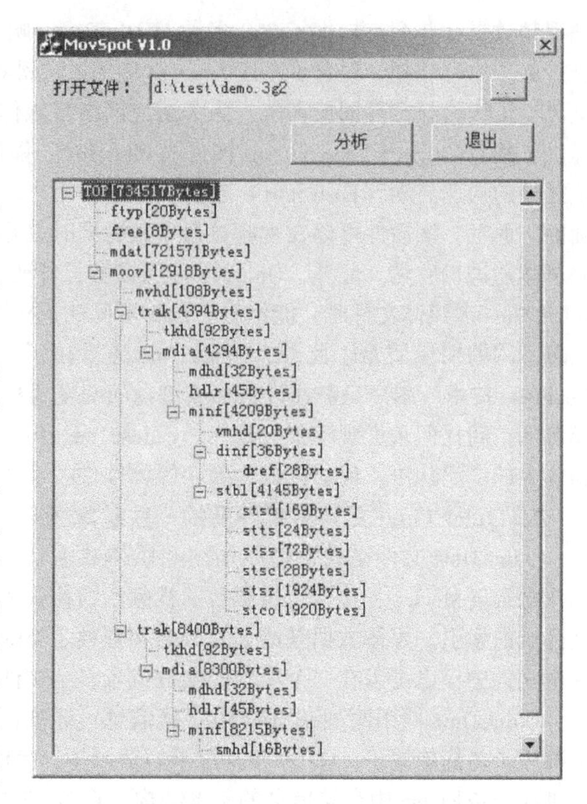

图 7-6　QuickTime 文件结构示例

FLV 是 Flash Video 的简称，FLV 文件格式是随着 Flash MX 的推出而发展起来的一种流式视频格式，它利用了网页上广泛使用的 Flash Player 平台，将视频整合到 Flash 动画中。也就是说，网站的访问者只要能看 Flash 动画，自然也能看 FLV 格式视频，而无须再额外安装其他视频插件，FLV 视频的使用给视频传播带来了极大便利。Flash MX 2004 对其提供了完美的支持，它的出现有效地解决了视频文件导入 Flash 后，使导出的 SWF 文件过大而不能在网络上很好地使用等缺点。FLV 格式不仅可以轻松地导入 Flash 中，并且能起到保护版权的作用。

目前在 Internet 上提供 FLV 格式视频的网站有两类：一类是专门的视频分享网站，如美国的 YouTube、国内的六间房、土豆网等；另一类是提供视频播客的门户网站，如新浪视频播客等。此外，百度最近也推出了关于视频搜索的功能，里面搜索出来的视频基本都是采用了流行的 FLV 格式。FLV 已成为了目前最主流的在线视频播放格式。

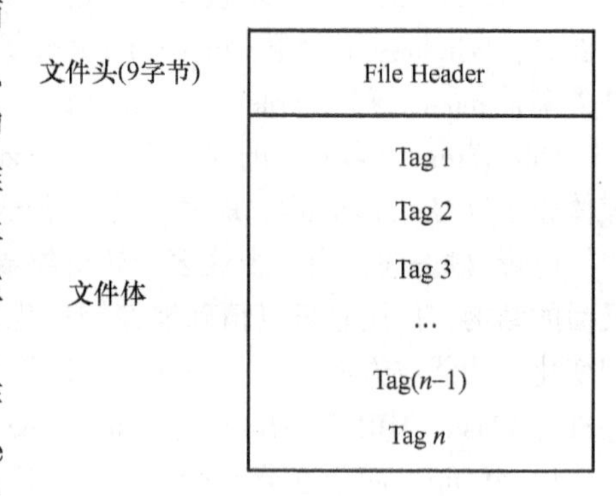

图 7-7　FLV 文件结构

FLV 是流媒体封装格式，我们可以将其数据看作是二进制字节流。总体上看，FLV 包括文件头（File Header）和文件体（File Body）两部分，其中文件体由一系列的标签（Tag）组成，如图 7-7 所示。标签（Tag）可以分成 3 种类型：音频流 Tag（Audio Tag）、视频流 Tag（Video Tag）和脚本流（Script Tag，包括关键字或者文件信息等），且每个 Tag 只能包含一种类型的数据。

1. 文件头（File Header）

文件头（File Header）在当前版本中总是由 9 字节组成，包括文件标识、版本号等全局信息，如表 7-7 所示。

表7-7 FLV文件的文件头

字　段	长　度	说　明
文件标识	3字节	总为“FLV”（0x46 0x4C 0x56）
版本号	1字节	目前为1（0x01）
流类型	1字节	第8位为“1”表示存在视频Tag；第6位为“1”表示存在音频Tag；其他位保留，必须为0
文件头长度	4字节	为UI32类型的值，表示整个文件头的字节长度，在版本1中总为9

2. Tag的结构

FLV文件的Tag结构如表7-8所示。

表7-8 FLV文件的Tag结构

字　段	长　度	说　明
Previous Tag Size	4字节	表示前面一个Tag的长度。对于第1个Tag，其值是为0
Tag类型	1字节	三类：0x08表示音频Tag，0x09表示视频Tag，0x12表示脚本Tag。其他类型值被保留
数据区长度	3字节	为UI24类型的值，表示该Tag数据区的字节数
时间戳	3字节	为UI24类型的值，表示该Tag的时间戳（单位为ms），第一个Tag的时间戳总是0
扩展时间戳	1字节	为时间戳的扩展字节，当24位数值不够时，该字节作为最高位将时间戳扩展为32位值
streamsID	3字节	总是0
Tag数据区	不定	音频、视频、脚本三类数据中的一种。根据不同的Tag类型就有不同的数据区，数据区的长度由“数据区长度”字段定义

7.5.5 其他流媒体文件格式

1. F4V文件格式

F4V是Adobe公司继FLV格式后为了迎接高清时代而推出的支持H.264的流媒体格式。它和FLV的主要区别在于，FLV格式采用的是H.263视频编码，而F4V则是支持H.264高清晰度视频编码，数码率最高可达50Mbit/s。F4V兴起之初，由于编码的特殊，常不为各播放器所兼容播放，但随着高清时代的来临，作为一种压缩效率更高、视频更清晰、更利于在网络传播的格式，F4V已经逐渐取代了传统FLV，也已经被大多数主流播放器兼容播放，如QQ影音、暴风影音等最新版都已经能够直接播放F4V文件。现在主流的视频网站（例如土豆网、酷6网、优酷网）都开始用H.264编码的F4V文件。

2. 3GP文件格式

3GP是一种3G流媒体的视频编码格式，主要是为了配合3G网络的高传输速率而开发的，应用在手机等移动设备上。其优点是文件体积小，适合移动设备使用；缺点是在PC上兼容性差，支持软件少，且播放的视频分辨率低、帧频低。

3GP文件的视频部分可以用MPEG-4第2部分、H.263或MPEG-4第10部分（AVC/H.264）等标准进行压缩编码，声音部分则支持AMR-NB、AMR-WB、AMR-WB+或HE-AAC编码。目前3GP文件有如下两种不同的格式。

1）3GPP：针对GSM手机，扩展名为.3gp。

2）3GPP2：针对CDMA手机，扩展名为.3g2。

7.6 小结

由于早期的模拟图像和视频存在复制失真和因存储介质磨损而失效等问题，所以随着数字化技术的发展，数字图像和视频文件格式便应运而生。随着计算机网络技术的发展和 Internet 的普及，进而推动了对数字媒体文件进行远距离传输的需求，在网络带宽的制约下，压缩文件大小的需求变得更加强烈，这导致了数字视频压缩格式的产生。同时，为了在 IP 网上实现视频流的实时传输，并实现边下载边播放，就需要将一些不便于网络传输的视频格式转换为支持流式传输、播放的流媒体格式。

本章介绍了一些常见的数字图像文件格式，如 BMP、GIF、JPEG/JFIF、TIFF/TIF、PCX、PNG、SVG 等；常见的动画文件格式，如 FLI/FLC、SWF 等；常见的流媒体文件格式，如 RA、RM/RMVB、ASF、WMV、WMA、MOV、FLV 等。

RIFF 是 Windows 环境下大部分媒体文件遵循的一种文件格式规范，常见的如 AVI 文件等都遵循 RIFF 规范。

数字图像有多种文件存储格式，每种格式一般由不同的开发商支持。随着信息技术的发展和图像应用领域的不断拓宽，还会出现新的图像文件格式。因此，要进行图像处理，必须了解图像文件的格式，即图像文件的数据结构。本章介绍了几种常见的图像文件格式，主要有 BMP、GIF、JPEG/JFIF、TIFF/TIF、PCX、PNG 和 SVG 等格式，这有助于了解各种图像文件格式的特性，便于在实际应用中做选择。

BMP 图像文件格式最早应用于 Microsoft 公司推出的 Windows 操作系统，是一种最简单的图像文件格式，它以独立于设备的方法描述位图。虽然它提供的信息过于简单，但是由于 Windows 系统的普及以及 BMP 本身具有格式简单、标准、透明的特点，BMP 图像文件格式得到了推广，各种常用的图形图像软件都可以对该格式的图像文件进行编辑和处理。

JPEG 是 Joint Photographic Experts Group 的缩写，*.jpg/*.jpeg 文件采用 JPEG 压缩算法，是最为常见的一种压缩图像文件，如网上传输的图像文件大多是 *.jpg/*.jpeg 文件。JPEG 文件格式具有以下特点：适用性广，大多数图像类型都可以进行 JPEG 编码；对于数字化照片和表达自然景物的图片，JPEG 编码方式具有非常好的处理效果。JFIF 是 JPEG 文件交换格式。

TIFF 是最复杂的一种位图文件格式，其格式扩展性强。它与计算机的结构、操作系统和硬件无关，可以处理黑白、灰度和彩色图像，允许用户针对扫描仪、显示器或打印机的独特性能进行调试。由于它的结构灵活和包容性大，已成为图像文件格式的一种标准，绝大多数图像系统都支持这种格式。

SVG 是-种开放标准的矢量图形语言，它严格遵从 XML 语法，并用文本格式的描述性语言来描述图像内容，因此是一种和图像分辨率无关的矢量图形格式，可以设计高分辨率的 Web 图形页面，在手机等无线手持设备上得到广泛的应用。

在动画设计领域，常见的文件格式有 GIF、FLI/FLC、SWF 等格式。

GIF 主要是为数据流而设计的一种传输格式，而不是作为文件的存储格式。它支持在一个 GIF 文件中可以同时存储若干幅静止图像，并且可以按照一定的顺序和时间间隔将多幅图像依次读出并显示在屏幕上，进而形成连续的动画。目前，Internet 上大量采用的彩色动画文件多为这种格式的文件。

SWF 是基于 Macromedia 公司（现已被 Adobe 公司收购）Shockwave 技术的流媒体动画格式，是用 Flash 软件制作的一种格式。由于其文件小、交互能力强、支持多个层和时间线程等特点，故被广泛应用于网络动画中。SWF文件通常也被称为Flash文件，其文件扩展名为.swf。SWF格式在网络教学、互联网直播中得到广泛的应用。

AVI是Microsoft公司开发的一种符合RIFF文件规范的数字音频与视频文件格式，允许视频和音频交错在一起进行同步播放，支持256色和RLE压缩。AVI文件目前主要应用在多媒体光盘上，用来保存电影、电视等各种影像信息，有时也出现在Internet上，供用户下载、欣赏新影片的精彩片断。

MPEG视频文件格式（MPEG/MPG/DAT/DivX/XviD）基于MPEG-1/ MPEG-2/ MPEG-4视频压缩算法，广泛应用于VCD、DVD、网络视频监控等领域。

目前，流媒体技术广泛应用于视频会议、网络直播、视频点播、远程教学、网络监控等领域。尤其是随着互联网与计算机的普及，流媒体技术已经改变了人们的生活和工作方式。并且很多新兴流媒体业务也正在不断的研发和拓展中。本章主要介绍了四大流媒体系统RealSystem、Windows Media、QuickTime以及Adobe Flash的流媒体文件格式。

RM/RMVB和RA格式分别是Real Networks公司开发的一种流式视频Real Video和流式音频Real Audio文件格式，主要用来在低速率的网络上实时传输活动视频影像。可以根据网络数据传输速率的不同而采用不同的压缩比，并在数据传输过程中边下载边播放视频影像，从而实现影像数据的实时传送和播放。

ASF文件格式是Microsoft公司的Windows Media的核心。音频、视频、图像以及控制命令脚本等多媒体信息通过ASF格式，以网络数据包的形式传输，实现流媒体内容发布。另外，Microsoft公司还推出了WMV、WMA等新的流媒体格式。

QuickTime（MOV）文件格式是Apple公司开发的一种流媒体文件格式，其最大的特点是平台无关的，即既支持MacOS操作系统，同时也支持Windows操作系统。

FLV是Flash Video的简称，FLV文件格式是随着Flash MX的推出而发展起来的一种流式视频格式，它利用了网页上广泛使用的Flash Player平台，将视频整合到Flash动画中。F4V是Adobe公司继FLV格式后为了迎接高清时代而推出的支持H.264的流媒体格式。它和FLV主要的区别在于，FLV格式采用的是H.263视频编码，而F4V是则支持H.264高清晰度视频编码。

7.7 习题

1. 简述RIFF文件格式，并画出RIFF文件头结构。
2. 什么是位图？位图中的像素颜色如何表示？
3. 什么是调色板？Windows操作系统有哪几种调色板？分别起什么作用？
4. 图像文件的组成部分有哪些？分别包含什么内容？请画出图像文件结构示意图。
5. 试述BMP文件的结构和各部分的主要作用，描述BMP文件的位图文件头和位图信息头的结构。
6. GIF文件是如何组织数据的？它有什么特点？
7. 什么是JFIF文件格式？JPEG文件中有哪些常用标记？
8. 简述PNG文件的特性。
9. SVG文件格式具有哪些特点？
10. 常见动画文件格式有哪些？
11. 简要描述SWF文件的文件头结构。SWF文件中的标签是如何组成和分类的？
12. 有哪些常见的视频文件格式？分别有什么特点？
13. 有哪些常见的流媒体文件格式？分别有什么特点？

第 8 章 数字水印技术

本章学习目标：

- 了解数字水印的基本特征、分类和应用。
- 掌握水印数字系统的组成，数字水印的嵌入和提取的基本原理。
- 掌握最低有效位（LSB）法、基于 DCT 的数字图像水印嵌入和提取算法。
- 了解数字视频水印的嵌入和提取方案。
- 了解水印的攻击方法和对策。

8.1 数字水印概述

8.1.1 数字水印技术的产生背景和应用

信息媒体的数字化为信息的存取提供了极大的便利性，同时也显著提高了信息表达的效率和准确性。特别是随着计算机通信网络技术的发展，以网络为载体的媒体信息的传播和交易极大地推动了信息化社会的前进。然而，网络在给人们带来便利的同时也暴露出越来越严重的安全问题。例如，现代盗版者仅需轻点几下鼠标就可以获得与原版一样的复制品，并以此获取暴利；而一些具有特殊意义的信息，如涉及司法诉讼、政府机要等信息，则会遭到恶意攻击和篡改伪造等。这些都严重侵害了媒体作者、发布者和合法用户的权益，从而也妨碍了数字媒体在许多方面更进一步的发展和应用。目前，数字媒体的信息安全、知识产权保护和认证问题变得日益突出，且已成为数字世界中一个非常重要和紧迫的议题。

虽然成熟的密码学是解决当前网络信息安全的主要手段，但是，对于多媒体内容存在超分布（Super-distribution）问题，即内容一旦解密，便可以随意地被复制、传播。换言之，密码学只能保护传输中的内容，而内容一旦解密就不再有保护作用了。因此，迫切需要一种替代技术或是对密码学进行补充的技术，它应该甚至在内容被解密后也能够继续保护内容。这样，人们提出了新兴的信息隐藏的概念——数字水印（Digital Watermark）。

数字水印技术的基本思想是将含有作者电子签名、日期、公司标志、商标或使用权限等的数字信息作为水印信息，通过一定的算法将水印信息嵌入图像、文本、视频和音频等数字媒体中，但不影响原内容的价值和使用，并且不能被人的知觉系统觉察或注意到，并且在需要时，能够通过一定的技术检测方法提取出水印，以此作为判断媒体的版权归属和跟踪起诉非法侵权的证据。与加密技术不同，数字水印技术并不能阻止盗版活动的发生，但它可以判别对象是否受到保护，监视被保护数据的传播、真伪鉴别和非法复制、解决版权纠纷并为法庭提供证据，为数字媒体内容在认证、防伪、防篡改、保障数据安全和完整性等方面提供了有效的技术手段。

最初提出数字水印的目的是为了保护版权，然而随着数字水印技术的发展，人们发现了更多更广的应用，有许多是当初人们所没有预料到的。下面列举出数字水印的几种实际应用。

1）版权保护。目前，版权保护可能是水印最主要的应用，为了表明对数字作品内容的所有权，数字作品所有者用密钥产生水印并将其嵌入原始载体对象中，然后就可公开发布嵌入水印的数字作品。如果该作品被盗版或出现版权纠纷时，所有者可利用从盗版作品或水印作品中提取水印信号作为依据，保护所有者的权益。

2）广播监控。如果在数字广播节目的内容中嵌入标记广播电台的数字水印信息，通过监测设备的实时检测，判断节目内容的来源，便可有效地用于广播监视，防止广播电台之间的大规模的侵权行为。

3）防止非法复制。在数字作品发行体系中，人们希望有一种复制保护机制，即不允许未授权的媒体复制。在一个封闭或私有的系统中，数字媒体内容需要特殊的硬件来复制和观看使用，在数字作品中嵌入水印来标识允许的复制数，每复制一份，进行复制的硬件会修改水印内容，将允许的复制数减一，以防止大规模的盗版。

4）数字指纹。为了避免未经授权的复制和分发数字作品，数字作品的所有者可在其发行的每个复制品中嵌入不同的水印（数字指纹）。如果发现了未经授权的复制品，则通过检索数字指纹来追踪其来源，确定它的合法拥有者。例如，在按次付费观看（Pay-Per-View，PPV）和视频点播（VOD）等实时视频流应用中，可以将用户的ID作为数字指纹嵌入到视频中来跟踪用户是否有超越其许可权限的行为。

5）内容认证。目前许多视频编辑和处理软件可以轻易地修改数字视频的内容，使得视频内容不再可靠。利用视频水印进行内容认证和完整性校验的目的是检测对数字视频作品的修改，其优点在于：认证同内容是密不可分的，简化了处理过程。

6）多语言电影系统和电影分级。利用视频数字水印技术，可以把电影的多种语言配音和字幕嵌入到视频序列中携带，在保证视觉质量不受影响的情况下节省了声音的传输信道。与此类似，把电影分级信息嵌入视频序列中，可以实现画面放映的控制，从而实现电影的分级播放。

7）安全隐蔽通信。网络情报战是信息战的重要组成部分，其核心内容是利用公用网络进行保密数据传送。迄今为止，学术界在这方面的研究思路一直未能突破“文件加密”的思维模式。然而，经过加密的文件往往是混乱无序的，容易引起攻击者的注意。数字水印所依赖的信息隐藏技术不仅提供了非密文的安全途径，更引发了信息战尤其是网络情报战的革命，产生了一系列新颖的作战方式，使得利用网络进行保密通信有了新的思路，利用数字化音视频信号相对于人的视觉、听觉冗余，可以进行各种时/空域和变换域的信息隐藏。例如，发送者可以将秘密信息（如软件、图像、数据、文本、音频、视频）嵌入公开的视频中，只有指定的接收方才能根据事先约定的密钥和算法提取出其中的信息，而其他人无法觉察到隐藏的水印，从而实现秘密信息的安全传输。

数字水印技术还处于发展之中，上述几个方面也不可能包含其所有可能的应用领域，但可以看出数字水印未来的应用市场将会更加广阔。

8.1.2 数字水印的基本特征

数字水印是永久嵌入在其他数据（载体数据或宿主数据）中具有可鉴别性的数字信号或模式，而且并不影响载体数据的可用性。不同的应用对数字水印的要求不尽相同，一般认为数字水印应具有如下的基本特征。

1. 不可感知性

不可感知性是指嵌入水印后的复合载体数据与原始载体数据之间的相似性。载体作品在嵌入水印信息之后在感知上要达到一定的要求，这个要求并不一定是水印不可见或者可见，要根据水印的应用场合来确定。从水印是否可感知的角度来分，可以分为可见水印和不可见水印两类。例如，水印用于隐藏信息时要求不可见，但如果作为可见标记使用时，则要求可见。

所谓不可感知性，是指视觉、听觉或人类的其他感官上的不感知性。例如，对图像水印而言，因嵌入水印而导致图像的变化对观察者的视觉系统来讲应该是不可察觉的；数字水印的存在不应明显干扰被保护的数据，不影响被保护数据的正常使用。最理想的情况是含水印图像应与原始图像在视觉上一模一样，至少是人眼无法区别的，这是绝大多数图像水印算法所应达到的要求。

2. 水印容量

水印容量（Capacity）也称嵌入率、加载率或者有效载荷，指的是在单位时间内或在一个作品中最多可以嵌入水印的比特数。一般要求水印容量尽量大，这样，一方面可以嵌入尽量多的水印信息，另一方面当预嵌入的水印信息较少时，可以采用纠错编码等技术来减少水印提取的误码率。

3. 鲁棒性（稳健性或健壮性）

数字水印的鲁棒性（Robustness），也称稳健性、健壮性或抗攻击性，是指嵌入水印的作品在经历了各种信号处理或者各种攻击后，水印系统仍能够检测或提取水印的能力。以图像载体为例，常见的操作包括空间滤波、有损压缩、打印和扫描，以及几何失真（旋转、平移和图像缩放等）。这些处理都是非恶意攻击，经过这些处理后水印仍能被检测到或提取出来，表明水印的鲁棒性强。与鲁棒性相反的特征是脆弱性，它要求水印系统尽量不具有鲁棒性，对作品的任何改动都可以通过检测水印来发现并准确定位。

鲁棒性的提高往往以降低不可感知性和水印容量为代价。一般来说，鲁棒性、不可感知性和水印容量三者是相互制约的，不可能设计一个使三者都达到最优的水印系统，我们只能根据实际需要在三者中进行折中。例如，在设计鲁棒水印时，一般在水印容量和不可感知性满足一定要求的情况，尽量提高系统的鲁棒性；而对载体图像的不可感知性要求较高时，系统的水印容量或鲁棒性就不可能太高。

4. 可证明性

数字水印所携带的信息应该能够被唯一地、确定地鉴别，从而能够为已经受到版权保护的数字产品的所有权归属提供完全可靠的证据。数字水印算法应该能够将所有者的有关信息（如注册的用户号码、产品标志或有意义的文字等）嵌入被保护的对象中，并且能在需要的时候将这些信息提取出来作为证据。数字水印可以用来判别对象是否受到保护，并能够监视被保护数据的传播、真伪鉴别以及非法复制控制等。这实际上也是发展水印技术的基本动力。

5. 安全性

数字水印中的信息应是安全的，难以被窜改或伪造，同时，有较低的虚警率。安全性强调的是在攻击者知道或部分知道数字水印算法（包括嵌入和提取算法）的情况下，恶意地进行各种攻击操作，试图实现未经授权的嵌入、提取或检测、删除水印等时，依然可以保证水印的正确。安全性是以鲁棒性为基础的，对数字水印进行对称或非对称加密处理可以禁止未经授权的嵌入、提取和检测。使用基于 PN 序列的扩频技术，可以在一定程度上阻止未经授权的删除水印操作。

对于视频数字水印而言，由于视频是连续播放的图像序列，其相邻帧之间的内容有高度的相关性，连续帧之间存在大量的数据冗余，使得视频水印容易遭受帧平均、帧丢弃、帧交换等各种攻击，而且目前为了节约视频数据存储空间和便于传输，通常采用压缩格式，视频水印在很大程度上是与压缩编码紧密联系在一起的，因此视频水印除了具有一般水印技术的特征外，还有以下一些特殊的要求。

1）实时处理性。水印的嵌入和检测提取算法复杂度不能高，必须在短时间内完成，以保证视频数据的实时编解码。

2）随机检测性。可以在视频的任何位置、在短时间内（不超过几秒钟）检测出水印。在许多实际的视频水印应用当中，不可能从视频的开始位置按播放顺序一步步地检测出水印，而且嵌入水印的视频也可能遭受帧删除、帧重组等攻击，因此视频水印技术要保证能够在视频的任何一个位置，在一小段视频图像序列中能够检测到水印。

3）与视频编码标准相结合。视频数据由于其数据量极大，所以在存储、传播中通常先要对其进行压缩。如果是在压缩视频中嵌入水印，很显然与视频的压缩编码标准相结合；如果是在原始视频中嵌入水印，由于水印嵌入是利用视频的冗余数据来携带信息，而视频压缩编码则需要除去视频中的冗余数据，如果不考虑视频压缩编码标准而盲目地嵌入水印，则嵌入的水印很可能在编码过程中就完全丢失了。

4）视频码率的恒定性。水印嵌入视频数据后不能改变视频流的码率，必须服从传输信道规定的带宽限制，否则将有可能造成解码后的视频图像和声音的失步，降低视频的质量。

5）盲检测性。视频水印的检测原则上不能使用原始视频数据，这是因为在检测时使用原始视频数据会大大增加运算的复杂度，使得水印算法无法实现实时性要求。

8.1.3 数字水印系统的组成

一般数字水印的通用模型包括 3 个基本模块：水印的生成、水印的嵌入和水印的提取或检测，如图 8-1 所示。

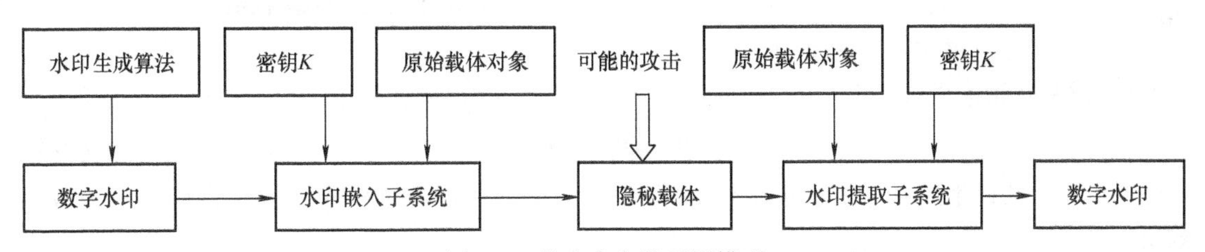

图 8-1 数字水印的通用模型

在数字水印的生成阶段，嵌入算法的目标是使数字水印在不可感知性、安全可靠性和鲁棒性之间找到一个较好的折中。检测阶段主要是设计一个相应于嵌入过程的检测算法。检测的结果或是原水印（如字符串或图标等），或是基于统计原理的检验结果以判断水印存在与否。检测算法的目标是使错判与漏判的概率尽量小。为了给攻击者增加去除水印的不可预测的难度，目前大多数水印制作方案都在嵌入、提取过程中采用了密钥，只有掌握密钥的人才能提取出水印。

水印嵌入过程的基本框架如图 8-2 所示。

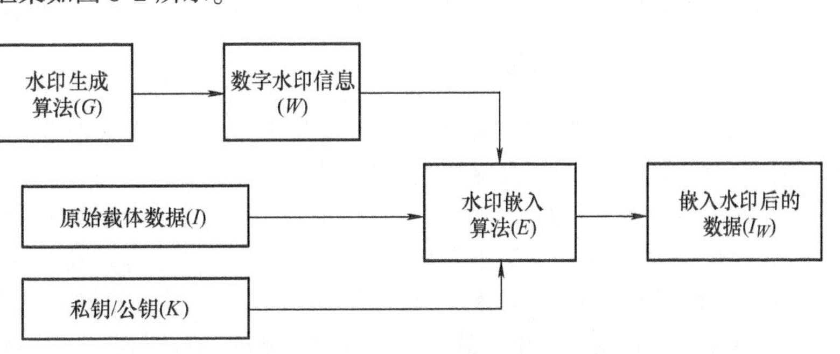

图 8-2 水印嵌入过程的基本框架

该系统的输入是数字水印信息（W）、原始载体数据（I）和一个可选的私钥/公钥（K）。其中数字水印信息可以是任何形式的数据，如随机序列或伪随机序列、字符或栅格、二值图像、3D 图像、灰度图像或彩色图像等。水印生成算法（G）应保证水印的唯一性、有效性、不可逆性等属性。数字水印信息（W）由伪随机数发生器生成，另外基于混沌的水印生成方法也具有很好的保密特性。水印嵌入时密钥（K）可用来加强安全性，以避免未授权的恢复和修复水印。所有的实用系统必须使用一个密钥，有的甚至使用几个密钥的组合。

水印的嵌入算法很多，从总体来看可以分为时（空）间域算法和变换域算法。具体算法将在后面详细介绍。由图 8-2 可以定义水印嵌入过程的通用公式为

$$I_W = E(I, W, K) \tag{8-1}$$

式中，I_W 表示嵌入水印后的数据（即水印载体数据）；I 表示原始载体数据；W 表示水印集合；K 表示密钥集合。这里密钥（K）是可选项，一般用于水印信号的再生。

水印检测过程的基本框架如图 8-3 所示。

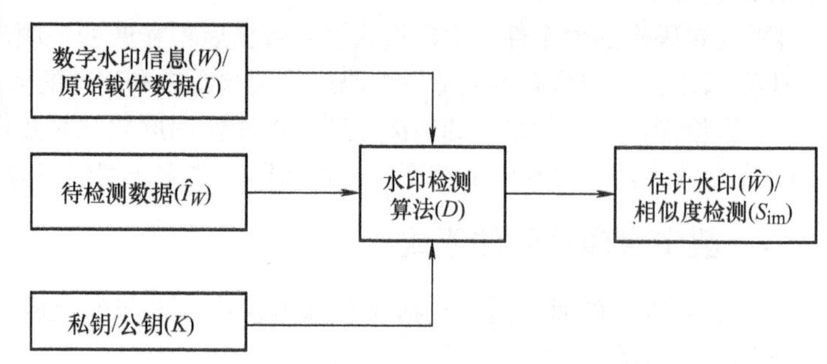

图 8-3　水印检测过程的基本框架

由图 8-3 可以定义水印检测过程的通用公式。

1）有原始载体数据（I）时，有

$$\hat{W} = D(\hat{I}_W, I, K) \tag{8-2}$$

2）有原始数字水印（W）时，有

$$\hat{W} = D(\hat{I}_W, W, K) \tag{8-3}$$

3）没有原始信息时，有

$$\hat{W} = D(\hat{I}_W, K) \tag{8-4}$$

式中，$\hat{W}$ 表示估计水印；D 表示水印检测算法；$\hat{I}_W$ 表示在传输过程中受到攻击后的水印载体数据。

检测水印的手段可以分为两种：一是在有原始信息的情况下，可以做嵌入信号的提取或相关性验证；二是在没有原始信息的情况下，必须对嵌入信息进行全搜索或分布假设检验等。如果信号为随机信号或伪随机信号，证明检测信号是水印信号的方法一般就是做相似度检验。水印相似度检验的通用公式为

$$S_{\text{im}} = \frac{<W, \hat{W}>}{\sqrt{<W, W>}\sqrt{<\hat{W}, \hat{W}>}} \tag{8-5}$$

式中，$\hat{W}$ 表示估计水印；W 表示原始水印；$<\cdot,\cdot>$ 表示内积运算；S_{im} 表示不同信号的相似度。

8.1.4　数字水印的分类

数字水印的分类方法有很多种，分类的出发点不同导致了分类的不同，它们之间既有联系又有区别，有的分类方法还直接反映了水印嵌入算法的不同。目前常见的分类方法有如下 7 种。

1）按承载数字水印的载体不同，可以将数字水印划分为数字图像水印、数字音频水印、数字视频水印、文本水印以及用于三维网格模型的网格水印等。随着数字技术和多媒体技术的发展，将会有更多种类的数字媒体出现，同时也会产生更多新的数字水印技术。

2）按感知特性划分，可将数字水印分为可见数字水印和不可见数字水印。更准确地说应该是可觉察数字水印和不可觉察数字水印。可觉察数字水印嵌入到媒体后会在媒体中留下明显的印记，主要用于标识版权，防止非法使用，虽然降低了资料的商业价值，却不妨碍使用者的使用，如电视台的台标等。不可觉察数字水印嵌入到数字作品中，人的感观不能明显地觉察，不影响作品的质量，具有较高的使用价值。

3）按水印的抗攻击能力分类，可以将数字水印分为鲁棒性数字水印和（半）脆弱性数字水印。鲁棒性水印主要是为了解决数字版权保护问题，如 DVD 复制保护，它要求嵌入的水印能够有效抵抗各种有意或无意的攻击。脆弱性水印的提出主要是为了解决篡改证明问题，也就是多媒体信息的完整性验证。数码相机拍摄的图片没有法律效应，原因在于数字产品的可编辑性。国内外学者提出了可信赖数码相机概念，在拍摄的同时，加入数字水印信息，一旦图片被篡改，便可根据提取出的水印，判断是否被篡改，并且能指出哪个地方被篡改，从而保护图片的完整性，为数码相机的应用拓宽商业路径，也为数字版权管理提供有效技术支持。

4）按数字水印的嵌入域划分，可以将水印技术划分为时/空间域数字水印和频率域数字水印。时/空间域数字水印主要是通过直接修改媒体数据采样值的强度实现水印嵌入的。这种方法无须对原始媒体进行变换，计算复杂度低，实施效率高，有较好的不可感知性，但由于可修改的属性范围较小，生成的水印具有局部性，因而鲁棒性较差。

频率域数字水印也叫变换域数字水印，这类算法先对原媒体进行某种形式的正交变换，在变换得到的系数上嵌入水印，再经过相应的逆变换得到含水印的媒体。常用的变换包括离散傅里叶变换（DFT）、离散余弦变换（DCT）、离散小波变换（DWT）等由于变换后的媒体信息具有能量分布集中和良好的分频特性等优点，易于和人类视觉的感知模型相适应，因而可以方便地调节水印的不可感知性和鲁棒性的平衡。此外，由于流行的压缩标准中的核心算法都是在频率域中进行的，因而对频率域水印的研究具有更加突出的理论意义和应用价值。

5）按数字水印的内容分类，可以将数字水印划分为有意义水印和无意义水印。有意义水印是指水印本身也是某个数字图像（如商标图像）或数字音视频片段的编码。无意义水印则只对应于一个序列号。有意义的水印的优势在于：当媒体水印化信息受到攻击或其他原因致使解码后的水印破损时，人们仍然可以通过视觉观察确认是否含有水印。但对于无意义水印来说，如果解码后的水印序列有若干码元错误，则只能通过统计决策的方法来确定信号中是否含有水印。

6）按照数字水印的检测提取过程是否需要原始媒体信息，可以将数字水印划分为无源检测水印、有源检测水印和半源检测水印。

无源检测水印也叫盲检测水印。水印的检测和提取由含水印的待测媒体本身确定，而不需要原始媒体的参与。这种水印的检测可以在任何拥有检测环境的平台上进行，使用范围较广。但此类算法常常选取数据的固有特征进行水印的嵌入和检测，在数据固有特征被破坏时，水印检测较为困难，生成水印的鲁棒性不高。

有源检测水印也叫非盲检测水印。水印的检测和提取是在分析原始媒体数据与含水印媒体数据差别的基础上进行的，检测和提取过程必须在原媒体的参与下完成。这类水印技术可嵌入水印的位置选择范围较大，可以充分考虑到水印的鲁棒性和不可感知性，生成水印的鲁棒性较好。但由于水印检测和提取必须提供原媒体，因而一定程度地限制了它的应用。

半源检测水印也叫半盲检测水印。水印的检测无须原始媒体数据，但是需要某些与原始媒体数据有关的信息，这些信息可能是原始数据嵌入水印时的某些参量，也可能是表征原始数据某些特征的信息。

7）按照水印的用途分类，可以将水印划分为版权保护水印、认证水印和访问控制水印等。版权保护水印是目前研究最多的一类水印，版权保护水印要求水印具有较好的隐蔽性和鲁棒性。认证水印是一种脆弱性水印，其目的是标识载体数据的完整性和真实性。访问控制水印是在媒体中通过嵌入水印，引入不同级别的扰动。访问时必须先提出水印，恢复扰动才能获得不失真的媒体。

8.2 数字图像水印算法

8.2.1 最低有效位方法

较早的数字水印算法从本质上来说都是在空/时间域上进行的，数字水印直接加载在数据上，使用最多的空间域算法是最低有效位（Least Significant Bit，LSB）方法，这是一种典型的空间域数据隐藏算法，其原理就是通过修改表示数字图像的颜色（或颜色分量）的位平面，调整数字图像中对感知不重要的像素来表达水印的信息，达到嵌入水印的目的。

以图像数据而言，一幅图像的每个像素是以多比特的方式构成的，在灰度图像中，每个像素通常为8位；在真彩色图像（RGB方式）中，每个像素为24位，其中R、G、B三色各为8位，每一位的取值为0或1。在数字图像中，每个像素的各个位对图像的贡献是不同的。对于8位的灰度图像，每个像素的数字 g 可用公式表示为

$$g = \sum_{i=0}^{7} b_i 2^i \tag{8-6}$$

式中，i 代表像素的第几位；b_i 表示第 i 位的取值，$b_i \in \{0,1\}$。这样，把整个图像分解为8个位平面，从最低有效位LSB（位0）到最高有效位MSB（位7）。从位平面的分布来看，随着位平面从低位到高位（即从位平面0到位平面7），位平面图像的特征逐渐变得复杂，细节不断增加。到了比较低的位平面时，单纯从一幅位平面上已经逐渐不能看出测试图像的信息了。由于低位所代表的能量很少，改变低位对图像的质量没有太大的影响。最低有效位方法正是利用这一点在图像低位隐藏入水印信息。图8-4a～图8-4i分别为原始camera图及其从高位到低位的8个位平面。

基本LSB方法的水印嵌入过程主要分为以下3步。

① 将原始图像的像素值由十进制转换成二进制。

② 用二进制水印信息中的每一比特信息替换与之相对应图像载体数据的最低有效位。

③ 将得到的含水印的二进制数据转换为十进制像素值，从而获得含水印的图像。

水印信息的提取过程很简单，只需要将含水印图像的对应像素值转换为二进制形式，然后提取最低有效位即可，因此它可以实现盲检测。也正因这样，水印信息很容易被恶意地提取出来，如果对待嵌入的水印信息事先置乱则可以克服这个不足。

从对基本LSB水印算法的描述来看，LSB算法的嵌入过程与提取过程都很简单，也正是它的简单决定了其自身的一些缺陷。

1）最低有效位相对不重要，因此在其中嵌入的水印信息对噪声的抵抗能力差。

2）由于仅仅选择了最低有效位来嵌入水印，一个像素仅能嵌入1bit信息，并且嵌入位置确定，容易遭受攻击。

尽管如此，由于LSB方法实现简单，水印容量比较大，很多学者基于LSB算法的基本思想，提出了很多改进的LSB算法和广义的LSB算法。例如，在嵌入水印时根据图像载体像素所在行、列的奇偶性的不同，选择不同的有效位来嵌入水印。对于奇数行，用水印替换该行奇数位置像素最低有效位；对于偶数行，用水印替换该行偶数位置像素的最低有效位；对于奇数列，用水印替换该列偶数位置像素的最低有效位；对于偶数列，用水印替换该列奇数位置像素的最低有效位。

由于LSB方法所实现的水印是脆弱的，无法经受一些常见的信号处理操作。在进行数字图像处理和图像变换后，图像的低位非常容易改变，攻击者只需通过简单的删除图像低位数

据或者对数字图像进行某种简单数学变换就可将嵌入的水印信息滤除或破坏掉。因此，LSB 方案更多地应用于如完整性认证等需要使用脆弱水印和半脆弱水印的场合。脆弱水印的目的是标识载体信号的完整性和真实性，对任何恶意和非恶意的攻击越敏感越好；半脆弱水印则能容忍一定程度的常见信号处理操作，能检测出对多媒体数据是否有恶意篡改，可以定位篡改区域，甚至判断篡改方式以及恢复出被篡改的数据。很多情况下，需要将脆弱水印与签名技术结合使用，以满足应用需求。例如，首先对需要进行保护的内容按照一定的规则进行划分（一般分成不重叠的两个区域），然后在其中一个区域进行签名，最后采用脆弱水印技术将签名信息作为水印信息嵌入另一个区域中，其中的签名用于解决认证问题。

图 8-4　原始 camera 图及其 8 个位平面

8.2.2　基于 DCT 域的方法

在空间域中加入水印的算法只能嵌入少量的数据，并且大部分算法引入的都是类似高频噪声的水印，很容易经过低通滤波，重新量化或有损压缩等操作后而去除水印。而在图像的频率域中嵌入水印时，可以提高水印的鲁棒性。频率域水印算法首先利用离散余弦变换（DCT）、离散小波变换（DWT）和离散傅里叶变换（DFT）等方法将数字图像的空间域数据变换为相应的频率域系数；然后，根据待隐藏的信息类型，对其进行适当的编码，生成水印信息；确定某种规则或算法，用水印信息的相应数据去修改选定的频率域系数；最后，将数字图像的频率域系数经相应的反变换转化为空间域数据。

1. 水印的嵌入

基于 DCT 的数字图像水印嵌入过程如下。

（1）将原始载体图像按 8×8 大小进行分块

为了与图像压缩编码标准兼容，以便水印嵌入算法可以在压缩域中实现，将原始图像分割为互不重叠的 8×8 子块，以 8×8 子块为单元进行 DCT 变换。

（2）选择 n 个方差值大的子块

为了实现在载体图像中嵌入水印后的不可感知性，应该将水印信息尽可能地嵌入图像中纹理较复杂的子块。这里将图像子块的方差值 σ^2 作为衡量子块纹理的复杂程度。方差 σ^2 的大小反映了图像子块的平滑程度。当 σ^2 较小时，认为图像子块比较均匀；反之，则认为图像子块包含着较为复杂的纹理或边缘。当将过多的信息嵌入图像的平滑区域，容易引起块效应现象，导致图像质量的下降。所以，将水印信息嵌入纹理复杂区域符合人眼视觉系统的特性。

（3）选择水印信息的嵌入位置

根据人眼视觉系统的特性，人眼对位于低频部分的噪声相对敏感，为了使水印不易被察觉，应将水印信息嵌入到较高频率的 DCT 系数中；然而将水印信息嵌入到 DCT 高频系数中，又会因量化、低通滤波等处理而丢失信息，影响水印的鲁棒性。为了解决 DCT 低频和高频系数的矛盾，这里采用折中的办法，将水印信息嵌入到载体图像的 DCT 中频系数中。图 8-5 示例了 8×8 块 DCT 中频系数的位置（灰色方格）。

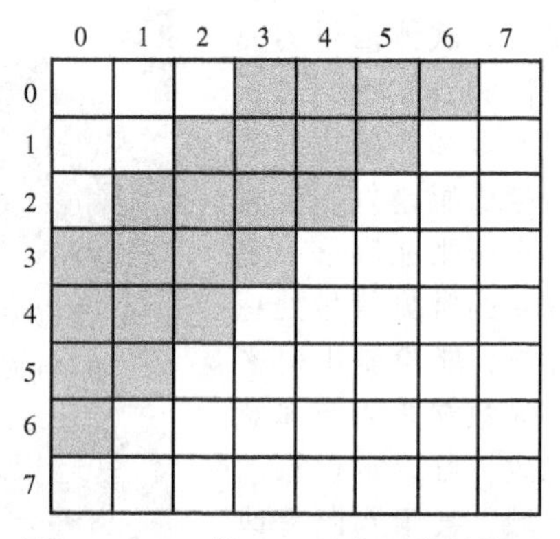

图 8-5　8×8 块 DCT 中频系数的位置

（4）嵌入水印信息并进行分块 DCT 逆变换

确定合适的 DCT 中频系数位置后嵌入水印信息，最后通过子块的 DCT 逆变换生成含水印的图像。

2. 水印的提取

基于 DCT 的数字水印提取过程如下。

1）对原始图像和待测图像分别进行分块 DCT，并比较相关性，以确定序列 watermark_vector。

2）根据图像块的方差值的大小，确定纹理块，从而确定水印曾经的嵌入位置。

3）与嵌入时的步骤相似，根据序列 watermark_vector 以及纹理块复杂度的次序形成一维水印序列。

4）将水印序列重新组成二维水印恢复图像，并据此进行图像的版权认证。

8.3　数字视频水印的嵌入和提取方案

视频水印技术是在静止图像水印技术的基础上逐渐发展起来的，最初视频水印是将视频看作一个个单独的帧构成的图像序列，再运用图像水印的方法嵌入水印。这种方法的缺点是它没有考虑到视频在短时间内帧内容高度相关的这个特性，水印很容易被帧平均的方法去除。现在已经有许多针对视频水印不同应用而提出的视频水印算法。由于数字视频编解码系统与静止图像编解码的不同，视频水印的嵌入、提取过程和图像水印的嵌入、提取过程有很大的不同，数字视频水印的嵌入方案可以分为在未压缩的原始视频中嵌入、在视频编解码器中嵌入和在压缩后的视频码流中嵌入，图 8-6 所示为视频水印模型的几种嵌入和提取方案。

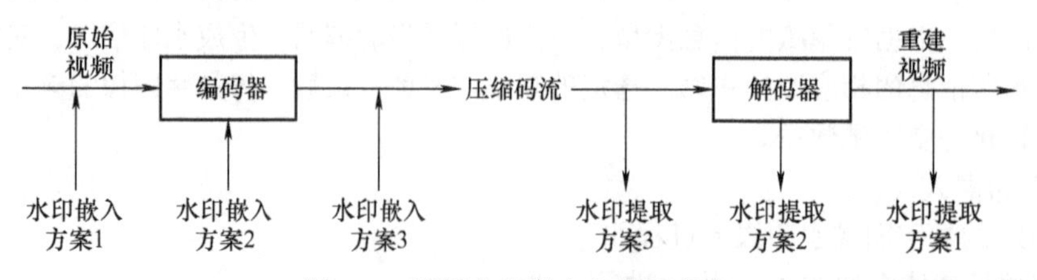

图 8-6　视频水印嵌入和提取方案

8.3.1 基于未压缩的原始视频的水印方案

此类方案将数字水印直接嵌入未经过压缩编码的原始视频图像序列中，然后再对含有水印信息的视频图像进行编码压缩。这类方案可以充分利用静止图像的数字水印技术和策略，结合视频帧的结构特点，形成适用于视频水印的方案。

这类方案的优点是水印算法比较成熟，原则上图像水印方案均可应用于此，有鲁棒性水印和脆弱性水印等，可用于多种目的。但也有明显的缺点，即会增加视频码流的数码率，影响视频码率的恒定性；嵌入水印后的视频数据经压缩编码后有可能丢失部分水印信息，给水印的提取和检测带来不便；对于已压缩的视频，需要先进行解码，然后嵌入水印后再重新编码，增加了计算的复杂度并降低了视频的质量。

按照水印嵌入域不同，此类水印又可分成空间域水印和变换域水印两种方法。

1. 空间域水印方案

空间域水印方案是指直接将水印嵌入在原始视频数据中，一般是嵌入在亮度分量上，也有的是嵌入在色度分量中。

空域水印的优点是复杂度低，计算简单，但鲁棒性和不可感知性较之变换域水印要差些。

2. 变换域水印方案

变换域水印方案一般是将视频看成一个三维信号（两维在空间上，一维在时间上），水印嵌入在三维变换域中。常用的变换域有 DCT 域、DFT 域、DWT 域、哈达玛变换域等。

三维变换的一个缺点是运算量大。当然，随着处理器速度的提高，在实时性要求不大高的情况下是可以满足速度要求的。

8.3.2 基于视频编码的水印方案

此类方案是在编码压缩时嵌入水印。当今视频压缩的标准包括 ISO/IEC 的 MPEG-x 和 ITU-T 的 H. 26x，它们的基本编码思想是运动补偿预测和基于块的变换编码。在编码压缩时嵌入水印，可以直接与视频编码器相结合，利用视频数据压缩的原理，一般是通过修改编码阶段的 DCT 域中的量化系数，结合人类视觉特性嵌入水印。水印的嵌入和提取过程是在视频编解码器中进行，适用于可以直接介入视频编码过程的情况。例如，采用自己的编码器，对摄像头捕捉的原始视频流进行编码。这一方案虽然增加了引入水印算法的局限性，一旦水印信息嵌入编码码流中，在上述的编解码过程后可能对视频信号质量产生不良影响。但是，由于该方案一般是通过调制 DCT 或量化之后的系数完成信息嵌入过程，因此便于通过自适应的机制分配隐藏信息到视频信号中，并依据人的视觉特性进行调制，在得到较好的主观视觉质量的同时得到较强的抗攻击能力。此类方案的优点是水印仅嵌入在 DCT 系数中，不会增加数码率；易设计出抗多种攻击的水印。缺点是会降低视频的质量，因为一般它也有一个解码—嵌入—再编码的过程；存在误差积累，嵌入的水印数据量低，没有成熟的三维时空视觉隐蔽模型。

8.3.3 基于压缩视频码流的水印方案

在压缩域中嵌入水印，即直接将水印信息嵌入编码压缩后的比特流中。这种方案的显著优点是没有解码和再编码的过程，因而不会造成视频质量的下降，同时计算复杂度较低。其缺点是由于压缩数码率的限制而限定了嵌入水印数据量的大小，嵌入水印的强度受视频解码误差的约束，嵌入策略受相应视频压缩算法和编码标准的限制。有些学者提出了一种通过修改视频流中的可变长度编码（VLC）以隐藏水印信息的算法，这种算法充分利用了视频压缩编码标准，无须对压缩的视频流完全解码再编码，计算复杂度小，嵌入水印的速率相对较高，但其缺点是对信道干扰和视频处理的抵抗能力较差，按同样的算法在可标记的 VLC 码幅度值的最不重要位上加入随机比特就可以破坏水印，传统的滤波、重采样和时间域缩放等处理也会影响水印的提取。目前也有些算法提出在运动矢量中嵌入水印，将水印嵌入在幅度值大且相角变化小的运动矢量中，在压缩视频序列中，大部分的帧是运动补偿预测编码帧，所以在运动矢量中隐藏水印信息可以更加有效地利用视频比特流中的信息。

上面介绍的视频水印都是基于帧的视频水印方案。实际应用中，非法使用者常常并不使用整幅图像（帧），而只是剪切图像（帧）中某些有意义的对象来非法使用。由此，产生了一种新的基于对象的视频水印思想。为了进一步提高视频压缩的效率，人们还提出了基于对象的视频压缩算法，如 MPEG-4。MPEG-4 是一种高效的基于对象的视频压缩标准，有着广泛的应用前景，例如移动通信中的声像业务、网络环境下的多媒体数据的集成以及交互式多媒体服务等。MPEG-4 的应用，使得对视频对象的操作变得更加容易，这样，对视频对象的保护显得更为迫切了。正因为如此，基于对象的视频水印迅速成为视频水印的又一个热门研究方向。

8.4 水印的攻击方法和对策

从数字水印的应用中可以看出，数字水印在认证、防盗版方面有重要的应用。然而，水印技术与密码术一样，是在不断的“攻”与“防”中发展的，因此，研究数字水印的攻击方法对于数字水印的发展有着重要的作用。

对数字水印的攻击一般是针对水印的鲁棒性提出的要求。数字水印的鲁棒性是指水印信号在经历多种无意或有意的信号处理后，仍能保持完整性或仍能被准确鉴别的特征。标准数据处理是指数据（特别是数字作品）经过数据发布渠道，如编辑、打印、增强、格式转换等的过程。攻击是指那些带有损害性、毁坏性的，或者试图移去水印信号的处理过程。鲁棒性好的水印应该能够抵抗各种水印攻击行为。在这里我们只考虑那些并不严重导致载体数据失真的攻击方法。

按照攻击后的水印作品具有的商业价值可以将攻击分类为：成功的攻击和毁坏性的攻击。一种成功的攻击可以为攻击者创造商业价值。它能够把水印削弱到无法恢复和提取的地步，同时攻击后的载体数据只有一些少许的变动，不影响载体数据的商业价值。这是实际应用中最需要考虑进行对抗的攻击。而毁坏性攻击无法为攻击者创造良好的商业价值，但是它可以起到破坏的作用，影响数字水印的实际应用，在某些情况下也需要考虑。

按照攻击原理可以将攻击分为四类：简单攻击、同步攻击、排除攻击和混淆攻击。

8.4.1 简单攻击及对策

简单攻击是试图对整个水印化数据（嵌入水印后的载体数据）进行操作来削弱嵌入的水印的幅度（而不是试图识别水印或分离水印），导致数字水印提取发生错误，甚至根本提取不出水印信号。常见的操作有线性滤波、通用非线性滤波、压缩（JPEG、MPEG）、添加噪声、漂移、像素域量化、数模转换、γ 修正等。

简单攻击中的操作会给水印化数据造成类噪声失真，在水印提取和校验过程中将得到一个失真、变形的水印信号。可以采用两种方法抵抗这种类噪声失真：增加嵌入水印的幅度和冗余嵌入。

通过增加嵌入水印幅度的方法，可以大大地降低攻击产生的类噪声失真现象，在多数应用中是有效的。嵌入的最大容许幅度应该根据人类视觉特性决定，不能影响水印的不可感知性。

冗余嵌入是一种更有效的对抗方法。在空间域上可以将一个水印信号多次嵌入，采用大多数投票制度实现水印提取。另外，采用错误校验码技术进行校验，可以更有效地根除攻击者产生的类噪声失真。冗余嵌入可能会影响水印数据嵌入的比特，实际应用中应该折中这种鲁棒性和增加水印数据嵌入比率两者之间的矛盾。

8.4.2 同步攻击及对策

同步攻击是试图破坏载体数据和水印的同步性，即试图使水印的相关检测失效或使恢复嵌入的水印成为不可能。被攻击的数字作品中水印仍然存在，而且幅度没有变化，但是水印信号已经错位，不能维持正常水印提取过程所需要的同步性。这样，水印提取器就不可能或者无法实行对水印的恢复和提取。同步攻击通常采用几何变换方法，如缩放、空间方向的平移、时间方向的平移（视频数字作品）、旋转、剪切、像素置换、二次抽样化、像素或者像素簇的插入或抽取等。

同步攻击比简单攻击更加难以防御。因为同步攻击破坏水印化数据中的同步性，使得水印嵌入和水印提取这两个过程不对称。而对于大多数水印技术，水印提取器都需要事先知道嵌入水印的确切位置。这样，经过同步攻击后，水印将很难被提取出来。因此，在对抗同步攻击的策略中，应该设法使得水印的提取过程变得简单。

同步攻击可能只使用一种简单的几何变换，例如剪切、平移等。在有源提取的情况下，可以将源载体数据和水印化数据相比较，得到水印化数据遭受的几何变换的种类和区域，进而可以消除和同化几何学上的失真。在无源提取的情况下，只能采用穷举的方法，尝试使用所有可能的处理，将被攻击的数据翻转过来。这种穷举的方法在遇到复杂的同步攻击的情况下，计算将成为不可能。

比较可取的对抗同步攻击的对策是在载体数据中嵌入一个参照物。在提取水印时，先对参照物进行提取，得到载体数据所有经历的攻击的明确判断，然后对载体数据依次进行反转处理。这样可以消除所有同步攻击的影响。到目前为止，最复杂的同步攻击是基于 Jittering 的，它也常常被用来衡量一个水印技术是否真正实用。Jittering 攻击将数据切割、除去、复制和组合，那么，攻击后的数字作品将只有很细微的改变，甚至没有改变。已有实验证明，这种攻击能非常有效地破坏大多数水印算法中正常的水印提取过程。例如，Jittering 攻击主要用于对音频信号数字水印系统的攻击，一般实现方法是，首先将信号数据分成 500 个采样点为一个单位的数据块，然后在每一个数据块中随机复制或删除一个采样点，来得到 499 或 501 个采样点的数据块，接着再将数据块按原来顺序重新组合起来，这种改变即使对古典音乐信号数据也几乎感觉不到，但是却可以非常有效地阻止水印信号的检测定位，以达到难以提取水印信号的目的。类似的方法也可以用来攻击图像数据的数字水印，其实现方法也非常简单，即只要随机地删除一定数量的像素列，然后用另外的像素列补齐即可，该方法虽然简单，但是仍能有效破坏水印信号存在的检验。

针对这种特殊攻击的对策是存在的。对于部分水印算法，在水印提取过程前，对攻击后的数字作品进行适当的低频过滤，可以消除 Jittering 攻击带来的影响。

8.4.3 排除攻击及对策

排除攻击（Removal attacks）试图通过分析水印化数据，估计图像中的水印，将水印化数据分离成为载体数据和水印信号，然后排除水印，得到没有水印的载体数据，达到非法盗用的目的。常见的方法有：共谋攻击（Collusion attacks）、去噪、确定的非线性滤波、采用图像综合模型的压缩（如纹理模型或者 3D 模型等）。针对特定的加密算法在理论上的缺陷，也可以构造出对应的排除攻击。

在一些水印应用系统中，同一数字产品被嵌入不同的水印信号，这使得攻击者有可能逼近或恢复原始数据，例如在视频水印算法中，每一帧被嵌入了不同的水印信号，如果攻击者掌握了足够多的数据集，便可通过平均法使得水印系统无法检测出水印信号的存在。共谋攻击通常采用一个数字产品的多个不同的水印化复制实现。针对这种基于统计学的共谋攻击的对策是考虑如何限制水印化复制的数量。通过实验发现水印化复制的数量少于4个的时候，基于统计学的共谋攻击将不成功，或者不可实现。

针对特定的水印技术采用确定的信号过滤处理，可以直接从水印化数据中排除水印。另外，在知道水印嵌入程序和水印化数据的情况下，还存在着一种基于伪随机化的排除攻击。其原理是，首先根据水印嵌入程序和水印化数据得到近似的源数据，利用水印化数据和近似的源数据之间的差异，将近似的源数据进行伪随机化操作，最后可以得到不包含水印的源数据。为了对抗这种攻击，必须在水印信号生成过程中采用随机密钥加密的方法。采用随机密钥的加密，对于水印的提取过程没有影响，但是基于伪随机化的排除攻击将无法成功。因为每次嵌入的水印都不同，水印嵌入器将不能确定出近似的源数据来。

8.4.4 混淆攻击及对策

混淆攻击（Ambiguity attacks）是试图生成一个伪源数据、伪水印化数据来混淆含有真正水印的数字作品的版权，由于最早由IBM的Craver等人提出，也称IBM攻击。一个例子是倒置攻击，虽然载体数据是真实的，水印信号也存在，但是由于嵌入了一个或多个伪造的水印，混淆了第一个含有主权信息的水印，失去了唯一性。这种攻击实际上使数字水印的版权保护功能受到了挑战，如何有效地解决这个问题正引起研究人员的极大兴趣。

在混淆攻击中，同时存在伪水印、伪源数据、伪水印化数据和真实水印、真实源数据、真实水印化数据。要解决数字作品正确的所有权，必须在一个数据载体的几个水印中判断出具有真正主权的水印。一种对策是采用时间戳技术。时间戳由可信的第三方提供，可以正确判断谁第一个为载体数据加了水印。这样就可以判断水印的真实性。

另一种对策是采用不可逆水印（Noninvertible watermark）技术。构造不可逆的水印技术的方法是使水印编码互相依赖，例如使用单向哈希（Hash）函数。

8.5 MATLAB 编程实例

【例8-1】请编写MATLAB程序，实现基于LSB的数字图像水印算法。

解：

```
%…………LSB水印嵌入算法……………
clear all;
%读取载体图像
file_name = 'lena.bmp';
[orig_image, map] = imread(file_name);
%读取秘密信息
file_name = 'key.bmp';
[message, mapl] = imread(file_name);
messagel = message;
message = double(message);
message = fix(message./2);
message = uint8(message);
%确定载体图像大小
Hc = size(orig_image,1);
Nc = size(orig_image,2);
```

```
%确定秘密信息大小
Hm = size(message,1);
Wm = size(message,2);
%利用秘密信息生成载体图像大小的水印信息
for i = 1:Hc
    for j = 1:Nc
        watermark(i,j) = message(mod(i,Hm) +1, mod(j,Wm) +1);
    end
end
watermarked_image = orig_image;
%将水印信息嵌入载体图像
for i = 1:Hc
    for j = 1:Nc
        watermarked_image(i,j) = bitset(watermarked_ image(i,j),1, watermark(i,j));
    end
end
imwrite(watermarked_image, 'LSB_watermarked.bmp', 'bmp');
%…………LSB 水印提取算法…………
clear all;
watermarked_image = imread('LSB_watermarked.bmp');
%水印图像的大小
Hw = size(watermarked_image,1);
Ww = size(watermarked_image,2);
%水印信息提取过程
for i = 1:Hw
    for j = 1:Ww
        watermark(i,j) = bitget(watermarked_image(i,j),1);
    end
end
watermark =2 * double(watermark);
imshow(watermark, [ ]);
title('Recovered Watermark')
```

【例 8-2】请编写 MATLAB 程序，实现基于 DCT 的数字图像水印算法。

解：水印嵌入算法的程序如下。

```
clear all;
k =20;                          %设置水印强度
block_size =8;                  %设定图像的分块大小为 8×8
DCT_coef = [0,0,0,1,1,1,1,0;    %定义 DCT 中频系数的选取
            0,0,1,1,1,1,0,0;
            0,1,1,1,1,0,0,0;
            1,1,1,1,0,0,0,0;
            1,1,1,0,0,0,0,0;
            1,1,0,0,0,0,0,0;
            1,0,0,0,0,0,0,0;
            0,0,0,0,0,0,0,0];
watermark = double(imread('copyright.bmp'));  %读入水印图像,并转换为双精度数组
Hm = size(watermark, 1);                      %计算水印图像的高度
Wm = size(watermark, 2);                      %计算水印图像的宽度
n = Hm * Wm;
%将水印图像转变为 1 维行向量,watermark 由 0、1 构成的 1 行 n 列的一维数组
watermark = round(reshape(watermark, 1, n)./256);
```

```
orig_image = double(imread('lena.bmp'));        % 读入原始载体图像,并转换为双精度数组
Hc = size(orig_image, 1);
Wc = size(orig_image, 2);
c = Hc/8;
d = Wc/8;
m = c * d;                                       % 划分原始载体图像的分块数
% 计算载体图像每一分块的方差
xx = 1;
for j = 1:c
    for i = 1:d
        mean(xx) = 1/64 * sum(sum(orig_image((1 + (j - 1) * 8): j * 8, (1 + (i - 1) * 8): i * 8)));
        variance(xx) = 1/64 * sum(sum((orig_image((1 + (j - 1) * 8): j * 8, (1 + (i - 1) * 8): i * 8)
                  - mean(xx)).^2));
        xx = xx + 1;
    end
end
A = sort(variance);
B = A((c * d - n + 1): c * d);                   % 取出方差最大的前 n 块
% 将水印信息嵌入到方差最大的前 n 块
variance_o = ones(1, c * d);
for g = 1:n
    for h = 1:c * d,
        if B(g) == variance(h)
            variance_o(h) = watermark(g);
            h = c * d;
        end
    end
end
watermark_vector = variance_o;
watermarked_image = orig_image;
% 设置 MATLAB 随机数生成器状态 J,作为系统密钥 K
rand('state',7);
% 根据当前的随机数生成器状态 J,生成 0,1 的伪随机序列
pn_sequence_zero = round(rand(1, sum(sum(DCT_coef))));
% 嵌入水印
x = 1; y = 1;
for (kk = 1: m)
    % 分块 DCT 变换
    dct_block = dct2(orig_image(y: y + block_size - 1, x: x + block_size - 1));
    % 纹理大(方差最大的前 n 块)并且被标示的水印信息为 0 的块在其 DCT 中频系数嵌入伪随机序列
    tt = 1;
    if(watermark_vector(kk) == 0)
        for ii = 1: block_size
            for jj = 1: block_size
                if(DCT_coef(jj,ii) == 1)
                    dct_block(ii,ii) = dct_block(ii,ii) + k * pn_sequence_zero(tt);
                    tt = tt + 1;
                end
            end
        end
    end
```

```
        %分块 DCT 反变换
        watermarked_image(y: y + block_size - 1, x: x + block_size - 1) = idct2(dct_block);
        %换行
        if(x + block_size) > = Wc
           x = 1; y = y + block_size;
        else
           x = x + block_size;
        end
    end
    watermarked_image_int = uint8(watermarked_image);
    %生成并输出嵌入水印后的图像
    imwrite(watermarked_image_int, 'dct2_watermarked. bmp', 'bmp');
    %显示峰值信噪比
    xsz = 255 * 255 * Hc * Wc/sum(sum((orig_image - watermarked_image).^2));
    psnr = 10 * log10(xsz);
    %显示嵌入水印后的图像
    figure(1)
    imshow(watermarked_image_int, [ ]
    title(Watermarked Image')
```

嵌入过程中涉及多个一维数组：其中 watermark 与 B 是 1 行 n 列的一维数组；variance、variance_o（即 watermark_vector）均是 1 行 m 列的一维数组；pn_sequence_zero 是 1 行 22 列的一维数组。watermark 由嵌入的水印图像决定，pn_sequence_zero 由系统当前的伪随机数生成器状态 J 唯一确定，watermark 与 pn_sequence_zero 均由 0，1 构成。

具体实现过程中，先将一维数组 variance_o 全置为 1，方差数组 variance 按降序排序得到方差最大的前 n 个数值，组成数组 B；其次，修改方差值最大的图像块对应的 variance_o(h) 值使得 variance_o(h) = watermark(1)，修改方差值次之的图像块对应的 variance_o(h) 值使得 variance_o(h) = watermark(2)，以此类推，修改完 m 个数值得到一维数组 watermark_ vector。最后选择 watermark_vector(h) 为 0 的图像块作为实际嵌入水印的图像块，当选定的图像块在 DCT 中频的 22 个系数嵌入伪随机序列 pn_sequence_zero 的 k 倍后，所有图像块进行 DCT 逆变换，生成含水印图像。

用 MATLAB 实现的数字水印提取程序代码如下。

```
clear all;
block_size = 8;
DCT_coef = [ 0,0,0,1,1,1,1,0;
             0,0,1,1,1,1,0,0;
             0,1,1,1,1,0,0,0;
             1,1,1,1,0,0,0,0;
             1,1,1,0,0,0,0,0;
             1,1,0,0,0,0,0,0;
             1,0,0,0,0,0,0,0;
             0,0,0,0,0,0,0,0 ];
orig_image = double(imread('lena. bmp'));                        %读入原始载体图像
watermarked_image = double(imread('dct2_watermarked. bmp'));    %读入待检测的图像
Hw = size(watermarked_image,1);
Ww = size(watermarked_image,2);
c = Hw/8;
d = Ww/8;
m = c * d;
orig_watermark = double(imread('copyright. bmp'));               %读入水印图像
```

```
Ho = size(orig_watermark,1);
Wo = size(orig_watermark,2);
n = Ho * Wo;
%设置相同的随机数生成器状态J,作为检测时的系统密钥K
rand('state', 7 );
pn_sequence_zero = round(rand(1,sum(sum(DCT_coef))));          %生成相同的伪随机序列
%提取水印
x = 1;
y = 1;
for(kk = 1:m)
    %对原始图像和待检测图像分别进行分块DCT
    dct_block1 = dct2(watermarked_image(y: y + block_size - 1, x: x + block_size - 1));
    dct_block2 = dct2(orig_image(y: y + block_size - 1, x: x + block_size - 1));
    tt = 1;
    for ii = 1:block_size
        for jj = 1:block_size
          if(midband(jj,ii) = =1)
              sequence(tt) = dct_block1(jj,ii) - dct_block2(jj,ii);
              tt = tt + 1;
          end
        end
    end
  %计算两个序列的相关性
  if(sequence = =0)
  correlation(kk) =0;
  else
  correlation(kk) = corr2(pn_sequence_zero,sequence);
  end
  %换行
  if(x + block_size) > = Ww
        x = 1;
        y = y + block_size;
  else
        x = x + block_size;
   end
end
%相关性大于0.5嵌入0,不大于0.5,则表明曾经被嵌入
for(kk = 1:m)
   if(correlation(kk) >0.5)
        watermark_vector(kk) =0;
   else
        watermark_vector(kk) =1;
   end
end
%计算原始图像的方差
xx = 1;
for j = 1:c
   for i = 1:d
        mean(xx) =1/64 * sum(sum(orig_image((1 + (j -1) *8): j *8, (1 + (i -1) *8): i *8)));
        variance(xx) =1/64 * sum(sum((orig_image((1 + (j -1) *8): j *8, (1 + (i -1) *8): i *8)
                    - mean(xx)).^2));
```

```
        xx = xx + 1;
    end
end
%取出方差最大的前n块
A = sort(variance);
B = A((c * d - n + 1): c * d);
%根据原始图像方差最大的前n块的位置把水印信息提取出来
variance_o = ones(1, n);
for g = 1:n
    for h = 1:c * d,
        if B(g) = = variance(h)
            variance_o(g) = watermark_vector (h);
            h = c * d;
        end
    end
end
watermark_vector = variance_o;
%重组嵌入的图像信息
watermark = reshape(watermark_vector(1:Ho * Wo),Ho,Wo);
%计算提取的水印和原始水印的相似程度
sim = corr2(orig_watermark, watermark)
%把水印信息保存为文件名为 watermark.bmp 的位图图像
imwrite(watermark,'watermark.bmp','bmp');
```

8.6 小结

数字水印技术是通过一定的算法将一些标志性信息直接嵌入多媒体内容中，但不影响原内容的价值和使用，并且不能被人的感知系统觉察或注意到，只有通过专用的检测器或阅读器才能提取。其中的水印信息可以是作者的序列号、公司标志、有特殊意义的文本等信息，可用来识别文件、图像或音乐制品的来源、版本、原作者、拥有者、发行人、合法使用人等对数字产品的拥有权。根据数字水印是否可见可以分为可见水印和不可见水印；根据数字水印的作用可以将数字水印分为鲁棒水印、脆弱水印和半脆弱水印；根据水印实现的方法不同可分为空间域数字水印和频率域数字水印等。一个数字水印系统一般包括水印的生成、水印的嵌入和水印的提取或检测3个基本方面。

本章简要介绍了一些主要的水印算法。空间域水印算法的最大特点是复杂度低，实时性较强。但是空间域水印算法在鲁棒性上表现不佳，因此很多空间域算法都设计成脆弱水印或者半脆弱水印算法。与空间域水印算法相比，随后发展起来的变换域水印算法更受青睐。变换域算法的最大特点是鲁棒性好，尤其是对滤波、量化和压缩攻击的抵抗能力强，而且嵌入容量比较大。

8.7 习题

1. 什么是数字水印，数字水印主要可分成几类？
2. 举例说明数字水印的主要用途。
3. 简单描述数字水印的基本思想和基本特征，以及视频数字水印有哪些特有性质。
4. 简述数字水印的嵌入和提取过程。

第9章　图像与视频的质量评价

本章学习目标：

● 掌握人眼视觉特性的知识，包括对比敏感度和掩盖效应的概念。

● 掌握图像与视频质量的主观评价方法。

● 掌握全参考图像质量的客观评价方法，包括基于信号保真度的均方误差和峰值信噪比，基于结构相似性的质量评价，以及基于信息保真度准则的评价方法。

● 了解半参考、无参考图像质量评价方法，包括自然场景统计特性的原理和建模方法，以及常见的空域与频域特征提取方法。

● 了解全参考、半参考和无参考视频质量评价方法。

9.1　常见的图像与视频失真类型

在讲述图像与视频质量的评价方法之前，首先明确如下3个基本概念。

1）参考图像（Reference Image）：也称为标准图像或无失真图像，即原始没有受到任何失真的图像。一般指通过图像采集设备获取还未经过压缩等处理的原始图像。

2）失真图像（Distorted Image）：是指参考图像在经过压缩等处理过程中受到不同类型或不同程度失真后产生的待评价图像。常见的失真类型比如经过压缩编码（JPEG、JPEG2000）带来的方块效应或振铃效应、加性或乘性噪声污染、高斯或运动模糊、对比度压缩以及在易错信道中由于传输误码带来的失真等。

3）图像质量：广义上来讲，图像质量有两方面的含义，一是面向一般应用的图像保真度（Image Fidelity），即失真图像与参考图像之间的相似程度或信息保持程度，反映人眼观察图像时视觉感知的舒适性，人眼视觉感知越舒适，则认为图像质量越好；二是针对特定应用的图像可懂度（Image Intelligibility），即图像向人或机器提供有效信息的程度。经过视觉心理学和图像处理领域专家多年的研究实践，图像保真度测量产生了大量的研究成果，而图像可懂度测量由于涉及更多的人类视觉心理学的高层次感知机理，还处于研究的初级阶段。本书中的图像质量是指图像保真度，主要讲述针对图像保真度的测量方法。

图像质量评价（Image Quality Assessment，IQA）与视频质量评价（Video Quality Assessment，VQA）就是通过主观或客观的方式对失真图像或视频进行评分，以准确反映失真图像或视频的视觉质量。主观的方式即通过人工对失真图像或视频进行评分，而客观的方式则通过工程化的计算模型自动地对失真图像或视频进行评分。

图像与视频经过不同的处理阶段，所产生的失真类型与失真程度也各不相同。本节将分别介绍常见的图像与视频失真类型及其成因，并结合示例给以直观的认识。

1. 图像失真类型

常见的图像失真包括以下几种类型。

（1）图像编码产生的压缩失真

图像的数据量巨大，在绝大多数应用环境中都需要先经过编码（压缩）再进行存储或传输，在编码过程中，常使用量化来减少数据量，从而产生压缩失真。根据压缩编码中使用的变换或量化技术的不同，压缩失真引起的视觉观察效果也不尽相同。如 JPEG 压缩使用基于块的离散余弦变换（DCT）和量化常带来较明显的细节模糊（Blur）和方块效应，而 JPEG2000 压缩使用小波变换（WT）常带来较明显的高频细节模糊和边界处的振铃效应（Ringing）。图 9-1 所示为图像分别经过 JPEG 与 JPEG2000 压缩后产生失真的示意图，从中可以明显地看出 JPEG 产生的方块效应与 JPEG2000 产生的振铃效应带来的视觉上的区别。

a) 参考图像

b) JPEG压缩失真

b) JPEG2000压缩失真

图 9-1　压缩失真示意图

（2）图像采集时由于镜头器件缺陷产生的噪声失真

在采集图像时，由于镜头内部物理器件的缺陷有时会产生噪声失真，根据噪声特性是否与信号相关，常分为加性噪声与乘性噪声。加性噪声的特性与信号无关，而乘性噪声的特性与信号相关，其幅度会受到信号的调制。为简单起见，一般将噪声视为加性高斯白噪声（Additive White Gaussian Noise，AWGN）进行处理和分析。图 9-2 所示为原始图像加入均值为 0、标准差为 0.14 的高斯白噪声后的示意图。

a) 参考图像

b) 加入高斯白噪声后的图像

图 9-2　噪声失真示意图

（3）图像采集时由于镜头抖动或散焦产生的模糊失真

模糊失真也是很常见的一种失真类型，根据成因一般可分为散焦模糊或由于镜头与景物之间的相对运动产生的运动模糊。对模糊失真特性建模时，为简单起见常用圆对称的高斯模糊来模拟。图 9-3 所示为原始图像加入高斯模糊后的示意图。

（4）图像压缩后的码流在易错信道中传输时由于比特误码产生的传输失真

编码后的图像码流在易错信道中传输，有可能由于网络环境（如快速衰落的瑞利信道）的影响而造成比特误码，虽然先进的编码器中会有错误弹性机制，但比特误码产生的失真仍然无法完全消除。图 9-4 所示为图像在传输过程中由于比特误码产生失真的示意图。

图像的处理过程多种多样，造成图像失真的原因也很多，除了上述几种常见的失真类型之

a) 参考图像

b) 模糊失真图像

图 9-3 模糊失真示意图

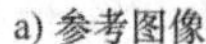
a) 参考图像

b) 传输失真图像

图 9-4 传输失真示意图

外，其他的图像失真包括对比度变化、亮度偏移、颜色失真等，甚至在单个图像中同时出现多种失真类型。这在图像质量评价中都是需要考虑的问题。

2. 视频失真类型

常见的视频失真包括以下几种类型。

（1）视频编码产生的压缩失真

与图像编码类似，实际的视频应用系统在传输之前必然经过编码（压缩）阶段，编码中的量化技术是造成失真的主要原因。当然不同的视频编码标准采用不同的编码技术和工具来压缩视频，因而产生的失真类型与造成的质量损伤也不太一样。根据目前常用的视频编码标准，压缩失真主要包括 MPEG-2 压缩失真、MPEG-4/H. 264AVC 压缩失真、HEVC 压缩失真与 AVS 压缩失真等。压缩失真在视觉上主要表现为空域上的方块效应、假轮廓、细节模糊等。

（2）视频压缩后的码流在易错信道中传输时由于数据丢失产生的传输失真

视频压缩后的码流相比图像压缩码流在数据量上通常要大得多，传输时产生的失真主要与信道条件相关，比如在无线信道中传输产生的误码失真、在 IP 网络中传输产生的数据丢包失真等。传输失真在视觉上既表现为空域上的信息错乱，又表现为时域上的运动补偿不匹配、拖曳效应、抖动效应等。

需要注意的是，视频中的相继帧之间是存在相关性的，这种相关性一方面表现在帧内容之间的自然相关性，另一方面在视频编码时，某一帧的编码会参考之前甚至之后的若干帧进行时域信息预测。一帧图像的部分信息丢失或错误很可能会影响当前帧周围信息甚至相邻多帧信息的正确解码，从而大大影响视频质量，这就是视频中的误码传播（Error Propagation）现象。图 9-5 所示为参考视频帧图像分别经过 MPEG-2 压缩、H. 264 压缩以及信道传输后的失真示意图。

a) 参考视频

b) MPEG-2压缩失真

c) H.264压缩失真

d) 传输失真

图 9-5　视频失真示意图

9.2　图像与视频质量的主观评价

9.2.1　对比敏感度与视觉掩盖效应

在大多数图像处理应用中，图像与视频信号的最终接收者都是人眼或称为人类视觉系统（Human Visual System，HVS），HVS 对图像与视频质量的感知有其内在的规律和特点，这些规律或机理就称为人眼视觉特性。HVS 对视觉信息的处理机制是一个极其复杂的过程，涉及视觉神经学、生理学、心理学、认知学等多学科知识，目前还没有被完全的认识和理解。由于对 HVS 各个部分都采用自底向上（Bottom Up）的建模难度很大，目前更多的是采用黑盒法将基本的图像模式输入到 HVS 并记录其对这些模式的感知输出结果，并使用工程化的方法对输入输出关系进行建模。本节将介绍对比敏感度和视觉掩盖效应这两个与图像质量感知紧密相关的人眼视觉特性。有代表性的图像或视频质量评价方法或多或少地都利用了这些特性，以使其评价结果与人眼感知更加一致。

1. 对比敏感度

对比度决定了人眼对亮度变化的感受程度，对比度阈值（Contrast Threshold）是指人眼能觉察到的亮度变化的临界值，对比敏感度（Contrast Sensitivity）则定义为对比度阈值的倒数。对比度阈值越低，则对比敏感度越高，即人眼能分辨亮度变化的能力越强。对于视觉信号中不同的空间频率内容，人类视觉系统具有不同的对比敏感度。对比敏感度函数（Contrast Sensitivity Function，CSF）就描述了对比敏感度随空间频率的变化特性，其数学表达式为

$$\mathrm{CSF}(f)=2.6\times(0.0192+0.114f)\times\exp[-(0.114f)^{1.1}] \tag{9-1}$$

式中，f 是图像的空间频率，单位是周期/度（cycles/degree）。

图 9-6a 和图 9-6b 所示分别为 Campbell-Robson 对比敏感度函数的条形图和对比敏感度函数曲

线。如图9-6所示，随着空间频率由小到大，人眼对比敏感度先由小变大，再由大变小，大约在空间频率为8周期/度的时候取得最大值，当空间频率增大到60周期/度后对比敏感度趋近于零，即对亮度变化不再敏感。因此，CSF具有带通特性，对中间频率敏感度大，对高频与低频敏感度相对较小。

a) Campbell-Robson CSF条形图

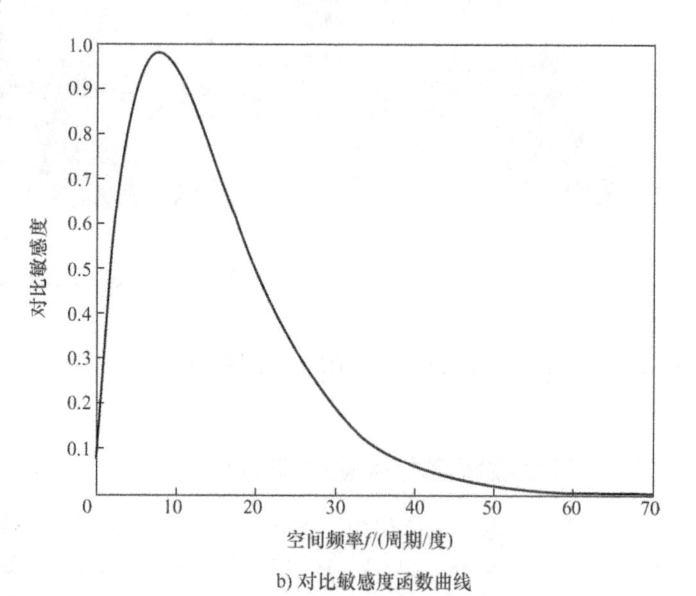

b) 对比敏感度函数曲线

图9-6　对比敏感度函数示意图

2. 视觉掩盖效应

视觉掩盖效应（Visual Masking Effect）是指人眼对视觉信号的感知能力（或视觉信号的可见性）会因为周围视觉信号的存在而减弱的现象，其强弱可根据掩盖信号出现与否所导致的视觉信号可见性的变化程度来衡量。一般而言，当视觉信号与周围掩盖信号具有相近的空间位置和运动情况、相似的频率变化情况与方向模式时，掩盖效应更强。常见的掩盖效应包括对比度掩盖效应、纹理掩盖效应、运动掩盖效应等。掩盖效应的出现会使得视觉信号中失真的可见性发生变化，很多最近的图像质量评价方法也都利用了视觉掩盖效应，以定量地识别不同类型的失真被掩盖的程度。

图9-7所示为视觉掩盖效应示意图，其中图9-7a是原始Lena图像，可看作是参考图像，图9-7b是均值为0、方差为0.01的空间分布均匀的高斯白噪声图像，图9-7c是原始图像加入高斯白噪声后的失真图像。从图像质量评价的角度来分析，图9-7b是参考图像与失真图像之间的误差信号，误差强度在空间上

a) 参考图像

b) 高斯白噪声图像

c) 失真图像

图9-7　视觉掩盖效应示意图

分布均匀，但是从图9-7c可以看出，随着局部空间位置上纹理模式和复杂程度的不同，误差的可见性也明显不同。在Lena图中的帽穗处，空间频率很高，纹理模式复杂，高斯噪声失真被掩盖了；而在Lena的脸部和肩部，纹理较平滑，高斯噪声没有被掩盖，失真非常明显。在设计图像质量的评价方法时，就需要考虑这种视觉上的失真掩盖效应。

9.2.2 电视图像质量的主观评价方法

图像与视频质量的主观评价方法类似，都是通过人工来观察图像，并对感知到的图像或视频质量进行打分，最后对多人打分的结果进行统计平均，得到图像或视频的平均主观意见分(Mean Opinion Score，MOS)。为了得到统计上有意义的主观质量评价结果，对观察者的特性、观察时的实验环境（比如显示器的大小、亮度和对比度、人眼观察距离以及环境亮度等)、打分标准、具体评价方法与流程等都有较严格的规定。国际电信联盟无线电通信部（International Telecommunication Union-Radiocommunication Sector，ITU-R）在2012年1月公布的建议书BT.500-13“电视图像质量的主观评价方法”和BT.710-2“高清晰度电视图像质量的主观评价方法”中对评价方法和实验环境等因素给出了指导性建议。

1. 对观察者的要求

一般要求参加评价的观察者数目较多，比如20人以上。选择的观察者既要包括对图像处理技术有一定经验的专业人员，又要包括对图像处理没有经验的一般人员，并对观察者的特点做尽量详细的记录，比如职业类型（大学教师、大学生、广播电视从业人员等)、性别、年龄等。在评价开始之前，需要确保观察者的视力具有正常的视敏度和正常的彩色视觉。之后，确保观察者知晓评价目的以及详细的评价方法与流程，包括打分标准等级、常见的质量因素或失真类型、评价时间等。

2. 对实验环境的要求

观察时的实验环境对图像展示效果和人眼观察效果影响很大，因此在主观质量评价时对显示器的特性、人眼观察距离以及环境亮度等都有较严格的要求。通用的观察环境要求如下。

1）未激活显示器的屏幕亮度与峰值亮度之比≤0.02。
2）显示器仅显示黑电平与仅显示峰白电平的屏幕亮度之比约等于0.01。
3）显示器的亮度、对比度和分辨率工作在正常范围内。
4）观察者的观察距离和观察角度相比屏幕大小在正常范围内。
5）显示器周围的环境亮度与图像峰值亮度之比约等于0.15。
6）背景色温和照度在合适范围内。

3. 打分标准

目前国际上通用的图像或视频主观质量打分是采用5级打分法，可以选择质量尺度或者损伤尺度进行打分，具体的打分标准如表9-1所示。一般而言，具有图像处理经验的专业人员更容易发现图像与视频中的失真，宜采用损伤尺度，而没有图像处理经验的一般人员宜采用质量尺度。

表9-1 两种尺度的图像与视频质量打分法

质量尺度	得分	损伤尺度	得分
非常好	5	无察觉	5
好	4	刚察觉	4
一般	3	轻微讨厌	3
差	2	讨厌	2
非常差	1	难以观看	1

4. 具体评价方法

一个评价阶段应在半小时以内完成，以防观察者出现视觉疲劳。在真正开始记录观察者对测试图像的评价结果之前，先使观察者进行几次模拟测试，每次持续时间相同，以稳定观察者对图像的主观评分。然后，再使观察者对测试图像完成一次或多次评价，并记录评价结果，重复的次数依赖于测试图像或序列的长度。经验表明，对于静态图像，展示3～4s并重复5次（最后两次用于评价）比较合适。对具有时变特性的视频序列，每个序列展示10s并重复2次（第二次用于评价）比较合适。图9-8所示为观察者进行模拟测试与实际评分的流程示意图，主要分为模拟测试与实际测试评分两个阶段，其中T_1与T_3为测试图像或视频的展示时间，T_2与T_4为测试之间的间隔时间。

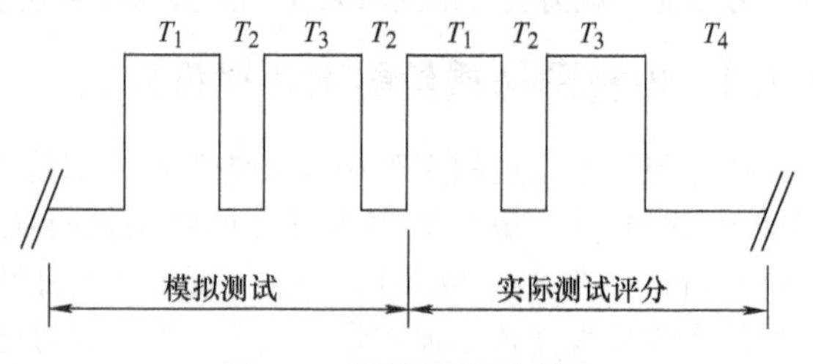

图9-8　评价流程示意图

评价方法常采用双刺激连续质量尺度（Double Stimulus Continuous Quality Scale，DSCQS）法。所谓“双刺激”是指由参考图像与相应的失真图像组成图像对，观察者观看以随机顺序出现的一系列图像对（图像对中参考图像与失真图像出现的顺序是随机的，且观察者不被告知哪个是参考图像，哪个是失真图像，以避免观察者打分时带有偏见），并对两者的质量都按照连续尺度的5级打分法给出评价。最后根据不同观察者对同一测试图像或视频的主观评分，进行归一化和统计分析，得到主观评价结果。

主观质量评价方法的优点是准确可靠，因为绝大多数图像处理系统的最终接收者都是人眼，因此其评价结果常作为基准来判断客观质量评价方法的预测性能，但也具有下列缺点。

1）主观评价需要的观察者数目较多，会耗费大量人力和时间，实际操作起来很不方便且综合成本较大。

2）主观评价有时会受到观察者个人偏好、观察经验、当时情绪等不确定心理因素的影响，从而对打分结果产生一定影响。

3）主观评价只能做事后评价，无法应用于需要对图像与视频质量实时监控的场合。

4）最重要的是，主观评价无法进行“自动的”质量评价，更无法作为质量目标来指导图像与视频系统的优化设计。

可见，主观评价方法虽然准确但存在诸多不便，因此近年来视觉心理学与图像处理领域的专家根据HVS的感知特性更多地致力于开发客观的（Objective）质量评价方法，以实现图像与视频质量的自动评价。

9.3 图像质量的客观评价

9.3.1 图像质量客观评价方法的分类

目前，有多种图像质量客观评价方法，根据不同的准则可以有不同的分类方法。

1. 基于参考图像的可用性进行分类

根据对失真图像进行质量评价时参考图像的可用性或利用程度，可分为以下三类。

1）全参考（Full Reference，FR）图像质量评价：对失真图像进行评价时根据需要可以利用参考图像的所有信息。

2）半参考（Reduced Reference，RR）图像质量评价：也称为减少参考或部分参考质量评价，对失真图像评价时利用了参考图像的部分信息，这部分信息通常是从参考图像中提取的具有代表性的特征。

3）无参考（No Reference，NR）图像质量评价：也称为盲（Blind）图像质量评价，即对失真图像进行评价时不利用对应的参考图像做对比，仅仅根据失真图像自身的信息进行质量评价。

2. 基于失真图像是否包含彩色信息进行分类

1）灰度图像（Gray Image）质量评价：失真图像仅包含亮度通道，不包含彩色信息。

2）彩色图像（Color Image）质量评价：失真图像包含彩色信息，根据不同格式具有不同的彩色通道，如RGB、YUV、HSV等。

对于彩色图像，由于HVS对彩色失真的感知机理还不够深入，简单做法是将彩色图像转化为灰度图像（即提取出亮度通道）进行评价，复杂些的做法是对彩色图像的各个颜色通道（如RGB、YUV等）分别作为灰度图像进行评价，再根据各个颜色通道对人眼视觉的重要性加权平均得到彩色图像的综合质量。

3. 基于应用范围进行分类

1）通用的质量评价：是指设计的质量评价方法可应用于不同的领域和失真类型。

2）专用的质量评价：所设计的质量评价方法专门针对某些应用领域或特定的失真类型，如专门针对JPEG压缩失真的质量评价、专门针对模糊程度（Blur）或锐度（Sharpness）的质量评价、专门监控网络视频流质量的评价方法等。专用的质量评价方法在设计时就考虑了特定的应用场景，因此对失真图像有更多的了解（即先验知识），一般能获得比通用质量评价更好的准确性与计算效率。比如视频质量专家组（Video Quality Experts Group，VQEG）就主要针对电视图像质量进行评价，对标准视频编码和传输误码产生的视频质量降质进行了较好的建模和预测。

本节基于第一种分类方法分别介绍全参考、半参考与无参考的图像质量评价方法，并主要针对单通道的灰度图像。另外，假定待评价的失真图像与参考图像尺寸一致，且在像素空间坐标位置上是严格对齐的，即两者之间仅存在灰度值的差异，而不存在位置上的偏移（如平移、转换、缩放等）。这符合大部分图像处理系统的应用场景，比如参考图像经过压缩编码（JPEG、JPEG2000）、噪声污染或信道误码后引入的失真都表现为像素值的变化而图像像素位置不变。

9.3.2 全参考图像质量评价

全参考图像质量评价的方法有很多，性能也不尽相同。本小节将介绍几种最具代表性且已经得到学术界与产业界广泛认可的全参考图像质量评价方法，主要包括基于信号保真度的均方误差与峰值信噪比，基于结构相似性的质量评价，以及基于信息保真度准则的评价方法，并从原理、准确性、计算复杂度等方面分析各自的优缺点。

1. 均方误差

均方误差是基于信号保真度（或误差信号敏感性）的IQA方法，这类方法认为失真图像是由参考图像加上误差信号得到，通过测量误差信号的视觉感知强度来评价图像失真的程度。对于数字化的尺寸为$M \times N$个像素的二维灰度图像，设$f(i,j)$与$g(i,j)$分别表示参考图像与失真图像在(i,j)位置的像素值，则二者之间的均方误差（Mean Squared Error，MSE）定义为对应位置像素灰度值误差的平方的平均值，计算公式如下：

$$\mathrm{MSE} = \frac{1}{M \times N}\sum_{i=1}^{M}\sum_{j=1}^{N}[f(i,j) - g(i,j)]^2 \tag{9-2}$$

式中，i与j分别表示像素位置在宽度M与高度N上的索引。由上述公式可见，MSE计算每一像素位置上灰度值的误差，之后做平方与平均化处理，因此可以写成如下等价的一维信号误差统计的形式：

$$\mathrm{MSE}=\frac{1}{K}\sum_{k=1}^{K}[f(k)-g(k)]^2 \tag{9-3}$$

式中，$K=M\times N$，$k=\{1,2,\cdots,K\}$ 表示像素索引；$f(k)$ 与 $g(k)$ 分别表示参考图像与失真图像的第 k 个像素值。这相当于将二维图像信号按行或按列拉成一维向量的形式进行误差统计。习惯做法是将整个图像或图像块（Patch）按列拉成一维列向量的形式，这一预处理过程在图像处理的其他领域也应用较多。

MSE 根据信号误差的统计特性来表达图像的失真程度，MSE 值越大，表示两个图像在所有像素位置上平均的误差平方值越大，即失真图像偏离参考图像的程度越大，其失真就越大，质量越低；反之，MSE 值越小，失真越小，质量越高。极端情况下，当失真图像与参考图像在每一像素位置上的灰度值都相同时，MSE 获得最小值 0。至今，MSE 仍然广泛应用于大量的图像处理与质量评价系统中，主要原因在于具有如下优点。

1）具有明确的物理意义，易于理解，就是表示所有像素平均意义上的误差，即误差信号的能量。

2）计算简单，只需要极小的计算量，在所有的质量评价算法中是最高效的。

3）是可微分的，便于数学运算和分析，因此适合作为质量优化的指标嵌入到图像处理系统中来指导优化算法的设计。比如在图像编码与视频编码系统（H. 264、HEVC）中，常使用 MSE 作为失真测量并结合码率模型进行编码参数的优化设计，以达到最优的率失真优化（Rate Distortion Optimization，RDO）性能，即用最小的码率获得最小的失真。

但用 MSE 作为图像质量的评价指标，也具有如下缺点。

1）MSE 完全忽视了二维图像信号内部像素之间的空间相关性即结构特性，“天真地”将二维图像信号当作一维信号来处理，但实际上图像信号尤其在局部空间位置上存在较大的相关性（表现为场景中的边缘、纹理等结构化信息），这种相关性对于人眼感知图像质量有很大的影响。

2）MSE 将误差信号与图像信号完全割裂开来，忽略了图像的局部特征对误差信号可见性的影响，即认为误差信号在不同的图像区域具有相同的视觉重要性。

3）MSE 没有反映人眼观察图像的过程，与人眼评价结果的一致性较低。MSE 相同的失真图像，其主观质量可能差别很大，反之，主观质量相似的失真图像，MSE 可能差别很大。

2. 峰值信噪比

峰值信噪比（Peak Signal-to-Noise Ratio，PSNR）定义为信号最大可能的峰值功率与噪声信号的功率之比，因此可以看作是对 MSE 从量纲上的一种转换。设 L 表示灰度图像最大的像素值，对于常见的 8bit 量化的灰度图像，$L=2^8-1=255$，则 PSNR 的计算公式为

$$\mathrm{PSNR}=10\cdot\lg\left(\frac{L^2}{\mathrm{MSE}}\right)=10\cdot\lg\left(\frac{L^2}{\frac{1}{M\times N}\sum_{i=1}^{M}\sum_{j=1}^{N}[f(i,j)-g(i,j)]^2}\right) \tag{9-4}$$

式中，lg(.) 表示以 10 为底的对数，计算得到的 PSNR 的单位是分贝（dB）。由式(9-4) 可见，PSNR 与 MSE 成反比，与图像质量成正比。失真图像的 MSE 越低，PSNR 越高，图像质量越好。一般而言，当失真图像的 PSNR 在 35dB 以上时，人眼几乎觉察不到失真，图像质量较高；当 PSNR 在 28dB 到 35dB 之间时，失真图像会呈现出一定程度的差异，图像质量一般；当 PSNR 在 28dB 以下时，图像质量的降质较为明显，人眼观察会感觉到不舒适感。

图 9-9 所示为 PSNR 随 MSE 变化的函数曲线。比如，当失真图像与参考图像的像素值平均差异

为5，即 MSE 为25 时，PSNR 约等于 34.15dB，可认为图像质量较好；当两者的像素值平均差异为10，即 MSE 为100 时，PSNR 约等于 28.13dB，图像质量一般；当两者的像素值平均差异为20，即 MSE 为400 时，PSNR 约等于22.11dB，图像质量较差。

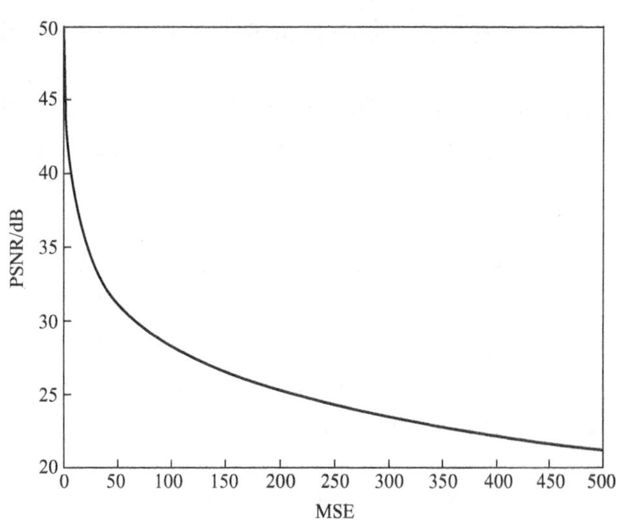

图 9-9　PSNR 与 MSE 的关系曲线

由于 PSNR 是从 MSE 转换而来，其与主观评价结果的一致性也很一般。图像的 PSNR 高，其主观视觉质量并不一定好。但由于其计算上的简单性，而且取值范围易于被人们理解和接受，目前 PSNR 与 MSE 一样经常作为基本的质量指标被广泛地应用于各种图像与视频处理系统中。

3. 结构相似性测量

自然场景图像描述了物体的边缘与外观纹理等信息，局部像素之间具有很强的空间依赖性或相关性（Spatial Correlation），表现出高度结构化的特征。这种空间结构信息与图像的亮度和对比度相对独立，如亮度或对比度的变化对结构信息的影响不大。而人眼观察外部世界的过程可以看作是一个学习的过程，经过多年的观察经验，善于从场景中快速提取出空间结构信息以辨识物体的形状和类别。相对于亮度与对比度的变化，人眼对结构信息的变化可能更加敏感。因此结构信息的变化可以作为图像质量的一个评价指标。

图像的结构相似性（Structure Similarity，SSIM）测量于 2004 年由王舟等人提出，主要基于人眼对图像局部结构信息变化敏感的特性，同时考虑了图像的亮度与对比度变化，结合三方面的相似性测量进行质量预测。根据图像结构的局部化特性，一般是先对图像分块（如 8×8 块）测量其结构相似性，再对所有块加权平均得到整个图像的 SSIM 值。设 x 和 y 分别为参考图像 X 与失真图像 Y 对应位置的划分图像块，图像块之间可以不重叠，也可以重叠若干个像素，设图像块大小相同且其中像素的个数为 N，则亮度、对比度与结构信息的相似性计算公式分别为

$$l(x,y)=\frac{2\mu_x\mu_y+C_1}{\mu_x^2+\mu_y^2+C_1} \tag{9-5}$$

$$c(x,y)=\frac{2\sigma_x\sigma_y+C_2}{\sigma_x^2+\sigma_y^2+C_2} \tag{9-6}$$

$$s(x,y)=\frac{2\sigma_{xy}+C_3}{\sigma_x\sigma_y+C_3} \tag{9-7}$$

式中，$l(x,y)$ 为亮度相似性；μ_x 为 x 的亮度均值，定义为 $\mu_x=\frac{1}{N}\sum_{i=1}^{N}x_i$；$c(x,y)$ 为对比度相似性；σ_x 为 x 的标准差，定义为 $\sigma_x=\sqrt{\frac{1}{N-1}\sum_{i=1}^{N}(x_i-\mu_x)^2}$；$y$ 的亮度均值与标准差定义与 x 类似；$s(x,y)$ 为结构相似性；σ_{xy} 为 x 与 y 之间的协方差，定义为 $\sigma_{xy}=\frac{1}{N-1}\sum_{i=1}^{N}(x_i-\mu_x)(y_i-\mu_y)$；$C_1$、$C_2$ 与 C_3 是为了避免分式中的分母接近于零时测量值不稳定而定义的经验性的小常数。最后综合式(9-5)～式(9-7)

得到图像块 x 和 y 之间的结构相似性测量值（SSIM），计算公式为

$$\mathrm{SSIM}(x,y)=[l(x,y)]^{\alpha}\cdot[c(x,y)]^{\beta}\cdot[s(x,y)]^{\gamma} \tag{9-8}$$

式中，α、β、γ 是大于零的常数用于调整亮度、对比度与结构信息对质量评价的相对重要程度。为简单起见，可认为三者的重要性相同，设置 $\alpha=\beta=\gamma=1$ 并且 $C_3=C_2/2$，则式(9-8) 可简化为

$$\mathrm{SSIM}(x,y)=\frac{(2\mu_x\mu_y+C_1)(2\sigma_{xy}+C_2)}{(\mu_x^2+\mu_y^2+C_1)(\sigma_x^2+\sigma_y^2+C_2)} \tag{9-9}$$

常数 C_1 与 C_2 根据经验设置为 $C_1=(K_1L)^2$ 及 $C_2=(K_2L)^2$，其中 L 为图像最大可取的像素值，对于8bit 量化的灰度图像，其值为 255，而 K_1 与 K_2 的取值分别为 0.01 和 0.03。

由此定义的 SSIM 指标具有下列 3 个非常好的性质。

1）对称性：$\mathrm{SSIM}(x,\ y)=\mathrm{SSIM}(y,\ x)$。

2）有界性：$\mathrm{SSIM}(x,\ y)\leqslant 1$。

3）具有唯一的最大值：当且仅当 $x=y$ 时，才有 $\mathrm{SSIM}(x,\ y)=1$。

当参考图像 X 与失真图像 Y 对应位置图像块的 SSIM 指标计算之后，整个图像 X 与 Y 之间的 SSIM 指标可根据各图像块的重要程度加权平均来计算，计算公式为

$$\mathrm{SSIM}(X,Y)=\frac{\sum_{j=1}^{M}\omega_j(x_j,y_j)\cdot\mathrm{SSIM}(x_j,y_j)}{\sum_{j=1}^{M}\omega_j(x_j,y_j)} \tag{9-10}$$

式中，M 为图像块数；$\omega_j(x_j,\ y_j)$ 为第 j 个图像块的重要程度，可根据图像内容而变化。最简单的可认为各图像块的重要性相同，即对所有的 j，$\omega_j(x_j,\ y_j)=1$，式(9-10) 可简化为如下形式：

$$\mathrm{SSIM}(X,Y)=\frac{1}{M}\sum_{j=1}^{M}\mathrm{SSIM}(x_j,y_j) \tag{9-11}$$

SSIM 在质量预测的准确性和计算高效性方面取得了较好的平衡，自提出以来获得了广泛认可，被应用到图像处理的多个领域。总结起来，SSIM 图像质量评价方法具有如下特点。

1）基于自顶向下的方式利用了 HVS 对图像质量的感知规律，避免了对 HVS 底层机制建模的复杂性和不确定性。

2）相比 MSE 和 PSNR，其评价结果具有更高的准确性，与人眼主观评价分（MOS）更加一致。

3）具有较低的计算复杂度，便于嵌入到图像处理系统中来评价质量或优化算法。

4. SSIM 算法的扩展

SSIM 算法的提出对于 IQA 领域具有里程碑的意义，之后也出现了很多 SSIM 的改进算法。在此介绍两种重要的 SSIM 改进算法。

（1）多尺度结构相似性（MS-SSIM）

当人眼观察图像时，观察条件（如显示器分辨率与观察距离）对感知结果影响很大。比如分别从远距离和近距离观察图像，接收到的信息或失真大不一样，远距离观察只能看到场景中的大体轮廓，而近距离观察可以看到场景中的细节。但 SSIM 并没有考虑观察条件对图像质量的影响，仅从单一尺度进行结构相似性测量，这是 SSIM 的一个缺点。如果在相似性测量之前，先将图像变换到不同尺度，以模拟不同的观察条件，将使评价结果与人眼感知更加一致。由此，多尺度结构相似性（Multi-Scale Structure Similarity，MS-SSIM）应运而生。

生成多种尺度图像的方法有很多，一般是通过低通滤波再下采样的方式得到类似于“金字塔”的多尺度图像描述。将原始图像大小作为尺度 1，先进行高斯低通滤波或平均滤波，再对滤波后的图像进行因子为 2 的下采样，即宽度和高度都降为原来的一半，得到尺度 2 图像，以此进

行 $K-1$ 次，可得到尺度 K 图像。在参考图像与失真图像的第 j 个尺度上，计算对比度与结构信息的相似性测量，而只在尺度 K 上计算亮度相似性。最后联合不同尺度的相似性测量结果得到失真图像的 MS-SSIM 测量值，整体算法框架如图 9-10 所示。

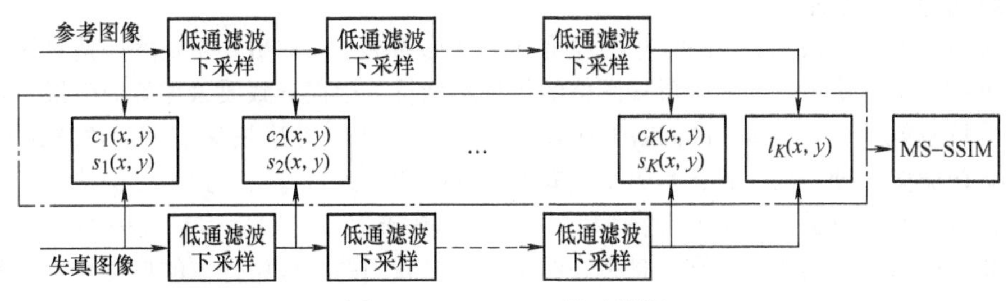

图 9-10　MS-SSIM 算法框架

多尺度结构相似性的具体计算公式为

$$\text{MS}-\text{SSIM}(X,Y)=[l_K(X,Y)]^{\alpha_K}\cdot\prod_{j=1}^{K}[c_j(X,Y)]^{\beta_j}[s_j(X,Y)]^{\gamma_j}\tag{9-12}$$

式中，$l_K(X,Y)$ 为尺度 K 的亮度相似性；$c_j(X,Y)$ 与 $s_j(X,Y)$ 分别为尺度 j 的对比度相似性与结构相似性；α_K、β_j、γ_j 是相应分量的相对重要性权重。为了简单起见，可将相同尺度下不同分量的重要性权重设置为相同值，即 $\alpha_j=\beta_j=\gamma_j$，而不同尺度的重要性权重设置为不同值。

以将图像变换到 5 个尺度为例（$K=5$），并将不同尺度的结构信息权重之和规范化为 1，即 $\sum_{j=1}^{K}\gamma_j=1$，根据大量实验确定的不同尺度的各分量权重经验值为 $\beta_1=\gamma_1=0.0448$，$\beta_2=\gamma_2=0.2856$，$\beta_3=\gamma_3=0.3001$，$\beta_4=\gamma_4=0.2363$，$\alpha_5=\beta_5=\gamma_5=0.1333$。可见，中间尺度的权重较大，其余尺度的权重较小，这与 HVS 特性是相符的，即人眼对中间尺度的图像信息最为敏感，随着尺度变大或变小，人眼对图像信息的敏感性逐渐变小。

（2）复小波域结构相似性（CW-SSIM）

SSIM 与 MS-SSIM 都是从空域上测量图像的结构相似性，要求失真图像与参考图像的像素必须在空间位置上准确对齐，否则预测结果的偏差将非常大。这不仅是空域 SSIM 算法的主要缺点，也是目前绝大多数 IQA 算法的缺点，即当失真图像与参考图像的像素位置空间不对齐时（比如存在平移、旋转、缩放等几何失真时）评价结果不准确。

首先对参考图像与失真图像进行复数小波的可操作金字塔变换（Steerable Pyramid Transform），将图像分解为多个子带，对各个子带的复数小波系数分块（如 7×7 块）测量相似性，最后对所有子带的分块相似性进行平均得到总体的相似性值，复小波域结构相似性（Complex Wavelet Structure Similarity，CW-SSIM）的计算公式为

$$\text{CW}-\text{SSIM}(c_x,c_y)=\frac{2\left|\sum_{i=1}^{N}c_{x,i}c_{y,i}^{*}\right|+K}{\sum_{i=1}^{N}|c_{x,i}|^2+\sum_{i=1}^{N}|c_{y,i}|^2+K}\tag{9-13}$$

式中，$c_x=\{c_{x,i}|i=1,2,\cdots,N\}$ 与 $c_y=\{c_{y,i}|i=1,2,\cdots,N\}$ 分别是参考图像与失真图像经复小波变换后从相同子带的相同位置分块提取的小波系数，c^* 表示系数 c 的复数共轭，K 是为防止分母接近于零测量值不稳定而设置的小的正数。可见，CW-SSIM 的计算形式与 SSIM 类似，是从空域 SSIM 到复小波域 CW-SSIM 的扩展，对图像亮度或对比度的变化以及小的几何失真都不敏感。相比 MSE 与 SSIM，CW-SSIM 在失真图像与参考图像空间位置不对齐时仍能得到稳定准确的质量评价结果，这一优点使得在进行质量评价之前不需要采用复杂的算法完成图像配准，有效降低了质量评价的复杂度和难度。

CW-SSIM 对几何失真鲁棒的依据在于：1）空域中轻微的平移、旋转和缩放在复小波域中表现为全部小波系数一致的相位变化（Phase Changes）；2）相比频域系数的幅度，频域系数的相位模式携带了更多关于图像局部结构的信息。

5. 信息保真度准则

基于信号保真度（Signal Fidelity）的评价方法（如 MSE 与 PSNR）是从底层信号级进行误差比较，由此判定图像质量，与人眼感知图像的机理不相符，因而导致质量评价的效果一般。而基于信息保真度准则（Information Fidelity Criterion，IFC）的评价方法是从中高层语义级进行质量判定，与人眼感知机理较为一致，是另一类有代表性的质量评价方法。这类方法从信息论的观点出发，将图像失真的过程看作是参考图像的信息经过易错信道传输后信息丢失的过程。在信道传输过程中，引入的失真越大，则信息丢失的越多，接收到的图像中保留的信息越少，图像质量越低，反之亦然。

设信道的输入（发送端）为无失真的参考图像 X，信道的输出（接收端）为失真图像 Y，基于 IFC 的方法首先对图像信源特性与信道失真特性合理建模，之后通过测量失真图像 Y 与参考图像 X 之间的互信息（Mutual Information）的大小来定量地确定失真图像的质量。基于信息保真度准则质量评价方法的基本框架如下图 9-11 所示。

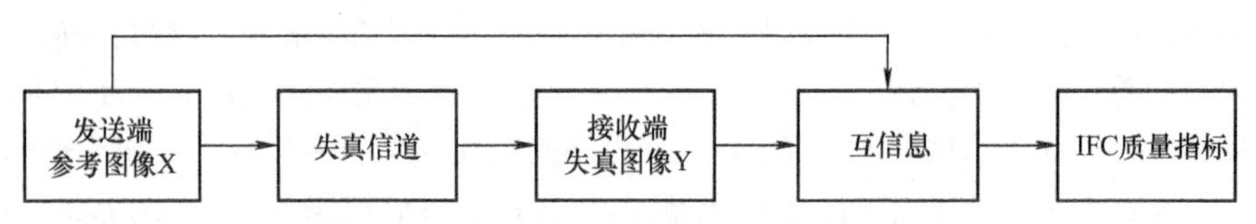

图 9-11　基于信息保真度质量评价方法框架

1）图像信源模型：对图像的建模是基于自然场景统计特性（Natural Scene Statistics，NSS），即自然场景中的图像与视频信号在所有可能的信号空间中仅仅占据很小的一个子空间，这个子空间具有一定的结构，可以通过构建适当的模型及其统计特征进行描述。也就是说，自然无失真的图像在某些统计属性或特征参数上具有规律性，这种规律性不依赖于具体的图像内容，如室内人造物体或户外自然景物。图像失真后会使人感觉“不自然”，这种“不自然”表现在模型上将使得统计规律发生变化，从而偏离自然图像所构成的子空间。

具体而言，可以先对图像进行多尺度多方向的小波变换以模拟 HVS 对图像信号的分解，如使用可操作金字塔变换，之后使用高斯尺度混合（Gaussian Scale Mixture，GSM）模型在小波变换域（Wavelet Transform Domain）对具有自然图像统计特性的子带系数进行建模。记对参考图像 X 做金字塔小波分解后子带 k 的小波系数向量表示为 $\boldsymbol{C}_k = \{C_{ik} | i = 1,2,\cdots,\boldsymbol{N}_k\}$，其中 $\boldsymbol{N}_k$ 表示子带 k 的小波系数的个数，由于 $\boldsymbol{C}_k$ 服从 GSM 分布，因此 $\boldsymbol{C}_k$ 可写成如下形式：

$$\boldsymbol{C}_k = \boldsymbol{S}_k\boldsymbol{U}_k = \{S_{ik}U_{ik},\ i = 1,\ 2,\ \cdots,\ N_k\} \tag{9-14}$$

式中，$\boldsymbol{S}_k = \{S_{ik} | i = 1,2,\cdots,\boldsymbol{N}_k\}$ 是正数组成的随机向量；$\boldsymbol{U}_k = \{U_{ik} | i = 1,2,\cdots,\boldsymbol{N}_k\}$ 是服从均值为零方差为 $\sigma^2_{U_k}$ 的高斯分布的随机向量，$\boldsymbol{S}_k$ 与 $\boldsymbol{U}_k$ 两者相互独立。根据自然场景图像在小波变换域的分布特性，系数向量 $\boldsymbol{C}_k$ 的边缘分布具有尖峰和重尾特性，即在给定 $\boldsymbol{S}_k$ 的一个实现 s_k 时，$\boldsymbol{C}_k$ 服从均值为零方差为 $s_k^2\sigma^2_{U_k}$ 的高斯分布。

2）信道失真模型：信道失真模型可在小波变换域中对子带系数使用简单的信号衰减与加性高斯噪声来模拟，形式如下：

$$\boldsymbol{D}_k = \boldsymbol{G}_k\boldsymbol{C}_k + \boldsymbol{V}_k = \{g_{ik}C_{ik} + V_{ik} | i = 1,2,\cdots,N_k\} \tag{9-15}$$

式中，$\boldsymbol{C}_k$ 表示参考图像 $\boldsymbol{X}$ 小波分解后子带 k 的系数随机向量，$\boldsymbol{D}_k = \{D_{ik} | i = 1,2,\cdots,\boldsymbol{N}_k\}$ 表示失真图像 $\boldsymbol{Y}$ 小波分解后相应子带 k 的系数随机向量，$\boldsymbol{G}_k = \{G_{ik} | i = 1,2,\cdots,\boldsymbol{N}_k\}$ 是一个确定性的随

机向量来模拟信号衰减，对应于子带系数能量衰减导致的细节模糊失真，$\boldsymbol{V}_k=\{V_{ik}|i=1,2,\cdots,\boldsymbol{N}_k\}$ 是均值为零方差为 $\sigma_{V_k}^2$ 的随机向量来模拟加性高斯噪声，对应于图像的噪声失真。上式假定图像中出现的大多数类型的失真可由信号衰减加上高斯噪声来模拟。

确定图像信源与信道失真模型后，可使用参考图像与失真图像之间的互信息来评价图像的质量。对于确定的参考图像 $\boldsymbol{X}$，其信源模型中子带 k 的随机向量 $\boldsymbol{S}_k$ 有确定的实现 s_k。则基于信息保真度的失真图像的质量可定义为参考图像 $\boldsymbol{X}$ 与失真图像 $\boldsymbol{Y}$ 小波分解后所有子带之间的条件互信息之和 $\boldsymbol{I}(C;D|s)$，首先定义第 k 个子带的条件互信息为

$$I(\boldsymbol{C}_k;\boldsymbol{D}_k \mid s_k) = \sum_{i=1}^{N_k} I(C_{ik};D_{ik} \mid s_{ik}) \tag{9-16}$$

根据条件互信息和高斯分布信息熵的定义，可得到一个子带内条件互信息的具体计算公式为

$$\begin{aligned} I(\boldsymbol{C}_k;\boldsymbol{D}_k \mid s_k) &= \sum_{i=1}^{N_k} I(C_{ik};D_{ik} \mid s_{ik}) \\ &= \sum_{i=1}^{N_k} (h(D_{ik} \mid s_{ik}) - h(D_{ik} \mid C_{ik},s_{ik})) \\ &= \frac{1}{2}\sum_{i=1}^{N_k} \log_2\left(1+\frac{g_{ik}^2 s_{ik}^2 \sigma_{U_k}^2}{\sigma_{V_k}^2}\right) \end{aligned} \tag{9-17}$$

最后失真图像质量指标（Image Quality Index，IQI）由所有子带条件互信息之和得到，具体计算公式为

$$IQI(X,Y) = I(C;D \mid s) = \sum_{k=1}^{K} I(\boldsymbol{C}_k;\boldsymbol{D}_k \mid s_k) \tag{9-18}$$

式中，K 为多尺度多方向小波分解的子带数目。

需要注意的是，基于信息保真度准则的 IQI 是质量属性，而不是失真属性。其最小值为 0，表示失真图像丢失了参考图像的所有信息；最大值可以为无穷大，表示失真图像没有丢失任何信息。因此，IQI 的值越大，则失真图像的质量越好。IQI 的质量评价性能相比 MSE 与 PSNR 要好很多，比单尺度结构相似性（SSIM）稍好。IQI 的计算复杂度稍大，主要计算花费在图像的多尺度多方向的小波分解上，总体计算时间大概是 SSIM 的 5～10 倍，但是基于信息保真度的评价方法为图像与视频的质量评价提供了一个新的思路，而且通过更精确的信源、信道与感知建模，有望取得更好的质量评价性能。

9.3.3 半参考图像质量评价

相比全参考 IQA，半参考与无参考的 IQA 研究进展较为缓慢。半参考 IQA 由于只能利用参考图像的部分特征或参数作为评价依据，其准确性也不及全参考 IQA 方法，且准确性会依赖于所参考的特征数据量的大小。如果将图像失真的过程看作是参考图像通过易错信道信息丢失的过程，则从参考图像提取的特征可以通过辅助信道传输到接收端，假定辅助信道不产生失真，接收端通过提取失真图像的特征并与从辅助信道接收到的参考图像的特征做比较，即可评价失真图像的质量。需要注意的是，参考图像的特征可以用来指导接收端失真图像的特征提取过程。半参考图像质量评价的基本框架如图 9-12 所示。

半参考图像质量评价的性能常依赖于所参考的特征数据量的大小，一般而言，所参考的特征数据量越大，则可利用的信息就越多，准确性越高，反之亦然。极端情况是，当参考图像的全部信息都作为特征传输到接收端时，半参考 IQA 就变成了全参考 IQA；反之，当从参考图像传输的特征数据量为零，则半参考 IQA 就成为无参考 IQA。因此，在评价半参考 IQA 方法的性能时，

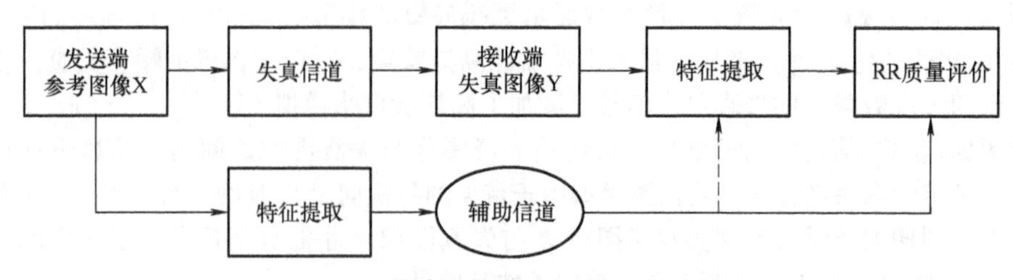

图 9-12 半参考图像质量评价方法框架

常把质量预测的准确性和所参考的特征数据量的大小综合考虑，即希望利用较少的特征数据量来得到较好的质量预测准确性。

半参考 IQA 中所提取的特征对其性能至关重要，要求提取的特征至少满足下列特性。

1）所提取的特征与人眼感知质量紧密相关，即一旦特征发生变化，则人眼感知质量随之改变。

2）特征能准确高效地表达参考图像与失真图像的信息。

3）所提取的特征对不同类型不同程度的失真具有不同的敏感性，即不同的失真将使特征产生不同的变化。

半参考 IQA 方法的研究目前还比较少，尤其是各方面性能均得到广泛认可的不多。本小节仍然从信息论的角度出发，介绍一种基于熵差分（Entropy Difference，ED）的半参考 IQA 方法，这种方法由 Alan Bovik 等人于 2012 年提出。

与全参考 IQA 中基于信息论的质量评价方法的原理类似，这种基于熵差分的半参考 IQA 方法同样使用高斯尺度混合（GSM）模型对自然图像小波分解后的子带系数进行建模，如使用可操作金字塔变换将参考图像与失真图像分解为不同方向和尺度的小波子带。之后，将失真图像的小波子带系数使用 GSM 分布进行近似，并通过测量失真图像与参考图像相应子带之间的小波系数熵的差分来评价失真图像的质量。

基于熵差分的半参考 IQA 方法的大体步骤如下。

1）将参考图像 X 与失真图像 Y 做多尺度多方向的小波分解，设子带总数为 K，将子带 k 中的小波系数划分为 M_k 个大小相同的不重叠块，每个块包含 $\boldsymbol{N}$ 个系数，即块的大小为 $\sqrt{N}\times\sqrt{N}$，假设这些块是独立同分布的。设 $\boldsymbol{C}_{mk}=(\boldsymbol{C}_{1mk},\boldsymbol{C}_{1mk},\cdots,\boldsymbol{C}_{Nmk})$ 表示参考图像 X 子带 k 中第 m 块的小波系数向量，其服从 GSM 分布，可写为 $\boldsymbol{C}_{mk}=\boldsymbol{S}_{mk}\boldsymbol{U}_{mk}$，其中 $\boldsymbol{S}_{mk}$ 表示随机向量，$\boldsymbol{U}_{mk}$ 为服从均值为零方差为 $\boldsymbol{\sigma}_{U_k}^2$ 的高斯分布随机向量。当 $\boldsymbol{S}_{mk}$ 确定一个实现 s_{mk} 时，子带系数 $\boldsymbol{C}_{mk}$ 服从均值为零方差为 $s_{mk}^2\boldsymbol{\sigma}_{U_k}^2$ 的高斯分布。失真图像 Y 由于存在失真会使系数分布偏离 GSM，偏离的程度恰可以作为衡量失真的准则。因此，同样使用 GSM 对失真图像小波分解子带 k 的系数 $\boldsymbol{D}_{mk}$ 进行建模，记为 $\boldsymbol{D}_{mk}=\boldsymbol{T}_{mk}\boldsymbol{V}_{mk}$，其中 $\boldsymbol{T}_{mk}$ 表示随机向量，$\boldsymbol{V}_{mk}$ 为服从均值为零方差为 $\boldsymbol{\sigma}_{V_k}^2$ 的高斯分布随机向量。

2）人眼观察图像时会由于视觉神经的处理而引入不确定性，这种不确定性可通过对小波系数加上高斯噪声来模拟，可用下式表示：

$$\boldsymbol{C}'_{mk}=\boldsymbol{C}_{mk}+\boldsymbol{W}_{mk},\ \boldsymbol{D}'_{mk}=\boldsymbol{D}_{mk}+\boldsymbol{W}'_{mk} \tag{9-19}$$

式中，$\boldsymbol{C}'_{mk}$ 与 $\boldsymbol{D}'_{mk}$ 表示参考图像与失真图像相应子带系数加入视觉处理噪声之后的系数向量；$\boldsymbol{W}_{mk}$ 与 $\boldsymbol{W}'_{mk}$ 表示服从均值为零方差为 $\boldsymbol{\sigma}_W^2\boldsymbol{I}_N$ 的高斯分布的随机向量，两者相互独立。

3）设协方差矩阵 $\boldsymbol{\sigma}_{U_k}^2$ 满秩，其特征值为 $\alpha_{1k},\alpha_{1k},\cdots,\alpha_{Nk}$；同样，协方差矩阵 $\boldsymbol{\sigma}_{V_k}^2$ 的特征值为 $\beta_{1k},\beta_{1k},\cdots,\beta_{Nk}$，则在给定 $S_{mk}=s_{mk}$ 与 $T_{mk}=t_{mk}$ 时，参考图像与失真图像子带 k 中第 m 块的条件熵的计算公式为

$$h(\boldsymbol{C}'_{mk} \mid s_{mk}) = \frac{1}{2}\log_2[(2\pi e)^N(s_{mk}^2 \mid \boldsymbol{\sigma}_{U_k}^2 \mid + \boldsymbol{\sigma}_W^2 \boldsymbol{I}_N)]$$
$$= \sum_{n=1}^{N} \frac{1}{2}\log_2[(2\pi e)(s_{mk}^2 \alpha_{nk} + \boldsymbol{\sigma}_W^2)] \tag{9-20}$$

$$h(\boldsymbol{D}'_{mk} \mid t_{mk}) = \sum_{n=1}^{N} \frac{1}{2}\log_2[(2\pi e)(t_{mk}^2 \beta_{nk} + \boldsymbol{\sigma}_W^2)] \tag{9-21}$$

4）计算参考图像与失真图像相应小波子带之间的熵差分 RRED（Reduced Reference Entropy Difference），作为半参考 IQA 的指标，计算公式为

$$\mathrm{RRED}_k^{M_k} = \frac{1}{L_k}\sum_{m=1}^{M_k} \mid \gamma_{mk}^r h(C'_{mk} \mid s_{mk}) - \gamma_{mk}^d h(\boldsymbol{D}'_{mk} \mid t_{mk}) \mid \tag{9-22}$$

式中，$\gamma_{mk}^r = \log_2(1 + s_{mk}^2)$ 与 $\gamma_{mk}^d = \log_2(1 + t_{mk}^2)$ 为两个缩放因子来引入局部块特性对熵的影响；L_k为子带 k 中系数的数目。通过选择参考图像的某些子带以及子带中的某些块计算熵作为辅助信息，与失真图像相应块的熵计算差分，来实现依赖不同数据量的半参考 IQA。很明显，参与比较的子带数目及子带中的块数越多，RRED 指标越可靠，质量评价越准确。值得注意的是，RRED 是一种半参考的 IQA 方法，但其质量预测的准确性超过了全参考的 MSE 和 PSNR，与全参考的 SSIM 及基于信息保真度的 IQI 方法相当。

9.3.4 无参考图像质量评价

从实际应用的角度来看，无参考 IQA 比全参考与半参考的 IQA 具有更大的应用价值。因为在大多数情况下，没有无失真的参考图像可供利用，比如典型的图像通信系统中接收端的质量评价。而通过辅助信道传输参考图像的部分特征无疑会增加系统实现的难度和成本。因此，开发无参考的 IQA 方法越来越成为研究的热点。

从计算机的角度来看，相比全参考与半参考的 IQA，无参考 IQA 无疑是最困难的，因为没有参考信息可以参照，只能根据失真图像自身的信息对其质量进行评估。但对于人眼来说，无参考 IQA 又极为简单，人眼不需要参考图像就可以直接对失真图像的质量做出准确快速的判断。这是因为人眼在长时间观察外部场景的过程中，已经“学习”到了不同类型图像与其质量之间的对应关系，形成了对图像进行质量评估的经验。人脑中存有哪些图像是“好的”、哪些图像是“不好的”、甚至图像为什么是“不好的”此类相关知识，正是这些知识帮助人眼对图像质量做出准确的判断。

在使用计算机设计无参考 IQA 方法时，可以模拟人眼进行无参考质量评价的方法学，即假定存在一个无失真的具有完美质量的参考图像模板或其统计特征作为先验知识来辅助进行失真图像的质量判断。无参考 IQA 的基本思路是：认为无失真的自然图像在空域或变换域（如小波域、DCT 域等）具有某些统计特征，而不同类型不同程度的失真将使这些统计特征发生相应的变化，因此通过对失真图像提取有效的特征，并与人工标定好的主观质量分（MOS）一起组成训练集，使用机器学习的方法得到训练集中特征与质量分的映射关系，之后对要评价质量的测试图像，通过提取相应的特征，用训练好的映射关系即可得到其主观评价分。需要注意的是，这个假定的参考图像模板或统计特征是根据大量自然场景特性统计（NSS）得到，具有统计意义，并不对应于某一个确定的失真图像。因此，一般来讲，无参考 IQA 的准确性相比有依据的全参考与半参考 IQA 的准确性要低一些。另外，无参考 IQA 的准确性依赖于所提取的特征与视觉质量的相关性，相关性越大，则质量预测的准确性越高。

自然场景统计特性（NSS）既可以从空域建模，也可以从频域（如小波域、DCT 域等）建模，从空域就是基于像素之间的统计关系，而从频域则是基于频域系数之间的统计规律。前面介绍的有些全参考与半参考 IQA 从小波域进行了分析，本小节介绍一种 DCT 域的自然场景建模方

法和特征提取方法，以及基于 DCT 系数特征的无参考 IQA 方法。

首先给出基于 DCT 系数特征的无参考 IQA 方法的基本框架，如图 9-13 所示。

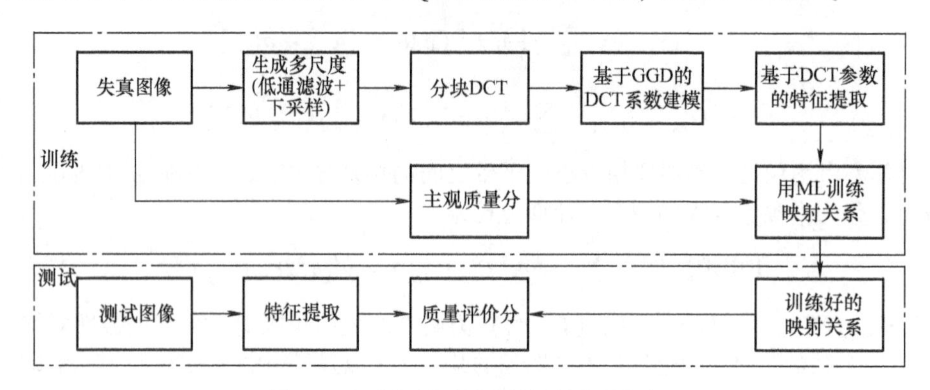

图 9-13　无参考图像质量评价方法框架

如图 9-13 所示，基于 DCT 系数特征的无参考 IQA 的大体实现步骤如下。

1）在训练阶段，由一些失真图像及其主观评价分组成训练集。对每一个失真图像，先进行高斯低通滤波和下采样，生成多尺度的图像表达来模拟不同的人眼观察距离，之后对图像分块（如 5×5 块）做二维的 DCT，得到局部块的 DCT 系数。

2）对 DCT 系数块分别按照方向特性与频率特性划分为不同的子带，如 5×5 块的划分可按图 9-14 所示，按方向划分可捕获方向特性，按频率划分可捕获低频、中频与高频信息的特性。当然划分的方式并不唯一，只要能表达不同的图像特性即可。

DC	C_{12}	C_{13}	C_{14}	C_{15}
C_{21}	C_{22}	C_{23}	C_{24}	C_{25}
C_{31}	C_{32}	C_{33}	C_{34}	C_{35}
C_{41}	C_{42}	C_{43}	C_{44}	C_{45}
C_{51}	C_{52}	C_{53}	C_{54}	C_{55}

a) 按方向划分

DC	C_{12}	C_{13}	C_{14}	C_{15}
C_{21}	C_{22}	C_{23}	C_{24}	C_{25}
C_{31}	C_{32}	C_{33}	C_{34}	C_{35}
C_{41}	C_{42}	C_{43}	C_{44}	C_{45}
C_{51}	C_{52}	C_{53}	C_{54}	C_{55}

b) 按频率划分

图 9-14　DCT 系数划分

之后，对子带系数用广义高斯分布（Generalized Gaussian Distribution，GGD）模型来拟合，GGD 模型可用式(9-23）表示。

$$f(x|\alpha,\beta,\gamma)=\alpha \mathrm{e}^{-(\beta|x-\mu|)^{\gamma}} \tag{9-23}$$

式中，μ 是均值；α 是正则化参数；β 是尺度参数；γ 是形状参数。α 与 β 的定义为

$$\alpha=\frac{\beta\gamma}{2\Gamma(1/\gamma)},\beta=\frac{1}{\sigma}\sqrt{\frac{\Gamma(3/\gamma)}{\Gamma(1/\gamma)}} \tag{9-24}$$

式中，σ 为标准差；Γ 是 Gamma 函数，定义为 $\Gamma(z)=\int_0^{\infty} t^{z-1}\mathrm{e}^{-t}\mathrm{d}t$。GGD 是高斯分布的广义形式，比高斯分布具有更强的表达能力，GGD 模型在形状参数 $\gamma=2$ 时就退化为高斯模型。将所有 DCT 块的不同子带用 GGD 模型拟合后，即得到模型参数，将形状参数 γ 作为图像质量相关的特征，因为失真会使 DCT 系数的分布形状发生变化。

3）对每一个 DCT 块提取 DCT 频域系数幅度的变化特征，定义为

$$\zeta=\frac{\sigma_{|X|}}{\mu_{|X|}}=\sqrt{\frac{\Gamma(1/\gamma)\Gamma(3/\gamma)}{\Gamma^2(2/\gamma)}-1} \tag{9-25}$$

式中，$|\boldsymbol{X}|$ 为 DCT 系数幅度向量，此特征描述了系数幅度的能量分布与其平均值的关系。

4）对每一个 DCT 块提取高频子带与中频及低频子带能量比率特征，来描述局部块内子带间的能量变化，因为 DCT 低频系数对应图像中的平坦区域、中频系数对应于图像中的边界特征、

高频系数则对应于图像中的纹理细节，而失真（比如压缩、模糊等）会使图像纹理发生变化，反映在DCT系数上则是不同子带能量的变化。

5）特征提取后，即可与主观质量分组成训练特征集，用机器学习的方法学习特征与质量分的函数关系。

6）在测试阶段，拿到一个要评价的失真图像，使用与训练阶段相同的方法提取特征，根据训练好的特征与质量分的函数关系，即可得到失真图像的质量评分。

需要注意的是，无参考IQA因为没有对应的参考图像作为评价依据，因此一般都会有一个训练的过程来学习失真图像特征与质量分的映射关系，训练时所使用的机器学习方法与所用的训练集的大小和质量会对预测效果有一定的影响。比如某个测试图像的失真类型没有在训练集的失真图像中出现过，其质量预测结果很可能就不太好，因为对于机器来说，这是一个“陌生的”图像失真类型，如同人眼对某种失真陌生一样。

另外，目前无参考IQA的准确性一般不如全参考与半参考的IQA，但根据算法利用的HVS特征的不同，有些无参考IQA的准确性已经超过简单的MSE与PSNR，甚至能达到或超过SSIM的预测性能。本小节所介绍的基于DCT特征的无参考IQA就具有较好的准确性，其质量预测性能与SSIM相当。使用DCT域特征的一个优点是，DCT变换具有快速算法，其计算复杂度相比多尺度多方向的小波变换要小很多。而且，现在很多流行的图像与视频编码标准中（比如JPEG、MPEG-2、H.264和HEVC），都是使用类似DCT的变换，这就为压缩域中的图像质量评价提供了可能，因为对压缩码流部分解码即可得到DCT系数，而不需要完全解码，这在对实时性要求较高的网络节点中的图像质量监控尤其重要。

如前所述，自然场景统计特性（NSS）可从空域或频域（如小波域、DCT域）进行建模，不同域的系数特性不尽相同，因此使用的模型也不尽相同，开发更好的模型对系数进行准确建模是设计IQA算法的基础。模型确定后，如何挑选或设计质量相关的特征表达，是IQA算法研究的重中之重。

9.4 视频质量的客观评价

视频质量评价（VQA）相比图像质量评价（IQA）更加困难，这主要体现在以下三点：1）处理的信号更加复杂，视频信号相比图像信号多了一维时域信息（即运动信息），视频信号本身特性的建模更为困难；2）视频中既存在空域失真（如压缩方块效应、振铃效应、模糊等）又存在时域失真（如抖动效应、鬼影效应等），这些失真之间还存在相互影响；3）人眼对视频信号的感知机理相比对静态图像信号的感知机理复杂得多，人眼如何理解视频尤其是其中的运动信息目前还没有足够精确的结论。因此，目前VQA方法的研究还处于初级阶段，其质量评价的准确性远不及IQA的准确性高。

由于视频可看作是由多帧连续图像组成的，因此任何针对图像的质量评价方法（IQA）都可以应用于VQA，最简单的做法是首先评价失真视频中每一帧图像的质量，之后对所有帧的质量指标进行平均得到视频的质量评分。这类方法思想简单，在VQA的初期经常使用，9.3节介绍过的MSE、PSNR、SSIM等经典的IQA方法都可以使用，但经过平均后得到视频质量评价常不太准确，主要是因为对视频中的运动信息考虑的过于简单，没有充分利用HVS对时域运动信息的感知规律。目前VQA方法的研究重点就是在经典的IQA算法的基础上，考虑如何有效地加入人眼视觉对运动信息（即时域失真）的感知，以及空域失真与时域失真的有机融合上。

本节将在9.3节所介绍的典型IQA方法的基础上，介绍自然视频场景的统计特性，尤其是视频中时域信息的有效表达与建模方法，以及结合空域信息与时域信息的视频质量评价方法。需要注意的是，本节所介绍的 VQA 方法与上一节介绍的 IQA 方法紧密相关，可以看作是 IQA 方法加入时域运动信息后的视频扩展版本。

9.4.1 全参考视频质量评价

在 VQA 中，最重要的就是要对视频中的时域运动信息进行有效的提取和利用。时域运动信息的提取可分为显式的与隐式的两类。显式的是指直接计算相邻帧之间像素级或块级的运动矢量场（Motion Vector Field，MVF），比如通过光流法来计算相邻帧之间的光流场，可以得到像素级精确的运动信息，但问题是虽然光流计算有快速算法，其计算复杂度仍然较高；还可通过类似视频编码中的块级运动估计方法来得到相邻帧之间块层的运动矢量（Motion Vector，MV），在运动信息的表达上，以块为单位的 MV 比光流要粗糙些，但优点是有快速运动估计方法，计算量比光流要小，且 MV 的精度也可以接受。隐式的是将视频看作二维图像加上一维时间组成的三维信号，对视频数据进行空时三维滤波来提取运动信息，并分析其统计特性。在 VQA 中，显式与隐式利用运动信息的应用都很多，也有各自优缺点，在 VQA 时可根据需要进行选择。本小节首先介绍一种简单的运动信息加权的全参考 VQA 方法，之后介绍一种有代表性的结合空时域信息的全参考 VQA 框架，这两个方法都是用显式的方法提取和利用运动信息。

1. 基于运动信息加权的 VQA

视频可看作由一帧帧的图像及其之间的运动信息所构成，因此，VQA 可利用 IQA 的方法先对每一帧局部空域的质量进行测量，之后使用时域运动信息作为权重因子来调节块层与帧层的空域质量分，最后进行融合得到序列的评价质量。基于运动信息加权的 VQA 框架如图 9-15 所示，其操作流程如下。

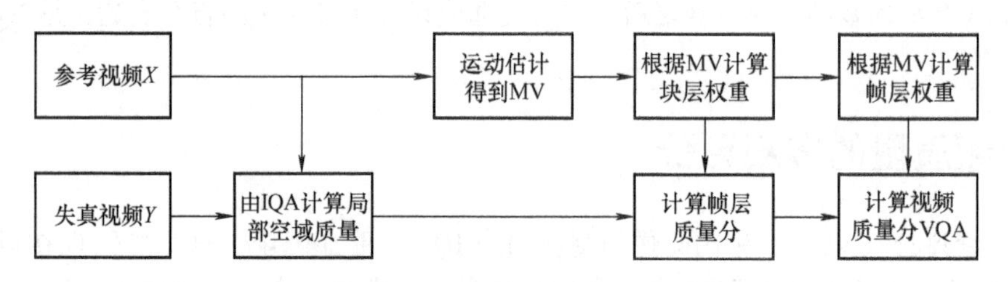

图 9-15 基于运动信息加权的 VQA 框架

1）对参考视频 X 与失真视频 Y 用针对图像的质量评价方法计算失真视频各帧的空域质量，常见的 IQA 方法都可使用，比如基于信号保真度的 MSE 与 PSNR、基于结构相似性的 SSIM 等。下面以块层的 MSE 为例进行说明，设 $MSE_{i,j}$ 表示第 i 帧第 j 块的均方误差。

2）基于参考视频 X 使用运动估计或光流法来计算相邻帧之间的运动信息，以运动估计得到的块层运动矢量（MV）为例，设 $MV_{i,j}=(MV_{i,j,x}, MV_{i,j,y})$ 表示第 i 帧第 j 块的 MV，MV 中同时包含运动的强度信息和方向信息。考虑到失真会使 MV 的强度和方向信息均发生变化，因此也可计算出失真视频 Y 中的运动矢量场（MVF），并根据参考视频与失真视频的 MVF 的差异进行质量评价。本节介绍的方法暂不用失真视频的 MVF，仅使用参考视频的 MVF 来计算权重以调节空域的质量分。

3）根据 HVS 对运动感知的特性，由块层的运动信息来计算块层视觉权重。如认为人眼对视频中运动物体的失真更加敏感，可使用 MV 的强度作为权重来突出运动物体的空域失真，权重计算公式为

$$W_{i,j}=\sqrt{(\mathrm{MV}_{i,j,x})^2+(\mathrm{MV}_{i,j,y})^2} \tag{9-26}$$

式中，$W_{i,j}$表示第 i 帧第 j 块基于运动强度的权重。

4）根据块层质量的加权和来计算帧层的质量评分，计算公式为

$$\mathrm{VF}_i=\frac{\sum_{j=1}^{M}W_{i,j}\mathrm{MSE}_{i,j}}{\sum_{j=1}^{M}W_{i,j}} \tag{9-27}$$

式中，VF_i表示第 i 帧的质量评分；M 表示一帧中块的数目。

5）用类似的方法可以根据运动信息计算帧层的权重 W_i，失真视频的质量评分可对所有帧的质量分加权后得到，计算公式为

$$\mathrm{VQ}=\frac{\sum_{i=1}^{N}W_i\cdot\mathrm{VF}_i}{\sum_{i=1}^{N}W_i} \tag{9-28}$$

式中，VQ 表示失真视频的最终评价分；N 为视频中的总帧数。

基于运动信息加权的 VQA 方法的流程比较简单，重点在于基于运动信息的权重设计方法，需要考虑 HVS 对运动信息的感知特性。另外，运动信息与空域信息之间的相互掩盖效应如何建模，空域与时域失真的有机融合等都是需要考虑的问题。下面介绍一种比较复杂的有代表性的 VQA 方法框架，其对运动信息的利用更加有效。

2. 基于运动的视频空时质量评价

基于运动的视频空时质量评价框架在 VQA 过程中综合利用了空域和时域的信息，并根据从参考视频计算出的运动轨迹来评估运动造成的视觉失真及其对空域与时域失真的影响，得到了很好的 VQA 效果。这类方法的基本框架如图 9-16 所示。

这类方法更有效地利用了运动信息对空域质量和时域质量进行调节，并在空域质量与时域质量融合时再次参与调节，主要步骤如下。

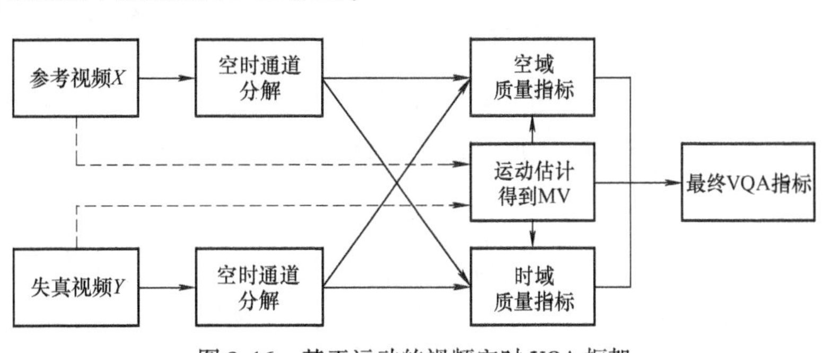

图 9-16　基于运动的视频空时 VQA 框架

1）对参考视频 X 与失真视频 Y 使用空时滤波器分解为不同的空时通道，比如小波分解、Gabor 分解等，以模拟 HVS 对视频的分析过程。

2）使用光流法或运动估计得到参考视频 X 与失真视频 Y 各自的运动信息，根据时域运动信息计算运动失真，以反映失真对运动信息的破坏情况。

3）根据参考视频 X 与失真视频 Y 经空时分解后的系数，同时考虑运动对空域失真的调节作用，在各个通道内分块计算空域质量指标，以反映帧内空间失真情况。空域分块质量的计算可考虑 HVS 对空域信息处理的各种特性，比如考虑对比度掩盖效应、亮度掩盖效应等。

4）联合参考视频 X 与失真视频 Y 经空时分解后的系数以及运动信息计算时域失真，需要考虑运动掩盖效应、人眼运动感知模型等。

5）最后，结合视频空域失真、时域失真以及运动失真得到最后的视频质量评价指标。

上述基于运动的视频空时质量评价框架是一个粗略的方法流程，在具体实现时可根据系统设计的需要加入 HVS 对视频的不同感知特性，得到适合具体应用的视频质量评价方法。

9.4.2 半参考视频质量评价

半参考 VQA 是指利用参考视频的部分信息或特征来辅助完成失真视频的质量评价。半参考 VQA 设计的方法学类似于半参考 IQA，但除了提取空域特征，还必须提取时域特征以反映帧间失真的情况。如前所述，视频中运动信息的提取和利用可分为显式与隐式的两种，本小节介绍一种隐式利用运动信息的方法，此方法是在上一小节基于熵差分的半参考 IQA 方法（RRED）基础上加上时域特征的扩展。

针对 IQA 的基于熵差分的评价方法是从信息论的角度出发，对图像小波分解后的子带系数用高斯尺度混合（GSM）模型进行建模，进而根据失真图像与参考图像相应子带之间的熵差分作为评价标准。从类似的思路出发，本小节介绍的半参考 VQA 方法同时考虑了空域的熵差分和时域的熵差分，最后融合得到视频的质量评价。其中时域信息的建模是通过对视频中相邻帧之间的差分做小波变换来得到不同尺度不同方向的小波子带系数，之后对小波子带系数使用高斯尺度混合（GSM）模型进行建模。

基于熵差分的半参考 VQA 方法主要包括以下步骤。

（1）计算空域熵差分质量指标（SRRED）

对参考视频 X 和失真视频 Y 的各帧分别做多尺度多方向的小波分解，并在各子带内分块计算空域的基于熵差分的质量指标（SRRED），具体的小波系数建模和质量评价方法与之前介绍的半参考 IQA 方法（RRED）相同。设 $\boldsymbol{C}_{mkfr}$ 和 $\boldsymbol{C}_{mkfd}$ 分别表示参考视频与失真视频第 f 帧第 k 子带第 m 块的小波系数向量，$\boldsymbol{C}'_{mkfr}$ 与 $\boldsymbol{C}'_{mkfd}$ 分别表示相应系数向量加入视觉噪声之后的系数向量，则给定 GSM 模型中的调节乘子后，参考视频与失真视频第 f 帧第 k 子带第 m 块的条件熵的计算公式为

$$h(\boldsymbol{C}'_{mkfr} \mid s_{mkfr}) = \frac{1}{2}\log_2[(2\pi e)^N \mid s_{mkfr}^2 \boldsymbol{K}_{U_{kfr}} + \sigma_W^2 \boldsymbol{I}_N \mid] \tag{9-29}$$

$$h(\boldsymbol{C}'_{mkfd} \mid s_{mkfd}) = \frac{1}{2}\log_2[(2\pi e)^N \mid s_{mkfd}^2 \boldsymbol{K}_{U_{kfd}} + \sigma_W^2 \boldsymbol{I}_N \mid] \tag{9-30}$$

式中，$\boldsymbol{K}_{U_{kfr}}$ 与 $\boldsymbol{K}_{U_{kfd}}$ 为相应的协方差矩阵。则失真视频第 k 子带的空域质量指标（SRRED）的计算公式为

$$\text{SRRED}_k^{M_k} = \frac{1}{FM_k}\sum_{f=1}^{F}\sum_{m=1}^{M_k} \mid \gamma_{mkfr} h(\boldsymbol{C}'_{mkfr} \mid s_{mkfr}) - \gamma_{mkfd} h(\boldsymbol{C}'_{mkfd} \mid s_{mkfd}) \mid \tag{9-31}$$

式中，$\gamma_{mkfr} = \log(1 + s_{mkfr}^2)$ 与 $\gamma_{mkfd} = \log(1 + s_{mkfd}^2)$ 为两个缩放因子，其作用是引入局部块空域特性对熵的影响；M_k 为子带 k 中分块的数目。

（2）计算时域熵差分质量指标（TRRED）

对参考视频 X 和失真视频 Y 先计算相邻帧之间的差分，用帧差分来表达时域运动情况。对帧差分做多尺度多方向的小波分解，认为帧差分的小波子带系数也服从高斯尺度混合（GSM）模型。使用类似于空域 SRRED 的方法，在各子带内分块计算时域的基于熵差分的质量指标（TRRED），具体方法如下：设 $\boldsymbol{D}_{mkfr}$ 和 $\boldsymbol{D}_{mkfd}$ 分别表示参考视频与失真视频第 f 帧与第 $f+1$ 帧的差分做小波分解后第 k 子带第 m 块的小波系数向量，$\boldsymbol{D}'_{mkfr}$ 与 $\boldsymbol{D}'_{mkfd}$ 分别表示加入视觉噪声之后的系数向量，同样在给定 *GSM* 中的调节乘子后，参考视频与失真视频第 f 帧差分第 k 子带第 m 块的条件熵的计算公式为

$$h(\boldsymbol{D}'_{mkfr} \mid t_{mkfr}) = \frac{1}{2}\log_2[(2\pi e)^N \mid t_{mkfr}^2 \boldsymbol{K}_{V_{kfr}} + \sigma_Z^2 \boldsymbol{I}_N \mid] \tag{9-32}$$

$$h(\boldsymbol{D}'_{mkfd} \mid t_{mkfd}) = \frac{1}{2}\log_2[(2\pi e)^N \mid t_{mkfd}^2 \boldsymbol{K}_{V_{kfd}} + \sigma_Z^2 \boldsymbol{I}_N \mid] \tag{9-33}$$

式中，$\boldsymbol{K}_{V_{kfr}}$与$\boldsymbol{K}_{V_{kfd}}$为相应的协方差矩阵。则失真视频第k子带的时域质量指标（TRRED）的计算公式为

$$\text{TRRED}_k^{M_k}=\frac{1}{FM_k}\sum_{f=1}^{F}\sum_{m=1}^{M_k}\left|\delta_{mkfr}h(\boldsymbol{D}'_{mkfr}\mid t_{mkfr})-\delta_{mkfd}h(\boldsymbol{D}'_{mkfd}\mid t_{mkfd})\right| \tag{9-34}$$

式中，$\delta_{mkfr}=\log_2(1+s_{mkfr}^2)\log_2(1+t_{mkfr}^2)$与$\delta_{mkfd}=\log_2(1+s_{mkfd}^2)\log_2(1+t_{mkfd}^2)$为两个缩放因子，其作用是引入局部块空域和时域特性对熵的影响；M_k为子带k中分块的数目。

（3）计算STRRED

联合空域与时域的基于熵差分的质量指标，求得最终的质量评价指标STRRED，计算公式为

$$\text{STRRED}_k^{M_k}=\text{SRRED}_k^{M_k}\cdot\text{TRRED}_k^{M_k} \tag{9-35}$$

可以通过选择参考视频中的某些帧（或者帧中的某些子带以及子带块）作为辅助信息，实现半参考的VQA。由此可见，半参考VQA的准确性还是依赖于所提取的空域与时域特征的质量和数量。

9.4.3 无参考视频质量评价

无参考VQA是指仅依据失真视频本身进行质量的预测，没有参考视频的任何信息可供利用。无参考VQA方法的设计原理与无参考的IQA方法类似，重点在于从失真视频中提取哪些特征来有效地描述空域与时域信息，以及如何将这些空时域特征与主观质量分联系起来。在9.3.4节主要介绍了一种基于DCT特征的图像质量评价方法，本小节以此为基础，介绍一种基于DCT的时域特征提取方法和视频质量预测方法。这种方法同时利用显式和隐式的方式提取了运动信息，通过对视频相邻帧差分做DCT来隐式分析运动特性，用运动估计的方法得到MV来显式描述运动的连贯性。

基于DCT特征的无参考VQA方法的基本框架如图9-17所示。

如图9-17所示，基于DCT特征的无参考VQA的大体步骤如下。

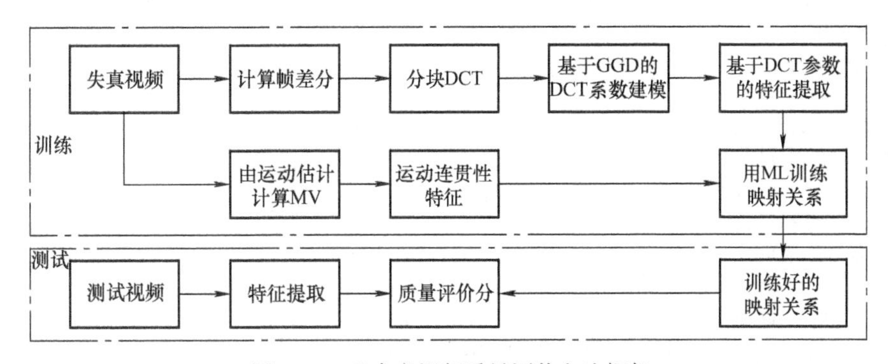

图9-17 无参考视频质量评价方法框架

1）在训练阶段，由一些失真视频及其主观评价分组成训练集。对视频相邻两帧计算差分，对帧差分进行分块（如5×5块）并进行局部块层的二维DCT，得到帧差分的DCT系数，这样同时对空域和时域信息进行了局部化处理。与图像DCT变换后的统计特性类似，认为帧差分的DCT系数也服从广义高斯分布（GGD）模型，对帧差分所有分块相同DCT频率位置上的系数进行GGD拟合，得到GGD形状参数矩阵，这个矩阵与分块的大小相同，很好地描述了局部DCT块内不同频率的统计特性。与基于DCT的无参考IQA方法类似，可以对形状参数矩阵按频率大小分为低频、中频与高频子区域，使用子区域之间的形状参数平均值的比值作为特征。其他可利用的特征比如平均亮度特征以及其他空域的特征。

2）运动连贯性特征提取。用运动估计的方法计算块层的MV，之后构造二维运动连贯性张量（MCT），定义为

$$\mathrm{MCT}=\begin{bmatrix} f(MV_x) & f(MV_x\cdot MV_y) \\ f(MV_x\cdot MV_y) & f(MV_y) \end{bmatrix} \tag{9-36}$$

式中，函数$f(.)$表示在局部窗内的加权求和，设二维运动连贯性张量的两个特征值为λ_1和λ_2，则局部运动连贯性特征定义为如下形式：

$$C=\left(\frac{\lambda_1-\lambda_2}{\lambda_1+\lambda_2}\right)^2 \tag{9-37}$$

3）当失真视频的空域特征与时域特征提取后，与相应的主观质量分形成训练特征集。用机器学习（ML）的方法训练空时域特征与主观质量分的函数关系。

4）在测试阶段，对要测试的失真视频先提取相应的特征，之后使用训练好的函数关系来得到失真视频的质量评价分。

与无参考 IQA 一样，无参考 VQA 的准确性也依赖于所采用的统计模型和提取的空时域特征的质量。当然不同的机器学习方法得到的结果会不太一样，但一般相差不大。

9.5 MATLAB 编程实例

基于结构相似性（SSIM）的全参考 IQA 的可执行 MATLAB 代码如下，请在 MATLAB 编程环境中调试执行，并测试质量预测的准确性和计算复杂度。

1. SSIM 的函数实现代码（ssim.m）

```
function [mssim, ssim_map] = ssim(refimg, testimg)
[M N] = size(refimg);
refimg = double(refimg);
testimg = double(testimg);
K1 = 0.01;
K2 = 0.03;
L = 255;
C1 = (K1 * L)^2;
C2 = (K2 * L)^2;
window = fspecial('gaussian', 11, 1.5);
factor = max(1,round(min(M,N)/256));
if(factor > 1)
    lpf = ones(factor,factor);
    lpf = lpf/sum(lpf(:));
    refimg = imfilter(refimg,lpf,'symmetric','same');
    testimg = imfilter(testimg,lpf,'symmetric','same');

    refimg = refimg(1:factor:end,1:factor:end);
    testimg = testimg(1:factor:end,1:factor:end);
end
window = window/sum(sum(window));
mu_ref   = filter2(window, refimg, 'valid');
mu_test   = filter2(window, testimg, 'valid');
mu_ref_sq = mu_ref.* mu_ref;
mu_test_sq = mu_test.* mu_test;
mu_ref_test = mu_ref.* mu_test;
sigma_ref_sq = filter2(window, refimg.* refimg, 'valid') - mu_ref_sq;
sigma_test_sq = filter2(window, testimg.* testimg, 'valid') - mu_test_sq;
sigma_ref_test = filter2(window, refimg.* testimg, 'valid') - mu_ref_test;
```

```
    ssim_map = ((2 * mu_ref_test + C1). * (2 * sigma_ref_test + C2))./((mu_ref_sq + mu_test_sq
+ C1). * (sigma_ref_sq + sigma_test_sq + C2));
    mssim = mean2(ssim_map);
    return
```

2. SSIM 函数测试与结果可视化代码（ssim_ test. m）

```
clc;
clear all;
close all;
ref = imread('buildings. bmp');
test = imread('img68_ff. bmp');
ref = rgb2gray(ref);
test = rgb2gray(test);
[mssim, ssim_map] = ssim(ref, test);
figure(1);
subplot(221),imshow(ref),title('原始图像');
subplot(222),imshow(test),title('失真图像');
subplot(223),imshow(ssim_map),title(['SSIM 相似性图,SSIM = ' num2str(mssim)]);
```

9.6 小结

图像与视频信号在处理的各个阶段（如获取、压缩、存储、传输与显示等）由于受到各种因素的影响，会引入不同程度的失真或降质，从而影响视觉质量。准确地测量一幅图像或一段视频的质量或失真不仅可以评价图像处理系统的性能，还可以作为优化目标来指导图像处理系统的设计。因此图像与视频的质量评价在现代图像处理系统中有着举足轻重的作用，是近年来图像处理领域的一个研究热点。

本章首先介绍了人眼视觉特性中的对比敏感度和视觉掩盖效应的概念，以及常见的图像与视频失真类型。然后，重点介绍了全参考图像质量评价方法，包括基于信号保真度的均方误差和峰值信噪比，基于结构相似性的质量评价，以及基于信息保真度准则的评价方法。同时也介绍了半参考、无参考图像质量评价方法，包括自然场景统计特性的原理和建模方法，以及常见的空域与频域特征提取方法。最后，介绍了全参考、半参考以及无参考视频质量评价方法，包括常见的时域特征提取方法。

9.7 习题

1. 请解释对比敏感度函数和视觉掩盖效应在图像与视频质量评价中的作用。
2. 请给出图像与视频质量主观评价方法的原理和步骤，并说明主观评价方法的优缺点。
3. 请给出均方误差和峰值信噪比的原理和计算公式，并说明其优缺点。
4. 请给出结构相似性测量的原理和计算公式，并说明其优缺点。多尺度结构相似性相比单尺度结构相似性有哪些好处？
5. 信号保真度与信息保真度如何区分？
6. 什么是自然场景的统计特性？可以从哪些域进行建模？
7. 视频质量评价比图像质量评价难在哪里？
8. 运动信息加权的视频质量评价方法的流程和大概步骤有哪些？
9. 请在 MATLAB 中编程实现 MSE 与 PSNR 的计算。
10. 请在 MATLAB 中调试 SSIM 的程序，并使用测试图像测量其准确性与计算复杂度。

第 10 章　基于内容的图像和视频检索

本章学习目标：

- 熟悉基于内容检索系统的一般结构、检索过程及特点。
- 了解基于内容检索的研究方向。
- 掌握基于颜色、纹理以及简单的形状和空间关系等特征的图像检索的一般方法。
- 了解图像颜色、纹理、形状、空间关系特征的提取与表示方法。
- 掌握基于内容的视频检索工作流程和系统结构。
- 了解镜头切换的基本概念、镜头边界检测的一般方法。

10.1　基于内容检索技术概述

基于内容的多媒体信息检索研究伴随着信息时代的到来而展开。现在，多媒体数据已经广泛用于 Internet 和企事业信息系统中，用户不仅要存取常规的文本数据，而且越来越多的商业活动、事务交易和信息表现将包含多媒体数据。那么，如何有效地按照多媒体数据的特性去存取多媒体数据呢？这就是基于内容的多媒体信息检索技术所要研究的内容。

10.1.1　多媒体信息的内容

多媒体信息的“内容”表示含义、要旨、主题、特征、物理细节等，它区别于“形式”这个词。对于多媒体数据来说，其内容概念可以在多个层次上说明：

- 概念级内容——表达对象的语义，一般用文本形式来描述，通过分类和目录来组织层次浏览，用链（Link）来组织上下文关联。
- 感知特征——包括视觉特征，如颜色、纹理、形状、轮廓、运动；听觉特征，如音高、音色、音质等。
- 逻辑关系——音视频对象的时间和空间关系，语义和上下文关联等。
- 信号特征——通过信号处理方法获得的明显的媒体区分特征，例如通过小波分析得出的媒体特征。
- 特定领域的特征——与应用相关的媒体特征，例如人的面部特征、指纹特征。

获取媒体内容的方式可以是人工方式和自动方式。有些内容可以自动提取，但有些内容则很难，即使能够提取，准确度也不高，鲁棒性不好。因此，可以用半自动方式，使人和计算机各自发挥特长，通过交互和学习获取媒体的内容。

10.1.2　内容处理技术

多媒体内容的处理分为三大部分：内容获取、内容描述和内容操纵。也可将其看成是内容处理的三个步骤，即先对原始媒体进行处理，提取内容，然后用标准形式对它们进行描述，以支持用户对内容的操纵。内容处理流程如图 10-1 所示。

1. 内容获取

内容获取就是通过对各种内容的分析和处理，从而获得媒体内容的过程。它包括内容分割、特征提取两个部分。

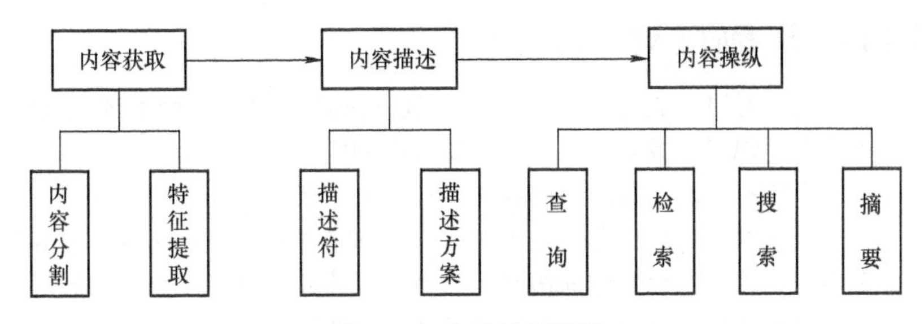

图 10-1　内容处理流程

在多媒体系统中，把媒体对象划分为几个有意义的子对象的过程称为分割。对于图像，分割意味着把图像划分为若干个有意义的区域，例如对图像中的头像指明眼睛、鼻子和嘴的区域；对于声音，分割意味着把声音分段，例如指明某一个声道的某一段时间；对于视频或动画则包括划分区域和分段两种含义。

分割的实现有自动分割和人工分割两种方法。对于图像，可以采用图像处理中的许多现有算法实现自动分割。对于声音或视频，虽然已有一些研究人员提出了一些自动分割的方法，但还不很成熟，有待于进一步发展。即使对于图像，完全自动分割仍是相当困难的，特别是针对通用领域的图像，而且往往也需要人工修正自动分割的结果。

内容获取的核心是特征提取。特征提取有自动特征提取和人工交互或提取两种方式。

2. 内容描述

内容描述就是描述在以上过程中获取的内容。在多媒体内容描述接口标准 MPEG-7 中，主要采用描述符（Descriptor）和描述方案（Scheme）来分别描述媒体的特性及其关系。

3. 内容操纵

内容操纵是针对内容的操作和应用。因为用户对内容有着不同的需求，所以有不同的操纵方式。这里，我们对一些容易混淆的术语进行说明。

- 查询（Query）——是面向用户的术语，多用于数据库操作。
- 索引（Index）——是对特征库的快速访问。对于数据库中的每个数据项，索引项包含关键属性值以及可以直接访问该数据项的指针。索引构成树结构，索引树（Index tree）中的中间结点是它们子结点的抽象。一个索引树既可以自底向上通过抽象来构造，也可以自顶向下通过分类来构造。对于多媒体数据，不仅仅用一个关键字属性来产生一个索引树，还要利用一种抽象数据类型，它可以是特征矢量、多维矩阵或指向数据结构的指针。在索引树的不同级别上，所用的关键属性可以不同。从宏观上看，索引可分级以加快数据访问。索引级的最高层是总目，下级是逐步缩小范围的具体索引项。从应用的不同要求上考虑，索引可以分类向用户提供不同的检索方法。如在一个视频数据库中，可以提供 3 种类型的索引：目录索引、结构索引（镜头、场景等）和内容索引（场景中的角色、运动目标等）。
- 检索（Retrieval）——是在索引支持下的快速信息获取方式。
- 过滤（Filtering）——是用快速计算的过滤器扫描数据库中的所有特征数据，只有通过了过滤器的项才能计算其相似度以加快检索过程。
- 搜索（Search）——常用于 Internet 的搜索引擎，含有搜寻的意思，又有在大规模信息库中搜寻自己所需的信息的含义。
- 摘要（Summarization，Excerpt）——是对多媒体中的时间相关媒体（如视频和音频）的一种特殊操作，可以对视频和音频媒体进行摘要，获得一目了然的全局视图和概要。

10.1.3　基于内容检索的查询方式

在许多情况下，用户习惯于通过概念来提交查询。概念查询的一种实现是基于文本式的描述，用关键词、关键词逻辑组合或自然语言来表达查询的概念。

当词语难以足够形象和准确地描述视觉或听觉感知时，例如一种东西的式样、颜色或纹理，用户就需要利用媒体呈现的视觉和听觉特性来查询，例如基于颜色、纹理特征进行查询。

下面来看一个例子。用户先用关键词访问一个在线服装商品目录，查到一批服装，然后利用基于内容的技术把感兴趣的服装范围缩小到指定的颜色或图案。

在基于内容的音/视频检索方面，用户常使用的查询方式有以下两种。

1. 示例查询

通过浏览选择示例，或通过扫描仪、摄像机、数字相机、传声器在线输入图像或音频作为查询的样例。

2. 描绘查询

在没有现存样例的情况下，可以使用描绘方式。在现实生活中，为了叙述方便和明确，人们常常用笔勾勒或描绘自己的意图。同样方式也可以用于提交形象直观的查询。在基于内容的音频检索方面，通过选择一些听觉感知特性来描述查询要求，例如音调的高低和音量的大小等。

10.1.4　基于内容检索系统的一般结构

基于内容检索技术一般用于多媒体数据库系统之中，也可以单独建立应用系统，如指纹系统、头像系统或其他的应用系统。从基于内容检索的角度出发，系统在体系结构上划分为两个子系统：特征库生成子系统和查询子系统。此外，在提取特征时，往往需要相应的知识库以支持特定领域的内容处理。基于内容检索系统的结构示意如图 10-2 所示，各个模块的主要功能简述如下。

1. 目标标识

目标标识为用户提供一种工具，以全自动或半自动（即需要用户干预）的方式对媒体进行分割，标识出静态图像、视频镜头的代表帧等媒体中用户感兴趣的区域，以及视频序列中的动态目标，以便针对目标进行特征提取。当进行整体内容检索时，利用全局特征，这时不用目标标识功能。目标标识是可选的。

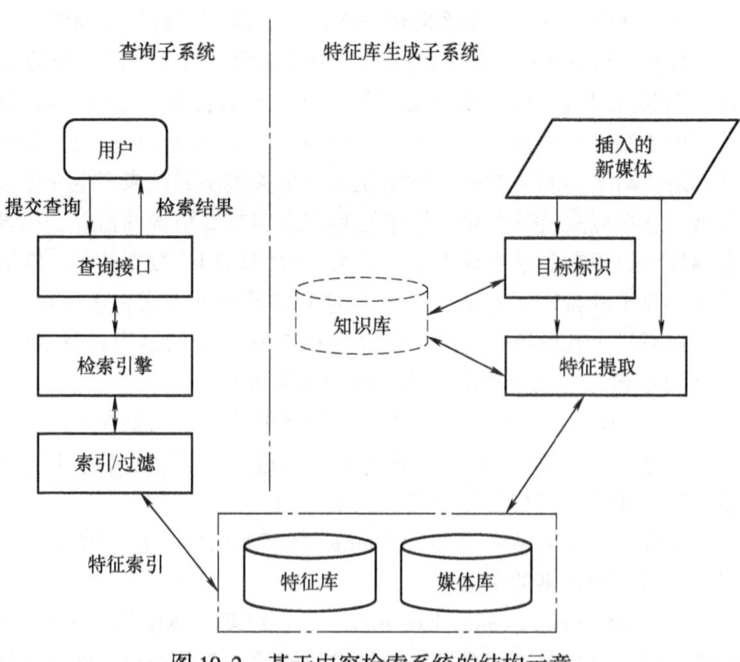

图 10-2　基于内容检索系统的结构示意

2. 特征提取

该模块对用户或系统标识的媒体对象进行特征提取处理，提取用户感兴趣的、适合检索要求的特征。提取的特征可以是全局性的，如整幅图像或视频镜头的颜色分布，也可以针对某个目标内部的对象，如图像中的子区域、视频中的运动对象等。在提取特征时，往往需要相应的知识库以支持特定领域的内容处理。

3. 媒体数据库和特征数据库

媒体数据和插入时得到的特征数据分别存入媒体数据库和特征数据库。媒体数据库包含各种媒体数据，如图像、视频、音频、文本等。特征数据库包含相应媒体的特征数据。

4. 查询接口

友好的人机交互界面是一个成功检索系统不可缺少的条件，它可以大大提高检索的效率。在基于内容的检索中，由于特征值为高维矢量，不具有直观性，因此必须为其提供一个可视化的输入手段。可采用的方式有三种：操纵交互输入方式、模板选择输入方式和用户提交特征样板的输入方式。同时应支持多种特征的组合。另外，查询返回的结果需要浏览，应在用户界面提供浏览功能，如有必要可以通过相关反馈机制进一步进行查询。

5. 检索引擎

检索是利用特征之间的距离函数来进行相似性检索。模仿人类的认知过程，近似得到数据库的认知排队，对于不同类型的媒体数据有各自不同的相似性度量算法，检索引擎中包括一个较为有效可靠的相似性度量函数集。

6. 索引/过滤器

检索引擎通过索引/过滤模块达到快速搜索的目的，从而可以应用到数据库中的大型多媒体数据集合中。过滤器作用于全部数据，过滤出的数据集合再用高维特征匹配来检索。对于低维特征，可以用 R-树索引结构来加快检索。

10.1.5 基于内容的检索过程

基于内容的检索是一个逐步求精的过程，存在着一个特征调整、重新匹配的循环过程，如图 10-3 所示。

基于内容的检索过程一般包括以下几个步骤。

1）提交查询。用户开始检索时，需要提交查询，以表达检索要求。系统对提交的示例进行特征提取，或把查询描述映射为具体的特征矢量。

2）相似性匹配。将查询特征与特征库中的特征按照一定的匹配算法进行相似匹配。满足一定相似性条件的一组候选结果按相似度大小排列返回给用户。

3）调整特征。用户对系统返回的候选结果进行浏览，挑选出满意的结果，检索过程完成；或者从候选结果中选择一个最接近的示例，经过特征调整后，形成一个新的查询。

4）重新检索。逐步缩小查询范围，重新开始。该过程直到用户放弃或者得到满意的检索结果为止。

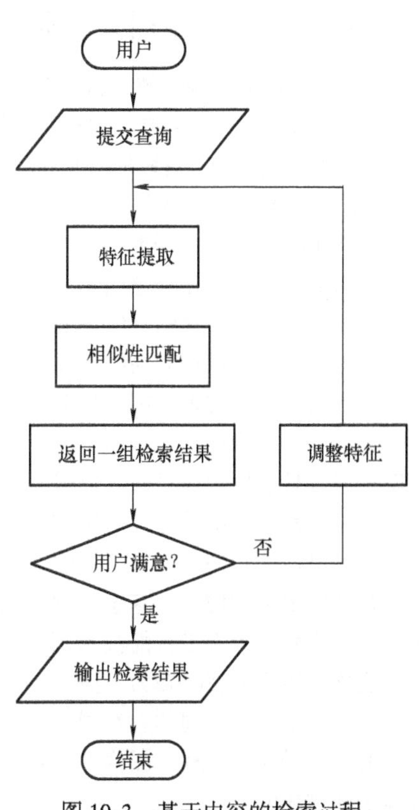

图 10-3 基于内容的检索过程

10.1.6 基于内容检索的特点

基于内容的检索突破了传统的基于文本检索技术的局限，直接对图像、视频、音频内容进行分析，抽取特征和语义（如图像中的颜色、纹理、形状，视频中的镜头、场景、镜头的运动，声音中的音调、响度、音色等），利用这些内容特征建立索引并进行检索。

与传统的基于文本的信息检索相比，基于内容的检索（Content-based Retrieval，CBR）有如下特点。

（1）直接从媒体内容中提取特征并建立索引

CBR直接对文本、图像、视频、音频进行分析，从中抽取内容特征，然后利用这些描述媒体内容的特征建立索引并进行检索。

（2）相似性检索

基于内容的检索过程是一个逐步求精的过程。它采用相似性匹配（或局部匹配）的方法和技术逐步求精地获得检索结果，摒弃了传统的精确匹配技术，避免了因采用传统检索方法所带来的不确定性。

（3）满足用户多层次的检索要求

CBR检索系统通常由媒体库、特征库和知识库组成。媒体库包含多媒体数据，如文本、图像、音频、视频等；特征库包含用户输入的特征和预处理自动提取的内容特征；知识库包含领域知识和通用知识，其中的知识表达可以更换，以适应各种不同领域的应用要求。

（4）大型数据库（集）的快速检索

CBR往往拥有数量巨大、种类繁多的多媒体数据库，能够实现对多媒体信息的快速检索。

10.2 基于内容的图像检索

10.2.1 基于内容的图像检索概述

近年来，随着多媒体技术和计算机网络的飞速发展，全世界的数字图像的容量正以惊人的速度增长。这些数字图像中包含了大量有用的信息。然而，由于这些图像是无序地分布在世界各地，图像中包含的信息无法被有效地访问和利用。这就要求有一种能够快速而且准确地查找访问图像的技术，也就是所谓的图像检索技术。自从20世纪70年代以来，在数据库系统和计算机视觉两大研究领域的共同推动下，图像检索技术已逐渐成为一个非常活跃的研究领域。数据库和计算机视觉两大领域是从不同的角度来研究图像检索技术的，前者基于文本的，而后者是基于视觉的。

基于文本的图像检索（Text-based Image Retrieval）技术的历史可以追溯到20世纪70年代末期。当时流行的图像检索系统是将图像作为数据库中存储的一个对象，用关键字或自由文本对其进行描述。基于文本的图像检索沿用了传统文本检索技术，回避对图像视觉特征的分析，而是从图像名称、图像尺寸、压缩类型、作者、年代等方面索引图像，一般以关键词形式的提问查询图像，或者是根据分类目录的形式浏览查找特定类目下的图像。

由于这种搜索引擎可以利用成熟的关系数据库技术，所以检索比较准确，而且速度很快。这种技术可以用来管理数量不多，但比较有价值的图片库，例如，博物馆收集的图片。然而，随着图像数据库规模的增大，基于关键字或文本标注的图像检索存在的问题就突显出来了。首先，目前的计算机视觉和人工智能技术都无法自动对图像进行标注，而必须依赖于人工对图像做出标注。这项工作不但费时费力，而且手工的标注往往是不准确或不完整的，还不可避免地带有主观偏差。也就是说，不同的人对同一幅图像有不同的理解方法，这种主观理解的差异将导致图像检索中的失配错误。此外，图像中所包含的丰富的视觉特征（颜色或纹理等）往往无法用文本进行客观地描述的。

1990年代初，大规模图像集不断涌现，基于文本图像检索的局限性与图像检索需求之间的矛盾进一步突出。为了解决这一问题，人们提出了基于内容的图像检索（Content-based Image Retrieval，CBIR）。

图像内容按抽象层次由低向高表现为：数据信息、特征信息（例如，颜色、纹理与形状等）与语义信息。数据层次的计算量非常巨大，直接对原始信号数据进行匹配与检索是不现实的。人的思维可以对信息内容做出语义上的描述，在这个层次上的检索称为基于语义内容的检索。基于语义内容的检索可以看作是基于对象的检索。例如，查找图像中包括的具体物体、发生的场景，以及图像所描述的感情色彩等都属于这个层次的查找。基于语义内容的检索是基于内容的图像检索发展的趋势与要求。但是，由于目前计算机视觉和图像理解的发展水平，基于语义内容的检索还很难实现。

现实可行的智能检索方法就是，提取能表征图像内容的特征参数，利用这些特征参数进行匹配、检索，即基于特征内容的检索。目前，基于内容的图像检索的研究主要集中在特征层次上。在基于内容的图像检索中，根据图像的色彩、纹理、形状以及空间关系等内容特征作为图像的索引，计算查询图像和目标图像的相似距离，按相似度匹配进行检索，从图像数据库中找出其特征矢量与查询图像的特征矢量最匹配的图像。它涉及以下3个方面的问题。

1）选择能够充分表达图像的特征。

2）采取有效的特征提取、描述方法。

3）要有合适的特征匹配算法（即相似度的计算）。

特征提取是基于内容的图像检索的基础。目前常用的图像特征是颜色、纹理以及简单的形状和空间关系等特征。

1. 基于颜色特征的图像检索

颜色是描述图像内容的最直接的视觉特征，在图像检索中应用最为广泛，主要原因在于颜色往往和图像中所包含的物体或场景十分相关。此外，与其他的视觉特征相比，颜色特征对图像的缩放、旋转、平移甚至各种形变都不敏感，从而具有较高的鲁棒性。

2. 基于纹理特征的图像检索

纹理是描述图像内容的一个重要特征。纹理通常被看作图像的某种局部性质，或是对局部区域中像素之间关系的一种度量，可认为是灰度（颜色）在空间以一定的形式变化而产生的图案（模式），可用来对图像中的空间信息进行定量描述，是真实图像区域固有的特征之一。例如，云彩、树木、砖和织物等都有各自的纹理特征。正是由于纹理特征具有这个特点，所以它也是基于内容检索系统中的一条重要线索。由于纹理描述比较困难，基于纹理特征的图像检索通常适用于对有规则结构纹理的图像检索，用户可以通过示例查询方式提交包含有某种纹理的图像来查找含有相似纹理的其他图像。

3. 基于形状特征的图像检索

图像中的物体和区域形状是图像表达和图像检索中要用到的另一类重要特征。但不同于颜色或纹理特征，形状特征的表达必须以图像中的物体或区域的分割为基础。由于当前的技术无法做到准确而稳健的自动图像分割，图像检索中的形状特征只能在某些特殊应用场合使用，在这些应用中图像包含的物体或区域可以直接获得。另一方面，由于人们对物体形状的变换、旋转和缩放主观上不太敏感，合适的形状特征必须满足对变换、旋转和缩放无关，这给形状相似度的计算也带来了难度。

通常来说，形状特征有两种表示方法，一种是轮廓特征，另一种是区域特征。图像轮廓特征用到物体的外边界，而图像区域特征则关系到整个形状区域。基于骨架或轮廓的检索能使用户通过勾勒图像的大致轮廓，从数据库中检索出轮廓相似的图像。

提取图像的轮廓是一个困难的任务，一般的图像分割和边缘检测提取很难得到理想的结果。目前较好的方法是采用图像的自动分割方法结合识别目标的前景和背景模型来得到比较精确的轮廓。由于用户的勾画只是对整个图像目标的大体描述，如果用整个轮廓线来作为匹配特征并不合适，必须用一些轮廓的简化特征作为检索的依据。一般以轮廓的中心为基准，计算中心到边界点的最长轴和最短轴、长轴与短轴之比、周长与面积之比，以及拐点等作为轮廓检索的特征。事实上，要识别目标的轮廓是很困难的，在有些情况下，也直接采用轮廓追踪方法进行轮廓检索。

对轮廓进行检索的过程是交互完成的。首先对图像进行轮廓提取，并计算轮廓特征，存于特征库中。为方便用户描绘轮廓，一般检索接口应给出基本的绘画工具，用户可以用工具来手绘查询的要求。检索时，通过计算手绘轮廓的特征与特征库中的图像轮廓特征的相似距离来决定匹配程度。轮廓特征检索也可以结合颜色进行描述，例如，用户可用绘图工具在一个绿色的背景上画一个红色的圆，系统将与圆形轮廓相似的目标图像都从数据库中找出来，然后用户再在这些图像中选择需要的内容。

4. 基于空间关系特征的图像检索

上述的颜色、纹理和形状等特征反映的都是图像的整体特征，而无法体现图像中所包含的对象或物体。事实上，对于包含多个对象的图像，对象所在的位置和对象之间的空间关系同样是图像检索中非常重要的特征。例如，蓝色的天空和蔚蓝的海洋在颜色直方图上非常接近而难以辨别。但如果我们指明是“处于图像上半部分的蓝色区域”，则一般来说就可以区分天空和海洋。由此可见，包含空间关系的图像特征对检索有很大帮助。

提取图像空间关系特征通常有两种方法：一种方法是首先对图像进行自动分割，划分出图像中所包含的对象或颜色区域，然后根据这些区域对象索引；另一种方法则是简单地将图像均匀划分为若干个规则的子块，然后针对每个图像子块分别提取特征并建立索引。

5. 基于对象特征的图像检索

由于颜色、纹理的检索仅适合部分图像检索的情况，且检索的正确率不高，而且，在很多情况下，人们感兴趣的并不是整幅图像，而是图像中的某些区域或目标，因此，近几年来，人们提出了基于对象特征的图像检索方法。

所谓基于对象特征的检索，是指对图像中所包含的静态子对象进行查询，检索条件可以利用颜色、纹理、形状和空间关系等特征以及客观属性等。其中的对象主要有两种类型：一种是以子对象为问题的出发点，对图像所包含的子对象特征进行描述；另一种是以区域为问题的出发点，将整个图像作为对象，对它的内容特征进行描述。

基于对象特征的检索首先要对图像进行预处理，将原始像素信息分割成一些颜色和纹理在空间上连贯分布的区域，计算出每个区域的颜色、纹理和空间关系等特征。这与基于颜色和基于纹理的检索方法不同。基于颜色和基于纹理的方法主要用于检索与图像全局相似的图像，不需要对图像进行分割。基于对象特征的检索主要用于检索图像对象或是它的子对象，针对的是局部特征，所以除了要对图像进行预处理以外，还需要进行图像分割，在难度和复杂度上都要比基于颜色和基于纹理的检索技术更进一步。

对分割后的每个区域来说，可以用一个多维向量来表示其颜色、纹理、形状以及空间关系等特征。这样，对一个给定的区域来说，所获得的多维向量是确定的。检索时，根据用户所提供的信息或者草图，利用高效的检索算法进行匹配，再根据相似测试函数进行过滤，就可将相似度较高的图像提供给用户使用。

10.2.2 图像颜色特征的提取与表示

如前所述，彩色可以用亮度、色调、饱和度来描述，人眼看到任一彩色光都是这 3 个特性的综合效果。彩色图像所携带的信息远远大于灰度图像。颜色是描述图像内容的最直接的视觉特征，在图像检索中应用最为广泛。

颜色特征反映彩色图像的整体特性，一幅图像可以用它的颜色特征描述。根据颜色与空间属性的关系，颜色特征的表示可以有颜色直方图、颜色矩、颜色集以及颜色一致性矢量等几种方法。

图像颜色特征的表示涉及多个问题。首先，由于存在许多不同的颜色空间，对不同的具体应用，需要选择合适的颜色空间来描述图像颜色特征。其次，需要采用一定的量化方法来将颜色特征表示成矢量形式，只有将图像颜色特征表示成矢量形式以后，才能进行相似度比较。最后需要说明的是，需要定义一种相似度标准来衡量不同图像之间的颜色相似性（如以红色为主的图像与以黄色为主的图像是不相似的）。

1. 颜色直方图

颜色直方图是在许多图像检索系统中被广泛采用的颜色特征。它所描述的是不同色彩在整幅图像中所占的比例，即图像颜色分布的统计特性。设一幅图像包含 M 个像素，图像的颜色空间被量化成 N 种不同颜色，第 i 种颜色值用 p_i 表示。在整幅图像中，具有 p_i 颜色值的像素数为 h_i，则这一组像素统计值 h_1，h_2，…，h_i，…，h_N 就是该图像的颜色直方图，可用 H（h_1，h_2，…，h_i，…，h_N）表示。

与灰度直方图类似，颜色直方图也可以定义为归一化直方图，即用 $H\left(\frac{h_1}{M},\frac{h_2}{M},\cdots,\frac{h_i}{M},\cdots,\frac{h_N}{M}\right)$表示。

当然，颜色直方图可以基于不同的颜色空间和坐标系。最常用的颜色空间是 RGB 颜色空间，大部分数字图像都是采用这种颜色空间来表达的。但是，RGB 颜色空间模型并不符合人们对颜色相似性的主观判断。因此，有人提出了 HSV 颜色空间和 Lab 颜色空间的颜色直方图，因为它们更接近于人们对颜色的主观认识。

计算颜色直方图需要将颜色空间划分成若干个颜色小空间，每个颜色小空间成为直方图的一个颜色元（bin），这个过程称为颜色量化（Color Quantization）。然后，通过计算颜色落在每个小空间内的像素数量就可以得到颜色直方图。

选择合适的颜色元数目和颜色量化方法与具体应用的性能和效率要求有关。一般来说，颜色元的数目越多，直方图对颜色的分辨能力就越强。然而颜色元数目很大的颜色直方图不但会增加计算负担，也不利于在大型图像库中建立索引。而且对于某些应用来说，使用非常精细的颜色空间划分方法不一定能够提高检索效果。一种有效减少颜色元数目的办法是只选用那些像素数目多的颜色元，因为这些表示主要颜色的颜色元能够表达图像中大部分像素的颜色。实验证明这种方法并不会降低颜色直方图的检索效果。事实上，由于忽略了那些像素数目较少的颜色元，颜色直方图对噪声的敏感程度降低了，有时检索效果会更好。

颜色量化的方法有很多种，可以分为两类：固定颜色模板和可变颜色模板。

固定颜色模板有等间距量化和非等距量化两种方法，等间距量化是最为常用的量化方法，它是将颜色空间的各个分量（维度）均匀地进行划分。等间距量化方法的实现非常简便易行，在实践中得到了广泛的使用。非等间距的量化方法需要人对颜色空间模型进行大量分析，例如，对于常用的 HSV 颜色空间，按照人的视觉感知，可以将色调（H）分成 8 份，饱和度（S）和亮度（V）分别分成 3 份。非等距量化的效果与所选用的颜色空间有直接的关系，而且在很大程度上取决于在实际应用中对图像颜色感知特性的理解和分析程度。

固定颜色模板有时无法很好地表示各个图像的颜色情况。可变颜色模板根据其量化的方法不同可分为频度序列算法、中值裂分法、中位切分算法和聚类量化法。

另外，如果图像是 RGB 格式，而直方图属于 HSV 颜色空间，则可以预先建立从量化的 RGB 颜色空间到量化的 HSV 颜色空间之间的查找表（Look-up Table），从而加快直方图的计算过程。

图像的颜色直方图具有以下性质。

1）直方图中的值都是统计而来，描述了该图像关于颜色的数量特征，可以反映图像的部分内容。举例来说，如果是一幅“蓝色的海洋”的图像，“蓝色”将是像素的主要成分，在数量上将占很大的比例。

2）直方图丢失了颜色的位置特征。因此，不同的图像可能具有相同的颜色分布，从而也就具有相同的颜色直方图。

3）如果将图像划分为若干子区域，这所有子区域的直方图之和等于全图直方图。

4）一般情况下，由于图像上的背景和前景物体颜色分布明显不同，从而在直方图上会出现双峰特性，但前景和背景颜色较为接近的图像不具备该性质。

颜色直方图的优点是计算简单，缺点是无法表述颜色分布的空间信息。因此，颜色直方图特别适合用来描述那些难以进行自动分割的图像以及不需要考虑物体空间位置的图像。

2. 颜色矩

颜色矩（Color Moments）方法的数学基础在于图像中任何颜色分布均可用它的矩来表示。此外，由于颜色分布信息主要集中在低阶矩中，所以只采用颜色的一阶矩 μ_i、二阶矩 σ_i 和三阶矩 s_i 就足以表达图像的颜色分布。与颜色直方图相比，该方法带来的另一个好处在于无须对特征进行矢量化。颜色矩通常直接在 RGB 颜色空间计算，颜色的 3 个低阶矩的数学表达式为：

$$\mu_i = \frac{1}{n}\sum_{j=1}^{n} p_{ij} \tag{10-1}$$

$$\sigma_i = \left[\frac{1}{n}\sum_{j=1}^{n}(p_{ij}-\mu_i)^2\right]^{\frac{1}{2}} \tag{10-2}$$

$$s_i = \left[\frac{1}{n}\sum_{j=1}^{n}(p_{ij}-\mu_i)^3\right]^{\frac{1}{3}} \tag{10-3}$$

式中，p_{ij}是图像中第 j 个像素的第 i 个颜色分量；n 是第 i 个颜色分量的像素数。事实上，一阶矩 μ_i 定义了每个颜色分量的平均强度，二阶矩 σ_i 和三阶矩 s_i 分别定义了颜色分量的方差和偏斜度。

颜色矩仅仅使用了少数几个矩，因此可能出现两幅完全不同的图像有相同矩的情况。在实际应用过程中，为了避免低阶矩较弱的分辨能力，颜色矩常常和其他特征结合起来使用，通常在使用其他特征之前起到过滤缩小范围的作用。

3. 颜色集

颜色直方图和颜色矩只是考虑了图像颜色的整体分布，不涉及位置信息。颜色集表示则同时考虑了颜色空间的选择和颜色空间的划分。使用颜色集表示颜色信息时，通常采用颜色空间 HSL。颜色集表示方法的实现步骤如下。

① 对于 RGB 颜色空间中的任意图像，它的每个像素可以表示为一个矢量 $\boldsymbol{v}=(r,g,b)$。

② 通过变换 T 将其变换到另一个与人的视觉一致的颜色空间 $\boldsymbol{w}$，即 $\boldsymbol{w}=T(\boldsymbol{v})$。

③ 采用量化器 Q 对 $\boldsymbol{w}$ 重新量化，使得视觉上明显不同的颜色对应着不同的颜色集，并将颜色集映射成索引 m。

颜色集定义如下：设 B_M 是 M 维的二值空间，在 B_M 空间的每个轴对应唯一的索引 m。一个

颜色集就是 B_M 二值空间中的一个二维矢量，它对应着对颜色 $\{m\}$ 的选择，即颜色索引 m 出现时，$c[m]=1$；否则，$c[m]=0$。以 $M=8$ 为例，颜色集的计算过程如下。

设 T 是 RGB 到 HSL 的变换，$Q_M(M=8)$ 是一个将 HSL 量化成 2 种色调、2 个饱和度和 2 级亮度的量化器。对于 Q_M 量化的每种颜色，赋给它唯一索引 m，则 B_8 是 8 维的二值空间，在 B_8 空间中，每个元素对应一个量化颜色。一个颜色集 C 包含了从 8 种颜色中的各种选择。如果该颜色集对应一个单位长度的二值矢量，则表明重新量化后的图像只有一种颜色出现；如果该颜色集有多个非零值，则表明重新量化后的图像中有多种颜色出现。例如，颜色集 $C=[10010100]$，表明量化后的 HSL 图像中出现第 0 种（$m=0$）、第 3 种（$m=3$）、第 5 种（$m=5$）颜色。由于人的视觉对色调较为敏感，因此，在量化器 Q_M 中，一般色调量化级比饱和度、亮度的量化级要多。如色调可量化为 18 级，饱和度和亮度可量化为 3 级。此时，颜色集为 162 维（$M=18\times3\times3=162$）的二值空间。

颜色集可以通过对颜色直方图设置阈值直接生成，如对于某一种颜色 m，给定阈值 T_m，颜色集与直方图的关系为

$$c[m]=\begin{cases}1, & h[m]\geqslant T_m\\0, & h[m]<T_m\end{cases} \tag{10-4}$$

因此，颜色集表示为一个二进制矢量。

在图像匹配过程中，需要比较不同图像颜色集之间的距离和色彩域空间关系。由于颜色集表示为二进制的特征矢量，所以能构造二分查找树来加快检索速度，这对大规模的图像集合来说十分有利。

10.2.3 图像纹理特征的提取与表示

纹理是通过色彩或明暗度的变化体现出来的图像表面细节。纹理通常被看作图像的某种局部性质，或是对局部区域中像素之间关系的一种度量，可认为是灰度（颜色）在空间以一定的形式变化而产生的图案（模式），可用来对图像中的空间信息进行一定程度的定量描述，是真实图像区域固有的特征之一。纹理特征包含了物体表面结构组织排列的重要信息以及它们与周围环境的联系，图像可以看成是不同纹理区域的组合，一个纹理需用一个向量表示，或者说一个纹理可以用一个多维特征空间中的一个点表示。

通常，纹理和图像频谱中的高频分量密切联系，光滑的图像（主要包含低频分量）一般不认为是纹理图像。要分析纹理，需要确定一定的尺度。纹理尺度与图像分辨率有关，例如，从远距离观察由地板砖构成的地板时，我们看到的是地板砖块构成的纹理，而没有看到地板砖本身的纹理模式，当在近距离（只能看到几块砖的距离）观察同样的场景时，我们开始察觉到每一块砖上的详细模式，如图 10-4 所示。

关于图像纹理的精确定义迄今还没有一个统一的认识。一般来说，纹理是指图像强度局部变化的重复模式。纹理形成的机理是图像局部模式变化太小，一般无法在给定的分辨率下把不同的物体或区域分开。这样，在一个图像区域中重复出现满足给定灰度特性的一个连通像素集合构成了一个纹理区域。最简单的例子是在白色背景下黑点的重复模式。打印在白纸上的一行行字符也构成了纹理，其中的每一个灰度级基元

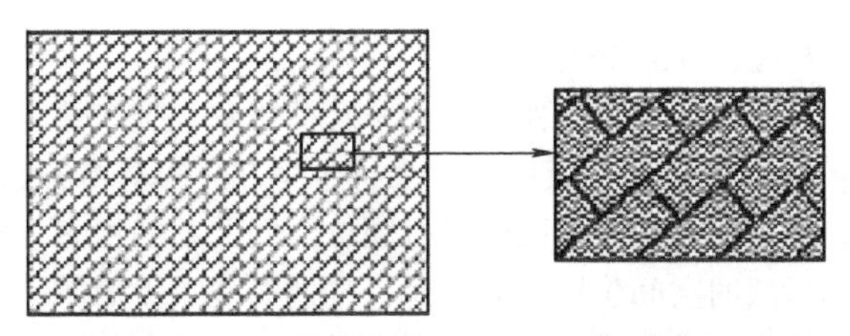

a) 远距离观察时的纹理图像　　b) 近距离观察时的纹理图像

图 10-4　由地板砖构成的地板纹理示意图

是由表示每一个字符的连通像素集合构成；把一个个字符放在一行，把一行行字放在一页，就得到一个纹理。

纹理的分析方法已有不少，大致上可分为统计方法和结构方法。统计方法常用于分析木纹、沙地和草坪等细密而规则的对象，并根据像素间灰度的统计性质对纹理规定出特征，以及特征与参数的关系。结构方法假定图像由较小的纹理基元排列而成，可以根据纹理基元及其排列规则来描述纹理的结构及特征，以及特征与参数间的关系。它采用句法分析方法，只适用于像布料的印刷图案或砖瓦等排列较规则的结构纹理。

早在20世纪70年代，Haralick等人提出用共生矩阵（Co-occurrence Matrix）来表示纹理特征，研究了纹理的灰度级的空间相关性。首先，根据图像像素之间的方向和距离构建共生矩阵。然后从共生矩阵中提取有意义的统计特征来表示纹理。

受人类对纹理的视觉感知力的心理学研究的启发，Tamura等人从心理学研究中发现重要的视觉纹理特性，发展了近似计算，提出6个视觉纹理特性，即：粗糙度（Coarseness）、对比度（Contrast）、方向度（Directionality）、线像度（Linelikeness）、规整度（Regularity）和粗略度（Roughness），其中，粗糙度、对比度和方向度这3个分量在图像检索中尤为重要。Tamura的纹理表示和共生矩阵的一个主要区别是，所有Tamura的纹理表示都是视觉上有意义的，而共生矩阵中的纹理表示却不一定在视觉上有意义。

10.2.4 图像形状特征的提取与表示

图像中物体和区域的形状是图像表达和图像检索中要用到的另一重要特征。由于形状特征的表示首先要解决的问题是将不同物体从图像中分割出来，这是计算机视觉的难题之一，至今没有很好解决，所以图像检索中的形状特征只能在某些特殊应用场合使用，在这些应用中图像所包含的物体或者区域可以直接获得。此外，由于人们对物体形状的变换、旋转和缩放在主观上不太敏感，合适的形状特征必须满足对变换、旋转和缩放无关，但要找到一种符合人们主观判断的形状相似性度量算法还有一些待解决的问题。

一般来说，形状描述有两种表示方法：基于边界和基于区域，所对应的描述符分别是：傅里叶形状描述符和不变矩。傅里叶形状描述符的基本思想是将物体边界的傅里叶变换作为它的形状描述，用较少的参数包纳很复杂的边界。不变矩的主导思想是利用基于区域的矩，这些矩和形状特性一样，在变换中保持了不变性。除了这些采用全局特征的方法，还有研究者用一系列局部特征，如直线段、圆弧、角点、高曲率点等来描述形状，以解决遮挡问题。

10.2.5 图像空间关系特征的提取与表示

图像空间关系特征的提取通常有两种方法：一种是先对图像进行自动分割，分割出图像中所包含的对象或者颜色区域，然后根据这些区域来对图像进行索引；另一种是将图像均匀划分成若干个规则的子块，然后针对每个图像子块分别提取特征并建立索引。

1. 基于图像分割的方法

这类方法中的图像空间关系特征主要包括二维符号串（2D-string）、空间四叉树和符号图像（Symbolic Image）。其中，二维符号串方法的基本思想是将图像沿着X轴方向和Y轴方向进行投影，然后按二维子串匹配进行图像空间关系的检索。这种方法比较简单，但利用对象质心不足以表达对象的空间位置关系，而且描述的关系太简单，实际图像中的空间关系要复杂得多。符号图像方法是基于图像中全部有意义的对象已经被预先分割的前提之下，将每个对象用质心坐标和一个符号名字代表，从而构成一整幅图像的索引。这种方法假设所有对象都可以通过一定的特征被精确地识别出来，因而只需要关注如何匹配对象的空间关系即可。但是，对象并非总是由某些确定特征来构成的。需要补充说明的是，除了少数特殊应用以外，图像自动分割对大多数应用来说是相当困难的。通常，分割算法所划分的仅仅是区域而不是对象。如果想在图像检索中获得高层语义上的对象，就需要人工辅助才行。例如，Samadani 和 Han 等人提出了计算机辅助下的边界提取法，将用户手工输入和计算机图像边界生成算法结合起来使用。

2. 基于图像子块的方法

为了克服图像准确自动分割的困难，同时又要提供有关图像区域空间关系的基本信息，可以采取一种折中的方法，即先将图像预先分割成若干子块，然后分别提取每个子块的各种特征。在检索过程中，首先根据特征计算出图像中相应子块之间的相似度，然后通过加权计算总的相似度。类似的方法还有四叉树方法，即将整个图像看成是四叉树的结构，用每个分支的直方图来描述颜色特征。该方法可以支持对象空间关系的检索方法（如将一个图划分成几个小子块，在每个子块中匹配相应的特征来实现）。

尽管这些方法从概念上来说非常简单，但这种普通规则的分块并不能精确地给出局部色彩的信息，而且计算和存储的代价都比较昂贵。因此，这些方法在实际中获得的应用较少，从而给基于对象空间关系的图像检索带来了一定困难。

10.2.6 图像的相似性度量

颜色、纹理和形状等图像特征被提取出来，并且形成特征向量以后，就可以用特征向量来表达对应的图像。在图像检索过程中，判断图像之间是否相似主要是通过比较特征向量是否相似来进行的。也就是说，将图像特征向量之间的比较可以看成是图像相似性的比较。显然，一个好的特征向量比较算法会对图像检索结果产生较大影响。

基于文本的图像检索采用的是基于文本的精确匹配方法，而基于内容的图像检索则是通过计算查询图像与候选图像之间视觉特征的相似度来完成的。

在对图像内容进行描述时，主要采用特征向量方式。因此，常用的图像相似度比较方法也是基于向量空间模型的，可以将图像特征看作是向量空间中的点，通过计算两个点之间的接近程度来衡量图像特征之间的相似度。

如果查询图像的特征向量为 $\boldsymbol{X}=(x_1,x_2,\cdots,x_n)$，某个候选图像的特征向量为 $\boldsymbol{Y}=(y_1,y_2,\cdots,y_n)$，若满足相似性度量中的正定性、对称性和三角不等性度量公理，则可以通过比较 $\boldsymbol{X}$ 和 $\boldsymbol{Y}$ 之间的距离大小，来判断查询图像与候选图像之间是否相似。

1. Manhattan 距离

Manhattan 距离又称街区距离，其定义为

$$d(\boldsymbol{X},\boldsymbol{Y}) = \sum_{i=1}^{n} |x_i - y_i| \tag{10-5}$$

2. 欧几里得距离

欧几里得距离（Euclidean Distance）是一个应用非常普遍的距离度量，其定义为

$$d(\boldsymbol{X},\boldsymbol{Y}) = \sqrt{\sum_{i=1}^{n} (x_i - y_i)^2} \tag{10-6}$$

当所有特征向量不具备相同权重时，需要对其进行归一化，即

$$d(\boldsymbol{X},\boldsymbol{Y}) = \sqrt{\frac{\sum_{i=1}^{n} (x_i - y_i)^2}{n}} \tag{10-7}$$

3. Mahalanobis 距离

如果特征向量的各个分量之间具有相关性或是具有不同的权重，则可以采用 Mahalanobis 距离来计算它们之间的相似度。Mahalanobis 距离又称马氏距离，其定义为

$$d(\boldsymbol{X},\boldsymbol{Y}) = \sqrt{(\boldsymbol{X}-\boldsymbol{Y})^{\mathrm{T}}\boldsymbol{C}^{-1}(\boldsymbol{X}-\boldsymbol{Y})} \tag{10-8}$$

式中，$\boldsymbol{C}^{-1}$是特征向量的协方差矩阵 $\boldsymbol{C}$ 的逆矩阵，如果 $\boldsymbol{C}$ 是恒等矩阵，那么马氏距离就变成欧几里得距离了。

4. 直方图交集距离

设 $\boldsymbol{X}$ 和 $\boldsymbol{Y}$ 分别是查询图像和某个候选图像的颜色直方图，它们都含有 n 个颜色元（bin），则它们之间的直方图交集（Histogram Intersection）距离定义为

$$d(\boldsymbol{X},\boldsymbol{Y}) = \sum_{i=1}^{n}\min(x_i, y_i) \tag{10-9}$$

式中，x_i 和 y_i 分别是 $\boldsymbol{X}$ 和 $\boldsymbol{Y}$ 中第 i 个颜色元的像素数。

所谓直方图交集，是指两个直方图在每个颜色元中共有的像素数量。有时，该值还可以通过除以其中一个直方图中所有的像素数来实现归一化，从而使它处于［0，1］的值域范围，其表达式为

$$d(\boldsymbol{X},\boldsymbol{Y}) = \frac{\sum_{i=1}^{n}\min(x_i, y_i)}{\sum_{i=1}^{n} y_i} \tag{10-10}$$

5. 直方图二次式距离

对基于颜色直方图的图像检索来说，二次式距离已被证明要比使用欧几里得距离或是直方图交集距离更有效一些，原因在于这种距离考虑到不同颜色之间存在的相似度问题。两个颜色直方图 $\boldsymbol{X}$ 和 $\boldsymbol{Y}$ 之间的二次式距离可以表示为

$$d(\boldsymbol{X},\boldsymbol{Y}) = (\boldsymbol{X}-\boldsymbol{Y})^{\mathrm{T}}\boldsymbol{A}(\boldsymbol{X}-\boldsymbol{Y}) \tag{10-11}$$

二次式距离通过引入颜色相似性矩阵 $\boldsymbol{A}$，使它能够考虑到相似但不相同的颜色之间的相似性因素。其中，$\boldsymbol{A}=[a_{ij}]$，a_{ij}表示直方图中下标为 i 和 j 的两个颜色元之间的相似度。

对于 RGB 颜色空间，有

$$a_{ij} = 1 - \frac{d_{ij}}{\max\limits_{i,j}(d_{ij})} \tag{10-12}$$

式中，d_{ij}是直方图中下标为 i 和 j 的两个颜色元之间的欧几里得距离。

10.2.7 图像检索中的相关反馈机制

由于利用上述这些低层视觉特征的相似性度量与人眼的主观感知存在一定的差异，所以，在实际的检索系统中，通常按某种相似性度量计算查询图像与数据库中每幅图像的相似度，然后按相似度由大到小的顺序输出一组所谓的相似图像供用户选择。为了使数据库内的图像分类更接近用户的主观愿望，使检索符合用户的个性化要求，目前的研究热点是结合相关反馈（Relevance Feedback）技术，通过人机交互的方式来捕捉和建立低层特征和高层语义之间的关联。

在基于内容的图像检索中，查询得到的结果应该是一组和用户提交的查询请求相似的图像集合，然而由于基于内容的图像检索还无法达到非常精确的匹配，结果中必然含有非用户想要查询的图像。因而，用户在结果中再次选择与其检索目标最接近的图像作为示例图像进行二次查询，系统将根据用户的反馈信息对图像库进行相应的修改，并重新返回一组结果，这样的过程就是图像检索中的用户相关反馈问题。

相关反馈可以让用户的个性化反映到结果中，并提高系统的适应性。在一组结果中，用户对其满意的图像赋予正反馈，对其不满意的图像赋予负反馈，使得系统能够逐步细化其检索结果，从而提高检索精度。系统还可以从示例图像的语义特征中推导出检索结果中正反馈和负反馈图像的语义信息。

10.3 基于内容的视频检索

10.3.1 基于内容的视频检索概述

随着多媒体技术和网络技术的飞速发展，数字视频的产生、传播和获取变得越来越容易，已经逐渐成为人类信息传播的主要载体之一。在视频传输和存储问题得到发展的同时，人们所面临的问题已不再是视频内容的匮乏，而是对海量视频的高效检索和浏览。所谓视频检索是指从大量的视频数据中检索到一段包含特定信息的视频片段，例如：足球比赛中的射门镜头、含有日出景色的片段等。

传统的视频检索系统主要是基于人工标注的文本检索，即通过手工的方法对视频信息用文本关键词进行标注，再根据用户键入的检索词，按关键词匹配程度查找相似文本，从而检索到相应的视频。这种检索方式对检索结构化的文本信息方便有效，但是对于视频的检索却遇到了下列难题。

1）为了满足如今海量的视频数据检索需求，人工标注需要大量的人力，对于一个大型的视频数据库，建库成本高、周期长。

2）人工标注的主观性强，不同人产生的文本标注可能不同，使得检索结果具有一定的随机性。

3）文本标注难以描述视频数据中的视觉内容，人工生成的文本标注通常相当概括，很难与人的视觉感受，比如颜色、纹理等联系起来，使用户的查询受到很大的限制，从而造成检索结果的不准确或错误。

4）人工标注无法运用于实时流媒体播放系统。

为了克服传统方法带来的问题，就要求能够对视频数据进行基于内容语义的分析，以达到基于内容语义的深层次检索，这就是基于内容的视频检索技术（Content-Based Video Retrieval，CBVR）。它在没有人工参与的情况下，自动提取并描述视频的特征和内容，根据视频的内容和上下文关系，对大规模视频数据库中的视频数据进行检索。

基于内容的视频检索具有如下特征。

（1）基于内容的视频检索对于视频特征的描述更具有客观性

基于内容的视频检索突破了传统的基于文本视频检索的局限性，它从视频数据的底层特征和高层语义分析出发，直接对视频内容进行分析。通过构建结构化的视频数据，基于内容的视频检索提取视频的语义、视觉等固有特征，并利用这些特征建立索引进行检索，避免了用文本标注视频的转化过程。基于内容的视频检索将有关联的或具有上下文联系的信息组织在一起，实现信息的自动组织，使得视频检索更具有客观性，更接近视频对象的实质。

（2）基于内容的视频检索是一种近似匹配

由于对视频数据解释的多样性和模糊性，使得基于内容视频检索时对视频内容的表示不是一种精确描述。由于视频数据之间关系复杂，难以定义造成了视频数据单元之间关系的不明确，查询时无法像字符数值型数据，用一个指定的字段作为关键字确切地查询一个特定的记录，也无法像文本数据库中准确地比较各数据单元关系（相等或是不相等），因此在基于内容的视频检索中，视频数据的比较不是精确匹配，而是近似匹配，即一种相似性比较。具体比较时通常采用迭代和逐步求精的相似性匹配方法，不断缩小查询结果的范围，直到找到用户满意的视频为止。

（3）基于内容的视频检索是交互式的

基于内容的视频检索对难以用文字描述的特征通常采用以示例查询的方式提问，即系统向用户提供多个示例，用户选择一个查询例子提交系统，系统通过查询接口将媒体库中的查询结果返回给用户。用户提交查询例子时，还会设定一些属性值一起提交查询。为了让用户更好的描述其查询请求，基于内容的视频检索系统应把交互操作引入到查询过程中，这可以通过为用户提供一个友好的人机界面来实现。在检索过程中，用户可以根据每次检索的结果，进行逐步求精，不断缩小查询范围，获得理想的检索结果。基于内容视频检索的这种交互性，充分发挥了人和计算机各自的长处。

基于内容的视频检索中的相关反馈技术就是一种交互式技术。它通过人机交互的方式建立低层特征和高层语义之间的关联，实时地修改系统查询策略，增加视频检索系统的自适应功能。

（4）基于内容的视频检索是多层次的

基于内容的视频检索是基于内容的多媒体检索技术的重要内容之一。基于内容的多媒体检索系统通常由媒体库、特征库和知识库组成。媒体库中存储多媒体数据，如图像、视频、音频和文本等；特征库中包含用户输入的客观特征和预处理自动提取的内容特征；知识库包含领域知识和通用知识，其中的知识表达可以更换，以适应不同领域的应用要求，利用这些库可以满足用户多层次的检索要求。

10.3.2 视频内容的结构化

由于视频具有非结构化的特点，这就要求在基于内容的检索系统的设计过程中首先解决视频内容的结构化问题。合理的结构化表示将有助于后续的特征和内容分析及用户检索。为了对视频数据进行有效的索引和检索，首先需要将视频分割成合适的具有一定语义的基本单元。一般对视频采用如图 10-5 所示的分层结构来表示。

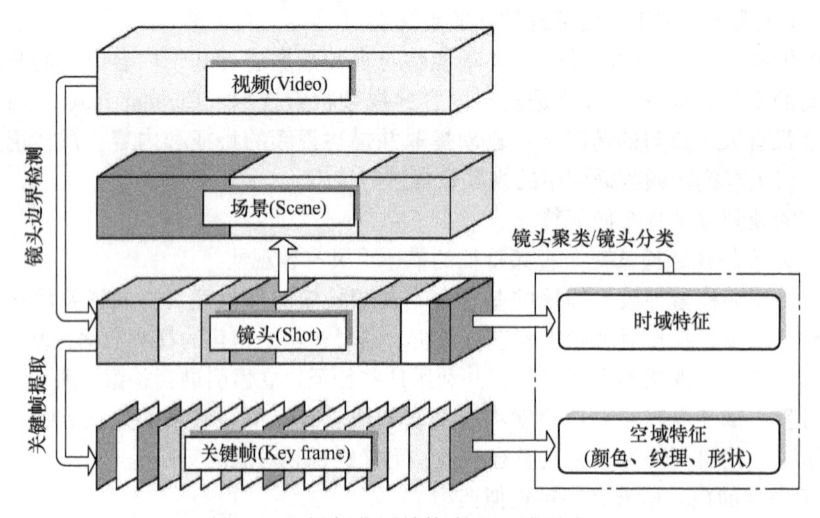

图 10-5　视频分层结构表示和处理流程

一般来说，一段视频由一些描述独立故事单元的场景（Scene）构成；一个场景由一些语义相关的镜头（Shot）组成；而每个镜头是指摄像机从按下“记录”按钮到按下“停止”按钮之间所记录下来的一些连续的帧序列，它可由一个或多个关键帧（Key frame）来代表；帧（Frame）是视频中最基本的单元。镜头和场景是视频检索中最常见的两种基本单元。

以下是视频内容结构化中常用的一些基本概念。

• 视频：由一系列静态图像帧组合而成的（其中包含摄像机运动、目标运动等信息），用来表述在时间和空间上由情节和事件组成的故事或传达特定的视觉内容。

• 帧：帧是组成视频的最小视觉单位，是指视频中空间上独立、时间上相关的一幅独立的图像。空间上的独立是指这些帧可以从视频中被单独抽取出来作为一幅静态图像进行分析处理，时间上相关是指同一镜头内的相邻帧在低层特征或高层特征上具有某种相似的特性。将时间上连续的帧序列合成到一起便形成动态视频。在 PAL 制视频格式中，帧率为 25 帧/s；在 NTSC 制视频格式中，帧率为 30 帧/s。

• 镜头：指摄像机从打开到关闭过程一次连续拍摄所记录的帧序列，它是一段视频的物理组成单元。在这段时间内，摄像机可以有各种运动及变焦等操作，但没有摄像机信号的中断，因此一个镜头内的视频内容不会有大的变化。镜头可作为视频数据最基本的表达和索引单元。

• 关键帧：为了减小数据量，提高检索效率，需要从镜头中提取一定数量的视频帧来表达该镜头的内容，这种特殊的视频帧称为镜头关键帧。它是用于描述一个镜头或场景的一帧图像，通常会反映一个镜头或场景的主要内容。依据镜头及场景内容的复杂程度和关键帧的提取方法，可以从一个镜头中提取一个或多个关键帧。

• 场景：是由一组表达同一主题、语义相关的镜头组成，这些镜头不一定在时间上连续，但从不同的角度描述了发生在同一时间和/或同一地点的同一个事件或多个并行事件。场景是视频所蕴含的高层抽象概念和语义的表达。如，“学校运动会”这个场景可以由“运动员入场”、“运动员比赛”和“观众呐喊”等若干镜头组成，虽然每个镜头所代表的语义不多，但是若干镜头所组合成的场景就表达了一个符合人们思维的比较丰富的语义。场景描述了一个独立的故事单元（或者说是一个高层概念），它是一段视频的语义组成单元。有些文献也将场景称作视频片段（Video Clip）、情节（Episode）或故事单元（Story Unit）等。

10.3.3 基于内容的视频检索工作流程

基于上述的视频组织方法，基于内容的视频检索系统的工作流程如图 10-6 所示。系统首先通过镜头边界的检测把一段视频分割成最基本的语义单元——镜头，这个过程就是镜头分割。视频被分成镜头以后，需要对每个镜头选取若干帧来表示镜头，这个过程称为提取关键帧。在此

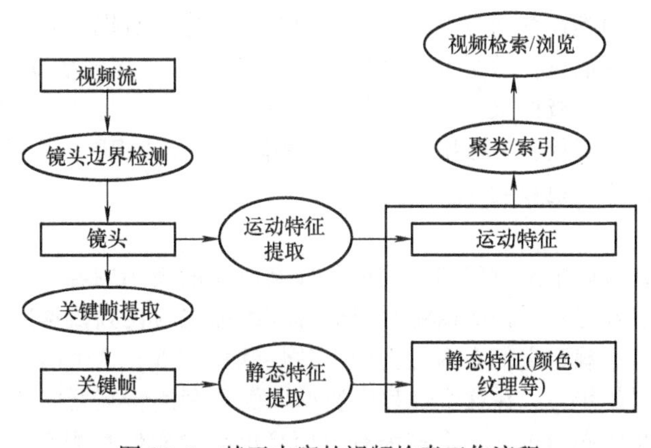

图 10-6 基于内容的视频检索工作流程

基础上可以进行特征提取，形成对镜头特征的描述，用来对镜头内容进行比较，这个过程包括动态特征提取和静态特征的提取。动态特征的提取是用一组参数值或表示空间关系如何随时间变化的符号串来表示镜头中的运动信息，形成运动特征的描述；静态特征的提取是针对关键帧进行的，提取关键帧的颜色、纹理、形状等的特征描述。特征提取完成以后，就可以以这些特征为基础对镜头进行聚类，形成更高层次的视频描述——场景，这样更高一级的语义特征就引入到了基于内容的视频检索中，同时这些特征还可作为一种检索机制存入视频数据库中形成数据库的索引。系统最后根据用户提交的查询条件形成特征描述，用此来和视频数据库中的视频特征进行比对，按相似性程度提交给用户。用户再根据查询的结果与预期的结果向系统反馈，系统根据反馈信息调整检索过程，最终从视频数据库中输出满足用户需求的结果。

10.3.4 基于内容的视频检索系统结构

典型的基于内容的视频检索系统结构如图 10-7 所示，系统主要由 5 个模块组成，包括查询模块、描述模块、匹配模块、提取模块和验证（反馈）模块。

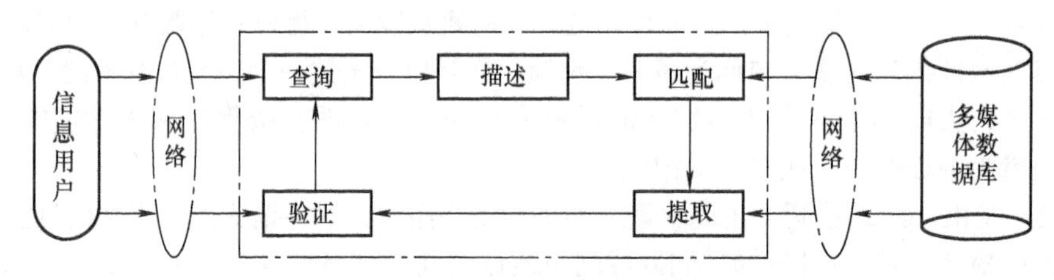

图 10-7　基于内容的视频检索系统结构

1. 查询模块

其主要功能是对用户提供多样的查询手段，以支持用户根据不同应用进行各种类型的查询工作。友好的人机界面可以大大提高检索效率，因此我们必须提供一个可视化的输入手段，可采用的方式有三种：示例输入方式、模板选择输入方式和用户提交特征样板的输入方式。

在查询模块中有两个问题值得注意，一是用户常常很难精确地用语言定义他们的查询，二是带有抽象意义的概念用语言或者图形都很难刻画。这些问题都是在我们设计查询模块时必须考虑到的。

2. 描述模块

其主要功能是对视频进行特征提取。主要包括两方面的工作：一方面是在视频入库时提取特征建立索引，另一方面是在查询时将用户的查询要求转化为对视频内容的比较抽象的内容表达和描述。这里的特征提取包含对原始视频流单元的特征提取，还包括以场景、镜头、帧为单位进行的低级特征提取以及高级语义特征的提取。通过这个过程，将视频中的物理或语义信息提取出来，如颜色、纹理、形状、运动和文字等，这些信息将作为视频内容的一个重要特征并结合一定的相似度度量方法用于视频检索过程。

3. 匹配模块

其主要功能是在视频库中按一定的匹配原则搜索所需的视频内容。因为对被查询视频的表达描述在视频入库时已经建立了，所以将对查询视频的描述与视频数据库中的被查询视频的描述进行匹配和比较就可以确定它们在内容上的一致性和相似性，这个匹配的结果将传给提取模块，并由提取模块交付给用户。在这个过程中所谓匹配是利用特征之间的距离函数来进行相似性衡量，因此检索系统中必须包括一个较为有效而且可靠的相似性测度函数集，这些相似性测度函数的好坏直接影响检索性能。

对视频相似性的衡量主要包括以下三个方面：特征相似性、顺序相似性及时间跨度性。特征相似性是指用户给定示例的特征和视频数据库中视频段的特征的相似度，这是大部分视频及图像检索中常用的相似性度量准则。顺序相似性是指由于视频具有显著的顺序化的特点，因此具有很强的上下文约束，顺序相似性就是针对这种上下文约束提出来的。时间跨度性是指在视频段的检索中，虽然视觉特征和时间上的顺序性都相同，但可能存在时间跨度性不同，即同一视频段在时间轴上的播放速度不同，从而导致播放时间不同。

4. 提取模块

提取模块的主要功能是在匹配的基础上将所有满足给定条件的视频自动地从视频数据库中提取出来交付给用户。当数据库非常大的时候，为避免顺序地扫描数据库，需要建立索引，索引结构可以通过比较视频属性和用户提交的查询特征将所有无关视频滤除。可以把视频索引分为三类：基于注释的索引、基于特征的索引和基于特定领域的索引。基于注释的索引是指对视频模型中的定性特征建立的索引，这种索引涉及的是视频的语义内容，通常采用计算机辅助下的手工索引。基于特征的索引是对视频模型中的定量特征建立索引，它的目标是建立全自动的索引。基于特定领域的索引是指专门针对某个领域建立的索引，它们一般有固定的模式。

5. 验证（反馈）模块

提取的结果一般是一组在不同程度上满足给定描述的视频，一般是按相似度从高到低的次序排列。这些结果不一定满足用户要求，为此需要借助验证模块来进行检验。对结果的验证在基于内容的视觉检索中占有重要的地位，一方面检索的结果是让用户观察的，用户的判断是最后的裁决；另一方面，用户在检索环节中起主动作用，是用户启动查询，确定搜索方向的。为此，用户要与系统进行交互，基于内容交互的接口在新一代视频检索系统中起着重要作用，通过让用户在浏览和根据内容查询间切换可以提供对视频信息的有效访问。

10.3.5 镜头切换的基本概念

视频镜头是指由同一摄像机连续拍摄的一系列相互关联的帧，代表了一个连续的动作。镜头可作为视频数据最基本的表达和索引单元。一个视频节目总是由许多镜头通过各种剪辑手段结合而成。视频处理首先需要将视频自动地分割为镜头，以此作为基本的索引单元，这一过程就是镜头边界检测。它是实现基于内容的视频检索的第一步，其核心处理是识别镜头的切换，即一个镜头到另一个镜头的转换。镜头的转换点即视频序列中两个镜头之间的分隔和衔接点。采用不同的视频剪辑方法，就产生了不同的镜头衔接方式。

一般说来，镜头之间的转换方式可以分为两大类：突变（Abrupt Transition）和渐变（Gradual Transition）。突变也称切变（Cut Transition）。

突变是指从一个镜头直接切换到下一个镜头，中间没有任何的视频编辑特效，没有时间上的过渡，常在两帧图像间完成。直接切换可以使画面的情节和动作发生直接的跳跃，两个镜头之间没有交叠部分，不存在时间或空间上的过渡过程。对于这种转换方式，镜头的边界较容易检测。

渐变则是从一个镜头缓慢地切换到另一个镜头，中间通过视频编辑特效连接在一起，这个过程一般会持续十几甚至几十帧。由于渐变在编辑过程中加入了一些空间或时间效果，因此渐变的特点是在整个切换过程中逐渐完成的，镜头的边界不再明显。根据编辑方式的不同，渐变可进一步分为淡入（Fade-In）、淡出（Fade-Out）、叠化（Dissolve）和划变（Wipe）等。

1. 淡入/淡出

淡入/淡出是指图像间的颜色和亮度等视觉特征发生缓慢的变化。其中，淡入是指镜头的前几帧从单一颜色的背景中渐渐显示出来，表现为画面逐渐增强，如图 10-8 所示。淡出是指镜头的后几帧画面逐渐减弱，最后隐入到单一颜色的背景中。淡入和淡出常见于片段的开头和结尾。

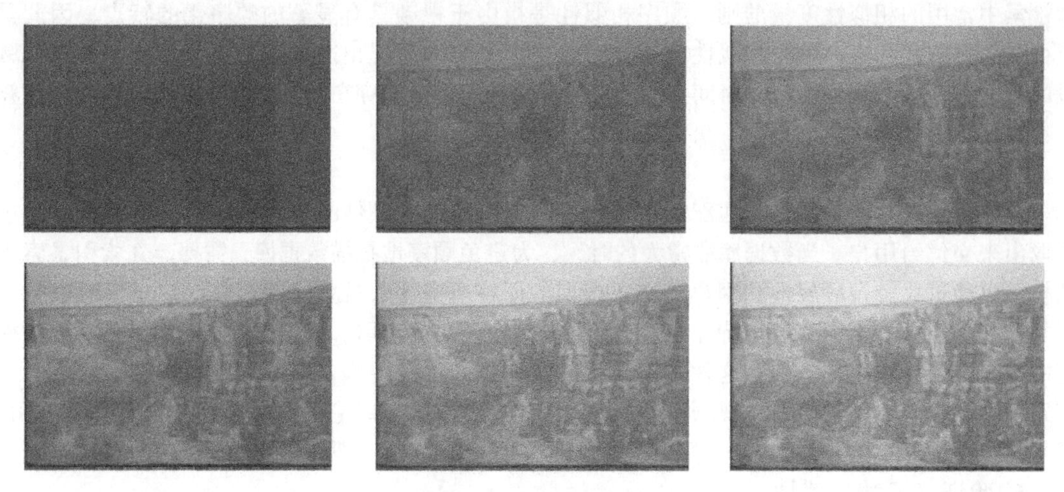

图 10-8　淡入帧序列

2. 叠化

叠化是镜头切换的一种技巧性转场特技。具体表现为前一个镜头中的画面逐渐淡出的同时，后一个镜头中的画面随之逐渐淡入，前、后两个相邻的镜头有相互重叠的部分，如图 10-9 所示。叠化经常用于表现明显的空间转换和时间过渡，强调前、后片段或镜头内容的关联性和自然过渡。叠化有时也称作“软过渡”，因为当前、后镜头连接不畅，或镜头质量不佳时，比如镜头运动速度不均、起落幅不稳等，都可以借助叠化冲淡这些缺陷影响，同时叠化也避免了切换镜头的跳跃。

图 10-9　叠化帧序列

3. 划变

划变是指前一个镜头中的画面逐渐被后一个镜头的画面覆盖，表现为从画面的某一部分开始，前一个镜头中的画面被后一个镜头的画面逐渐覆盖，最后完全变成后一个镜头的画面。根据覆盖的方式不同，可分为多种不同的划变类型。

以上是视频节目中最常见的也是镜头检测技术中研究最多的镜头渐变类型，除此之外，还有滑动（Slide）、上拉/下拉（Pull up/ Pull down）、旋转（Spin）等。随着视频编辑手段和编辑技术的进步，新的更为复杂的镜头检测类型也不断出现。

10.3.6 镜头边界检测

镜头边界检测（Shot Boundary Detection）是将一个视频数据中的镜头边界标记出来。镜头边界检测也被称作镜头检测（Shot Detection）或镜头分割（Shot Segmentation）。

在基于内容的视频检索技术中，镜头分割的优劣直接影响到视频更高一级结构的构造，以及视频的浏览和检索，因此从视频流中分割出镜头这一步骤是至关重要的。

理想的镜头边界检测是将视频数据按照语义分割的过程，如利用人眼观察可以精确定位到镜头边界。但是由于现有的算法无法对语义信息进行精确描述，所以大多数算法利用视频内容基本特征（如颜色、形状、纹理等）的差异程度来分割视频镜头。因为在同一镜头内，视频内容一般是比较相似的，而在两个镜头切换时，视频内容会发生较大的变化，镜头边界检测的基本思路就是找到视频中图像内容不连贯的地方。这种不连贯性可以用视频内容的特征差异——帧间距离来表示。因此，镜头边界检测的基本方法是计算帧间距离并按一定阈值来判定镜头边界。

对于切变，镜头切换附近的帧在视觉内容上应表现出极明显的变化，基于这点得出的一个想法就是设定某一阈值 T_C，当帧间距离大于阈值 T_C 时，则判定存在镜头突变。

然而对于渐变，视频内容是平缓变化的，而不是急剧变化，因此帧差的变化也是平缓的，所以需要设置另一个较低的阈值，这样就形成了双阈值检测法。该方法设置两个阈值 T_C 和 T_G。当帧间距离大于 T_C 时，存在镜头突变；当帧间距离小于 T_C 而大于 T_G 时存在镜头渐变。当后续帧的帧间距离开始超过 T_G 时，这一帧称为镜头渐变的起始帧。然后同时计算两种帧差：一种帧间距离是上述统称的连续帧的帧间距离，即相邻两帧的帧间距离 $D_l(k,\ k+1)$；另一种帧间距离是相隔帧的帧间距离 $D_l(k,\ k+l)$，即相隔 l 帧的帧间距离。当镜头渐变的起始帧检测出后，便开始计算 $D_l(k,\ k+l)$，即随着 k 的逐渐增加，也同时逐渐增加 l。显然，相隔帧的帧间距离随着相隔帧数 l 的增加而增加，因而相隔帧的帧间距离是一个累计帧间距离。当累计帧间距离计超过 T_C，而连续帧的帧间距离低于 T_G 时，这一帧便为镜头渐变的终止帧。而且，上述两种帧间距离是同时计算的，在相隔帧的帧间距离开始累计后，同时观察连续帧的帧间距离 $D_l(k,\ k+1)$，如果 $D_1(k,\ k+1)$ 小于 T_G，则丢弃该潜在的起始帧，接着重新寻找新的起始帧。

双阈值检测法可以同时检测突变和渐变，其主要问题在于阈值是经验值，对于不同的视频序列甚至对同一个视频序列的不同段，选取的阈值大小是不同的，因此利用经验值的双阈值方法不适合长视频序列的镜头切换检测。

目前，镜头边界检测的算法主要分为两类：一类是基于像素域图像特征的镜头边界检测法，另一类是基于压缩域编码信息的镜头边界检测法。所谓像素域，是相对于变换域而言的空间/时间域，在某种意义上来说，像素域也指非压缩域。像素域的镜头边界检测算法是在解码后的视频数据上进行时域分割，通过计算图像间的特征差异检测镜头边界，这种方法可以得到比较高的检测精度，但是特征的计算量比较大，其中最典型的方法有模板匹配法、基于直方图法、基于边缘轮廓法等。基于压缩域的镜头边界检测算法主要针对 MPEG 编码的视频，该算法原理是通过 MPEG 视频编码中的 DCT 系数、DC 系数或运动矢量来确定镜头边界的。

10.3.7 关键帧的提取

对视频数据的组织结构分层和如何简洁地表达具有语义层次的单元对基于内容的视频检索

是很重要的。由于镜头中的帧图像数据在视觉上存在相当的冗余，在实际应用中，用户浏览一个镜头中所有图像帧是非常耗时的，因此常用关键帧技术实现快速浏览。而且仅用一个镜头代表场景容易丢失其他镜头的信息，所以对每一镜头可以提取关键帧（Key frame）。

关键帧有时也称为代表帧，是用于描述一个镜头的关键图像帧，它通常会反映一个镜头的主要内容，用它作为视频流的索引，比用原始的视频数据要有效得多，同时也为检索和浏览视频提供了一个组织框架。由于一般情况下，一个镜头的持续时间较短，而且镜头内的视觉特征基本保持不变，因此用关键帧来表示一个镜头更有意义。由于视频数据量巨大，在存储容量有限的情况下，仅存储镜头的关键帧，可达到数据压缩的效果。其次，从检索机制考虑，用关键帧来代表镜头，作用类似于文本检索中的关键词，这样对视频镜头可用图像检索技术进行处理，在计算镜头相似度和进行场景聚类时，可以直接利用从关键帧中提取出的颜色、纹理及形状等特征作为镜头的特征。由此可见，关键帧的提取无论是在视频数据存储还是在镜头的表达方面都起着重要的作用。

关键帧提取是在视频分割为镜头的基础上，分析镜头中图像帧的颜色、纹理等特征，根据各帧之间的相互关系，找出最能代表镜头内容的图像帧。

1. 关键帧的提取原则

在提取关键帧时，一般采用保守原则，即“宁错勿少”，同时，在代表特征不具体的情况下，一般以去掉重复（或冗余）画面为原则。基于这一基本原则，不同的提取算法可以选取不同的原则，建立适合自身情况的判定标准，有时针对不同的视频事件，还可以选择不同的判定标准。

关键帧的提取必须保证在场景变换中不错过镜头，同时也不错过场景变换，并且能够给用户提供一个镜头内的场景运动。随着视频内容的增多，关键帧也将增多，这样就使用户查找起来非常困难。在基于内容的视频检索中，用户可能选择一幅关键帧而要求系统返回所有相似的关键帧，这种能够进行相似性比较的关键取决于关键帧的表示，颜色和形状等特征均可以作为关键帧的表示。颜色是关键帧提取中的重要特性，因为关键帧往往与整个镜头有相似的感知特性，因此关键帧的颜色特征能够反映整个镜头的色彩概况。同时，关键帧中目标的形状也是关键帧提取中的主要特征，形状的瞬时变化也是视频浏览中理想的表示机制，对于形状可用矢量形式描述每个关键帧的形状变化，通过计算矢量间的欧拉距离测量形状的相似性，另外还可以用一些特征混合法来表示关键帧。

2. 基于镜头边界的方法

在这种方法中，把一段视频分割成镜头后，将每个镜头的第一帧和最后一帧作为镜头的关键帧。这种方法的假设前提是：在一组镜头中，相邻图像帧之间的特征变化很少，整个镜头中图像帧的特征变化也不大，因此选择镜头的第一帧和最后一帧可以将镜头的内容表达出来。

该方法实现起来较为简单且快速，但它没有考虑到当前镜头视频内容的复杂性，并且限制了镜头关键帧的个数，使视频内容和时长不同的镜头都有相同数量的关键帧。事实上，上述的假设前提并不完全合理，第一帧和最后一帧往往并非关键帧，不能准确代表镜头的主要内容。

3. 基于平均值的方法

基于平均值的方法包括两种情况：一种是帧平均法，另一种是直方图平均法。帧平均法是取一个镜头中所有帧在某个特定位置上的像素平均值，将镜头中该位置的像素值最接近平均值的帧作为关键帧。直方图平均法是将镜头中所有帧的统计直方图取平均值，然后选择直方图与该平均直方图最接近的帧作为关键帧。这两种方法的共同优点是计算比较简单，所选取的关键帧也具有平均代表意义。但因为是从一个镜头中选取一个关键帧，因此无法描述有多个物体运动的镜头。实际上，每个镜头选取多少关键帧没有严格的定义，这与镜头中包含的内容有很大的关系。理想的选取结果应该是镜头长、变化大时选取的关键帧多一点，否则应少一点，甚至只取一帧。因此从镜头中选取固定数量的关键帧的方法，并非为十分可行的方法。应需要用适当的方法，根据镜头的内容，选取几个能够代表镜头意义的帧作为整个镜头的关键帧。

4. 基于颜色特征的方法

在基于视频图像颜色特征提取关键帧方法中，将镜头的当前帧图像与最后一个判断为关键帧的图像进行比较，如有较多特征发生变化，则将当前帧作为新的一个关键帧。在实际中，可以先将视频镜头的第一帧作为关键帧，然后比较后续视频帧与关键帧的图像特征是否发生了较大变化，逐渐得到后续关键帧。

按照这个方法，对于不同的视频镜头，可以提取出不同数量的关键帧，而且每个关键帧之间的颜色差异较大。但这种方法对摄像机的运动（如摄像机镜头拉伸造成焦距的变化及摇镜头的平移运动）很不敏感，无法量化地表示运动信息的变化。

5. 基于内容分析的方法

在拍摄视频影像时，由于场景中目标的运动或摄像机本身操作（如变焦、摇镜头等）的影响，一个镜头仅用一幅关键帧不能很好地代表该镜头的内容，常需用几幅关键帧。原则上讲，关键帧应能提供一个镜头的全面概要，或者说应能提供一个内容尽量丰富的概要。从这个角度说，关键帧的提取可以看作一个优化过程。根据信息论的观点，不同（或相关性较小）的帧图像比相同（或相关性较大）的帧图像携带更多的信息量。所以当需要提取多幅关键帧时，用于关键帧提取的准则主要是考虑它们之间的不相似性。

在基于内容分析的方法中，将摄像机运动造成的图像变化分成两类：一类是由摄像机镜头焦距变化造成的；一类是由摄像机角度变化（摇镜头）造成的。对于前一类，至少选取第一帧和最后一帧作为关键帧，一个表现全局，另一个表现聚焦的局部；对于后一类，如当前帧与上一关键帧交叠小于 30%，则选其为关键帧。

这种方法可以根据镜头内容的变化程度选择相应数目的关键帧，但是所选取的帧不一定具有代表意义，而且在有镜头运动时，容易选取过多的关键帧。

10.3.8 镜头聚类（场景检测）

虽然镜头分割可将视频分割成一系列镜头，但是镜头分割通常基于视频低层特征进行，视频的语义信息没有被较好利用。镜头主要还是一个物理层次的单元，没有将视频的逻辑关系描述出来，还不足以描述有语义意义的事件或活动。人们对一段视频内容的理解很大程度上并不是建立在镜头层次上的，而是建立在场景（Scene）层次上的。由于拍摄设备、非线性剪辑等现代影视技术的发展，场景已不再局限于同一地点拍摄的一组镜头，只要这组镜头具有相同的语义、表达同样的主题，就可以作为一个场景。例如，在对话情景中，镜头在对话人之间来回移动；在打斗情景中，镜头在前后两人之间来回交错。有些文献也将场景称作视频片段（Video Clip）、情节（Episode）或故事单元（Story Unit）等。场景反映的是视频的高层语义，它更符合人类的思维模式，是建立视频索引的最佳层次。

从每一个镜头中通常可以提取出一个或多个关键帧，在一个普通的故事片中，大约有 600 ~ 1500 个镜头，如果从每个镜头中提取一个关键帧，对于一个故事片则会有 600 ~ 1500 个关键帧，如果镜头内有物体运动或摄像机运动，则代表整个故事片的关键帧还会更多，这样上千帧图像对于视频检索显得过多，为了更抽象地表达视频，同时将视频内容进一步加以组织，需要将镜头聚类为场景，在镜头边界检测的基础上构造更高层次的内容相关的镜头集合，以描述视频节目中有语义的事件或活动。由于视频中同一场景的镜头在时间上不一定连续，可能分布在视频中的多个位置，因此，经常采用对视频中的镜头进行聚类的方法来分割场景。这个过程就称为镜头聚类，有时也称为场景检测（Scene Detection）或逻辑故事单元分割（Logic Story Unit Segmentation）。

镜头聚类一般基于关键帧进行，提取关键帧的特征，并把关键帧特征用对应的特征空间点表示，通过将特征空间的点聚集成簇，然后得到镜头聚类的结果。介绍镜头聚类的文献很多，这里就不一一介绍了。

10.4 小结

随着计算机技术和 Internet 的飞速发展，包括图像在内的各种多媒体数据的数量正以惊人的速度增长，人们面临的问题不再是缺少多媒体内容，而是如何在浩如烟海的多媒体世界中有效地检索到自己所需要的信息。

基于内容的检索是利用媒体对象的内容及上下文语义进行检索，如图像中的颜色、纹理、形状，视频中的镜头、场景、镜头的运动等。基于内容的检索突破了传统的基于文本检索技术的局限，直接对图像、视频内容进行分析，抽取特征和语义，利用这些内容特征建立索引并进行检索。本章主要介绍了基于内容检索系统的一般结构、检索过程及特点，基于内容的图像、视频检索的一般方法及发展方向。

10.5 习题

1. 什么是基于内容的检索？“内容”的含义是什么？
2. 请解释查询、索引、检索、搜索这几个术语的概念。
3. 简述基于内容检索系统的一般结构、检索过程及特点。
4. 在基于内容检索系统中为什么要采用相似性查询？精确性查询能否做到？什么样的媒体可以做到精确查询？
5. 图像的特征有哪些？请比较颜色矩、颜色直方图、颜色集在描述颜色特征上的异同点。
6. 常见的基于内容的图像检索方法有哪些？
7. 请解释帧、关键帧、镜头、场景的概念。
8. 基于内容的视频检索涉及哪些关键技术？

第 11 章　图 像 识 别

本章学习目标：

● 掌握图像识别系统的框架结构，熟悉图像获取、预处理、特征提取以及分类器等各个模块的作用。

● 了解经验风险最小化和结构风险最小化的含义以及它们之间的区别，掌握支持向量机（SVM）分类方法。

● 掌握人工神经元模型，熟悉常见的人工神经网络，了解深度学习的概念。

11.1　图像识别概述

自然界中存在各种各样的物体，即便在一个复杂的场景中，人类也能够较轻松地识别出这些物体。图像识别系统就是想让计算机也能够像人一样，识别出场景中感兴趣的目标。设计一个图像识别系统，通常要涉及图像获取、预处理、特征提取、分类决策等模块。传统的图像识别系统的基本构成如图 11-1 所示。

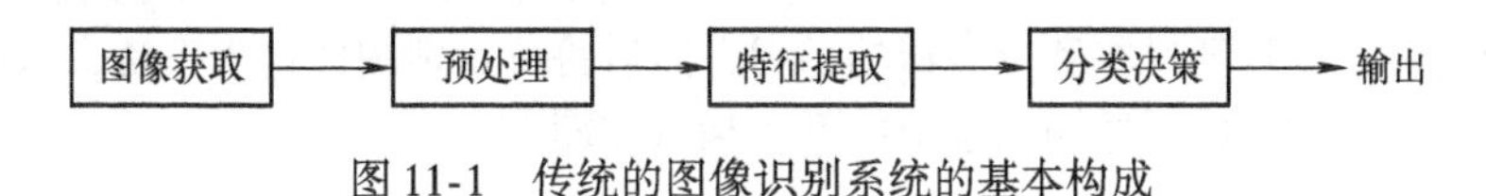

图 11-1　传统的图像识别系统的基本构成

（1）图像获取

图像获取是指通过光学摄像机、红外摄像机或激光、超声波、雷达等对现实世界进行传感，使计算机得到与现实世界相对应的二维或高维图像。这些图像往往表示成数字形式，以方便后续模块的处理。

（2）预处理

预处理的目的是去除噪声，加强有用信息，剔除干扰信号，并对输入测量仪器或其他因素所造成的退化现象进行复原。涉及的原理包括图像平滑、增强、复原、变换等技术。通过预处理后，为特征的正确、方便和完整获取提供可能。图像预处理属于底层的操作。

（3）特征提取

由图像所获得的数据量是相当大的。为了有效地实现分类识别，就要对原始数据进行变换，得到最能反映分类的本质特征。通常，人们把原始数据所在的空间称为测量空间，把分类识别赖以进行的空间称为特征空间。通过变换，可把在维数较高的测量空间中表示的模式变为在维数较低的特征空间中表示的模式。在特征空间中，一个模式通常也叫作一个样本，它往往表示为一个向量，即特征空间中的一个点。

（4）分类决策

分类决策就是在特征空间中，利用分类器把待识别对象判决为某一个类别。分类方法包括基于模板、基于统计理论、基于神经网络和基于聚类等多种。确定分类方法后，往往需要对这些方法中涉及的参数进行设置。这个过程称为训练或者学习。因此，需要输入训练样本，这些样本是一些已经正确标注类别的样本。训练样本必须具有广泛的代表性。通过训练样本来训练分类器，使得根据这些参数来进行分类决策时，造成的错误识别率最小或引起的损失最小。训练完成后，分类器就可以对后续输入的待识别对象进行分类。

从上述构成可以看出，传统的图像识别方法把特征提取和分类器设计分开，在应用时再将它们合在一起。比如如果输入是某种动物（如猫）的一系列训练图像，首先要对这些图像的特征进行提取，这些特征可能包括纹理特征、形状特征、颜色特征以及尺度不变特征变换（Scale-Invariant Feature Transform，SIFT）算子、方向梯度直方图（Histogram of Oriented Gradient，HOG）算子等，然后把表达出来的特征送到学习算法中进行训练得到分类器。

这种特征和特定的分类器组合来进行识别取得了一些成功的例子，比如指纹识别算法，它在指纹的图案上面去寻找一些关键点，寻找具有特殊几何特征的点，然后把两个指纹的关键点进行比对，判断是否匹配。再如2001年基于Haar的人脸检测算法，在当时的硬件条件下已经能够达到实时人脸检测，现在手机相机里的人脸检测，多数都是基于它或者它的变种。包括最近的基于HOG特征的物体检测，它和支持向量机（Support Vector Machine，SVM）组合起来的就是著名的可变形部件模型（Deformable Part Model，DPM）算法。

从这些例子可以看出，传统的识别方法需要手工设计和提取特征，这需要大量的经验，需要对这个领域和数据特别了解，然后设计出来的特征还需要大量的调试工作。另一个难点是，单有这些手工设计的特征还不够，还要有一个比较合适的分类器算法。只有特征和分类器是有效的，同时协调一致工作，才能够使得系统识别达到最优。

如果不手动设计特征，不挑选分类器，有没有别的方案呢？能不能同时学习特征和分类器？在基于深度学习的识别系统中，只需要将大量需要训练的图像以及这些图像的正负样本类型输入系统，系统自动完成特征提取和分类器的学习，然后将待识别图像输入系统，系统将直接输出识别结果。基于深度学习的图像识别系统的基本构成如图11-2所示。

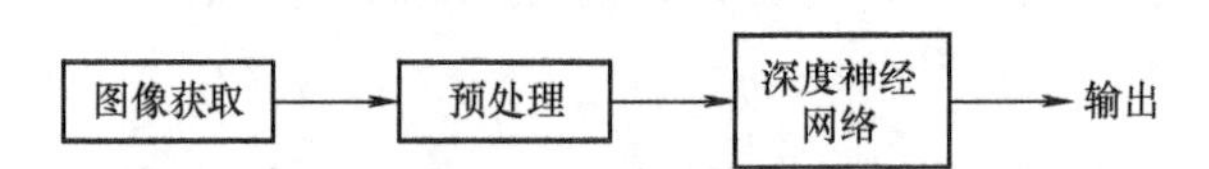

图11-2　基于深度学习的图像识别系统的基本构成

11.2　统计学习方法

11.2.1　经验风险最小化

假设有一个学习系统，输入为$\boldsymbol{x}$，输出为y，变量x和y之间存在的未知依赖关系用联合概率$\boldsymbol{F}(\boldsymbol{x}, y)$来描述，训练集$T=\{(\boldsymbol{x}_1,y_1),(\boldsymbol{x}_2,y_2),\cdots,(\boldsymbol{x}_N,y_N)\}$中有$N$个样本，机器学习的目的就是依据这$N$个训练样本，求解一个最优的函数$y=f(\boldsymbol{x}, \boldsymbol{\theta})$，使得函数对输入$x$的估计$y'$与实际输出$y$之间期望风险$R(\boldsymbol{\theta})$最小，$R(\boldsymbol{\theta})$的数学表达式为

$$R(\boldsymbol{\theta}) = \int L(y, f(\boldsymbol{x},\boldsymbol{\theta}))\mathrm{d}F(\boldsymbol{x},y) \tag{11-1}$$

式中，$\boldsymbol{\theta}$为函数$f(\boldsymbol{x})$的待定参数；$L(y, f(\boldsymbol{x}, \boldsymbol{\theta}))$为用$f(\boldsymbol{x}, \boldsymbol{\theta})$对$y$进行预测的损失函数。常见的损失函数有如下几类。

（1）0-1损失函数

$$L(y, f(\boldsymbol{x},\boldsymbol{\theta})) = \begin{cases} 0, & y=f(\boldsymbol{x},\boldsymbol{\theta}) \\ 1, & y\neq f(\boldsymbol{x},\boldsymbol{\theta}) \end{cases} \tag{11-2}$$

（2）平方损失函数

$$L(y, f(\boldsymbol{x},\boldsymbol{\theta})) = (y - f(\boldsymbol{x},\boldsymbol{\theta}))^2 \tag{11-3}$$

（3）绝对损失函数

$$L(y, f(\boldsymbol{x},\boldsymbol{\theta})) = |y - f(\boldsymbol{x},\boldsymbol{\theta})| \tag{11-4}$$

（4）对数损失函数

$$L(y, f(\boldsymbol{x},\boldsymbol{\theta})) = -\ln p(\boldsymbol{x},\boldsymbol{\theta}) \tag{11-5}$$

从式(11-1）中可以看出，准确计算期望风险 $R(\boldsymbol{\theta})$，需要已知联合概率 $F(\boldsymbol{x}, y)$。但在实际中，往往无法准确获取。唯一能够利用的就只有给定的 N 个训练样本。而机器学习的目的又必须要求使得期望风险最小化，从而得到需要的目标函数。不难想象，可以利用给定的样本集上的平均损失最小化来代替无法求得的期望风险最小化。利用已知的经验数据（训练样本）来计算得到的误差，被称之为经验风险，即

$$R_{emp}(\boldsymbol{\theta}) = \frac{1}{N}\sum_{i=1}^{N} L(y_i, f(\boldsymbol{x}_i,\boldsymbol{\theta})) \tag{11-6}$$

式中，$R_{emp}(\boldsymbol{\theta})$ 为经验风险，是用 N 个训练样本来估计期望风险 $R(\boldsymbol{\theta})$。使用对参数求经验风险来逐渐逼近理想的期望风险的最小值，就是经验风险最小化（Empirical Risk Minimization，ERM）原则。

经验风险最小化的策略认为，经验风险最小的模型是最优的模型。当样本容量足够大时，经验风险最小化能保证有很好的学习效果，在现实中被广泛采用。例如，极大似然估计（Maximum Likelihood Estimation，MLE）就是经验风险最小化的一个例子。当模型是条件概率分布，损失函数是对数损失函数时，经验风险最小化就等于极大似然估计。

经验风险最小化能适应样本足够的情况。当样本数目 $N\to\infty$ 时，经验风险趋近于期望风险，但是使得 $R_{emp}(\boldsymbol{\theta})$ 最小的取值 $\boldsymbol{\theta}^*$ 并不能保证在该点上的期望风险 $R(\boldsymbol{\theta})$ 也是最小值。统计学习的一致性条件从理论上来说明了这个问题。所谓的学习一致性是指当训练样本趋向无穷时，经验风险的最优值收敛到期望风险的最优值，即

$$\lim_{N\to\infty} R(\boldsymbol{\theta}^* | N) = R(\boldsymbol{\theta}_0) \tag{11-7}$$

$$\lim_{N\to\infty} R_{emp}(\boldsymbol{\theta}^* | N) = R(\boldsymbol{\theta}_0) \tag{11-8}$$

式中，$R(\boldsymbol{\theta}_0)$ 为期望风险的下确界；$R(\boldsymbol{\theta}^* | N)$为 N 个样本时的期望风险最小值；$R_{emp}(\boldsymbol{\theta}^* | N)$为 N 个样本时的经验风险最小值。

对于有界的损失函数，经验风险最小化学习一致的充分必要条件是经验风险在如下意义上一致地收敛于期望风险，即

$$\lim_{N\to\infty} P[\sup_{\boldsymbol{\theta}}(R(\boldsymbol{\theta}) - R_{emp}(\boldsymbol{\theta})) > \varepsilon] = 0, \quad \forall \varepsilon > 0 \tag{11-9}$$

式中，sup 表示上确界。

11.2.2 结构风险最小化

当样本容量很小时，一味追求经验风险最小化，会产生过拟合现象，导致在测试集分类效果很差。而结构风险最小化（Structural Risk Minimization，SRM）是为了防止过拟合而提出的策略。结构风险最小化等价于正则化。结构风险在经验风险的基础上加上表示模型复杂度的正则化项。在假设空间、损失函数以及训练集确定的情况下，结构风险的定义为

$$R_{srm}(\boldsymbol{\theta}) = \frac{1}{N}\sum_{i=1}^{N} L(y_i, f(\boldsymbol{x}_i,\boldsymbol{\theta})) + \lambda J(f(\boldsymbol{x},\boldsymbol{\theta})) \tag{11-10}$$

式中，$J(f)$ 为模型的复杂度，是定义在假设空间上的泛函。模型 f 越复杂，复杂度 $J(f)$ 就越

大。也就是说，复杂度表示了对复杂模型的惩罚。结构风险小的模型往往对训练数据和未知的测试数据都有较好的预测。比如，贝叶斯估计中的最大后验概率（Maximum A-Posteriori，MAP）估计就是结构风险最小化的例子。当模型是条件概率分布，损失函数是对数损失函数，模型复杂度由模型的先验概率表示时，结构风险最小化就等价于最大后验概率估计。

结构风险最小化的策略认为结构风险最小的模型是最优的模型。

11.2.3 支持向量机

支持向量机（Support Vector Machine，SVM）是 Vapnik 和 Corinna Cortes 等人在 1995 年首先提出的一个概念，它是一种分类的机制，可以解决非线性的分类和小样本的分类问题，并且它在机器学习领域的其他应用中也表现良好。SVM 分类器的主要思想如图 11-3 所示。

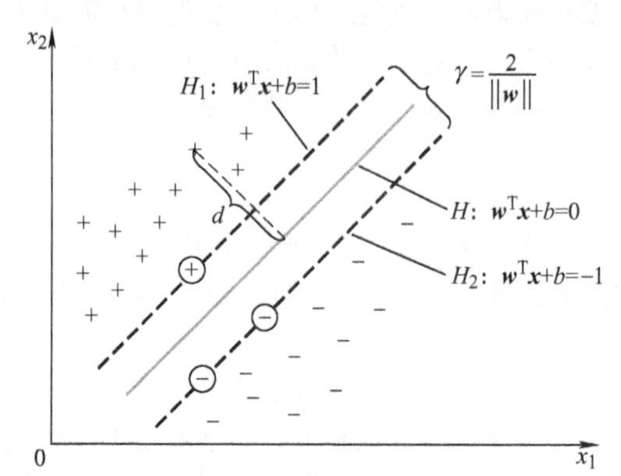

图 11-3　最优分类示意图

图中“+”表示正样本，“-”表示负样本，现在需要找到一条分类线，能够把这两类样本隔开。但是发现，分类线的选择多种多样，因此下面定义最优分类线 H，可以使得分类间隔最远。分类间隔指的是图中 H_1 和 H_2 之间的距离。H_1 和 H_2 分别是穿过正负样本离 H 最近的平行线。把二维的概念扩展到超平面上，最优分类线也就成了最优超平面。定义超平面的公式为

$$f(x) = \boldsymbol{w}^{\mathrm{T}}\boldsymbol{x} + b \tag{11-11}$$

式中，$\boldsymbol{w}$ 表示权重向量，为法向量（类似于二维平面中的斜率）；b 表示偏置量，决定了超平面和原点之间的距离（类似二维平面中直线和 y 轴的交点）。最优超平面的表示形式多种多样，通常用式(11-12) 来表达最优超平面

$$|\boldsymbol{w}^{\mathrm{T}}\boldsymbol{x} + b| = 0 \tag{11-12}$$

假设 x 是距离超平面最近的一些点，也就是图 11-3 中带有圈的点，这些点满足

$$\begin{cases}(\boldsymbol{w}^{\mathrm{T}}\boldsymbol{x}_i + b) = +1, & y_i = +1\\(\boldsymbol{w}^{\mathrm{T}}\boldsymbol{x}_i + b) = -1, & y_i = -1\end{cases} \tag{11-13}$$

即 $y_i(\boldsymbol{w}^{\mathrm{T}}\boldsymbol{x}_i + b) = 1$，则称这些点为支持向量（Support Vector）。

从几何角度上来看，样本空间中任意一个点 x 到超平面（w，b）的距离 d 为

$$d = \frac{|\boldsymbol{w}^{\mathrm{T}}\boldsymbol{x} + b|}{\|\boldsymbol{w}\|} \tag{11-14}$$

定义 γ 为间隔（Margin），其取值为最近距离的 2 倍，即

$$\gamma = \frac{2}{\|\boldsymbol{w}\|} \tag{11-15}$$

为了找到具有“最大间隔”（Maximum Margin）的划分超平面，也就是要找到约束参数 $\boldsymbol{w}$ 和 b，使得 γ 最大，即

$$\max_{\boldsymbol{w},b}\frac{2}{\|\boldsymbol{w}\|} \quad \text{s. t. } y_i(\boldsymbol{w}^{\mathrm{T}}\boldsymbol{x}_i + b) \geqslant 1 \quad i = 1,2,\cdots,m \tag{11-16}$$

式中，y_i 表示样本的类别标记。

因为最大化间隔，仅需要最大化 $\|\boldsymbol{w}\|^{-1}$，这等价于最小化 $\|\boldsymbol{w}\|^2$。因此，上述问题可以重

写为

$$\min_{w,b}\frac{1}{2}\|\boldsymbol{w}\|^2 \quad \text{s. t. } y_i(\boldsymbol{w}^{\mathrm{T}}\boldsymbol{x}_i+b)\geqslant 1 \quad i=1,2,\cdots,m \tag{11-17}$$

这就是 SVM 的基本型。这是一个凸二次规划问题。

凸优化问题是指如下的约束最优化问题

$$\begin{aligned} &\min_{w} f(\boldsymbol{w}) \\ &\text{s. t. } g_i(\boldsymbol{w})\leqslant 0 \qquad i=1,2,\cdots,k \\ &\quad\ \ h_i(\boldsymbol{w})=0 \qquad i=1,2,\cdots,l \end{aligned} \tag{11-18}$$

式中，目标函数$f(\boldsymbol{w})$和约束函数$g_i(\boldsymbol{w})$都是R^n上的连续可微的凸函数，约束函数$h_i(\boldsymbol{w})$是R^n上的仿射函数。当目标函数$f(\boldsymbol{w})$是二次函数，且约束函数$g_i(\boldsymbol{w})$是仿射函数时，上述问题就称为凸二次规划问题。

【例11-1】已知某训练数据集正样本为$\boldsymbol{x}_1=(4,\ 4)^{\mathrm{T}}$、$\boldsymbol{x}_2=(5,\ 8)^{\mathrm{T}}$，负样本为$\boldsymbol{x}_3=(1,\ 1)^{\mathrm{T}}$，试写出 SVM 优化问题的表达式。

解：根据式(11-17)，得

$$\begin{aligned} &\min_{w,b}\frac{1}{2}(w_1^2+w_2^2) \\ &\text{s. t. } 4w_1+4w_2+b\geqslant 1 \\ &\qquad 5w_1+8w_2+b\geqslant 1 \\ &\qquad -w_1-w_2-b\geqslant 1 \end{aligned}$$

将上述的凸二次规划问题转为求其对偶问题，因为这样可以更容易求解出结果。对它的每条约束添加拉格朗日乘子$\alpha_i\geqslant 0$，可得该问题的拉格朗日函数，即

$$L(\boldsymbol{w},b,\boldsymbol{\alpha}) = \frac{1}{2}\|\boldsymbol{w}\|^2 + \sum_{i=1}^{m}\alpha_i(1-y_i(\boldsymbol{w}^{\mathrm{T}}\boldsymbol{x}_i+b)) \tag{11-19}$$

式中，$\boldsymbol{\alpha}=(\alpha_1,\alpha_2,\cdots,\alpha_m)$。

根据拉格朗日对偶性，原始问题的对偶问题是极大极小问题，即

$$\max_{\alpha}\min_{w,b} L(\boldsymbol{w},b,\boldsymbol{\alpha})$$

所以，先求$L(\boldsymbol{w},b,\boldsymbol{\alpha})$对$\boldsymbol{w}$，$b$的极小，再求对$\boldsymbol{\alpha}$的极大。

为了计算$\min\limits_{w,b} L(\boldsymbol{w},b,\boldsymbol{\alpha})$，对$L(\boldsymbol{w},b,\boldsymbol{\alpha})$分别求对$\boldsymbol{w}$和$b$的偏导，并令导数为零，可得

$$\frac{\partial L(\boldsymbol{w},b,\boldsymbol{\alpha})}{\partial \boldsymbol{w}} = \boldsymbol{w} - \sum_{i=1}^{m}\alpha_i y_i \boldsymbol{x}_i = 0 \tag{11-20}$$

$$\frac{\partial L(\boldsymbol{w},b,\boldsymbol{\alpha})}{\partial b} = \sum_{i=1}^{m}\alpha_i y_i = 0 \tag{11-21}$$

所得结果代入上述问题，可得其对偶问题（Dual Problem），即

$$\begin{aligned} &\max_{\alpha}\sum_{i=1}^{m}\alpha_i - \frac{1}{2}\sum_{i=1}^{m}\sum_{j=1}^{m}\alpha_i\alpha_j y_i y_j \boldsymbol{x}_i^{\mathrm{T}}\boldsymbol{x}_j \\ &\text{s. t.} \quad \sum_{i=1}^{m}\alpha_i y_i = 0 \\ &\alpha_i \geqslant 0 \qquad i=1,2,\cdots,m \end{aligned} \tag{11-22}$$

解出α后，就可以求取出最优超平面的权重向量$\boldsymbol{w}$和偏置量b，此时分类决策函数可表示为

$$f(\boldsymbol{x}) = \text{sign}(\boldsymbol{w}^{\mathrm{T}}\boldsymbol{x}+b) = \text{sign}\Big(\sum_{i=1}^{m}\alpha_i y_i \boldsymbol{x}_i^{\mathrm{T}}\boldsymbol{x}+b\Big) \tag{11-23}$$

SVM 是一个线性分类器，但是它也可以把特征分类运用到非线性分类中。使用的方法是内核映射的方法。这种方法把非线性不可区分的数据转换到一个高维空间中，使得在这个高维空间实现分类，如图 11-4 所示。

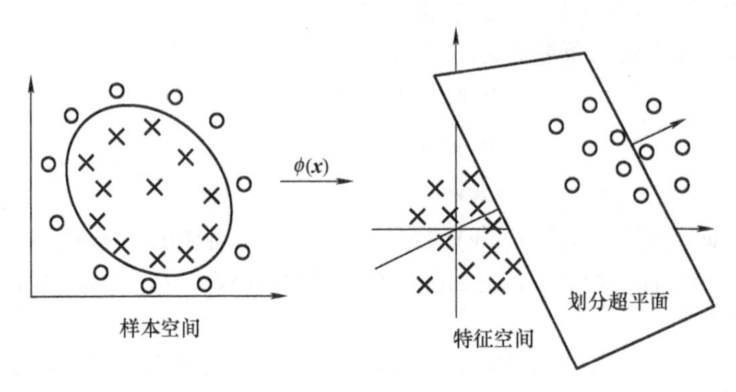

图 11-4　从样本空间到特征空间的映射

令 ϕ 是从原始样本空间 X 到特征空间 F 的映射，$\phi(\boldsymbol{x})$ 表示将 $\boldsymbol{x}$ 映射后的特征向量，于是在特征空间进行划分超平面可以表示为

$$f(\boldsymbol{x}) = \boldsymbol{w}^{\mathrm{T}}\phi(\boldsymbol{x}) + b \tag{11-24}$$

可得类似的优化

$$\min_{\boldsymbol{w},b}\frac{1}{2}\|\boldsymbol{w}\|^2 \quad \text{s. t. } y_i(\boldsymbol{w}^{\mathrm{T}}\phi(\boldsymbol{x}_i)+b)\geqslant 1 \quad i=1,2,\cdots,m \tag{11-25}$$

其对偶问题为

$$\begin{aligned}&\max_{\boldsymbol{\alpha}}\sum_{i=1}^{m}\alpha_i - \frac{1}{2}\sum_{i=1}^{m}\sum_{j=1}^{m}\alpha_i\alpha_j y_i y_j \phi(\boldsymbol{x}_i)^{\mathrm{T}}\phi(\boldsymbol{x}_j)\\ &\text{s. t.} \quad \sum_{i=1}^{m}\alpha_i y_i = 0\\ &\alpha_i \geqslant 0 \quad i = 1,2,\cdots,m\end{aligned} \tag{11-26}$$

上述问题的求解需要在特征空间中计算 $\phi(x_i)^{\mathrm{T}}\phi(x_j)$，也就是内积 $<\phi(\boldsymbol{x}_i), \phi(\boldsymbol{x}_j)>$。由于特征空间维数可能很高，甚至可能无穷维，在特征空间直接计算内积比较困难。因此，构造函数 $K(\boldsymbol{x}_i, \boldsymbol{x}_j)$，使得对所有的 $\boldsymbol{x}_i$ 和 $\boldsymbol{x}_j \in X$，它们在原始样本空间 X 中通过核函数计算的结果等于它们在特征空间对应的特征向量的内积，即

$$K(\boldsymbol{x}_i, \boldsymbol{x}_j) = <\phi(\boldsymbol{x}_i), \phi(\boldsymbol{x}_j)> = \phi(\boldsymbol{x}_i)^{\mathrm{T}}\phi(\boldsymbol{x}_j) \tag{11-27}$$

式中，$<\phi(\boldsymbol{x}_i), \phi(\boldsymbol{x}_j)>$ 为 $\boldsymbol{x}_i$、$\boldsymbol{x}_j$ 映射到特征空间上的内积。把这样的函数称为核函数（Kernel Function）。

目前常用的核函数主要有线性核函数、多项式核函数、径向基核函数、拉普拉斯核函数和 Sigmoid 核函数等。

（1）线性核函数

$$K(\boldsymbol{x}_i, \boldsymbol{x}_j) = <\boldsymbol{x}_i, \boldsymbol{x}_j> \tag{11-28}$$

（2）多项式核函数

$$K(\boldsymbol{x}_i, \boldsymbol{x}_j) = [<\boldsymbol{x}_i, \boldsymbol{x}_j> + 1]^q \tag{11-29}$$

式中，q 是多项式次数。

(3) 径向基函数(Radial Basis Function,RBF)

$$K(\boldsymbol{x}_i,\boldsymbol{x}_j)=\exp\left(-\frac{|\boldsymbol{x}_i-\boldsymbol{x}_j|^2}{2\sigma^2}\right) \tag{11-30}$$

式中,σ 为高斯函数的宽度。

(4) 拉普拉斯核函数

$$K(\boldsymbol{x}_i,\boldsymbol{x}_j)=\exp\left(-\frac{|\boldsymbol{x}_i-\boldsymbol{x}_j|}{\sigma}\right) \tag{11-31}$$

式中,$\sigma>0$。

(5) Sigmoid 核函数

$$K(\boldsymbol{x}_i,\boldsymbol{x}_j)=\tanh(\beta(\boldsymbol{x}_i,\boldsymbol{x}_j)+\theta) \tag{11-32}$$

式中,tanh 为双曲正切函数,$\beta>0$,$\theta<0$。

11.3 人工神经网络

人工神经网络(Artificial Neural Network,ANN)是以数学模型模拟神经元活动,基于模仿大脑神经网络结构和功能而建立的一种信息处理系统,是对人脑组织结构和运行机制的某种抽象、简化和模拟,可用来描述认知、决策及控制等智能行为,在目标检测、物体分类以及识别等领域取得了成功。

11.3.1 人工神经元模型

人脑由众多神经元(Neuron)组成,其中的每个神经元又与其他若干个神经元相连接,如此构成一个庞大而复杂的神经元网络。

神经元是大脑处理信息的基本单元,它是以细胞体为主体,由许多向周围延伸的不规则树枝状纤维构成的神经细胞,其形状很像一棵枯树的枝干。它主要由细胞体、树突、轴突和突触(Synapse,又称"神经键")组成。如果某神经元的电位超过了一个"阈值",它就会被激活(即"兴奋"),然后向其他神经元发送化学物质,从而改变这些神经元内的电位。

一个神经元有许多输入端(当然也有较少的输入,完成中继放大的作用),即突触,每个突触的大小可以是不同的,也就是它们由接受输入脉冲到刺激本神经元的细胞膜的强度是不一样的。

为了模拟人脑活动,人们设计了人工神经网络。它由人工神经元互相连接而成,每一个人工神经元有如下三个基本要素。

1) 连接强度。用来与其他神经元的连接,模拟生物神经元的突触。

2) 求和单元。计算当前神经元的所有输入信号的加权和。

3) 激励函数(传递函数)。用来将加权信号映射为输出信号。

1943 年,Walter Pitts 将生物神经元的情形抽象为如图 11-5 所示的数学结构模型,并用这种模型表示人工神经元。

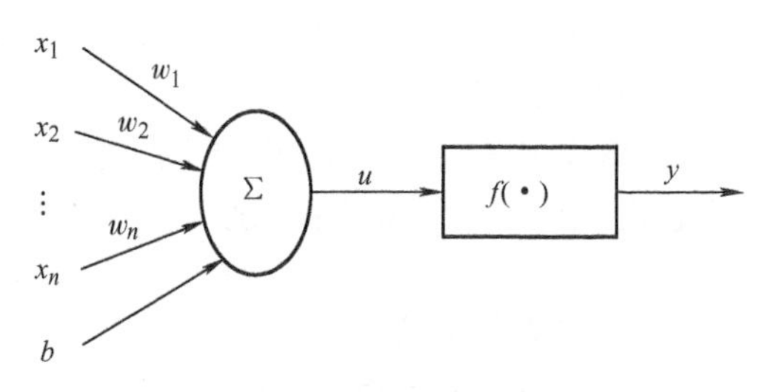

图 11-5 人工神经元结构模型

其中,$x_i(i=1,2,\cdots,n)$ 表示来自第 i 个神经元的输入;权重值 $w_i(i=1,2,\cdots n)$ 表示第 i 个神经元的连接强度;b 为偏置;u 表示输入单元的整合量;f 为神经元的激活函数;y 是整个神经元的最终输出,输出结果为

$$u = \boldsymbol{W}^{\mathrm{T}}X = \sum_{i=1}^{n} w_i x_i + b$$
$$y = f(u) = f\left(\sum_{i=1}^{n} w_i x_i + b\right) \tag{11-33}$$

人工神经元模拟生物神经元的过程中，对来自输入单元的整合量通过激活函数进行处理，在这期间，激活函数对最终的输出具有非常重要的作用。因为实际的神经元的输出对输入而言是“非线性”的，激活函数f将完成这样的非线性映射，它将空间中样本的复杂性通过层叠的网络加以简化，因此，神经网络在理想意义下可以处理任意的复杂问题。

下面列出了常用的激活函数及其示意图。

1. Sigmoid 函数

Sigmoid 又叫作 Logistic 激活函数，它将实数映射到（0，1）区间内，还可以在预测概率的输出层中使用。该函数的数学表达式为

$$f(x) = \frac{1}{1 + \mathrm{e}^{-x}} \tag{11-34}$$

其函数曲线如图 11-6 所示。

Sigmoid 函数有如下 3 个主要缺点。

1）梯度消失。Sigmoid 函数在趋近 0 或 1 的地方变得平坦，即其梯度趋近于0。在神经网络中，把输出接近0或1的这些神经元称为饱和神经元。网络中使用 Sigmoid 激活函数进行反向传播时，这些饱和神经元的权重不会更新，与此类神经元相连的神经元的权重也更新得很慢，该问题被称为梯度消失。因此，如果一个网络中包含很多个都处于饱和状态的 Sigmoid 神经元，那么该网络将无法进行反向传播。

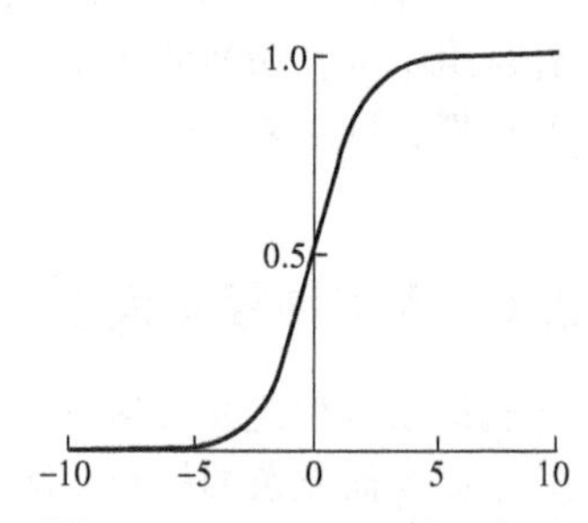

图 11-6　Sigmoid 函数示意图

2）不以零为中心。Sigmoid 输出不以零为中心。

3）计算成本高昂。指数函数与其他非线性激活函数相比，计算成本高昂。

2. Tanh 函数

Tanh 激活函数又叫作双曲正切激活函数，其数学表达式为

$$f(x) = \frac{\mathrm{e}^{x} - \mathrm{e}^{-x}}{\mathrm{e}^{x} + \mathrm{e}^{-x}} \tag{11-35}$$

其函数曲线如图 11-7 所示。

它将数据压缩至（-1，1）的区间内。与 Sigmoid 不同，Tanh 函数的输出以零为中心。在实践中，Tanh 函数的使用优先度高于 Sigmoid 函数。负数输入被当作负值，零输入值的映射接近零，正数输入被当作正值。从图中可以看出，Tanh 函数也存在梯度消失的问题。

3. ReLU 函数

为了解决梯度消失问题，提出了修正线性单元（Rectified Linear Unit，ReLU），该函数明显优于前面两个函数，是现在使用最广泛的函数。该函数的数学表达式为

$$f(x) = \max(0, x) \tag{11-36}$$

其函数曲线如图 11-8 所示。

该函数当输入 $x<0$ 时，输出为 0，当 $x>0$ 时，输出为 x。它使得网络更快地收敛。它在正区域（$x>0$ 时）不会饱和，即可以对抗梯度消失问题，因此神经元至少在一半区域中不会把所

有零进行反向传播。由于使用了简单的阈值化，ReLU 计算效率很高。但是，ReLU 神经元也存在如下一些缺点。

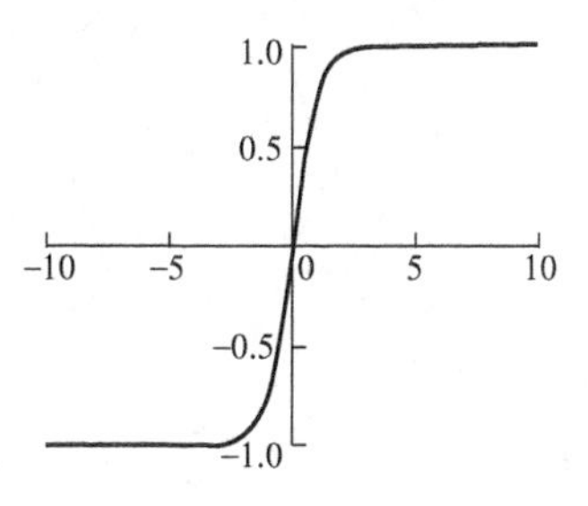

图 11-7 Tanh 函数示意图

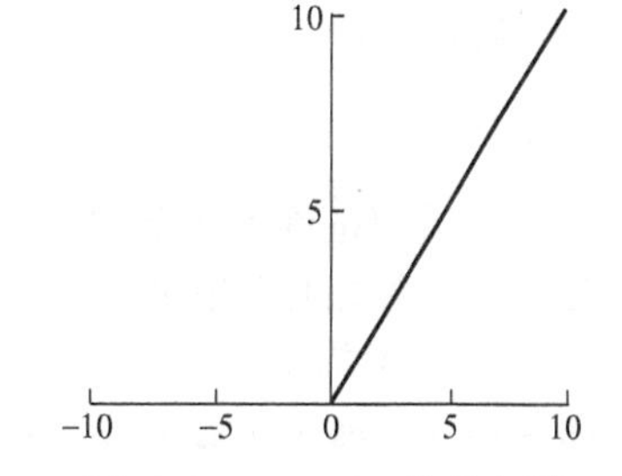

图 11-8 ReLU 函数示意图

1）不以零为中心。和 Sigmoid 激活函数类似，ReLU 函数的输出不以零为中心。

2）前向传导过程中，如果 $x<0$，则神经元保持非激活状态，且在后向传导中存在梯度消失问题。

人工神经网络的工作包括两个阶段，分别为训练期和验证期。训练期是网络根据给定的样本，不断优化调整神经元的参数（即神经元的连接权重）。验证期是将需要测试的样本输入已训练完成的神经网络，由神经网络给出相应的结果。

11.3.2 前馈神经网络

前馈神经网络的每个神经元接受前一级输入，并输出到下一级，层间无反馈。

1. 感知器

最简单的前馈网络在 1958 年由 Rosenblatt 等人提出的感知器（Perceptron，也称为感知机）模型。它是一种两层神经网络，即输入层和输出层。输入层接收外界输入信号后传递给输出层，在输出层对输入整合量进行激活函数处理。训练过程中，其权值 w 的更新策略如下。

设训练样本集为 $\boldsymbol{X}=(x_1,x_1,\cdots,x_n)^{\mathrm{T}}$，理想的输出为 $\boldsymbol{Y}=(y_1,y_2,\cdots,y_m)^{\mathrm{T}}$，实际输出为 $\hat{\boldsymbol{Y}}=(\hat{y}_1,\hat{y}_2,\cdots,\hat{y}_m)^{\mathrm{T}}$，有

$$\begin{aligned} w_{ij}(t+1) &= w_{ij}(t)+\Delta w_{ij}(t) \\ \Delta w_{ij} &= \eta(y_j-\hat{y}_j)x_i \end{aligned} \tag{11-37}$$

式中，$\eta\in(0,\ 1)$ 称为学习率。

由于感知器只拥有一层功能神经元，致使其学习能力非常有限，只能处理一些简单的线性可分问题。在实际中遇到的问题通常是非线性可分的，因此，需要使用有多层功能神经元的网络来解决。将输出层和输入层之间的一层神经元，称为隐层、隐含层或隐藏层。这种网络结构因为包含多个隐藏层，具有更复杂的结构和更强大的数据处理能力。在多层网络中，数据从网络的输入层传向网络的输出层，每层神经元与下一层神经元全连接，神经元之间不存在同层连接，也不存在跨层连接，通常称这种网络结构为前馈神经网络（Feedforward Neural Network，FNN）。三层以及三层以上的前馈神经网络通常又被称为多层感知器（Multi-Layer Perceptron，MLP）。只需包含隐层，就可以称为多层网络。图 11-9 所示为包含一个隐藏层的前馈神经网络。

现用 v_{ij}表示输入层中第 i 个神经元与隐藏层中第 j 个神经元的连接权重，w_{mn}表示隐含层第 m 个神经元与输出层中第 n 个神经元的连接权重，b_i 表示隐含层第 i 个神经元的偏置，b_i'表示输出层第 i 个神经元的偏置，f_1 表示隐含层的激活函数，f_2 表示输出层的激活函数，则隐含层每个神

经元的表达式为

$$H_k = f_1\left(\sum_{i=1}^{n} v_{ik}x_i + b_k\right) \quad k = 1,2,\cdots,q \tag{11-38}$$

输出层每个神经元的输出为

$$Y_j = f_2\left(\sum_{i=1}^{q} w_{ij}H_i + b_j'\right) \quad j = 1,2,\cdots,m \tag{11-39}$$

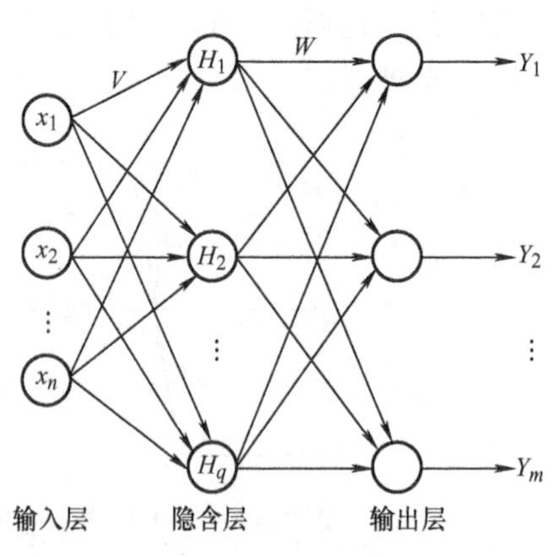

图 11-9　含一个隐含层的前馈神经网络

三层前馈网络的适用范围大大超过二层前馈网络，但学习算法较为复杂，主要困难是中间的隐层不直接和外界连接，无法直接计算其误差。为了解决这一问题，提出了误差反向传播（Back Propagation，BP）算法，其基本思想是根据输出层的误差逐层反向估计隐含层的输出误差，进而调整每个隐含层的连接权重。BP 算法是一种监督学习算法，不仅适用于多层前馈神经网络，还可用于其他类型的神经网络，例如递归神经网络的训练等，但通常说的 BP 网络指的是采用 BP 算法进行训练的前馈神经网络。

BP 算法的主要分为两个阶段：正向传播阶段，网络的权重是固定不变的，输入信息经隐含层逐层处理，传向输出层，并计算出实际输出；反向传播，根据实际输出和期望输出求出误差，误差信号沿原来的正向传输时的连接线路返回，根据梯度下降法沿误差函数的负梯度方向，逐一修改每两层间连接权重，通过权重的不断调整，使得网络的输出更接近期望输出。

BP 网络理论基础坚实，物理概念清楚，能解决非线性问题的输入到输出的映射，有较强的泛化能力，因此，在神经网络中得到了广泛的应用。但它也存在一些不足：它是一种基于梯度的优化算法，网络参数一般采用随机初始化，因此，在优化过程中容易陷入局部极小值；同时，随着网络的层数以及复杂度的增加，训练时间长，收敛速度慢。

2. RBF 网络

前馈神经网络中，还有一种网络较为常见，那就是径向基函数网络，简称 RBF 网络。这种网络只有一个隐层，隐层单元采用径向基函数作为其激活函数，输入层到隐层之间的权值固定为 1，输出节点为线性求和单元，隐层到输出节点之间的权值可调，因此输出为隐层的加权求和。最常用的径向基函数为高斯函数，即

$$f(x,c_i) = \mathrm{e}^{-\frac{\| x - c_i \|^2}{2\sigma^2}} \tag{11-40}$$

式中，c_i 表示核函数中心；σ 为核函数的宽度参数，用于控制核函数的径向作用范围。在 RBF 网络中，这两个参数往往是可调的。RBF 网络结构如图 11-10 所示。

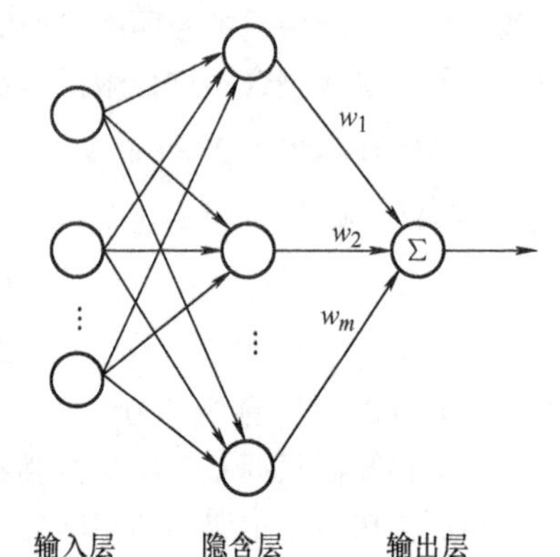

图 11-10　RBF 网络结构

11.3.3　Hopfield 网络

Hopfield 神经网络是 1982 年美国物理学家 J. Hopfield 首先提出来的，是一种反馈神经网络。与前馈网络不同，前馈网络不考虑输出与输入之间在时间上的滞后影响，其输出与输入之间仅仅是一种映射关系。而 Hopfield 网络采用反馈连接，所有神经元之间相互连接，考虑输出与输入在时间上的传输延迟，所表示的是一个动态过程，需要用差分或微分方程来描述。同时，Hopfield 网络权值对称，即 $w_{ij} = w_{ji}$，通常也没有自反馈，即 $w_{ii} = 0$。1984 年，Hopfield 设计并研

制了 Hopfleld 网络模型的电路，将神经元用运算放大器来实现，所有神经元的连接用电子线路来模拟，有力地推进了神经网络的研究。

Hopfield 网络分为离散 Hopfield 网络和连续 Hopfield 网络。

最早提出的 Hopfield 网络是二值神经网络，神经元的输出只取 1 和 -1，所以，称为离散 Hopfield 神经网络（Discrete Hopfield Neural Network，DHNN）。离散 Hopfield 网络是一个单层网络，有多个二值神经元节点，每个神经元的输出均连接到其他神经元的输入，因此，所输出的离散值 1 和 -1 分别表示神经元处于激活和抑制状态。整个网络有两种工作方式：即异步（串行）方式和同步（并行）方式。所谓异步工作方式，是指在任一时刻，只有某一个神经元状态进行更新，其他神经元状态保持不变。同步工作方式是指在任一时间，部分神经元或者全部神经元的状态同时改变。

离散 Hopfield 网络的一个重要应用是联想记忆功能。要想实现联想记忆，反馈网络必须具备如下两个条件。

1）网络能收敛到稳定的平衡状态，并以其作为样本的记忆信息。

2）具有回忆能力，能从某一残缺的信息回忆起所属的完整的记忆信息。

离散 Hopfield 网络实现联想记忆的过程分为两个阶段：学习记忆阶段和联想回忆阶段。在学习记忆阶段，设计者通过某一设计方法确定一组合适的权值，是网络记忆期望的稳定平衡点。联想回忆阶段则是网络的工作过程。

连续 Hopfield 网络（Continuous Hopfield Neural Network，CHNN）拓扑结构和 DHNN 的结构相同。不同之处在于其激活函数不是阶跃函数，而是 S 形的连续函数。连续 Hopfield 网络模型可和电子线路直接对应，每个神经元可由一个正反向输出的放大器来模拟。在连续 Hopfield 网络中，输入和输出都是模拟量，各神经元采用同步工作方式。

11.3.4 卷积神经网络

卷积神经网络（Convolutional Neural Network，CNN）是深度学习中应用较为广泛的一种模型。深度学习是机器学习研究领域的一个新的分支，是一类复杂的机器学习算法。其研究的目的在于建立、模拟人脑的神经网络，并模仿人脑的机制来解释如图像、声音和文本之类的数据。

深度学习的概念最早由加拿大多伦多大学教授 Geoffrey Hinton 等于 2006 年提出，指基于样本数据通过一定的训练方法得到包含多个层的深度网络结构的机器学习过程。深度学习之所以被称为“深度”，是相对 SVM、提升算法（Boosting）、最大熵方法，以及只含单隐层的多层感知器等“浅层学习”方法而言，其实质是通过搭建具有多个隐层的学习模型，给其输入海量的训练数据，使其从训练数据中学习获得有用的特征，从而最终提升分类或预测的准确性。因此，“深度模型”是手段，“特征学习”是目的。通过深度学习得到的深度网络结构符合神经网络的特征，可以将深度网络看成是深层次的神经网络，即深度神经网络（Deep Neural Network，DNN）。

不同于传统的浅层学习，深度学习具有下列特点。

1）模型有多个隐层，一般比较深，通常有几十层，甚至成百上千层。

2）模型能够从训练数据中自主提取特征。浅层学习依靠人工经验抽取样本特征，网络模型学习后获得的是没有层次结构的单层特征，模型的输入是人工已经选取好的特征，模型只用来负责分类和预测。而深度学习通过对原始数据进行逐层特征变换，将数据在原空间的特征表示变换到新的特征空间，自动地学习得到层次化的特征表示，将原始输入逐层转化为浅层特征、中层特征、高层特征直至最终的任务目标。

深度学习因为层数的增加，导致需要训练的参数增多，直接采用经典算法如 BP 算法进行训练时，因为误差逆传播需经过多层，往往会发散导致无法收敛，从而导致训练出的网络效果差。为了解决这一问题，Hinton 提出使用无监督逐层预训练，再进行权值微调的方法。所谓预训练是指每次只训练一层的隐层节点，训练时将上一层的输出作为当前层的输入，当前层的输出作为下一层的输入。在预训练全部完成后，再对整个网络进行微调。

同时，为了节省训练参数，深度学习网络采用权值共享策略。即一组神经元采用相同的连接权重。例如，给定一张输入图片，用一个模板卷积这张图，模板里面的各个元素的值就叫权重，因为这张图每个位置都是被这个模板卷积，所以每次卷积权重是一样的，也就是共享。

即便采用了上述措施，面向实际应用的深度学习网络需要估计的参数量仍很多，甚至可能达到数千万。另外，为了避免过拟合，需要海量训练数据。两方面因素叠加，导致训练一个模型耗时惊人。以语音识别为例，目前工业界通常使用样本量达数十亿，用 CPU 单机需要数年才能完成一次训练，因此，往往借助图形处理器（Graphics Processing Unit，GPU）来加速，即便这样，也需要数周才能完成训练。当然，如果网络深度小，样本少，训练时间可能几小时或者几天就可以完成。

深度学习凭借大数据和图形处理器，正有力地推动着人工智能快速向前发展。下面介绍深度学习中广泛应用的卷积神经网络模型。

1958 年，Hubel 和 Wiesel 对猫视觉皮层电生理的研究激发了人们对于人类神经系统的思考，Fukushima 受此启发提出了卷积神经网络的模型。

与传统神经网络不同的是，卷积神经网络在卷积阶段使用了局部感受野和权值共享策略来减小网络参数。局部感受野（Local Receptive Field，LRF）是受到生物学启发，即人类视觉系统关注局部区域来处理信息，对注意力范围之外的图像感受较弱，因此神经网络最佳的方法是对局部图像进行处理，最后把之前处理过的局部数据进行叠加就可以得到全局信息。该技术使得网络能够容忍输入图像的一些变形，具有很好的鲁棒性，同时也使得神经元的连接数减少，降低了需要训练的参数。在卷积神经网络中，局部感受野的大小等同于卷积核的大小（比如说 5×5）。假设有一幅 32×32 的图像，全连接时，对下一层的一个神经元来说，它要对应 32×32 个像素点，即一个神经元对应全局图像，因此，一个神经元就有 32×32 个参数（如果还考虑偏置参数，就需要 $32\times32+1$ 个参数）。假如每个局部感受野为 5×5，每个神经元只需要和 5×5 的局部图像连接，这样一个神经元就只需要 5×5 个参数。

此外，卷积网络在卷积层后面引入下采样层，可以在扩大感受野的同时降低网络的参数，实现平移不变性。权值共享中，可以把卷积操作理解成特征提取的方式，并且与位置无关。一个卷积层中可以有多个不同的卷积核，在同一个卷积核内，所有的神经元的权值是相同的，这就是卷积核的权值共享，权值共享可以大幅度减少神经网络的参数，在防止过拟合的同时又降低了神经网络模型的复杂度。将原始数据和卷积核卷积后得到的结果称为特征图（Feature Map）。仍以上述的 32×32 的图像为例，当卷积核大小为 5×5，步幅为 1（步幅指的是卷积核在卷积图像时，每次在图像上滑动跨越的像素个数。当步幅为 1 时，每次移动一个像素的位置。当步幅为 2 时，每次移动 2 个像素。以此类推。步幅越大，卷积得到的特征图就越小）时，可得特征图大小是 28×28。也就是说，这个特征图对应有 28×28 个神经元。如果特征图中各个神经元之间权值共享的话，则特征图只需要 5×5 个参数。

如果不采用上述感受野和权值共享技术，当网络为全连接时，仅仅考虑两层网络的情况下，其连接个数为 $(32\times32)\times(28\times28)=802816$。此时需要调节的参数个数非常多，无法满足高效训练参数的需求。

图 11-11 所示为一个 CNN 网络的基本结构。

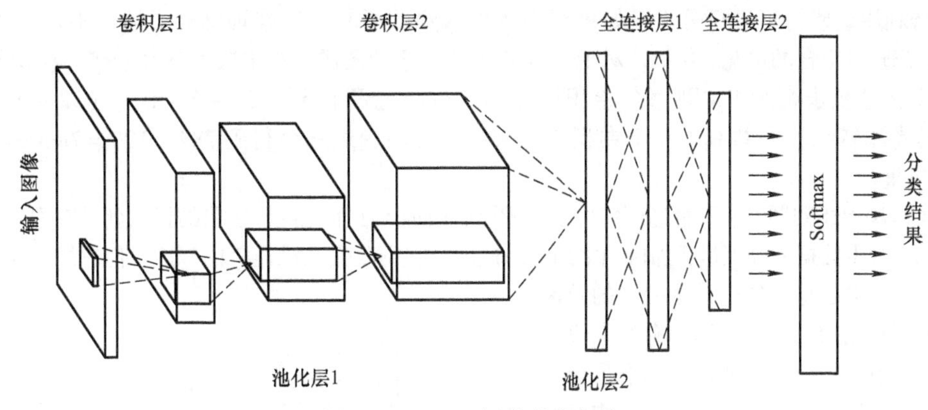

图 11-11　CNN 网络基本架构

在图 11-11 中，卷积神经网络模型的结构分为输入层、卷积层、池化层、全连接层和输出层。各个网络部分的结构的功能如下。

(1) 输入层

输入层是即送入网络的输入数据，在图像识别中，就是一幅图像数据矩阵。可以用一个三维矩阵来代表一幅图像，三维矩阵的长和宽代表图像大小，三维矩阵的深度代表图像的通道数，比如黑白图像对应的通道数为 1，彩色图像对应的通道数为 3。

(2) 卷积层

卷积神经网络的卷积层也称为特征提取层，它往往用多个不同的卷积核（权重参数不同）来卷积，可以认为不同的卷积核从输入数据中提取的特征不相同。输入数据被卷积核卷积后，再通过激励函数后得到的结果称为特征图，每个特征图一般是通过上一层一个或多个输入特征图进行组合卷积得到。卷积时，对应的感受野的深度必须和输入图像的深度相同，例如一幅彩色图像，其通道数为 3，则感受野的深度也必须为 3。卷积时，从左上角开始，卷积核的元素（即权重）和输入特征图中对应区域的数据对应相乘，然后累加作为输出。每做一次卷积，卷积核就移动到下一次卷积的位置，移动距离即为步幅。卷积核的大小可以为 3×3 或者 5×5 等。图 11-12 所示为一个用 3×3 的卷积核去卷积 5×5 的图像的示意图（卷积步幅为 1，卷积结果不考虑偏置量）。

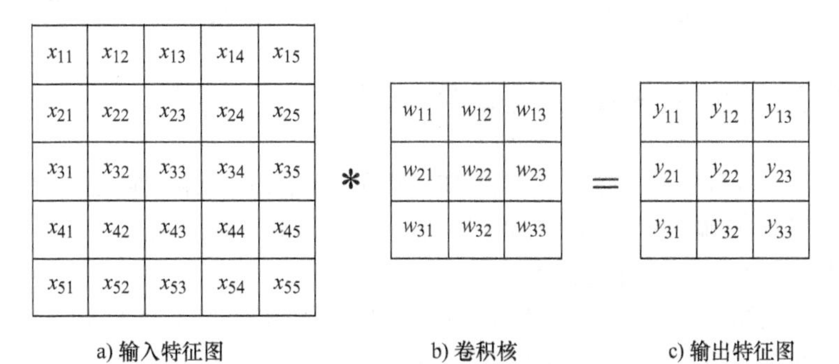

图 11-12　二维卷积示意图

其中，$y_{ij}=\sum_{m=1}^{3}\sum_{n=1}^{3}(x_{i+m-1,j+n-1}\times w_{mn})$。

(3) 池化层

也可以称为下采样层。通常，在卷积层之后网络已经获得了数据的特征，接下来需要选择一个分类器利用这些特征进行分类。如果利用所提取到的所有特征来训练分类器，不仅计算量大，而且容易出现过拟合的情况。例如，对于一幅 32×32 像素的图像，卷积核大小为 5×5，卷积核个数为 100 个，卷积步幅为 1，则每个卷积核和图像进行卷积得到（32－5＋1）×（32－5＋1）＝784 维的卷积特征，一共有 100 个卷积核，所以一幅图像最终会得到 784×100＝78400 维的卷积特征向量。

为了解决上述问题，卷积神经网络中在卷积层后面加入了池化层，主要的目的就是在保留有用信息的基础上减少数据的处理量，加快网络的训练速度。它不改变三维矩阵的深度，但它缩小矩阵的大小，可以认为它是将一幅分辨率较高的图像转为分辨率较低的图像。常用的有最大值池化和平均值池化。最大值池化表示下采样时从窗口内选取最大的值作为输出，平均值池化表示将窗口内所有元素的平均值作为输出。图 11-13 所示为当下采样选取 2×2 的窗口，窗口之间没有重叠时，最大值池化和平均值池化的结果。图中每个单元格代表一个像素，里面的数字表示当前像素的值。

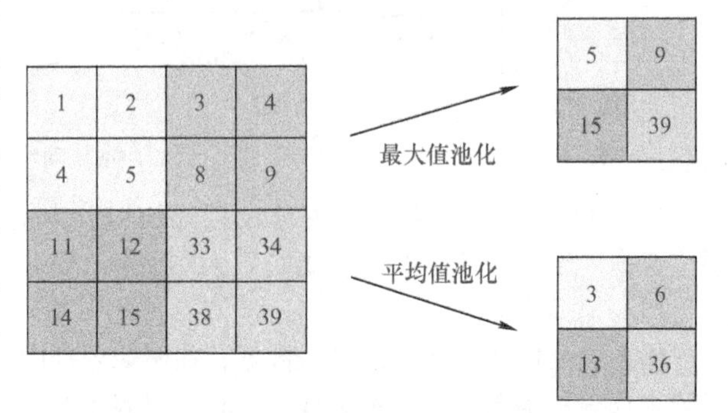

图 11-13　最大值池化和平均值池化示意

池化操作是一种非线性下采样操作，可以使特征更加鲁棒并且具有平移不变性。同时，下采样后特征图的尺寸减小，网络需要处理的数据量大大降低，加快网络的训练速度。

（4）全连接层

一般卷积神经网络的最后几层为全连接层，一般由 1～3 层组成，神经网络最后一层的神经元个数和输入数据的类别数相同。经过几轮卷积层和池化层之后，可以认为图像中的信息已经转变为高度抽象特征。卷积层和池化层可看成自动图像特征提取的过程。在特征提取完成后，需要全连接层完成分类任务。

（5）输出层

输出层的神经元节点需要根据具体任务而进行具体设定。对于图像分类任务，网络的输出层为一个分类器，借助 Softmax 分类器可以得到当前样例属于不同类别的概率分布。

11.4　基于 LeNet 网络的手写数字识别

LeNet-5 模型是 Yann LeCun 教授于 1998 年提出的卷积神经网络，它被成功应用于手写数字识别。LeNet-5 模型包括输入层在内共有 8 层，其框架如图 11-14 所示。

第一层输入层是 32×32 大小的图像。

第二层 C1 层为卷积层，包括 6 个特征图，卷积核大小为 5×5，每个特征图尺寸为（32－5＋1）×（32－5＋1）＝28×28，即表示特征图中包含有 28×28＝784 个神经元，每个神经元分别和输入层的 5×5 大小的区域连接。因此，将权重和偏置参数都统计，此层共有（5×5＋1）×6＝156 个参数。两层之间的连接数为 156×784＝122304 个。

第三层 S2 为下采样层，有 6 个 14×14 大小的特征图，每个特征图的每个神经元都和 C1 层对应的特征图的 2×2 区域相连接。S2 层中的每个神经元由这 4 个输入相加，乘以权重，再加上偏置参数，将结果通过 sigmoid 函数激活后得到。S2 的每个特征图有 14×14 个神经元，参数个

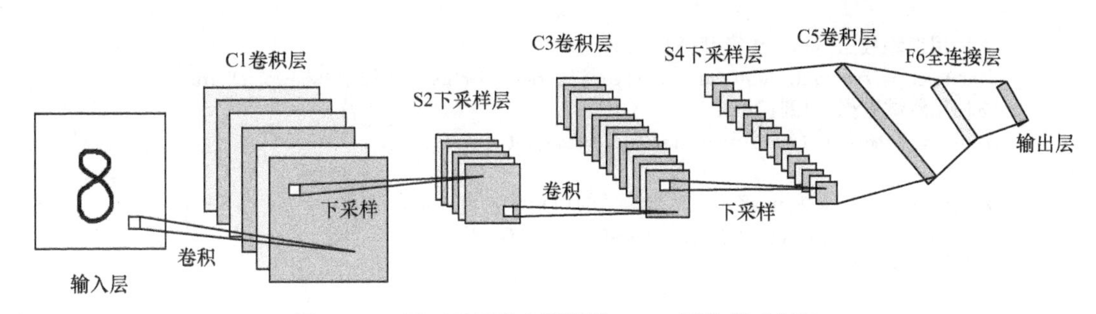

图 11-14　用于手写数字识别的 LeNet 网络模型框架

数为 2×6=12 个，连接数为 (4+1)×(14×14)×6=5880 个。

第四层 C3 层为卷积层，有 16 个特征图，采用 5×5 的卷积核，计算 C3 的特征图的神经元个数为 (14-5+1)×(14-5+1)=10×10。C3 层的训练参数个数为 (5×5×3+1)×6+(5×5×4+1)×9+(5×5×6+1)×1=1516 个，连接数为 151600 个。

第五层 S4 为下采样层。有 16 个 5×5 的特征图组成。每个神经元和 C3 中特征图的 2×2 区域相连。参数有 2×16=32 个，连接数为 2000 个。

第六层 C5 是卷积层，使用 5×5 的卷积核。每个特征图有 1 个神经元。每个神经元和 S4 层的全部 16 个特征图的 5×5 的区域全连接。C5 层共有 120 个特征图，参数和连接数都是 48120 个。

第七层 F6 为全连接层，有 84 个特征图，每个特征图只有一个神经元和 C5 层全连接，故有 (1×1×120+1)×84=10164 个参数和连接。F6 层计算输入向量和权重向量之间的点积和偏置，之后将其传递给 Sigmoid 函数来计算神经元。

第八层为输出层，也是全连接层，共有 10 个节点，分别代表数字 0~9，采用径向基函数的网络连接方式。此层共有 84×10=840 个参数和连接。

11.5　MATLAB 编程实例

【例 11-2】 利用 MATLAB 自带的 Fisheriris（鸢尾花）数据集，来识别花的种类。

解： 该数据集共有 150 组数据信息，由鸢尾属植物的三种花——Setosa、Versicolor 和 Virginica 所组成，每一种植物有 50 组数据。每种花记录 4 种特征，分别是花萼的长度、花萼的宽度、花瓣的长度、花瓣的宽度，用 150×4 大小的 meas 矩阵来存储，另外用大小为 150×1 的 species 矩阵表示对应的种类。

具体代码如下。

```
clear;
%加载数据集,得到 meas 和 species 矩阵
load fisheriris

%取出 meas 矩阵中第一列和第二列(为方便实验,只取前两列特征)
meas = [meas(:,1), meas(:,2)];

%分别选取 Setosa 类和 Versicolor 类前 40 组作为训练数据,后 10 组作为测试数据
trainData=[(meas(1:40,:));(meas(51:90,:))];
trainType=[(species(1:40));(species(51:90))];
testData=[(meas(41:50,:));(meas(9-1:100,:))];
```

```
%使用训练数据,对 SVM 模型进行训练
svmStruct = svmtrain(trainData, trainType,'kernel_function','rbf','showplot',true);
%使用测试数据,得到识别结果
result = svmclassify(svmStruct, testData,'showplot',true);

%正确的识别结果为 trueType,实验测试的识别结果为 result
trueType = [(species(41:50));(species(9-1:100))];
%计算分类精度
tureNum =0;
for i = (1:20)
    if strcmp(result(i), trueType(i))
        tureNum = tureNum +1;
    end
end
fprintf('识别正确率为:%f\n', tureNum/20);
```

从输出可以看出，此时识别正确率为 0.95。

11.6 小结

本章首先介绍了图像识别系统的基本组成，包括图像获取、预处理、特征提取、分类决策等模块。接着讲述统计学习方法，介绍了经验风险最小化和结构风险最小化的含义。然后，重点讲解了 SVM 分类器，包括最优超平面、支持向量、核函数等概念。然后，介绍人工神经网络，包括神经元模型、感知器模型、前馈网络、BP 算法等。最后，介绍了深度神经网络，重点阐述了卷积神经网络的结构组成，阐述了感受野、权值共享、卷积以及池化等概念。

11.7 习题

1. 请画出人工神经元模型，并简述其和生物神经元是如何类比的？
2. SVM 分类方法中，核函数的作用是什么？
3. 前馈神经网络有哪些特征？
4. 简述 BP 算法的基本思想。
5. 激活函数的作用是什么？画出 Sigmoid、Tanh 以及 ReLU 激活函数的曲线。
6. 请画出 CNN 的网络结构，并阐述各个模块的作用。
7. 连续 Hopfield 网络和离散 Hopfield 网络的激活函数有什么区别？
8. 术语“深度学习”中的“深度”指什么含义？与浅层学习相比，深度学习有哪些不同？

附录　缩略语英汉对照

AAC	Advanced Audio Coding，高级音频编码
AC	Alternating Current，交流
ACM	Active Contour Model，主动轮廓模型
A/D	Analog/Digital Conversion，模拟/数字转换
ANN	Artificial Neural Network，人工神经网络
API	Application Program Interface，应用程序接口
ASF	Advanced Streaming Format，高级流格式
ASIC	Application Specific Integrated Circuit，专用集成电路
ASO	Arbitrary Slice Order，任意宏块条顺序
ATM	Asynchronous Transfer Mode，异步传输模式
ATSC	Advanced Television System Committee，（美国）高级电视制式委员会
ATV	Advanced Television，高级电视
AVC	Advanced Video Coding，高级视频编码
AVI	Audio Video Interleaved，音频视频交错（格式）
AVO	Audio Visual Object，音视对象
AVS	Audio Video coding Standard，数字音视频编码标准
AWGN	Additive White Gasussian Noise，加性高斯白噪声
AWQ	Adaptive Weighting Quantization，图像级自适应加权量化
BBC	British Broadcasting Corporation，英国广播公司
BMA	Block Match Algorithm，块匹配算法
BM3D	Block-Matching and 3D filtering，块匹配三维滤波
BO	Band Offset，带状偏移
BP	Back Propagation，反向传播
CABAC	Context Adaptive Binary Arithmetic Coding，上下文自适应的二进制算术编码
CAVLC	Context Adaptive Variable Length Coding，上下文自适应的可变长度编码
CB	Coding Block，编码块
CBAC	Context-Based Arithmetic Coding，基于上下文的算术编码
CBIR	Content-based Image Retrieval，基于内容的图像检索
CBR	Content-based Retrieval，基于内容的检索
CCD	Charge Coupled Device，电荷耦合器件
CCIR	Consultative Committee on International Radio，国际无线电咨询委员会
CCITT	Consultative Committee on International Telegraph and Telephone，国际电报电话咨询委员会
CD	Compact Disc，数字激光唱盘
CD-ROM	Compact Disc Read-Only Memory，光盘只读存储器
CHNN	Continuous Hopfield Neural Network，连续 Hopfield 网络
CIF	Common Intermediate Format，通用中间格式
CMY	Cyan，Magenta，Yellow，青、品红、黄（彩色空间）
CNN	Convolutional Neural Network，卷积神经网络
CSF	Contrast Sensitivity Function，对比敏感度函数

CTB　Coding Tree Block，编码树块
CTU　Coding Tree Unit，编码树单元
CRT　Cathode Ray Tube，阴极射线管
CU　Coding Unit，编码单元
CW-SSIM　Complex Wavelet Structure Similarity，复小波域结构相似性
DBF　DeBlocking Filter，去方块效应滤波器
DC　Direct Current，直流
DCT　Discrete Cosine Transform，离散余弦变换
DFT　Discrete Fourier Transform，离散傅里叶变换
DHNN　Discrete Hopfield Neural Network，离散 Hopfield 神经网络
DLP　Digital Light Processing，数字光处理
DNN　Deep Neural Network，深度神经网络
DOM　Document Object Model，文档对象模型
DPCM　Differential Pulse Code Modulation，差分脉冲编码调制
DPM　Deformable Part Model，可变形部件模型
DSCQS　Double Stimulus Continuous Quality Scale，双刺激连续质量尺度
DST　Discrete Sine Transform，离散正弦变换
DVB　Digital Video Broadcasting，数字视频广播
DVD　Digital Versatile Disc，数字通用光盘
DWT　Discrete Wavelet Transform，离散小波变换
EBCOT　Embedded Block Coding with Optimized Truncation，优化截断嵌入式块编码
EBU　European Broadcasting Union，欧洲广播联盟
EL　Enhancement Layer，增强层
EO　Edge Offset，边缘偏移
ERM　Empirical Risk Minimization，经验风险最小化
ES　Elementary Stream，基本码流
ES　Entropy Slice，熵条带
FMO　Flexible Macroblock Ordering，灵活的宏块排序
FNN　Feedforward Neural Network，前馈神经网络
GGD　Generalized Gaussian Distribution，广义高斯分布
GIF　Graphics Interchange Format，图形交换格式
GSM　Gaussian Scale Mixture，高斯尺度混合
HDTV　High Definition Television，高清晰度电视
HEVC　High Efficiency Video Coding，高效视频编码
HL　High Level，高级
HOG　Histogram of Oriented Gradient，方向梯度直方图
HP　High Profile，高类
HTML　Hyper Text Markup Language，超文本标记语言
HTTP　Hypertext Transfer Protocol，超文本传输协议
HVS　Human Visual System，人类视觉系统
IC　Integrated Circuit，集成电路
IDCT　Inverse Discrete Consine Transform，离散余弦逆变换
IDR　Instantaneous Decoder Refresh，即时解码器刷新
IEC　International Electrotechnical Commission，国际电工委员会

IP Internet Protocol，因特网协议
IPTV Internet Protocol Television，交互式网络电视
IQA Image Quality Assessment，图像质量评价
IQI Image Quality Index，图像质量指标
ISDN Integrated Services Digital Network，综合业务数字网
ISO International Organization for Standardization，国际标准化组织
ITU International Telecommunications Union，国际电信联盟
ITU-R International Telecommunication Union-Radiocommunication sector，国际电信联盟无线电通信部
ITU-T International Telecommunications Union-Telecommunication standardization sector，国际电信联盟电信标准化部
JVT Joint Video Team，联合视频工作组
JBIG Joint Bi-level Image Experts Group，联合二值图像专家组
JCT-VC Joint Collaborative Team on Video Coding，视频编码联合协作小组
JPEG Joint Photographic Experts Group，联合图片专家组
JTC Joint Technical Committee，联合技术委员会
K-SVD K-Singular Value Decomposition，K-奇异值分解
LCD Liquid Crystal Display，液晶显示器
LCoS Liquid Crystal on Silicon，硅基液晶
LCU Largest Coding Unit，最大编码单元
LL LowLevel，低级
LSB Least Significant Bit，最低有效位
MAP Maximum A-Posteriori，最大后验概率
MBAFF Macro-block level Adaptive Frame/Field，宏块级自适应帧/场
MC Motion Complement，运动补偿
ME Motion Estimation，运动估计
MIME Multipurpose Internet Mail Extension，多用途 Internet 邮件扩展（协议）
ML Main Level，主级
MLE Maximum Likelihood Estimation，极大似然估计
MLP Multi-Layer Perceptron，多层感知器
MOS Mean Opinion Score，平均主观意见分
MP Main Profile，主类
MPEG Moving Picture Experts Group，运动图像专家组
MSB Most Significant Bit，最高有效位
MSE Mean Squared Error，均方误差
MSR Multi-Scale Retinex，多尺度 Retinex
MSRCR Multi-Scale Retinex with Color Restoration，带颜色恢复的多尺度 Retinex
MS-SSIM Multi-Scale Structure Similarity，多尺度结构相似性
MTU Maximum Transmit Unit，最大传输单元
MUSE Multiple Sub-Nyquist Sampling Encoding，多重亚奈奎斯特采样编码
MV Motion Vector，运动矢量
MVF Motion Vector Field，运动矢量场
NAL Network Abstraction Layer，网络抽象层
NCCF Normalized Cross Correlation Function，归一化互相关函数
NHK 日本广播协会

NLM　Non-Local Mean，非局部均值
NSS　Natural Scene Statistics，自然场景统计特性
NTSC　National Television System Committee，国家电视制式委员会
OMP　Orthogonal Matching Pursuit，正交匹配追踪
PAFF　Picture level Adaptive Frame/Field，图像级自适应帧/场
PAL　Phase Alternating Line，逐行倒相
PB　Prediction Block，预测块
PCM　Pulse Code Modulation，脉冲编码调制
PDP　Plasma Display Panel，等离子体显示器
PNG　Portable Network Graphics，便携式网络图形
PPS　Picture Parameter Set，图像参数集
PS　Program Stream，节目码流
PSNR　Peak Signal-to-Noise Ratio，峰值信噪比
PU　Prediction Unit，预测单元
QCIF　Quarter Common Intermediate Format，四分之一通用中间格式
QP　Quantization Parameter，量化参数
RBF　Radial Basis Function，径向基函数
RDO　Rate Distortion Optimization，率失真优化
RDOQ　Rate Distortion Optimized Quantization，率失真优化的量化
RIFF　Resource Interchange File Format，资源交换文件格式
RLE　Run-Length Encoding，游程编码
RTP　Real-time Transport Protocol，实时传输协议
SAD　Sum of Absolute Difference，绝对误差和
SAO　Sample Adaptive Offset，样值自适应偏移
SCU　Smallest Coding Unit，最小编码单元
SDTV　Standard Definition Television，标准清晰度电视
SECAM　Séquential Couleur Avec Mémoire，顺序传送彩色信号与存储复用
SIF　Standard Input Format，标准输入格式
SIFT　Scale-Invariant Feature Ttransform，尺度不变特征变换
SMPTE　Society of Motion Picture & Television Engineers，（美国）电影电视工程师协会
SPS　Sequence Parameter Set，序列参数集
SRM　Structural Risk Minimization，结构风险最小化
SSIM　Structure Similarity，结构相似性
SSR　Single Scale Retinex，单尺度 Retinex
SVM　Support Vector Machine，支持向量机
SVG　Scalable Vector Graphics，可缩放的矢量图形
TCP　Transmission Control Protocol，传输控制协议
TIFF　Tag Image File Format，标记图像文件格式
TNNR　Truncated Nuclear Norm Regularization，截断核范数正则化
TS　Transport Stream，传送码流
TU　Transform Unit，变换单元
UDP　User Datagram Protocol，用户数据报协议
UHDTV　Ultra High Definition Television，超高清晰度电视
VBR　Variable Bit Rate，可变比特率

VCD	Video Compact Disk，视频高密度光盘
VCEG	Video Coding Experts Group，视频编码专家组
VCL	Video Coding Layer，视频编码层
VGA	Video Graphics Array，视频图形阵列
VLC	Variable Length Coding，可变长度编码
VLSI	Very Large Scale Integrated circuit，超大规模集成电路
VO	Video Object，视频对象
VOD	Video On Demand，视频点播/点播电视
VQA	Video Quality Assessment，视频质量评价
VQEG	Video Quality Experts Group，视频质量专家组
WNNM	Weighted Nuclear Norm Minimization，加权核范数最小化
WPP	Wavefront Parallel Processing，波前并行处理
XML	eXtensible Markup Language，可扩展标记语言

参考文献

[1] 李俊山，李旭辉．数字图像处理 [M]. 北京：清华大学出版社，2007.

[2] 龚声蓉，刘纯平，王强．数字图像处理与分析 [M]. 北京：清华大学出版社，2006.

[3] 王慧琴．数字图像处理 [M]. 北京：北京邮电大学出版社，2006.

[4] 刘刚．MATLAB 数字图像处理 [M]. 北京：机械工业出版社，2010.

[5] 胡学龙，许开宇．数字图像处理 [M]. 北京：电子工业出版社，2006.

[6] 齐俊杰，胡洁，麻信洛．流媒体技术入门与提高 [M]. 2 版．北京：国防工业出版社，2009.

[7] 李玉峰．基于内容视频检索的镜头检测及场景检测研究 [D]. 天津：天津大学，2009.

[8] 王颖，肖俊，王蕴红．数字水印原理与技术 [M]. 北京：科学出版社，2007.

[9] 陆建江．智能检索技术 [M]. 北京：科学出版社，2009.

[10] 王宁．基于内容的视频检索系统的设计与实现 [D]. 武汉：华中科技大学，2007.

[11] 刘洋．基于内容的视频检索关键技术研究 [D]. 长沙：湖南大学，2008.

[12] 肖明．基于内容的多媒体信息索引与检索概论 [M]. 北京：人民邮电出版社，2009.

[13] 杨义先．数字水印基础教程 [M]. 北京：人民邮电出版社，2007.

[14] 蒋刚毅，黄大江，王旭，等．图像质量评价方法研究进展 [J]. 电子与信息学报，2010，32(1)：219-226.

[15] 边肇祺，张学工．模式识别 [M]. 北京：清华大学出版社，2000.

[16] 李航．统计学习方法 [M]. 北京：清华大学出版社，2012.

[17] 唐立群，郭庆昌，李永华．数字图像模式识别方法分析 [M]. 哈尔滨：哈尔滨工程大学出版社，2008.

[18] 王暄，马建峰．数字图像分析与模式识别 [M]. 北京：科学出版社，2011.

[19] 周志华．机器学习 [M]. 北京：清华大学出版社，2016.

[20] 何艳敏，甘涛，彭真明．基于稀疏表示的图像压缩和去噪理论与应用 [M]. 成都：电子科技大学出版社，2016.

[21] 刘煜，等．稀疏表示基础理论与典型应用 [M]. 长沙：国防科技大学出版社，2014.

[22] 卢官明，宗昉．数字电视原理 [M]. 3 版．北京：机械工业出版社，2016.

[23] 卢官明，秦雷．数字视频技术 [M]. 北京：机械工业出版社，2017.

[24] 卢官明，焦良葆．多媒体信息处理 [M]. 北京：人民邮电出版社，2011.